SCRIPTORVM CLASSICORVM
BIBLIOTHECA OXONIENSIS

OXONII
E TYPOGRAPHEO CLARENDONIANO

L. IVNI MODERATI COLVMELLAE

RES RVSTICA

INCERTI AVCTORIS
LIBER DE ARBORIBVS

RECOGNOVIT
BREVIQVE ADNOTATIONE CRITICA INSTRVXIT

R. H. RODGERS

LITTERARVM LATINARVM PROFESSOR
IN VNIVERSITATE VIRIDIMONTANA

OXONII
E TYPOGRAPHEO CLARENDONIANO

OXFORD
UNIVERSITY PRESS

Great Clarendon Street, Oxford, OX2 6DP,
United Kingdom

Oxford University Press is a department of the University of Oxford.
It furthers the University's objective of excellence in research, scholarship,
and education by publishing worldwide. Oxford is a registered trade mark of
Oxford University Press in the UK and in certain other countries

First published 2010

Published in the United States of America by Oxford University Press
198 Madison Avenue, New York, NY 10016, United States of America

British Library Cataloguing in Publication Data
Data available

ISBN 978–0–19–927154–2

PRAEFATIO

QVAERIS fortasse ex me, lector studiose, cur mihi cordi sit Columellam denuo in lucem proferre. Nonne, inquis, iam sufficit egregia illa Vpsaliensis editio? numquid de Gaditano scriptore te speras melius quam tot Suecorum gentis homines per xv fere lustra omnium iamdudum consensu, neque iniuria, optime meritos? Pro Iuppiter, inquam, minime equidem Vilhelmo Lundström 'haerentem capiti', ut cum Flacco loquar, 'cum multa laude coronam' detrahere uelim, quippe qui Iuni nostri sospitator exstiterit, neque omnino eis inuideo qui aut una cum eo operam nauauerunt aut post eum laborem confecerunt. Sed ecce iam multos per annos fasciculos praeclarae editionis etiam nouissimos nedum uniuersos frustra apud bibliopolas indages; neque ullam aliam recensionem pretio quantouis redimas qua Columellae eloquentia facile et cum quadam legendi fiducia perfruare. In contextu autem huiusce scriptoris recognoscendo, ne uidear opem propriam dissimulare, ausim dicere memet ipsum non paulum esse progressum. Solemni igitur censura, quaeso, tu, lector, uel lauda conantem uel iure reprehende.

Praefandum mihi est quam breuissime de testimoniis quibus *Res Rustica* una cum libro *De arboribus* innititur, tum de meae editionis ratione perpauca disputabo. Primum uero testes qui sint, deinde quale testimonium praebeant, paucis disserendum est.

A uetustioribus ordiamur. Satis inter philologos constat

Columellae opera duplici traditione ad nos usque peruenire: ab una parte praesto sunt duo aeui Carolini codices, ab altera stant amplius quadraginta libri manuscripti quos transcribendos et emendandos curauerunt uiri docti per quinquaginta fere annos ante quam Venetiis anno 1472 prima scriptorum rei rusticae Latinorum editio in lucem emissa est.

S Principium tenet Petropolitanus Clas. Lat. F. v. 1, Corbeiae Veteri s. IX ¾ litteris minusculis quas dicimus Carolinis exaratus, uulgo Sangermanensis dictus quod inde ab anno 1638 in monasterio S. Germani a pratis Lutetiae seruabatur, donec monachis inter res nouas Gallorum exturbatis anno demum 1800 Petropolim a Petro Dubrovscio Petri f. translatus est. Iam Nicolai illius Heinsii temporibus doctis innotuit codex praestantissimus.[1]

A Arte cum S cohaeret Ambrosianus L 85 sup., s. IX ²⁄₄ eis litteris exaratus quas Anglosaxonicas uocitamus, quae quidem litterae Fuldae id temporis in usu fuerunt, in Italiam a Poggio illo Florentino portatus s. XV ¼; neque est quod dubitemus eundem codicem 'uetustum, litteris perscriptum Longobardis, ex Medicea bibliotheca' Angelo Politiano in manibus fuisse.[2] Qui postea ab heredibus Vincentii Pinelli (†1601) Neapoli uenditus, iussu Frederici Borrhomaei Mediolanum et in Bibliothecam Ambrosianam anno 1609 peruenit. In lucem tum denuo eruit s. XIX exeunte uir de Columella tunc temporis optime meritus I. Häussner.

[1] Adseruatur Lugduni Batauorum in bibliotheca uniuersitaria sub numero 781 A 19 editio scriptorum rusticorum Ascensiana cum adnotatione L. T. Gronouii mense Aug. 1679: 'contuli Columellam in bibliotheca Abbatiae S^{ti} Germani Lutetiae Parisiorum cum duobus mss.'; quorum primus ('antiquissimus, quadrata forma, literae rotundae et ut putatur octingentorum annorum') idem esse uidetur ac S, alter ('excerptum quoddam ex Columella, sed tamen antiqua scriptura, ita ut nonnumquam literae non apparerent') non alius nisi P (de quo infra, p. viii).

[2] Exemplar principis editionis, in quod lectiones adnotandas curauerat Politianus, nunc Lutetiae Parisiorum in Bibliotheca Nationali adseruatur sub numero Rés. S. 439; idem de hac re scripsit c. 35 *Miscellaneorum* (Florentiae, 1489).

Ita inter se coniunguntur S et A ut ab eodem hyparchetypo fluxisse uideantur; nam uterque continet XIII libros, duodecim scilicet *Rei Rusticae* et extraneum unum qui *De arboribus* fertur (de quo pauca infra disseram): hic post alterum *R.R.* librum insertus erat, quo factum est ut sequentes libri quartus quintus etc. usque ad decimum tertium numerarentur. Quid quod SA in unaquaque pagina errores quos coniunctiuos nominamus paene innumerabiles praebent? Neutrum uero ab altero descriptum esse ex suis cuiusque erroribus manifestum est; quorum nonnullos in apparatu meo critico citaui, permultos tamen praetermisi qui mihi nullius uel leuioris momenti uisi sunt.

Haec exempli causa ex primo libro depromo: pr. 9 *nec caninum*] *nec animum* S, pr. 30 *suis* om. S, 8. 4 *nummos*] *minos* S^1; pr. 14 *uiritim diuidebantur*] *uiri timidi uidebantur* A, 2. 4 *campis* om. A, 7. 3 *urbanum colonum*] *uilbanum colonuis* A^1. Saepius quoque praetermisi errores quos S^1A^1 praebent communes (e.g. 1. 8. 20 *ulla*] *uilla*, 2. 12. 8 *desiderant*] *desirant*, 3. 3. 6 *posteritate*] *-ti*, 4. 4. 3 *optime*] *opti*, 5. 6. 13 *praecidi*] *-dici*); monendum est tamen nonnumquam S^1A^1 solos aliquid boni tradidisse (e.g. 2. 9. 5, 10.17 *modis*, 9. 4. 2 *ulex*, 12. 52. 16, 17 *cummi*, *-mis*).

Verum librarius codicis S pro maiore in describendo diligentia maiorem quoque fidem mereri uidetur.

Corrector codicis S (nisi forte correctores dicendi, nam haud S^2
pro certo inter manus corrigentium distinguitur) lapsus quos dicimus calami permultos sustulit, uerba διὰ ὁμοιοτέλευτον omissa restituit (12. 22. 2, 12. 26. 2), multas autem lectiones introduxit ipsius ingenio tribuendas.

Vt recte, me iudice, uerbi gratia 3. 21. 3 *distenta*] *dista* cett., 4. 21. 3 *resecem* S^2R : *-cent* S^1A, 6. 17. 4 *tenera*] *tera* S^1A : *terna* R, 10. 53 *celetur*] *caeruletur* cett. coniecit, ita minus feliciter 7. 5. 12 *infriata* ed. pr. : *infrita* S^1AR : *infricata* S^2, 9. 8. 2 *inspiciendi* R : *spic-* S^1A : *aspic-* S^2, *intus* R : *intue* S^1 : *inuie* A : *intuemur* S^2, 11. 2. 7 *attenuari* R : *attenuri* S^1A : *apte uri* S^2.

Correctoris uero lectionem unam et alteram aemulus uel S^3
correxit uel corrupit.

Codicis A perpauca et leuioris momenti menda librarius s. ix et ipse correxit; quem fere semper praetermitto. Multo plus in locis corruptis emendandis uariisque lectionibus appingendis A^2 nauauit Italus quidam saeculi xv; cuius correctiones mire cum codicibus classis R (de qua infra docebo) consentiunt; haec, si modo memoratu digna sunt, in apparatu refero.

Ex eodem quo SA fonte defluunt excerpta quaedam quae in codicibus s. ix conseruantur. In primis memorare debemus capitula 27. 1–30. 2 libri duodecimi quae Walahfridus Strabo inter annos 829 et 849 sua manu exscripsit (Sangallensis 878, P pp. 370–2),[3] deinde locos ex libris quinto sexto duodecimo decerptos qui in Parisino lat. 13955 (Corbeiae Veteri scriptus, N s. ix ¾), foll. 131–7 leguntur (unde habuit Parisinus Nouv. acq. lat. 1630, s. xi, foll. 20–1).[4]

Hi loci sunt: 5. 1. 4 *quoniam familiariter* . . . 5. 9. 3 *semina faciemus*; 6. 29. 2 *corporis* . . . 6. 35. 2 *abolet memoriam*, 6. 38. 3 *macies et languor* . . . 6. 38. 4 *madentur*; 12. 6, 12. 7, 12. 10. 4–5, 12. 12, 12. 16. 1–3, 12. 19, 12. 20. 2–3 (*immisceri*), 12. 26. 1–2 (*miscueris*), 12. 27, 12. 30. 2 (*si qua uina* . . . *bonum fiat*), 12. 37, 12. 21. 1–3, 12. 23. 2 (*sextarios quinque*)–3, 12. 5, 12. 28.3 (*omne uinum*)–4, 12. 29, 12. 32, 12. 35, 12. 39. 1–3, 12. 44. 1–2 (*demittantur*), 4 (*alii* . . . *passa*), 8 (sed grauiter retractatus), 12. 57. 1, 12. 59. 4 (*piperis* . . . *diluito*), 12. 25. 1–3.

Mirandum est autem inter ss. ix et xv neminem, quod sciamus, in Europa septentrionali Columellae opus usurpasse praeter Hugonem de Folieto, s. xii, in libro *De nuptiis*;[5] nam constat *Speculi Naturalis* auctorem Vincentium Bellouacensem, s. xiii, nomen nostri ex Palladio hausisse.

Codicum recentiorum turbam recensenti longe aliter res se habet; quos neque in stirpes neque in gentes quidem, uix

[3] B. Bischoff, 'Eine Sammelhandschrift Walahfrid Strabos (Cod. Sangall. 878)', *Mittelalterliche Studien*, ii (Stutgardiae, 1967), 34–51.

[4] P.-P. Corsetti, 'Note sur les *excerpta* médiévaux de Columelle', *RHT* 7 (1977), 109–32.

[5] *PL* 176, 1206 b, ubi nonnulla de nostri libro 12. pr. 9 sumpsit.

denique ut ita dicam in greges coercere et nonnisi upilioni strenuissimo licet. Ad quod opus tamen succincti adgressi sunt uiri huiusmodi laboris patientissimi, Å. Josephson dico ac S. Hedberg, qui rem inuolutam sane et nodosam feliciter explicarunt quorumque uestigia non infitior me totum persequi.[6] Sed ab Italis antiquitatum studiosis initium faciamus.

'Octo Ciceronis orationes, integrum Quintilianum Columellam, qui antea detruncati ac deformes apud nos erant, restituit nobis', scripsit de se ipso Poggius ille anno 1440, qui 'praeclarissimos illos uiros ex ergastulis barbarorum' in Italiam et ad libertatem aduexisset.[7] Ante igitur codicem A in Italiam perlatum (utrum autem e monasterio ipso Fuldensi an aliunde nescimus) Columella aliquo modo mutilus praesto fuit. Quin etiam uerisimile est Gaditanum nostrum Francisco Petrarchae[8] aliquatenus notum fuisse; tum uero Iohannes Boccatius[9] necnon Colutius Salutatus[10] Columellae ipsius uerba protulerunt. Sed cum Boccatius recte nonum librum citet, qui in SA decimus

[6] Å. Josephson, *Die Columella-Handschriften* (Vpsaliae, 1955); S. Hedberg, *Contamination and Interpolation: A Study of the 15th Century Columella Manuscripts* (Vpsaliae, 1968); M. D. Reeve ap. L. D. Reynolds (ed.), *Texts and Transmission: A Survey of the Latin Classics* (Oxonii, 1983), 146–7.

[7] *De infelicitate principum* 14, ed. D. Canfora (Romae, 1998), 11.

[8] 'Poi vidi con Lucan d'ultima Spagna / Columella venir': *Triumphus Famae*, cap. 3, uu. 73–4 ita ut ex codice Harleiano 3264 in Bibliotheca Britannica adseruato edidit R. Weiss, *Un inedito petrarchesco: La redazione sconosciuta di un capitolo del 'Trionfo della Fama'* (Romae, 1950), 60. De Gulielmo Pastrengico dubitari potest, nam quae scripsit in libris *De originibus* et *De uiris illustribus* potius ex Cassiodoro et Isidoro trahi poterant: ed. G. Bottari (Patauii, 1991), 55, 121, 254, 258. Videtur autem Columella Petro de Crescentiis, *Ruralium commodorum libros XII* s. XIV redigenti, praesto non fuisse, qui tamen praeter Palladium auctoribus usus est et Varrone et Catone: u. R. Sabbadini, 'Un codice ignoto della veterinaria di Columella', *Rend. R. Ist. Lomb. di Scienze e Lettere*, ser. 2, 38 (1905), 782.

[9] *Genealogiae deorum gentilium* 11.1: 'Iunius autem Columella de agricultura scribens lib. IX sic de educatione Iouis infantis ait' (insequuntur 9. 2. 3 *nec sane . . . alumnum*).

[10] *Epistolario*, ed. F. Novati, iii (Romae, 1896), 171, qui ex 1. pr. 17–18 nonnulla descripsit.

numeratur, conicere licet librum *De arboribus* Italis omnino ignotum fuisse, *Rem* quoque *Rusticam* quadam parte caruisse. Nihilominus tamen praecipue dolendum est hanc Italicam traditionem nobis nullum nisi obfuscatum uestigium reli-
R quisse; nam recentioris aeui codices (qui uniuersi per siglum R significari solent) contextum adeo inter se et cum codice A contaminatum ad unum praebent, ut in eis traditae sinceritatis reliquias nonnisi magno labore eruere ualeamus.

Ne longiore, lector, exordio defatigere, ueri simillimum licet putes accidisse ut in aliquod exemplar operis Columelliani ex A (utpote 'integrum') descriptum lectiones siue ab ipso librario seu potius a uiro quodam docto ex uetustiore codice ('detruncato ac deformi') receptae essent, ita ut non solum Columella integer sed et quasi emendatus exstiterit. Ex eodem uetustiore codice originem habent lectiones quae in codicem A introductae sunt (A^2). Varias autem lectiones tales praebuisse uetus illud exemplar facile credas, quales per codices classis R
R* dispersas persaepe inuenimus; quos quotienscumque opus fuit siglo R* in apparatu critico notauimus. Qua uero parte exemplar antiquum defecerit ex eo colligendum est quod ab 5. 6. 17 usque ad 7. 9. 4 codices classis R nihil fere noui uidentur praeferre, id est quod a consensu codicum SA differat et altera ex traditionis stirpe progenitum esse uideatur.[11]

Hedberg uero e grege recentiorum acutissimo discrimine selegit decem codices qui editori ad traditas lectiones recuperandas sufficerent; nam ceteros aut tamquam descriptos eliminauit aut parui momenti esse monstrauit. Sunt autem hi, omnes s. xv:

h	Vindobonensis Lat. 81 et 3144	
j	Londiniensis Add. 17295	
m	Venetus Marcianus Lat. Z 462	} quorum consensus = λ
b	Mediolanensis Braidensis A.D. XV.4	}

[11] Vide Hedberg, op. cit. 144–5.

f Londiniensis Add. 19903
r Vaticanus lat. 1525
ń Neapolitanus lat. V.A.6 } quorum consensus = ρ
y Vaticanus lat. 1527
ç Valentinus, Bibl. uniu. Lat. 54 (olim 651)
ø Londiniensis Harleianus 3556

Alii codices ut grauius contaminati uel interpolati sunt, ita tamen nonnullas coniecturas uirorum doctorum s. xv praebent, quas (siue in uno tantum codice siue in compluribus inueni) in apparatu sub siglo ϛ rettuli:

l Lipsiensis Bibl. mun. 76 (uniu. Rep. I f. 13)
p Laurentianus plut. 53. 27
u Vaticanus Vrbin. lat. 260, ex quo dependent

c Caesenas Malatestianus plut. 24. sin. 2
q Laurentianus plut. 91 inf. 6
x Gotoburgensis uniu. lat. 28
ü Parisinus lat. 6830 C } quorum consensus = γ
t Bononiensis uniu. 2523

ϕ hyparchetypus ex quo dependent

e Scorialensis R. I. 7
w Vaticanus lat. 1524
å Londiniensis Lansdowne 833

ψ hyparchetypus ex quo dependent

i Vaticanus Ottob. lat. 2059
z Vindobonensis Lat. 33
ä Parisinus lat. 6830 A

Hedbergi denique stemma subicerę placet quo facilius codicum necessitudines explicentur; idem ita horum codicum rationem habendam docet:[12]

1. Cum AR in eundem errorem cadunt, codice S ueritatem aut lectionem probabilem praebente, errorem ex A in R fluxisse credamus; cum autem SR eundem errorem habent, casui credendus est.

[12] Hedberg, op. cit. 138.

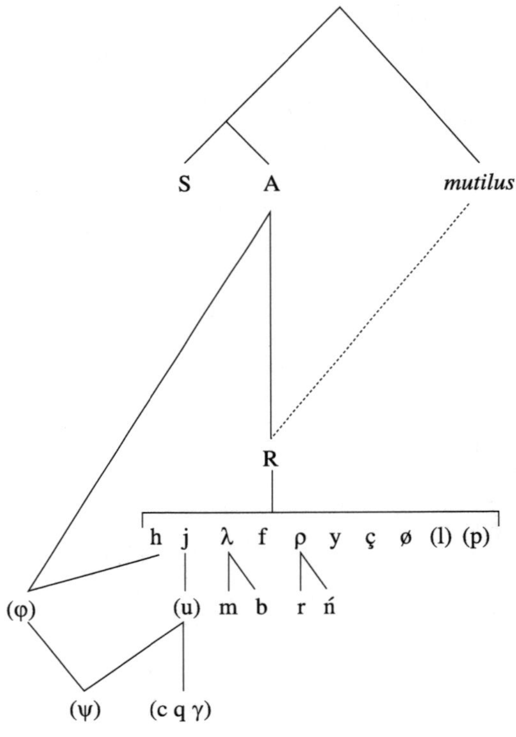

2. Codice S uitium praebente et AR inter se differentibus, horum uterque parilis est auctoritatis.

3. Vbi A^1 cum S conspirat, A^2 autem cum R, SA^1 et A^2R parem auctoritatem sibi uindicant (nisi, quod rarissime accidit, A^2 manus est aetatis Carolinae).

4. Cum R^* (i.e. aliquot codices classis R) cum SA contra R^* reliquos eunt, illos contaminationem ex A exhibere colligendum est.

5. Vbi altera pars classis R ab S, altera ab A stat, apparet SR* fere semper lectionem meliorem quam AR* praebere, cum illi traditam auctoritatem praeferre, hi errorem ex A in R* manantem exhibere uideantur.

Cum uero sescentae lectiones codicum R ex mera coniectura ortae esse possint, permultae tamen ex archetypo fluxisse uidentur: praebent autem locos qui in SA omissi sunt (saepe διὰ ὁμοιοτέλευτον) et lectiones nonnullas quas uix ope ingenii inuentas esse credamus. Exempli gratia pono: omittunt SA 3. 2. 24 *quod . . . innoxia*, 8. 2.15 *et per . . . inseritur*, 9. 15. 11 *ueteres . . . renouabuntur*, 11. 1. 26–8 *uel nequissimi . . . quicquid*; lectiones ut uidetur genuinae 3. 6. 2 *nepotum fructu*] *nunc totum fructum* SA, 3. 10. 18 *compertum*] *comitatum* SA, 9. 13. 14 *ab opere*] *alueo fere* SA, 12. 3. 10 *instituta*] *constituta*.

His igitur testibus adnisi, archetypum codicum omnium qui supersunt restituere conamur. Sed cum constet ipsum illum archetypum mendis compluribus iam deprauatum fuisse, alienos in auxilium testes aduocare studemus. Iam consilia Columelliana interdum laudat auctor paene aequalis Plinius maior; adsunt etiam posteriores qui nostri libros assidue tractauerunt eiusque uerba non raro compilauerunt, inter quos maiore quidem auxilio nobis subueniunt rei rusticae auctores: Gargilium dico Martialem, Palladiumque Aemilianum, quorum utrumque Cassiodorus Senator una cum Gaditano laudibus effert;[13] felicissimo autem casu accidit ut scriptores quoque de re ueterinaria eum paene ad uerbum exscripserint.[14] Sententias

[13] *Inst.* 1. 28. 6: 'Columella sedecim [uu.ll. XIV, XIII] libris per diuersas agriculturae species eloquens ac facundus illabitur, disertis potius quam imperitis accommodus, ut operis eius studiosi non solum communi fructu sed etiam gratissimis epulis expleantur.'

[14] Cf. Pall. 14.2.1 'Ne quid deesset huic operi, armentorum medicinas pecorumque collegi et sub uno libro, titulis unamquamque causam designantibus, explicare curaui, ipsis uerbis Columellae et auctorum suorum, ut, cum necessitas uocauerit, facile remedia causae cogentis occurrant.'

denique nonnullas L. Iuni affert Hispanus alter Isidorus Hispalensis.[15] Iamdudum s. XVIII Columella cum Vegetio ueterinario collato multos utriusque auctoris locos sanare potuerunt I. B. Morgagnus et I. Pontedera (alter anatomices, alter botanices professor Patauinus); Pelagonius deinde s. XIX, Palladius ueterinarius demum s. XX in lucem prolati noua testimonia et sinceriora praebuerunt, quibus optime usi sunt ad Columellam emendandum, ut de aliis sileam, Svennung Richter Corsetti.[16] Quorum disputationibus res adeo progressa est ut uniuersae paene philologorum cohorti appareat quantum iam in *Rei Rusticae* archetypo egregii scriptoris facundia sit pessum data. Breuissime igitur dicendum est: semper et ubique his uelut uulneribus et ferrum et ignem adhibere debemus.

Ex usu est nostri aeui grammaticos, cum antiquorum monumenta scriptorum emittunt, praefari se aut recensuisse aut recognosse. Equidem tibi: Alii, inquam, Columellam recensuerunt, ego tantum recognoui. Et ne testibus maiorem iusto fidem contribuerem, Bentleianum illud semper in animo habui rationem et rem ipsam centum codicibus potiores esse, praesertim cum librarii rem (tum etiam cum haud difficilis est) minime intellexisse uideantur; unde fit ut in Columella edendo cautius agat qui multa mutet quam qui traditis credat. Verum cum semper studuerim ut Columellae uerba qua possem ratione

[15] Ne forte putes Iunium nostrum eundem esse quem sub nomine *Yūnīyūs* (يونيوس) saepissime citant auctores Hispanoarabes, hic est Vindonius (ويندونيوس) Anatolius Berytius, s. IV, cuius *Συναγωγὴ γεωργικῶν ἐπιτηδευμάτων* latissime diuulgata est; u. sis quod dudum chartis illeui, '¿Yūnīyūs o Columela en la España medieval?', *Al-Andalus*, 43 (1978), 163–72; nuper quoque rem luculente retractauit J.-I. García Armendáriz, *Agronomía y tradición clásica: Columela en España* (Hispali, 1995), 79–83.

[16] Quorum uirorum editiones et commentationes infra in conspectu philologorum facile inuenies. His tamen adiectos uelim J. N. Adams, 'Pelagonius and Columella', *Antichthon*, 25 (1991), 72–95 (cf. eiusdem *Pelagonius and Latin Veterinary Terminology in the Roman Empire* [Lugduni Batauorum, 1995]) et A. McCabe, *A Byzantine Encyclopaedia of Horse Medicine: The Sources, Compilation, and Transmission of the* Hippiatrica (Oxonii, 2007).

reficerem, spero fore ut plurimi et multo sagaciores hosce libros ita pertractent, ut uitiis editionis praesentis omnino tamquam emuscatis Gaditanus meus perpolitus resplendescat.

* * * * *

Quo adnotatio critica cum breuior tum magis perspicua fieret, compendia R* et ς potius quam singula codicum recentiorum sigla usurpaui. Verum enimuero haec ratio in tantum mihi displicet ut sperem me eadem fusius alibi prolaturum (in pagina, ut hodierno utar barbarismo, interretiali), quippe ubi talia exponi liceat qualia legentes in apparatu posita offenderent. Scribendi autem rationem non ubique ad unam normam accommodaui: auctorem modo *plaustrum claudiginem amurcam* modo *plostrum clodigo amurgam* dixisse cum non incredibile sit, non immutaui. Auctoritatem quoque codicum SA plerumque ita secutus sum, ut hic *sequuntur decimus effetae* illic *secuntur decumus ecfetae*, formas quas uocamus dissimilatas (ut *ads- inm-*), necnon *-î* uel *-îs* (pro *-ii* uel *-iis*) scriberem sicubi horum alter amboue praeberent.[17]

De argumentis quae singulis libris praefixa sunt et uerbis rubricatis quae in uerborum contextum pro titulis irrepserunt, olim iam disseruit Gesner in praefatione, remque nuperrime retractauit femina doctissima B.-J. Schröder.[18] Hanc igitur praecipue ducem secutus, argumenta in Appendicem relegaui, quippe quae ab editore quodam composita, uel potius ex auctoris ipsius argumentis in calce libri XI confectis extracta esse uideantur. Rubricata plerumque ex uerborum contextu exulare iussi, utpote aliena;[19] aliquoties tamen in hac re haesi

[17] Accentum tamen in genetiuo singulari substantiuorum addere supersedi, quoniam *-ī* forma uetustior est quam altera; in apparatu uero tum demum usurpaui cum librarii omnes terminationem per duo *i* scripserunt.

[18] *Titel und Text* (Berolini, 1999), 131–42.

[19] Antiquitatem interdum redolent uerba quae in contextum inrepserunt: exempli causa pono 3. 13. 1 *scrobibus uinea sic ponitur*, 6. 6. 1 *Vitia boum et medicinas*, 6. 30. 3 *Medicina iumentorum*.

nonnullosque in libro xii titulos domi manere perpessus sum, nam nisi in contextum reciperentur, sensu paene deficerentur uerba ipsius contextus.

* * * * *

Liber de arboribus

Vt supra iam dictum est, codices SA post *R.R.* librum alterum librum extraneum praebent, quem inde extractum et ad calcem libri duodecimi traiectum *Librum de arboribus* de suo inscripsit Iucundus Veronensis, editor Aldinus. Omnium fere consensu liber fuit opus iuuenile Columellae, donec nuper W. Richter argumenta protulit cur potius ignoto posterioris aeui auctori tribueretur.[20] Incertus ergo sit auctor, nam haud mihi rem perpendenti persuadere potui, illum quem noui Columellam tam ieiune ne in iuuentute quidem scripturum fuisse. Auxilio tamen uenit et editori et lectori quod scriptor huius libri ita Columellam compilauit ut ex illo saepius depromi possit quo *Rem Rusticam* emendemus.

* * * * *

Superest ut gratias ex animo agam omnibus qui mihi seu potius Columellae flagitanti subsidio fuerunt. Mentio prima facienda est Societatis Philosophicae Americanae, cuius opibus licuit mihi codices nonnullos in manibus habere, necnon eorum qui thesauros in bibliothecis celeberrimis custodiunt. Longum erat singulos nominare collegas discipulos uicinos qui haec mea studia consiliis amicissimis fouerunt, eorumque unicuique grates ut uelim dignas persoluere. In rectam uiam saepius

[20] *Der* Liber de arboribus *und Columella* (Monachii, 1972); cuius sententiae plerumque adhaeret G. Hentz, 'Le *de arboribus:* Œuvre de jeunesse de Columelle ou compilation d'un anonyme?', *Hommages à Robert Schilling* (Lutetiae, 1983), 303–13. Richteri argumentis uehementissime sed me iudice nequiquam resistit R. Goujard, 'Le *de arboribus* de Columelle: problèmes de l'authenticité', *RPh* 53 (1979), 7–28, necnon in editione sua (1986).

errabundum reuocauerunt uiri docti K.-D. Fischer, V. Ortoleva; et monitus saluberrimos et lucubrationes proprias eximia qua est humanitate mecum communicauit P.-P. Corsetti; editionis paene confectae lectores perspicacissimi adfuerunt M. Winterbottom, M. D. Reeve; summa diligentia maximoque animi acumine totum contextum et hanc praefationem lima persecutus est L. A. Holford-Strevens; typothetarum plagulas castigandas curarunt Z. P. Ambrose, R. A. Kaster, collega uterque praestantissimus; nominum denique indici conficiendo laborem adhibuere familiares acerrimi M. E. Alderfer, N. A. Velez, R. A. Walker. Neque est mihi facile exprimendum quantum debeam uxori doctissimae B. Saylor Rodgers, per hos XXXVII annos studiorum semper operumque sodali: cuius utinam posses consitos floribus hortos uidere, holera manibus ipsius culta gustare!

Neque silentio hoc loco praetermittendum duxerim praeceptorem exoptatum W. V. Clausen, qui obiter quondam et iocose hortatus est ut Columellae libros semel perlegerem: Vsui, inquit, tibi erit fortasse (apud me ruri degentem colloquebamur), eiusque lectione certe delectabere. Et si per leges huius bibliothecae liceret, hanc meam editionem et magistro uenerabili D. E. Thomas et auo materno J. F. Leach dedicarem; attamen illi uiuo, huius dis manibus sacratum esto opus hoc qualecumque. Nam illius ferulae manum per triennium subduxi dum elementa Latina perdiscerem; hic rusticus acrioris ingenii ita me puerum instituit ut deos agrestes numquam non colerem.

R.H.R.

Dabam Noui Portu (uulgo 'New Haven') in Republica Viridimontana
Pridie Non. Ian. MMX

CONSPECTVS EDITORVM ET PHILOLOGORVM QVI INFRA LAVDANTVR

EDITIONES SCRIPTORVM RERVM RVSTICARVM

(Catonis Varronis Columellae Palladi)

Editio princeps (quam curauit Georgius Merula)	Venetiis	1472
(curauit Philippus Beroaldus)[1]	Bononiae	1494
	Regii (Lepidi)	1496
	Regii (Lepidi)	1499
(curauit Iohannes Iucundus)	Venetiis	1514, 1533[2]
(curauit Nicolaus Angelius)	Florentiae: Iuntae	1515
	Florentiae: her. P. Iuntae	1521
	Lutetiae: I. B. Ascensius	1529
	Coloniae: I. Gymnicus	1536
Iohannes Matthias Gesner	Lipsiae	1735
ed alt. curante I. A. Ernesti	Lipsiae	1773–4
Iohannes Gottlob Schneider	Lipsiae	1794–7

Schneider^c = idem in commentariis; Schneider^a = idem in corrigendis

[1] Beroaldi coniecturas neque ex hac editione neque ex Regiensibus rettuli, sed ex eiusdem adnotationibus quae marginibus editionis Bononiensis (1504) affixae sunt: u. infra inter philologos.

EDITIONES COLVMELLAE SOLIVS

Vpsaliensis:		
Vilhelmus Lundström (fasc. 1, *Arb.*)	Vpsaliae et Lipsiae	1896
(fasc. 2, libb. 1–2)	Gotoburgi	1917
Sten Hedberg (fasc. 3, libb. 3–5)	Vpsaliae	1968
Vilhelmus Lundström (fasc. 4, libb. 6–7)	Gotoburgi	1940
Åke Josephson (fasc. 5, libb. 8–9)	Vpsaliae	1955
Vilhelmus Lundström (fasc. 6, lib. 10)	Vpsaliae et Lipsiae	1902
(fasc. 7, lib. 11)	Vpsaliae et Lipsiae	1906
Sten Hedberg (fasc. 8, lib. 12)	Vpsaliae	1968
Loebiana:		
Harrison Boyd Ash (*Libb.* 1–4)	Cantabrigiae Massachusettensium et Londini	1941
E. S. Forster (et Edward H. Heffner)[2] (*Libb.* 5–12, *Arb.*)	Cantabrigiae Massachusettensium et Londini	1955
Will Richter, *Lucius Iunius Moderatus Columella. Zwölf Bücher über Landwirtschaft. Buch eines Unbekannten über Baumzüchtung*	Monachii	1981–3
Editiones singulorum librorum:		
Libri 1:		
Gustave Hentz	Argentorati (diss.)	1978
Libri 3:		
Jean Christian Dumont	Lutetiae	1993
Libri 9:		
Jean Christian Dumont	Lutetiae	2001

[2] Maxima ex parte opus est Forsteri, cuius post mortem Heffner manum tantum summam inposuit: u. censuram G. Steineri, *CPh* 52 (1957), 59 n. 2.

Libri 10:		
Iohannes Christianus Wernsdorff *Poetae Latini minores*, uol. vi, sec. 1, pp. 31–4	Helmstadii	1794
Joseph Häussner, *Die handschriftliche Überlieferung des L. Iunius Moderatus Columella (De re rustica) mit einer kritischen Ausgabe des X. Buches*	Caroli Hesychii	1889
Iohannes Perciual Postgate *Corpus poetarum Latinorum*, ii. 206–9	Londini	1905
Eugène de Saint-Denis	Lutetiae	1969
Francesca Boldrer	Pisis	1996
Libri 12:		
Jacques André	Lutetiae	1988
Libri de arboribus:		
Raoul Goujard	Lutetiae	1986

EDITIONES ALIORVM AVCTORVM

Cato *Opere di Marco Porcio Catone Censore*, ed. P. Cugusi et M. T. Sblendorio Cugusi (Augustae Taurinorum, 2001)

Cels. *A. Corneli Celsi quae supersunt*, ed. F. Marx (Lipsiae, 1915)

Chir. *Claudii Hermeri Mulomedicina Chironis*, ed. E. Oder (Lipsiae, 1901)

Cic. *M. Tullii Ciceronis Fragmenta ex libris philosophicis, ex aliis libris deperditis, ex scriptis incertis*, ed. I. Garbarino (Mediolani, 1984)

Garg. *Q. Gargilii Martialis De hortis*, ed. I. Mazzini (Bononiae, 1988²); u. etiam *Gargilii Martialis quae exstant*, i: *Fragmenta ad holera arboresque pomiferas pertinentia*, ed. S. Condorelli (Romae, 1978)

Geop. *Geoponica siue Cassiani Bassi Scholastici De re rustica eclogae*, ed. H. Beckh (Lipsiae, 1895)

Isid. *Isidori Hispalensis episcopi Etymologiarum siue Originum libri XX*, ed. W. M. Lindsay (Oxonii, 1911)

Pall. *Palladii Rutilii Tauri Aemiliani Opus agriculturae, De ueterinaria medicina, De insitione carmen*, ed. R. H. Rodgers (Lipsiae, 1975); u. etiam principem editionem quam curauit J. Svennung, *Palladii Rutilii Tauri Aemiliani uiri illustris Opus agriculturae: liber quartus decimus De ueterinaria medicina* (Gotoburgi, 1926)

Pel. *Pelagonii Ars ueterinaria*, ed. K.-D. Fischer (Lipsiae, 1980)

Sall. *C. Sallusti Crispi Historiarum reliquiae*, ed. B. Maurenbrecher (Lipsiae, 1891–3)

Varr. *M. Terenti Varronis Rerum rusticarum libri tres*, ed. G. Goetz (Lipsiae, 1929²)

Veg. *P. Vegeti Renati Digestorum artis mulomedicine libri*, ed. E. Lommatzsch (Lipsiae, 1903); auide exspectamus nouam multoque meliorem editionem quam V. Ortoleva se mox prolaturum esse promisit

PHILOLOGI

Ahle, M., *Sprachliche und kritische Untersuchungen zu Columella* (Monachii, 1915).

Ahrens, K., *Columella. Über Landwirtschaft: Eine Lehr- und Handbuch der gesamten Acker- und Viehwirtschaft aus dem 1. Jahrhundert u. Z.* (Berolini, 1972).

André, J., censura editionis Vpsaliensis (fascc. 3, 8), *RPh* 44 (1970), 346–8.

Ashworth, W. D., 'Columella, *R.R.* vii 3.7 and 15', *CR*, NS 9 (1959), 102–4.

—— 'Notes on Columella VII 6, 7–8 and 9', *Eranos* 64 (1966), 38–45.

Barbarus, H., *Corollarii* [*in Dioscoridem*] *libri quinque* (Venetiis, 1510).

Beroaldus, P., *Opera agricolationum: Columellae Varronis Catonisque nec non Palladii cum annotationibus D. Philippi Beroaldi* ... (Bononiae, 1504).

Bergh, B., censura editionis Vpsaliensis (fascc. 3, 8), *Gnomon*, 42 (1970), 36–43.

Bochartus, S., *Hierozoicon siue bipertitum opus de animalibus sacrae scripturae* (Londini, 1663).

Brouckhusius, I., coniecturae quae apud Gesnerum citantur.

Burmannus, P., *Titi Petronii Arbitri Satyricon quae supersunt* (Traiecti ad Rhenum, 1709).

Burmannus, P., secundus, *S. Properti Elegiarum libri IV (ed. L. Santenius), cum commentario Petri Burmanni secundi* (Traiecti ad Rhenum, 1780), 500.

Cluuerius, P., *Italia antiqua* (Lugduni Batauorum, 1624).

Corsetti, P.-P., 'Notes critiques sur Columelle, *Res rustica*', *Phoenix*, 31 (1977), 38–47.

—— 'Columelle R.R. 5,2,10', *Latomus*, 36 (1977), 810–11.

—— 'Notes critiques sur le texte de Columelle (*Res rustica*, livre VI)', *Eranos*, 77 (1979), 127–46.

—— 'Columella *De re rustica* 3.2.24', *CPh* 76 (1981), 53–5.

—— 'Columelle et les dents du cheval', *Médecins et médecine dans l'antiquité*, ed. Guy Sabbah (Univ. de Saint-Étienne, 1982), 7–17.

—— 'L'apport de la tradition indirecte à l'établissement du texte de Columelle, Res rustica, livre VI', *Études de lettres*, 1 (1986), 33–44.

—— per litteras ad editorem (= Corsetti*).

Dahllöf, N., *Tempora och modi hos Columella* (Gotoburgi, 1931).

Diels, H., et Kranz, W., *Die Fragmente der Vorsokratiker*[6] (Berolini, 1951–2).

García Armendáriz, J.-I., *Columela, Libro de los árboles, La labranza* [Libb. 1–5] (Matriti, 2004).

Goodyear, F. R. D., recensio editionis E. de Saint-Denis, *CR*, NS 21 (1971), 59–61 = *Papers on Latin Literature*, ed. K. M. Coleman, J. Diggle, J. B. Hall et H. D. Jocelyn (Londini, 1992), 260–2.

—— 'Columella, *R.R.* 10.185', *PACA* 14 (1978), 8 = *Papers*, 255.

—— 'Notes on Columella, *RR* 2–3', *LCM* 3 (1978), 191–2 = *Papers*, 253–4.

Guenther, O. 'Variarum lectionum capitula duo', *Genethliacon Gottingense* (Halis Saxonum, 1888), 8–21.

Gustafsson, F. 'Ett knippe postuma anmärkningar till Columella', *Eranos*, 22 (1924), 50–60.

Hagendahl, H., 'Colum. III 10,22', *Eranos*, 35 (1937), 102–3.

Heinsius, N., *Aduersariorum libri IV* (Harlingae, 1742).

—— *Operum P. Ouidii Nasonis editio noua* (Amstelodami, 1652).

Hine, H. M. (sub nomine F. R. D. Goodyear editum), 'A gloss in Columella (7.3.24)', *LCM* 9 (1984), 10 (uide etiam p. 17).

Hjorth, K. A., ap. Å. Josephson, *Die Columella-Handschriften* (Vpsaliae, 1955), 71 n. 38.

Holford-Strevens, L. A, per litteras ad editorem.

Housman, A. E., 'The *Siluae* of Statius', *CR* 20 (1906), 37–47 = *Classical Papers*, ed. J. Diggle et F. R. D. Goodyear (Cantabrigiae, 1972), 637–55.

—— apud Postgate.

Hultsch, F., *Metrologicorum scriptorum reliquiae*, ii (Lipsiae, 1866), p. v.

Iunius, H., *Epistolae* (Dordrechti, 1552 [re uera 1652]).

Kleberg, T., 'Några textkritiska anmärkningar till Columellas nionde bok', *Eranos*, 35 (1937), 22–31.

—— recensio libri H. Linde, *Gnomon*, 14 (1938), 281.

Kurfess, A., 'Zu Columella XII 3,2', *Eranos*, 11 (1911), 249–50.

Lambinus, D., *M. Tullii Ciceronis Opera*, ed. aucta (Lutetiae, 1573), 5001.

Lehoux, D., 'Impersonal and Intransitive ἐπισημαίνει', *CPh* 99 (2004), 78–85.

Linde, H., *Studier till Columellas nionde bok* (Gotoburgi, 1936).

Madvig, I. N., *Aduersaria critica ad scriptores Graecos et Latinos*, ii (Hauniae, 1873), 518–23.

Morgagnus, I. B., *Epistolae*, apud Gesner.

Némethy, G., *Euhemeri reliquiae* (Budapesti, 1889).

Niclas, I. N., *Geoponicorum siue de re rustica libri* XX (Lipsiae, 1781).

Önnerfors, A., 'In Columellae librum octauum annotatiunculae', *Eranos*, 52 (1954), 217–23.

Otto, A., *Die Sprichwörter und sprichwörterlichen Redensarten der Römer* (Lipsiae, 1890).

Peter, H. W. G., *Historicorum Romanorum reliquiae* (Lipsiae, 1914², 1906).

Pomoell, R., 'Textkritisk efterskörd till Columellas femte bok', *Eranos*, 30 (1932), 15–45.

—— *Filologiska anteckningar till Columellas språk och stil* (Åbo, 1946).

Pontedera, I., apud Gesner in commentariis (= Pontedera¹).

—— *Antiquitatum Latinarum Graecarumque enarrationes atque emendationes* (Patauii, 1740) (= Pontedera²).

—— 'Curae postumae ad scriptores rei rusticae', apud Schneider, uol. iv, part. 3, 8–72 (= Pontedera³).

Reinesius, T., *Variarum lectionum libri III* (Altenburgi, 1640).

Reeve, M. D., per litteras ad editorem.

Reitzenstein, R., *De scriptorum rei rusticae qui intercedunt inter Catonem et Columellam libris deperditis* (Berolini, 1884).

Richter, W., 'Textkritische Bemerkungen zu Columella de re rust. VI', *Würzb. Jahrb.* 4 (1949/50), 71–80.

—— 'Studien zur Textgestaltung und Interpretation von Columella VI und VII', *Hermes*, 80 (1952), 200–22.

—— *Der* Liber de arboribus *und Columella* (Monachii, 1972).

—— 'Palladius und sein Columella-Text im Buch über Tiermedezin', *WS*, N.F. 12 (1978), 249–71.

Rodgers, R. H., 'Birds and Bees: Textual Notes on Columella, Books 8 and 9', *Eranos*, 103 (2005), 101–20.

—— 'Cattle, Horses and other Livestock: Textual Notes on Columella, Books 6 and 7', *RCCM*, 51 (2009), 99–139.

Sabbadini, R., 'Un codice ignoto della veterinaria di Columella', *Rendiconti del R. Ist. Lombardo di scienze e lettere*, ser. 2, 38 (1905), 780–99.

Salmasius, C., *Plinianae exercitationes in Caii Iulii Solini Polyhistora* (Lutetiae, 1629).

Scaliger, I. I., *Publi Virgilii Maronis appendix* (Lugduni, 1573).

Schoettgen, Ch., apud Gesnerum in commentariis.

Schottus, A., *De nodis Ciceronis uariorumque libri III*^{2} (Antuerpiae, 1613).

Schrader, I., 'Emendationes libri X Columellae', *Hermes*, 6 (1871), 327.

Sobel, R., *Studia Columelliana palaeographica et critica* (Gotoburgi, 1928).

—— 'En Columella-konjektur, R. r. II, 2.9', *Apophoreta Gotoburgensia V. Lundström oblata* (Gotoburgi, 1936), 169–70.

Speranza, F., *Scriptorum Romanorum de re rustica reliquiae*^{2} (Messanae, 1974).

Svennung, J., 'Om en nyupptäckt bok av Palladius', *Eranos*, 23 (1925), 1–11.

—— 'De Columella per Palladium emendato', *Eranos*, 26 (1928), 145–208.

Syme, R., 'Three Ambivii', *CQ*, NS 36 (1986), 271–76 = *Roman Papers*, V (1988), 622–9.

Tjäder, J.-O., apud Bergh.

Trockij, I. M. (J. Trotski), 'Studien zur Überlieferungsgeschichte Columellas', *Raccolta di scritti in onore di Felice Ramorino* (Mediolani, 1927), 449–72.

—— (И. М. Троцкий) 'Критические заметки к V книге "De re rustica" Колумеллы', *Аспасмос. Ивану Ивановичу Толстому ученики и друзья* (Leninopoli, 1928), 46–51.

Turnebus, A., *Aduersariorum tomi III* (Basileae, 1581).

Verdière, R., censura editionis Loebianae (uoll. 2, 3), *Latomus*, 15 (1956), 380–1.

Victorius, P., *Explicationes suarum in Catonem, Varronem, Columellam castigationum* (Lugduni, 1542), 134–44.

Vrsinus, F., *Notae ad M. Catonem, M. Varronem, L. Columellam de re rustica* (Romae, 1587).

Wellmann, M., *Die Georgika des Demokritos* (Abh. Pruss. Acad., Phil-hist. Kl. 4; Berolini, 1921).

Winiarczyk, M., *Euhemeri Messenii reliquiae* (Stutgardiae, 1991)

Winterbottom, M., 'Three Emendations in Columella', *CQ*, NS 49 (1999), 633–4.

—— per litteras ad editorem (= Winterbottom*).

Wistrand, E., 'Ad Columellae r. r. I. 8, 14', *Eranos*, 36 (1938), 131–2.

L. IVNI COLVMELLAE
RES RVSTICA

SIGLA

S = Petropolitanus Clas. Lat. F v 1, s. IX

  S^1 = manus prima

  S^2 = corrector uel correctores, s. IX

  S^3 = corrector correctoris, s. IX

A = Ambrosianus L 85 sup., s. IX

  A^1 = manus prima

  A^2 = corrector, s. XV

A´ = locus 11. 2. 40 (*medi*)*ocres* . . . 11. 2. 50 *uacat* post 11. 2. 76 *tempestas non* iteratus

R = consensus codicum recentiorum qui aliquid auctoritatis sibi uindicare uidentur (u. praef.), s. XV

R* = lectio in aliquot codicibus classis R inuenta

ς = lectio in uno uel pluribus e codicibus recentioris aeui inuenta quae coniecturae, ut uidetur, tribuenda est

Perraro citantur codices qui excerpta continent (u. praef.):

P = Parisinus latinus 13955, s. IX

N = Parisinus Nouv. acq. lat. 1630, s. XI

< > = addenda

{ } = delenda

↔ = eaedem uoces inuerso ordine positae

rubr. = uerba quae litteris maiusculis quasi capitulorum tituli leguntur in SAR*, omittuntur in R*

| = distinguuntur §§

*** = lacuna

LIBER PRIMVS

Praefatio

SAEPENVMERO ciuitatis nostrae principes audio culpantis
modo agrorum infecunditatem, modo caeli per multa iam tem-
pora noxiam frugibus intemperiem, quosdam etiam praedictas
querimonias uelut ratione certa mitigantis, quod existiment
ubertate nimia prioris aeui defatigatum et effetum solum
nequire pristina benignitate praebere mortalibus alimenta.
Quas ego causas, P. Siluine, procul a ueritate abesse certum 2
habeo, quod neque fas est existimare Rerum Naturam, quam
primus ille mundi genitor perpetua fecunditate donauit,
quasi quodam morbo sterilitate adfectam, neque prudentis est
credere Tellurem, quae diuinam et aeternam iuuentam sortita
communis omnium parens dicta sit, quia et cuncta pepererit
semper et deinceps paritura sit, uelut hominem consenuisse.
Nec post haec reor uiolentia caeli nobis ista sed nostro potius 3
accidere uitio, qui rem rusticam pessimo cuique seruorum
uelut carnifici noxae dedimus quam maiorum nostrorum
optimus quisque et optime tractauerat.

Atque ego satis mirari non possum quid ita dicendi cupidi seligant oratorem cuius imitentur eloquentiam, mensurarum et numerorum modum rimantes placitae disciplinae consectentur magistrum, uocis et cantus modulatorem nec minus

L. IVNI MODERATI COLVMELLAE REI RVSTICE LIB. PRIM. INCIP. *S* : INCIPIT LIBER PRIMVS IVNI MODERATI COLVMELAE REI RVSTICE *A* : *uaria sed similia R*   8 rerum *SA* : humi *R*   12 pepererit *Heinsius* : peperit *SAR*   14 uiolentia *SA* : intemperantia *R*   17 tractauerat *SA* : -uerit *R*   18 atque *SAR** : atqui *R**   20 rimantes *AR*: -tis *S*

corporis gesticulatorem scrupulosissime requirant saltationis
4 ac musicae rationis studiosi;| iam qui aedificare uelint fabros et
architectos aduocent, qui nauigia mari concredere gubernandi
peritos, qui bella moliri armorum et militiae gnaros, et ne
singula persequar, ei studio quod quis agere uelit consultissi-
mum rectorem adhibeat, denique animi sibi quisque forma-
torem praeceptoremque uirtutis e coetu sapientium arcessat:
sola res rustica, quae sine dubitatione proxima et quasi con-
5 sanguinea sapientiae est, tam discentibus egeat quam magistris.
Adhuc enim scholas rhetorum et, ut dixi, geometrarum musi-
corumque uel, quod magis mirandum est, contemptissimorum
uitiorum officinas, gulosius condiendi cibos et luxuriosius
fericula struendi, capitumque et capillorum concinnatores non
solum esse audiui sed et ipse uidi, agricolationis neque doctores
6 qui se profiterentur neque discipulos cognoui,| cum etiam si
praedictarum artium professoribus ciuitas egeret, tamen sicut
apud priscos florere posset res publica. Nam sine ludicris artibus
atque etiam sine causidicis olim satis felices fuerunt futuraeque
sunt urbes, at sine agri cultoribus nec consistere mortalis nec ali
posse manifestum est.

7 Quo magis prodigio simile est quod accidit, ut res corporibus nostris uitaeque utilitati maxime conueniens minime usque in hoc tempus consummationem haberet, idque sperneretur genus amplificandi relinquendique patrimoni quod omni crimine caret. Nam cetera diuersa et quasi repugnantia dissident a iustitia, nisi aequius existimamus cepisse praedam ex militia, quae nobis nihil sine sanguine et cladibus alienis

8 proxima ... sapientiae: *cf. Cic. Sen.* 51 (uoluptates agricolarum) mihi ad sapientis uitam proxime uidentur accedere 24 *cf. Cat. Agr. pr.* 4

2 iam *SA* : iamque *R* 7 sapientium *SA* : -tum *R* 13 fericula *S* : ferc- *AR* 15 cum] quin *Richter* 17 publica *R* : prima *SA*[1] : ‵.P.′ *supra A*[2] 18 fuerunt *SA* : fuere *R* 21 prodigio *SAR** : -gii *R** 22 minime ς : -mam *SAR* 24 relinquendique *SA* : retin- *R* patrimoni *S* : -nii *AR*

adfert. An †bellum per obsessa maris† et negotiationis alea sit 8
optabilior, ut rupto naturae foedere terrestre animal homo
uentorum et maris obiectus irae fluctibus pendeat, semperque
ritu uolucrum longinqui litoris peregrinus ignotum pererret
orbem? An faeneratio probabilior sit, etiam îs inuisa quibus 9
succurrere uidetur? Sed ne caninum quidem, sicut dixere
ueteres, studium praestantius locupletissimum quemque
adlatrandi et contra innocentis ac pro nocentibus, neglectum a
maioribus, a nobis etiam concessum intra moenia et in ipso
foro latrocinium. An honestius duxerim mercenarii salutatoris
mendacissimum aucupium, circumuolitantis limina potentio-
rum somnumque regis sui rumoribus augurantis? Neque enim
roganti quid agatur intus respondere serui dignantur. An putem 10
fortunatius a catenato repulsum ianitore saepe nocte sera
foribus ingratis adiacere, miserrimoque famulatu per dedecus
fascium decus et imperium profuso tamen patrimonio mercari?
Nam nec gratuitae seruituti sed donis rependitur honor.

Quae si et ipsa et eorum similia bonis fugienda sunt, superest,
ut dixi, unum genus liberale et ingenuum rei familiaris augen-
dae, quod ex agricolatione contingit. Cuius praecepta si uel 11
temere ab indoctis, dum tamen agrorum possessoribus, antiquo
more administrarentur, minus iacturae paterentur res rusticae;
nam industria dominorum cum ignorantiae detrimentis multa
pensaret, nec quorum commodum ageretur, tota uita uellent
inprudentes negotii sui conspici, eoque discendi cupidiores
agricolationem pernoscerent. Nunc et ipsi praedia nostra 12

6 caninum: *cf. Sall. Hist.* 4. 54 *Maurenbrecher* canina, ut ait Appius, facundia exercebatur

---

1 bellum per obsessa] bellum perosis ς : bello procella *Hentz, non male, sed* maris *iteratum displicet* alea *R* : alia *SA* 3 irae *SA* : irae se *R* pendeat ς : tendere *SAR* : audeat (ς) contendere *'V.D'* (= *Burmannus* : *u. Schneider*^{c}) 5 îs *ego* : his *SAR* 10 duxerim *SA* : dix- *R* 17 gratuitae seruituti *AR* : -ta -te *S* 25 conspici eoque $A^{2}R$: conspicioque SA^{1}

colere dedignamur et nullius momenti ducimus peritissimum quemque uilicum facere uel, si nescium, certe uigoris experrecti, quo celerius quod ignoret addiscat. Sed siue fundum locuples mercatus est, e turba pedisequorum lecticariorumque defectissimum annis et uiribus in agrum relegat, cum istud opus non solum scientiam sed et uiridem aetatem cum robore corporis ad labores sufferendos desideret; siue mediarum facultatium dominus, ex mercenariis aliquem iam recusantem cotidianum illud tributum, quia uectigali esse non posset, ignarum rei cui praefuturus est magistrum fieri iubet.

13 Quae cum animaduertam, saepe mecum retractans ac recogi-
tans quam turpi consensu deserta exoleuerit disciplina ruris,
uereor ne flagitiosa et quodam modo pudenda ingenuis aut
inhonesta sit. Verum cum conplurimis monumentis scriptorum
admonear apud antiquos nostros fuisse gloriae curam rustica-
tionis, ex qua Quinctius Cincinnatus, obsessi consulis et exer-
citus liberator, ab aratro uocatus ad dictaturam uenerit ac
rursus fascibus depositis, quos festinantius uictor reddiderat
quam sumpserat imperator, ad eosdem iuuencos et quattuor
14 iugerum auitum herediolum redierit; | itemque C. Fabricius et
Curius Dentatus, alter Pyrrho finibus Italiae pulso, domitis alter
Sabinis, accepta quae uiritim diuidebantur captiui agri septem
iugera non minus industrie coluerit quam fortiter armis
quaesierat; et ne singulos intempestiue nunc persequar, cum
tot alios Romani generis intuear memorabiles duces hoc
semper duplici studio floruisse uel defendendi uel colendi
patrios quaesitosue finis, intellego luxuriae et deliciis nostris
15 pristinum morem uirilemque uitam displicuisse. Omnes enim,

3 ignoret *S^2AR* : -rat *S^1* 8 facultatium *SA* : -tum *R* mercenariis *R* : -cedariis *SA* 9 uectigali *SA* : -lis *R* 13 flagitiosa et *R* : -sas et *S^1A* : -sa set *S^2* 14 uerum *SA* : uerum et *R* conplurimis] plurimis ς 16 quinctius *A* : quintius *SR*

sicut M. Varro iam temporibus auorum conquestus est, patres familiae falce et aratro relictis intra murum correpsimus, et in circis potius ac theatris quam in segetibus ac uineis manus mouemus attonitique miramur gestus effeminatorum, quod a natura sexum uiris denegatum muliebri motu mentiantur decipiantque oculos spectantium. Mox deinde ut apti ueniamus 16 ad ganeas, cotidianam cruditatem Laconicis excoquimus et exusto sudore sitim quaerimus noctesque libidinibus et ebrietatibus, dies ludo uel somno consumimus, ac nosmet ipsos ducimus fortunatos, quod nec orientem solem uidemus nec occidentem. Itaque istam uitam socordem prosequitur ualetudo; | nam sic iuuenum corpora fluxa et resoluta sunt, ut nihil 17 mors mutatura uideatur.

At mehercules uera illa Romuli proles adsiduis uenatibus nec minus agrestibus operibus exercitata firmissimis praeualuit corporibus, ac militiam belli, cum res postulauit, facile sustinuit durata pacis laboribus semperque rusticam plebem praeposuit urbanae: ut enim qui in uillis intra consaepta morarentur quam qui foris terram molirentur ignauiores habitos, sic eos qui sub umbra ciuitatis intra moenia desides cunctarentur quam qui rura colerent segniores uisos. Nundinarum etiam conuentus 18 manifestum est propterea usurpatos, ut nonis tantummodo diebus urbanae res agerentur, reliquis administrarentur rusticae. Illis enim temporibus, ut ante iam diximus, proceres

1 Varro: *Rust. 2. pr. 3* 10 quod . . . occidentem: *cf. Sen. Ep. 122. 3* qui, ut ait M. Cato [= *inc. fr. 51 Cugusi–Sblendorio Cugusi*], nec orientem umquam solem uiderunt nec occidentem 14 *cf. Cic. Sen. 56*

3 uineis *SA*^{1} : -netis *A*^{2}*R* 7 laconicis *R* : lacticis *S* : -tucis *A* 10 uidemus *SA* : uidimus *R* 11 prosequitur *Vrsinus* : per- *SAR* 14 at *AR* : ac *S* mehercules *R* : hercules *SA* uera] *an* uetus *ut 8.16.2, cf. Verg. Aen. 8.301* uera Iouis proles (*i.e. Hercules*)? 18 ut enim . . . uisos] *oratio obliqua* ἀνακολούθως (*cf. Varr. Rust. 2. pr. 1* maiores . . . praeponebant . . ., ut ruri enim . . . desidiosiores putabant) qui in uillis *R* : quae inutilis *SA* 21 *post* colerent *add.* administrarentue opera colonorum *R* 22 nonis *SA*^{1} : non iis *A*^{2} : (h)iis *R*

ciuitatis in agris morabantur et, cum consilium publicum
desiderabatur, a uillis arcessiebantur in senatum; ex quo qui
19 eos euocabant uiatores nominati sunt. Isque mos dum seruatus
est, perseuerantissimo colendorum agrorum studio ueteres illi
Sabini Quirites atauique Romani, quamquam inter ferrum et
ignes hosticis incursionibus uastatas fruges largius tamen con-
didere quam nos, quibus diuturna permittente pace prolatare
20 licuit rem rusticam. Itaque in hoc Latio et Saturnia terra, ubi
di fructus agrorum progeniem suam docuerant, ibi nunc ad
hastam locamus ut nobis ex transmarinis prouinciis aduehatur
frumentum ne fame laboremus, et uindemias condimus ex
insulis Cycladibus ac regionibus Baeticis Gallicisque. Nec
mirum, cum sit publice concepta et confirmata iam uulgaris
existimatio rem rusticam sordidum opus et id esse negotium
quod nullius egeat magisterio praeceptoue.

21 At ego, cum aut magnitudinem totius rei quasi quandam
uastitatem corporis aut partium eius uelut singulorum
membrorum subtilitatem dispicio, uereor ne supremus ante
me dies occupet quam uniuersam disciplinam ruris possim
22 cognoscere. Nam qui se in hac scientia perfectum uolet
profiteri, sit oportet rerum naturae sagacissimus, declina-
tionum mundi non ignarus, ut exploratum habeat quid cuique
plagae conueniat, quid repugnet; siderum ortus et occasus
memoria repetat, ne imbribus uentisque imminentibus opera
23 inchoet laboremque frustretur. Caeli et anni praesentis mores
intueatur; neque enim semper eundem uelut ex praescripto
habitum gerunt, nec omnibus annis eodem uultu uenit aestas

8 hoc . . . terra: *Ennium audit Lundström (cf. Ann. 25 Vahlen, 21 Skutsch)*

2 arcessiebantur *S* : -cessa- *A* : -cesse- *R* 6 hosticis *SA* : -cisque *R* largius *R* : parcius *SA* 9 di *SA* : dii *R* fructus *SA* : cultus *R* 15 nullius *AR** : -lis *S* : -lo *R** praeceptoue] -toris *Iucundus* 18 subtilitatem dispicio S^1A : s- de- S^2 : numerum recenseo *R* 19 occupet *R* : occultet *SA*

aut hiemps, nec pluuium semper est uer aut umidus autumnus, quae praenoscere sine lumine animi et sine exquisitissimis disciplinis non quemquam posse crediderim. Iam ipsa terrae uarietas et cuiusque soli habitus quid nobis neget, quid promittat, paucorum est discernere. Contemplatio uero cunctarum 24
in ea disciplina partium quoto cuique contigit, ut et segetum arationumque perciperet usum et uarias dissimillimasque terrarum species pernosceret—quarum nonnullae colore, nonnullae qualitate fallunt, atque in aliis regionibus nigra terra, quam pullam uocant, ut in Campania, est laudabilis, in aliis pinguis rubrica melius respondet; quibusdam sicut in Africa Numidiaque putres harenae fecunditate uel robustissimum solum uincunt, in Asia Mysiaque densa et glutinosa terra maxime exuberat— | atque in his ipsis haberet cognitum 25
quid <ferret aut> recusaret collis, quid campestris positio, quid cultus, quid siluestris ager, quid umidus et graminosus, quid siccus et spurcus, rationem quoque dispiceret et in arboribus uineisque, quarum infinita sunt genera, conserendis ac tuendis et in pecoribus parandis conseruandisque?

Quoniam et hanc adsciuimus quasi agri culturae partem, cum separata sit ab agricolatione pastoralis scientia; | nec ea tamen 26
simplex: quippe aliud exigit equinum atque aliud bubulum armentum, aliud pecus ouillum et in eo ipso dissimilem rationem postulat Tarentinum atque hirtum, aliud caprinum et id ipsum aliter curatur mutilum et raripilum, aliter cornutum et saetosum quale est in Cilicia. Porculatoris uero et subulci diuersa professio, diuersae pastiones, nec eundem glabrae sues densaeque caeli statum nec eandem educationem cultumue

1 hiemps A^1 : hiems SA^2R umidus autumnus ς : -dum -num *SAR* 6 quoto *Gesner* : quanto *SA* : quid *R* contigit ς : -tingit *SAR* 8 quarum *R* : quorum *SA* 10 aliis R^* : his SAR^* 11 rubrica ς : lubrica *SAR* 12 Numidiaque *Lundström* : numidia *SAR* 15 ferret aut *add. Schneider* 16 humidus A^2R : tum- SA^1 28 densaeque *AR* : densae *S*

27 quaerunt. Et ut a pecoribus recedam, quorum in parte auium cohortalium et apium cura posita est, quis tanti studii fuit, ut super ista, quae enumerauimus, tot nosset species insitionum, tot putationum, tot pomorum holerumque cultus exerceret, tot generibus ficorum sicut rosarîs inpenderet curam, cum a plerisque etiam maiora neglegantur, quamquam et ista iam
28 non minime uectigalia multis esse coeperint? Nam prata et salicta genistaeque et harundines quamuis tenuem nihilominus aliquam desiderant industriam.

Post hanc tam multarum tamque multiplicium rerum praedicationem non me praeterit, si quem desideramus agricolam quemque describemus exegero a participibus agrestium operum, tardaturum me studia discentium qui tam uariae tamque uastae scientiae desperatione conterriti nolent experiri
29 quod se consequi posse diffident. Verumtamen quod in *Oratore* iam M. Tullius rectissime dixit, par est eos qui generi humano res utilissimas conquirere et perpensas exploratasque memoriae tradere concupierint cuncta temptare. Nec si uel illa praestantis ingenii uis uel inclitarum artium defecerit instrumentum, confestim debemus ad otium et inertiam deuolui, sed quod sapienter sperauerimus perseueranter consectari. Summum enim culmen adfectantes satis honeste uel in
30 secundo fastigio conspiciemur. An Latiae Musae non solos adytis suis Accium et Vergilium recepere sed eorum et proximis et procul a secundis sacras concessere sedes? Nec Brutum aut Caelium Pollionemue cum Messala et Caluo deterruere ab

11 si quem . . . possent: *cf. Cic. Orat.* 3–9

3 nosset *SA* : -sceret *R*   5 rosaris *S* : -riis *AR*   7 minime *Winterbottom** : -ma *SAR*   coeperint] -runt ς   13 tardaturum me *ego* (*cf.* 1. 2. 1 uenturum se, *Cic.* uereor ne . . . tardem studia multorum) : tardatum iri ut rei ς : tardat ut rei *SAR* : tardatum iri *Iucundus*   14 nolent ς : nollent *SAR*   23 an] nam *Schneider* (*cf.* 5. 10. 17)   24 suis *AR* : *om. S*   accium *S* : actium *AR*   26 caluo *SA* : catulo *R*

eloquentiae studio fulmina illa Ciceronis. Nam neque ipse
Cicero territus cesserat tonantibus Demostheni Platonique, nec
parens eloquentiae deus ille Maeonius uastissimis fluminibus
facundiae suae posteritatis studia restincxerat.
Ac ne minoris quidem famae opifices per tot iam saecula 31
uidemus laborem suum destituisse, qui Protogenen Apellenque
cum Parrhasio mirati sunt, nec pulchritudine Iouis Olympii
Mineruaeque Phidiacae sequentis aetatis attonitos piguit
experiri Bryaxin Lysippum Praxitelen Polycletum quid efficere
aut quo usque progredi possent. Sed in omni genere scientiae et
summis admiratio ueneratioque et inferioribus merita laus con-
tigit. Accedit huc quod ille quem nos perfectum esse uolumus 32
agricolam, siquidem artis consummatae sit, et in uniuersa
rerum natura sagacitatem Democriti uel Pythagorae fuerit
consecutus, et in motibus astrorum uentorumque Metonis
prouidentiam uel Eudoxi, et in pecoris cultu doctrinam Chironis
ac Melampodis, et in agrorum solique molitione Triptolemi
aut Aristaei prudentiam <* * *>, multum tamen profecerit,
si <quis> usu Tremelios Sasernasque et Stolones nostros
aequauerit. Potest enim nec subtilissima nec rursus, quod aiunt, 33
pingui Minerua res agrestis administrari. Nam illud procul
uero est quod plerique crediderunt, facillimam esse nec ullius
acuminis rusticationem. De cuius uniuersitate nihil attinet
plura nunc disserere, quoniam quidem cunctae partes eius
destinatis aliquot uoluminibus explicandae sunt, quas ordine

4 restincxerat *S* : -strinx- *AR* 5 tot iam *R* : tota *SA* 7 pulchritudine *SA* : -nem *R* 8 *an* <homines> attonitos *uel sim.?* 9 efficere *SA* : -ceret *R* 10 possent ς : -sint *SAR* 12 ille ς : illi *SAR* 13 consummatae sit *AR* : -taest S^{1} : -t est S^{2} : -tae <non> sit *Iucundus* et *S* : *om. AR* : nec *Iucundus* : *an* ut? 14 sagacitatem *AR* : -temque *S* 15 metonis *R* : ment- *SA* 17 molitione *R* : monit- *SA* 18 prudentiam *SA* : prouid- *R* *lacunam* (*suppl. fere* <multo plus temporis in discendo consumpserit quam ad agros colendos reliquum habebit>) *statuit Holford-Strevens* 19 <quis> *Winterbottom** stolones $A^{2}R$: sol- SA^{1} 22 facillimam *AR* : -ma *S* 25 aliquot $A^{2}R$: -quod SA^{1}

suo tunc demum persequar cum praefatus fuero quae reor ad
uniuersam disciplinam maxime pertinere.

1 Qui studium agricolationi dederit, antiquissima sciat haec sibi
aduocanda: prudentiam rei, facultatem inpendendi, uolun-
tatem agendi. Nam is demum cultissimum rus habebit, ut ait
2 Tremelius, qui et colere sciet et poterit et uolet. Neque enim
scire aut uelle cuiquam satis fuerit sine sumptibus quos exigunt
opera, nec rursus faciendi aut inpendendi uoluntas profuerit
sine arte, quia caput est in omni negotio nosse quid agendum
sit, maximeque in agri cultura, in qua uoluntas facultasque citra
scientiam saepe magnam dominis adferunt iacturam cum
3 imprudenter facta opera frustrantur inpensas. Itaque diligens
pater familiae, cui cordi est ex agri cultu certam sequi rationem
rei familiaris augendae, maxime curabit ut et aetatis suae pru-
dentissimos agricolas de quaque re consulat et commentarios
antiquorum sedulo scrutetur atque aestimet quid eorum
quisque senserit, quid praeceperit; an uniuersa quae maiores
prodiderunt huius temporis culturae respondeant an aliqua
dissonent.

4 Multos enim et memorabiles auctores conperi persuasum
habere longo aeui situ qualitatem caeli statumque mutari,
eorumque consultissimum astrologiae professorem Hip-
parchum prodidisse tempus fore quo cardines mundi loco
mouerentur, idque etiam non spernendus auctor rei rusticae
5 Saserna uidetur adcredidisse. Nam eo libro quem de agri cultura
scriptum reliquit mutatum caeli situm sic colligit quod quae
regiones antea propter hiemis adsiduam uiolentiam nullam
stirpem uitis aut oleae depositam custodire potuerint, nunc
mitigato iam et intepescente pristino frigore largissimis

6 Tremelius: *fr.* 1 *Speranza* 25 Saserna: *fr.* 7 *Speranza*

6 et colere] *an* ↔ (*Reeve*)? 14 et *SA* : *om. R* 20 et *ego* : tam *SA* : iam *R*
21 statumque *AR* : statum *S*

oliuitatibus Liberique uindemiis exuberent. Sed haec siue falsa
seu uera ratio est, litteris astrologiae concedatur. Ceterum non 6
dissimulanda erunt agrorum cultori praecepta rusticationis
quae cum plurima tradiderint Poeni ex Africa scriptores,
multa tamen ab his falso prodita coarguunt nostri coloni, sicut
Tremelius qui querens id ipsum tamen excusat, quod Italiae et
Africae solum caelumque diuersae naturae nequeat eosdem
prouentus habere. Quaecumque sunt autem propter quae
disciplina ruris nostrorum temporum cum priscis discrepat,
non deterrere debent a lectione discentem; nam multo plura
reperiuntur apud ueteres quae nobis probanda sint quam quae
repudianda.

Magna porro et Graecorum turba est de rusticis rebus 7
praecipiens. Cuius princeps celeberrimus uates non minimum
professioni nostrae contulit Hesiodus Boeotius, magis deinde
eam iuuere fontibus orti sapientiae Democritus Abderites,
Socraticus Xenophon, Tarentinus Archytas, Peripatetici
magister ac discipulus Aristoteles cum Theophrasto. Siculi 8
quoque non mediocri cura negotium istud prosecuti sunt
Hieron et Epicharmus discipulus, Philometor et Attalus.
Athenae uero scriptorum frequentiam pepererunt, e qua
probatissimi auctores Chaereas Aristandros Amphilochus
Euphronius Chrestus (Euphronius non, ut multi putant,
Amphipolites, qui et ipse laudabilis habetur agricola, sed indigena soli Attici). Insulae quoque curam istam celebrauerunt, 9
ut testis est Rhodius Epigenes, Chius Agathocles, Euagon et

6 Tremelius: *fr. 4 Speranza*

2 seu *SA* : siue *R* ceterum *Gustafsson* : -ra *SAR* 4 ex Africa *SA* : *om. R* 8 propter quae *scripsi:* propter *S:* quae p- *AR* 9 disciplina ς, *Vrsinus* : -nam *SAR* discrepat S^1(?) : -pant S^2A : -pent *R* 13 porro et *SA* : quippe *R* 15 beotius ς : boetius *SAR* 20 <cuius> discipulus *Lundström* : *post* discipulus *lacunam statuit Hentz* 21 e qua *Lundström* : ea quae *SA* : aeque *R* 23 Euphronius *Vrsinus* : euphrontis *SAR* 24 ipse *R* : esse *SA*

Anaxipolis Thasii. Vnius quoque de septem <sapientibus>
Biantis illius populares Menander et Diodorus in primis sibi
uindicauerunt agricolationis prudentiam. Nec his cessere
Milesii Bacchius et Mnaseas, Antigonus Cymaeus, Pergamenus
10 Apollonius, Dion Colophonius, Hegesias Maronites. {Nam}
Diophanes quidem Bithynius Vticensem totum Dionysium,
Poeni Magonis interpretem, per multa diffusum uolumina sex
epitomis circumscripsit. Et alii tamen obscuriores, quorum
patrias non accepimus, aliquod stipendium nostro studio con-
tulerunt. Hi sunt Androtion Aeschrion Aristomenes Athenago-
11 ras Crates Dadis Dionysius Euphyton Euphorion. Nec minore
fide pro uirili parte tributum nobis intulerunt Lysimachus et
Eubulus, Menestratus et Plentiphanes, Persis et Theophilus.

12 Et ut agricolationem Romana tandem ciuitate donemus
(nam adhuc istis auctoribus Graecae gentis fuit), iam nunc M.
Catonem Censorium illum memoremus, qui eam Latine loqui
primus instituit, post hunc duos Sasernas, patrem et filium,
qui eam diligentius erudiuerunt, ac deinde Scrofam Tremelium
qui etiam eloquentem reddidit et M. Terentium qui expoliuit,
13 mox Vergilium, qui carminum quoque potentem fecit, | nec
postremo quasi paedagogi eius meminisse dedignemur Iuli
Hygini: uerumtamen ut Carthaginiensem Magonem rustica-
tionis parentem maxime ueneremur, nam huius octo et uiginti
memorabilia illa uolumina ex senatus consulto in Latinum
14 sermonem conuersa sunt. Non minorem tamen laudem
meruerunt nostrorum temporum uiri Cornelius Celsus et Iulius

1 sapientibus *addidi* (*cf.* 1. 3. 8) 4 mnasias *S* : manassias *A* : manasseas *R* 5 hegesias maronites A^2R : hicetias mariotes SA^1 6 Diophanes quidem (*secluso* nam) *Reeve* : ↔ *SAR* 10 aeschrion *R* : aeschion *SA* 11 dadis *R* : dandis *SA* euphyton *R* : eyheton *SA* euphorion *R* : eyphonon *SA* 13 et Plentiphanes *Lundström* (*nomen dubium, sed apud Varronem legitur*): euanthipanes *SAR* et *SA* : *om. R* 14 romana . . . ciuitate A^2R : -nam . . . -tem SA^1 17 patrem et filium *R* : f- et p- *SA* 18 erudiuerunt *SA* : -dierunt *R* 19 etiam *SA* : eam *R* 20 carminum SA^1 : -ne A^2R 26 meruerunt *SA* : -re *R*

Atticus; quippe Cornelius totum corpus disciplinae quinque
libris conplexus est, hic de una specie culturae pertinentis
ad uitis singularem librum edidit. Cuius uelut discipulus duo
uolumina similium praeceptorum de uineis Iulius Graecinus
composita facetius et eruditius posteritati tradenda curauit.

Hos igitur, P. Siluine, priusquam cum agricolatione contra- 15
has, aduocato in consilium, nec tamen sic mente dispositus
uelut summam totius rei sententiis eorum consecuturus,
quippe eiusmodi scriptorum monumenta magis instruunt
quam faciunt artificem. Vsus et experientia dominantur in arti- 16
bus, neque est ulla disciplina in qua non peccando discatur.
Nam ubi quid perperam administratum cessit inprospere,
uitatur quod fefellerat inluminatque rectam uiam docentis
magisterium. Quare nostra praecepta non consummare 17
scientiam sed adiuuare promittunt. Nec statim quisquam
compos agricolationis erit his perlectis rationibus, nisi et obire
eas uoluerit et per facultates potuerit. Ideoque haec uelut
adminicula studiosis promittimus, non profutura per se sola sed
cum aliis.

Ac ne ista quidem praesidia, ut diximus, non adsiduus labor 18
et experientia uilici, non facultates ac uoluntas inpendendi
tantum pollent quantum uel una praesentia domini;
quae nisi frequens operibus interuenerit, ut in exercitu cum
abest imperator, cuncta cessant officia. Maximeque reor hoc
significantem Poenum Magonem suorum scriptorum prim-
ordium talibus auspicatum sententiis: qui agrum parauerit,

22 praesentia domini: *cf. Cat.* 4 frons occipitio prior est   25 Magonem: *fr.* 1 *Speranza*

3 uitis *S* : uites *AR*   11 discatur *AR* : -citur *S*   12 cessit *SA* : -serit *R*   13 inluminatque . . . magisterium *inepte sequitur, fort. delendum*   23 quae] *an* qui (*cf.* 1. 3. 3)?   25 significantem *AR* : -te S   26 parauerit *ego praeeunte Winterbottom** (pararit, *sed Columella* -auer- *saepissime,* -ar- *dumtaxat* 6. 15. 2, 12. 19. 4 *usurpasse uidetur*) : parauit *SAR*

domum uendat ne malit urbanum quam rusticum larem colere;
cui magis cordi fuerit urbanum domicilium, rustico praedio
19 non erit opus. Quod ego praeceptum, si posset his temporibus
obseruari, non inmutarem. Nunc quoniam plerosque nostrum
ciuilis ambitio saepe euocat ac saepius detinet euocatos, sequi-
tur ut suburbanum praedium commodissimum esse putem,
quo uel occupato cotidianus excursus facile post negotia fori
20 contingat. Nam qui longinqua ne dicam transmarina rura
mercantur uelut heredibus patrimonio suo, et quod grauius est
uiui, cedunt seruis suis, quoniam quidem et illi tam longa
dominorum distantia corrumpuntur et corrupti post flagitia
quae commiserunt sub exspectatione successorum rapinis
magis quam culturis student.

2 Censeo igitur in propinquo agrum mercari, quo et frequenter
dominus perueniat et frequentius uenturum se quam sit
uenturus denuntiet; sub hoc enim metu cum familia uilicus erit
in officio. Quicquid uero dabitur occasionis ruri moretur, quae
non sit mora segnis nec umbratilis. Nam diligentem patrem
familiae decet agri sui particulas omnis et omni tempore anni
frequentius circumire, quo prudentius naturam soli siue in
frondibus et herbis siue iam maturis frugibus contempletur nec
2 ignoret quicquid in eo recte fieri poterit. Nam illud uetus est
Catonis: agrum pessime mulcari cuius dominus quid in eo
faciendum sit non docet sed audit uilicum. Quapropter uel a
maioribus traditum possidenti uel empturo fundum praecipua
cura sit scire quod maxime regionis genus probetur, ut uel
3 careat inutili uel mercetur laudabilem. Quod si uoto Fortuna

23 Catonis: *inc. sed. fr. 6a Speranza* [= *ad M. fil. 15 Cugusi–Sblendorio Cugusi*], *cf. Cat. 2 et 5. 2, sed noster potius ex Varr. Rust. 1. 2. 8 hausit*

7 uel *R* : ut *SA* 8 contingat *AR* : -gant *S* 11 corrupti *R* : -tis *SA* 13 culturis *SA* (*cf. 1. 9. 4*) : -rae *R* 15 perueniat *S* : ueniat *AR* : *an* ipse ueniat? 20 naturam *R* : -ra *SA* 22 illud *R** : ille ut *SA* : illud ut *R**

subscribit, agrum habebimus salubri caelo, uberi glaeba, parte
campestri, parte alia collibus uel ad orientem uel ad meridiem
molliter deuexis, terrenisque aliis atque aliis siluestribus et
asperis, nec procul a mari uel nauigabili flumine quo deportari
fructus et per quod merces inuehi possint. Campus in prata et
arua salictaque et harundineta digestus aedificio subiaceat.
Colles alii uacui arboribus, ut solis segetibus seruiant; quae 4
tamen modice siccis ac pinguibus campis melius quam prae-
cipitibus locis proueniunt, ideoque etiam celsiores agri frumen-
tarî planitias habere et quam mollissime deuexi ac simillimi
debent esse campestri positioni. Alii deinde colles oliuetis
uineisque et earum futuris pedamentis uestiantur, <alii> mate-
riam lapidemque, si necessitas aedificandi coegerit, nec minus
pecudibus pascua praebere possint; | tum riuos decurrentis in 5
prata et hortos et salicta uillaeque aquas salientis demittant.
Nec absint greges armentorum ceterorumque quadripedum
inculta et dumeta pascentium. Sed haec positio quam
desideramus difficilis et rara paucis contingit; proxima est huic
quae plurima ex his habet, tolerabilis quae non paucissima.

Porcius quidem Cato censebat in inspiciendo agro praecipue 3
duo esse consideranda: salubritatem caeli et ubertatem loci.
Quorum si alterum deesset ac nihilominus quis uellet incolere,
mente esse captum atque eum ad agnatos et gentilis deducen-
dum. Neminem enim sanum debere facere sumptus in cultura 2
sterilis soli, nec rursus pestilenti quamuis feracissimo
pinguique agro dominum ad fructus peruenire. Nam ubi sit
cum Orco ratio ponenda, ibi non modo perceptionem fructuum

20 Cato: *inc. sed. fr. 6a Speranza* (*cf. Cat.* 1. 2–3, *Varr. Rust.* 1. 2. 8)

---

1 subscribit *SA* : subriserit *R* : subscripserit ς 4 uel *S* : nec *AR* 9 frumentari *SA* : -rii *R* 11 positioni *R* : -ne *SA* 12 uineisque *SA* : -netisque *R* alii *add. Gesner* 17 inculta ς, *Madvig* : culta *SAR* 20 in inspiciendo *SA* : inspiciendo *R* 21 ubertatem *A*²*R* : lib- *SA*¹ 22 alterum] alterutrum *Varr.*, *fort. recipiendum* 26 agro *SAR** : aruo *R**

sed et uitam colonorum esse dubiam, uel potius mortem quaestu certiorem.

3 Post haec duo principalia subiungebat illa non minus intuenda: uiam aquam uicinum. Multum conferre agris iter commodum: primum, quod est maximum, ipsam praesentiam domini, qui libentius commeaturus sit si uexationem uiae non reformidet; deinde ad inuehenda et exportanda utensilia, quae res frugibus conditis auget pretium et minuit inpensas rerum inuectarum, quia minoris adportentur eo quo facili nisu
4 perueniatur; | nec {non}nihil esse etiam paruo uehi si conductis
iumentis iter facias, quod magis expedit quam tueri propria; seruos quoque qui secuturi patrem familiae sint non aegre iter pedibus ingredi.

De bonitate aquae ita omnibus clarum est ut pluribus non sit
5 disserendum. Quis enim dubitet eam maxime probatam haberi,
sine qua nemo nostrum uel prosperae uel aduersae ualetudinis uitam prorogat?

De uicini commodo non est quidem certum, quia nonnumquam mors aliaeque nobis eum causae mutant. Et ideo quidam respuunt Catonis sententiam; qui tamen multum uidentur errare. Nam quemadmodum sapientis est fortuitos casus magno animo sustinere, ita dementis est ipsum sibi malam facere fortunam, quod facit qui nequam uicinum suis nummis parat, cum a primis cunabulis, si modo liberis parentibus est oriundus, audisse potuerit

οὐδ' ἂν βοῦς ἀπόλοιτ' εἰ μὴ γείτων κακὸς εἴη.

26 *Hes. Op. 438*

3 illa *SA* : illam *R* 4 intuenda S^2R : -dam S^1A uicinum *SA* : -nam *R* 7 inuehenda *S* : ueh- *AR* 9 quo *S* : quod *AR* 10 non *improbauit Vrsinus, seclusit Gesner; frustra defendebat Lundström, Eranos*, 15 (1915), 205 15 eam A^2R : ea SA^1 probatam *R* : -ta *SA* 19 nobis eum ς : nobiscum *SAR* causae *SA* : causae diuersae *R* 20 quidam *SA* : -dem *R* 26 ΟΥΔaΝ ΒΟΥϹ ΑΠΟΛΟΙΤ (aΠΟaΟΙΤ *A*) ЄΙ ΜΗ (ΑΛΗ *S*) ΓЄΙ ΤѠΝ (ΓЄΤ- *S*) ΚΑΚΟϹ ЄΙΗ *SA* : *om. in lac. R*

Quod non solum de boue dicitur sed de omnibus partibus 6
rei nostrae familiaris, adeo quidem ut multi praetulerint carere penatibus et propter iniuriam uicinorum sedes suas profugerint. Nisi aliter existimamus diuersum orbem gentes uniuersas petisse relicto patrio solo, Achaeos dico et Hiberos, Albanos quoque nec minus Siculos et, ut primordia nostra contingam, Pelasgos Aborigenes Arcadas, quam quia malos uicinos ferre non potuerant. Ac ne tantum de publicis calamitatibus 7
loquar, priuatos quoque memoria tradidit et in regionibus Graeciae et in hac ipsa Hesperia detestabiles fuisse uicinos, nisi si Autolycus ille cuiquam potuit tolerabilis esse conterminus aut Auentini montis incola Palatinis ullum gaudium finitimis suis Cacus attulit. Malo enim praeteritorum quam praesentium meminisse, ne uicinum meum nominem, qui nec arborem prolixiorem stare nostrae regionis nec inuiolatum seminarium nec pedamenta ad nexum uineae nec etiam pecudis neglegentius pasci sinit. Iure igitur, quantum mea fert opinio, M. Porcius talem pestem uitare censuit et in primis futurum agricolam praemonuit ne sua sponte ad eam perueniret.

Nos ad cetera praecepta illud adicimus quod sapiens unus de 8
septem in perpetuum posteritati pronuntiauit, adhibendum modum mensuramque rebus; idque ut non solum aliud acturis sed et agrum paraturis dictum intellegatur, ne maiorem quam ratio calculorum patitur emere uelint. Nam huc pertinet praeclara nostri poetae sententia:

laudato ingentia rura,
exiguum colito.

17 M. Porcius: *inc. sed. fr.* 5 *Speranza* [= *ad M. fil.* 11 *Cugusi–Sblendorio Cugusi*] 20 sapiens unus: *cf. Phil. Apopth.* 1 Μέτρον μὲν Κλεόβουλος ὁ Λίνδιος εἶπεν ἄριστον (*cf. Hygin. Fab.* 221) 25 poetae: *Verg. Georg.* 2. 412–13

1 sed *SA* : sed etiam *R* 10 nisi si *R* : nisi *SA* 12 palatinis *AR* : -ni *S* 24 uelint *Pontedera*[1] : uelit *SAR*

9 Quod uir eruditissimus, ut mea fert opinio, traditum uetus praeceptum numeris signauit; quippe acutissimam gentem Poenos dixisse conuenit inbecilliorem agrum quam agricolam esse debere, quoniam cum sit conluctandum cum eo, si fundus praeualeat, adlidi dominum. Nec dubium quin minus reddat laxus ager non recte cultus quam angustus eximie.

10 Ideoque post reges exactos Liciniana illa septena iugera quae plebis tribunus uiritim diuiserat maiores quaestus antiquis rettulere quam nunc nobis praebent amplissima uetereta. {Tanta} M'. quidem Curius Dentatus, quem paulo ante rettulimus, prospero ductu parta uictoria ob eximiam uirtutem deferente populo praemii nomine quinquaginta soli iugera supra consularem triumphalemque fortunam putauit esse repudiatoque publico munere populari ac plebeia mensura
11 contentus fuit. Mox etiam cum agrorum uastitatem uictoriae nostrae et interneciones hostium fecissent, criminosum tamen senatori fuit supra quinquaginta iugera possedisse, suaque lege C. Licinius damnatus est, quod agri modum, quem in magistratu rogatione tribunicia promulgauerat, inmodica possidendi libidine transcendisset, nec magis quia superbum uidebatur tantum loci detinere quam quia flagitiosius, quos hostis profugiendo desolasset agros, nouo more ciuem Romanum supra uires patrimonii possidendo deserere.

12 Modus ergo, qui in omnibus rebus, etiam parandis agris habebitur. Tantum enim obtinendum est quanto est opus, ut emisse uideamur quo potiremur, non quo oneraremur ipsi, atque aliis fruendum eriperemus more praepotentium, qui possident finis gentium quos ne circumire quoque ualent, sed

2 acutissimam . . . dominum: *Mago fr. 7 Speranza*

9 uetereta *SA* : -rata *R* 10 M'. *Madvig* : tantam *SAR* : tanta *ς* 21 flagitiosius *SA* : -sum *R* 25 habebitur] adhibebitur *ς* 26 potiremur *AR* : poteremur *S* 28 finis *R* : fines *SA* quoque] *u. OLD s.u. 4b*

proculcandos pecudibus et uastandos ac populandos feris derelinquunt aut occupatos nexu ciuium et ergastulis tenent. Modus autem erit sua cuique uoluntas facultasque; neque enim satis est, ut iam prius dixi, uelle, si colere non possis.

Sequitur deinceps Caesonianum praeceptum, quo fertur usus 4
etiam Cato Marcus, agrum esse reuisendum saepius eum quem uelis mercari. Nam prima inspectione neque uitia neque uirtutes abditas ostendit, quae mox retractantibus facilius apparent. Inspectionis quoque uelut formula nobis a maioribus tradita est agri pinguis ac laeti, de cuius qualitate dicemus suo loco cum de generibus terrae disseremus. In uniuersum tamen 2
quasi testificandum atque saepius praedicandum habeo, quod primo iam Punico bello dux inclutissimus M. Atilius Regulus dixisse memoratur, fundum sicuti ne fecundissimi quidem soli cum sit insalubris ita, nec effeti si uel saluberrimus sit parandum; quod Atilius aetatis suae agricolis maiore cum auctoritate †ueniebat† peritus usu, nam Pupiniae pestilentis simul et exilis agri cultorem fuisse eum locuntur historiae. Quapropter cum sit sapientis non ubique emere nec aut 3
ubertatis inlecebris aut deliciarum concinnitate decipi, sic uere industrii patris familiae est quicquid aut emerit aut acceperit facere fructuosum atque utile, quoniam et grauioris caeli multa remedia priores tradiderunt quibus mitigetur pestifera lues, et in exili terra cultoris prudentia ac diligentia maciem soli uincere potest. Haec autem consequemur, si uerissimo uati 4
uelut oraculo crediderimus dicenti:

6 Cato: *cf. Cat.* 1. 1   25 uati: *Verg. Georg.* 1. 51–3

1 ac populandos *R* : *om. SA, fort. recte*   feris] *an* furibus?   3 sua cuique *R* : unicuique *SA*   4 uelle *SA* : possidere uelle *R*   6 Cato Marcus *mirum, sed iterum* 3. 3. 2 *infra*   9 a *S* : *om. AR*   13 M. *R* : *om. SA, fort. recte* (*cf. Plin. N.H.* 18. 27, *Sen. Dial.* 12. 12. 5)   15 effeti S^2R : effecti S^1A si *R* : *om. SA*   17 ueniebat] censebat ς : suadebat *Iucundus* : *an* praecipiebat?   18 exilis *R* : ex illis *SA*   locuntur *SA* : loquuntur *R*   20 uere *Iucundus* : uerum *SAR* : *del. ed. pr.*   25 consequemur *R* : -quimur *SA*

uentos et proprium caeli praediscere morem
cura sit ac patrios cultus habitusque locorum
et quid quaeque ferat regio et quid quaeque recuset;

nec contenti tamen auctoritate uel priorum uel praesentium
colonorum nostra prompserimus exempla nouaque temp-
5 tauerimus experimenta. Quod etsi per partis nonnumquam
damnosum est, in summa tamen fit compendiosum, quia
nullus ager sine profectu colitur si multa temptando possessor
efficit ut in id formetur quod maxime praestari possit. Ea res
etiam feracissimos agros utiliores reddit. Itaque nusquam
experimentorum uarietas omittenda est longeque etiam in
pingui solo magis audendum, quoniam nec laborem nec
sumptum frustratur effectus.

6 Sed cum refert qualis fundus et quomodo colatur, tum uilla
qualiter aedificetur et quam utiliter disponatur. Multos enim
deerrasse memoria prodidit, sicut praestantissimos uiros L.
Lucullum et Q. Scaeuolam, quorum alter maiores, alter minus
amplas quam postulauit modus agri uillas exstruxit, cum
7 utrumque sit contra rem familiarem. Diffusiora enim consaepta
non solum pluris aedificamus sed etiam inpensis maioribus
tuemur; at minora cum sunt quam postulat fundus, dilabitur
fructus. Nam et umidae res et siccae quas terra progenerat facile
uitiantur, si aut non sunt aut propter angustias incommoda
8 sunt tecta quibus inferantur. Pro portione etiam facultatium
quam optime pater familiae debet habitare, ut et libentius rus
ueniat et degat in eo iucundius. Vtique uero, si etiam matrona
comitabitur, cuius ut sexus ita animus est delicatior, amoeni-
tate aliqua demerenda erit quo patientius moretur cum uiro.
Eleganter igitur aedificet agricola nec sit tamen aedificator,

1 proprium *AR* : -pium *S* : uarium *Verg.* 2 cultusque *Verg.* 5 prompserimus *Madvig* : promiserimus *SAR* 8 si multa temptando *S* : simul temp- *A* : simul attemp- *R* 9 praestari *SA* : -re *R* 10 feracissimos *S* : feroc- *AR* 14 cum *S* : quom *A* : quam *R* tum *ego* : tam *SAR* 24 facultatium *SA* : -tum *R* 25 quam *R* : qua *SA* 26 uero *S* : uiro *AR*

atque areae pedem tantum conplectatur, quod ait Cato,
quantum ne uilla fundum quaerat neue fundus uillam. Cuius
uniuersum situm qualem oporteat esse, nunc explicabimus.

Quod inchoatur aedificium, sicut salubri regione ita saluber- 9
rima parte regionis debet constitui; nam circumfusus aer
corruptus plurimas adfert corporibus nostris causas offen-
sarum. Sunt quaedam loca quae solstitîs minus concalescunt
sed frigoribus hiemis intolerabiliter horrent, sicut Thebas ferunt
Boeotias; sunt quae tepent hieme sed aestate saeuissime
candent, ut adfirmant Euboicam Chalcidem. Petatur igitur aer 10
calore et frigore temperatus, qui fere medios optinet collis,
quod neque depressus hieme pruinis torpet aut torret aestate
uaporibus neque elatus in summa montium perexiguis
uentorum motibus aut pluuiis omni tempore anni saeuit. Haec
igitur est medii collis optima positio, loco tamen ipso paulum
intumescente, ne cum a uertice torrens imbribus conceptus
adfluxerit, fundamenta conuellat.

Sit autem uel intra uillam uel extrinsecus inductus fons 5
perennis, lignatio pabulumque uicinum. Si deerit fluens unda,
putealis quaeratur in uicino, quae non sit haustus profundi,
non amari saporis aut salsi. Haec quoque si deficiet et spes 2
artior aquae manantis coegerit, uastae cisternae hominibus
piscinaeque pecori struantur, quae tamen pluuialis aqua
salubritati corporis est accommodatissima; sed ea sic habetur
eximia, si fictilibus tubis in contectam cisternam deducitur.
Huic proxima fluens aqua quae montibus oriunda per saxa

1 Cato: *Cat.* 3. 1 (*cf. Varr. Rust.* . 1. 11. 1)

---

1 pedem *SA* : aedem *R* 2 uilla A^2R : ulla SA^1 fundum *SAR** : fructum *R** fundus ς (*cf. Plin. N.H.* 18. 32) : fructus *SAR* 5 aer SA^1 : aer atque A^2R 7 solstitis S^1A^1 : -tiis S^2A^2R 9 boeotias *A* : boetias *SR* 11 medios *S* : -us *AR* 15 paulum SA^1R^* : -lulum A^2R^* 18 sit *R* : si *SA* 21 deficiet *SA* : -ent *R* 23 pecori struantur *SA* : -ribus instr- *R* 25 deducitur *SA* : -catur *R* 26 aqua quae *Lundström* : aquae *SAR* : aqua e ς

praeceps deuoluitur, ut est in Gaurano Campaniae; tertia
3 putealis collina uel quae non infima ualle reperitur; | deterrima
palustris, quae pigro lapsu repit pestilensque in palude semper
consistit. Hic idem tamen umor, quamuis nocentis naturae,
temporibus hiemis edomitus imbribus mitescit; ex quo cae-
lestis aqua maxime salubris intellegitur, quod etiam uenenati
liquoris eluit perniciem. Sed hanc potui probatissimam
4 diximus. Ceterum ad aestatum temperandos calores et amoeni-
tatem locorum plurimum conferunt salientes riui, quos, si con-
dicio loci patietur, qualescumque dum tamen dulces, utique
perducendos in uillam censeo.

Sin summotus longius a collibus erit amnis et loci salubritas
editiorque situs ripae permittet superponere uillam praeter-
fluenti, cauendum tamen erit ut a tergo potius quam prae se
flumen habeat et ut aedifici frons auersa sit ab infestis eius
regionis uentis et amicissimis aduersa, quoniam plerique
amnes aestate uaporatis, hieme frigidis nebulis caligant, quae
nisi ui maiore inspirantium uentorum submouentur, pecudibus
5 hominibusque conferunt pestem. Optime autem salubribus,
ut dixi, locis ad orientem uel meridiem, grauibus ad septen-
trionem uilla conuertitur. Eademque semper mare recte
conspicit, cum pulsatur ac fluctu respergitur, numquam ex ripa
sed haut paulum summota a litore. Nam praestat a mari longo
potius interuallo quam breui refugisse, quia media sunt spatia
grauioris halitus.

6 Nec paludem quidem uicinam esse oportet aedificiis nec
iunctam militarem uiam, quod illa caloribus noxium uirus

1 ut ... Campaniae A^2R : *om.* SA^1 Gaurano *Cluuerius* 4. 2 : guarceno A^2R 3 repit ς : repet *SAR* pestilensque *ego* : pestilens quae *SAR* : <et> pestilens *Lundström* 5 temporibus SA^1 : t- tamen A^2R 7 potui *SA* : ut p- *R* : *fort.* et (*aut* uel) p- 8 aestatum SA^1 : aestuum A^2R 10 tamen SA^1 : modo A^2R utique A^2R : itaque SA^1 13 praeterfluenti *Holford-Strevens* : praef- *SA* : pro- *R* 15 aedifici S^1A : -cii S^2R 20 ad A^2R : ab SA^1 uel SA^1 : uel ad A^2R 22 ac A^2R : a SA^1 23 haut ς : aut *SA* : *om.* *R* 26 nec *R* : ne *SA*

eructat et infestis aculeis armata gignit animalia, quae in nos densissimis examinibus inuolant, tum etiam nantium serpentiumque pestes hiberna destitutas uligine, caeno et fermentata colluuie uenenatas emittit, ex quibus saepe contrahuntur caeci morbi, quorum causas ne medici quidem perspicere queunt; sed et anni toto tempore situs atque umor instrumentum rusticum supellectilemque et inconditos conditosque fructus
corrumpit: | haec autem praetereuntium uiatorum populationi- 7
bus et adsiduis deuertentium hospitiis infestat rem familiarem. Propter quae censeo eiusmodi uitare incommoda uillamque nec in uia nec a uia procul editiore situ condere sic, ut frons eius ad
orientem aequinoctialem derecta sit. Nam eiusmodi positio 8
medium temperatumque libramentum uentorum hiemalium et aestiuorum tenet. Quantoque fuerit aedificii solum pronius orienti, tanto et aestate liberius capere perflatus et hiemis procellis minus infestari et matutino regelari ortu poterit, ut concreti rores liquescant, quoniam fere pestilens habetur quod est remotum ac sinistrum soli et apricis flatibus; quibus si caret, nulla alia uis potest nocturnas pruinas et quodcumque rubiginis aut spurcitiae resedit siccare atque detergere. Haec autem cum hominibus adferunt perniciem, tum et armentis et uirentibus eorumque frugibus.

Sed quisquis aedificia uolet in decliuibus areis exstruere, 9
semper ab inferiore parte auspicetur, quia cum ex depressiore loco fuerint orsa fundamenta, non solum superficiem suam facile sustinebunt sed fultura et substructione fungentur aduersus ea quae mox, si forte uillam prolatare libuerit, ab superiore parte adplicabuntur; quippe ab imo praestructa

4 uenenatas] uere natas *Vrsinus, fort. recipiendum,* e(x) *ante* caeno *addito* 9 deuertentium *SA* : di- *R* 11 a uia ς : alia *SAR* 12 derecta $S^{2}A$: di- $S^{1}R$ 14 aedificii *R* : -ciis *SA* 15 aestate $S^{2}R$: aetate $S^{1}A$ 21 tum et *R* : tunc ex *SA* 22 frugibus *SA* : fruct- *R* 23 aedificia *R* : -ficare *SA* 24 depressiore *R* : pressiore *SA* 26 sed *SA* : sed et pro *R* 28 ab superiore parte *S* : ad -rem -tem *AR*

ualenter resistent contra ea quae postmodum superposita
10 incumbant. At si summa pars cliui fundata propriam molem susceperit, quicquid ab inferiore mox adposueris fissum erit rimosumque. Nam tum cum ueteri adstruitur recens aedificium, quasi surgenti reluctans oneri cedit, et quod prius exstructum imminebit cedenti, paulatim degrauatum pondere suo praeceps adtrahetur. Igitur id structurae uitium, cum primum statim fundamenta iaciuntur, euitandum est.

6 Modus autem membrorumque numerus aptetur uniuerso consaepto et diuidatur in tres partes, urbanam rusticam fructuariam. Vrbana rursus in hibernacula et aestiua sic digeratur ut spectent hiemalis temporis cubicula brumalem
2 orientem, cenationes aequinoctialem occidentem. Rursus aestiua cubicula spectent meridiem aequinoctialem, sed cenationes eiusdem temporis prospectent hibernum orientem. Balnearia occidenti aestiuo aduertantur, ut sint post meridiem et usque in uesperum inlustria. Ambulationes meridiano aequinoctiali subiectae sint, ut et hieme plurimum solis et aestate minimum recipiant.

3 At in rustica parte magna et alta culina ponetur, ut et contignatio careat incendii periculo et in ea commode familiares omni tempore anni morari queant. Optime solutis seruis cellae meridiem aequinoctialem spectantes fient, uinctis quam saluberrimum subterraneum ergastulum, idque sit plurimis <sed> angustis inlustratum fenestris atque a terra sic editis ne
4 manu contingi possint. Pecudibus stabula quae neque frigore neque calore infestentur, domitis armentis duplicia bubilia sint hiberna atque aestiua, ceteris autem pecoribus quae intra

1 postmodum *R* : *om.* *SA* 4 rimosumque *post* adstruitur *repet.* *SA* 5 ex(s)tructum *SA* : ex- est *R* 11 hibernacula *SAR** : hiberna *R** 14 cubicula *SA* : cubilia *R* 15 prospectent ς : -tant *SAR* 18 hieme *R* : hiem(p)s *SA* 22 omni ς : omnis *S* : omnes *AR* 24 idque sit plurimis <sed> *ego* : plurimis sit qu(a)e id *SAR* : plurimis idque *Gesner praeeunte Vrsino* 27 bubilia ς : bubula *SAR*

uillam esse conuenit ex parte tecta loca, ex parte sub diuo
parietibus altis circumsaepta, ut illic per hiemem, hic per
aestatem sine uiolentia ferarum conquiescant. Sed ampla 5
stabula sic ordinentur, ne quis umor influere possit et ut
quisque ibi conceptus fuerit quam celerrime dilabatur, ut nec
fundamenta parietum corrumpantur nec ungulae pecudum.
Lata bubilia esse oportebit pedes decem uel minime nouem, 6
quae mensura et ad procumbendum pecori et iugario ad
circumeundum laxa ministeria praebeat. Non altius edita esse
praesepia conueniet quam ut bos aut iumentum sine
incommodo stabulatus uesci possit.

Vilico iuxta ianuam fiat habitatio, ut intrantium exeun- 7
tiumque conspectum habeat, procuratori supra ianuam ob
easdem causas; et is tamen uilicum obseruet ex uicino. Sitque
utrique proximum horreum quo conferatur omne rusticum
instrumentum et intra id ipsum clausus locus quo ferramenta
recondantur. Bubulcis pastoribusque cellae ponantur iuxta sua 8
pecora ut ad eorum curam sit opportunus excursus. Omnes
tamen quam proxime alter ab altero debent habitare, ne uilici
diuersas partis circumeuntis sedulitas distendatur et ut inter se
diligentiae et neglegentiae cuiusque testes sint.

Pars autem fructuaria diuiditur in cellam oleariam, 9
torcularia, cellam uinariam, defrutarium, faenilia paleariaque
et apothecas et horrea, ut ex îs quae sunt in plano custodiam
recipiant umidarum rerum tamquam uini aut olei uenalium;
siccae autem congerantur tabulatis, ut frumenta faenum
frondes paleae ceteraque pabula. Sed granaria, ut dixi, scalis 10
adeantur et modicis fenestellis aquilonibus inspirentur; nam ea

2 illic *R* : illis *SA* 3 ampla] omnia *Iucundus* 10 conueniet *SA* : -nit *R* 11 stabulatus *ego* : status *SA* : stans *R* 15 omne rusticum *R* : ↔ *S* : omne *om. A* 17 recondantur *S* : cond- *AR* 20 circumeuntis *R* : -ti *SA* 23 torcularia *ego* (*cf.* §18) : -riam *SAR* defrutarium *ego* (*cf.* §19) : -riam *SAR* 24 is *SA* : iis *R** : his *R** 26 congerantur *AR* : -runtur *S* 27 pabula sed *R* : -las et *SA* ut dixi] *fort. leuiore auctoris lapsu, nam grana utpote res siccae in tabulato conseruari solent*

caeli positio maxime frigida et minime umida est, quae utraque
11 perennitatem conditis frumentis adferunt. Eadem ratio est in
plano sitae uineariae cellae, quae summota procul esse debet
a balineis furno stercilino reliquisque inmunditiis taetrum
odorem spirantibus, nec minus a cisternis aquisue salientibus,
quibus extrahitur umor qui uinum corrumpit.

12 Neque me praeterit, sedem frumentis optimam quibusdam
uideri horreum camara contectum, cuius solum terrenum
priusquam consternatur perfossum et amurga recenti non salsa
13 madefactum uelut Signinum opus pilis condensatur. Tum
deinde cum exaruit, simili modo pauimenta testacea, quae
pro aqua receperint amurgam mixtam calci et harenae,
supersternuntur et magna ui pauiculis inculcantur atque expo-
liuntur, omnesque parietum et soli iuncturae testaceis puluinis
fibulantur, quoniam fere cum in his partibus aedificia rimas
egerunt, caua praebent et latebras subterraneis animalibus. Sed
et lacibus distinguuntur granaria, ut separatim quaeque legu-
14 mina ponantur. Parietes oblinuntur amurga subacto luto, cui
pro paleis admixta sunt arida oleastri, uel si ea non sunt, oleae
folia. Dein cum praedictum tectorium inaruit, rursus amurca
15 respergitur, qua siccata frumentum infertur. Ea res ab noxa
curculionum et similium animalium commodissime uidetur
conditas fruges defendere, quae nisi diligenter repositae
sint, celeriter ab îs consumuntur. Sed id genus horrei quod
descripsimus, nisi sicca positione uillae quamuis robustis-
simum granum corrumpit situ; qui si nullus adsit, possis etiam
defossa frumenta seruare, sicut transmarinis quibusdam
prouinciis ubi puteorum in modum, quos appellant siros,

4 a balineis A^2*R* : ab alienis *SA*^{1} stercilino *SA* : -linio *R* 6 quibus *SA* : ex qu- *R* 8 camara *SA* : -mera *R* 20 dein *SA* : deinde *R* 21 noxa *ego* : noxia *SAR* 24 iis *SA*^{1}, *quod passim in* îs *mutaui* : his A^2*R* 25 descripsimus *Brouckhusius* : scr- *SAR* quamuis robustissimum granum *ego* : g- q- r- *SAR* 26 qui si nullus] *an* quod si nullus <umor> (*uel* <umor> nullus)? possis *Schneider*^{c} : possit *SAR*

exhausta humus editos a se fructus recipit. Sed nos in nostris 16
regionibus, quae redundant uligine, magis illam positionem
pensilis horrei et hanc curam pauimentorum et parietum
probamus, quoniam, ut rettuli, sic emunita sola et latera
horreorum prohibent curculionem.

Quod genus exitii cum incidit, multi opinantur arceri posse,
si exesae fruges in horreo uentilentur et quasi refrigerentur.
Id autem falsissimum est; neque enim hoc facto expelluntur 17
animalia sed inmiscentur totis aceruis. Qui si maneant inmoti,
summis tantum partibus infestentur, quoniam infra mensuram
palmi non nascitur curculio, longeque praestat id solum quod
iam uitiatum est quam totum periculo subicere. Nam cum
exiget usus, facile est eo sublato quod uitiatum erat integro
inferiore uti. Sed haec etsi extrinsecus, non tamen intempestiue
uideor hoc loco rettulisse.

Torcularia praecipue cellaeque oleariae calidae esse debent, 18
quia commodius omnis liquor uapore soluitur ac frigoribus
magnis conficitur. Oleum, quod minus prouenit, si congelatur,
fracescet. <Sed> ut calore naturali est opus qui contingit
positione caeli et declinatione, ita non est opus ignibus aut
flammis, quoniam fumo et fuligine sapor olei corrumpitur.
Propter quod torcular debet a meridiana parte inlustrari, ne
necesse habeamus ignes lucernamque adhibere cum premetur
olea. Cortinale ubi defrutum fiat nec angustum nec obscurum 19
sit, ut sine incommodo minister qui sapam decoquet uersari
possit. Fumarium quoque, quo materia si non sit iam pridem
caesa festinato siccetur, in parte rusticae uillae fieri potest
iunctum rusticis balneis. Nam eas quoque refert esse, in quibus 20

4 sic S^2R : sit S^1A 10 summis tantum *R* : summittantur *SA* infestentur *SA* : -tantur *R* 13 usus *R* : *om. SA* 18 magnis *SA* (*cf.* 12. 52. 12 maiora frigora) : magis *R* congelatur *AR* : -lantur *S* 19 fracescet *Iucundus* : -sset *SAR* : -ssit *Lundström* sed *add.* ς contingit ς : -tigit *SAR* 22 a *R* : *om. SA* parte *R* : parte et *SA* 23 premetur *AR* : -mitur *S* 26 quo *R* : quod *SA*

familia, sed tantum feriis, lauetur; neque enim corporis robori conuenit frequens usus earum. Apothecae recte superponentur îs locis unde plerumque fumus exoritur, quoniam uina celerius uetustescunt quae fumi quodam genere praecoquem maturitatem trahunt. Propter quod et aliud tabulatum esse debebit, quo amoueantur, ne rursus nimia suffumatione medicata sint.

Quod ad uillae situm <pertinet> partiumque eius dis- 21 positionem satis dictum est. Circa uillam deinceps haec esse oportebit: furnum et pistrinum quantum futurus numerus colonorum postulauerit, piscinas minimum duas, alteram quae anseribus pecoribusque seruiat, alteram in qua lupinum, ulmi uimina et uirgas atque alia quae sunt usibus nostris apta maceremus. Stercilina quoque duo sint, unum quod noua purgamenta recipiat et in annum conseruet, alterum ex quo uetera uehantur; sed utrumque more piscinarum deuexum leni cliuo et exstructum pauimentatumque solo ne umorem tramittant. 22 Plurimum enim refert non adsiccato suco fimum uires continere et adsiduo macerari liquore, ut si qua interiecta sint stramentis aut paleis spinarum uel graminum semina intereant nec in agrum exportata segetis herbidas reddant. Ideoque periti rustici quicquid ouilibus stabulisque conuersum progesserunt superpositis uirgis tegunt nec arescere solis incursu patiuntur <et> exuri.

23 Area, si conpetit, ita constituenda est ut uel a domino uel certe a procuratore despici possit, eaque optima est silice constrata, quod et celeriter frumenta deteruntur non cedente

1 tantum ς : tamen *SAR* 3 îs *ego* : his *SAR* 4 fumi ς : fumo *SAR* 6 suffumatione *SA* : suffit- *R* 8 pertinet *add.* ς 13 ulmi *R* : *om. SA* sunt] fiunt *Schneider*[c] 16 uehantur] euehantur *malim* (*cf.* 7. 1. 3, *Cat.* 5. 8, 29) leni *ed. pr.* : leui *SAR* 17 pauimentatumque *Lundström* : -mentumque *SA* : pauitumque *R* 18 suco *R* : *om. SA* 24 et *addidi* : uel *Lundström* : aut *ante* solis ς exuri *R*, *fort. male ut glossema receptum* : *om. SA* 26 silice *R* : in s- *SA*

solo pulsibus ungularum tribularumque, et eadem euentilata mundiora sunt lapillisque carent et glaebulis, quas per trituram fere terrena remittit area. Huic autem nubilar adplicari debet maximeque in Italia propter inconstantiam caeli, quo conlata semitrita frumenta protegantur, si subitaneus imber incesserit; nam in transmarinis quibusdam regionibus, ubi aestas pluuia caret, superuacuum est.

Pomaria quoque et hortos oportet saepto circumdari et esse in 24 propinquo atque in ea parte, qua possit omnis stercorata colluuies cohortis balneariorumque et oleis expressa amurgae sanies influere, namque eiusmodi laetatur alimentis et holus et arbor.

His omnibus ita uel acceptis uel conpositis, praecipua 7 cura domini requiritur cum in ceteris rebus tum maxime in hominibus; atque hi uel coloni uel serui sunt, <et serui> aut soluti aut uincti.

Comiter agat cum colonis facilemque se praebeat et auarius opus exigat quam pensiones, quoniam et minus id offendit, et tamen in uniuersum magis prodest. Nam ubi sedulo colitur ager, plerumque conpendium, numquam, nisi si caeli maior uis aut praedonis incessit, detrimentum adfert, eoque remissionem colonus petere non audet. Sed nec dominus in unaquaque re 2 cui colonum obligauerit tenax esse iuris sui debet, sicut in diebus pecuniarum aut lignis et ceteris paruis accessionibus exigendis, quarum cura maiorem molestiam quam inpensam rusticis adfert. Nec sane est uindicandum nobis quicquid licet, nam summum ius antiqui summam putabant crucem. Nec rursus in totum remittendum, quoniam uel optima nomina

26 summum . . . crucem: *cf. Ter. Heaut. 796, Cic. Off. 1. 33*

3 fere *R* : ferre *SA* nubilar *SA* : -larium *R* 4 in *R* : *om. SA* 5 incesserit *R* : inges- *SA* 10 cohortis *R* : -tes *SA* 11 namque *ego* : nam quoque *SAR* 14 et serui *add. Winterbottom** 15 aut soluti aut uincti] soluti et aut soluti (sunt *add.* A^{2}) aut uincti SA^{2} : s- aut u- $A^{1}R$ 22 cui *R* : cum *SA* 23 aut *ego* : ut *SAR* : uel ς 24 cura *R* : -ram *SA*

non appellando fieri mala faenerator Alfius dixisse uerissime
3 fertur. Sed et ipse nostra memoria ueterem consularem
uirumque opulentissimum P. Volusium adseuerantem audiui
felicissimum fundum esse qui colonos indigenas haberet et
tamquam in paterna possessione natos iam inde a cunabulis
longa familiaritate retineret. Ita certe mea fert opinio rem
malam esse frequentem locationem fundi, peiorem tamen
urbanum colonum, qui per familiam mauult agrum quam per
4 se colere. Saserna dicebat ab eiusmodi homine fere pro mercede
litem reddi, propter quod operam dandam esse ut et rusticos et
eosdem adsiduos colonos retineamus, cum aut nobismet ipsis
non licuerit aut per domesticos colere non expedierit; quod
tamen non euenit nisi si in îs regionibus quae grauitate caeli
5 solique sterilitate uastantur. Ceterum cum mediocris adest et
salubritas et terrae bonitas, numquam non ex agro plus sua
cuique cura reddidit quam coloni, numquam non etiam uilici,
nisi si maxima uel neglegentia serui uel rapacitas interuenit.
Quae utraque peccata plerumque uitio domini uel committi
uel foueri nihil dubium est, cum liceat aut cauere ne talis praeficiatur negotio aut iam praepositus ut summoueatur curare.

6 In longinquis tamen fundis, in quos non est facilis excursus
patris familiae, cum omne genus agri tolerabilius est sub liberis colonis quam sub uilicis seruis habere, tum praecipue frumentarium, quem et minime, sicut uineas aut arbustum, colonus euertere potest et maxime uexant serui, qui boues elocant eosdemque et cetera pecora male pascunt nec industrie terram uertunt longeque plus inputant seminis iacti quam quod seuerint, sed nec quod terrae mandauerunt sic adiuuant

9 Saserna: *fr. 2 Speranza*

1 appellando *S* : -da *AR** alfius *SA* : -ph- *R* uerissime *R* : seuer- *SA* 2 et *R* : *om. SA* 3 audiui *R* : audi *SA* 13 nisi si S^2A : nisi S^1R îs *ego* : his *SAR* 17 nisi si *SA* : nisi *R* 18 committi A^2R : commentuei SA^1 21 est *ego* : sit *SAR* 24 frumentarium A^2R : -ria SA^1 28 adiuuant *S* : -uantur *AR*

ut recte proueniat, idque cum in aream contulerunt, per
trituram cotidie minuunt uel fraude uel neglegentia. Nam et 7
ipsi diripiunt et ab aliis furibus non custodiunt, sed nec con-
ditum cum fide rationibus inferunt. Ita fit ut et actor et familia
peccent et ager saepius infametur. Quare talis generis
praedium, si, ut dixi, domini praesentia cariturum est, censeo
locandum.

Proxima est cura de seruis, cui quemque officio praeponere 8
conueniat et quosque qualibus operibus destinare. Igitur
praemoneo ne uilicum ex eo genere seruorum qui corpore
placuerunt instituamus, neue ex eo quidem ordine qui urbanas
ac delicatas artis exercuerunt. Socors et somniculosum genus 2
id mancupiorum, otiis campo circo theatris aleae popinae
lupanaribus consuetum, numquam non easdem ineptias
somniat, quas cum in agri culturam transtulit, non tantum
in ipso seruo quantum in uniuersa re detrimenti dominus
capit.

Eligendus est rusticis operibus ab infante duratus et inspectus
experimentis. Si tamen is non erit, de îs praeficiatur qui
seruitutem laboriosam tolerauerunt. Iamque is transcenderit 3
aetatem primae iuuentae necdum senectutis attigerit, illa ne et
auctoritatem detrahat ad imperium quoniam maiores dedig-
nentur parere adulescentulo, haec ne laboriosissimo succumbat
operi. Mediae igitur sit aetatis et firmi roboris, peritus rerum
rusticarum aut certe maximae curae quo celerius addiscat.
Nam non est nostri negotii alterum imperare et alterum docere; 4
neque enim recte opus exigere ualet qui quid aut qualiter
faciendum sit ab subiecto discit. Potest etiam inlitteratus,
dummodo tenacis sit memoriae, rem satis commode

9 et quosque] *ego* : ↔ *SAR* 11 neue Corsetti* : ne *SAR* 12 exercuerunt *ego* : -rit *SAR* 13 mancupiorum *SA* : -cip- *R* 15 culturam *R* : -ra *SA* 16 quantum *S* : quam cum *AR* 20 iamque is *Iucundus* : iamque iis *S* : i- his A^1 : iam quis A^2 : iam(que) qui *R* 21 aetatem A^2R : -tis SA^1 23 succumbat A^2R : -bebat *SA* 29 tenacis sit *Madvig* : tenacissimae *SAR*

administrare. Eiusmodi uilicum Cornelius Celsus ait saepius
nummos domino quam librum adferre, quia nescius litterarum
uel ipse minus possit rationes confingere uel per alium propter
conscientiam fraudis timeat.

5 Sed qualicumque uilico contubernalis mulier adsignanda est,
quae et contineat eum et in quibusdam rebus tamen adiuuet.
Eidemque actori praecipiendum est ne conuictum cum domes-
tico multoque minus cum extero habeat; nonnumquam
tamen eum, quem adsidue sedulum et fortem in operibus
administrandis cognouerit, honoris causa mensae suae die
festo dignetur adhibere. Sacrificia nisi ex praecepto domini
6 ne fecerit. Haruspices sagasque, quae utraque genera uana
superstitione rudis animos ad inpensas ac deinceps ad flagitia
compellunt, ne admiserit, neque urbem neque ullas nundinas
nouerit, nisi emendae uendundaeue pertinentis ad se rei
7 causa. Vilicus enim, quod ait Cato, ambulator esse non debet
nec egredi terminos, nisi ut addiscat aliquam culturam, et hoc
si ita in uicino est ut remeare possit. Semitas nouosque limites
in agro fieri ne patiatur, neue hospitem nisi amicum familia-
remque domini necessarium receperit.

8 Vt ab his arcendus, ita exhortandus est ad instrumenti ferra-
mentorumque curam, ut duplicia quam numerus seruorum
exigit refecta et reposita custodiat, ne quid a uicino petendum
sit, quia plus in operis seruorum quam in pretio rerum
9 eiusmodi consumitur. Cultam uestitamque familiam magis
utiliter quam delicate habeat, munitamque diligenter a uento

1 Celsus: *agr. fr.* 1 *Marx* 16 Cato: *Cat.* 5. 2

4 fraudis *R* : *om. SA, fort. recte* timeat *SA* : -mere *R* 6 et *R* : *om. SA* 7 eidemque *R* : eidem *SA* 16 quod *SA* : ut *R* 18 remeare *R* : remanere *SA* : *neutrum placet, sed cf. Varr. Rust.* 1. 16. 5 neque uilicus (exierit) iniussu domini longius quam ut eodem die rediret; *an* remorari (*ego*) *uel* reuocari (*Holford-Strevens*)? 24 operis SA^2 : -ribus A^1R

frigore pluuiaque, quae cuncta prohibentur pellibus manicatis, centonibus confectis uel sagis cucullis. Id si fiat, nullus dies tam intolerabilis est quo non sub diuo moliri aliquid possit.

Nec tantum operis agrestis sit artifex sed et animi, quantum 10
seruile patitur ingenium, uirtutibus instructus, ut neque
remisse neque crudeliter imperet semperque aliquos ex
melioribus foueat, parcat tamen etiam minus bonis ita, ut
potius timeant eius seueritatem quam crudelitatem detes-
tentur. Id contingere poterit, si maluerit custodire subiectos
ne peccent quam neglegentia sua committere ut puniat delin-
quentis. Nulla est autem maior uel nequissimi hominis custodia 11
quam operis exactio, ut iusta reddantur, ut uilicus semper se
repraesentet. Sic enim et magistri singulorum officiorum
sedulo munia sua exsequentur et ceteri post fatigationem
operis quieti ac somno potius quam deliciis operam dabunt.

Iam illa uetera, sed optimi moris, quae nunc exoleuerunt, 12
utinam possint optineri: ne conseruo ministro quoquam nisi in
re domini utatur; ne cibum nisi in conspectu familiae capiat
neue alium quam qui ceteris praebetur (sic enim curabit ut et
panis diligenter confiat et reliqua salubriter adparentur); ne
extra fines nisi a se missum progredi sinat, sed nec ipse mittat
nisi magna necessitate cogente; | neue negotietur sibi pecu- 13
niamque domini aut animalibus aut rebus aliis promercalibus
occupet (haec enim negotiatio curam uilici auocat nec umquam
patietur eum cum rationibus domini paria facere, sed ubi
numeratio exigetur, rem pro nummis ostendet).

In uniuersum tamen hoc maxime optinendum ab eo est, ne quid se putet scire quod nesciat quaeratque semper addiscere

1 pluuiaque] pluuia *malim, sed cf.* 11. 2. 11 prohibentur *S* : -berentur *AR* 2 sagis] *an* sagaceis (*cf.* 11. 1. 21)? 13 et *R* : ut *SA* 14 exsequentur *ego* : -quuntur *R* : -quantur *SA* et *R* : sed *SA* 16 sed *SA* : et *R* exoleuerunt *R* : exso- *SA* 17 optineri ς : -nere *SAR* 22 negotietur *R* : -entur *SA* 24 auocat] *an* auocabit? 26 ostendet *ego* : ostendit *SAR*

14 quod ignorat. Nam cum multum prodest perite quid facere, tum plus obest perperam fecisse. Vnum enim ac solum dominatur in rusticatione: quicquid exigit ratio culturae semel facere, quippe cum emendatur uel inprudentia uel neglegentia, iam res ipsa decoxit nec tantum postmodo exuberat ut et se amissam restituat et quaestum temporum praeteritorum resarciat.

15 In ceteris seruis haec fere praecepta seruanda sunt, quae me custodisse non paenitet, ut rusticos, qui modo non incommode se gessissent, saepius quam urbanos familiarius adloquerer et hac comitate domini leuari perpetuum laborem eorum intellegerem, nonnumquam etiam iocarer et plus ipsis iocari permitterem. Iam illud saepe facio, ut quasi cum peritioribus de aliquibus operibus nouis deliberem et per hoc cognoscam cuiusque ingenium, quale quamque sit prudens. Tum etiam libentius eos id opus adgredi uideo, de quo secum deliberatum et consilio ipsorum susceptum putant.

16 Nam illa sollemnia sunt omnibus circumspectis, ut ergastuli mancipia recognoscam, ut explorem an diligenter uincti sint, an ipsae sedes custodiae satis tutae munitaeque sint, num uilicus aut adligauerit quempiam domino nesciente aut reuinxerit. Nam utrumque maxime seruare debet, ut et quem pater familiae tali poena multauerit, uilicus nisi eiusdem permissu compedibus non eximat, et quem ipse sua sponte
17 uinxerit, antequam sciat dominus, non resoluat; | tantoque

5 ipsa <domino> *Pontedera*[1], *coll. 11. 1. 28* postmodo *SA* : -dum *R* 6 se amissam] summam amissam *Wistrand* : *an* amissum (*Holford-Strevens*) *uel* sibi amissum? 11 hac *SA* : a *R* 12 -numquam *A*[2]*R* : -num *SA*[1]. iocarer *SA* : -rier *R* 15 quamque sit *R* : cumque est *SA* 17 putant *S* : -tat *AR* 18 circumspectis *R* : circumseptis *SA* 19 recognoscam ... explorem *Lundström* : -cant ... -rent *SAR* : -cantur ... -rentur *Vrsinus* uincti *SA* : -ta *R* 21 num *R* : numquam *SA* : num quem *Schneider*[c] : *an* numquid? domino] domi me *Vrsinus* 22 seruare] -ri *Vrsinus*

curiosior inquisitio patris familiae debet esse pro tali genere seruorum, ne aut in uestiariis aut in ceteris praebitis iniuriose tractentur, quanto et pluribus subiecti, ut uilicis, ut operum magistris, ut ergastulariis, magis obnoxii perpetiendis iniuriis et rursus saeuitia atque auaritia laesi magis timendi sunt. Itaque diligens dominus cum et ab ipsis tum et ab solutis, 18 quibus maior est fides, quaerit an ex sua constitutione iusta percipiant, atque ipse panis potionisque probitatem gustu suo explorat, uestem manicas pedumque tegumina recognoscit. Saepe etiam querendi potestatem faciat de îs qui aut crudeliter eos aut fraudulenter infestent. Nos quidem aliquando iuste dolentis tam uindicamus quam animaduertimus in eos qui seditionibus familiam concitant, qui calumniantur magistros suos; ac rursus praemio prosequimur eos qui strenue atque industrie se gerunt. Feminis quoque fecundioribus, quarum in 19 subole certus numerus honorari debet, otium nonnumquam et libertatem dedimus, cum complures natos educassent; nam cui tres erant filii uacatio, cui plures libertas quoque contingebat. Haec et iustitia et cura patris familiae multum confert augendo patrimonio. Sed et illa meminerit, cum e ciuitate remeauerit, 20 deos penatis adorare, deinde, si tempestiuum erit confestim, si minus postero die fines oculis perlustrare, omnis partis agri reuisere atque aestimare num quid absentia sua de disciplina et custodia remiserit, num aliqua uitis, num arbor, num fruges absint; tum etiam pecus et familiam recenseat fundique instrumentum et supellectilem. Quae cuncta si per pluris annos facere instituerit, bene moratam disciplinam, cum senectus

3 ut^2 *SA*^{1} : *om.* *A*^{2}*R* 4 ut *SA* : et *R* 6 ab ipsis *A*^{2}*R* : absis *S*^{1}*A*^{1} : ab iis *S*^{2}, *fort. recte* 8 potionisque *A*^{2}*R* : -nique *SA*^{1} probitatem *SA* : boni- *R* 9 explorat *SA* : -ret *R* recognoscit *SA* : -cat *R* 10 iis *S* : his *AR* 11 iuste *S* : -to *AR* 14 prosequimur *R* : -quamur *SA* 17 complures *R* : plures *SA* 18 uacatio *S* : uoc- *AR* plures *R* : plus *SA* 19 et^1] enim *Iucundus* 25 pecus *SAR** : pecudes *R**

aduenerit, optinebit; nec erit ulla eius aetas annis ita confecta ut
spernatur a seruis.

9 Dicendum etiam est quibus operibus quemque habitum
corporis aut animi contribuendum putemus. Magistros pecori-
bus oportet praeponere sedulos ac frugalissimos. Ea res utraque
plus quam corporis statura roburque confert huic negotio,
quoniam id ministerium custodiae diligentis et artis officium
2 est. Bubulco quamuis necessaria non tamen satis est indoles
mentis, nisi eum uastitas uocis et habitus metuendum pecudi-
bus efficit. Sed temperet uires clementia, quoniam terribilior
debet esse quam saeuior, ut et obsequantur eius imperiis et
diutius perennent boues, non confecti uexatione simul operum
uerberumque. Sed quae sint magistrorum munia quaeque
3 bubulcorum suo loco repetam; | nunc admonuisse satis est nihil
in his, in illis plurimum referre uires et proceritatem. Nam
longissimum quemque aratorem, sicut dixi, faciemus et
propter id quod paulo ante rettuli et quod in re rustica nullo
minus opere fatigatur prolixior, quia in arando stiuae paene
rectus innititur. Mediastinus qualiscumque status potest esse,
dummodo perpetiendo labori sit idoneus.

4 Vineae non sic altos quemadmodum latos et lacertosos uiros
exigunt, nam hic habitus fossuris et putationibus ceterisque
earum culturis magis aptus. Minus in hoc officio quam in
ceteris agricolatio frugalitatem requirit, quia et in turba et sub
monitore uinitor opus facere debet ac plerumque uelocior
animus est inproborum hominum, quem desiderat huius operis
condicio. Non solum enim fortem, sed et acuminis strenui
ministrum postulat, ideoque uineta plurimum per alligatos
5 excoluntur. Nihil tamen eiusdem agilitatis homo frugi non

6 statura *R* : statum *SA* 10 efficit *R* : effecit *SA* sed *SA* : sed et *R* 16 aratorem *R* : maiorem *SA* 18 quia *R* : quin *SA* 20 labori ς : -re *SAR* 21 quemadmodum *SR* : quomodo *A* 22 hic *R* : is *SA* 26 hominum *R* : *om.* *SA*

melius quam nequam faciet. Hoc interposui, ne quis existimet
in ea me opinione uersari qua malim per noxios quam per
innocentis rura colere.

Sed et illud censeo, ne confundantur opera familiae sic, ut
omnes omnia exsequantur. Nam id minime conducit agricolae, 6
seu quia nemo suum proprium aliquod esse opus credit, seu
quia cum enisus est, non suo sed communi officio proficit
ideoque labori multum se subtrahit; nec tamen uiritim
malefactum deprehenditur, quod fit a multis. Propter quod
separandi sunt aratores a uinitoribus et uinitores ab aratoribus
iique a mediastinis. Classes etiam non maiores quam denum 7
hominum faciundae, quas decurias appellauerunt antiqui et
maxime probauerunt, quod is numeri modus in opere com-
modissime custodiretur nec praeeuntis monitoris diligentiam
multitudo confunderet. Itaque si latior est ager, in regiones 8
diducendae sunt eae classes, diuidundumque ita opus, ut neque
singuli biniue sint, quoniam dispersi non facile custodiuntur,
nec tamen supra decem, ne rursus ubi nimia turba sit id opus ad
se pertinere singuli non existiment. Haec ordinatio non solum
concitat aemulationem sed et deprendit ignauos. Nam cum
certamine opus excitetur, tum in cessantis animaduersio iusta
et sine querela uidetur adhiberi.

Sed nimirum dum quae maxime prouidenda sunt agricolae 9
futuro praecipimus, de salubritate, de uia, de uicino, de aqua,
situ uillae, fundi modo, colonorum et seruorum generibus,
officiorum operumque distributione, tempestiue per haec ad
ipsum iam terrae cultum peruenimus, de quo pluribus libro
insequente mox disseremus.

10 a S^2R : *om.* S^1A et uinitores *R* : *om.* *SA* 11 iique a *R* : et qua S^1A : eque S^2 13 quod is *R* : *om.* S^1A : ut S^2 16 diducendae S^2 : de- S^1AR eae *S* : ea A^1 : he A^2R 20 deprendit *SA* : deprehendit *R* 24 futuro ς : -ra *SAR* L. IVNI MODERATI COLVMELLE REI RVSTICAE LIBER PRIMVS EXPLICIT *SA* : *similiter* R^* : *om.* R^*

LIBER SECVNDVS
SEMENTIVVS

1 QVAERIS ex me, P. Siluine, quod ego sine cunctatione non recuso docere, cur priore libro ueterum opinionem fere omnium, qui de cultu agrorum locuti sunt, a principio confestim reppulerim, falsamque sententiam repudiauerim censentium longo aeui situ longique iam temporis exercita-
2 tione fatigatam et effetam humum consenuisse. Nec te ignoro cum et aliorum inlustrium scriptorum tum praecipue Tremeli auctoritatem reuereri, qui cum plurima rusticarum rerum praecepta simul eleganter et scite memoriae prodiderit, uidelicet inlectus nimio fauore priscorum de simili materia disserentium falso credidit parentem omnium terram, sicut muliebrem sexum aetate anili iam confectam, progenerandis esse fetibus inhabilem. Quod ipse quoque confiterer, si in
3 totum nullae fruges prouenirent. Nam et hominis tum demum declaratur sterile senium non cum desinit mulier trigeminos aut geminos parere, sed cum omnino nullum conceptum edere ualet, itaque transactis iuuentae temporibus, etiam si longa uita superest, partus tamen annis denegatus non restituitur. At e contrario seu sponte seu quolibet casu derelicta humus,

7 Tremeli: *fr. 2 Speranza*

INCIPIT .II. SEMENTIVVS LIBER SECVNDVS HAEC CONTINET *S* : LIBER SECVNDVS HAEC CONTINENT *A* : *uaria sed similia R* *argumenta in appendice reperientur* 2 ueterum *R* : -rem *SA* 6 effetam *S* : -fert- *A* : -fect- *R* 7 tremeli *SA* : -ll- *R* 14 prouenirent *R* : conu- *SA* 19 derelicta *SA* : destituta *R*

cum est repetita cultu, magno faenore cessatorum colono respondet. Non ergo est exiguarum frugum causa terrae 4 uetustas si modo, cum semel inuasit senectus, regressum non habet, nec reuirescere aut repubescere potest, sed ne lassitudo quidem soli minuit agricolae fructum. Neque enim prudentis est adduci tamquam in hominibus nimiae corporis exercitationi aut oneris alicuius ponderi, sic cultibus et agitationibus agrorum fatigationem succedere.

Quid ergo est, inquis, quod adseuerat Tremelius, intacta et 5 siluestria loca, cum primum ceperint cultum, exuberare, mox deinde non ita respondere labori colonorum? Videt sine dubio quid eueniat, sed cur id accidat non peruidet. Neque enim idcirco rudis et modo ex siluestri habitu in aruum transducta fecundior haberi terra debet quod sit requietior et iunior, sed quod multorum annorum frondibus et herbis quas suapte natura progenerabat uelut saginata largioribus pabulis, facilius edendis educandisque frugibus sufficit. At cum perruptae 6 rastris et aratris radices herbarum ferroque succisa nemora frondibus suis desierunt alere matrem, quaeque temporibus autumni frutectis et arboribus delapsa folia superiaciebantur, mox conuersa uomeribus et inferiori solo, quod plerumque est exilius, permixta atque absumpta sunt, sequitur ut destituta pristinis alimentis macrescat humus. Non igitur fatigatione, 7 quemadmodum plurimi crediderunt, nec senio sed nostra scilicet inertia minus benigne nobis arua respondent. Licet enim maiorem fructum percipere, si frequenti et tempestiua et modica stercoratione terra refoueatur. De cuius cultu dicturos nos priori uolumine polliciti iam nunc disseremus.

9 Tremelius: *fr. 3 Speranza*

1 cessatorum *SA* : -tionis *R* 4 reuirescere *SA* : reuiuiscere *R* 7 ponderi *Schneider* : ponderis *SA*^{1} : pondere *A*^{2}*R* 10 cultum *S* : -tu *AR* 20 frutectis *SA* : fructetis *R* 22 absumpta *S* : ads- *uel* ass- *AR*

et ad solum coartatas imbricibus supinis similes facere conueniet. Nam quarum recta sunt latera, celeriter aquis uitiantur
10 et superioris soli lapsibus replentur. Opertae rursus occaecari debebunt sulcis in altitudinem tripedaneam depressis; qui cum parte dimidia lapides minutos uel nudam glaream receperint, aequentur superiecta terra quae fuerat effossa. Vel si nec lapis erit nec glarea, sarmentis conexus uelut funis informabitur in eam crassitudinem quam solum fossae possit angustae quasi
11 accommodatam coartatamque capere. Tum per imum contendetur, ut super calcatis cupressinis uel pineis aut, si eae non erunt, aliis frondibus terra contegatur, in principio atque exitu fossae more ponticulorum binis saxis tantummodo pilarum uice constitutis et singulis superpositis, ut eiusmodi constructio ripam sustineat, ne praecludatur umoris inlapsus atque exitus.

Nemorosi frutectosique tractus duplex cura est uel exstirpandis radicitus arboribus et remouendis uel, si rarae sunt,
12 tantum succidendis incendendisque et inarandis. Ac saxosum facile est expedire lectione lapidum, quorum si magna est abundantia, uelut quibusdam substructionibus partes agri sunt occupandae, ut reliquae emundentur, uel in altitudinem sulco depresso lapides obruendi; quod tamen ita faciendum erit, si
13 suadebit operarum uilitas. Iunci et graminis pernicies repastinatio est, filicis frequens exstirpatio; quae uel aratro fieri potest, quoniam intra biennium saepius conuolsa emoritur, celerius etiam, si eodem tempore stercores et lupino uel faba conseras, ut cum aliquo reditu medearis agri uitio. Namque constat filicem sationibus et stercoratione facilius interemi. Verum et si subinde nascentem falce decidas, quod uel puerile opus est,
14 intra praedictum tempus uiuacitas eius absumitur. Sed iam

1 et *SA* : *om. R* 6 superiecta A^2R : -tec- SA^1 9 per imum *R* : primum *SA* 13 et *R* : ut *SA* 16 radicitus A^2R : -bus SA^1 et A^2R : *om.* SA^1 rare A^2R : rareta SA^1 : fruteta *Ahle* 17 et] aut *Richter* 24 conuolsa emoritur SA^1 : conuulsa emoritur A^2 : conuulse moriuntur *R* 27 interemi S^1A (*cf.* 2, 10. 27) : -rimi S^2R

expediendi rudis agri rationem sequitur cultorum noualium cura, de qua mox quid censeam profitebor, si quae ante discenda sunt aruorum studiosis praecepero.

Plurimos antiquorum, qui de rusticis rebus scripserunt, memoria repeto quasi confessa nec dubia signa pinguis ac frumentorum fertilis agri prodidisse, dulcedinem soli propriam, herbarum et arborum prouentum, nigrum colorem uel cinereum. Nihil de ceteris ambigo; de colore satis admirari non 15
possum cum alios tum etiam Cornelium Celsum, non solum agricolationis sed uniuersae naturae prudentem uirum, sic et sententia et uisu deerrasse ut oculis eius tot paludes, tot etiam campi salinarum non occurrerent quibus fere contribuuntur praedicti colores. Nullum enim temere uidemus locum, qui 16
modo pigrum contineat umorem, non eundem uel nigri uel cinerei coloris, nisi forte in eo fallor ipse quod non putem aut in solo limosae paludis et uliginis amarae aut in maritimis areis salinarum gigni posse laeta frumenta. Sed manifestior hic antiquorum error quam ut pluribus argumentis conuincendus sit.

Non ergo color, tamquam certus auctor, testis est bonitatis aruorum. Et ideo frumentarius ager, id est pinguis, magis 17
aliis qualitatibus aestimandus est. Nam ut fortissimae pecudes diuersos ac paene innumerabiles, sic etiam robustissimae terrae plurimos et uarios colores sortitae sunt. Itaque considerandum erit ut solum quod excolere destinamus pingue sit. Per se tamen 18
id parum est, si dulcedine caret, quod utrumque satis expedita nobis ratione contingit discere. Nam perexigua conspargitur

4 antiquorum: *cf. Plin. N.H. 18. 34 (= Cato inc. sed. fr. 10 Speranza)* 9 Cornelium Celsum: *agr. fr. 2 Marx*

1 rudis agri rationem *SA* : ruris agricolationem *R* 4 scripserunt *R* : -rint *SA* 7 colorem *S* : *om. AR* 8 cinereum *S* : -rem *AR* nihil *S* : uel *AR* 11 etiam *SA* : *om. R* 25 excolere *SA* : ex colore *R*

aqua glaeba manuque subigitur, ac si glutinosa est, quamuis
leuissimo tactu pressa inhaerescit et

picis in morem ad digitos lentescit habendo,

ut ait Vergilius, eademque inlisa humo non dissipatur; quae
res nos admonet inesse tali materiae naturalem sucum et
19 pinguitudinem. Sed si uelis scrobibus egestam humum recon-
dere et recalcare, cum aliquo quasi fermento abundauerit
certum erit esse eam pinguem, cum defuerit exilem, cum
aequauerit mediocrem. Quamquam ista quae nunc rettuli non
tam uera possint uideri, si sit pulla terra, quae melius prouentu
frugum adprobatur.
20 Saporem quoque sic dinoscemus: ex ea parte agri quae max-
ime displicebit, effossae glaebae et in fictili uaso madefactae
dulci aqua permisceantur ac more faeculenti uini diligenter
colatae gustu explorentur; nam qualem traditum ab eis
rettulerit umor saporem, talem esse dicemus eius soli. Sed et
citra hoc experimentum multa sunt quae et dulcem terram
et frumentis habilem significent, ut iuncus, ut calamus, ut
gramen, ut trifolium hebulum rubi, pruni siluestres et alia
complura, quae etiam indagatoribus aquarum nota non nisi
21 dulcibus terrae uenis educantur. Nec contentos esse nos oportet
prima specie summi soli, set diligenter exploranda est inferioris
materiae qualitas, terrena necne sit. Frumentis autem sat erit,
si aeque bona suberit bipedanea humus: arboribus altitudo
quattuor pedum abunde est. Haec cum ita explorauerimus,
agrum sationibus faciundis expediemus. Is autem non minimum
exuberat, si curiose et scite subigitur. Quare antiquissimum est

4 Vergilius: *Georg.* 2. 250

6 pinguitudinem *SA* : pinguedinem *R* 7 aliquo quasi A^2R : ↔ SA^1 8 cum[2] *R* : tum *SA* 10 pulla *R** : pulila *SAR** 12 saporem *S* : sapore *AR*, *fort. recte* 13 uaso *SA* : uase *R* 20 nota non *S* : non tamen *AR* 22 sed *R* : et *SA* : sed et *Richter*

formam huius operis conscribere, quam uelut sectam legemque in proscindendis agris sequantur agricolae.

Igitur in opere boues arte iunctos habere conuenit, quo 22
speciosius ingrediantur sublimes et elatis capitibus ac minus colla eorum labefactentur iugumque melius aptum ceruicibus insidat. Hoc enim genus iuncturae maxime probatum est; nam illud quod in quibusdam prouinciis usurpatur, ut cornibus inligetur iugum, fere repudiatum est ab omnibus qui praecepta rusticis conscripserunt, neque immerito. Plus enim queunt 23
pecudes collo et pectore conari quam cornibus, atque hoc modo tota mole corporis totoque pondere nituntur, at illo retractis et resupinis capitibus excruciantur aegreque terrae summam partem leui admodum uomere sauciant et ideo minoribus aratris moliuntur, quia non ualent alte perfossa noualium terga rescindere; quod cum fit, omnibus uirentibus plurimum confertur; nam penitus aruis sulcatis maiore incremento segetum arborumque fetus grandescunt.

Et in hoc igitur a Celso dissentio, qui reformidans inpensam, 24
quae scilicet largior est in amplioribus armentis, censet et exiguis uomeribus et dentalibus terram subigere, quo minoris formae bubus id administrari possit, ignorans plus esse reditus in ubertate frugum quam inpendii si maiora mercemur armenta, praesertim in Italia ubi arbustis atque oleis consitus ager altius resolui ac subigi desiderat, ut et summae radices uitium olearumque uomeribus rescindantur, quae si maneant frugibus obsint, et inferiores penitus subacto solo facilius capiant umoris alimentum. Potest tamen illa Celsi ratio 25
Numidiae et Aegypto conuenire, ubi plerumque arboribus uiduum solum frumentis seminatur, atque eiusmodi terram

18 Celso: *agr. fr. 3 Marx*

---

1 conscribere *S* : -scripsere *AR* sectam *SR** : secta *AR** 15 terga *S* : terra *AR*
19 armentis ς : argumentis *SAR*

pinguibus harenis putrem uelut cinerem solutam quamuis leuissimo dente moueri satis est.

Bubulcum autem per proscissum ingredi oportet alternisque uersibus obliquum tenere aratrum et alternis recto plenoque sulcare, sed ita necubi crudum solum et inmotum relinquat,
26 quod agricolae scamnum uocant; | boues, cum ad arborem uenerint, fortiter retinere ac retardare, ne in radicem maiore nisu uomis inpactus colla commoueat neue aut cornu bos ad stipitem uehementius offendat, aut extremo iugo truncum delibet ramumque deplantet. Voce potius quam uerberibus terreat, ultimaque sint opus recusantibus remedia plagae. Numquam stimulo lacessat iuuencum, quae res taetratum calcitrosumque eum reddit; nonnumquam tamen admoneat
27 flagello. Sed nec in media parte uersurae consistat detque requiem in summa, ut spe cessandi totum spatium bos agilius enitatur. Sulcum autem ducere longiorem quam pedum centum uiginti contrarium pecori est, quoniam plus aequo fati-
28 gatur ubi hunc modum excessit. Cum uentum erit ad uersuram, in priorem partem iugum propellat et boues inhibeat, ut colla eorum refrigescant, quae celeriter conflagrant si adsidue stringuntur, et ex eo tumor ac deinde ulcera inuadunt. Nec minus dolabra quam uomere bubulcus utatur et praefractas stirpes summasque radices, quibus ager arbusto consitus inplicatur, omnis refodiat ac persequatur.

3 Boues cum ab opere disiunxerit, substrictos confricet manibusque conprimat dorsum, et pellem reuellat nec patiatur corpori adhaerere, quia id genus morbi maxime est armentis
2 noxium. Colla subigat merumque faucibus, si aestuauerint, infundat; satis autem est singulis binos sextarios praebere.

12 res taetratum *Lundström* : rescae tratum *SA* : reste tractum *R* 20 si . . . stringuntur *Ash* : nisi . . . -gantur *SAR* 27 id *Iucundus* : et *SAR* 29 singulis ς : -li *S* : inguli *AR* binos *Iucundus* : uini *SAR*

Sed ante ad praesepia boues religari non expedit quam sudare atque anhelare desierint. Cum deinde tempestiue potuerint uesci, non multum nec uniuersum cibum, sed partibus et paulatim praebere conuenit. Quem cum absumpserint, ad aquam duci oportet, salibusque adlectari quo libentius bibant, tum demum reductos largiore pabulo satiari.

Hactenus de officio bubulci dixisse abunde est. Sequitur ut tempora quoque subigendi arui praecipiamus.

Pingues campi qui diutius continent aquam proscindendi 4
sunt anni tempore iam incalescente, cum omnis herbas edi-
derint neque adhuc earum semina maturuerint. Sed tam
frequentibus densisque sulcis arandi sunt ut uix dinoscatur in
utram partem uomer actus sit, quoniam sic omnes radices
herbarum perruptae necantur. Sed et conpluribus iterationibus 2
sic resoluatur ueruactum in puluerem, ut uel nullam uel
exiguam desideret occationem cum seminauerimus; nam
ueteres Romani dixerunt male subactum agrum qui satis frugi-
bus occandus sit. Eum porro an recte aretur frequenter 3
explorare debet agricola, nec tantum uisu, qui fallitur non-
numquam superfusa terra latentibus scamnis, uerum etiam
tactu, qui minus decipitur cum solidi rigoris admota pertica
transuersis sulcis inseritur. Ea si aequaliter ac sine offensatione
penetrauit, manifestum est totum solum deinceps esse
motum; sin autem subeunti durior aliqua pars obstitit, crudum
ueruactum esse demonstrat. Hoc cum saepius bubulci fieri
uident, non committunt scamna facere.

Igitur uliginosi campi proscindi debent post Idus mensis
Aprilis. Quo tempore cum arati fuerint, septuaginta diebus 4
interpositis circa solstitium, quod est <ante diem> nonum uel

5 salibusque *ego* (*cf.* 6. 23. 2, 7. 3, 20) : sibiloque *SAR* 6 largiore *SA* : -ri *R* 16 occationem ς : -sionem *SAR* seminauerimus *Iucundus* : -nauimus *AR* : -nabimus *S* : -narimus *Winterbottom** 17 subactum *S* : -to *AR* 28 septuaginta *Richter* : uiginti *S* : *om. AR* 29 ante diem *add. Vrsinus*

octauum Kalendas Iulias, iteratos esse oportebit ac deinde circa
Septembris Kalendas tertiatos, quoniam in id tempus ab aestiuo
solstitio conuenit inter peritos rei rusticae non esse arandum
nisi si magnis <et>, ut fit nonnumquam, subitaneis imbribus
5 quasi hibernis pluuiis terra permaduerit. Quod cum accidit,
nihil prohibet quominus mense Iulio ueruacta subigantur. Sed
quandoque arabitur, obseruabimus ne lutosus ager tractetur
neue exiguis nimbis semimadidus, quam terram rustici uariam
cariosamque appellant. Ea est cum post longas siccitates leuis
pluuia superiorem partem glaebarum madefecit, inferiorem
non attigit. Nam quae limosa uersantur arua, toto anno
desinunt posse tractari nec sunt habilia sementi aut occationi
aut sartioni; at rursus, quae uaria subacta sunt, continuo
triennio sterilitate adficiuntur.

6 Medium igitur temperamentum maxime sequamur in
arandis agris, ut neque suco careant nec abundent uligine;
quippe nimius umor, ut dixi, limosos lutososque reddit, at qui
siccitatibus aruerunt, expediri probe non possunt. Nam uel
respuitur duritia soli dens aratri, uel si qua parte penetrauit,
non minute diffundit humum sed uastos caespites conuellit,
quibus obiacentibus impeditum aruum minus recte potest
iterari, quia ponderibus glaebarum sicut aliquibus obstantibus
fundamentis uomis a sulco repellitur, quo euenit ut in itera-
tione quoque scamna fiant et boues iniquitate operis pessime
7 mulcentur. Accedit huc quod omnis humus quamuis laetissima
tamen inferiorem partem ieiuniorem habet eamque adtrahunt
excitatae maiores glaebae, quo euenit ut infecundior materia
mixta pinguiori segetem minus uberem reddat, tum etiam ratio

4 et *addidi* : <ac> subitaneis *Iucundus* 8 semimadidus *S* : -dibus *AR* 9 cariosamque SA^2 : curiosam A^1 : curiosamque *R* 13 sartioni *Schneider*[c] (sarritioni *iam Vrsinus*) : sationi *SAR* 17 at qui S^2 : ad qui S^1 : atque *AR* 19 soli ς : -lis *SAR* 22 aliquibus *R* : aliquis *SA* 24 pessime ς : maxime *SAR* 25 mulcentur S^1A : mult- S^2R

rustici adgrauatur exiguo profectu operis; iusta enim fieri
nequeunt cum induruit ager. Itaque siccitatibus censeo quod 8
iam proscissum est iterare pluuiamque opperiri, qua madefacta
terra facilem nobis culturam praebeat. Sed iugerum talis agri
quattuor operis expeditur; nam commode proscinditur duabus,
una iteratur, tertiatur dodrante, in liram satum redigitur quad-
rante operae. Liras autem rustici uocant easdem porcas, cum sic
aratum est ut inter duos latius distantis sulcos medius cumulus
siccam sedem frumentis praebeat.

Colles pinguis soli peracta satione trimestrium mense Martio, 9
si uero tepor caeli siccitasque regionis suadebit, Februario
statim proscindendi sunt, deinde ab Aprili medio usque in
solstitium iterandi tertiandique Septembri circa aequinoctium,
ac totidem operis quot uliginosi campi excolitur iugerum talis
agri. Sed in arando maxime est obseruandum semper ut trans- 10
uersus mons sulcetur; nam hac ratione difficultas adcliuitatis
infringitur laborque pecudum et hominum commodissime
sic minuitur. Paulum tamen, quotiensque iterabitur, modo
in elatiora, modo in depressiora cliui oblicum agi sulcum
oportebit, ut in utramque partem rescindamus nec eodem
uestigio terram moliamur.

Exilis ager planus qui aquis abundat primum aretur 11
ultima parte mensis Augusti, subinde Septembri sit iteratus
paratusque ad sementim circa aequinoctium. Expeditior autem
labor eiusmodi solo est, eoque pauciores inpenduntur operae;
nam tres uni iugero sufficiunt. Item graciles cliui non sunt
aestate arandi, sed circa Septembris Kalendas, quoniam si ante
hoc tempus proscinditur, effeta et sine suco humus aestiuo
sole peruritur nullasque uirium reliquias habet. Itaque optime

2 induruit *SA* : -ruerit *R* 3 qua *Richter* (*cf.* 2. 8. 4 terra pluuiis permaduisset) : quae *SAR* 6 satum *S* : statum *AR* 12 Aprili *Holford-Strevens* : Aprile *SAR* 19 oblicum *SA* : -quum *R* 22 aretur *S* : aruetur *AR* 23 ultima parte S : -mam -tem *R* : -mum -tem *A* 24 ad sementim *Lundström* : ac sementi *SAR*

inter Kalendas et Idus Septembris aratur ac subinde iteratur, ut primis pluuiis aequinoctialibus conseri possit; neque in lira, sed sub sulco talis ager seminandus est.

5 Prius tamen quam exilem terram iteremus, stercorare conueniet, nam eo quasi pabulo gliscit. In campo rarius, in colle spissius acerui stercoris instar quinque modiorum disponentur, atque in plano pedes interualli quoquouersus octo, in cliuo duobus minus relinqui sat erit. Sed id nobis decrescente luna fieri placet, nam ea res herbis liberat segetis. Iugerum autem desiderat, quod spissius stercoratur, uehes quattuor et uiginti,
2 quod rarius, duodeuiginti. Disiectum deinde protinus fimum inarari et adobrui conuenit, ne solis halitu uires amittat et ut permixta humus praedicto alimento pinguescat. Itaque cum in agro disponentur acerui stercoris, non debet maior modus eorum dissipari quam quem bubulci eodem die possint obruere.

6 Quoniam sementi terram docuimus praeparare, nunc seminum genera persequamur.

Prima et utilissima sunt hominibus frumenta triticum et semen adoreum. Tritici genera complura cognouimus. Verum ex îs maxime serendum est quod robus dicitur, quoniam et
2 pondere et nitore praestat. Secunda condicio est habenda siliginis, cuius species in pane praecipua pondere deficitur. Tertium erit trimenstre, cuius usus agricolis gratissimus, nam ubi propter aquas aliamue causam matura satio est omissa, praesidium ab hoc petitur; id porro genus est siliginis. Reliquae tritici species, nisi si quos multiplex uarietas frugum et inanis

23 nam . . . petitur: *Isid. Orig.* 17. 3. 8

4 stercorare ς : stercore *SAR* : *an* stercore satiare (*cf.* 2. 9. 15, 2. 10. 23) *uel* (ad)iuuare (*u. ad* 2. 15. 2)? 7 quoquo- $S^{2}R^{*}$: quoque $S^{1}AR^{*}$ 12 adobrui *ego* (*cf.* 2. 10. 33, 2. 11. 2 *et saepius alibi*) ; adrui *SAR* (*cf.* 2. 10. 33, 2. 11. 8, *sed utrubique post* adobr- *usurpatum*) halitu SR^{*} : habitu AR^{*} 15 dissipari *R*: dissup- *SA* 20 iis *S* : his *AR* 24 propter aquas *S* : propterea quas *AR* 25 porro *S* : *om.* *AR*

delectat gloria, superuacuae sunt. Adorei autem plerumque 3
uidemus in usu genera quattuor: far quod appellatur Clusinum
<grani> candidioris et nitidi; far quod uocatur uennuculum
rutilum atque alterum candidum, sed utrumque maioris
ponderis quam Clusinum; semen trimenstre, quod dicitur hali-
castrum, idque pondere et bonitate est praecipuum. Sed haec 4
genera tritici et adorei propterea custodienda sunt agricolis,
quoniam raro quisquam ager ita situs est ut uno semine con-
tenti esse possimus, interueniente parte aliqua uel uliginosa
uel arida. Triticum autem sicco loco melius coalescit, adoreum
minus infestatur umore.

Leguminum genera cum sint conplura, maxime grata et in 7
usu hominum uidentur faba lenticula pisum phaselus cicer
cannabis milium panicum sesama lupinum, linum etiam et
hordeum, quia ex eo tisana est. Item pabulorum optima sunt
Medica et faenum Graecum, nec minus uicia; | proxima deinde 2
cicera et eruum et farrago quae est ex hordeo. Sed de îs prius
disseremus quae nostra causa seminantur, memores anti-
quissimi praecepti quo monemur ut locis frigidis nouissime,
tepidis celerius, calidis ocissime metamus. Nunc autem proinde
ac si temperatae regioni praecepta dabimus.

Placet nostro poetae adoreum atque etiam triticum non ante 8
seminare quam occiderint Vergiliae. Quod ipsum numeris sic
edisserit:

At si triticeam in messem robustaque farra
exercebis humum solisque instabis aristis,
ante tibi Eoae Atlantides abscondantur.

22 poetae: *Verg. Georg.* 1. 219–21

3 grani candidioris *ego* (c- grani *iam Pontedera*[2]) : candidioris *SA*[2]*R* : candidoris *A*[1]: candoris (*om.* et) *Iucundus* : candidi oris *dist. Lundström* uocatur *SA* : appellatur *R* 4 alterum *S* : alter *AR* 14 panicum *R* : -cium *SA* (*item 8. 4. 1, sed u. TLL*) 17 îs *ego* : his *SAR* 20 metamus *SA* : -mur *R* : iaciamus *Lundström* : seramus *Iucundus, fort. recte* 25 at *S, Verg.* : ac *AR*

2 Absconduntur autem altero et tricensimo die post autumnale
aequinoctium, quod fere conficitur VIIII Kal. Octobris; propter
quod intellegi debet tritici satio dierum sex et quadraginta
ab occasu Vergiliarum, qui fit ante diem nonum Kalendas
Nouembris, ad brumae tempora. Sic enim seruant prudentes
agricolae ut quindecim diebus priusquam conficiatur bruma
totidemque post eam confectam neque arent neque uitem aut
arborem putent. Nos quoque non abnuimus in agro temperato
3 et minime umido sementem sic fieri debere, | ceterum locis
uliginosis atque exilibus aut frigidis aut etiam opacis
plerumque citra Kalendas Octobris seminare conuenire,

dum sicca tellure licet, dum nubila pendent,

ut prius conualescant radices frumentorum quam hibernis
imbribus aut gelicidiis pruinisue infestentur. Sed quamuis
tempestiue sementis confecta erit, cauebitur tamen ut patentis
liras crebrosque sulcos aquarios, quos nonnulli elices uocant,
faciamus et omnem umorem in colliquias atque inde extra
segetes diriuemus.

4 Nec ignoro quosdam ueteres auctores praecepisse ne
seminarentur agri nisi cum terra pluuiis permaduisset; quod
ego, si tempestiue competat, magis conducere agricolae non
dubito. Sed si, quod euenit nonnumquam, seri sunt imbres,
quamuis sitienti solo recte semen committitur, idque etiam
in quibusdam prouinciis ubi status talis caeli est usurpatur.
Nam quod sicco solo ingestum et inoccatum est, proinde ac si
repositum in horreo non corrumpitur, atque ubi uenit imber,
5 multorum dierum sementis uno die surgit. Tremelius quidem
adseuerat, priusquam impluuerit, ab auibus aut formicis sata

12 *Georg.* 1. 214 27 Tremelius: *fr. 8 Speranza*

---

5 brumae *S* : -ma *AR* 11 citra *SA* : circa *R* 14 gelicidiis ς : gelidis *SAR* 17 colliquias *SA* : -loq- *R* 18 diriuemus ς : diruemus *SAR* 27 tremellius *SAR*

non infestari dum aestiuis serenitatibus ager aret, idque etiam saepius nos experti uerum adhuc esse comperimus. Magis apte tamen in eiusmodi agris adoreum quam triticum seritur, quoniam folliculum quo continetur firmum et durabilem aduersus longioris temporis umorem habet.

Iugerum agri pinguis plerumque modios tritici quattuor, 9
mediocris quinque postulat; adorei modios nouem si est laetum
solum, si mediocre, decem desiderat. Nam quamuis de mensura
minus auctoribus conuenit, hanc tamen uideri commodis-
simam docuit noster usus. Quem si quis sequi recusat, utatur
praeceptis eorum qui uberem campum in singula iugera tritici
quibus et adorei octo modîs obserere praecipiunt atque hac por-
tione mediocribus agris semina praebenda censent. Nobis ne 2
istam quidem quam praediximus mensuram semper placet
seruari, quod eam uariat aut loci aut temporis aut caeli con-
dicio: loci, cum uel in campis uel collibus frumentum seritur
atque îs uel pinguibus uel mediocribus uel macris; temporis,
cum autumno aut etiam ingruente hieme frumenta iacimus,
nam prima sementis rarius serere permittit, nouissima spissius
postulat; caeli, cum aut pluuium aut siccum est, nam illud idem
quod prima sementis, hoc quod ultima desiderat.

Omne autem frumentum maxime campo patente et ad 3
solem prono apricoque et soluto laetatur; collis enim quamuis
granum robustius aliquanto, minus tamen tritici reddit. Densa
cretosaque et uliginosa humus siliginem et far adoreum non
incommode alit. Hordeum nisi solutum et siccum locum non
patitur. Atque illa uicibus annorum requietum agitatumque 4
alternis et quam laetissimum uolunt aruum; hoc nullam

1 non infestari dum *S* : ridu *AR* 2 apte *ed. 1494* : alte *S* : alter *AR* 3 quam *S* : quam in *AR* 6 DE SATIONIS MENSVRA *mg. S* 7 adorei S^2R : -rii S^1A^2 : -ri A^1 12 adorei *SR* : -ri *A* modis S^1A: -diis S^2R 17 iis *S* : his *AR* 19 *ad* nam DE NOVISSIMA ET PRIMA SATIONE *mg. S*

mediocritatem postulat, nam uel pinguissima uel macerrima
humo iacitur. Illa post continuos imbris, si necessitas exigat,
quamuis adhuc limoso et madente solo sparseris, iniuriam
5 sustinent; hoc si lutoso commiseris, emoritur. Siliginis autem
uel tritici, si mediocriter cretosus uliginosusue ager est, etiam
paulo plus quam, ut prius iam dixi, quinque modîs ad sationem
opus est. At si siccus et resolutus locus idemque uel pinguis uel
exilis est, quattuor, quoniam et e contrario macer tantundem
seminis poscit; nam nisi rare conseritur, uanam et minutam
6 spicam facit. At ubi ex uno semine pluribus culmis fructificauit,
etiam ex rara segete densam facit. Inter cetera quoque non
ignorare debemus quinta parte seminis amplius occupari
agrum consitum arbusto quam uacuum et apertum.

Atque adhuc de satione autumnali loquimur; hanc enim
7 potissimam ducimus. Sed est altera, cum cogit necessitas:
trimenstrem uocant agricolae. Ea locis praegelidis ac niuosis,
ubi aestas est umida et sine uaporibus, recte committitur,
ceteris admodum raro respondet. Quam tamen ipsam celeriter
et utique ante aequinoctium uernum conueniet peragere; si
uero locorum et caeli condicio patietur, quanto maturius seue-
8 rimus commodius proueniet. Neque enim est ullum, sicut multi
crediderunt, natura trimenstre semen, quippe idem iactum
autumno melius respondet. Sed sunt nihilominus quaedam
aliis potiora quae sustinent ueris tepores, ut siligo et hordeum
Galaticum et halicastrum granumque fabae Marsicae; nam
cetera robusta frumenta semper ante hiemem seri debent in
regionibus temperatis.

Solet autem salsam nonnumquam et amaram uliginem
uomere terra, quae quamuis matura iam sata manante noxio

1 uel ς : ut *SAR*   4 sustinent ς : -net *SAR*   6 modis S^1A^1 : -diis S^2A^2R
12 quinta parte *S* : -tam -tem *AR*   16 trimenstrem *Iucundus* (*cf.* 2. 6. 2, *Pall.* 1. 6. 16) : seme(n)strem *SA* : triticum seme(n)stre(m) *R*   23 sed *R* : *om.* *SA*

umore corrumpit et locis calentibus sine ulla stirpe seminum
areas reddit. Ea glabreta signis adhibitis notari conuenit, ut suo 9
tempore uitiis eiusmodi medeamur; nam ubi uel uligo uel alia
quae pestis segetem enecat, ibi columbinum stercus uel, si id
non est, folia cupressi conuenit spargi et inarari. Sed antiquissimum est omnem inde umorem facto sulco deducere; aliter
uana erunt praedicta remedia. Nonnulli pelle hyaenae satoriam
trimodiam uestiunt atque ita ex ea, cum paulum inmorata sunt
semina iaciunt, non dubitantes prouentura quae sic sata sint.
Quaedam etiam subterraneae pestes adultas segetes radicibus 10
subsectis enecant. Id ne fiat, remedio est aquae mixtus sucus
herbae quam rustici sedum appellant, nam hoc medicamine
una nocte semina macerata iaciuntur. Quidam cucumeris
anguinei umorem expressum et eiusdem tritam radicem
diluunt aqua similique ratione madefacta semina terrae
mandant. Alii hac eadem aqua uel amurca insulsa, cum coepit
infestari seges, perfundunt sulcos et ita noxia animalia
summouent.

Illud deinceps praecipiendum habeo, ut demessis segetibus
iam in area futuro semini consulamus. Nam quod ait Celsus, 11
ubi mediocris est fructus, optimam quamque spicam legere
oportet separatimque ex ea semen reponere; cum rursus
amplior messis prouenerit, quicquid exteretur caphisterio
expurgandum erit et semper quod propter magnitudinem ac
pondus in imo subsederit ad semen reseruandum. Nam id
plurimum prodest, quia quamuis celerius locis umidis, tamen
etiam siccis frumenta degenerant, nisi cura talis adhibetur.
Neque enim dubium est, ex robusto semine posse fieri non 12

20 Celsus: *agr. fr. 4 Marx*

1 calentibus] glabrentibus ς 2 eam (*corr.* ς) glabreta (ἀπ. λεγ.) *R* : eam glaeba *SA* : eam glaebam *Lundström* 3 alia quae *S* : aliquae *A* : aliqua *R* 4 enecat *R* : negat *SA* 11 fiat *R* : fiant *SA* 19 habeo *SA* : -beto *R* 27 adhibetur SA^1 : -beatur A^2R

robustum; quod uero protinus ex leui natum sit numquam robur accipere manifestum est, ideoque Vergilius cum et alia tum et hoc de seminibus praeclare sic disseruit:

> Vidi lecta diu et multo spectata labore
> degenerare tamen, ni uis humana quotannis
> maxima quaeque manu legeret, sic omnia fatis
> in peius ruere ac retro sublapsa referri.

13 Granum autem rutilum si, cum est diffissum, eundem colorem interiorem habet, integrum esse non dubitamus; quod extrinsecus albidum, intus etiam candidum conspicitur, leue ac uanum intellegi debet. Nec nos tamquam optabilis agricolis fallat siligo, nam hoc tritici uitium est et quamuis candore praestet, pondere tamen uincitur. Verum in umido statu caeli recte prouenit et ideo locis manantibus magis apta est. Nec tamen ea longe nobis aut magna difficultate requirenda est, nam omne triticum solo uliginoso post tertiam sationem conuertitur in siliginem.

14 Proximus est his frumentis usus hordei, quod rustici hexastichum, quidam etiam cantherinum appellant, quoniam et omnia animalia quae ruri sunt melius quam triticum pascit et hominem salubrius quam malum triticum, nec aliud in egenis rebus magis inopiam defendit. Seritur soluta siccaque terra et uel praeualida uel exili, quia constat arua segetibus eius macrescere; propter quod pinguissimo agro, cuius nimîs uiribus
15 noceri non possit, aut macro, cui nihil aliud committitur. Altero sulco seminari debet post aequinoctium media fere sementi si laeto solo, si gracili maturius. Iugerum quinque modios

2 Vergilius: *Georg.* 1. 197–200 19 quidam ... malum triticum: *Isid. Orig.* 17. 3. 10

1 ex leui *SA* : exile *R* 8 si cum ς : siccum *SA* : et sic(c)um *R* diffisum *S* : diffusum *AR* 11 optabilis A^2R : stabilis SA^1 15 ea *R* : *om.* *SA* 21 triticum] triticum pascit S^2Ṛ 24 macrescere *Corsetti** (*cf.* 2. 1. 6) : manescere *S* : manas- *A* : marces- A^2 : macesc- *R* nimis *SA* : -miis *R*

occupabit, idque ubi paulum maturuerit, festinantius quam
ullum aliud frumentum demetendum erit. Nam et fragili culmo
<est> et nulla uestitum palea granum eius celeriter decidit
isdemque de causis facilius teritur quam cetera. Sed cum eius
messem sustuleris, optimum est noualia pati anno cessare, si
minus, stercore saturare et omne uirus quod adhuc inest terrae
propulsare. Alterum quoque genus hordei est, quod alii di- 16
stichum, Galaticum nonnulli uocant, ponderis et candoris
eximii, adeo ut tritico mixtum egregia cibaria familiae
praebeat. Seritur quam pinguissimis sed frigidis locis circa
Martium mensem; melius tamen respondet, si clementia
hiemis permittit, cum seminatur circa Idus Ianuarias. Iugerum
sex modios postulat.

Inter frumenta etiam panicum ac milium ponenda sunt, 17
quamuis iam leguminibus ea contribuerim, nam multis
regionibus cibariis eorum coloni sustinentur. Leuem
solutamque humum desiderant nec in sabulone solum sed in
harena quoque proueniunt, modo umido caelo uel riguo solo,
nam siccum cretosumque reformidant. Ante uer seri non 18
possunt, quoniam teporibus maxime laetantur, ultima tamen
parte Martii mensis commodissime terrae committuntur.
Nec inpensa graui rationem cultoris onerant, quippe sextariis
fere quinque iugerum inplent; frequentem tamen exigunt
sartionem et runcationem ut herbis liberentur. Ea cum spicas
ediderunt, priusquam semina hient aestibus, manu carpuntur,
et suspensa in sole cum adsiccuerunt, reconduntur atque ita
reposita perennant diutius quam cetera. Panis ex milio con- 19
ficitur, qui antequam refrigescat sine fastidio potest absumi.

3 est *add. Richter* 4 de *R* : *om. SA* 15 ea *S* : eam *AR* 17 sabulone solum *Pontedera*^{1} : sabuloso solo *SAR* 19 uer seri *SA*^{1} : uersari *A*^{2}*R* 20 teporibus *S* : temp- *AR* 22 rationem *SA* : sa(r)t- *R* 23 quinque *ego* (*cf.* *11. 2. 33, Pall. 4. 3*) : quattuor *SAR* 25 aestibus *R* : *om. SA* 26 adsiccuerunt *SA* : -cauerunt *R*

Panicum pinsitum et euolutum furfure sed milium quoque pultem quamuis in copia maxime cum lacte non fastidiendam praebet.

10 Quoniam de frumentis abunde praecepimus, de leguminibus deinceps disseremus.

Lupini prima ratio est, quod et minimum operarum absumit
et uilissime emitur et maxime ex îs quae seruntur iuuat agrum;
nam uineis iam emaciatis et aruis optimum stercus praebet ac
uel effeto solo prouenit uel repositum in granario patitur
aeuum. Boues per hiemem coctum maceratumue probe alit.
Famem quoque, si sterilitas annorum incessit, hominibus
2 commode propulsat. Spargitur statim ex area atque id solum
omnium leguminum non desiderat requiem in horreo, siue
Septembri mense ante aequinoctium seu protinus a Kalendis
Octobribus crudis noualibus ingeras, et qualitercumque
obruas, sustinet coloni neglegentiam. Teporem tamen autumni
desiderat, ut celeriter confirmetur, nam si non ante hiemem
3 conualuit, frigoribus adfligitur. Reliquum quod semini superest
in tabulatum quo fumus peruenit optime reponas, quoniam si
umor inuasit, uermes gignit; qui simulatque oscilla lupinorum
adederunt, reliqua pars enasci non potest. Id, ut dixi, exilem
amat terram et rubricam praecipue; nam cretam reformidat
4 limosoque non exit agro. Iugerum decem modios occupat.

Ab hoc recte phaselus terrae mandabitur uel in uetereto uel melius pingui et restibili agro, nec amplius quattuor modîs iugerum obseritur. Similis quoque ratio est pisi, quod tamen facilem et solutam terram desiderat tepidumque locum et caelum frequentis umoris. Eadem mensura iugerum uel modio

1 pinsitum *SA* : -satum *R* 2 quamuis] quauis *Pontedera*^{2} maxime cum lacte $A^{2}R$: *om.* SA^{1} 5 disseremus *S* : -ramus *AR* 7 iis *S* : his *AR* 8 iam *R* : *om. SA* 10 maceratumue *Richter* : -que *SAR* 13 in horreo *R* : *om. SA* 18 conualuit *SA* : -luerit *R* 23 modios ς (*cf.* 2. 9. 15) : -diis $S^{2}R$: -dis $S^{1}A$ 24 uetereto *R* : ueterio *SA* 25 modis A^{1} : modiis $SA^{2}R$ 26 obseritur *R* : -retur *S* : -ruetur *A* 28 modio $A^{2}R$: modo SA^{1}

minus quam phaselum licet obserere primo tempore sementis
ab aequinoctio autumnali.

Fabae pinguissimus locus uel stercoratus destinetur et si 5
ueteretum erit in ualle situm, quod a superiore parte sucum
accipit. Prius autem iaciemus semina, deinde proscindemus
terram, proscissamque in liram reuocabimus occabimusque,
quo altius largiore humo contegatur; nam id plurimum refert,
ut radices enatorum seminum penitus demersae sint. Sin 6
autem proximae messis occupandum erit restibile, desectis
stramentis quattuor et uiginti uehes stercoris in iugerum dis-
ponemus dissipabimusque, et similiter cum semen crudo solo
ingesserimus, inarabimus inporcitumque occabimus; quamuis
sint qui negent locis frigidis oportere occari fabam, quia
extantes glaebae a gelicidiis adhuc eam teneram uindicent et
aliquem teporem frigore laboranti praebeant. Sunt etiam qui 7
putent in aruis hanc eandem uice stercoris fungi; quod sic
ego interpretor ut existimem non sationibus eius pinguescere
humum sed minus hanc quam cetera semina uim terrae
consumere. Nam certum habeo frumentis utiliorem agrum esse
qui nihil quam qui istam siliquam proximo anno tulerit.

Iugerum agri, ut Tremelio quattuor, ut nobis uidetur fabae 8
sex occupant modî, si solum pingue sit, si mediocre paulo
amplius, eaque nec macrum nec sabulosum locum patitur,
densa tamen humo saepe commode respondet. Media sementi
pars seri et pars ultima debet, quae Septimontialis satio dicitur;
tempestiua frequentius, nonnumquam tamen sera melior est.
Post brumam parum recte seritur, pessime uere; quamuis sit 9

21 Tremelio: *fr. 7 Speranza*

2 autumnali A^2R : autumni SA^1 3 destinetur *S* : -natur *AR* 5 iaciemus ς : iactemus *R* : alemus *SA* 7 quo *S* : quod *AR* 11 dissipabimusque *R* : -uimus- *SA* 12 inporcitumque SA^1 : -cat- *uel* -tat- A^2R 20 siliquam *Iucundus* : spicam *SAR* 22 modî si *scripsi* : modii si ς : modiis *SAR* 23 sabulosum *García Armendáriz* : nebulosum *SAR*

etiam trimestris faba, quae mense Februario seratur, quinta parte amplius quam matura, sed exiguas paleas nec multam siliquam facit. Veteres itaque rusticos plerumque dicentis
10 audio malle se maturae fabalia quam fructum trimestris. Sed quocumque tempore anni seretur, opera danda erit ut quantum destinauerimus in sationem, tantum quinta decima luna, si tamen ea non transcurret eo die solis radios, quod Graeci ἀπόκρουσιν uocant, si minus, quarta decima utique adhuc lunae crescente lumine spargatur, etiam si confestim totum semen operiri non poterit. Nihil enim nocebitur ei nocturnis roribus aliisue ex causis, dum a pecore et auibus uindicetur.
11 Priscis autem rusticis nec minus Vergilio prius amurca uel nitro macerari eam et ita seri placuit,

> laetior ut fetus siliquis fallacibus esset
> et quamuis igni exiguo properata maderent.

Nos quoque sic medicatam comperimus, cum ad maturitatem perducta sit minus a curculione infestari.

Sed et illud quod deinceps dicturi sumus, experti
12 praecipimus. Silente luna fabam uellito ante lucem, deinde cum in area exaruerit confestim, priusquam luna incrementum capiat, excussam refrigeratamque in granarium conferto; sic condita a curculionibus erit innoxia, maximeque ex leguminibus ea sine iumentis teri, sine uento purgari expeditissime sic
13 poterit. Modicus fasciculorum numerus resolutus in extrema parte areae conligetur, quem per longissimum eius mediumque spatium tres uel quattuor homines promoueant pedibus et baculis furcisue contundant; deinde cum ad alteram partem

12 Vergilio: *Georg.* 1. 195–6

4 maturae *SA*^{1} : -ra *A*^{2}*R* 8 ΑΠΟΚΡΟΥCΙΝ *SAR** : *om.* *R** 14 laetior] grandior *Verg.* 15 maderent *R*, *Verg.* : -ret *SA* 19 praecipimus *SA* : -cepimus- *uel* -cipiemus *R* 22 ex *R* : et *SA* 24 modicus *R* : modius *SA* 27 furcisue *SA* : furcillisue *R* contundant *R* : -dat *SA*

areae peruenerint, in aceruum culmos regerant. Nam semina 14 excussa in area iacebunt superque ea paulatim eodem modo reliqui fasciculi excutientur, ac durissimae quidem acus reiectae separataeque erunt a cudentibus, minutae uero, quae de siliquis cum faba resederint, aliter secernentur. Nam cum aceruus paleis granisque mixtus in unum fuerit congestus, paulatim ex eo uentilabris per longum spatium iactetur, quo pacto palea, quae leuior est, citra decidet, faba, quae longius emittitur, pura eo perueniet quo uentilator eam iaculabitur.

Lentim a dimidiata luna usque in duodecimam solo tenui et 15 resoluto uel pingui, set sicco maxime loco, seri conuenit; nam in flore facile luxuria et umore corrumpitur. Quae ut celeriter prodeat et ingrandescat, antequam seritur fimo arido permisceri debet, et cum ita quatriduo aut quinque diebus requieuerit spargi. Sationes eius duas seruamus, alteram maturam per mediam sementim, seriorem alteram mense Februario. Iugerum agri paulo plus quam modius occupat. Ea ne curcu- 16 lionibus absumatur (nam etiam dum est in siliqua exestur) curandum erit ut cum extrita sit, in aquam dimittatur et ab inani, quae protinus innatat, separetur solida; tum in sole siccetur et radice silphi trita cum aceto adspargatur defriceturque <oleo> atque ita rursus in sole siccata et mox refrigerata recondatur, si maior est modus, in horreo, si minor, in uasis oleariis salsamentariisque; quae repleta cum confestim gypsata sunt, quandoque in usus prompserimus, integram lentim

1 culmos A^2R : -mo SA^1 2 iacebunt *R* : -bant *SA* 5 resederint *SA* : -runt *R* 6 aceruus ς : -bos *SA* : -uos *R* 7 longum *R* : longius *SA* iactetur *SA* : -tentur *R* 8 pacto] facto *Vrsinus* (*cf.* 6. 2. 12, 7. 12. 14, 9. 13. 4) decidet *SA* : -dit *R* 11 lentim *ego* : lentem *R* : lentimodo *SA* : lentim modo *Schneider* a dimidiata *Schneider* : semediata *SA* : semente media crescente *R* 12 pingui sed *Lundström* : pinguis et *SA* : -gui et *R* 19 exestur curandum SA^1 : extercorandum A^2R 23 oleo *add. Schneider* (*cf. Cat.* 116) atque *R* : aeque *SA* 24 recondatur] *an* condatur? 26 quandoque SA^1 : -documque A^2R

reperiemus. Potest tamen etiam citra istam medicationem cineri mixta commode seruari.

17 Lini semen, nisi si magnus est eius in ea regione quam colis prouentus et pretium proritat, serendum non est; agris enim praecipue noxium est. Itaque pinguissimum locum et modice umidum poscit. Seritur a Kalendis Octobribus in ortum Aquilae, qui est VII Idus Decembris. Iugerum agri octo modîs obseritur. Nonnullis placet macro solo et quam spississimum semen eius committi, quo tenuius linum proueniat. Idem etiam si laeto solo seratur mense Februario, decem modios in iugerum iaci oportere dicunt.

18 Sesama quae rigantur, maturius, quae carent umore ab aequinoctio autumnali serenda sunt in Idus Octobres. Putre solum, quod Campani pullum uocant, plerumque desiderant; non deterius tamen etiam pinguibus harenis uel congesticia humo proueniunt, tantumque seminis quantum milium panicumque, interdum etiam duobus sextariis amplius in iugerum spargitur. Sed hoc idem semen Ciliciae Syriaeque regionibus ipse uidi mense Iunio Iulioque conseri et per autumnum, cum permaturuit, tolli.

19 Cicer aut cicercula, quae piso est similis, mense Ianuario aut Februario seri debet laeto loco, caelo umido; quibusdam tamen Italiae locis ante Kalendas Nouembris seritur. Tres modî iugerum implent. Nec ullum legumen minus agro nocet, sed raro respondet, quoniam nec siccitates nec Austros in flore sustinet; quae utraque incommoda fere eo tempore anni sunt
20 quo deflorescit. Cicer, quod arietillum uocatur, itemque alterius generis, quod Punicum, seri mense Martio toto potest caelo

21 *cf. Pall.* 2. 5

3 si *SA* : *om. R* 7 modis S^1A^1 : -diis S^2A^2R 9 tenuius *Schneider* : tenui ut SA^1 : tenue A^2R 12 sesama ς : sesema *SA* : sesania *R* 14 pullum A^2R : pullium SA^1 19 et per . . . tolli *R* : *om. SA* 21 cicer aut *SA* : *om. R* 22 tamen *R* : *om. SA* 23 modi *S* : modii *AR*

umido, loco quam laetissimo, nam etiam id terram laedit atque ideo inprobatur a callidioribus agricolis; quod tamen si seri debeat, pridie macerandum erit ut celerius enascatur. Iugero modii tres abunde sunt.

Cannabis solum pingue stercoratumque et riguum uel pla- 21 num atque umidum et alte subactum deposcit. In quadratum pedem seruntur grana sex eius seminis Arcturo exoriente, quod est ultimo mense Februario circa sextum aut quintum Kalendas Martias, nec tamen usque in aequinoctium uernum, si sit pluuius caeli status, inprobe seretur.

Ab his leguminibus ratio est habenda napi raporumque, nam 22 utraque rusticos inplent. Magis tamen utilia rapa sunt, quia et maiore incremento proueniunt et non hominem solum uerum etiam boues pascunt, praecipue in Gallia, ubi hiberna cibaria praedictis pecudibus id holus praebet. Solum putre et solutum res utraque desiderat nec densa nascitur humo. Sed rapa campis 23 et locis umidis laetantur, napus deuexam amat et siccam tenuique propiorem terram; itaque glareosis sabulosisque aruis melior exit, locique proprietas utriusque semen commutat; namque in alio solo rapa biennio sata conuertuntur in napum, in alio napus raporum accipit speciem. Riguis locis utrumque recte ab solstitio seritur, siccis ultima parte mensis Augusti uel prima Septembris. Subactum solum pluribus iterationibus aratri uel rastri largoque stercore satiatum postulant; | nam id 24 plurimum refert, non solum quod melius ea proueniunt, sed quod etiam post fructum eorum sic tractatum {etiam} solum segetes opimas facit. Iugerum agri non amplius quattuor sextariis raporum seminis obserendum est; quarta parte amplius napi spargendum, quia non in uentrem latescit sed tenuem radicem deorsum agit.

10 napi *SA*^{1} : naporum *A*^{2}*R*   25 etiam *del. ed. pr.*   28 napi *S* : napis *AR*

Atque haec hominum causa serenda censemus, illa deinde
pecudum pabulorum genera conplura, sicut Medicam, uiciam,
farraginem quoque hordeaceam et auenam, faenum Graecum
nec minus eruum et ciceram; nam cetera neque enumerare
et minus serere dignamur, excepta tamen cytiso, de qua dice-
mus in îs libris quos de generibus surculorum conscripserimus.
25 Sed ex îs quae placent eximia est herba Medica, quod semel
seritur, decem annis omnibus deinde recte quater, interdum
etiam sexiens demetitur, quod agrum stercorat, quod omne
emaciatum armentum ex ea pinguescit, quod aegrotanti pecori
remedium est, quod iugerum eius toto anno tribus equis
26 abunde sufficit. Seritur ut deinceps praecipiemus. | Locum, in
quo Medicam proximo uere saturus es, proscindito circa
Kalendas Octobris et eum tota hieme putrescere sinito, deinde
Kalendis Februariis diligenter iterato et lapides omnes eligito
glaebasque offringito, postea circa Martium mensem tertiato et
occato. Cum sic terram subegeris, in morem horti areas latas
pedum denum, longas pedum quinquagenum facito, ut per
semitas aqua ministrari possit aditusque utraque parte run-
27 cantibus pateat. Deinde uetus stercus inicito atque ita mense
ultimo Aprili serito tantum, quantum ut singuli cyathi seminis
locum occupent decem pedum longum et quinque latum. Quod
ubi feceris, ligneis rastris (id enim multum confert) statim
iacta semina obruantur; nam celerrime sole aduruntur. Post
sationem ferro tangi locus non debet atque, ut dixi, ligneis
rastris sariendus et identidem runcandus est, ne alterius generis
28 herba inualidam Medicam peremat. Tardius messim primam
eius facere oportebit, cum iam seminum aliquam partem
eiecerit. Postea quam uoles teneram, cum prosiluerit, deseces

4 ciceram *SA* : cicerc(u)lam *R* 5 et *SA* : nec *R* dignamur *SA* : dedig- *R* 6 iis ς : his *SAR* conscripserimus *ego* : -simus *SAR* 7 is *S* : his *AR* 8 seritur *R* : seruntur *SA* 21 aprili *S* : apr. *A* : aprilis *R* 27 peremat S^1A : perimat S^2R

licet et iumentis praebeas, sed inter initia parcius, dum consuescant, ne nouitas pabuli noceat; inflat enim, et multum creat sanguinem. Cum secueris autem saepius eam rigato, paucos deinde post dies, ubi coeperit fruticare, omnis alterius generis herbas eruncato. Sic culta sexiens anno demeti poterit et permanebit annis decem.

Viciae autem duae sationes sunt: prima, qua pabuli causa 29 circa aequinoctium autumnale serimus septem modios eius in unum iugerum; secunda, qua sex modios mense Ianuario uel etiam serius iacimus semini progenerando. Vtraque satio potest cruda terra fieri, sed melius proscissa, idque genus praecipue non amat rores cum seritur. Itaque post secundam diei horam 30 uel tertiam spargendum est, cum iam omnis umor sole uentoue detersus est, neque amplius proici debet quam quod eodem die possit operiri; nam si nox incessit, quantulocumque umore priusquam obruatur corrumpitur. Obseruandum erit ne ante quintam et uicesimam lunam terrae mandetur; aliter satae fere limacem nocere conperimus.

Farraginem in restibili stercoratissimo loco et altero sulco 31 serere conuenit. Ea fit optima, cum cantherini hordei decem modiis iugerum obseritur circa aequinoctium autumnale, sed inpendentibus pluuiis, ut consita rigataque imbribus celeriter prodeat et confirmetur ante hiemis uiolentiam. Nam frigoribus cum alia pabula defecerunt, ea bubus ceterisque pecudibus optime desecta praebetur, et si depascere saepius uoles usque in mensem Maium sufficit. Quod si etiam semen uoles ex ea 32 percipere, a Kalendis Martiis pecora depellenda et ab omni noxa defendenda est, ut sit idonea frugibus. Similis ratio auenae

4 fruticare *S* : -tificare *AR* 7 qua *Vrsinus* : quam *SAR* 11 genus *SA* : g- eius *R* 15 quantulocumque *R* : quantum locumque *SA* 19 restibili *R* : -lis *SA* sulco *R* : -so *SA* 28 ratio *SA* : satio *R*

est, quae autumno sata partim caeditur in faenum uel pabulum dum adhuc uiret, partim semini custoditur.

33 Faenum Graecum, quod siliquam uocant rustici, duo tempora sationum habet, quorum alterum est Septembris mensis, cum pabuli causa seritur, isdem diebus quibus uicia circa aequinoctium, alterum autem mensis Ianuarii ultimi uel primi Februarii, cum in semen seminatur. Sed hac satione iugerum sex modiis, illa septem occupamus. Vtraque cruda terra non incommode fit, daturque opera ut spisse aretur, nec tamen alte, nam si plus quattuor digitis adobrutum est semen eius, non facile prodit; propter quod nonnulli, priusquam serant, minimis aratris proscindunt atque ita iaciunt semina et sarculis adruunt.

34 Eruum autem laetatur loco macro nec umido, quia luxuria plerumque corrumpitur. Potest autumno seri nec minus post brumam Ianuarii parte nouissima uel toto Februario, dum ante Kalendas Martias, quem mensem uniuersum negant agricolae huic legumini conuenire, quod eo tempore satum pecori sit noxium et praecipue bubus, quos pabulo suo cerebrosos reddat. Quinque modiis iugerum obseritur.

35 Cicera bubus erui loco fresa datur in Hispania Baetica; quae cum suspensa mola diuisa est, paulum aqua maceratur, dum inlentescat, atque ita mixta paleis succretis pecori praebetur. Sed erui duodecim librae satisfaciunt uni iugo, cicerae sedecim. Eadem hominibus non inutilis neque iniucunda est; sapore certe nihilo differt a cicercula, colore tantum discernitur, nam est obsoletior et nigro propior. Seritur primo uel altero sulco mense Martio ita, ut postulat soli laetitia, quod eadem quattuor

1 est *SA* : *om. R* quae autumno sata partim *R*, *hic in mg. add. A*², *post* uiret *habent SA* 2 partim semini custoditur *R* : *om. SA* 6 ultimi uel primi *A* : -mo aut -mo *R* : *om. S* 7 satione *SA* : ra- *R* 10 eius *SA* : enim *R* 11 serant *R* : erant *SA* 12 adruunt *S* : adfruunt *A* : adobruunt *R* 23 cicerae *SA* : cicerc(u)le *R* 24 sapore ς : -ri *SAR* 26 est *R* : et *SA*

modîs, nonnumquam et tribus, interdum etiam duobus ac semodio iugerum occupat.

Quoniam quando quidque serendum sit persecuti sumus, 11 nunc quemadmodum quotque operis singula eorum quae rettulimus colenda sint demonstrabimus.

Peracta sementi sequens cura est sartionis, de qua non conuenit inter auctores. Quidam negant eam quicquam proficere, quod frumenti radices sarculo detegantur, aliquae etiam succidantur ac, si frigora incesserint post sartionem, gelu frumenta enecentur; satius autem esse ea tempestiue runcari et purgari. Pluribus tamen sariri placet, sed neque eodem modo neque 2 isdem temporibus usquequaque fieri; nam in agris siccis et apricis simulac primum sartionem pati queant segetes, debere eas permota terra adobrui ut fruticare possint, quod ipsum ante hiemem fieri oportere, deinde post hiemem iterari; in locis autem frigidis et palustribus plerumque transacta hieme sariri, nec adobrui sed plana sartione terram permoueri. Multis tamen 3 nos regionibus aptam esse hiemalem sartionem comperimus, dumtaxat ubi et siccitas caeli et tepores permittunt. Sed nec istud ubique fieri censemus, uerum incolarum consuetudine uti. Sunt enim regionum propria munera, sicut Aegypti et Africae, quibus agricola post sementim ante messem segetem non attingit, quoniam caeli condicio et terrae bonitas ea est ut uix ulla herba exeat nisi ex semine iacto, siue quia rari sunt imbres seu quia qualitas humi sic se cultoribus praebet.

In îs autem locis ubi desideratur sartio, non ante sunt 4 attingendae segetes, etiam si caeli status permittat, quam cum sata sulcos contexerint. Triticumque et adoreum, cum quattuor fibras habere coeperint, hordeum cum quinque, faba et cetera

7 eam *R* : *om. SA* 14 fruticare *S* : -tificare *AR* 17 permoueri *SA* : pro- *R* 22 agricola *SA* : -latio *R* sementim *SA* : -tem *R* messem *R* : -se *SA* 26 is *S* : iis ς : his *AR* 27 permittat *S* : -tit *AR*

legumina cum quattuor digitis a terra exstiterint, recte sarientur, excepto tamen lupino, cuius semini contraria est sartio, quoniam unam radicem habet, quae siue ferro succisa est seu
5 uulnerata totus frutex emoritur. Quod etiam si non fieret, superuacuus tamen erit cultus, cum sola haec res adeo non infestetur herbis, ut ipsa herbas peremat. Atque aliae segetes uel umidae moueri possunt, melius tamen siccae sariuntur, quia sic tractatae non infestantur rubigine; hordeum uero nisi siccissimum tangi non debet.

6 Fabam multi ne sariendam quidem putant, quod et manibus, cum maturuerit, ducta secernatur a cetera runca et internatae herbae faeno reseruentur. Cuius opinionis etiam Cornelius Celsus est, qui inter ceteras dotes eius leguminis hanc quoque enumerat, quod sublata faba faenum ex eodem loco secari posse dicat. Sed mihi uidetur pessimi agricolae committere ut satis herba proueniat; frugibus enim plurimum detrahitur
7 si relinquitur runca. Neque enim est rustici prudentis magis pabulis studere pecudum quam cibis hominum, cum praesertim liceat illa quoque cultu pratorum consequi; adeoque fabam sariendam censeo ut existimem debere etiam ter sariri. Nam sic cultam conperimus non solum multiplicare fructum, sed et exiguam portionem in ualuulis habere fresaeque eius et expurgatae modium paene tam plenum esse quam integrae, quoniam uix minuatur mensura detractis putaminibus.

8 Atque in totum, sicut ante iam diximus, hiberna sartio plurimum iuuat diebus serenis ac siccis post brumam confectam mense Ianuario, si gelicidia non sint. Ea porro sic debet fieri, ne radices satorum laedantur et ut potius adobruantur

12 Cornelius Celsus: *agr. fr.* 5 *Marx*

---

4 etiam *R* : et *S*, *fort. recte* : ÷ (= est.) *A* 5 superuacuus *R* : -is *SA* erit *R* : erat *SA* 6 peremat S^1A^2R : -imat S^2: permebat A^1 aliae *R* : alia *S* : alias *A* 7 moueri *SA* : emoueri *R* 11 runca . . . 17 runca SA^1 : -catione *utrubique* A^2R 13 eius *SA* : *om.* *R* 15 pessimi agricolae *R* : -me -la *SA* 17 enim *R* : *om.* *SA*

cumulisque exaggerentur, ut latius se frutex culmi diffundat. Id prima sartione fecisse proderit, secunda oberit, quia cum pullulare desît frumentum putrescit, si adrutum est.

Nihil itaque amplius in iteratione quam remolliri terra debet 9
aequaliter, eamque transacto aequinoctio uerno statim peragi oportet intra dies uiginti, antequam seges in articulum eat, quoniam serius sarta corrumpitur insequentibus aestiuis siccitatibus et caloribus. Subiungenda deinde est sartioni runcatio curandumque ne florentem segetem tangamus, sed aut ante aut mox cum defloruerit. Omne autem frumentum et hordeum, 10
quicquid denique non duplici semine est, spicam a tertio ad quartum nodum emittit et cum totam edidit octo diebus deflorescit ac deinde grandescit diebus quadraginta, quibus post florem ad maturitatem uenit. Rursus quae duplici semine sunt, ut faba pisum lenticula, diebus quadraginta florent simulque grandescunt.

Et ut iam percenseamus quot operis in aream perducantur **12**
ea quae terrae credidimus, tritici modii quattuor uel quinque bubulcorum operas occupant quattuor, occatoris unam, sartoris duas primum et unam cum iterum sariuntur, runcatoris unam, messoris unam et dimidiam; in totum summam operarum decem et dimidiam.

Siliginis modii quinque totidem operas desiderant, seminis <adorei> {modii} nouem uel decem totidem operas quot tritici modii quinque postulant.

Hordei modii quinque bubulci operas tres exigunt, 2
occatoriam unam, sartoriam unam et dimidiam, messoriam unam; summam operarum sex et dimidiam.

1 exag(g)erentur ς : -rantur *SAR*   3 pululare *R* : paululum *SA*   desit *SA* : desiit *R*   adrutum *SA* (*cf.* 2. 5. 2, 2. 10. 33) : adobr- *R*   4 remolliri *Schneider* : -moli- *SAR*   6 ante- *SA* : antea *R*   23 seminis *S* : si s- *AR* : sesamii *ed. pr.* (*sed u.* §5)   24 adorei *add. Richter Pontederam*[3] *secutus* (*cf.* 2. 6. 1, 2. 9. 1)   modii *seclusi*   quot *R* : quod *SA*

Fabae modii quattuor uel sex in uetereto duas operas bubulcorum detinent, at in restibili unam, occantur sesquiopera, sariuntur ses<quiopera et> una opera iterum, <tertium> sariuntur una opera, metuntur una; summa fit operarum octo uel septem.

3 Viciae modî sex uel septem in uetereto bubulcorum duas operas uolunt, in restibili unam, item occantur una opera, metuntur una; summa fit operarum quattuor.

Erui modî quinque totidem operis conseruntur, occantur una, item singulis sariuntur runcantur metuntur; quae cuncta sex operas occupant.

Siliquae modî sex uel septem totidem operis obruuntur, metuntur una.

Phaseoli modî quattuor obruuntur totidem operis, occantur una, metuntur una.

4 Cicera uel cicerculae modî quattuor operas bubulcorum tres postulant, occantur una, runcantur una, uelluntur una; summa fit sex operarum.

Lentis sesquimodius totidem operis obruitur, occatur una, saritur duabus, runcatur una, uellitur una; summa fit operarum octo.

Lupini modii decem obruuntur una, occantur una, metuntur una.

Milii sextarii quattuor totidemque panici bubulcorum operas occupant quattuor, occantur operis tribus, sariuntur tribus; quot operis carpantur incertum est.

5 Ciceris modii tres operis totidem seminantur, occantur

2 at *SA* : ac *R* 3 sesquiopera et una opera *Lundström* : sex una opera *R* : *om. SA* tertium *add. Lundström* (*cf.* 2. 11. 7) 6 modi SA^1 : -dii A^2R 9 modi SA^1 : -dii A^2R 11 occupant *SA* : occupant desiderant totidem *R* 12 modi *S* : -dii *AR* 14 modi *S* : -dii *AR* 16 modi *S* : -dii *AR* 17 una *S* : opera *A* : opera una *R* runcantur una *AR* : *om. S* 19 operis *SA* : -ras *R* obruitur *Madvig* : desiderat *R* : *om. SA*

duabus, sariuntur una, runcantur una, uelluntur tribus; summa fit undecim operarum.

Lini decem modii uel octo quattuor iugis conseruntur, occantur <operis> tribus, runcantur una, uelluntur tribus; summa fit undecim operarum.

Sesami sextarii sex tribus iugis a proscissione coluntur, occantur operis quattuor, sariuntur quattuor et sariuntur iterum duabus, metuntur duabus; summa fit operarum quindecim.

Cannabis seritur ut supra docuimus, sed incertum est 6 quantam inpensam curamque desideret.

At Medica obruitur non aratro sed, ut dixi, ligneis rastellis; iugerum agri eius occant duo, sarit unus, metit unus.

Hac consummatione operarum colligitur posse agrum 7 ducentorum iugerum subigi duobus iugis boum totidemque bubulcis et sex mediastinis, si tamen uacet arboribus. At ubi sit arbustum, eundem modum Saserna tribus hominibus adiectis adseuerat probe satis excoli. Quae nos ratio docet sufficere posse iugum boum tritici centum uiginti quinque modiis totidemque leguminum, ut sit in assem autumnalis satio modiorum ducentorum quinquaginta et posthac nihilominus conserantur trimenstrium modii quinque et septuaginta. Hoc 8 deinde sic probatur. Semina quae quarto sulco seruntur in iugeribus uiginti quinque desiderant bubulcorum operas centum decem et quinque; nam proscinditur is agri modus

17 Saserna: *fr.* 4 *Speranza*

4 operis *add. Iucundus* 6 coluntur *R* : tolluntur *SA* 12 aratro A^2R : atro SA^1 13 iugerum agri eius A^2R : iuge reum agenis S^1A^1, ager is S^2 : *an* iugerum agri operae? occant duo *SA* : occantur duabus *R* unus . . . unus *SA* : una . . . una *R* 14 hac *R* : haec *SA* 16 at ς : aut *SAR* 17 eundem *SA* : tamen eundem *R* saserna *R* : s'pa- *SA* 19 tritici *R* : triti *SA* 20 assem] asse *Vrsinus* (*cf.* §9) satio *R* : satique *SA* 22 conserantur ς : conserant *AR* : -ran *S* 23 quarto A^2R : quanto SA^1 seruntur *R* : -ran- *SA*

quamuis durissimi quinquaginta operis, iteratur quinque et
9 uiginti, tertiatur et conseritur quadraginta. Cetera legumina
occupant operas sexaginta, id est menses duos. Pluuiales
quoque et feriarum conputantur quibus non aratur dies quinque et quadraginta, item peracta sementi quibus requiescunt
dies triginta. Sic in assem fiunt octo menses et dies decem.
Supersunt tamen de anno tres reliqui menses et dies quinque
et uiginti, quos absumamus aut in satione trimenstrium aut in
uecturis faeni et pabulorum et stercoris aliorumque utensilium.

13 Sed ex îs quae rettuli seminibus idem Saserna putat aliis
stercorari et iuuari agros, aliis rursus peruri et emaciari:
stercorari lupino faba uicia eruilia lenti cicercula piso. De
lupino nihil dubito atque etiam de pabulari uicia, si tamen eam
uiridem desectam confestim aratrum subsequatur et quod falx
reliquerit priusquam inarescat uomis rescindat atque obruat;
2 id enim cedit pro stercore. Nam si radices eius desecto pabulo
relictae inaruerint, sucum omnem solo auferent uimque terrae
absument, quod etiam in faba ceterisque leguminibus quibus
terra gliscere uidetur ueri simile est accidere, ut nisi protinus
sublata messe eorum proscinditur, nihil îs segetibus quae
3 deinceps in eo loco seminari debent profuturum sit. Ac de
îs quoque leguminibus quae uelluntur Tremelius obesse
ait maxime solo uirus ciceris et lini, alterum quia sit salsae,
alterum quia feruidae naturae, quod etiam Vergilius significat
dicendo:

10 Saserna: *fr. 6 Speranza* 22 Tremelius: *fr. 9 Speranza* 24 Vergilius: *Georg.* 1. 77–8

3 operas A^2R : opes SA^1 4 quibus non aratur A^2R : *om.* SA^1 6 assem *Richter* (*cf.* 3. 3. 8, 9) : asse *SAR* (*cf.* §7) 8 absumamus *SA* : -mimus *R* 10 iis *S* : his *AR* aliis *SA* : alii et *R* 12 eruilia *SA* : eruo *R* 15 inarescat *SA* : marcescat *uel* macr- *R* 17 inaruerint *R* : -rint *SA* 18 absument *S* : ads- *A* : ass- *R* 19 ueri *R* : uel *SA* 20 messe *R* : messes *SA* is *A* : iis *S* : his *R* 22 iis *S* : his *AR* 23 ait maxime *SA* : ↔ *R* salsae *R* : densae SA^2 : dens A^1 24 alterum . . . p. 73, 2 urunt *om. A, 2 uers. uac. rel.* quia *S* : quia sit *R*

urit enim lini campum seges, urit auenae,
urunt Lethaeo perfusa papauera somno.

Neque enim dubium quin et his seminibus infestetur ager sicut
et milio et panico. Sed omni solo quod praedictorum legumi-
num segetibus fatiscit una praesens medicina est, ut stercore
adiuues et absumptas uires hoc uelut pabulo refoueas, | nec 4
tantum propter semina quae sulcis aratri committuntur, uerum
etiam propter arbores ac uirgulta quae maiorem in modum
laetantur eiusmodi alimento. Quare si est, ut uidetur, agricolis
utilissimum, diligentius de eo dicendum existimo, cum priscis
auctoribus quamuis non omissa res, leui tamen admodum
cura sit prodita.

Tria igitur genera stercoris sunt praecipue, quod ex auibus, **14**
quod ex hominibus, quod ex pecudibus confit. Auium primum
habetur quod ex columbariis egeritur, deinde quod gallinae
ceteraeque uolucres edunt, exceptis tamen palustribus aut
nantibus, ut anetis et anseris, nam id noxium quoque est.
Maxime tamen columbinum probamus, quod modice sparsum
terram fermentare comperimus, | secundum deinde quod 2
homines faciunt, si et aliis uillae purgamentis inmisceatur,
quoniam feruentioris naturae est et idcirco terram perurit.
Aptior est tamen surculis hominis urina, quam sex mensibus
passus ueterescere si uitibus aut pomorum arboribus adhibeas,
nullo alio magis fructus exuberat; nec solum ea res maiorem
faciet prouentum, sed etiam saporem et odorem uini
pomorumque reddit meliorem. Potest et uetus amurga quae 3
salem non habet permixta huic commode frugiferas arbores et

6 absumptas *R* : ads- *SA* refoueas *R* : foueas *A*² : rebeas *SA*¹ 10 utilissimum ς : -mam *SA* : -ma *R* 11 omissa res *R* : omnes sares *SA* 12 cura *R* : cum *SA* 13 genera stercoris *SA* : ↔ *R* praecipue] -pua ς 17 anetis *SA* : anatis *R* 21 quoniam <per se> ς (*cf.* §3) feruentioris *R* : -tius (us *in ras.?*) *S* : -tio *A* naturae est *SA* : ↔ *R* 25 uini *R* : uitis *SA*

praecipue oleas rigare, nam per se quoque adhibita multum iuuat. Sed usus utriusque maxime per hiemem est et adhuc uere ante aestiuos uapores, dum etiam uites et arbores
4 ablaqueatae sunt. Tertium locum optinet pecudum stercus, atque in eo quoque discrimen est, nam optimum existimatur quod asinus facit, quia id animal lentissime mandit ideoque facilius concoquit et paene confectum atque idoneum protinus aruo fimum reddit. Post haec quae diximus ouillum et ab hoc caprinum est, mox ceterorum iumentorum armentorumque; deterrimum ex omnibus suillum habetur.

5 Quin etiam satis proficit <usus> cineris et fauillae; frutex uero lupini succisus optimi stercoris uim praebet. Nec ignoro quoddam esse ruris genus in quo neque pecora neque auis haberi possint; ac tamen inertis est rustici eo quoque loco defici
6 stercore. Licet enim quamlibet frondem, licet e uepribus et e uiis conpitisque congesta colligere, licet filicem sine iniuria uicini, etiam cum officio, decidere et permiscere cum purgamentis cohortis, licet depressa fossa, qualem stercori reponendo primo uolumine fieri praecepimus, cinerem caenumque cloacarum et culmos ceteraque quae euerruntur in unum congerere. Sed eodem medio loco robustam materiem defigere conuenit, namque ea res serpentem noxiam latere in stercore prohibet.

7 Haec ubi uiduus pecudibus ager; nam ubi greges quadripe-

3 aestiuos S^2R : -uus S^1A uapores *R* : pores *S* : tempores *A* et S^2R : est S^1A 4 ablaquaeatae S^2 : -quaeata S^1A^2 : -quaeta A^1 : oblaqueatae *R* 7 paene *S* : bene *AR* 8 quae diximus ... 9 caprinum *R* : *om.* *SA* ceterorum *R* : ceterum dum in *SA* 10 habeatur A^1R : -beatur SA^2 11 proficit *Lundström* : prodicitur *SA* : profuit *R* usus *hic addidi, post* cineris *Iucundus* 14 possint *R* : -sent *SA* ac *SA* : at *R* 16 et e uiis *SA* : *om.* *R* compitisque *Iucundus* : -pitique *SA* : -pitibusque *R* 18 fossa A^2R : *om.* SA^1 19 uolumine A^2R : lumine SA^1 20 euerruntur *R* : -runt *SA* 21 congerere *R* : -gere *SA*

dum uersantur, quaedam cotidie ut culina et caprile, quaedam pluuiis silentibus ut bubilia et ouilia debent emundari. Ac si tantum frumentarius ager est, nihil refert genera stercoris separare; sin autem surculo et segetibus atque etiam pratis fundus est dispositus, generatim quodque reponendum est, sicut caprarum et auium. Reliqua deinde in praedictum locum concauum egerenda et adsiduo umore satianda sunt, ut herbarum semina culmis ceterisque rebus inmixta putrescant. Aestiuis deinde mensibus non aliter ac si repastines, totum 8 stercilinum rastris permisceri oportet, quo facilius putrescat et sit aruis idoneum. Parum autem diligentis existimo esse agricolas apud quos minores singulae pecudes trigenis diebus minus quam singulas itemque maiores denas uehes stercoris efficiunt totidemque singuli homines, qui non solum ea purgamenta quae ipsi corporibus edunt sed et quae colluuies cohortis et aedificii cotidie gignit, contrahere et congerere possunt.

Illud quoque praecipiendum habeo, stercus omne quod 9 tempestiue repositum anno requieuerit, segetibus esse maxime utile, nam et uires adhuc solidas habet et herbas non creat; quanto autem uetustius sit, minus prodesse quoniam minus ualeat; itaque pratis quam recentissimum debere inici, quod plus herbarum progeneret, idque mense Februario luna crescente fieri oportere, nam ea quoque res aliquantum faeni

1 culina *cf. 12. 3. 8* : suile *Schneider*[c] (suilia *Richter*) caprile ς : caerilae *SA* : caesale *R* 2 silentibus *ego* (absentibus *iam Holford-Strevens*) : salentibus *SA* : diebus *R* ut *R* : *om. SA* debent *R* : -bet *SA* 4 separare *SA* : -ri *R* 5 quodque *Vrsinus* : quoque *SAR* 6 est sicut A^2R : et sit ut SA^1 auium] ouium *Vrsinus* 7 egerenda *R* : erigenda *SA* assiduo umore A^2R : adsiboum mores *S*, more A^1 10 stercilinum ς : istercilininum *SA* : stercilinium *R* rastris S^2R : arstris S^1A 13 denas *R* : dena *SA* *post h.u.* repositum . . . esse *add. SA* (*ex* §9) uehes stercoris *R* : uertercori *SA* 15 ipsi *R* : illi *SA* colluuies A^2R : colliopes SA^1 16 contrahere S^2R : contraitere S^1A 17 habeo *R* : ueo *SA* 18 repositum . . . esse *hic om. SA* (*u. supra* §8) 19 et[1] *R* : *om. SA* solidas *R* : sotidas *SA* habet S^2R : itabet S^1A 20 sit *R* : sed *SA* 23 ea A^2R : et SA^1 res *R* : *om. SA*

fructum adiuuat. De cetero usu stercoris, qualis in quaque re debeat esse, tum dicemus cum singula persequemur.

15 Interim qui frumentis arua praeparare uolet, si autumno sementem facturus est, mense Septembri, si uere, qualibet hiemis parte modicos aceruos luna decrescente disponat ita, ut plani loci iugerum duodeuiginti, cliuosi quattuor et uiginti uehes stercoris teneant, et, ut paulo prius dixi, non antea
2 dissipet cumulos quam erit saturus. Si tamen aliqua causa eum tempestiuam stercorationem facere prohibuerit, secunda ratio est, antequam sariat more seminantis ex auiariis puluerem stercoris per segetem spargere; si et is non erit, caprinum manu iacere atque ita terram sarculis permiscere; ea res laetas segetes reddit.

Nec ignorare colonos oportere reor, sicuti refrigescere agrum qui non stercoretur, ita peruri si nimium stercoretur, magisque conducere agricolae frequenter id potius quam immodice
3 facere. Nec dubium quin aquosus ager maiorem eius copiam, siccus minorem desideret, alter quod adsiduis umoribus rigens hoc adhibito regelatur, alter quod per se tepens siccitatibus hoc adsumpto largioribus torretur; propter quod nec deesse ei talem materiem nec superesse oportet.

4 Si tamen nullum genus stercoris suppetet, multum proderit fecisse quod M. Columellam patruum meum, doctissimum et diligentissimum agricolam, saepenumero usurpasse memoria

4 qualibet *R* : quia libet *SA* 5 disponat *R* : disputat *SA* 6 duodeuiginti *SA* : duo et u- *R* 7 antea (*cf.* 11. 8. 2, *sed nusquam alibi*) : *an potius* ante (*cf. e.g.* 2. 3. 2, 2. 8. 1, 2. 11. 4, 2. 18. 3)? 8 dissipet SA^2R : dissupes A^1 saturus *R* : arturus *SA* : arat- *Pontedera*[2] eum *SA* : *om. R* 9 tempestiuam *R* : -ua *SA* 10 sariat *SA* : -as *R* seminantis *R* : seminatis A^2 : minatis SA^1 11 si et his *R* : spetis *SA* 14 reor S^2 : *om.* S^1AR, *unde* oportet *ed. pr., fort. recte* 15 stercoretur[1]] stercore adiuuetur *malim* (*cf.* 2. 13. 3, 3. 11. 9, *necnon* 4. 32. 5) 18 assiduis *R* : asuis *SA* 20 hoc *R* : adhoc *SA* largioribus *SA* : -re *R* torretur *R* : tolleretur *SA* 21 materiem *SA* : -am *R* 22 multum *SA* : et multum *R*

repeto, ut sabulosis locis cretam ingereret, cretosis ac nimium
densis sabulum atque ita non solum segetes laetas excitaret,
uerum etiam pulcherrimas uineas efficeret. Nam idem negabat 5
stercus uitibus ingerendum, quod saporem uini corrumperet,
melioremque censebat esse materiam uindemiis exuberandis
congesticiam uel de uepribus uel denique aliam quamlibet
arcessitam et aduectam humum. Iam uero, ut ego reor, si
deficiatur omnibus rebus agricola, lupini certe praesidium
expeditissimum non deest; quod cum exili solo circa Idus
Septembris sparserit et inarauerit idque tempestiue uomere
uel ligone succiderit, uim optimae stercorationis exhibebit.
Succidi autem lupinum sabulosis locis oportet cum secundum 6
florem, rubricosis cum tertium egerit. Illic dum tenerum est
conuertitur, ut celeriter ipsum putrescat permisceaturque
gracili solo, hic iam robustius, quo solidioris glaebas diutius
sustineat et suspendat ut eae solibus aestiuis uaporatae
resoluantur.

Atque haec arator exsequi poterit, si non solum quae rettuli **16**
genera pabulorum prouiderit, uerum etiam copiam faeni, quo
melius armenta tueatur, sine quibus terram commode moliri
difficile est, et ideo necessarius ei cultus est etiam prati, cui
ueteres Romani primas in agricolatione tribuerunt; | nomen 2
quoque indiderunt ab eo quod protinus esset paratum nec
magnum laborem desideraret. M. quidem Porcius et illa com-
memorauit, quod nec tempestatibus adfligeretur ut aliae partes

24 M . . . . Porcius: *Cato, inc. sed. fr. 9 Speranza* [= *ad M. fil. fr.* 12 *Cugusi –Sblendorio Cigusi*].

1 sabulosis *R* : pab- *SA* 3 negabat A^2R : negat SA^1 5 censebat *R* : censeat S^2A^1 : censerat S^1A^2 6 aliam quamlibet *R* : aliquam libet *SA* 7 ut *SA* : et *R* 9 deest *Vrsinus* : deesse *SAR* exili *R* : -lii *SA* solo *Schneider* : sola *SA* : loco *R* 10 sparserit A^2R : ar- SA^1 inarauerit ς : inarauit *SA* : -ruerit *R* : inararit *Winterbottom** 11 succiderit S^2R : -ced- S^1A 13 rubricosis *R* : lubr- *SA* 15 quo *S* : quod *AR* 16 et suspendat *secluserim*

ruris minimeque sumptus egens per omnis annos praeberet
reditum neque eum simplicem, cum etiam in pabulo non
3 minus redderet quam in faeno. Eius igitur animaduertimus duo
genera, quorum alterum est siccaneum, alterum riguum. Laeto
pinguique campo non desideratur influens riuos, meliusque
habetur faenum quod suapte natura sucoso gignitur solo quam
quod inrigatum aquis elicitur, quae tamen sunt necessariae si
macies terrae postulat; nam et inde, {et} resoluta humo qua-
4 muis exili, pratum fieri potest cum facultas inrigandi datur; | ac
nec campus concauae positionis esse neque collis praeruptae
debet, ille ne collectam diutius contineat aquam, hic ne statim
praecipitem fundat. Potest tamen mediocriter adcliuis si aut
5 pinguis est aut riguus ager pratum fieri. At planities maxime
talis probatur, quae exigue prona non patitur diutius imbres
aut influentis riuos immorari, set ut quis eam superuenit
umor, lente prorepit. Itaque si palus in aliqua parte subsidens
restagnat, sulcis deriuanda est, quippe aquarum abundantia
atque paenuria graminibus aeque est exitio.

17 Cultus autem pratorum magis curae quam laboris est. Primum,
ne stirpes aut spinas ualidiorisue incrementi herbas inesse
patiamur, atque alias ante hiemem {per autumnum} exstirpe-
mus, ut rubos uirgulta iuncos, alias siciliamus, ut intubas

1 egens *R* : eroris *SA* 4 siccaneum *R* : sincanteum *SA* 5 desideratur *R* : -retur *SA* riuos (*nominatiuus*) *SA* : -uus *R* meliusque *R* : melius *SA* 6 suapte *SR* : sua *A* natura *R* : natur *SA* sucoso . . . inrigatum *om. SA* succoso *Iucundus* : succo suo *R* 7 irrigatum ς : -tur *R* 8 inde SA^1 : in densa A^2R et^2 *del. Madvig* 9 exili *S* : exilii *A* : exile *R* pratum *R* : patu *SA* 10 nec *R* : neae *SA* 11 debet *R* : -bent *SA* 12 fundat *R* : -dant SA^2 : -dent A^1 15 set ut S^1A : aut si S^2R 16 prorepit *S* : -rip- *AR* 17 restagnat *R* : -gnant *SA* deriuanda *R* : erituanda *SA* quippe *R* : qui et *SA* 18 atque *R* : que (*enclit.*) *SA* 20 spinas *R, uix certum* : cineras *SA* ualidiorisue *SA* : -que *R* 21 per autumnum *deleui* (*fort. a* §4 *infra inlatum*) per] haer SA^1 : uaer A^2 : alias per *R* : uel per *Richter* 22 uirgulta *R* : -tas *SA* siciliamus *Goodyear, Richter* (*cf.* 2. 21. 3) : sigillamus *SA* : si uellamus *R* intubas *García Armendáriz* : -ba *SAR*

solstitialis; ac neque suem uelimus inpasci, quoniam rostro suffodiat et caespitem excitet, neque pecora maiora nisi cum siccissimum solum est, quia udo demerguntur ungulae et atterunt scinduntque radices herbarum. Tum deinde asperiora 2
et pendula loca mense Februario luna crescente fimo iuuanda sunt, omnesque lapides et si qua obiacent falcibus noxia colligi debent ac longius exportari summittique pro natura locorum aut temperius aut serius. Sunt etiam quaedam prata situ uetustatis obducta, quibus mederi solent agricolae {ueteri} uel eraso musco seminibusque de tabulato superiectis uel ingesto stercore. Quorum neutrum tantum prodest quantum si cinerem saepius ingeras; ea res muscum enecat. Ac tamen 3
pigriora sunt ista remedia, cum sit efficacissimum de integro locum exarare.

Sed haec, si prata adcessimus, facere debemus; sin autem noua fuerint instituenda uel antiqua renouanda—nam multa sunt, ut dixi, quae neglegentia exolescant et fiant sterilia, eaque expedit interdum etiam frumenti causa exarare, quia talis ager post longam desidiam laetas segetes adfert— | igitur eum locum, 4
quem prato destinauerimus, aestate proscissum subactumque protinus per autumnum rapis uel napo uel etiam faba conseremus, insequente deinde anno frumento, tertio diligenter arabimus omnesque ualidiores herbas et rubos et arbores quae interueniunt radicitus exstirpabimus, nisi si fructus arbusti id facere nos prohibuerit. Deinde uiciam permixtam seminibus

1 solstitialis *SA* : ac s- spinas *R*   neque *R* : nequem *SA*   2 suffodiat *R* : suo fodiat *SA*   caespitem *SA* : -tes *R*   3 est *R* : *om. SA*   demerguntur ungulae *SA* : -gunt -las *R* (*cf.* §6 infigunt ungulas)   4 scinduntque *R* : scindunt neque *SA*   asperiora ς : aspriora *SAR*   6 noxia *S* : non iam *A* : obnoxia *R*   9 ueteri *seclusi* : ueteres *Lundström*   12 ac *SA* : at *R*   13 sunt *R* : *om. SA*   15 adcessimus *SA* : cepimus *R*   18 etiam *R* : etiam in *SA*   20 prato S^2A^2 : patro S^1A^1 : pratum *R*   21 protinus *SA* : sepius *R*   autumnum *R* : auctus *SA*   23 arabimus A^2R : ambimus SA^1 24 radicitus *R* : -bus *SA*   ex(s)tirpabimus *R* : -uimus *SA*   si *R* : *om. SA*   25 id facere nos *R* : f- nos id *SA*   prohibuerit A^2R : -bet S^2 : prohi S^1A^1

faeni seremus, tum glaebas sarculis resoluemus et inducta crate coaequabimus grumosque, quos ad uersuram plerumque tractae faciunt crates, disiciemus ita necubi ferramentum
5 faenisecis possit offendere. Sed eam uiciam non conuenit ante desecare quam permaturuerit et aliqua semina subiacenti solo iecerit. Tum faenisecas <eam> oportet {inducere} recidere ac deinde rigari, si fuerit facultas aquae et si tamen terra densior; nam in resoluta humo non expedit inducere maiorem uim riuorum priusquam conspissatum fuerit et herbis conligatum solum, quoniam impetus aquarum proluit terram nudatisque
6 radicibus gramina non patitur coalescere. Propter quod ne pecora quidem oportet teneris adhuc et subsidentibus pratis inmittere, sed quotiens herba prosiluerit falcibus desecare; nam pecudes, ut ante iam dixi, molli solo infigunt ungulas atque interruptas non sinunt herbarum radices serpere et condensari. Altero tamen anno minora pecora post faenisicia permittemus
7 admitti, si modo siccitas et condicio loci patietur; | tertio deinde cum pratum solidius ac durius erit, poterit etiam maiores recipere pecudes.

Sed in totum curandum est ut secundum Fauoni exortum mense Februario circa Idus inmixtis seminibus faeni macriora loca et utique celsiora stercorentur. Nam editior cliuus praebet etiam subiectis alimentum, cum superueniens imber aut manu riuos perductus sucum stercoris in inferiorem partem secum trahit. Atque ideo fere prudentes agricolae etiam in aratis col-

1 tum *R* : cum *SA* inducta crate A^2R : industa grate SA^1 2 coaequabimus *R* : -uimus *SA* 3 tractae *R* : -ciae *SA* crates *R* : cratas A^2 : gratas SA^1 disiciemus *Richter* (disiciamus *iam Lundström*) : assicamus *uel* ads- *SAR* 4 faenisecis *R* : faeni sepes *SA* 6 faenisecas . . . 7 rigari *Lundström* : fenisecas (fan- A^1 : -sic- S^2 : -ceas *S*) o- i- ac recidere rigari deinde *SA* : fenisecum messorem o- i- ac deinde religare rigari deinde *R* 7 densior *SA* : d- est *R* 9 fuerit *R* : *om. SA* 11 ne *SA* : nec *R* 14 infigunt *R* : inflig- S^2 : infug- S^1 : infindunt A^2 : infunt A^1 15 herbarum *R* : *om. SA* 16 altero A^2R : alte SA^1 18 poterit *R* : *om. SA* 20 fauoni SA^2 : -uont A^1 : -uonii *R* exortum A^2R : -sum SA^1 24 riuos *SAR* (*cf.* 2. 16. 3) : -uus ς

lem magis quam uallem stercorant, quoniam, ut dixi, pluuiae semper omnem pinguiorem materiam in ima deducunt.

Faenum autem demetitur optime antequam inarescat, nam et **18**
largius percipitur et iucundiorem cibum pecudibus praebet. Est autem modus in siccando, ut neque peraridum neque rursus uiride colligatur, alterum quod omnem sucum si amisit stramenti uicem optinet, alterum si nimium retinuit in tabulato putrescit ac saepe cum concaluit ignem creat et incendium. Nonnumquam etiam cum faenum cecidimus imber oppressit; quod si permaduit, inutile est udum mouere meliusque patiemur superiorem partem <in> sole siccari. Tunc demum 2
conuertemus et utrimque siccatum coartabimus in strigam atque ita <in> maniplos uinciemus. Nec omnino cunctabimur quominus sub tectum congeratur, uel si non competet ut aut in uillam faenum portetur aut in maniplum colligatur, certe quicquid ad eum modum quem debet siccatur in metas exstrui conueniet easque ipsas in angustissimos uertices exacui. Sic 3
enim commodissime faenum defendetur a pluuiis, quae etiam si non sint, non alienum tamen est praedictas metas facere, ut si quis umor herbis inest exsudet atque excoquatur in aceruis. Propter quod prudentes agricolae quamuis iam inlatum tecto non ante conponunt quam per paucos dies temere congestum in se concoqui et deferuescere patiantur.

Sed iam faenisicia insequitur cura messis, quam ut recte possimus percipere prius instrumenta praeparanda sunt quibus fruges coguntur.

3 inarescat *R* : arescat *SA* 6 alterum *R* : alter alterum *S*^{2} : alter alteri *S*^{1} : altera iterum *A* omnem *S*^{2}*R* : -ne *S*^{1}*A* 8 concaluit *R* : caluit *SA* 9 cecidimus *R* : cedimus *S*^{2}*A* : cend- *S*^{1} 10 quod] *an* quo (*cf.*5.6.9)? 11 in *addidi* siccari ... utrimque *om.* *SA* 12 utrimque *Vrsinus* : -trumque *R* strigam *R* : -ga *SA* 13 in *addidi* maniplos *S*^{2}*A*^{2} : manimiplos *S*^{1}*A*^{1} : manipulos *R* 15 maniplum *S* : -pulum *AR* 16 siccatur *SA* : -tum erit *R* 18 defendetur *SA* : -ditur *R* 20 exsudet atque *R* : *om.* *SA* 24 *rubr.* XX (*mg.* *A*) DE AREA CONSTITVENDA iam *SA* : etiam *R* insequitur *S* : sequitur *AR*

19 Area quoque si terrena erit, ut sit ad trituram satis habilis, primum radatur, deinde confodiatur permixtis paleis et amurga quae salem non accepit {et} rigetur; nam ea res a populatione murum formicarumque frumenta defendit. Tum aequata pauiculis uel molari lapide condensetur et rursus superiectis
2 paleis inculcetur atque ita solibus siccanda relinquatur. Sunt tamen qui prati subiacentem Fauonio partem triturae destinant areamque demessa faba et iniecta expoliunt; nam dum a pecudibus legumina proculcantur etiam herbae ungulis adteruntur atque ita caluescit et fit idonea frumentis area.

20 Sed cum matura fuerit seges, antequam torreatur uaporibus aestiui sideris, qui sunt uastissimi per exortum Caniculae, celeriter demetatur; nam dispendiosa est cunctatio, primum quod auibus praedam ceterisque animalibus praebet, deinde quod grana et ipsae spicae culmis arentibus et aristis celeriter
2 decidunt. Si uero procellae uentorum aut turbines incesserunt, maior pars ad terram defluit; propter quae recrastinari non debet, sed aequaliter flauentibus iam satis, antequam ex toto grana indurescant, cum rubicundum colorem traxerunt, messis facienda est, ut potius in area et in aceruo quam in agro grandescant frumenta; constat enim, si tempestiue decisa sint, postea capere incrementum. Sunt autem metendi genera

1 terrena *R* : terna *SA* 2 confodiatur *R* : conficiatur *SA* permixtis *R* : paruixtis *SA* et *SA* : cum *R* 3 rigetur *ego* : et rigetur *SA* : *ante* permixtis *transtulit Richter* : extringetur *R* : extricetur *Lundström* : *alii alia* 5 condensetur et rursus *R* : condenset torrens *SA* 6 solibus *R* : solidibus *SA* 7 prati subiacentem *Schneider* : pratis obiacentem *SA*, -te *R* 8 areamque *R* : -aque *SA* iniecta *SA* : lecta *R* expo(l)liunt *R* : exolunt *S*[1]*A* : excolunt *S*[2] 9 herbae *R* : herbes *SA* 10 atteruntur *R* : -runt *SA* caluescit *Richter* : clau-SA : clabrescit *R* : glabr- ς 11 seges *R* : -ces *SA* uaporibus *R* : ut pauoribus *SA* 12 exortum *SA* : ortum *R* 13 demetatur *R* : -metur *SA* 16 uero *hic R*, *post* pr- *A* : *om. S* turbines *R* : -nibus *SA* incesserunt *SA* : -rint *R* 17 propter *R* : *om. SA* 18 equaliter *R* : ea qu- *SA* 20 aceruo quam in agro *SA* : aruo q- i- aceruo et in agro *R*

complura. Multi falcibus ueruculatis atque îs uel rostratis 3
uel denticulatis medium culmum secant, multi mergis aut
pectinibus spicam ipsam legunt, idque in rara segete
facillimum in densa difficillimum est.

Quod si falcibus seges cum parte culmi demessa est, protinus
in aceruum uel in nubilar congeritur et subinde opportunius
solibus torrefacta proteritur. Sin autem spicae tantummodo 4
recisae sunt, possunt in horreum conferri et deinde per
hiemem uel baculis excuti uel exteri pecudibus. At si competit
ut in area teratur frumentum, nihil dubium est quin equis
melius quam bubus ea res conficiatur et, si pauca iuga sunt,
adicere tribulam et traheam possis, quae res utraque culmos
facillime comminuit. Ipsae autem spicae melius fustibus
cuduntur uannisque expurgantur, | at ubi paleis inmixta sunt 5
frumenta uento separantur. Ad eam rem Fauonius habetur
eximius, qui leuis aequalisque aestiuis mensibus perflat; quem
tamen opperiri lenti est agricolae, quia saepe dum expectatur
saeua nos hiemps deprendit. Itaque in area detrita frumenta sic
sunt aggeranda ut omni flatu possint excerni. At si compluribus
diebus undique silebit aura, uannis expurgentur, ne post
nimiam uentorum segnitiem uasta tempestas inritum faciat
totius anni laborem. Pura deinde frumenta, si in annos 6
reconduntur, reteri debent, nam quanto sunt expolitiora minus
a curculionibus exeduntur; sin protinus usui destinantur, nihil

1 ueruculatis *Schneider* : uerutu- *SA* : ueric- *R*   iis *S* : his *AR*   rostratis ς : nostratibus *SAR*   2 mergis aut *ego* : mergita *SA* : mergis alii *R*   3 legunt *R* : alegunt *SA*   idque ς : ideoque *SAR*   4 est *R* : inest *SA*   5 est *Madvig* : sit *SAR*   6 oportunius *R* : o(p)portunis *SA*   7 solibus *R* : solidibus *SA*   spice *R* : spica et *SA*   9 at S^2 : ad S^1A : ac *R*   competit ut *R* : competitur SA^2 : -perit- A^1 12 tribulam *R* : -lare *SA*   traheam *Lundström* : -ham *ed. pr.* : -here *SAR*   14 cuduntur *SA* : tund- *R*   at *R* : aut *SA*   15 frumenta *R* : -to *SA*   uento *R* : uenta uento *SA*   16 equalisque (-lisue *R*) estiuis ς : aequalis quaestiuis *SA*   17 saepe *SA* : *om. R*   expectatur *R* : expet- *SA*   18 hiemps *scripsi* : hiems *R* : -mis *SA*   19 at S^2R : ad S^1A 20 uannis *R* : manibus *SA*   22 totius *R* : potius *SA*   23 reteri *R* : re(p)periri *SA*

attinet repoliri satisque est in umbra refrigerari et ita granario inferri. Leguminum quoque non alia cura est quam reliquorum frumentorum, nam ea quoque uel <statim absumuntur uel> conduntur. Atque hoc supremum est aratoris emolumentum, percipiendorum seminum quae terrae crediderit.

21 Sed cum tam otii quam negotii rationem reddere maiores nostri censuerunt, nos quoque monendos esse agricolas existimamus quae feriis facere quaeque non facere debeant. Sunt enim, ut ait poeta, quae

> festis . . . exercere diebus
> fas et iura sinunt: riuos deducere nulla
> religio uetuit, segeti praetendere saepem,
> insidias auibus moliri, incendere uepres
> balantumque gregem fluuio mersare salubri.

2 Quamquam pontifices negant segetem feriis saepiri debere; uetant quoque lanarum causa lauare oues nisi si propter medicinam. Vergilius, quod licere feriis flumine abluere gregem praecipit, idcirco adicit 'fluuio mersare salubri', id est salutari; sunt enim uitia quorum causa pecus utile sit lauare.
3 Feriis autem ritus maiorum etiam illa permittit: far pinsere, faces incidere, candelas sebare, uineam conductam colere, piscinas lacus fossas ueteres tergere et purgare, prata sicilire,

6 maiores: *Cato, Orig. fr.* 2 *Peter* (*cf. Xen. Symp.* 1. 1) 9 poeta: *Verg., Georg.* 1. 268–72

3 statim . . . uel *add. Iucundus* (a- s- uel *iam* ς) 5 terre *R* : perme *SA* crediderit *Lundström* : ceciderit *SA* : crediderat *R* 8 *post* debeant *rubr.* II (*mg. A*) DE FERIIS *SA* 10 festis exercere diebus *R*, (quaedam *interiecto*) *Verg.* : e- f- d- *SA* 12 segeti *R*, *Verg.* : -te *SA* 15 negant *SA* : negent *R* feriis saepiri *SA* : ↔ *R* saepiri *SR* : sap- A^{1} : sar- A^{2} 16 lauare *SA* : -ri *R* si *SA* : *om. R* 17 licere . . . 18 idcirco *Holford-Strevens* : liceat . . . et idcirco *SAR* 19 lauare *A* : -b- *S* : -ri *R* 20 ritus *R* : -tu *SA* far pinsere ς : f- pinsire *R* : faro (-rao *A*) instare *SA* 21 colere *R* : colorem *SA* 22 piscinas *R* : -nam *S* : -nem *A* tergere et purgare *R* : tergeret purgaret *SA* sicilire *R* : sic iure *SA*

stercora aequare, faenum in tabulata conponere, fructus oliueti
conductos cogere, mala pira ficos pandere, caseum facere,
arbores serendi causa collo uel mulo clitellario adferre; sed
iuncto aduehere non permittitur nec †adportare† serere, neque
terram aperire neque arborem conlucare, | sed ne sementem 4
quidem administrare nisi prius catulo feceris, nec faenum
secare aut uincire aut uehere. Ac ne uindemiam quidem cogi
per religiones pontificum feriis licet nec ouis tondere nisi si
catulo feceris. Defrutum quoque facere et uinum defrutare
licet. Vuas itemque oliuas conditu legere licet. Pellibus oues
uestiri non licet. In horto quicquid holerum causa facias omne
licet. Feriis publicis hominem mortuum sepeliri non licet.
M. Porcius Cato mulis equis asinis nullas esse ferias ait, idemque 5
boues permittit coniungere lignorum et frumentorum
aduehendorum causa. Nos apud pontifices legimus feriis
tantum denicalibus mulos iungere non licere, ceteris licere.
Hoc loco certum habeo quosdam, cum solemnia festorum
percensuerim, desideraturos lustrationum ceterorumque sacrificiorum quae pro frugibus fiunt morem priscis usurpatum.
Nec ego abnuo docendi curam, sed differo in eum librum quem 6
componere in animo est, cum agricolationis totam disciplinam
perscripsero. Finem interim praesentis disputationis faciam,
dicturus exordio sequente quae de uineis arbustisque prodidere
ueteres auctores quaeque ipse mox comperi.

13 Cato: *Agr.* 138

1 tabulata *R* : -tu *SA* 2 pandere *R* : sp- *SA* facere *R* : nascfacere *A* : naso facere *S* : *uocem corruptam subiacere negare non ausim* 3 collo *R* : -li *SA* 4 adportare *SA* : -tata *R* : -tatas *E. H. Warmington ap. Ash* serere *R* : nec serere *SA* 5 conlucare (coll- *R*) $A^{1}R$: conlocare $A^{2}S$ 6 administrare *R* : -tra *SA* 8 ouis SA^{1} : oues $A^{2}R$ 9 facere *R* : *om.* *SA* 10 conditu *SA* : -tui *R* 12 sepeliri *SA* : -re *R* 13 idemque *S* : itidemque *AR* 16 denicalibus *A* : deniua- *S* : dominica- *R* 17 percensuerim *R* : -rint *SA* 18 desideraturos $S^{2}R$: -rus $S^{1}A$ 20 in eum *R* : neum *SA* L. IVNI MODERATI COLVMELLAE (-LA *S*) REI RVSTICAE LIBER .II. SEMENTIVVS (-BVS *A*) *SA* : *uaria sed similia R*

LIBER TERTIVS
SVRCVLARIS PRIOR

1 'HACTENVS aruorum cultus', ut ait praestantissimus poeta. Nihil enim prohibet nos, P. Siluine, de isdem rebus dicturos celeberrimi carminis auspicari principio. Sequitur arborum cura, quae pars rei rusticae uel maxima est. Earum species diuersae et multiformes sunt, quippe uarii generis, sicut auctor idem refert,

> nullis hominum cogentibus ipsae
> sponte sua ueniunt,

2 multae etiam nostra manu satae procedunt. Sed quae non ope humana gignuntur, siluestres ac ferae sui cuiusque ingenii poma uel semina gerunt; at quibus labor adhibetur, magis aptae sunt frugibus. De eo igitur prius genere dicendum est quod nobis alimenta praebet, idque tripartito diuiditur; nam ex surculo uel arbor procedit, ut oleae, uel frutex, ut palma campestris, uel tertium quiddam quod nec arborem nec fruticem proprie dixerimus, ut est uitis.

3 Hanc nos ceteris stirpibus iure praeponimus, non tantum fructus dulcedine, sed etiam facilitate per quam omni paene regione et omni declinatione mundi, nisi tamen glaciali uel

1 *Arb.* 1. 1–2 poeta: *Verg. Georg.* 2. 1, 10–11

L. (LIBER *A*) IVNI MODERATI COLVMELLAE REI RVSTICAE LIBER QVARTVS (.IIII. *A*) SVRCVLARIS PRIOR *SAR* *argumenta in appendice reperientur* 3 auspicari S^2R : aut sp- S^1A principio ς : -pia *SAR* 10 cuiusque ς : cuique *SAR* 12 dicendum *R* : disc- *SA* 15 tertium ς : -us *SAR* quiddam *SA* : quidam *R*

praeferuida, curae mortalium respondet; tamque felix campis quam collibus prouenit, et in densa non minus quam in resoluta, sed aeque etiam gracili atque pingui †matria† siccaque et uliginosa. Tum sola maxime utcumque patitur 4
intemperiem caeli uel sub axe frigido uel aestuoso procellosoque. Refert tamen cuius generis aut quo habitu uitem pro regionis statu colere censeas. Neque enim omni caelo soloue cultus idem, neque est unum stirpis eius genus; quodque praecipuum sit ex omnibus non facile dictu est, cum suum cuique regioni magis aut minus aptum esse doceat usus. Exploratum 5
tamen habebit prudens agricola genus uitis habile campo, quod nebulas pruinamque sine noxa perfert, colli, quod siccitatem uentosque patitur. Pingui et uberi dabit agro gracilem uitem nec natura nimis fecundam, macro feracem, terrae densae uehementem multaque materia frondentem, resoluto et laeto solo rari sarmenti. Vmido loco sciet non recte mandari fructum teneri et amplioris acini, sed callosi et angusti frequentisque uinacei, sicco recte contribui diuersae naturae semina.

Sed et post haec non ignorabit dominus loci plus prodesse 6
qualitatem caeli frigidam uel calidam, siccam uel roscidam, grandinosam uentosamque uel placidam, serenam uel nebulosam; | frigidaeque aut nebulosae duorum generum uites 7
aptabit, seu praecoques, quarum maturitas frugum praecurrit hiemem, seu firmi durique acini, quarum inter caligines uuae deflorescunt et mox gelicidiis ac pruinis, ut aliarum caloribus,

10 *Arb.* 3. 1–2 22 *Pall.* 3. 9. 2

3 sed aeque *Hedberg* : saepe *SAR* etiam] *an* et in? matria S^1AR^* : macria S^2 : materia R^* (*uix certum, pace Hedberg; cf.* §5 *infra*) : et macra *Schneider* : macraque terra *Lundström, unde* terra *tantum coniecerim* 4 utcumque *SA* : utrumque *R* 8 unum R^* : idem SAR^* 9 sit *Madvig* : est *SAR* 10 aptum ς : apud se *SAR* esse *S* : *om. AR* 16 rari sarmenti humido *R* : radi sarmentium do *S*, de *A* fructum] fructus ς 17 acini *R* : -nis *SA* callosi *ed. pr.* : calli *S* : galli *AR* 18 uinacei *A* : -ce *S* : -ceis *R* 19 prodesse *ego* : posse SA^2R : esse posse A^1 22 uites *SA* : -tis *R* 24 hiemem *R* : -mam *A* : *om. S*

mitescunt. Ventoso quoque et tumultuoso statu caeli fidenter easdem tenaces ac duri acini committet, rursus calido teneriores uberioresque concredet; sicco destinabit eas quae pluuiis aut continuis roribus putrescunt, roscido quae siccitatibus laborant, grandinoso quae foliis duris latisque sunt, quo melius protegant fructum. Nam placida et serena regio nullam non recipit, commodissime tamen eam cuius uel uuae uel acina celeriter decidunt.

8 Ac si uoto est eligendus uineis locus et status caeli, sicut censet uerissime Celsus, optimum est solum nec densum nimis nec resolutum, soluto tamen propius; nec exile nec laetissimum, proximum tamen uberi; nec campestre nec praeceps, simile tamen edito campo; nec siccum nec uliginosum, modice tamen roscidum, quod fontibus non in summo, non in profundo terrae scaturriat, sed ut uicinum radicibus umorem
9 sumministret; | eumque nec amarum nec salsum, ne saporem uini corrumpat et incrementa uirentium uelut quadam scabra rubigine coerceat, si modo credimus Vergilio dicenti:

> salsa autem tellus et quae perhibetur amara
> frugibus infelix; ea nec mansuescit arando
> nec Baccho genus aut pomis sua nomina seruat.

10 Caelum porro neque niuale uinea, sicut praedixi, nec rursus aestuosum desiderat, calido tamen potius quam frigido laetatur, imbribus magis quam serenitatibus offenditur, et solo sicco quam nimis pluuioso est amicior; perflatu modico lenique

9 *Pall.* 2. 13 10 Celsus: *agr. fr.* 8 *Marx* 18 Vergilio: *Georg.* 2. 238–40
22 *Pall.* 2. 13. 2

2 teneriores uberioresque *SA* : -ris -risque *R* 7 eam S^1A : iam S^2 : ea *R* acina uel *AR* 11 propius S^1 : proprius S^2AR 15 ut] *fort. delendum* 16 ne SR* : nec AR* 22 neque niuale SR* : nequem ualle *A* : neque in ualle R* 23 aestuosum *S* : aestiuum *AR* 25 pluuioso *SA* : -uio *R*, *fort. recte* amicior *S* : -citior *AR* perflatu S^2R : -tum S^1A

gaudet, procellis obnoxia est. Atque haec maxime probabilis caeli et soli qualitas.

Vitis autem uel ad escam uel ad effusionem deponitur. Ad 2
escam non expedit instituere uineta, nisi cum tam suburbanus
est ager, ut ratio postulet inconditum fructum mercantibus
uelut pomum uendere. Quae cum talis est condicio, maxime
praecoques et duracinae, tum denique purpureae et bumasti
dactylique et Rhodiae, Libycae quoque et cerauniae. Nec 2
solum quae iucunditate saporis, uerum etiam quae specie
commendari possunt conseri debent, ut stephanitae, ut
tripedaneae, ut unciariae, ut cydonitae; item quarum uuae
temporibus hiemis durabiles uasis conduntur, ut uennuculae,
ut nuper in hos usus exploratae Numisianae.

At ubi uino consulimus, uitis eligitur quae et in fructu ualet 3
et in materia, quod alterum ad reditus coloni, alterum ad
diuturnitatem stirpis plurimum confert. Sed ea tum praecipua 4
est, si nec nimis celeriter frondet et primo quoque tempore
deflorescit, nec nimis tarde mitescit; quin etiam pruinas et
caliginem et carbunculum facile propulsat, eademque nec
imbribus putrescit nec siccitatibus abolescit.

Talis nobis eligatur uel mediocriter fecunda, si modo is 5
locus habetur, in quo gustus nobilis pretiosusque fluit; nam si
sordidus aut uilis est, feracissimam quamque serere conducit,
ut multiplicatione frugum reditus augeatur. Fere autem omni 6
statu locorum campestria largius uinum sed iucundius adferunt
collina, quae tamen ipsa modico statu caeli magis exuberant
Aquiloni prona, set sunt generosiora sub Austro.

3 *Isid. Orig.* 17. 5. 15

1 probabilis *SA* : p- est *R* 3 effusionem *R** : defus- *SA* : effundendum *R** 7 et[1] *R** : sed *SAR** et[2] *R* : e *SA* 8 nec *SR** : non *AR** 10 possunt *S* : -sint *AR* 13 ut] *an* aut? 17 nimis ς : minus *SAR* 20 putrescit *R* : harescit *SA* 23 sordidus *SA*[2]*R** : -dibus *A*[1]*R** 27 prona sed ς : -nas et *SA R** : -na et *R**

7 Nec dubium quin sit ea nonnullarum uitium natura, ut pro
locorum situ bonitate uini modo uincant, modo superentur.
Solae traduntur Aminneae excepto caeli statu nimis frigido
ubicumque sint, etiam si degenerent, sibi comparatae magis aut
minus probi gustus uina praebere, ceteras omnis sapore
8 praecedere. Eae cum sint unius nominis, non unam speciem
gerunt. Duas germanas cognouimus, quarum minor ocius et
melius deflorescit, habilis arbori necnon iugo; illic pinguem ter-
ram, hic mediocrem desiderat, longeque praecedit maiorem,
9 quia et imbres et uentos fortius patitur. Nam maior celeriter in
flore corrumpitur et magis in iugis quam in arboribus, ideoque
non est uineis apta, uix etiam arbusto, nisi praepingui et uiuida
terra; nam nec mediocri ualet multoque minus in exili.
Prolixarum frequentia materiarum foliorumque et uuarum et
acinorum magnitudine dinoscitur, internodiis quoque rarior;
largis fructibus a minore superatur, gustu non uincitur. Et hae
quidem utraeque Aminneae.

10 Verum et aliae duae geminae ab eo quod duplicis uuas
exigunt cognomen trahunt, austerioris uini sed aeque perennis.
Quarum minor uulgo notissima, quippe Campaniae celeber-
rimos Vesuuii colles Surrentinosque uestit, hilaris inter aestiuos
11 Fauonii flatus, Austris adfligitur. Ceteris itaque partibus Italiae
non tam uineis quam arbusto est idonea, cum praedictis
regionibus commodissime iugum sustineat. Materiam fruc-
tumque, nisi quod duplicem, non absimilem minori germanae

1 *Pall. 3. 9. 4; cf. Plin. N.H. 14. 21* 6 eae ... 7 gerunt: *Isid. Orig. 17. 5. 18* 18 uerum ... 24 sustineat: *cf. Plin. N.H. 14. 22* uerum ... 19 trahunt: *Isid. Orig. 17. 5. 18*

2 uincant ... superentur *ed. pr.* : -cat ... -retur *SAR* 4 degenerent sibi A^2R : -nere nisi ui SA^1 5 <et> ceteras *Iucundus, fort. recte* 6 eae ς : ea *SAR* 12 uineis *SR** : in u- *AR** 14 et acinorum *R* : *om. SA, fort. recte* 17 amin(n)eae R : -a *SA* 18 uuas *R* : uuae *SA* 19 cognomen trahunt *SA* : gemellae uocantur *R* austerioris *R* : austeris *SA* 20 quarum *Sobel* : duarum *SAR* 25 absimilem *R* : -le *SA* germanae *SR** : -mina (*in fine uersus*) *A* : -mine *R**

gerit, sicut maior gemina maiori germanae; quae tamen minor
hoc melior est, quod fecundior etiam mediocri solo, nam illam
nisi praepingui terrae non respondere iam dictum est.

Lanatam quoque Aminneam quidam maxime probant, quae 12
hoc uocabulum non ideo usurpat quod sola ex omnibus
Aminneis, uerum quod praecipue canescit lanugine; sane boni
uini sed lenioris quam superiores; crebram quoque materiam
fundit, atque ideo propter pampini densitatem parum saepe
recte deflorescit eademque maturo fructu celeriter putrescit.

Super hunc numerum, quem rettulimus, singularis habetur 13
Aminnea maiori germanae non dissimilis prima specie pampini
et trunci, sed uini sapore aliquanto inferior, quamuis generosis-
simis sit proxima, praeferenda etiam propriis uirtutibus; nam
et feracior <est> et flore melius exuitur spissasque et albidas
uuas ac tumidioris acini gerit, gracili aruo non desciscit, atque
ideo inter uberrimas uites numeratur.

Nomentaneae uini nobilitate subsequuntur Aminneas, 14
fecunditate uero etiam praeueniunt, quippe cum se frequenter
inpleant, et id quod ediderunt optime tuentur. Sed earum
quoque feracior est minor, cuius et folium parcius scinditur
et materia non ita rubet ut maioris, a quo colore rubellanae
nuncupantur eaedemque faeciniae quod plus quam ceterae
faecis adferunt. Id tamen incommodum repensant uuarum 15
multitudine, quas et in iugo sed et in arbore melius exhibent.
Ventos et imbres ualenter sufferunt; celeriter deflorescunt, et

4 lanatam . . . 6 lanugine: *Isid. Orig.* 17. 5. 18 17 *cf. Plin. N.H.* 14. 23 *Isid. Orig.* 17. 5. 19

---

1 gerit *SR** : egerit *AR** maiori *Gesner* : minori *SAR* 2 quod S^1R : quo S^2A 3 terrae *R* : *om. SA, fort. recte* : *an* terra (*cf.* 2.10.8, 3.1.3)? 7 superiores *SA* : -ris *R* 8 parum saepe] ↔ *Iucundus* : *fort.* saepe *delendum* (*cf.* 4. 21. 2) 11 aminnea *SAR** : -am *R** 13 proxima *R* : -mo *SA* praeferenda *R* : -dam *S* : proferendam *A* 14 est *add. Iucundus* spissasque *R* : -saque *SA* 17 nomentaneae *AR* : -nae *S* uini *SA* : uineae *R* 19 tuentur] tueantur ς 21 rubellanae *SAR** : -lianae *R** 22 eaedemque *S* : ead- *AR* 24 iugo sed et S^2AR : iugos et S^1 : iugo et ς

ideo cito mitescunt omnis incommodi patientes praeter caloris; nam quia minuti acini et durae cutis uuas habent, aestibus contrahuntur; pinguique aruo maxime gaudent, quod ubertatem aliquam natura gracilibus et exilibus uuis praebere ualet.
16 Frigidum ac roscidum solum commodissime sustinent, sicut eugeniae (dum sunt in Albano colle, nam mutato loco uix nomini suo respondent), nec minus Allobrogicae quarum uini iucunditas cum regione mutatur.

17 Magnis etiam dotibus tres apianae commendantur, omnes feraces iugoque et arboribus satis idoneae, generosior tamen una quae nudis foliis est; nam duae lanatae, quamuis frondium et palmitum pari facie, fluxurae qualitate sunt dispariles,
18 quoniam tardius altera recipiet cariem uetustatis; | pingui solo feracissimae, mediocri quoque fecundae; praecoquis fructus, ideoque frigidis locis aptissimae, uini dulcis, sed capiti neruisque non aptae. Nisi mature lectae pluuiis uentisque et apibus adferunt praedam, quarum uocabulo propter hanc populationem cognominantur.

19 Atque hae pretiosi gustus celeberrimae. Possunt tamen etiam secundae notae uites prouentu et ubertate commendari, qualis est Biturica, qualis balisca, quarum minorem coccolobin uocant Hispani, longe omnium primis utraeque proximae; nam et uetustatem uinum earum patitur, et ad bonitatem aliquam
20 per annos uenit. Iam uero ipsae fecunditate praestant omnibus

15 uini ... 18 cognominantur: *Isid. Orig.* 17. 5. 20 19 *cf. Plin. N.H.* 14. 27, *Isid. Orig.* 17. 5. 22

1 cito *SAR** : citius *R** 3 pinguique] pingui *ed. pr.* : *fort.* pingui quoque (*cf.* §23) 4 gracilibus *R* : gracili A : *om. S* uuis S^2R : ubiis S^1A 5 solum *SA* : solum et caelum *R* sustinent ς : -net *SAR* 6 eugeniae dum *R* : euagini aenum *S* : euagimaenum *ut uid. A* 9 apianae ς : app- *SAR* 11 lanatae *AR* : -tem *S* frondium *Winterbottom** : frondibus *SAR* : frondis ς 12 pari] pares *Hedberg* 13 recipiet *SA* : -pit *R* 16 neruisque *SA* : neruisque uenisque *R* 20 commendari *R* : -re *SA* 21 balisca *S* : basilisca *AR* coccolobin *Sobel* : coccolouin *S* : -loum *A* : -lubem *R*

quas ante rettuli, tum etiam patientia; quippe turbines im-
bresque fortissime sustinent et commode fluunt nec deficiunt
macro solo, frigora melius quam umores sustinent, umores
commodius quam siccitates, nec caloribus tamen contristantur.
Visulla deinde ab îs et minor argitis terrae mediocritate 21
laetantur, nam in pingui nimîs uiribus luxuriant, in macra te-
nues et uacuae fructu ueniunt, amiciores iugo quam arboribus;
sed argitis etiam in sublimibus fertilis, uastis materiis et uuis
exuberat. Humillimis tabulatis aptior uisulla breuem materiam, 22
durum folium et latum exigit, cuius amplitudine fructus suos
optime aduersus grandinem tuetur. Qui tamen nisi primo
quoque tempore maturi legantur, ad terram decidunt;
umoribus etiam priusquam defluant putrescunt.

Sunt et heluolae, quas nonnulli uarias appellant, neque 23
purpureae neque nigrae, ab heluo, nisi fallor, colore uocitatae.
Melior est nigrior abundantia uini, sed haec sapore pretiosior;
color acinorum in neutra conspicitur aequalis atque utraque
candidi musti. Alterna uice annorum plus aut minus adferunt;
melius arborem sed et iugum commode uestiunt, mediocri
quoque solo fecundae, sicut praeciae minor et maior. Sed
hae generositate uini magis commendantur et frequentibus
materiis frondent et cito maturescunt.

Albuelis utilior, ut ait Celsus, in colle quam in campo, in 24

9 *cf. Plin. N.H. 14. 28, 35; Isid. Orig. 17. 5. 23* 14 *cf. Plin. N.H. 14. 29; Isid. Orig. 17. 5. 26* 23 Celsus: *agr. fr. 9 Marx*

3 quam A^2R : qua SA^1 5 uisulla *R* : -lae *SA* iis *S* : hiis *A* : his *R* 9 breuem S^2R : brembem S^1A 10 folium et latum SA^1 : et latum folium A^2R amplitudine *S* : -nem *R** : altitudinem *AR** 13 etiam A^2R : *om.* SA^1 15 ab heluo (ab// *ras.* S^1) S^2 : albo A^1 : ab albo A^2R 16 pretiosior ς : pretior *SA* : pretio *R* 17 color (colore *R*) acinorum ς : color ora cinerum *S* : coloro facinerum *A* atque A^2R : *sp. v fere litterarum rel.* A^1 : aque *S* : *om. edd.* : at *Goodyear* utraque A^2R : *om.* SA^1 18 candidi *R* : candi *SA* aut *S* : alit *AR* adferunt *R* : auf- *SA* 20 solo *R* : sola *SA* 21 hae *Hedberg* : haec *SA* : et haec (hae ς) *R* commendantur *R* : -datur *SA* 23 albuelis ς : aldiuelis *SA* : alius uel his *R* utilior *R*: utilior his *SA*

arbore quam in iugo, in summa arbore quam in ima ferax et materiae frequentis et uuae. Nam Graeculae uites {sunt}, ut Mareoticae Thasiae psithiae Sophortiae, sicut habent probabilem gustum, ita nostris regionibus et raritate uuarum et acinorum exiguitate minus fluunt. Inerticula tamen nigra, quam quidam Graeci †amarcion† appellant, potest in secunda quasi tribu esse, quod et boni uini est et innoxia, a quo etiam nomen traxit, quod iners habetur in tentandis neruis, quamuis gustu non sit hebes.

25 Tertium gradum facit earum Celsus, quae fecunditate sola commendantur, ut tres heluennacae, quarum duae maiores nequaquam minori bonitate et abundantia musti pares habentur (earum altera, quam Galliarum incolae marcum uocant, mediocris uini est, {et} altera, quam longam appellant eandemque canam, sordidi uini nec tam largi quam ex numero
26 uuarum prima specie promittit; | minima et optima e tribus facillime folio dinoscitur, nam rotundissimum omnium id gerit, atque est laudabilis quod siccitates maxime perfert, quod frigora sustinet dum tamen sine imbribus, quod nonnullis locis etiam uinum eius in uetustatem diffunditur, quod praecipue sola macerrimum quoque solum fertilitate sua commendat),

2 nam ... 5 fluunt: *cf. Plin. N.H.* 14. 225, 39; *Isid. Orig.* 17. 5. 25 5 inerticula ... 9 hebes: *Plin. N.H.* 14. 31; *Isid. Orig.* 17. 5. 24 10 Tertium ... 11 commendantur: *Isid. Orig.* 17. 5. 27 Celsus: *agr. fr.* 10 *Marx; cf. Plin. N.H.* 14. 32

---

1 ima *S*[2] : anima *S*[1]*A* : minima *R* 2 nam] nam quae ς sunt *deleui* 3 psithiae *Iucundus* : pith- *SAR** : pyt- *R** sophortiae *R* : -rsisie *S* : -rstsue *A* sicut *R* : ut *SA* probabilem gustum *R* : probarilem gestum *SA* 5 exiguitate *R* : et ex- *SA* 6 amarcion *SAR** : amaricion *R** : -racion *Isid.*: amethyston *Iucundus* : *an* malacion (*i.e.* μαλάκιον)? 7 quod ... innoxia *R* : *om. SA* a quo etiam *Corsetti* 1981 (*Isid.*) : quoniam *SAR* 8 tentandis *R*, *Isid.* : tentam *SA* 9 gustu *R* : gustus *S* : custus *A* hebes *R**, *Isid.* : habilis *SAR** 11 heluennacae *uel* -nacie *R** : hennacae *SAR** 12 nequaquam *ed. Iunt.* : -qui- *S* : -quic- *AR* 14 uini est *R** : uineis *SAR** et *del. Winterbottom** 15 eandemque *R* : ead- *SA* canam *Sobel* : cauam *SAR** : cauaram *R** sordidi uini *R* : sordidimi *SA* 16 uuarum *SR** : earum quarum *A* : uuarum quarum *R** 19 sustinet *R* : -nent *SA*

| ut spionia, dapsilis musto sed amplitudine magis uuarum quam numero fertilis, ut Holconia, ut Murgentina eademque Pompeiana, ut Numisiana, ut uennucula eademque scirpula atque rabucula, ut nigra Fregellana et Mettica, ut Rhaetica, ut omnium quas cognouimus copiosissima arcelaca maior, a multis argitis falso existimata. 27

Nam has nuper mihi cognitas, pergulanam dico et hirtiolam ferreolamque, non facile adseuerem quo gradu habendae sint, quod etsi satis fecundas scio, nondum tamen de bonitate uini quod adferunt iudicare potui. Vnam etiam praecoquem uitem nobis ante hoc tempus incognitam Graeca consuetudine dracontion uocitari comperimus, quae fecunditate uel arcelacae baliscaeque et Bituricae comparari possit, generositate uini Aminneae. 28

Multa praeterea genera sunt uitium, quorum nec numerum nec adpellationes cum certa fide referre possumus. 'Neque enim', ut ait poeta, 29

numerum comprendere refert;
quem qui scire uelit, Libyci uelit aequoris idem
dicere quam multae Zephyro turbentur harenae.

1 *cf. Plin. N.H.* 14. 34–5 spionia: *cf. Isid. Orig.* 17. 5. 28 17 poeta: *Verg. Georg.* 2. 104–6

---

1 spionia *R** : scipionia *SAR** musto *R** : -tos *SAR** amplitudine ς : -nem *SAR* magis *R* : alicui *S* : alii cui *A* 2 holconia *S* : -cani *A* : -cania *uel* -cama *R* : Horconia *Sobel* (*cf. Plin. N.H.* 14. 35) 3 pompeiana ... 4 atque *R* : hastque *SA* Numisiana *ed. pr.* : numerus *R* ut uennucula *Iucundus* : auenunculae *R* scirpula *Gesner* (*cf. Plin.* 14. 41) : scuritula *R* : scirpicula *Hedberg* (*cf.* 12. 45. 1) rabucula *SAR** : rabic- *R** : rabuscula *Richter* (*Plin. N.H.* 14. 42) et *SA* : ut *R* 6 argitis *R* : argillis *SA* 7 mihi cognitas pergulanam *R* : gulanam *SA* 8 gradu S^2R : gladu S^1A 11 graeca consuetudine *R* : -cam -nem *SA* 12 *post* fecunditate *add.* iucunditate *R* arcelacae *R* : alce- *SA* 13 baliscaeque *SA* : basilisc- *R* 15 quorum *Reeve* (*cf.* §30) : quarum *SAR* 17 enim *R, Verg.* : *om. SA* 18 numerum *SA* : numero *R, Verg.* 20 dicere] discere *ed. pr., u.l. Verg.* turbentur *S, Verg.* : turbem *A* : uersentur *R*

30 Quippe uniuersae regiones regionumque paene singulae partes habent propria uitium genera, quae consuetudine sua denominant; quaedam etiam stirpes cum locis uocabula mutauerunt, quaedam propter mutationem locorum, sicut supra diximus, etiam a qualitate sua decesserunt ita, ut dinosci non possint. Ideoque in hac ipsa Italia, ne dicam in tam diffuso terrarum orbe, uicinae nationes nominibus earum discrepant
31 uariantque uocabula. Quare prudentis magistri est eiusmodi nomenclationis aucupio, quo potiri nequeant, studiosos non demorari, sed illud in totum praecipere, quod et Celsus ait et ante eum M. Cato, nullum genus uitium conserendum esse nisi fama, nullum diutius conseruandum nisi experimento probatum. Atque ubi multa inuitabunt regionis commoda, ut nobilem uitem conseramus, generosam requiremus, inquit Iulius Graecinus; ubi nihil erit aut non multum quod proritet, feracitatem potius sequemur, quae non eadem portione uincitur pretio quam uincit abundantia.

32 Sed de hac sententia quamquam et ipse paulo ante idem censuerim, quid tamen arcanius iudicem, suo loco mox dicam. Propositum est enim docere qua ratione uineae pariter feraces et pretiosae fluxurae possint constitui.

3 Nunc priusquam de satione uitium disseram, non alienum puto uelut quoddam fundamentum iacere disputationi futurae, ut ante perpensum et exploratum habeamus an locupletet patrem familiae uinearum cultus. Est enim paene adhuc

10 Celsus: *agr. fr. 12 Marx* 11 Cato: *inc. sed. fr. 11 Speranza [= ad M. fil fr. 14 Cugusi–Sblendorio Cugusi]* 15 Iulius Graecinus: *cf. Reitzenstein, p. 56*

1 uniuersae $A^{2}R$: -si SA^{1} 2 consuetudine *R* : -nem *SA* 5 a *R* : *om. SA* decesserunt *SA* : -rint *R* 6 italia *R* : -am *SA* ne ς : nec *SAR* 7 orbe *AR* : -bem *S* 9 nomenclationis ς : nam- *SA* : -nel- *uel* -nol- *R* quo] *an* qua? potiri *SAR** : potiori *R** nequeant ς : -at *SAR* 12 nisi fama *hic SA, post* conseruandum *R* experimento *R* : -mendo *SA* 14 inquit *R* : in quo *SA* 15 quod *R* : quo *SA* 16 sequemur $A^{2}R$: semur SA^{1} portione *R* : -nem A^{2}: tionem SA^{1} 20 propositum *AR* : positum *S* 25 est *SAR** : et *R**

superuacuum de his conserendis praecipere, dum, quod prius est, nondum concedatur an omnino sint habendae, idque adeo plurimi dubitent ut multi refugiant et reformident talem positionem ruris, atque optabiliorem pratorum possessionem pascuorumque uel siluae caeduae iudicent. Nam de arbusto 2 etiam inter auctores non exigua pugna fuit, abnuente Saserna genus id ruris, Tremelio maxime probante. Sed et hanc sententiam suo loco aestimabimus.

Interim studiosi agricolationis hoc primum docendi sunt, uberrimum esse reditum uinearum. Atque, ut omittam ueterem illam felicitatem aruorum, quibus et ante iam Cato Marcus et mox Varro Terentius prodidit singula iugera uinearum sescenas urnas uini praebuisse (id enim maxime adseuerat in primo libro *Rerum Rusticarum* Varro) nec una regione prouenire solitum, uerum et in Fauentino agro et in Gallico qui nunc Piceno contribuitur, | his certe temporibus 3 Nomentana regio celeberrima fama est inlustris, et praecipue quam possidet Seneca, uir excellentis ingenii atque doctrinae, cuius in praediis uinearum iugera singula culleos octonos reddidisse plerumque conpertum est.

Nam illa uidentur prodigialiter in nostris Caeretanis accidisse, ut aliqua uitis apud te excederet uuarum numerum duorum milium, ut apud me octingenae stirpes insitae intra biennium septenos culleos peraequarent, ut primae uineae centenas amphoras iugeratim praeberent, cum prata et pascua et siluae, si centenos sestertios singula iugera efficiant, optime domino consulere uideantur. Nam frumenta maiore quidem 4

6 Saserna: *fr.* 5 *Speranza* 7 Tremelio: *fr.* 5 *Speranza* 11 Cato: *Orig. fr.* 43 *Peter* 12 Varro *Rust.* 1. 2. 7

2 an *SA* : an non *R* 5 caeduae A^2R : cadue SA^1 7 hanc *AR* : hac *S* sententiam *R* : sentiam *SA* 15 prouenire *AR* : probent re *S* fauentino A^2R : florentino SA^1 17 est *SA* : *om. R* 21 caeretanis A^2R : celere- SA^1 26 singula A^2 : ingula SA^1 : in s- *R* 27 maiore . . . parte *R* : -rem . . . -tem *SA*

parte Italiae quando cum quarto responderint, uix meminisse possumus.

Cur ergo res infamis est? Non quidem suo sed hominum inquit uitio Graecinus, primum quod in explorandis seminibus nemo adhibet diligentiam, et ideo pessimi generis plerique uineta conserunt; deinde sata non ita nutriunt, ut ante conualescant ac prosiliant quam retorrescant, sed et, si forte
5 adoleuerunt, neglegenter colunt. Iam illud a principio nihil referre censent quem locum conserant, immo etiam seligunt deterrimam partem agrorum, tamquam sola sit huic stirpi maxime terra idonea, quae nihil aliud ferre possit. Sed ne ponendi quidem rationem aut perspiciunt aut perspectam exsequuntur; tum etiam dotem, id est instrumentum, raro uineis praeparant, cum ea res, si omissa sit, plurimas operas
6 nec minus arcam patris familiae semper exhauriat. Fructum uero plerique quam uberrime praesentem consectantur nec prouident futuro tempori, set quasi plane in diem uiuant, sic inperant uitibus et eas ita multis palmitibus onerant, ut posteritati non consulant. Haec omnia uel certe plurima ex his cum commiserunt, quiduis malunt quam suam culpam confiteri, queruntur que non respondere sibi uineta, quae uel propter auaritiem {uel inscientia} uel per negligentiam perdiderunt.
7 At si quis cum scientia sociauerit diligentiam, non, ut ego

4 Graecinus: *cf. Reitzenstein, p. 56*

2 possumus A^2R : possimus SA^1 6 nutriunt *S* : enutr- *AR* 8 adoleuerunt *S* : adolu- A^1 : adoleuerint A^2R 9 seligunt A^2R, *uox alibi semel tantum 1. pr. 3 adhibita (cf. u.l. 8. 8. 7)* : sediligunt S^1A^1 : sede- S^2 : sibi (sedi *Hedberg*) eligunt *Tjäder* : *an* seduli (*uel* -lo *uel* -le) eligunt? 13 ex(s)equuntur *AR* : -quantur *S* tum *R* : cum *SA* 14 <poscat> operas *Richter* 16 uberrime SA^1 : -mum A^2R 17 tempori sed A^2R : -ris et SA^1 uiuant . . . inperant A^2R : -uat . . . -rat SA^1 20 commiserunt SA^1 : -rint A^2R 21 sibi A^2R : si *S* : si uel A^1 propter *ego* (*cf.* §14 propter ignorantiam) : per SA^2R : parapar A^1 22 auaritiem SA^1 : -tiam A^2R uel inscientia (-am R^*) *deleui* (*cf. u.l.* §7) uel per neglegentiam A^2R : quae SA^1 : neglegentiaque *Richter* 23 quis] qui (*et mox* -uerint) *Iucundus* scientia A^2R : insc- SA^1

existimo, <amphoras percipiet> trecenas uel certe ducenas. Sed Graecinus, minimum conputans, licet, inquit, amphoras uicenas percipiant ex singulis iugeribus, omnis istos, qui faenum suum et holera amplexantur, incremento patrimonii facile superabunt. Nec in hoc errat, quippe ut diligens ratiocinator calculo posito uidet id genus agricolationis maxime rei familiari conducere.

Nam ut amplissimas inpensas uineae poscant, non tamen 8
excedunt septem iugera unius operam uinitoris, quem uulgus quidem parui aeris uel de lapide noxium posse conparari putat. Sed ego a plurimorum opinione dissentiens pretiosum uinitorem in primis esse censeo, isque sit licet emptus sex uel potius sestertiis octo milibus; tum ipsum solum septem iugerum totidem milibus nummorum partum uineasque cum sua dote, id est cum pedamentis et uiminibus, binis milibus in singula iugera positas duco. Fit tamen in assem consummatum pretium sestertiorum uiginti nouem milium. Huc accedunt 9
semisses usurarum sestertia tria milia et quadringenti octoginta nummi biennii temporis, quo uelut infantia uinearum cessat a fructu. Fit in assem summa sortis et usurarum triginta duorum milium quadringentorum octoginta nummorum.

Quod quasi nomen si, ut faenerator cum debitore, ita rusticus cum uineis suis fecerit, eius summae ut in perpetuum praedictam usuram semissium dominus constituat, percipere debet in

2 Graecinus: *cf. Reitzenstein, p. 56*

1 existimo A^2R : existiment SA^1 amphoras percipiet *add. Hedberg* trecenas ς : tri- *SAR* certe ducenas SA^1 : decenas certe A^2R 2 sed SA^1 : sed ut A^2R inquit amphoras A^2R : in quidam operas SA^1 3 percipiant SA^1 : -ent A^2R 4 foenum A^2R : ferum SA^1 5 errat ς : erat SA^1 : errant A^2R diligens A^2R : diligenter SA^1 ratiocinator *R* : -tior *SA* 6 uidet *R* : uidere et *SA* : uidet et ς : *an* <potest> uidere? 7 familiari A^2R : -ris SA^1 conducere *AR* : -dure *S* 9 excedunt *AR* : e- tam *S* quem uulgus A^2R : que mulgus SA^1 10 putat SA^1 : -tant A^2R 11 a SA^1 : *om.* A^2R opinione *ego* : -ni *SAR* 13 tum SA^1 : cum A^2R septem ς : octo *SAR* 14 milibus A^2R : melius SA^1 16 positas A^2R : -ta SA^1

annos singulos mille nongentos quinquaginta sestertios nummos, qua conputatione uincet tamen reditus septem iugerum, secundum opinionem Graecini, usuram triginta duorum
10 milium quadringentorum octoginta nummorum; | quippe, ut deterrimi generis sint uineae, tamen si cultae, singulos utique culleos uini singula earum iugera peraequabunt, utque trecentis nummis quadragenae urnae ueneant, quod minimum pretium est annonae, consummant tamen septeni cullei sestertia duo milia et centum nummos. Ea porro summa excedit usuram semissium.

11 Atque hic calculus quem posuimus Graecini rationem continet. Sed nos extirpanda uineta censemus, quorum singula iugera minus quam ternos culleos praebent. Et adhuc tamen sic conputauimus quasi nullae sint uiuiradices quae de pastinato eximantur, cum sola ea res omnem inpensam terreni pretio suo liberet, si modo non prouincialis sed Italicus ager est.

12 Neque id cuiquam dubium esse debet, cum et nostram et Iuli Attici rationem dispexerit. Nos enim uicena milia malleolum per uineae iugerum inter ordines pangimus, ille minus quattuor milibus deponit. Cuius ut uincat ratio, nullus tamen uel iniquissimus locus non maiorem quaestum reddet quam
13 acceperit inpensam; | siquidem, ut cultoris neglegentia sex milia seminum intereant, reliqua tamen decem milia tribus milibus nummorum libenter et cum lucro redemptor emet, quae summa tertia parte superat duo milia sestertiorum, quanti constare iugerum uinearum praediximus. Quamquam nostra

18 Attici: *cf. Reitzenstein, p. 54*

2 uincet SA^1 : -cit A^2R reditus A^2R : dereditus SA^1 5 generis A^2R : -ri SA^1 si *A* : sic *SR* 7 trecentis *AR* : trecenis *S* 9 summa A^2R : -mo SA^1 10 semissium A^2R : -sum SA^1 11 calculus A^2R : -los SA^1 14 uiuiradices *SR** : uini- *AR* et sic fere semper* 17 cuiquam A^2R : *om.* SA^1 18 enim SA^1 : iam enim A^2R 23 intereant *S* : -reunt A^1 : ingerunt A^2R 24 redemptor emet *Winterbottom* : -tor emerit A^2R : -torum erunt SA^1 : -tores mercantur *Hedberg*

cura in tantum iam processit, ut non inuiti sestertiis sescenis nummis singula milia uiuiradicis a me rustici mercentur, | sed uix istud alius praestiterit; nam nec quisquam nobis facile 14
crediderit tantam in agellis esse nostris abundantiam uini quantam tu, Siluine, nouisti. Mediocre itaque uulgatumque pretium uiuiradicis posui, quo celerius nullo dissentiente perduci possent in nostram sententiam qui propter ignorantiam genus hoc agricolationis reformidant.

Siue ergo pastinationis reditus seu futurarum spes uindemi- 15
arum cohortari nos debet ad positionem uinearum; quas quoniam docuimus rationis esse conserere, nunc institutionis earum praecepta dabimus.

Cui uineta facere cordi est, praecipue caueat ne alienae potius 4
curae quam suae credere uelit, neue mercetur uiuiradicem; sed genus surculi probatissimum domi conserat, faciatque uitiarium ex quo possit agrum uineis uestire. Nam quae peregrina ex diuersa regione semina transferuntur, minus sunt familiaria nostro solo quam uernacula, eoque uelut alienigena reformidant mutatam caeli locique positionem; | sed 2
nec certam generositatis fidem pollicentur, cum sit incertum an is, qui conseruerit ea, diligenter exploratum probatumque genus surculi deposuerit. Quam ob rem bienni spatium longum esse minime existimandum est, intra quod utique tempestiuitas seminum respondet, cum semper, ut dixi, plurimum t- *AR**retulerit exquisiti generis stirpem deposuisse.

Post hoc deinde meminerit accurate locum uineis eligere, de 3

15 faciatque ... 19 positionem: *Arb.* 1. 3 22 quam ob ... 24 respondet: *cf. Plin. N.H.* 17. 172

2 singula ς : -lis *SAR** : -li *R** 6 quo *S* : quod *AR* 9 pastinationis] propagationis *Richter* 10 cohortari A^2R : coitortari SA^1 15 surculi A^2R : -lis SA^1 domi A^2R : boni SA^1 16 uitiarium A^2R : -rum SA^1 17 peregrina A^2R : perenna SA^1 18 eoque SA^1R^* : et quae A^2R^* alienigena A^2R : -nae SA^1 22 bienni *SA* : -nii *R* 24 retulerit *SR**: rett- *AR** 26 hoc SA^1 : haec A^2R

quo cum iudicauerit, maximam diligentiam sciat adhibendam pastinationi, quam cum peregerit, non minore cura uitem conserat, et cum posuerit, summa sedulitate culturae seruiat. Id enim quasi caput et columen est inpensarum, quoniam in eo consistit melius an sequius terrae mandauerit pater familias pecuniam <* * *> in otio tractare.

Igitur unumquodque eorum quae proposui, suo iam persequar ordine.

5 Vitiarium neque ieiuna terra neque uliginosa faciendum est, sucosa tamen ac mediocri potius quam pingui, tametsi fere omnes auctores huic rei laetissimum locum destinauerunt. Quod ego minime reor esse probi agricolae; nam depositae stirpes ualido solo quamuis celeriter conprehendant atque prosiliant, tamen cum sunt uiuiradices factae, si in peius transferantur, retorrescunt nec adolescere queunt.

2 Prudentis autem coloni est ex deteriore terra potius in meliorem quam ex meliore in deteriorem transferre; propter quod mediocritas in electione loci maxime probatur, quoniam in confinio boni malique posita est. Siue enim postmodum necessitas postulat tempestiua semina ieiuno solo conmittere, non magnam sentiunt differentiam, cum ex mediocri materia in exilem translata sunt; seu laetior ager conserendus est, longe celerius in ubertate coalescunt.

3 Rursus tenuissimo solo uitiarium facere minime rationis est, cum malleolorum pars maior deperit, et quae superest tarde fit

9 *Arb.* 1. 4–5 24 *cf. Plin. N.H.* 17. 159–60

3 posuerit SA^1 : seruerit A^2R 5 pater familias *AR* : pateria milias *S, hoc tantum loco sic legitur* (*alibi* p- -ae) 6 *lacunam statuit Richter, qui e.c.* quam (*iam Iucundus*) si constituerit fenerationem *temptauit* : *alii alia* 7 *ante* igitur *rubr.* DE NOVELLATIONE ET DE INSITIONE PLANTARVM quae *AR* : quod *S* 12 probi agricolae *Reeve* : pro agricola *SAR* 13 stirpes A^2R : spines S^1A^1 : spinae S^2 14 sunt *S* : sint *AR* factae SA^1R^* : et fractae A^2R^* si SA^1 : sint A^2R^* : *om.* R^* in peius ς : impetus SA^1 : priusquam A^2R 16 ex *AR* : et *S* deteriore A^1 : -ri A^2R : exteriore *S* 17 deteriorem A^2R : -re SA^1 20 postulat SA^1 : -larit A^2R 22 seu *Bergh* : se SA^1 : siue A^2R

idonea translationi. Ergo mediocris et modice siccus ager
seminario est aptissimus. Isque bipalio prius subigi debet, quae
est altitudo pastinationis cum in duos pedes et semissem
conuertitur humus, ac deinde tripedaneis relictis spatiis per
quae semina excolantur, in singulis ordinibus, <qui> ducenos
quadragenos pedes optinent, sesceni malleoli pangendi sunt.
Is numerus consummat per totum iugerum seminum milia 4
quattuor et uiginti.

Verum hanc curam praeuenit inquisitio et electio
malleolorum; nam ut saepe iam rettuli, quasi fundamentum est
praedictae rei probatissimum genus stirpis deponere.

Sed electio dupliciter facienda est; non enim solum fecundam 6
esse matrem satis est, ex qua semina petuntur, sed adhibenda
ratio est subtilior, ut ex îs partibus trunci sumantur quae et
genitales sunt et maxime fertiles. Vitis autem fecunda cuius 2
progeniem studemus summittere, non tantum debet eo
aestimari quod uuas conpluris exigit; potest enim trunci
uastitate id accidere et frequentia palmitum. Nec tamen eam
feracem dixerim cuius singulae uuae in singulis sarmentis conspiciuntur, sed si per unumquemque pampinum maior numerus uuarum dependet, si ex singulis gemmis conpluribus materiis cum fructu germinat, si denique etiam e duro uirgam cum aliquibus racemis citat, si etiam nepotum fructu grauida est, ea sine dubitatione ferax destinari debet legendo malleolo.

15 *cf. Pall.* 3. 9. 6

1 et *AR* : ei *S* 2 seminario *Dumont* : -nari SA^1 : uitiario A^2R 3 pastinationis *AR* : pastionis *S* semissem *AR* : -ses *S* 4 tripedaneis *AR* : -dantis *S* 5 qui *add.* ς 6 optinent A^2R : optime SA^1 sesceni A^2R : septeni SA^1 9 praeuenit *AR* : praebenti S^1 : -bent S^2 10 malleolorum *R* : malleorum *SA* 14 is *S* : his *AR* 17 uuas A^2R : uua SA^1 18 et frequentia A^2R : frequentis SA^1 22 e duro uirgam *R* : me dura uirgo *SA* 23 aliquibus *R* : aliquis *SA* nepotum fructu *R* : nunc totum fructum *SA* 24 ferax A^2R : ferans SA^1

3 Malleolus autem nouellus est palmes innatus prioris anni flagello, cognominatusque ad similitudinem rei, quod in ea parte qua deciditur ex uetere sarmento, prominens utrimque mallei speciem praebet. Hunc ex fecundissima stirpe legendum censemus omni tempore quo uineae putantur, ac super terram gemmis tribus uel quattuor extantibus diligenter obruendum loco modice umido, non uliginoso; dum tamen antiquissimum sit considerare, ne uitis ex qua is sumitur ancipitem floris habeat euentum, ne difficulter acinus ingrandescat, ne aut praecoquis aut serae maturitatis fructum adferat; nam illa uolucribus, haec etiam tempestatibus hiemis infestatur.

4 Tale porro genus non una conprobatur uindemia; potest enim uel anni prouentu uel aliis de causis etiam naturaliter infecunda uitis semel exuberare. Sed ubi plurimis uelut emeritis annorum stipendiis fides surculo constitit, nihil dubitandum est de fecunditate. Nec tamen ultra quadriennium talis extenditur inquisitio; id enim tempus fere uirentium generositatem declarat, quo sol in eandem partem signiferi per eosdem numeros redit, per quos cursus sui principium ceperat. Quem circuitum meatus dierum integrorum mille quadringentorum sexaginta unius ἀποκατάστασιν uocant studiosi rerum caelestium.

7 Sed certum habeo, P. Siluine, iam dudum te tacitum requirere cuius generis sit ista fecunda uitis, quam nos tam adcurate

1 *cf. Plin. N.H.* 17. 156–8 Malleolus . . . 4 praebet: *Isid. Orig.* 17. 5. 5
12 *Arb.* 2. 1; *cf. Pall.* 11. 3

1 innatus *R* : natus S^2 : inantus S^1A 2 cognominatusque *R* : -tisque *SA* ad *SA* : a *R* : ob *Isid.* (*cf.* 4. 25. 1) similitudinem *S* : -ne *AR* rei *R*, *Isid.* : *om. SA* 3 qua *S* : quae *AR* 4 mallei *SA* : malleoli *R* stirpe *R** : statione *SAR** 5 terram *R* : -ra *SA* 7 loco S^2R : locum *A* : locu S^1 8 is *S* : his *A* : id *R* 9 acinus ς : -nis *SAR* 12 non una *R* : naturae *SA* 13 anni prouentu *R* : anno uentu *SA* 14 plurimis] plurium *Iucundus* 18 signiferi per *ed. pr.* : signifer *SA* : signi per *R* 20 circuitum *R* : circumitus *SA* 21 αποκαταστασιν A^2R* : ΑΠΟΚΑCΤΑCΙΝ SA^1 : *om. sp. rel. R** 23 P. A^2R : *om.* SA^1, *fort. recte* tacitum A^2R : tactum SA^1 24 ista *R* : isa *SA*

describibimus, anne de îs aliqua significetur quae uulgo nunc
habentur feracissimae. Plurimi namque Bituricam, multi spio-
niam, quidam baliscam, nonnulli arcelacam laudibus efferunt.
Nos quoque haec genera testimonio nostro non fraudamus: 2
sunt enim largissimi uini; sed proposuimus docere uineas
eiusmodi conserere, quae nec minus uberes fructus praedictis
generibus adferant et sint pretiosi saporis, uel Aminnei uel
certe non procul ab eo gustu. Cui nostrae sententiae scio paene
omnium agricolarum diuersam esse opinionem, quae de
Aminneis inueterata longo iam tempore conualuit tamquam
naturali et ingenita sterilitate laborantibus.

Quo magis nobis ex alto repetita conpluribus exemplis fir- 3
manda ratio est, quae desidia nec minus inprudentia
colonorum damnata aut uelut ignorantiae tenebris occaecata
luce ueritatis caruit. Qua re non intempestiuum est nos ad ea
praeuerti, quae uidentur hunc publicum errorem corrigere
posse.

Igitur si Rerum Naturam, P. Siluine, uelut acrioribus mentis 8
oculis intueri uelimus, reperiamus parem legem fecunditatis
eam dixisse uirentibus atque hominibus ceterisque animalibus,
nec sic aliis nationibus regionibusue proprias tribuisse dotes, ut
aliis in totum similia munera denegaret. Quibusdam gentibus
numerosam generandi subolem dedit, ut Aegyptiis et Afris,

1 anne *SR** : ac ne *AR** is *S* : his *AR* uulgo *R* : uoli *SA* nunc *SA* : non *R* 2 bituricam *R* : bituriuitam *SA* multi spioniam *R** : -tis punicam *AR** : -tis ponigan *S* 3 baliscam *SA* : basilicam *uel* -silis- *R* efferunt nos quoque *R* : *om. SA* 4 non fraudamus *R* : *om. SA* 7 pretiosi *R* : -sis *SA* Aminnei *Hedberg* : aminei *SR** : amine *AR** 10 Aminneis ς : amineis *R* : mineis *SA* 11 naturali *R** : natali *SAR** 12 alto *R* : alte *SA* 14 aut uelut *Hedberg* : uiuet *S* : ut uel *AR** : ut uelut *R** 15 caruit *R* : -rui *SA* 16 praeuerti *R* : -berti S^1A : -beri S^2 18 *rubr.* QVAE SPECTANDAE SINT QVALITAS (-TATES ς) IN EO SOLO QVOD VINEIS DESTINAVERIS 19 oculis *SR** : occultis *AR** reperiamus *S* : repp- *A* : -riemus *R* 20 ceterisque *R* : celeriterque *SA* 21 regionibusue S^2R^* : -bus suae S^1AR^* 23 generandi *SA* : prog- *R* dedit ut *R* : dedita *S* : dedit *A*

quibus gemini partus familiares ac paene solemnes sunt, sed et Italici generis esse uoluit eximiae fecunditatis Albanas Siciniae
2 familiae trigeminorum matres. Germaniam decorauit altissimorum hominum exercitibus, sed et alias gentes non in totum fraudauit praecipuae staturae uiris; nam et Cicero testis est Romanum olim fuisse ciuem Naeuium Pollionem pede longiorem quam quemquam longissimum, et nuper ipsi uidere potuimus in adparatu pompae circensium ludorum Iudaeae gentis hominem proceriorem celsissimo Germano.

3 Transeo ad pecudes. Armentis sublimibus insignis Meuania est, Liguria paruis, sed et Meuaniae bos humilis et Liguriae nonnumquam taurus eminentis staturae conspicitur. India perhibetur molibus ferarum mirabilis; pares tamen in hac terra uastitate beluas progenerari quis neget, cum intra moenia nostra natos animaduertamus elephantos?

4 Sed ad genera frugum redeo. Mysiam Libyamque largis aiunt abundare frumentis, nec tamen Apulos Campanosque agros opimis defici segetibus; Tmolon et Corycon flore croceo, Iudaeam et Arabiam pretiosis odoribus inlustrem haberi; sed nec nostram ciuitatem praedictis egere stirpibus: quippe conpluribus locis Vrbis iam casiam frondentem conspicimus, iam mature ampliatam, florentisque hortos murra et croco.

5 His tamen exemplis nimirum admonemur curae mortalium

5 Cicero: *locus ignotus; cf. Plin. N.H.* 7. 74

1 partus *R* : artus *SA* 2 eximiae *R* : -a *SA* Siciniae *Hedberg* (*coll. Dion. Halic.* 3. 13. 4) : aequitiae *SAR* : curiatiae *ed. pr.* 3 decorauit *AR* : decora ut *S* 6 olim *Hedberg* : cum *SA* : *om. R* pede ς : pedem *SAR* 11 meuaniae *R* : -nia *SA* bos *R* : uos *SA* liguriae *AR* : -ria *S* 12 eminentis *R* : -ti *SA* 13 pares *ed. pr.* : paerus *S* : parus A^1 : paruas A^2 : pari *R* 14 intra moenia A^2R : inter amoenia *S* : in terra maenia A^1 16 sed *S* : *om. AR* 17 frumentis A^2R : -ti SA^1 18 opimis R^* : optimis SAR^* tmolon S^2R^* : tmolo S^1 : imolon AR^* : trocolon R^* corycon *SA* : corycion *uel* cori- *R* croceo A^2R : roceo *S* : coceo A^1 19 arabiam A^2R : aradiam SA^1 20 nec SAR^* : ne R^* 21 iam] *suspectum, fort. delendum* 22 iam *R* : tam *SA* maturae ampliatam *SA* : tuream plantam *R* florentisque *R* : frontisque *SA*

obsequentissimam esse Italiam, quae paene totius orbis fruges adhibito studio colonorum ferre didicerit, quominus addubitemus de eo fructu qui uelut indigena peculiarisque et uernaculus est huius soli. Neque enim dubium <est> Massici Surrentinique et Albani atque Caecubi agri uitis omnium, quas terra sustinet, nobilitate uini principes esse.

Fecunditas ab his forsitan desideretur, sed et haec adiuuari 9
potest cultoris industria; nam si, ut paulo ante rettuli, benignissima rerum omnium parens Natura quasque gentis atque terras ita muneribus propriis ditauit, ut tamen ceteras non in uniuersum similibus dotibus fraudaret, cur eam dubitemus etiam in uitibus praedictam legem seruasse? ut quamuis earum genus aliquod praecipue fecundum esse uoluerit, tamquam Bituricum aut baliscum, non tamen sic Aminneum sterile reddiderit, ut ex multis milibus eius ne paucissimae quidem uites fecundae, tamquam in Italicis hominibus Albanae illae sorores, reperiri possint?

Id autem cum sit ueri simile, tum etiam uerum esse nos 2
docuit experimentum, cum et in Ardeatino agro, quem multis temporibus ipsi ante possedimus, et in Carseolano itemque in Albano generis Aminnei uitis notatas habuerimus, numero quidem perpaucas, uerum ita fertiles ut in iugo singulae ternas urnas praeberent, in pergulis autem singulae denas amphoras peraequarent. Nec incredibilis debet in Aminneis haec uideri 3
fecunditas; nam quemadmodum Varro Terentius, et ante eum

25 Varro: *Rust.* 1. 2. 7

2 colonorum *R* : colorum *SA* 3 uelut *R* : uel *SA* 4 neque *R* : *om. SA* est^{2} *ed. pr.* massici *Iucundus* : marsscis *SA*^{1} : marsici *A*^{2}*R* 5 uitis *SA* : uites *R* 6 nobilitate ς : non uilitate *S* : non utilitate *A* : in nobilitate *R* 8 nam si ut *Iucundus* : nam sicut *R* : nisi aut *SA* 10 terras ita *R* : -ra situ *SA* ditauit] dotauit *Vrsinus* in *R* : *om. SA* 11 eam ς : ea *SAR* 17 possint *R* : -sent *SA* 18 id *R* : ita *SA* sit *R** : sint *SAR** ueri *R* : auari *SA* 19 ardeatino *A*^{2}*R* : -dentino *SA*^{1} 20 itemque in *R* : itemque *SA* 22 singulae *R* : simile *SA*

M. Cato, posset adfirmare sescenas urnas priscis cultoribus singula uinearum iugera fudisse, si fecunditas Aminneis defuisset, quas plerumque solas antiqui nouerant? nisi si putamus ea quae nuper ac modo palae e longinquis regionibus arcessita notitiae nostrae sunt tradita, Biturici generis aut balisci, uineta eos coluisse, cum uetustissimas quasque uineas adhuc existimemus Aminneas?

4 Si quis ergo talis, qualis paulo ante possedisse me rettuli, Aminneas pluribus uindemiis exploratas notet, ut ex îs malleolos feracissimos eligat, possit pariter generosas uineas et uberes efficere. Nihil enim dubium est quin ipsa Natura subolem matri similem esse uoluerit, unde etiam pastor ille in *Bucolicis* ait

sic canibus catulos similes, sic matribus haedos.

5 Vnde sacrorum certaminum studiosi pernicissimarum quadrigarum semina diligenti obseruatione custodiunt, et spem futurarum uictoriarum concipiunt propagata subole generosi armenti. Nos quoque pari ratione uelut Olympionicarum equarum, ita feracissimarum Aminnearum seminibus electis largae uindemiae spem capiamus. Neque est quod temporis tarditas quemquam deterreat; nam quicquid morae est, in
6 exploratione surculi absumitur. Ceterum cum fecunditas uitis conprobata est, celerrime insitionibus ad maximum numerum perducitur. Eius rei testimonium tu praecipue, Siluine, perhibere nobis potes, cum pulchre memineris a me duo iugera

1 Cato: *Orig. fr.* 43 *Peter* 14 *Verg. Ecl.* 1. 23

1 sescenas ς (*cf.* 3. 3. 2) : septenas *SAR* 3 nisi si *SA* : nisi *R* 4 palae e *Hedberg* (*cf. Plin. N.H.* 12.24) : palaeae *S* : paleae *ut uid. A* : palee *uel sim. R* : plane *ed. pr.* 5 biturici *R* : uituri *SA* aut *R* : au *SA* 6 uetustissimas A^2R : -statissimas SA^1 quasque uineas R^* : quasquineas SAR^* 8 qualis *R* : *om. SA* 9 iis *S* : his *AR* 10 possit *SA* : posset is *R* 16 quadrigarum *R* : -rigena rum *SA* 17 uictoriarum *R* : *om. SA* 25 pulchre A^2R : pulcire SA^1

uinearum intra tempus bienni ex una praecoque uite, quam in Caeretano tuo possides, insitione facta consummata.

Quemnam igitur existimas uitium numerum intra tantundem 7 temporis interseri posse duorum iugerum malleolis, cum sint ipsa duo iugera unius uitis progenies? Quare si, ut dixi, laborem et curam uelimus adhibere, facile praedicta ratione tam feraces Aminnei generis uineas constituemus quam Biturici aut balisci; tantum retulerit ut in transferendis seminibus similem statum caeli locique et ipsius uitis habitum obseruemus, quoniam plerumque degenerat surculus, si aut situs agri aut aeris qualitas repugnat aut etiam si ex arbore in iugum defertur.

Itaque de frigidis in frigida, de calidis in similia, de uinetis 8 in uineas transferemus. Magis tamen ex frigido statu stirps Aminnea potest calidum sustinere quam ex calido frigidum, quoniam cum omne uitis genus, tum maxime praedictum naturaliter laetatur tepore potius quam frigore. Sed et qualitas 9 soli plurimum iuuat, ut ex macro aut mediocri transducatur in melius; nam quod adsuetum est pingui, nullo modo maciem terrae patitur nisi saepius stercores.

Atque haec de cura eligendi malleoli generatim praecepimus, nunc illud proprie <et> specialiter, ut non solum ex fecundissima uite sed et uitis parte feracissima semina eligantur.

Feracissima autem semina {sunt} non, ut ueteres auctores **10** crediderunt, extrema pars est, quod caput uitis appellant, id est

3 *Arb.* 20. 2; *cf. Plin. N.H.* 17. 79, 84   24 *Arb.* 3. 1; *Pall.* 3. 9. 7

1 bienni *SA* : -nii *R*   2 ceretano A^2 : cerr- *R* : cereno SA^1 consummata *SA* : -mataque *R*   8 retulerit SR^*: rett- R^* : retulit *A*   11 situs agri aut A^2R : situ saga ut SA^1 14 statu *R* : -tus *SA*   stirps ς : stirpis *SAR*   22 proprie <et> specialiter *Madvig* : specialiter *secl. Gesner, fort. recte* : spectabitur *Vrsinus* (*cf.* 3. 11. 6) ex *R* : *om. SA*   23 et *SAR* (*cf.* 6. 37. 3) : ex ς, *fort. recte* (*cf.* 1. 3. 6, 2. 10. 24, 4. 20. 1, 5. 6. 20) : etiam e *Iucundus* : *an* et <ex> (*cf.* 7. 2. 2)?   24 sunt *del. Madvig*   25 pars est] pars eius *ed. pr.* : parte *Hedberg* : parte eius *André*

ultimum et productissimum flagellum; nam in eo quoque falluntur agricolae. Sed erroris est causa prima species et numerus uuarum, qui plerumque conspicitur in productissimo sarmento. Quae res nos decipere non debet; id enim accidit non palmitis ingenita fertilitate sed loci opportunitate, quia reliquas trunci partes umor omnis et alimentum, quod a solo minis-
2 tratur, transcurrit dum ad ultimum perueniat. Naturali enim spiritu omne alimentum uirentis quasi quaedam anima per medullam trunci ueluti siphone, quem diabeten uocant mechanici, trahitur in summum; quo cum peruenit, ibi consistit atque consumitur. Vnde etiam materiae uehementissimae
3 reperiuntur aut in capite uitis aut in crure uicino radicibus. Sed et hae steriles, quae e duro citantur, ac duplici ex causa robustae sunt, quod a fetu uacant quodque ex proximo terrae integro atque inlibato suco aluntur; et illae fertiles ac firmae, quia e tenero prorepunt, et quicquid, ut supra dixi, ad eas alimenti peruenit indiuiduum est. Mediae sunt macerrimae, quas transcurrit hinc parte aliqua interceptus, illinc umor adtractus.

4 Non debet igitur ultimum flagellum quasi fecundum obseruari, etiam cum plurimum adferat, siquidem loci ubertate in fructum cogitur, sed id sarmentum quod media uite situm ne inportuna quidem parte deficit, ac numeroso fetu benignitatem suam ostendit. Hic surculus translatus rarius degenerat, quoniam ex deteriore statu meliorem sortitur; siue enim pastinato

19 *cf. Plin. N.H.* 17. 156–8 *Arb.* 3. 1, 20. 1

---

1 falluntur S^2R : pall- S^1A 3 conspicitur *AR* : conficitur *S* in *R* : *om. SA* 4 decipere SAR^* : despicere R^* non debet *R* : debet *SA* 6 trunci A^2R : runci SA^1 7 transcurrit A^2R : transcircum SA^1 8 quaedam A^2R : quadam SA^1 9 siphone *Hedberg* : sifonse S^1A^1 : sifons S^2 : sifonem A^2 : siphonem *R* 10 peruenit SA^1 : -nerit A^2R 13 steriles *SA* : stirpes *R* e *R* : *om. SA* citantur *R* : utantur *SA* ac *SA* : *om. R* robustae *SA* : probatae *R* 14 uacant R^* : uoc- SAR^* 15 quia SR^* : quae *A* : qui *uel* qua R^* 16 e *S* : ex *uel* et *R* : *om. A* 17 quas *SA* : qua *R* 18 umor adtractus *ego* : ad (a R^*) se tractus umor SAR^* 20 cum *SA* : si *R* 21 ne *SA* : nec *R*

deponitur siue trunco inseritur, largioribus satiatur alimentis
quam prius, cum esset in egeno. Itaque custodiemus ut 5
e praedictis locis, quos umeros rustici uocant, semina legamus,
ea tamen quae tulisse fructum animaduertemus; nam si fetu
uacua sint, quamuis laudabilem partem uitis nihil censemus ad
feracitatem conferre malleolo. Quare uitiosissima est eorum
agricolarum opinio, qui minimum referre credunt, quot uuas
sarmentum habuerit, dum et ex uite fertili legatur et non ex
duro trunco enatum, quod pampinarium uocant. Haec autem 6
opinio, quae est orta ex inscientia seminum eligendorum,
primum parum fecundas uineas, deinde etiam nimis steriles
reddit. Quis enim omnino iam per tam longam seriem
annorum agricola malleolum legentibus praecepit ea, quae
paulo ante rettulimus? Immo quis non inprudentissimum
quemque et eum qui nihil aliud operis facere ualeat, huic
negotio delegat? Itaque ex hac consuetudine ueniunt inpruden-
tissimi ad rem maxime necessariam, deinde etiam infirmissimi;
nam inutilissimus quisque, ut dixi, qui nullum alium laborem
ferre queat, huic officio adplicatur. Is porro, etiam si quam 7
scientiam eligendi malleoli habet, eam propter infirmitatem
dissimulat ac superponit, et ut numerum quem uilicus impe-
rauit explere possit, nihil curiose, nihil religiose administrat;
unumque est ei propositum peragere laboris sui pensum, cum
tamen, ut et sciat, et quod sciat exsequatur, hoc solum praecep-
tum a magistris accipit, ne pampinariam uirgam deplantet,
cetera omnia ut seminibus contribuat.

1 largioribus satiatur *R* : *om. SA* 3 e *SA* : a *R* umeros *SA* : humerosos *R* 4 ea *S* : *om. AR* tamen quae *R* : ↔ *SA* tulisse *S* : util- A^1 : til- A^2 : adtul- *R* animaduertemus *SA* : -timus *R* 5 laudabilem *R* : -le *SA* 7 quot ς : quod *SAR* 8 et ex *SA* : ex *R* 10 est orta *SA* : ↔ *R* 11 fecundas *R* : sec- *SA* 13 agricola . . . legentibus *S* : -lae . . . legenti *AR*, *fort. recte* praecepit *SA* : -fecit *R* 16 delegat *AR* : deligat *S* 24 ut et *SA* : ↔ *R* exsequatur *R* : sequatur et *SA* 25 ne *AR* : nec *S*

8 Nos autem primo rationem secuti, nunc etiam longi temporis
experimentum, non aliud semen eligimus nec frugiferum esse
ducimus, nisi quod in parte genitali fructum attulerit. Nam illud
quidem quod loco sterili laetum robustumque sine fetu pro-
cessit, fallacem fecunditatis imaginem praefert, nec ullam
9 generandi uim possidet. Id procul dubio uerum esse ratio nos
admonet, si modo ut in corporibus nostris propria sunt officia
cuiusque membri, sic et frugiferarum stirpium partibus propria
munia. Videmus hominibus inspiratam uelut aurigam
rectricemque membrorum animam, sensus iniectos ad ea
discernenda quae tactu quaeque naribus auribusque et oculis
indagantur, pedes ad gressum conpositos, bracchia ad con-
plexum, ac ne per omnes uices ministeriorum uagetur inso-
lenter oratio, nihil aures agere ualent quod est oculorum, nihil
10 oculi quod est aurium. Ne generandi quidem data est facultas
manibus aut plantis, sed quod hominibus ignotum uoluit esse
genitor uniuersi, uentre protexit, ut diuina praedita ratione
rerum aeterna opifex quasi quibusdam secretis corporis in
arcano atque operto sacra illa spiritus elementa cum terrenis
primordiis misceret, atque hanc animantis machinae speciem
11 effingeret. Hac lege pecudes, hac uirgulta progenuit, hac uitium
genera figurauit, quibus eadem ipsa mater ac parens primum
radices uelut quaedam fundamenta iecit, ut îs quasi pedibus
insisterent, truncum deinde superposuit uelut quandam
staturam corporis et habitus, mox ramis diffudit quasi
bracchiis, tum pampinos elicuit uelut palmas, eorumque

4 fetu *SA* : fructu *R* processit *R* : cessit *SA* 5 praefert *SA* : praebet *R* 8 cuiusque membri sic *R* : c- membris propria sunt officia SA^2 : *om.* A^1 10 rectricemque *AR* : rectique *S* iniectos ς : inlectos *SAR* 11 quaeque *SA* : *om.* *R* 14 quod est ... 15 oculi *R* : nisi *A* : *om.* *S* 17 uniuersi *AR* : -sis *S* 20 primordiis *AR* : -dii *S* hanc *ed. pr.* : hoc *SAR*, *def. Sobel* machinae *R* : macine *A* : imagine *S* speciem *AR* : -e *S* 23 quaedam fundamenta *SA* : ↔ *R* ut is *SR** : ut iis *AR** : ut uitis ς 24 insisterent ς : -ret *SAR* truncum A^2R : -ci SA^1 26 tum ς : cum *SA* : tum caules et *R*

alios fructu donauit, alios fronde sola uestiuit ad protegendos tutandosque partus.

Ex îs igitur, ut supra diximus, si non ipsa membra genitalia 12 conceptu atque fetu grauida sed tamquam tegumina et umbracula eorum quae fructibus uidua sunt, legerimus, umbrae scilicet non uindemiae laborauerimus. Quid ergo est? 13 Cur, quamuis non sit e duro pampinus sed e tenero natus, si tamen orbus est, etiam in futurum quasi sterilis damnatur a nobis? Modo enim disputatio nostra colligebat unicuique corporis parti proprium esse adtributum officium quod scilicet ei conuenit; ut malleolo quoque, qui opportuno loco natus est, fecunditatis uis adsit, etiam si interim cesset a partu. Nec ego 14 abnuerim hoc me instituisse argumentari, sed et illud maxime profiteor, palmitem quamuis frugifera parte enatum, si fructum non adtulerit, ne uim quidem fecunditatis habere. Nec hoc illi sententiae repugnat; nam et homines quosdam non posse generare quamuis omni membrorum numero constante manifestum est, ne sit incredibile, si genitali loco uirga nata fructu careat, carituram quoque fetu.

Itaque, ut ad consuetudinem agricolarum reuertar, eiusmodi 15 surculos qui nihil tulerint spadones appellant; quod non facerent, nisi eos suspicarentur inhabiles frugibus. Quae et ipsa appellatio rationem mihi subiecit non eligendi malleolos quamuis probabili parte uitis enatos, si fructum non tulissent, quamquam et hos ipsos sciam non in totum sterilitate adfectos. Nam confiteor pampinarios quoque, cum e duro processerint,

20 *Pall.* *3. 9. 8; Isid. Orig. 17. 5. 6*

1 alios $S^{2}R$: alius $S^{1}A$ fructu AR^{*} : -tus SR^{*} 3 iis *S* : his *AR* 4 tegumina *Hedberg* : tegumin S^{1} : -men S^{2} : tegmina *AR* 5 fructibus *AR* : -tu *S* 6 laborauerimus *SR* : -uimus *A* 7 e *AR* : et *S* 11 loco $A^{2}R$: luto SA^{1} 12 a partu $S^{2}R$: apertum $S^{1}A$ 16 repugnat *R* : -nant *SA* 17 generare $S^{2}R$: cen- S^{1} : genare *A* 21 tulerint *SA* : attul- *R* 24 quamuis *R* : quam quamuis *SA* 25 ipsos *S* : *om.* *AR* adfectos *R* : adfetos *SA* 26 nam confiteor *R* : n- c- nam *SA* processerint R^{*} : toce(s)serint *SA* : prorepserint R^{*}

tempore anni sequentis adquirere fecunditatem et ideo in
16 resicem summitti, ut progenerare possit. Verum eiusmodi par-
tum conperimus non tam ipsius resicis quam materni esse
muneris; nam quia inhaeret stirpi suae, quae est natura ferax,
mixtus adhuc parentis elementis et fecundis pastus seminibus
ac uelut altricis uberibus eductus, paulatim fructum ferre con-
discit. At quae citra naturae quandam pubertatem inmatura
atque intempestiua planta direpta trunco uel terrae uel etiam
stirpi recisae inseritur, quasi puerilis aetas ne ad coitum qui-
dem, nedum ad conceptum habilis, uim generandi uel in totum
perdit uel certe minuit.

17 Quare magno opere censeo in eligendis seminibus adhibere
curam, ut e fructuosa parte uitis palmites legamus eos qui
futuram fecunditatem iam dato fructu promittunt, nec tamen
contenti simus singulis uuis, maximeque probemus qui
numerosissimis fetibus conspiciuntur. An upilionem lauda-
bimus ex ea matre subolem propagantem quae geminos enixa
sit, et caprarium summittentem fetus earum pecudum quae
trigemino partu commendentur, uidelicet quia sperent
18 parentium fecunditati prolem responsuram, | {et} nos non
sequemur in uitibus hanc ipsam rationem? Tanto quidem

1 sequentis R^* : sementis SAR^* 2 resicem *Hedberg* : resicendum *SA* : resecem *R* summitti R^* : mitti *S* : mittit AR^* 3 resicis *SA* : resecis *R* materni *R* : -nis *SA* 5 adhuc *R* : ad hoc *SA* fecundis SAR^* : -di R^* 6 altricis *AR* : altaricis *S* ferre *R* : fere *SA* 8 intempestiua *R* : -uam A^1 : -tatiua *S* : -tatiuam A^2 direpta *R* : deirepta *S* : tei- *A* 9 stirpi *R* : -pe *SA* recisae ς : recisse SA^2 : cisse A^1 : recesae *R* 10 generandi S^2R : gerandi S^1A 11 perdit *R* : -didit *SA* 13 curam . . . parte *om.* S^1 ut e S^2A : uti *R* 14 dato *SA* : toto *R* fructu *R* : -tum *SA* 15 contenti S^2R : -tis S^1A probemus *R* : prae- *SA* 16 conspiciuntur *R* : -unt *SA* an *SAR* (*cf. 1. pr. 30*) : an non *Iucundus* : nam *Winterbottom* upilionem S^1A : op- S^2R 17 enixa A^2R : expipsa SA^1 19 commendentur *Holford-Strevens* : -dantur *SAR* sperent *Winterbottom** : speret *SA* : semper et *R* : sperat *Pontedera*^{2} 20 parentium *SA* : -tum *R* fecunditati *R* : -te *SA* responsuram *R* : -ra *A* : resconsula *S* et *deleui* nos non *scripsi adhortante Reeve* : nos nos *SA* : nos *R*

magis, quod compertum habemus naturali quadam malignitate desciscere interdum quamuis diligenter probata semina; idque nobis poeta uelut surdis ueritatis inculcat dicendo:

> uidi lecta diu et multo spectata labore
> degenerare tamen, ni uis humana quotannis
> maxima quaeque manu legeret: sic omnia fatis
> in peius ruere ac retro sublapsa referri.

Quod non tantum de seminibus leguminum sed in tota
agricolationis ratione dictum esse intelligendum est, | si modo 19
longi temporis obseruatione conperimus, quod certe conperimus, eum malleolum, qui quattuor uuas tulerit, deputatum et in terra depositum a fecunditate materna sic degenerare ut interdum singulis, nonnumquam etiam binis uuis minus
adferat. In quantum autem censemus defecturos eos, qui binos 20
aut fere singulos fetus in matre tulerint, cum etiam feracissimi translationem saepe reformident? Itaque huius rationis demonstratorem magis esse me quam inuentorem libenter profiteor, ne quis existimet fraudari maiores nostros laude merita. Nam id ipsum sensisse eos non dubium est, quamuis nullo alio sit scripto proditum, exceptis quos rettuli numeris Vergili, et sic tamen ut de seminibus leguminum praecipiatur.

Cur enim aut e duro natam uirgam aut etiam ex fecundo 21
malleolo, quem ipsi probassent, decisam sagittam repudiabant, si nihil interesse ducebant ex quo loco semina legerentur?

3 poeta: *Verg. Georg.* 1. 197–200

1 compertum *R* : comitatum *SA* habemus *SA* : -beamus *R* 2 desciscere *AR* : descissere *S* 3 inculcat *ego* : incolcet S^2A : incollet S^1 : indulget *R* : inculcet ς dicendo *R* : diligendo *SA* 7 sublapsa *S* : -sae *A* : sublassa *R* referri S^2R : ferri S^1A 8 de *SA* : *om.* *R* tota *SA* : -tam *R* 9 agricolationis *R* : -ne *SA* ratione ς : -nem *R* : spatione *SA* 11 qui S^2R : quid S^1 : quit *A* deputatum *R* : -tur *SA* 12 terra *SA* : -ram *R* depositum *R* : quae positum *SA* 14 adferat R^* : -rant SAR^* defecturos ς : despecturos *SA* 16 reformident *R* : formident *SA* 20 quos *SA* : quod *R* rettuli numeris *SA* : ret(t)ulimus metris *R* sic *SA* : hic *R*

Nunc, quia uim fecunditatis certis quasi membris inesse non dubitabant, idcirco pampinarium et sagittam uelut inutiles ad deponendum prudentissime damnauerunt. Quod si ita est, nihil dubium est multo magis ab his inprobatum esse etiam illum
22 palmitem, qui frugifero loco natus fructum non attulisset. Nam si sagittam, id est superiorem partem malleoli, uituperandam censebant, cum esset eadem pars surculi frugiferi, quanto magis uel ex optima uitis parte natum flagellum, si est sterile, inprobatum ab his ratio ipsa declarat, nisi si tamen, quod est absurdum, crediderunt eum translatum et abscisum a sua stirpe destitutumque materno alimento frugi fore, qui in ipsa matre nequam fuisset.

Atque haec et forsitan pluribus dicta sint quam exigebat ratio ueritatis, minus tamen multis quam postulabat praue detorta et inueterata opinio rusticorum.

11 Nunc ad reliquum ordinem propositae disputationis redeo. Sequitur hanc eligendi malleoli curam pastinationis officium, si tamen ante de qualitate soli constiterit. Nam eam quoque plurimum et bonitati et largitati frugum conferre nihil dubium est.

Ac priusquam ipsum solum perspiciamus, illud antiquissimum censemus, rudem potius eligendum agrum, si sit
2 facultas, quam ubi fuerit seges aut arbustum. Nam de uinetis quae longo situ exoleuerunt, inter omnis auctores constitit pessima esse si reserere uelimus, quod et inferius solum plurimis radicibus sit inpeditum ac uelut inretitum, et adhuc

23 §§2–4 *Pall.* 2. 13. 2

4 esse ς : esset *SAR* illum *R* : illud *SA* 6 sagittam *R* : -ta *SA* uituperandam *R* : -da *SA* 9 nisi si *SA* : nisi *R* 11 materno *R* : mater non *SA* frugi fore *Hagendahl* : frugifero *SAR* qui in ς : quin *SAR* 12 fuisset ς : fuisse *SAR* 13 et *fort. delendum* exigebat *R* : -bant *SA* 16 nunc S^2R : tunc S^1A *post* redeo *rubr.* II. (*in marg. A*) DE PASTINATIONE 18 constiterit *SR* : -tuerit *A* 20 *post* est *rubr.* III. QVALI SOLO VINEA DEPONENDA SIT 21 solum *S* : *om. AR* 23 uinetis R^* : uidetis *SA* : uineis R^* 24 omnis *S* : -nes *AR*

non amiserit uirus et cariem illam uetustatis, quibus hebetata
quasi aliquibus uenenis humus torpeat. Quam ob causam 3
siluestris ager praecipue est eligendus, qui etiam si frutectis aut
arboribus obsessus est, facile extricatur, quod suapte natura
quaecumque gignuntur non penitus nec in profundum radices
agunt sed per summam terram dispergunt atque diducunt; qui-
bus ferro recisis et extirpatis, purum quod superest inferioris
soli rastris licet effodere et in fermentum congerere atque con-
ponere. Si tamen rudis terra non sit, proximum est uacuum
ab arboribus aruum, si nec hoc est, rarissimum arbustum uel
oliuetum, melius tamen uetus oliuetum, quod non fuerit
maritatum, uineis destinatur. Vltima est, ut dixi, condicio 4
restibilis uineae; nam si necessitas facere cogit, prius quidquid
est residuae uitis extirpari debet, deinde totum solum †sicco†
fimo aut, si id non sit, alterius generis quam recentissimo
stercorari atque ita conuerti, et diligentissime refossae omnes
radices in summum regeri atque comburi, tum rursus uel
stercore uetusto, quia non gignit herbas, uel de uepribus egesta
humo pastinatum large contegi.

At ubi pura noualia et ab arboribus sunt libera, consideran- 5
dum est antequam pastinemus, surcularis necne sit terra; idque
facillime exploratur per stirpes quae sua sponte proueniunt.
Neque enim est ullum tam uiduum solum uirgultis, ut non
aliquos surculos progeneret, tamquam piros siluestris et
prunos uel rubos certe. Nam haec quamuis genera spinarum
sint, solent tamen fortia et laeta et grauida fructu consurgere.

2 torpeat *R* : torreat *SA* 4 obsessus $A^{2}R^{*}$: -sis SA^{1} : oppressus R^{*} 5 in *R* : *om. SA* 6 summam (*AR**) terram *ego*, -mum *R**, terrae *AR* : -ma terreae *S* : *an* summa terrena? diducunt *F. Vollmer, TLL 5. 1. 1019. 3* : dicuntur *SA* : deducunt *R* 7 et *SA* : atque *R* purum] parum ς 10 ab *SA* : *om. R* aruum *R* : aurum *SA* 12 maritatum *Winterbottom** : maritum *SAR* 14 sicco *R*, *uix recte* : *om. SA* : asinino *dub. Winterbottom (cf. 11. 3. 12)* 15 si id *R* : sit $S^{1}A$: si S^{2} 16 stercorari *A* : -cer- *S* : stercori *uel* -re *R* conuerti *SA* : -tit *R* refossae *Schneider* : -sas *SAR* omnes *AR* : omnis *S* 17 comburi tum *R* : -ritur *SA* 18 uetusto *R* : ueto *SA* 20 et *SAR** : *om. R** 24 siluestris *SAR** : -res *R**

6 Igitur si non retorrida nec scabra sed leuia et nitida et prolixa fecundaque uiderimus, eam intellegemus esse terram surcularem. Sed hoc in totum ad illud, quod uineis praecipue est idoneum, proprie considerandum, ut prius rettuli, si facilis est humus et modice resoluta, quam diximus pullam uocitari, nec quia sola ea, sed quia sit habilis maxime uinetis.

7 Quis enim uel mediocris agricola nesciat etiam durissimum tufum uel carbunculum, simulatque sit confractus et in summum regestus, tempestatibus et gelu nec minus aestiuis putrescere caloribus ac resolui, eumque pulcherrime radices uitium per aestatem refrigerare sucumque retinere (quae res alendo surculo sunt adcommodatissimae), simili quoque de causa probari solutam glaream calculosumque agrum et mobilem lapidem, si tamen haec pingui glaebae permixta sunt
8 (nam eadem ieiuna maxime culpantur)? Est autem, ut mea quoque fert opinio, uineis amicus etiam silex cum superpositum est modicum terrenum, quia frigidus et tenax umoris per ortum Caniculae non patiatur sitire radices. Hyginus quidem secutus Tremelium praecipue montium ima, quae uerticibus defluentem humum receperint, uel etiam ualles quae fluminum adluuie et inundationibus concreuerint, aptas esse uineis adseuerat, me non dissentiente.

9 Cretosa humus utilis habetur uiti; nam per se ipsa creta qua utuntur figuli quamque nonnulli argillam uocant inimicissima est nec minus ieiunus sabulo et quidquid, ut ait Iulius Atticus,

1 *Plin. N.H.* 17. 25, 29; *Pall.* 2. 13. 3 15 *Plin. N.H.* 17. 27 18 Hyginus: *cf. Reitzenstein, p.* 53 19 Tremelium: *fr.* 11 *Speranza* 23 *Pall.* 2. 13. 4–5 *Plin. N.H.* 17. 25, 29, 33 25 Iulius Atticus: *cf. Reitzenstein, p.* 54

---

1 retorrida nec *S* : terrida et *A* : retorridet *R* 2 intelligemus *R* : intellegimus *SA* 5 diximus *Iucundus* : dic- *SAR* 6 sola ea *SA*^{2} : solea *A*^{1} : sola *R* 7 quis *AR* : qui *S* 8 sit confractus *TLL* 4. 255. 24 : situm confractum *SA* : si sit confracti *R* 9 summum *Goodyear* : -mus *SA* : -mo *R* regestus *SA* : -ti *R* 10 putrescere *R* : et p- *SA* 14 pingui *A*^{2}*R* : pinguit *SA*^{1} 20 receperint *Iucundus* : reciperent *SAR* 21 adluuie *R* : adlubiae *SA* 22 me *A*^{2}*R* : ne *SA*^{1} 24 utuntur *R* : ut undatur *SA*

retorridum surculum facit. Id autem solum uel uliginosum est uel salsum uel amarum etiam uel siticulosum et peraridum. Nigrum tamen et rutilum sabulonem, qui sit uiuidae terrae permixtus, probauerunt antiqui; nam carbunculosum agrum, nisi stercore adiuues, macras uineas efficere dixerunt. Grauis 10
est rubrica, ut idem Atticus ait, et ad conprehendendum radicibus iniqua, sed alit eadem uitem, cum tenuit, uerum est in opere difficilior, quod neque umentem fodere possis quod sit glutinosissima, nec nimium siccam quia ultra modum praedura.

Sed ne nunc per infinitas terreni species euagemur, non **12**
intempestiue commemorabimus Iuli Graecini conscriptam uelut formulam, ad quam possit aestimatio referri terrae uinealis. Idem enim Graecinus sic ait: esse aliquam terram calidam uel frigidam, umidam uel siccam, raram uel densam, leuem aut grauem, pinguem aut macram, sed neque nimium calidum solum posse tolerare uitem, quia inurat, neque praegelidum, quoniam uelut stupentis et congelatas radices nimio frigore moueri non sinat; quae tum demum se promunt, cum modico tepore euocantur; umorem terrae iusto maiorem putrefacere deposita semina: | rursus nimiam siccitatem destitu- 2
ere plantas naturali alimento, aut in totum necare aut scabras et retorridas facere; perdensam humum caelestis aquas non sorbere nec facile perflari, facillime perrumpi et praebere rimas, quibus sol ad radices stirpium penetret, eandemque ueluti clausa et coartata semina conprimere atque strangulare:

13 Graecinus: *cf. Reitzenstein, p. 56*

2 uel[1] *R* : *om. SA* 3 uiuidae *SA* : humidae *R* 5 adiuues *SA* : iuues *R** : rediuiuus *uel sim. R** 6 est *R* : et *SA* conprehendendum *R* : -prehendum *SA* 8 humentem *R* : umentum *S* : -tu *A* 11 commemorabimus ς : -uimus *SAR* 12 possit aestimatio *Dahllöf* : positaestimatio *S* : posita est imitatio *AR** : p- est estimatio *R** referri ς : referre (-ff- *A*) *SAR* 18 frigore ς : -ri *SAR* 19 tepore ς : temp- *SAR* euocantur *SA* : -cant *R* 21 aut[1] *S* : ut *AR* necare *R* : neccare *SA* 24 eandemque ς : eademque *SAR* 25 ueluti clausa *ego* (*cf.* 5. 9. 8) : uelut conclausa *SAR*

3 | raram supra modum uelut per infundibulum transmittere imbres, et sole ac uento penitus siccari atque exarescere; grauem terram uix ulla cultura uinci; leuem uix ulla sustineri; pinguissimam et laetissimam luxuria, macram et tenuem ieiunio laborare. Opus est, inquit, inter has tam diuersas inaequalitates magno temperamento, quod in corporibus quoque nostris desideratur, quorum bona ualetudo calidi et frigidi, humidi et aridi, densi et rari certo et quasi examinato modo
4 continetur. Nec tamen hoc temperamentum in terra quae uineis destinetur pari momento libratum esse debere ait, sed in alteram partem propensius, ut calidior terra sit quam frigidior, siccior quam umidior, rarior quam densior, et si qua sunt his similia; ad quae contemplationem suam derigat qui uineas instituet.

5 Quae cuncta, sicut ego reor, magis prosunt, cum suffragatur etiam status caeli; cuius regionem quam spectare debeant uineae uetus est dissensio: Saserna maxime probante solis ortum, mox deinde meridiem, tum occasum; Tremelio Scrofa praecipuam positionem meridianam censente; Vergilio de industria occasum sic repudiante,

neue tibi ad solem uergant uineta cadentem;

Democrito et Magone laudantibus caeli plagam septentrionalem, quia existiment ei subiectas feracissimas fieri uineas,

9 *Pall.* 2. 13. 5 17 Saserna: *fr.* 8 *Speranza* 18 Tremelio: *fr.* 10 *Speranza* 19 Vergilio: *Georg.* 2. 29 22 Democrito: [*Dem.*] *fr.* 29 *Wellmann* Mago: *fr.* 13 *Speranza*

3 ulla *SR** : -lam *AR** cultura *SA*^{1}*R** : -ram *A*^{2}*R** leuem *SA* : bilem *R* 4 luxuria *A*^{2}*R* : -am *SA*^{1} 5 inter *R* : interest *SA* 8 examinato *R* : -ti *SA* 9 continetur *R* : -neatur *SA* 10 esse debere ait *R* : esset deberent *SA* 13 ad quae *R* : atque *SA* suam *R* : exuam *SA* derigat *Hedberg* : derigam *SA* : dirigat *R* uineas *AR* : -a *S* 17 dissensio ς : -tio *SAR* probante *R* : -ti *SA* 18 tremelio ς : -lior *SA* : -(l)lius *R* 19 meridianam *A*^{2}*R* : -na *SA*^{1} de ς : deinde *SAR* 20 repudiante ς : -tem *SAR* 22 plagam *AR* : plaga *S* 23 fieri *SR* : *om. A*

quae tamen bonitate uini superentur. Nobis in uniuersum 6 praecipere optimum uisum est ut in locis frigidis meridiano uineta subiciantur, tepidis orienti aduertantur, si tamen non infestabuntur Austris Eurisque, uelut orae maritimae in Baetica. Sin autem regiones praedictis uentis fuerint obnoxiae, melius Aquiloni uel Fauonio committentur; nam feruentibus prouinciis, ut Aegypto et Numidia, uni septentrioni rectius opponentur.

Quibus omnibus diligenter exploratis, tum demum pastinationem suscipiemus.

Eius autem ratio cum Italici generis futuris agricolis tum 13 etiam prouincialibus tradenda est, quoniam in longinquis et remotis fere regionibus istud genus uertendi et subigendi agri minime usurpatur, sed aut scrobibus aut sulcis plerumque uineae conseruntur. {Scrobibus uinea sic ponitur.}

Quibus autem mos est scrobibus deponere, fere per tris 2 longitudinis pedes perque duos pedes in altitudinem cauato solo, quantum latitudo ferramenti patitur, malleolos utrimque iuxta latera fossarum consternunt et aduersis scrobum frontibus curuatos erigunt duabusque gemmis supra terram eminere passi reposita humo cetera coaequant; quae faciunt in eadem linea intermissis totidem pedum scamnis, dum peragant ordinem. Tum deinde relicto spatio, prout cuique mos est 3

1 *Plin. N.H. 17. 20–2; Pall. 2. 13. 6* 16 *Arb. 4. 3; Plin. N.H. 17. 167* *Pall. 2. 10. 1–2*

2 meridiano *R* : e mer- A^2 : e meridisano SA^1 3 subiciantur A^2R : -iacentur SA^1 4 eurisque ς : aeris quae *SA* : auris que(que) *R* 5 baetica A^2R : uetiga SA^1 sin *R* : tin *SA* praedictis uentis *R* : praedicti sunt is *S*, his *A* 6 feruentibus *R* : fereunt- *SA* 7 ut ς : et *SAR* numidia ς : -diae *SAR* 8 opponentur ς : -netur *SAR* 14 usurpatur *R** : -tus *SAR** sed *AR* : et *S* 15 *post* conseruntur *rubr. (ad §2)* IIII. (*in marg. A*) DE MENSVRA SCROBVM scrobibus ... ponitur *secl. Schneider* uinea *SA* : -neta *R* 16 tris *SR** : tres *AR** 17 longitudinis *SA* : -nes *uel* -ne *R* pedes^1 *R* : *om. SA* 19 aduersis *R* : -si *SA* 21 passi *S* : -sim *AR* coaequant *R* : -quam *SA* quae *AR* : *om. S*

uineas colenti uel aratro uel bidente, sequentem ordinem instituunt. Et si fossione tantum terra uersetur, minimum est quinque pedum interordinium, septem maximum; sin bubus
4 et aratro, minimum septem pedum, satis amplum decem. Nonnulli tamen omnem uitem per denos pedes in quincuncem disponunt, ut more noualium terra transuersis aduersisque sulcis proscindatur. Id genus uineti non conducit agricolae, nisi ubi laetissimo solo uitis amplo incremento consurgit.

At qui pastinationis inpensam reformidant sed aliqua tamen parte pastinationem imitari student, paribus alternis omissis spatiis senum pedum latitudinis sulcos derigunt fodiuntque et exaltant in tris pedes ac per latera fossarum uitem uel malle-
5 olum disponunt. Auarius quidam dupundio et dodrante altum sulcum, latum pedum quinque faciunt, deinde ter tanto amplius spatium crudum relincunt atque ita sequentem sulcum infindunt. Quod cum per definitum uineis locum fecerunt, in lateribus sulcorum uiuiradices uel decisos quam recentissimos palmites nouellos erigunt, consitis conpluribus inter ordinaria semina malleolis quos, postea quam conualuerint, crudo solo quod omissum est transuersis scrobibus propagent, atque ordinent uineam paribus interuallis.

Sed hae, quas rettulimus, uinearum sationes pro natura et benignitate cuiusque regionis aut usurpandae aut repudiandae

1 colenti] colendi *Vrsinus, fort. recte* *post* bidente *add.* uel *R* sequentem *Schneider* : -te *SA* : -tes *R* 2 instituunt *SA* : insistunt *R* fossione *ego* (*cf.* 11. 3. 11, *nisi* <a> fossore *malis*) : fossore *SAR* 3 sin *SR* : in *A* 4 et *AR* : *om. S* minimum *SA* : m- est *R* 6 aduersisque *AR* : -susque *S* 7 id *R* : in *SA* 10 omissis spatiis] ↔ *Schneider* 12 exaltant *R* : extantant *SA* tris *S* : tres *AR* 13 quidam *SA* : quidem *R* 15 relincunt *scripsi* : relinquunt *R* : relincum *S* : -quum *A* 16 infindunt *SAR** : infund- *R** fecerunt *SA* : -rint *R* 19 quos *R* : quo *SA* conualuerint *R* : -rit *SA* 20 omissum *Gesner* : emissum *SAR* transuersis S^2R : -si S^1A 21 ordinent *R* : -nem *SA* 22 hae *R** : haec *SAR** sationes *R* : sart- *SA*

sunt nobis. Nunc pastinandi agri propositum est rationem 6 tradere.

Ac primum, ut omnem siue arbustiuum siue siluestrem locum uineis destinauerimus, omnis frutex atque arbor erui et summoueri debet, ne postea fossorem moretur, neue iam pastinatum solum iacentibus molibus imprimatur et exportantium ramos atque truncos ingressu proculcetur. Neque enim parum 7 refert suspensissimum esse pastinatum et, si fieri possit, uestigio quoque inuiolatum, ut mota aequaliter humus nouelli seminis radicibus, quamcumque in partem prorepserint, molliter cedat nec incrementa duritia sua reuerberet, sed tenero ueluti <ac> nutricio sinu recipiat, et caelestes admittat imbres eosque alendis seminibus dispenset, ac suis omnibus partibus ad educandam prolem nouam conspiret.

Campestris locus alte duos pedes et semissem infodiendus 8 est, adcliuis regio tris, praeruptior uero collis uel in quattuor pedes uertendus, quoniam cum a superiore parte in inferiorem detrahitur humus, uix iustum pastinationi praebet regestum, {ac} nisi multo editiorem ripam quam in plano feceris. Rursus depressis uallibus minus alte duobus pedibus deponi uineam non placet; nam praestat non conserere quam in summa terra suspendere, nisi si tamen scaturrigo palustris obuia {fit}, sicut in agro Rauennate, plus quam sesquipedem prohibeat infodere.

Primum autem praedicti operis exordium est, non ut huius 9

1 *Pall.* 2. 10. 1, 2. 13. 7   15 *Arb.* 4. 3; *Plin. N.H.* 17. 168; *Pall.* 2. 13. 7

---

2 *post* tradere *rubr.* v. (*in marg. A*) EXTIRPANDVM ESSE (et si A^1) AGRVM ET SIC NOVELLANDVM   3 arbustiuum *ego* : arbustum *SAR*   4 locum *R* : locim *SA*   erui et A^2R : eruit SA^1 5 ne *R* : *om. SA*   moretur *R* : moueretur *SA*   9 mota *R* : motae *SA*   nouelli S^2A : -ueli S^1 : -lis *R*   10 seminis *R* : -ni *SA*   prorepserint A^2R : -reperint SA^1 11 cedat *R* : credat *SA*   sua ς : situa SA^2 : stiua A^1 : stua *uel sim.* R^* : *om.* R^* 12 ueluti <ac> nutricio *Winterbottom* (*eadem uox delebitur infra §8*) : ueluti nutricio A^2 : uelut intricio A^1. -tio *S* : uelut in nutritio *R*   16 tris SA^1R : tres A^2 praeruptior *R* : -tio *SA*   in *AR* : *om. S*   19 nisi ς : ac nisi *SAR*   22 fit *del.* ς   23 prohibeat *SA* : -bent *R*

temporis plerique faciunt agricolae, paulatim sulcum exaltare et ita secundo uel tertio gradu peruenire ad destinatam pastinationis altitudinem, sed protinus aequaliter linea posita rectis lateribus perpetuam fossam educere, et post tergum motam humum conponere, atque in tantum deprimere, donec alti-
10 tudinis mensuram datam ceperit. Tum per omne spatium gradus aequaliter mouenda linea est, optinendumque ut eadem latitudo in imo reddatur, quae coepta est in summo. Opus est autem perito et uigilante exactore, qui ripam erigi iubeat sulcumque uacuari ac totum spatium crudi soli cum emota iam terra committi, sicut praecepi priore libro cum arandi rationem traderem, monendo necubi scamna omittantur et, quod est durum, summis glaebis optegatur.

11 Sed huic operi exigendo quasi quandam machinam commenti maiores nostri regulam fabricauerunt, in cuius latere uirgula prominens ad eam altitudinem, qua deprimi sulcum oportet, contingit summam ripae partem; id genus mensurae ciconiam uocant rustici. Sed ea quoque fraudem recipit, quoniam plurimum interest utrum eam pronam an rectam ponas. Nos itaque huic machinae quasdam partis adiecimus,
12 quae contendentium litem disputationemque dirimerent; | nam duas regulas eius latitudinis <qua> pastinator sulcum facturus est, in speciem Graecae chi litterae decussauimus atque ita mediae parti, qua regulae committuntur, antiquam illam ciconiam infiximus, ut tamquam subpositae basi ad perpendiculum normata insisteret; deinde transuersae, quae est in latere, uirgulae fabrilem libellam superposuimus. Sic compositum

6 *Pall.* 2. 10. 3

3 rectis *SA* : erectis *R* 6 omne spatium] omnes pastini *Richter* 7 aequaliter *R* : et qualiter *SA* 8 quae *S* : qua *AR* 12 monendo *R* : *om. SA, fort. recte* 13 obtegatur ς : optegantur *SA*^{1}*R* : ob- *A*^{2} 15 maiores ς : -ris *SAR* 17 ripae *R* : ripa *SA* 22 qua *add.* ς 23 chi *S* : *om. AR* decusauimus ς : -bimus *SAR* 24 mediae *S* : -a *AR* 25 basi *S*^{2} : uasi *S*^{1}*AR* 26 latere ς : alterae *SAR* 27 superposuimus *S* : suppos- *AR*

organum cum in sulcum demissum est, litem domini et con-
ductoris sine iniuria diducit; | nam stella, quam diximus Graecae 13
chi litterae faciem obtinere, pariter imae fossae solum metitur
atque perlibrat, quia siue pronum seu resupinum est, positione
machinae deprenditur, quippe praedictae uirgulae superposita
libella alterutrum ostendit nec patitur exactorem operis decipi.
Sic permensum et perlibratum opus in similitudinem ueruacti
semper procedit, tantumque spatii linea promota occupatur
quantum ecfossus sulcus longitudinis ac latitudinis optinet.
Atque id genus praeparandi soli probatissimum est.

Sequitur opus uineae conserendae, quae uel uere uel **14**
autumno tempestiue deponitur, uere melius, si aut pluuius
aut frigidus status caeli est aut ager pinguis aut campestris et
uliginosa planities; rursus autumno, si sicca, si calida est aeris
qualitas, si exilis atque aridus campus, si macer praeruptusue
collis. Vernaeque positionis dies fere quadraginta sunt ab Idibus
Februariis usque in aequinoctium, rursus autumnalis ab Idibus
Octobribus in Kalendas Decembres.

Sationis autem duo genera, malleoli uel uiuiradicis, quod 2
utrumque ab agricolis usurpatur, set in prouinciis magis
malleoli; neque enim seminariis student nec usum habent
faciendae uiuiradicis. Hanc sationem cultores Italiae plerique
iure inprobarunt, quoniam plurimis dotibus praestat uiuiradix;
| nam minus interit, cum et calorem et frigus ceterasque 3

11 *Plin. N.H. 17. 170; Pall. 11. 4*

1 demissum *SR** : di- *AR**   2 diducit S^2R : de- S^1A : *uox uariationis causa pro* dirimit *usurpata* (*cf.* 9. 9. 6 plebs in partis diducitur)   3 chi S^2 : *om.* S^1AR faciem *S* : faciliem *A* : facilem *R*   obtinere *AR* : -ri *S*   5 deprenditur *S* : deprehenditur *AR*   9 effossus *Gesner* : et fusus *SAR*, *cum* et f- *ibi positum ubi* eff- *exspectes ad* ecf- *referendam esse monuerit Housman, CR* 5 (1891), 295 = *Classical Papers* i. 179   11 *ante hoc capitulum rubr.* VI. (*in marg. A*) QVO TEMPORE NOVELLANDVM ET VINEA DEPONENDA (-am -dam A^2)   12 pluuius *SR** : -uiis *AR**   20 set *ego* : et *SAR*   23 inprobarunt *S* : -bauerunt *AR*   24 ceterasque *S* : et ceterasque *A* : et ceteras *R*

tempestates propter firmitatem facilius sustineat, deinde adolescit maturius, quo euenit ut celerius quoque sit tempestiua edendis fructibus, tum etiam nihil dubium est, saepius translatum <* * *>. Potest tamen malleolus protinus inuicem uiuiradicis conseri soluta et facili terra; ceterum densa et grauis utique uitem desiderat.

15 Seritur ergo prius emundata inoccataque et aequata pastinatione, macro solo quinis pedibus inter ordines omissis, mediocri senis. In pingui uero septenum pedum spatia danda sunt, quo largiora uacent interualla per quae frequentes prolixaeque materiae diffundantur. Haec in quincuncem uinearum metatio expeditissima ratione conficitur: quippe linea per totidem pedes quot destinaueris interordiniorum spatiis, purpura uel quolibet alio conspicuo colore insuitur, eaque sic denotata per repastinatum intenditur et iuxta purpuram calamus defigitur,
2 atque ita paribus spatiis ordines deriguntur. Quod deinde cum est factum, fossor insequitur scrobemque alternis omissis in ordinem spatiis a calamo ad proximum calamum non minus altum quam duos pedes et semissem planis locis refodit, adcliuibus in dupundium et dodrantem, praecipitibus etiam in tres pedes. In hanc mensuram scrobibus depressis uiuiradices ita deponuntur, ut a media scrobe singulae in diuersum sternantur et contrariis frontibus fossarum ad calamos erigantur.

3 Satoris autem officium est primum quam recentissimam et, si fieri possit, eodem momento quo serere uelit, de seminario transferre plantam diligenter exemptam et integram,

7 *Pall.* 3. 9. 9–10 16 *Geop.* 5. 12 24 Satoris . . . 26 integram: *Arb.* 3. 3

2 quo *Hedberg* (*cf.* 2. 4. 6, 7; 9. 8. 12) : quod *SAR* : ex quo ς tempestiua ς : -tatiua *SA*^{2} : -uae *A*^{1}*R* 4 translatum] -tam *Vrsinus* *lacunam statuit Gesner* : <semen meliorem edere fructum> *Schneider*^{c} *Niclam secutus* (*quem uide ad Geopon.* 5. 14. 2 *καλλίονα ἡ μεταφύτευσις τὸν καρπὸν ποιεῖ*) 5 densa et grauis *S* : densae gratis *AR* 13 quot *R* : quod *SA* 15 defigitur *R* : -fic- *SA* 16 deriguntur *S* : di- *AR* 17 in *S* : *om.* *AR* 22 singulae *S* : -la et *AR*

deinde eam uelut ueteranam uitem totam exputare et ad unam materiam firmissimam redigere nodosque et cicatrices adleuare; si quae etiam radices, quod maxime cauendum est ne fiat, in eximendo laborauerint, eas amputare; sic deinde curuatam deponere, ne duarum uitium radices inplicentur. Id enim uitare facile est per imum solum iuxta diuersa latera fossarum dispositis paucis lapidibus, qui singuli non excedant quinquelibrale pondus. Hi uidentur, ut Mago prodit, et aquas 4
hiemis et uapores aestatis propulsare radicibus; quem secutus Vergilius tutari semina et munire sic praecipit:

aut lapidem bibulum aut squalentis infode conchas,

et paulo post:

iamque reperti
qui saxo super atque ingentis pondere testae
urgerent: hoc ecfusos munimen ad imbres,
hoc, ubi hiulca siti findit Canis aestifer arua.

Idemque Poenus auctor probat uinacea permixta stercori 5
depositis seminibus in scrobe ammouere, quod illa prouocent et eliciant nouas radiculas, hoc per hiemem frigentibus calores, per aestatem uirentibus alimentum et umorem praebeat. Si uero solum cui uitis committitur uidetur exile, longius

4 sic . . . pondus: *Arb.* 4. 4; *Plin. N.H.* 17. 82; *Pall.* 3. 10. 3, 3. 18. 5 8 Mago: *fr.* 14 *Speranza* 10 Vergilius: *Georg.* 2. 348, 350–3 17 Poenus: *Mago fr.* 15 *Speranza; Plin. N.H.* 17. 159, 161; *Pall.* 3. 9. 14

1 ueteranam ς : -niam *SAR* 4 laborauerint ς : lauouerint *SAR* 7 singuli *S* : -lis *AR* 8 hi *AR* : hii *S* 9 quem secutus *SA* : quae insec- *R* 13 reperti *S, Verg.* : -tis *AR* 14 saxo *S, Verg.* : *om. AR* ingentis ς, *Verg.* : incenti S^1 : -g- S^2 : incentis *AR* testae ς, *Verg.* : -ta *SAR* 15 urgerent ς, *Verg.* : urgetur *S* : reurgetur *AR* effusos ς, *codd. Verg.* : et fusos SAR (*cf.* 3. 13. 13) 16 arua idemque S^2, demque S^1 : aridenque *A* : aridemque *R* 18 scrobe ammouere] scrobem mouere ς 19 frigentibus calores per *Winterbottom* : frigentem ut humum scrobibus inferre calorem tempestate ac fer *SAR* : frigenti uiti calorem *Hedberg* 20 *post* calorem *add.* tum per *Richter, secl.* ac per aestatem 21 cui uitis ς : ciuitatis *SAR* exile *S* : exire *AR*

accersitam pinguem humum scrobibus inferre censet; quod an
expediat, regionis annona operarumque ratio nos docebit.
16 Exigue umidum pastinatum sationi conuenit; melius tamen
uel arido quam lutoso semen committitur. Idque cum supra
summam scrobem conpluribus internodîs productum est, quod
de cacumine superest duabus gemmis tantum supra terram re-
lictis amputatur, et ingesta humo scrobis conpletur. Coaequato
deinceps pastinato malleolus ordinariis uitibus interserendus,
eumque sat erit medio spatio, quod uacat inter uitis, per unam
2 lineam depangere. Sic enim melius et ipse conualescit et ordi-
nariis seminibus modice uacuum solum ad culturam praebe-
bitur. In eadem deinde linea in qua uiuiradix optinet ordinem
suum, praesidii causa, quorum ex numero propagare possit in
locum demortuae uitis, quinque malleoli pangendi sunt per
spatium pedale; isque pes ita medio interordinio sumitur, ut ab
3 utraque uite paribus interuallis distet. Tali consitioni Iulius
Atticus abunde putat esse malleolum sedecim milia; nos tamen
plus quattuor milibus conserimus, quia neglegentia cultorum
magna pars deperit et interitu seminum cetera quae uirent
rarescunt.

17 De positione surculi non minima disputatio fuit inter
auctores. Quidam totum flagellum, sicut erat matri detractum,
crediderunt sationi conuenire, idque per gemmas quinas uel
etiam senas partiti conpluris taleolas terrae mandauerunt.

3 exigue . . . 7 conpletur: *Pall. 3. 9. 14* coaequato . . . 16 distet: *Plin. N.H. 17. 172*
Iulius Atticus: *cf. Reitzenstein, p. 54*

---

3 exigue humidum ς : exigue midum *SAR** : e- nudum *R** 7 humo S^2R^* : humu S^1AR^* conpletur ς : -tus *SAR* 8 pastinato SA^2 : -tio A^1R 10 depangere *Beroaldus* : -ping- *SAR* melius S^2 : omeli S^1AR 15 pedale *S* : pale *AR* 16 uite *S* : *om. AR* tali A^2R : ali SA^1 consitioni *AR* : conpositioni *S* 17 malleolum *Holford-Strevens* : -lorum *SAR* milia *S* : illa *AR* 19 interitu *S* : -tus *AR* 21 positione A^2R : -nes SA^1 23 sationi conuenire ς : -ne -rent *SAR* 24 taleolas terrae mandauerunt *SR** : tale oleaster remandauerunt *AR**

Quod ego minime probo, magisque adsentior îs auctoribus
qui negauerunt esse idoneam frugibus superiorem partem
materiae solamque eam, quae est iuncta cum uetere sarmento,
probauerunt, ceterum omnem sagittam repudiauerunt.
Sagittam rustici uocant nouissimam partem surculi, siue quia 2
longius recessit a matre et quasi emicuit atque prosiluit, seu
quia cacumine attenuata praedicti teli speciem gerit. Hanc ergo 3
prudentissimi agricolae negauerunt conseri debere; nec tamen
sententiae suae rationem prodiderunt, uidelicet quia ipsis in re
rustica multum callentibus prompta erat et ante oculos paene
exposita.

Omnis enim fecundus pampinus intra quintam aut sextam
gemmam fructu exuberat, reliqua parte quamuis longissima
uel cessat uel perexiguos ostendit racemos. Quam ob causam
sterilitas cacuminis iure ab antiquis incusata est. Malleolus
autem sic ab isdem pangebatur, ut nouello sarmento pars
aliqua ueteris haereret, sed hanc positionem damnauit usus;
| nam quicquid ex uetere materia relictum erat, depressum atque 4
obrutum celeriter umore putrescebat proximasque radices
teneras et uixdum prorepentis uitio suo enecabat; quod cum
acciderat, superior pars seminis retorrescebat. Mox Iulius
Atticus et Cornelius Celsus, aetatis nostrae celeberrimi
auctores, patrem atque filium Sasernam secuti, quicquid residui
fuit ex uetere palma per ipsam commissuram, qua nascitur
materia noua, raserunt, atque ita cum suo capitulo sarmentum
depresserunt.

5 *Plin. N.H.* 17. 156; *Isid. Orig.* 17. 5. 7 15 malleolus ... 20 enecabat: *Pall.* 3. 9. 7 21 superior ... 26 Iulius Atticus: *cf. Reitzenstein, p.* 54 22 Cornelius Celsus: *agr. fr.* 13 *Marx* 23 Sasernam: *fr.* 10 *Speranza* 26 depresserunt: *Plin. N.H.* 17. 156–8

1 is *SA* : iis *R* 10 callentibus *S* : -tis *AR* 17 damnauit *SR** : -bit *AR** 20 prorepentis *Hedberg* : properentis *SA* : -parentis *R* enecabat ς : enegarat S^1 : enacarat A^1 : enecarat S^2A^2R 24 commissuram ς : -sarum *SAR* qua nascitur *Iucundus* : quae n- *SAR*, *fort.* qua en- 25 raserunt] abraserunt *Marx*

18 Sed Iulius Atticus praetorto capite et recuruato, ne pastinum ecfugiat, praedictum semen demersit. Pastinum autem uocant agricolae ferramentum bifurcum quo semina panguntur, unde etiam repastinari dictae sunt uineae ueteres quae refodiebantur. Haec enim propria appellatio restibilis uineti erat; nunc antiquitatis inprudens consuetudo, quidquid emoti soli uineis praeparatur repastinatum uocat. Sed <redeamus> ad propositum.

2 Vitiosa est, ut mea fert opinio, Iuli Attici satio, quae contortis capitibus malleolos recipit; eiusque rei uitandae non una ratio est: primum, quod nulla stirps antequam deponatur uexata et infracta melius prouenit quam quae integra et inuiolata sine iniuria conposita est; deinde, quicquid recuruum et susum uersus spectans demersum est, cum tempestiuum eximitur, in modum hami repugnat obluctanti fossori et uelut uncus infixus solo antequam extrahatur praerumpitur. Nam fragilis est ea parte materia qua torta et recuruata, cum deponeretur, ceperat uitium; propter quod praefracta maiorem partem radicium amittit.

3 Sed ut incommoda ista praeteream, certe illud quod est inimicissimum dissimulare nequeo; nam paulo ante, cum de summa parte sarmenti disputarem, quam sagittam dixeram uocitari, colligebam fere intra quintam uel sextam gemmam,
4 quae sint proximae ueteri sarmento, fructum edi. Hanc ergo fecundam partem consumit, qui contorquet malleolum, quoniam et ea pars, quae duplicatur, tres gemmas uel quattuor

1 Iulius Atticus: *cf. Reitzenstein, p.* 54 2 pastinum . . . 4 refodiebantur: *cf. Isid. Orig.* 20. 14. 8 8 *cf. Geop.* 5. 9 *Pall.* 3. 9. 8

1 pastinum ς : -tinatum *SAR* 2 effugiat *AR*: etf- *S* (*cf.* 3. 13. 13) autem *SA* : *om. R* 3 quo *R* : quod *SA* 7 redeamus ς (*cf.* 7. 8. 7, 12. 55. 1) : *an* ad pr- redeo (*cf.* 3. 8. 4, 3. 11. 1, 4. 29. 1, 5. 3. 9) *uel* reuertar (*cf.* 7. 2. 5)? 9 malleolos *Dumont* : -lus *SA* : -lum *R* una ratio *S* : ut narratio *AR* 10 stirps *R* : stirpans *SA* 12 conposita] deposita *Iucundus* 13 spectans ς : -tant *SAR* 14 hami *R* : hamina *SA* 17 praefracta S^2 : -fata S^1 : -facta *A* : -fractam *R* 23 ueteri ς : ueri *SAR* fructum (fructus *Beroaldus*) edi *Gesner* : fructu medii *SAR*

optinet, et reliqui duo uel tres fructuarî oculi penitus in terram deprimuntur, mersique non materias sed radices creant. Ita euenit ut quod in sagitta non serenda uitauerimus, id sequamur in eiusmodi malleolo, quem necesse est longiorem facere, si uolumus detortum depangere; nec dubium quin gemmae cacumini proximae, quae sunt infecundae, in eo relinquantur, ex quibus pampini pullulant uel steriles uel certe minus feraces, quos rustici uocant racemarios.

Quid quod plurimum interest, ut malleolus qui deponitur, ea 5
parte qua est a matre decisus, coalescat et celeriter cicatricem ducat? Nam si id factum non est, uelut per fistulam ita per apertam uitis medullam nimius umor trahitur, idemque truncum cauat, unde formicis aliisque animalibus, quae putrefaciunt crura uitium, latebrae praebentur. Hoc autem euenit retortis seminibus; cum enim per exemptionem imae partes eorum praefractae sunt, aperta medulla deponuntur atque inrepentibus aquis praedictisque animalibus celeriter senescunt. Quare 6
pangendi optima est ratio recti malleoli, cuius imum caput, cum insertum est bifurco pastini, angustis faucibus ferramenti facile continetur ac deprimitur. Idque sarmentum sic demersum citius coalescit; nam et radices e capite, qua recisum est, emittit, eaeque cum accreuerunt cicatricem obducunt, et alioqui plaga ipsa deorsum spectans non tantum recipit umorem quantum illa, quae reflexa et resupina more infundibuli per medullam transmittit quicquid aquarum caelestium superfluxit.

1 fructuari *SAR** : -rii *R** 2 deprimuntur ς : -mantur *SAR* 3 ut ς : sed *SAR* sagitta *Beroaldus* : salictam *SAR** : -ta *R** non serenda *Pontedera*[2] : conseranda *S* : -do *A* : -serendo *R* : *an* consecanda? uitauerimus *S*[2]*AR* : euit- *S*[1](?)ς, *fort. recte* 4 longiorem *SR** : -re *AR** 7 pampini pullulant *Iucundus* : -nus pullat *SAR* steriles . . . feraces *ed. pr.* : -lis . . . -cis *SAR* 8 racemarios *R* : -maiorios *SA* 11 fistulam *A*[2]*R* : -la *SA*[1] 16 praefractae ς : praefactae *SAR* aperta *Hedberg* : -te *SAR* 17 aquis *R* : atquis *S* : autquis *A* 19 cum insertum *Richter* : cum sertum *S* : consertum *AR* : cum c- ς 22 emittit *S*[2] : aem- *S*[1] : aeque mittit *AR* eaeque ς : aeque *SAR* accreuerunt *S* : ecre- *AR* alioqui *SA* : -quin *R* 24 infundibuli ς : -bili *SAR*

19 Longitudo quae debeat esse malleoli, parum certa est,
quoniam siue crebras gemmas habet, breuior faciendus est, seu
raras, longior. Ac tamen nec maior pede nec dodrante minor
esse debet; hic ne per summam terram sitiat aestatibus, ille
ne depressus altius cum adoleuerit, exemptionem difficilem
praebeat. Sed haec plano; nam in cliuosis, ubi terra decurrit,
2 potest palmipedalis deponi. Vallis et uliginosi campi situs
patitur etiam trigemmem, qui est paulo minor dodrante,
longior utique semipede. Isque non ab eo trigemmis dictus est
quod omnino trium oculorum est, cum fere circa plagam, qua
matri abscisus est, plenus sit germinum, sed quod îs exceptis
quibus est frequens, in ipso capite tris deinceps articulos
totidemque gemmas habet.

Super cetera illud quoque siue malleolum siue uiuiradicem
serentem praemoneo, ne semina exarescant, immodicum
uentum solemque uitare, qui uterque non incommode arcetur
3 obiectu uestis aut cuiuslibet densi teguminis. Verumtamen
praestat eligere sationi silentis uel certe placidi spiritus diem,
nam sol umbraculis facile depellitur.

Sed illud etiam, quod nondum tradidimus, antequam disputationi clausulam inponamus, dicendum est, uniusne an plurium generum uites habendae sint, eaeque separatae ac distinctae specialiter an confusae et mixtae cateruatim. Prius disseremus de eo quod primum proposuimus.

1 . . . 13 habet: *Plin. N.H.* 17. 157 14 super . . . 17 teguminis: *Pall.* 3. 9. 8

---

1 *rubr.* VII. (*in marg. A*) DE LONGITVDINE MALLEOLI certa *R* : -tam *SA* 3 raras *R* : paras *SA* minor esse ς : minorem se *SA* : -rem esse *R* 4 summam] -ma ς : -mum *Richter* terram *ego* : terrae *SAR* 7 potest ς : potes *SAR* situs patitur *S* : situ sentitur *AR* 9 isque *SR** : hisque *AR** 11 îs *ego* : his *SAR* 12 tris *S* : tres *AR* 14 quoque ς : quodque *SAR* 17 uestis *R** : bestis *S* : -tiis *AR** 21 uniusne *S* : ne *AR* an *R* : am *SA* 22 uites ς : -tis *SAR* sint ς : sunt *SAR* eaeque ς : aeque *SAR* 24 quod *S* : qui A^1 : quo A^2R

Prudentis igitur agricolae est uitem, quam praecipue **20**
probauerit, nulla interueniente alterius notae stirpe conserere,
numerumque quam maximum eius semper augere. Sed
prouidentis est diuersa quoque genera deponere; neque enim
umquam sic mitis ac temperatus est annus, ut nullo incom-
modo uexet aliquod uitis genus. Siue siccus est, id contristatur
<quod umore laetatur>; seu pluuius, quod siccitatibus gaudet;
seu frigidus et pruinosus, quod non est patiens uredinis; seu
feruens, quod uaporem non sustinet.

Ac ne nunc mille tempestatium iniurias persequar, semper 2
est aliquid quod uineas offendat. Igitur si unum genus seue-
rimus, cum id acciderit quod ei noxium est, tota uindemia
priuabimur. Neque enim ullum erit subsidium cui <diuersarum
notarum stirpes non fuerint>. At si uarii generis uineta fece- 3
rimus, aliquid ex îs inuiolatum erit quod fructum perferat.
Nec tamen ea causa nos debet conpellere ad multas uitium
uarietates; sed quod iudicauerimus eximium genus, id quantae
possimus multitudinis efficiamus, quod deinde proximum a
primo, tum quod est tertiae uel quartae quoque; eatenus uelut
athletarum quodam contenti simus tetradio. Satis est enim per
quattuor uel summum quinque genera uindemiae fortunam
opperiri.

De altero, quod mox proposueram, nihil dubito quin per 4
species digerendae uites disponendaeque sint in proprios

1 Geopon. 5. 16   10 Pall. 3. 9. 11   23 Plin. N.H. 17. 187

2 probauerit SR* : -rint AR*   nulla S : ulla AR   notae ς : nota SAR   3 sed AR : sed et S   5 incommodo R : -de SA   6 uexet] an uexetur?   7 quod umore add. Beroaldus, laetatur Hedberg   9 feruens AR : perurens S   uaporem SR* : saporem AR*   sustinet ς : -nent SAR   10 tempestatium SR* : -tiuum A : -tatum R*   11 offendat R : -dant SA   12 uindemia R : -am SA   13 cui del. ς   diuersarum . . . fuerint add. Iucundus   14 at R : ad SA   15 is S : his AR   17 uarietates R : uarietas SA   19 quoque Gesner : quae SAR   20 athletarum ς : laetarum SAR   contenti simus Iucundus : contensimus S : -temps- AR   21 summum ς : sum SAR   24 digerendae R : -randae SA

hortos, semitis ac decumanis distinguendae; non quod aut ipse potuerim a meis familiaribus hoc optinere aut ante me quisquam eorum <qui> quam maxime id probauerint, effecerit; est enim omnium rusticorum operum difficillimum, quia et summam diligentiam legendis desiderat seminibus, et in his discernendis maxima plerumque felicitate et prudentia opus est; sed interdum, quod ait diuinus auctor Plato, rei nos pulchritudo trahit uel ea consectandi, quae propter infirmi-
5 tatem conmortalis naturae consequi nequeamus. Istud tamen, si aetas suppetat et scientia facultasque cum uoluntate congruant, non aegerrime perficiamus, quamuis non minimo aetatis spatio perseuerandum sit, ut magnus numerus per aliquot annos digeratur. Neque enim omne tempus permittit eius rei iudicium; nam uites, quae propter similitudinem coloris aut trunci flagellorumue uere dinosci nequeunt, maturo fructu foliisque declarantur. Quam tamen diligentiam nisi per ipsum patrem familiae exhiberi posse non adfirmauerim;
6 | nam credidisse uilico uel etiam uinitori socordis est, cum, quod longe sit facilius, adhuc perpaucissimis agricolis contigerit, ut nigri uini stirpe careant, quamuis color uuae possit uel ab inprudentissimo deprendi.

21 Illa tamen una mihi ratio suppetit celerrime, quod proposuimus, ecficiendi, <si> sint ueteranae uineae, ut separatim

7 Plato: *cf. Symp.* 200[b] 22 *Geopon.* 5. 15 *Plin. N.H.* 17. 187; *Pall.* 3. 9. 11

1 non *Schneider* : nec *SAR* aut *S* : *om. AR* 2 potuerim *Schneider* : -eram *SAR* 3 qui quam ς : qua *SAR* probauerint *Vrsinus* : probabit *SAR* : -bauerit ς 6 in his *Schneider* : ni his *S* : nihil *AR* plerumque ς : perique *S* : plerique *AR* 9 commortalis ς : -les *SAR* 10 facultasque *S* : facultas suppetat et (ei *A*) scientia quae *AR* congruant *S* : -grauant *AR* 12 sit *S* : sed *AR* 13 digeratur SA^2 : direr- A^1 : diser- *R* 15 -ue uere ς : uaenue *SAR* : -ue nudae *Hedberg* 16 quam ς : qua *SAR* 18 uilico ς : -ci *SAR* uinitori A^2 : -toris SA^1R socordis ς : -dio *SA* : -di *R* 19 adhuc ς : ad hunc *SAR* contigerit ς : -tingerint *SAR* 20 nigri *S* : ingri *AR* ab *S* : albi *AR* 21 deprendi *SA* : -prehendi *R* 22 una *Iucundus* : unum *SAR* 23 etficiendi *SA* : effic- *R* (*cf.* 3. 13. 13) si *add. ed. pr.* separatim surculos ς : separarum -lorum *SAR*

surculos cuiusque generis per singulos hortos inseramus; sic
paucis annis multa nos milia malleolum ex insitis percepturos
atque ita discreta semina per regiones consituros nihil dubito.
Eius porro faciendae rei nos utilitas multis de causis conpellere 2
potest; et ut a leuioribus incipiam, primum quod ad omnem
rationem uitae non solum agricolationis sed cuiusque discipli-
nae prudentem delectant inpensius ea, quae propriis generibus
distinguntur, quam quae passim uelut abiecta et quodam
aceruo confusa sunt; | deinde quod uel alienissimus rusticae 3
uitae, si in agrum tempestiue ueniat, summa cum uoluptate
naturae benignitatem miretur, cum istinc Bituricae fructibus
opimis, hinc paribus heluolae respondent, illinc arcelacae ui-
sus, illinc spioniae baliscaeue conuertant, quibus alma Tellus
annua uice uelut aeterno quodam puerperio laeta mortalibus
distenta musto demittit ubera, inter quae patre fauente Libero
fetis palmitibus uel generis albi uel flauentis ac rutili uel pur-
pureo nitore micantis, undique uersicoloribus pomis grauidus
conlucet Autumnus.

Sed haec quamuis plurimum delectent, utilitas tamen uincit 4
uoluptatem. Nam et pater familiae libentius ad spectaculum
rei suae, quanto est ea luculentior, descendit, et, quod de sacro
numine poeta dicit,

> et quocumque deus circum caput egit honestum,

19 *Plin. N.H.* 18. 43 22 poeta: *Verg. Georg.* 2. 392

2 ex *S* : *om. AR* 5 a leuioribus ς : a leuioris *SA* : albioris *R* omnem rationem *SR** : -ne -ne *AR** 8 quodam *R* : quondam *SA* 10 uoluptate *SR* : uoluntate *A* 11 istinc ς : stingi *SAR* 12 opimis *R* : opinis *SA* hinc ... heluolae *Iucundus* : hic ... heluo *SAR* arcelacae ς : arcelac *SAR* uisus *Beroaldus* : ursus *SAR* 13 spioniae *S* : spione *AR* baliscaeue *Sobel* : ual- *SAR* 14 uelut aeterno ς : ueluterno *SAR* laeta *S* : -tam *AR* mortalibus ς : mortis *S* : hortibus $A^{2}R$: ort- A^{1} 15 distenta S^{2} : dista $S^{1}AR$ demittit ς : demit *SAR* patre S^{2} : pate $S^{1}A^{2}$: *om.* $A^{1}R$ 16 fetis *Iucundus* : petis *SAR* albi S^{2} : alui $S^{1}AR$ 18 conlucet S^{2} : -locet $S^{1}AR$ 19 delectent *S* : -tant *AR*

ita quocumque domini praesentia et oculi frequenter accessere, in ea parte maiorem in modum fructus exuberat. Sed omitto istud, quod indiscriptis etiam uitibus contingere potest, illa quae sunt maxime spectanda persequar.

5 Diuersae notae stirpes nec pariter deflorescunt nec ad maturitatem simul perueniunt. Quam ob causam, qui separata generibus uineta non habet, patiatur alterum incommodum necesse est, ut aut <serum> fructum cum praecoque legat, quae res mox acorem facit, aut si maturitatem serotini expectet, amittat uindemiam praecoquem, <quae> plerumque populationibus uolucrum pluuiisque aut uentis lacessita dilabitur.

6 Si uero interiectionibus fructum carpere censuerit, primum neglegentiae uindemiatoris aleam subeat; neque enim singulis totidem antistitores possit dare, qui obseruent praecipiantque ne acerbae uuae demetantur. Deinde etiam quarum uitium maturitas conpetit, cum diuersae notae sint, melioris gustus ab deteriore corrumpitur, confususque in unum multarum sapor uetustatis inpatiens fit. Atque ideo necessitas cogit agricolam musti annonam experiri, cum plurimum pretio accedat, si uenditio uel in annum uel in aestatem certe differri possit.

7 Iam illa generum separatio summam commoditatem habet, quod uinitor cuique facilius suam putationem reddet, cum scit cuius notae sit hortus quem deputat; idque in consemineis

5 *Plin. N.H.* 17. 187; *Pall.* 3. 9. 12

1 ita *Holford-Strevens* : uero *SAR* : uerum *ed. pr.* : iam uero *Richter* praesentia ς : -ti *SAR* accessere *SA* : arces- *R* 3 istud S^2 : -t S^1 : illud *AR* indiscriptis *A. Rehm, TLL* 1. 1204. 7 : inde- *SAR* 5 notae stirpes *ed. pr.* : n- sunt st- *S* : nota est ripes *AR* 6 separata *R* : -tam *SA* 8 serum *add.* ς : fructum <serotinum> *Hedberg* praecoque legat *Hedberg* : praecoquaelebat *SA* : praecoque elebat *R* 10 expectet ς : -tes *SAR* uindemiam SR^* : -a AR^* quae *add. ed. pr.* 11 lacessita S : lasc- *A* : -sit *R* 13 interiectionibus ς : interec- *SAR* carpere S^2R : -pare S^1A censuerit S^2 : gen- S^1 : genusuerit *AR* 14 aleam *S* : alacam *AR* 15 antistitores ς : antistiores *SAR* : antistites *ed. pr.* 16 acerbae A^2R : cerbae SA^1 17 sint *S* : si non *AR* 21 aestatem ς : esta *SAR*

uineis obseruari difficile est, quia maior pars putationis per
id tempus administratur quo uitis neque folium notabile gerit.
Ac multum interest plurisne an paucioris materias pro natura
cuiusque stirpis uinitor summittat, prolixisue flagellis incitet
<an> angusta putatione uitem coerceat. Caeli quam partem 8
spectet genus quodque uineti plurimum refert; neque enim
omni calido statu nec rursus frigido laetatur, sed est proprietas
in surculis, ut alii meridiano axe conualescant quia sint calori
aptiores, alii septentrionem desiderent quia contristentur
aestu, quidam temperamento laetentur orientis uel occidentis.
Has differentias seruat pro situ et positione locorum, qui genera 9
per hortos separat.

Illam quoque non exiguam sequitur utilitatem, quod et
laborem uindemiae minorem patitur et sumptum; nam ut
quaeque uiescere incipiunt, tempestiue leguntur, et quae non-
dum maturitatem ceperunt uuae, sine dispendio differuntur.
Nec pariter uetus atque tempestiuus fructus praecipitat 10
uindemiam cogitque pluris operas quantocumque pretio
conducere. Iam et illud magnae dotis est posse gustum cuiusque generis non mixtum sed uere merum condere ac separatim reponere, siue est ille Bituricus siue baliscus seu spionius. Quae genera cum sic diffusa sunt, quia nihil interuenit diuersae naturae quod repugnet perpetuitati, nobilitantur; neque enim post annos quindecim uel paulo pluris deprendi possit ignobilitas in gustu, quoniam fere omne uinum eam qualitatem sortitum est ut uetustate adquirat bonitatem.

5 an *add.* ϛ quam ϛ : quamquam *SAR* : *fort.* autem (*uel* etiam) quam 6 quodque ϛ : quoque *SAR* 8 axe S^2 : acse S^1AR sint ϛ : sin *S* : insi *A* : nisi *R* calori aptiores *L. A. Post ap. Ash* : caloriores *SA* : calidiores *R* 9 septentrionem *S* : -ne *AR* 15 quaeque uiescere *ego* (*cf.* 11. 2. 67) : quaeque uirescere S^2 : quae quirescere S^1AR 18 operas *R* : opas *SA* 19 conducere *AR* : -rem *S* 21 siue[2] *S* : seu *AR* baliscus *S* : basil- *AR* spionius *Beroaldus* : spiniosus *SA* : spinosus *R* 23 perpetuitati *Schneider* : perpetus tamen *SAR* 24 depreendi S^2 : dependi S^1AR

11 Quare, ut dicere instituimus, utilissima est generum dispositio; quam si tamen optinere non possis, secunda est ratio ut diuersae notae non alias conseras uitis, quam quae saporem consimilem fructumque maturitatis eiusdem praebeant. Possis etiam, si te cura pomorum tangat, ultimis ordinibus in ea fine uineti quae subiacet septentrionibus, ne cum increuerint obumbrent, cacumina ficorum pirorumue et malorum depangere, quae uel inseras interposito bienni spatio uel, si generosa sint, adulta transferas.

Hactenus de positione uinearum. Superest pars antiquissima, ut praecipiamus etiam cultus earum, de quibus sequente uolumine pluribus disseremus.

3 conseras ς : -ris *SAR* 4 possis etiam *Hedberg* : posset iam *SAR* 10 hactenus *S* : haec *AR* L. (LIBER *A*) IVNI MODERATI COLVMELLAE REI RVSTICAE LIBER QVARTVS SVRCVLARIS PRIOR *SA* : *uar. sim. R*

LIBER QVARTVS
<SVRCVLARIS SECVNDVS>

Cvm de uineis conserendis librum a me scriptum, P. Siluine, 1
conpluribus agricolationis studiosis relegisses, quosdam repertos esse <dixisti> qui cetera quidem nostra praecepta laudassent, unum tamen atque alterum reprendissent: quippe seminibus uineaticis nimium me profundos censuisse fieri scrobes adiecto dodrante super altitudinem bipedaneam, quam Celsus et Atticus prodiderant; singulasque uiuiradices singulis adminiculis parum prudenter contribuisse, cum permiserint idem illi auctores minore sumptu geminis materiis unius seminis diductis duo continua per ordinem uestire pedamenta. Quae utraque reprehensio auaram magis habet aestimationem quam ueram.

Etenim, ut quod prius proposui prius refellam, si contenti 2
bipedanea scrobe futuri sumus, quid ita censemus altius pastinare tam humili mensura uitem posituri? Dicet aliquis, ut sit inferior tenera subiacens terra, quae non arceat nec duritie sua
repellat nouas inrepentis radiculas. Istud quidem contingere 3

6 Celsus: *agr. fr. 14 Marx* 7 Atticus: *cf. Reitzenstein, p. 54*

Ivni moderati colvmellae liber qvintvs feliciter *SA* *argumenta in appendice reperientur* 2 relegisses *ed. pr.* : -se *SAR* 3 dixisti *addidi* : ais *ed. pr.* : scio *post* quosdam ς, *post* relegisses *Hedberg* quidem A^2R : quidam SA^1 4 reprendissent *A* (-rehend- *R*) : -set *S* 6 dodrante R^* : adrantei SAR^* bipedaneam ς : -neum SA^2R : -naum A^1 8 illi S^2 : ille S^1 : illa *AR* 9 sumptu SAR^* : -ta R^* geminis *SA* : gemmis *R* materiis unius seminis *om. AR* diductis *S* : de- *AR* 11 reprehensio *S* : *om. AR* auaram *Schneider* : abiaram *SA* : ambiguam *R* : obscuram *Marx* 17 repellat S^2R : sepellat S^1A contingere *S* : continere *AR*

potest etiam si ager bipalio moueatur, et deprimatur scrobis in regesto, quod est fermentatum, plus dupondio semisse. Nam semper in plano refusus ex egesta humo tumidior est quam gradus soli crudi.

4 Nec sane positio seminum praealtum cubile substerni desiderat, uerum abunde est semipedaneam consitis resolutam uitibus terram subiacere, quae uelut hospitali atque etiam materno sinu recipiat incrementa uirentium. Exemplum eius rei capimus in arbusto, ubi cum scrobes defodimus, admodum exiguum pulueris uiuiradici subicimus.

5 Verior igitur causa est depressius pastinandi, quoniam iugata uineta melius consurgunt altioribus demissa scrobibus. Nam bipedaneae uix etiam prouincialibus agricolis adprobari possint, apud quos humili statu uitis plerumque iuxta terram coercetur, cum quae iugo destinetur, altiore fundamento stabilienda sit, si modo, quando scandit excelsius, plus alimenti
6 terraeque desiderat. Et ideo in maritandis arboribus nemo minorem tripedanea scrobem uitibus comparat.

Ceterum illa parum prudens agricolarum opinio praecipua esse commoda humilis positionis, quod et celeriter adolescant semina, quae non fatigentur multo soli pressa pondere, fiantque uberiora quae leuiter suspensa sint.

Nam utraque ista Iuli Attici ratio conuincitur exemplo arbustiuae positionis, quae scilicet multo ualidiorem fertilioremque stirpem reddit; quod non faceret, si {non} laborarent altius
7 demersa semina. Quid quod pastinati humus, dum est recens

3 refusus ex egesta *Pontedera*^{3}: refusos sed egesta *SAR* humo *ed. pr.* : humus *SAR* tumidior *Iucundus* : dior *SAR* 5 nec *AR* : quam *S* 7 terram ς : terra *SAR* subiacere ς : subiaceret *SAR* 8 incrementa ς : -ti *SAR* capimus *S* : capiamus *AR* 10 exiguum *Vrsinus* (*cf.* 5.10.15) : exigui *SAR* 12 demissa ς : demessa *S* : dimissa *AR* 18 tripedanea *Vrsinus* : -am *S* : pedaneam *AR* 19 opinio *Reeve* : studio *SAR* 21 fatigentur *S* : -gantur *AR* 22 sint ς : sit *SAR* 25 non *del.* ς 26 demersa ς : -sae *SAR* quid quod *S* : quitquid A^{1} : quicquid $A^{2}R$ recens $S^{2}R$: recen $S^{1}A$

soluta laxataque, uelut fermento quodam intumescit; cum deinde non longissimam cepit uetustatem, condensata subsidit ac uelut innatantis radices uitium summo solo destituit? Hoc autem minus accidit nostrae sationi, qua maiore mensura uitis demittitur. Nam quod in profundo semina frigore laborare dicuntur, nos quoque <non> diffitemur, | sed non est dupondii 8
et dodrantis altitudo quae istud efficere possit, cum praesertim, quod paulo ante rettulimus, depressior arbustiuae uitis satio tamen effugiat praedictum incommodum.

Alterum illud, quod minore impensa duos palos unius se- 2
minis flagellis censent maritari, falsissimum. Siue enim caput ipsum demortuum est, duo uiduantur statumina, et mox uiuiradices totidem substituendae sunt, quae numero suo rationem cultoris onerant; siue tenuit et, ut saepe euenit, uel pigri est generis uel parum fertilis, non in uno sed in pluribus pedamentis fructus claudicat. Quamquam etiam generosae stirpis uitem sic in duos palos diuisam rerum rusticarum prudentiores existimant minus fertilem fore, quia cratem factura sit.

Et idcirco ueteres uineas mergis propagare potius quam totas 2
sternere idem ipse Atticus praecipit, quoniam mergi mox facile radicentur ita, ut quaeque uitis suis radicibus tamquam propriis fundamentis innitatur. Haec autem quae est toto prostrata corpore, cum inferius solum quasi cancellauit atque inretiuit,

21 Atticus: *cf. Reitzenstein, p. 54* 23 haec . . . p. 142, 2 deficit: *Pall. 3. 16. 2*

1 laxataque *S* : laxatque *AR* 2 subsidit *Iucundus* : subsidii *SAR* 3 solo *S* : sole *AR* 4 mensura uitis A^2R : mensu ruitis SA^1 5 demittitur *S* : di- *AR* laborare S^2R : labore S^1A 6 non *add.* ς 7 dodrantis *R* : orantis *SA* 10 minore ς : -ri *SAR* impensa ς : pensa *SAR* 11 censent *ed. pr.* : cent *SAR* 12 mox ς : uox *SAR* 14 tenuit *S* : lenuit A^2 : lenut A^1 : leniit *R* euenit SA^2 : uenit A^1R 15 pigri *ego* : nigri *SAR* 16 generosae ς : -sa *S* : genera *AR* 20 totas ς : totam *S* : tota *AR* 22 radicentur *Sobel* : redigentur *SAR* quaeque *ed. pr.* : que *SAR* 23 quae est toto S^2 : quaeestoto S^1A : quae toto *R* 24 cancellauit *Gesner* : conc- *SAR*

cratem facit et pluribus radicibus inter se conexis angitur nec
3 aliter quam si multis palmitibus grauata deficit. Quare per omnia praetulerim duobus potius seminibus depositis quam unico periclitari nec id uelut conpendium consectari, quod in utramque partem longe maius adferre possit dispendium.

Sed iam prioris libri disputatio repetit a nobis promissum sequentis exordium.

3 In omni genere inpensarum, sicut ait Graecinus, plerique noua opera fortius auspicantur quam tuentur perfecta. Quidam, inquit, ab inchoato domos extruunt nec peraedificatis cultum adhibent; nonnulli strenue fabricant nauigia nec consummata perinde instruunt armamentis ministrisque; quosdam emacitas in armentis, quosdam exercet in conparandis mancipiis, sed
2 <in> isdem tuendis nulla cura tangit; | multi etiam beneficia quae in amicos contulerunt leuitate destruunt. Ac ne ista, Siluine, miremur, liberos suos nonnulli nuptiis uotisque quaesitos auare nutriunt nec disciplinis aut ceteris corporis excolunt instrumentis.

Quid his colligitur? Scilicet plerumque simili genere peccari etiam ab agricolis, qui pulcherrime positas uineas, antequam
3 pubescant, uariis ex causis destituunt: | alii sumptum annuum refugientes et hunc primum reditum certissimum existimantes inpendere nihil, quasi plane fuerit necesse uineas facere, quas mox auaritia desererent; nonnulli magna potius quam culta uineta possidere pulchrum esse dicunt; cognoui iam plurimos, qui persuasum haberent agrum bonis ac malis rationibus colendum.

8 Graecinus: *cf. Reitzenstein, p. 56*

1 angitur ς : anigitur *SAR* 5 utramque partem *AR* : utraque parte *S* 9 fortius *R* : forsius *SA* 13 sed in isdem *Hedberg* : dem *S* : deemp *A* : sed iisdem *R* 14 multi *S* : -ta *AR* 17 excolunt *R* : excoluntur *SA* 21 annuum *R* : annum *SA* 22 existimantes *S* : estimantes *AR* 23 fuerit *R* : fuit *SA* quas *R* : qua SA^1 : quam A^2 25 dicunt] ducunt ς, *fort. recte* 26 bonis . . . rationibus] uotis ac lustrationibus *Richter*

At ego cum omne genus ruris, nisi diligenti cura sciteque 4
exerceatur, fructui esse non posse iudicem, tum uel maxime
uineas; res est enim tenera, infirma, iniuriae maxime inpatiens,
quae plerumque nimia laboret ubertate; consumitur enim, si
modum non habeas, fecunditate sua. Cum tamen aliquatenus
se confirmauit, et ueluti iuuenile robur accepit, neglegentiam
sustinet.

Nouella uero, dum adolescit, nisi omnia iusta perceperit, ad 5
ultimam redigitur maciem et sic intabescit, ut nullis deinceps
inpensis recreari possit. Igitur summa cura ponenda sunt
quasi fundamenta, et ut membra infantium a primo statim die
consitionis formanda; quod nisi fecerimus, omnis impensa in
cassum recidat nec praetermissa cuiusque rei tempestiuitas
reuocari queat.

Experto mihi crede, Siluine, bene positam uineam bonique
generis et bono cultore numquam non cum magno faenore
gratiam reddidisse. Idque non solum ratione sed etiam exemplo 6
nobis idem Graecinus declarat eo libro quem de uineis scripsit,
cum refert ex patre suo saepe se audire solitum Papirium quen-
dam Baeterrensem, uicinum sibi, duas filias et uineis consitum
habuisse fundum; cuius partem tertiam nubenti maiori filiae
dedisse in dotem ac nihilominus aeque magnos fructus ex
duabus partibus eiusdem fundi percipere solitum; minorem
deinde filiam nuptum conlocasse in dimidia parte reliqui agri
nec sic ex pristino reditu detraxisse. Quod quid conuincit?

18 Graecinus: *cf. Reitzenstein, p. 56*

1 diligenti *R* : -tis *SA* 4 nimia laboret *S* : enimia labore *A* : nimio labore et *R* 5 habeas *SA* (*cf.* 1. 3. 12) : adhibeas *R* (*cf.* 4. 27. 1) 10 ponenda *SA* : deponenda *R* 16 cultore *R* : culturae *SA* 18 eo libro ... scripsit *om. SA* 19 patre *R* : parte *SA* papirium *R** : paririum *SAR** 20 Baeterrensem *André* : ueterrensem *S* : ueterensem *AR* 23 duabus *AR* : duobus *S* 24 nuptum *S* : -tam *A* : -tu *R*

Melius scilicet postea cultam esse tertiam illam fundi partem quam ante uniuersam.

4 Et nos igitur, Publi, magno animo uineas ponamus ac maiore
studio colamus, quarum consitionis sola illa commodissima
ratio est quam priore tradidimus exordio, ut facta in pastinato
scrobe tota uitis a media fere parte sulci prosternatur et ad
frontem eius ab imo usque recta materies exigatur calamoque
adplicetur. Id enim praecipue obseruandum est, ne similis sit
alueo scrobis, sed ut expressis angulis uelut ad perpendiculum
2 frontes eius derigantur. Nam uitis supina et uelut recubans in
alueo deposita postea, cum ablaqueatur, uulneribus obnoxia
est, quoniam dum exaltare orbem ablaqueationis fossor
studet, obliquam uitem plerumque sauciat et nonnumquam
praecidit. Meminerimus ergo usque ab imo scrobis solo rectum
adminiculo sarmentum adplicare et ita in summum perducere,
tum cetera, ut priore libro praecepimus, et duabus gemmis
superextantibus terram coaequare, deinde malleolo inter
ordines posito crebris fossionibus pastinatum resoluere atque
3 in puluerem redigere. Sic enim optime et uiuiradices et reliqua
semina quae deposuerimus conualescent, si mollis ac tenera
humus nullis herbis inrepentibus umorem stirpibus praebuerit
nec duritia soli nouellas adhuc plantas uelut arto uinculo
conpresserit.

1 illam A^2R : illa SA^1 partem *om. SA* 2 ante *SA* : antea *R* uniuersam *R* : uniuersa sunt *SA* 3 *rubr.* I. (*in marg. A*) DE CVLTVRA (-RAE *A*) VINEAE NOVELLAE 6 tota *R* : *om. SA* 7 exigatur *SA* : erigatur *R* 10 derigantur *S* : di- *AR* et uelut recubans *R* : *om. SA* 11 cum ς : quam *SAR* 12 exaltare *R* : exaltere *SA* fossor studet ς : forstudet *SA* : fortius tundit *R* 13 nonnumquam *AR* : numquam *S* 14 praecidit A^2R : -cipit SA^1 scrobis *R* : bis *SA* (*exp.* A^2) 16 et *SA* : ac deinde *R* 18 fossionibus S^2R : positionibus S^1A 19 optime S^2A^2 : opti S^1A^1 : motum *R* 20 si mollis *R* : simul *SA* 21 praebuerit S^2A^2R : -beret S^1 : -berit A^1 22 duritia *R* :-tias SA^1 : -ties A^2, *fort. recte* plantas S^2R : platas S^1A^2 : plates A^1 arto *R* : alto *SA*

Numerus autem uertendi soli bidentibus, ut uerum fatear, 5
definiendus non est, cum quanto crebrior sit, plus prodesse
fossionem conueniat. Sed quoniam impensarum ratio modum
postulat, satis plerisque uisum est ex Kalendis Martiis usque
in Octobris tricensimo quoque die nouella uineta confodere
omnisque herbas et praecipue gramina extirpare, quae nisi
manu eliguntur et in summum reiciuntur, quantulacumque
parte adobruta sunt reuiuiscunt, et uitium semina ita perurunt,
ut scabra atque retorrida efficiant.

Ea porro siue malleolos seu uiuiradices deposuimus, opti- 6
mum est ab initio sic formare, ut frequenti pampinatione
superuacua detrahamus nec patiamur plus quam in unam
materiam uires et omne alimentum conferre. Primo tamen bini
pampini summittuntur, ut sit alter subsidio, si alter forte
deciderit. Cum deinde paulum induruere uirgae, tum singulae 2
detrahuntur, ac ne quae relictae sunt procellis uentorum decu-
tiantur, molli et laxo uinculo adsurgentis subsequi conueniet,
dum clauiculis suis quasi quibusdam manibus adminicula
conprehendant.

Hoc si operarum paenuria facere prohibebit in malleolo, 3
quem et ipsum pampinare censemus, at certe in ordinariis
uitibus utique optinendum est, ne pluribus flagellis emacien-
tur, nisi si propaginibus futuris prospiciemus, sed ut singulis
materiis seruiant, quarum incrementa elicere debebimus,
adplicato longiore adminiculo, per quod prorepant in tantum,
ut sequentis anni iugum exsuperent et in fructum curuari
possint. Ad quam mensuram cum increuerint, cacumina 4

1 *Pall.* 4. 7. 1

4 plerisque *R* : plerique *SA* 6 quae *R* : quas *SA* 7 quantulacumque *R* : quantumadcumque *SA* 8 parte *R* : -tem *SA* reuiuiscunt *AR* : reuiuescunt *S* 10 malleolos ς : -lo *SAR* 12 detrahamus ς : -mur S^2R : detramur S^1A 15 induruere A^2R : induere SA^1 23 prospiciemus *R** : efficiemus *SAR** 24 elicere *Vrsinus* : eligere *SAR* 27 ad A^2R : a SA^1

infringenda sunt, ut potius crassitudine conualescant quam superuacua longitudine adtenuentur.

Idem tamen sarmentum, quod in materiam submittimus, ab imo usque in tres pedes et semissem pampinabimus et omnes
5 eius intra id spatium nepotes enatos saepius decerpemus. Quicquid deinde supra germinauerit, intactum relinqui oportebit. Magis enim conueniet proximo autumno falce deputari superiorem partem quam aestiuo tempore pampinari, quoniam ex eo loco unde nepotem ademeris confestim alterum fundit, quo enato nullus relinquitur oculus in ipsa materia, qui sequente anno cum fructu germinet.

7 Omnis autem pampinationis ea est tempestiuitas, dum adeo teneri palmites sunt, ut leui tactu digiti decutiantur. Nam si uehementius induruerunt, aut maiore nisu conuellendi sunt aut falce deputandi; quod utrumque uitandum est: alterum, quia lacerat matrem, si reuellere coneris; alterum, quia sauciat, quod
2 in uiridi et adhuc stirpe inmatura fieri noxium est. Neque enim eatenus plaga constitit qua uestigium fecit acies, sed aestiuis caloribus falce uulnus penitus inpressum etiam latius inarescit ita, ut non minimam partem de ipso matris corpore necet.

Atque ideo si iam caulibus duris falcem adhiberi necesse est, id paulum ab ipsa matre recidendum est et uelut reseces relinquendi sunt, qui caloris excipiant iniuriam eatenus qua enascuntur a latere palmites. Vltra enim non serpit uaporis uiolentia.

3 In malleolo similis ratio est pampinandi et in longitudinem eliciendi materiam, si eo uelimus anniculo uti, quod ego saepe

1 infringenda $A^{2}R$: -di SA^{1} 4 ab imo ... pampinabimus *R* : *om. SA* 5 decerpemus *R* : dis- *SA* 6 intactum relinqui oportebit *R* : intractum relicto portauit *SA* 7 conueniet *om. SA* 10 oculus *R* : -lis *SA* 12 ea est (*om.* A^{1} *sp. rel.*) $A^{2}R$: est *S* 18 constitit] consistit ς 19 falce uulnus] ↔ *Richter* etiam *Pontedera*^{3} : et *SAR* 20 ita ut *R** : aut *SA* : ita *R** necet] *an enecet?* 21 duris *R* : durus *SA* 22 id ... reseces *R* : *om. SA* 23 qua enascuntur *SA* : qui nascuntur *R* 27 eliciendi *S* : eligendi *AR*

feci. Sed si propositum est utique recidere, ut bimo potius utamur, cum ad unum pampinum iam redegeris et is ipse excesserit pedalem longitudinem, decacuminare conueniet, ut in ceruicem potius confirmetur et sit robustior.

Atque haec positorum seminum prima cultura est.

Sequens deinde tempus, ut prodidit Celsus et Atticus, quos 8
iure maxime nostra aetas probauit, {post Idus Octobris} ampliorem curam deposcit; nam post Idus Octobris, priusquam frigora inuadant, uitis ablaqueanda est. Quod opus adapertas ostendit aestiuas radiculas easque prudens agricola ferro recidit. Nam si passus est conualescere, inferiores deficiunt atque euenit ut uinea summa parte terreni radices agat, quae et frigore infestentur et caloribus maiorem in modum aestuent ac
uehementer sitire matrem per Caniculae ortum cogant. Quare 2
quicquid intra sesquipedem enatum est, cum ablaqueaueris, recidendum est. Sed huius non eadem ratio est amputandi quae traditur in superiore parte uitis. Nam minime adleuanda plaga est minimeque adplicandum ferramentum ipsi matri, quoniam si iuxta truncum radicem praecideris, aut ex cicatrice plures nascentur aut hiemalis, quae consistit in lacusculis ablaqueationis, aqua brumae congelationibus noua uulnera peruret et ad medullam penetrabit. Quod ne fiat, recedere ab ipso codice instar unius digiti spatio conueniet atque radiculas

6 *Pall.* 11. 5 Celsus: *fr.* 15 *Marx* Atticus: *cf. Reitzenstein, p.* 54

2 is *S* : si *R* : *om. A* 3 decacuminare *R* : re- *SA* 4 in ceruicem ς : inter uitem *SAR** : inter ceruicem *R** 7 *post* probauit *rubr.* II. (*in marg. A*) ABLAQVEATIO NOVELLAE post idus octobris SA^1R : *del.* A^2 9 adapertas *SA* : adopertas *R* 10 easque *R* : aesque *SA* prudens *R* : frondes *S* : frundens *A* 11 recidit *Richter* : cecidit *SAR* : de- ς 13 aestuent ac uehementer *R* : est ac uentu ementur *SA* 14 per Caniculae ortum *ego* (*cf.* 3. 11. 8, 6. 3. 1, 7. 10. 6, 12. 12. 2, 12. 22. 2): acniculae (agn- *A*) ortum *SA*: in ortu c- *R* 15 intra *R* : in *SA* sesquipedem enatum ς : -de aenatum *SA* : -dem natum *R* 17 adleuanda *R** : ablaqueanda *SAR** 18 adplicandum *R* : adleuandum *SA* 20 plures *R* : pube *SA* nascentur *SAR** : enascentur *R**, *fort. recte* aut *R** : ut *SA* : at *R** quae consistit in lacusculis *om. SA* 21 aqua *fort. ante* quae *traiciendum* 22 penetrabit *R* : -uit *SA* recedere S^2, *Vrsinus* : recidere S^1AR

praecidere; quae sic ademptae non amplius pullulant et a cetera noxa truncum defendunt.

3 Hoc opere consummato, si est hiemps in ea regione placida, patens uitis relinquenda est; sin uiolentior hoc facere nos prohibet, ante Idus Decembris praedicti lacusculi coaequandi sunt. Si uero etiam praegelida frigora regionis eius suspecta erunt, aliquid fimi uel, si est commodius, columbini stercoris aut in hunc usum praeparatae ueteris urinae senos sextarios, antequam uitem adobruas, radicibus superfundes.

4 Sed ablaqueare omnibus autumnis oportebit primo quinquennio, dum uitis conualescat; ubi uero truncus adoleuerit, fere triennio intermittendus est eius operis labor, nam et minus ferro crura uitium laeduntur nec tam celeriter radiculae inueterato iam codice enascuntur.

9 Ablaqueationem deinde sequitur talis putatio, ut ex prae-
cepto ueterum auctorum uitis ad unam uirgam reuocetur eaque
recidatur duabus gemmis iuxta terram relictis. Quae putatio
non debet secundum articulum fieri, ne reformidet oculus, sed
medio fere internodio ea plaga obliqua falce fit, ne si transuersa
2 fuerit cicatrix, caelestem supercidentem aquam contineat. Sed
nec ad eam partem qua est gemma, uerum ad posteriorem de-
clinatur, ut in terram potius deuexa quam in germen delacrimet;
namque defluens umor caecat oculum nec patitur crescere.

10 Putandi autem duo sunt tempora: melius, ut ait Mago, uernum, antequam surculus progemmet, quoniam umoris

1 et a ς : ea *SAR* 3 hiemps S^1A^1 : hiems A^2R 4 sin *A* : si *SR* hoc ς : hic *SAR* 7 si *SA* : quod *R* 8 hunc usum ς : ucus *S* : hucus *A* : usu *R* 9 radicibus *R* : radicis *SA* 11 truncus *SA* : uitis truncus *R* 12 intermittendus ... operis *hic R, post* quinquennio *SA* est eius *R* : esset *SA* 13 uitium *R* : ueritius *SA* laeduntur ς : laedantur *SAR* 14 iam *om. SA* 16 uirgam *SA* : uirgulam *R* eaque recidatur *R* : *om. SA* 18 reformidet *R* : formidet *SA* 20 aquam *R* : aqua *SA* 22 in terram *Iucundus* : interdum *SAR* germen S^2 : germe S^1 : germine *AR* delacrimet *R* : lacrimae *SA* 23 defluens *R* : depluens *SA* 24 tempora *AR* : genera *S* : *an subsequitur lacuna?* melius *SA* : m- autem *R*

plenus facilem plagam et leuem et aequalem accipit nec falci repugnat. Hunc autem secuti sunt Celsus et Atticus.

Nobis neque angusta putatione coercenda semina uidentur, nisi si admodum inualida sunt, neque utique uerno recidenda. Sed primo quidem anno, quo sunt posita, frequentius fos- 2
sionibus omnibus mensibus dum frondent ac pampinationibus adiuuanda sunt, ut robur accipiant, nec plus quam uni materiae seruiant quam educauerint. Autumno uel uere, si magis conpetent, adradenda et nepotibus, quos pampinator in superiore parte omiserat, liberanda censemus atque ita in iugum inponenda. Ea enim leuis et recta sine cicatrice uinea est, quae se primi anni flagello supra iugum extulit, quod tamen apud paucos agricolas et raro contingit; ideoque praedicti auctores primitias uitis resecare censuerunt.

Sed nec utique uerna omnibus regionibus melior putatio est. 3
Nam ubi caelum frigidum est, ea sine dubio eligenda est; ubi uero aprica loca sunt mollesque hiemes, optima et maxime naturalis est autumnalis, quo tempore diuina quadam lege et aeterna fructum cum fronde stirpes deponunt.

Hoc facere, siue uiuiradicem siue malleolum conseueris, **11**
censeo. Nam illam ueterum opinionem damnauit usus, non esse ferro frangendos anniculos malleolos, quoniam reformident. Quod frustra Vergilius et iam Saserna Stolonesque et Catones timuerunt, qui non solum in eo errabant, quod primi anni capillamenta seminum intacta patiebantur, sed et post

2 Celsus: *fr. 16 Marx*   Atticus: *cf. Reitzenstein, p. 54*

---

2 hunc S^2R : huc S^1A 4 nisi si *R* : nisi *SA* (*cf. infra c.* 21. 2)   5 frequentius *SA* : -tibus *R*   7 adiuuanda sunt *R* : adiuuanda *SA*   ut *SA* : nec *R*   accipiant *R* : -unt *SA*   uni *R* : unae *S* : una *A*   9 pampinator *R* : pampinatione *SA*   superiore *AR* : -rem *S*   parte *R* : partem *SA*   11 ea *R* : *om. SA*   14 censuerunt *S* : cons- *AR*   15 uerna *SA* : -no *R*   21 ueterum *ego* (*cf.* 2. 1. 1) : ueterem *SAR*   22 frangendos *SAR** : tang- *R**   23 iam *R* : *om. SA*   24 timuerunt *R* : -rim SA^1 : -rint A^2 quod *R* : quo *SA*   25 patiebantur *R* : -batur *SA*

biennium, cum uiuiradix recidenda erat, omnem superficiem amputabant solo tenus iuxta ipsum articulum, ut e duro pullularet.

2 Nos autem magister artium docuit usus primi anni malleolorum formare incrementa nec pati uitem superuacuis frondibus luxuriantem siluescere, nec rursus in tantum coercere quantum antiqui praecipiebant, ut totam superficiem amputemus.
3 Nam id quidem maxime contrarium est, | primum quod cum ad terram decideris, semina, uelut intolerabili adfecta uulnere, pleraque intereunt; nonnulla etiam, quae pertinaciter uixerunt, minus fecundas materias adferunt; siquidem e duro quae pullulant omnium confessione pampinaria saepissime fructu carent.

4 Media igitur ratio sequenda est, ut neque solo tenus malleolum recidamus nec rursus in longiorem materiam prouocemus, sed adnodato superioris anni pollice iuxta ipsam commissuram ueteris sarmenti unam uel duas gemmas relinquamus, ex quibus germinet.

12 Putationem sequitur iam pedandae uineae cura. Verum hic annus nondum uehementem palum aut ridicam desiderat. Notatum est enim a me plerumque teneram uineam melius adminiculo modico quam uehementi adquiescere; itaque aut ueteres, ne nouae radicem agant, harundines binas adplicabimus singulis uiticulis, aut si regionis condicio permittit, de uepribus hastilia, quibus adnectantur singulae

4 magister artium . . . usus: *Otto no. 1840*

---

5 formare *R* : formae *SA* 7 praecipiebant *R* : -pienda *SA* 8 maxime *R* : -mum *SA* 9 ad terram *R* : a terra *SA* semina *R* : *om. SA* 10 nonnulla *R* : -li *SA* 16 adnodato *SA* : adnotato *R* pollice *R* : pollicet *SA* 18 relinquamus *ego*: -quemus *SAR* germinet *SA* : -nent *R* 19 *rubr.* III. (*in marg. A*) DE NOVELLA SVBRIGENDA iam *R* : nam *SA* 20 ridicam *AR* : rigidam *S* 21 teneram S^2R^* : teram S^1 : terram *A* 22 uehementi *SA* : u- palo *R* 23 harundines *R* : harum singulis *SA* 24 adplicabimus *R* : -uimus *SA* 25 uepribus S^2 : ueprius S^1A^2 : bueprius A^1 : ueteribus *R*

transuersae perticae in unam partem ordinis; | quod genus 2
iugi cantherium uocant rustici. Plurimum id refert esse, quod
paulum infra curuationem uitis prorepens pampinus statim
adprendat et in transuersa potius se fundat quam in edita
uentosque facilius sustineat subnixus cantherio. Idque iugum
intra quartum pedem conuenit adleuari, dum se uinea
corroboret.

Inpedationem deinde sequitur adligator, cuius officium est ut 13
rectam uitem producat in iugum. Quae siue iuxta palum est
posita, ut quibusdam placuit auctoribus, obseruare debebit qui
adnectit, ne in alliganda materia flexum pali, si forte curuus est,
sequendum putet (nam ea res uncam uitem facit); siue ut Attico
et nonnullis aliis agricolis uisum est, inter uitem et palum
spatium relinquitur, quod nec mihi displicet, recta harundo
adiungenda stirpi est et ita per crebra retinacula in iugum
perducenda.

Vinculi genus quale sit quo religantur semina, plurimum
refert;| nam dum nouella uinea est, quam mollissimo nectenda 2
est, quia si uiminibus salicis aut ulmi ligaueris, increscens uitis
se ipsa praecidit. Optima est ergo genista uel paludibus desectus
iuncus aut ulua; non pessime tamen in umbra siccata faciunt
in hunc usum harundinum quoque folia.

Sed et malleolorum similis cura agenda est, ut ad unam aut 14
duas gemmas deputati autumno uel uere, priusquam ger-
minent, iugentur. Is, ut dixi, cantherius propius a terra quam
uitibus ordinariis submittendus est; neque enim editior esse

12 Attico: *cf. Reitzenstein, p. 54*

3 paulum ϛ : palum *SAR* 4 adprendat *Hedberg* : adprendant *SA* : adprehendant *R* 5 subnixus *R* : -nexus *SA* 7 corroboret *R* : conprobaret *SA* 8 adligator ϛ : adlegator *SAR* ut . . . auctoribus *R* : *om. SA* 14 relinquitur *SA* : relinquendum est *R* 15 crebra $A^{2}R$: cribra SA^{1} 17 religantur *R* : -gatur *SA* semina plurimum ϛ : plurima seminum *SA* : -mum -na *R* 20 praecidit ϛ : procidit *SAR* 22 in *SA* : ad *R* 24 germinent *R* : -net *SA* 25 is *AR* : iis *S* propius ϛ : proprius *SAR*

debet pedali altitudine, ut sit quem teneri adhuc pampini capreolis suis inligent, ne uentis explantentur.

Insequitur deinde fossor, qui crebris bidentibus aequaliter et
2 minute soli terga comminuat. Hanc planam fossuram maxime
nos probamus. Nam illa, quam in Hispania hibernam appellant, cum terra uitibus detrahitur et in media spatia interordiniorum confertur, superuacua nobis uidetur, quia iam praecessit autumnalis ablaqueatio, quae et nudauit summas et ad inferioris radiculas transmisit hibernos imbris. Numerus autem fossionis aut idem esse debet qui primi anni aut una <minus>; nam utique frequenter solum exercendum est, dum id incremento suo uites inumbrent, nec patiantur herbam subcrescere.

3 Pampinationis eadem debet esse ratio huius anni quae prioris. Adhuc enim conpescenda quasi pueritia seminum est nec plus quam in unum flagellum est submittenda, tanto quidem magis quod tenera aetas eius non sustinet et fetu et materiis onerari.

15 Sed cum annicula et mensum sex ad uindemiam perducta est, sublato fructu protinus frequentanda est, et praesidiari malleoli propagandi sunt, qui in hunc usum fuerant depositi; uel si ne hi quidem sunt, ex ordinaria uite in alterum palum mergus est adtrahendus. Nam plurimum interest adhuc noua consitione pedamen omne uestiri nec mox uineam tum subseri, cum fructus capiendus est.

2 Mergi genus est, ubi supra terram iuxta suum adminiculum uitis curuatur atque ex alto scrobe submersa perducitur ad

25 *Pall.* 3. 16. 1–2

2 capreolis *R* : camproleis *SA* ne *R* : nec *SA* 4 minute *R* : minuti *SA* comminuat *SAR** : conuertat *R** 8 nudauit *R* : -bit *SA* 9 inferioris <peruenit> *SA* transmisit hibernos imbris *R* : *om. SA* 10 una minus nam ς : unam *SA* : una(m) nam *R* 11 est dum *R* : *om. SA* 13 anni quae *R* : antiquae *SA* : anni atque *ed. pr.* 14 conpescenda *R* : -dam *SA* 20 hunc $A^{2}R$: huc SA^{1} 25 *rubr.* IIII. (*in marg. A*) MERGVLVS QVOMODO DEPONATVR supra *SAR** : iuxta *uel* iuxta supra *R** iuxta *SAR** : supra *R** : *om. R**

uacantem palum; tum ex arcu uehementer citat materiam, quae protinus adplicata suo pedamento ad iugum euocatur. Sequente deinde anno insecatur superior pars curuaturae usque 3
ad medullam, ne totas uires matris propagatum flagellum in se trahat et ut paulatim condiscat suis radicibus ali. Bima deinde praeciditur proxime palmam, quae ex arcu summissa est, et id quod a matre abscisum recessit, confestim alte circumfoditur et scrobiculo facto ad imum solum praeciditur adobruiturque, ut et radices deorsum agat nec ex propinquo neglegenter in summa terra resecta progerminet. Tempus autem non aliud 4
magis idoneum est hunc mergum amputandi quam ab Idibus Octobribus in Idus Nouembris, ut hibernis mensibus suas radices confirmet; nam si uere id fecerimus, quo gemmare palmites incipiunt, matris alimentis subito destitutus languescet.

Eadem ratio est in transferendo malleolo, nam secundo **16**
autumno, si caeli et loci qualitas patitur, commodissime post Idus Octobris exemptus conseritur; sin autem aliqua terrae uel aeris repugnat iniuria, tempestiuitas eius in proximum uer differtur, neque diutius in uineis relinquendus est, ne soli uires absumat et ordinaria semina infestet, quae quanto celerius liberata sunt consortio uiuiradicium, tanto facilius conualescunt. At in seminario licet trimam atque etiam quadrimam uitem resectam uel anguste putatam custodire, quia non consulitur uindemiae.

Cum mensem tricensimum excessit posita uinea, id est tertio 2
autumno, uehementioribus statuminibus statim inpedanda est, idque non ut libet aut fortuito faciendum: nam siue prope

5 ali bima *R** : ab ima *SAR** 6 palmam *SA* : -ma *R* 7 recessit *SA* : -serit *R* alte *R* : altere *SA* 12 hibernis A^2R : -nus SA^1 13 confirmet *R* : -ment *SA* 14 destitutus ς : -ta *SAR* languescet *ego* : -scit *SAR* 15 eadem *SA* : et eadem *R* 17 conseritur *R* : consequetur *SA* 19 ne soli *R* : nec socii *SA* 20 absumat *R* : -mam *SA* 22 at S^2R : ad S^1A 23 anguste *S* : -tiae *AR* quia *SA* : quoniam *R* 25 excessit *SA* : -serit *R* 26 statim *R* : -tum *SA* inpedanda *R* : inpedienda *SA* 27 idque ς : ita *SA* : itaque *R*

truncum deponitur palus, pedali tamen spatio recedendum est, ne aut premat aut radicem uulneret et ut fossor tamen ab omni
3 parte semina circumfodiat; | isque palus sic ponendus est, ut frigorum et Aquilonum excipiat uiolentiam uitemque protegat; siue medio interordinio pangetur, uel deponendus est uel, prius paxillo perforato solo, altius adfigendus, quo facilius et iugum et fructum sustineat. Nam quanto propius truncum ridica statuitur, etiam leuiter defixa stabilior est, quoniam constringens uitem mutua uice sustinetur et sustinet.

4 Statuminibus deinde firmiora iuga sunt inliganda, eaque uel saligneis perticis uel conpluribus quasi fasciculis harundinum conectuntur, ut rigorem habeant nec pandentur onere fructuum. Nam binae iam materiae singulis seminibus summittendae erunt, nisi si tamen gracilitas uitis alicuius angustiorem putationem desiderabit, cuius unus palmes atque idem paucorum oculorum erit relinquendus.

17 Perticarum iugum fortius minusque operosum est. Harundines pluribus operis iugantur, quoniam et pluribus locis nectuntur, eaeque inter se conuersis cacuminibus uinciendae sunt, ut aequalis crassitudo totius iugi sit. Nam si cacumina in unum conpetunt, inbecillitas eius partis grauata pondere iam maturum fructum prosternit et canibus ferisque reddit
2 obnoxium. At cum iugum in fascem pluribus harundinibus alterna cacuminum uice ordinatum est, fere quinquennii

1 deponitur *SA* : defigitur *R* recedendum *Iucundus* : recidendus *SAR* 3 sic *R* : *om. SA* 4 protegat *R* : protegam *A* : prodigam *S* 5 deponendus *SA* : defodiendus *R* 6 paxillo *R* : taxillo *SA* perforato S^2R : ferforato S^1 : ferrorato *A* adfigendus SA^2 : adfrig- A^1 : adigendus *R* 7 propius ς : proprius *SAR* truncum *SA* : -cus *R** : -cus cum *R** 8 constringens *SAR** : contingens *R** 10 inliganda *R* : inligamenta *A*, -da *S* 12 habeant *R* : -at *SA* pandentur *Vrsinus* : -dantur *SAR* 13 binae *R** : uinae *S* : uineae *AR** materiae *R* : maturiae *SA* 15 desiderabit *ed. pr.* : -uit *SAR* cuius] cui *Richter* 16 relinquendus *R* : -dis *SA* 17 perticarum *E. H. Warmington ap. Ash* : -cum *SA* : -cae *R* operosum *R* : onerosum S^2 : -suum S^1: oneremsum *A* 19 eaeque ς : aeque *SA* : et aeque *R* uinciende S^2R* : uincende S^1AR* 24 alterna *R** : terne *SA* : alternae *R**

praebet usum. Neque enim alia est ratio putationis aut ceterae culturae quam quae primi biennii; nam et autumnalis ablaqueatio sedulo facienda, nec minus uacantibus palis propagines adplicandae. Hoc enim opus numquam intermittendum est quin omnibus instauretur annis.

Neque enim ea quae seruntur a nobis inmortalia esse 3
possunt; ac tamen aeternitati eorum sic consulimus, ut demortuis seminibus alia substituamus nec ad occidionem uniuersum genus perduci patiamur complurium annorum neglegentia. Quin etiam crebrae fossiones dandae, quamuis possit una detrahi culturae prioris anni. Pampinationes quoque saepe adhibendae; neque enim satis est semel aut iterum tota aestate uiti detrahere frondem superuacuam.

Praecipue autem decutienda sunt omnia quae infra trunci 4
caput egerminauerunt; item si oculi singuli sub iugo binos pampinos emiserunt, quamuis largum fructum ostendant, detrahendi sunt singuli palmites, quo laetior quae superest materia consurgat et reliquum melius educet fructum. Post quadragesimum et alterum mensem perfecta uindemia sic instituenda est putatio, ut summissis pluribus flagellis uitis in stellam diuidatur. Sed putatoris officium est pedali fere 5
spatio citra iugum uitem conpescere, ut e capite quicquid teneri est per bracchia emissum prouocetur et per iugum inflexum praecipitetur ad eam mensuram quae terram non possit contingere.

1 praebet *R* : -bent *SA* alia est *R* : *om.* *SA* 4 propagines ς : -nis *SAR* 5 quin omnibus *AR* : qui nominibus *S* instauretur R^* : insaturetur SAR^* 6 seruntur *R* : serunt *SA* 7 aeternitati *R* : -te *SA* 9 patiamur *R* : patimur *SA* 11 anni *R* : anno *SA* 12 adhibendae (adib- S^1) S^2R^* : adiuendae *A* : adiuuandae R^* 13 superuacuam *R* : peruacuam *SA* 16 emiserunt *S* : semisserunt *A* : semisserint R^* : emiserint R^* fructum *R* : -tus *SA* 18 consurgat *R* : -gant *SA* reliquum *R* : -quo *SA* 19 perfecta *R* : percepta *SA* 21 in *R* : *om.* *SA* 22 citra ς : contra SAR^* : circa R^* 23 brachia *R* : brashi [*sic*] *SA* 24 terram *R* : serram S^2A : seram S^1 25 possit *R* : -sint *SA*

Sed modus pro uiribus trunci seruandus est, ne plures palmae summittantur quam quibus uitis sufficere queat. Fere autem praedicta aetas laeto solo truncoque tres materias, raro quattuor desiderat, quae per totidem partis ab alligatore diuidi
6 debent. Nihil enim refert iugum in stellam decusari atque diduci, nisi et palmites adiunguntur. Quam tamen formam non omnes agricolae probauerunt, nam multi simplici ordine fuere contenti. Verum stabilior est uinea et oneri sarmentorum et fructui ferendo, quae ex utraque parte iugo deuincta pari libramento uelut ancoris quibusdam distenditur; tum etiam per plura bracchia materias diffundit et facilius eas explicat undique subnixa quam quae in simplici cantherio frequentibus palmitibus stipatur.

7 Potest tamen, si uel parum late disposita uineta uel parum fructuosa caelumque non turbidum nec procellosum habeat, uno iugo contentus esse. Nam ubi magna uis et incursus est pluuiarum procellarumque, ubi frequentibus aquis uitis labefactatur, ubi praecipitibus cliuis uelut pendens plurima praesidia desiderat, ibi quasi quadrato firmanda est agmine.
8 Calidis uero et siccioribus locis in omnem partem iugum porrigendum est, ut prorepentes undique pampini iungantur et condensati camarae more terram sitientem obumbrent. Contra pluuiis et frigidis et pruinosis regionibus simplices ordines instituendi; nam et sic facilius insolatur humus, et fructus percoquitur perflatumque salubriorem habet, fossoresque liberius et aptius iactant bidentis, meliusque perspicitur a custodibus fructus et commodius legitur a uindemiatore.

1 palme *SAR** : palmites *R** 3 raro *R* : rari *SA* 5 debent ς : debet et *SAR** : debent et *R** in *om. SA* 6 diduci *Iucundus* : dici *SA* : deduci *R* 8 oneri *R* : coneri *SA* 12 undique *R* : uindemia quae *SA* subnixa *R* : subnexa *SA* 14 potest . . . 15 procellosum *R* : procelsum *SA* habeat] *utrum* potes . . . habeas *an* si <quis>? 16 incursus S^2R : incusus S^1A 19 desiderat ibi *om.* A^1, *sp. rel.* desiderat A^2R : deaesite *S* 20 omnem *AR* : omne *S* 27 uindemiatore *R** : -mitore *SAR**

Sed quoquo modo uineta placuerit ordinare, centenae stirpes 18 per singulos hortos semitis distinguantur uel, ut quibusdam placet, in semiiugera omnis modus dirimatur. Quae distinctio praeter illud commodum quod plus solis et uenti uitibus praebet, tum etiam oculos et uestigia domini, res agro saluberrimas, facilius admittit, certamque aestimationem in exigendis operibus praebet; neque enim falli possumus per paria interualla iugeribus diuisis. Quin etiam ipsa hortulorum descriptio, 2 quanto est minoribus modulis concisa, fatigationem ueluti minuit extimulatque eos qui opera moliuntur, et ad festinandum inuitat; nam fere uastitas instantis laboris animos debilitat. Nonnihil etiam prodest uires et prouentum cuiusque partis uinearum nosse, ut aestimemus quae magis aut minus colenda sit. Vindemiatoribus quoque hae semitae et iugum pedamentaque sarcientibus opportunam laxitatem praebent, per quam uel fructus uel statumina portentur.

De positione iugi, quatenus a terra leuandum sit, hoc dixisse 19 abunde est, humillimam esse quattuor pedum, celsissimam septem. Quae tamen in nouellis seminibus uitanda est; neque enim haec prima constitutio uinearum esse debet, sed per annorum longam seriem ad hanc altitudinem uitis perducenda est. Ceterum quanto est umidius solum et caelum placidio- 2 resque uenti, tanto est altius adtollendum iugum; nam laetitia uitium patitur eas celsius euocari, fructusque summotus a terra minus putrescit, et hoc uno modo perflatur uentis, qui nebulam et rorem pestiferum celeriter adsiccant multumque

1 quoquo S^2 : quo S^1AR 2 quibusdam ς : quidam *SA* : cuidam *uel* quoi- *R* 3 distinctio R^* : -tior SAR^* 5 agro *R* : agros *SA* 6 certamque *AR* : certequae *S* 7 praebet ς : -bent *SAR* 10 extimulatque *Schneider* : extimulque *SA* : et simul *R* 11 instantis *R* : instisa *SA* 14 uindemiatoribus R^* : -mitoribus SAR^* 20 uinearum *R* : uinarum *SA* 22 quanto *R* : quam *SA* placidioresque R^* : umidioresquae SAR^* : mitioresque *Richter* 24 laetitia *R* : laetia *SA* patitur *R* : partitur *SA* eas *ego*: sae *S* : se *AR* : *om. ed. pr.* euocari ς : euaciri *SA* : euagari *R* (*cf.* 5. 6. 25) fructusque *R* : fructus *SA* 26 et rorem *R* : errorem *SA* celeriter *R* : celiter *SA*

3 ad deflorescendum et ad bonitatem uini conferunt. Rursus
exilis terra et adcliuis torrensque aestu uel quae uehementibus
procellis obnoxia est, humilius iugum poscit. At si cuncta
conpetunt uoto, iusta est altitudo uineae pedum quinque; nec
tamen dubium quin tanto melioris saporis praebeant mustum,
quanto in editiora iuga consurgant.

20 Pedatam uineam iugatamque sequitur alligatoris cura, cui
antiquissimum esse debet, ut supra dixi, rectam conseruare
stirpem nec flexum ridicae persequi, ne prauitas statuminis ad
similitudinem sui uitem configuret. Id non solum ad speciem
plurimum refert sed ad firmitatem et ubertatem perpetui-
2 tatemque. Nam rectus truncus similem sui medullam gerit,
per quam uelut quodam itinere sine flexu atque inpedimento
facilius terrae matris alimenta manant, et in summa
perueniunt; at quae sunt distortae, non aequaliter alliduntur
inhibentibus nodis et ipso flexu cursum terreni umoris ueluti
salebris retardante.

3 Quare cum ad summum palum recta uitis extenta est,
capistro constringitur, ne fetu grauata subsidat curueturque.
Tum ex eo loco quod proximum iugo ligatum est, bracchia dis-
ponuntur in diuersas partis, palmaeque superpositae deorsum
uersus circulo curuantur, atque id quod iugo dependet fructu
impletur; rursus curuatura iuxta uinculum materiam exprimit.
4 Quidam eam partem, quam nos praecipitamus, supra iugum
porrigunt, et crebris uiminibus innexis continent, quos ego
minime probandos puto. Nam dependentibus palmitibus neque

2 exilis *R* : exiliis *SA* terra et *R* : terret *SA* 5 dubium *R* : dium *SA* praebeant *SA* : -at *R* mustum *R* : multo *SA* 6 consurgant *SA* : -gat *R* 8 rectam *R* : -ta *SA* 9 flexum *R* : plexum *SA* ridicae *AR** : radice *SR** ne *R** : nec *SAR** statuminis *R** : statum insidi *S*, hisidi *A* : statuminis insidi *R** 11 ubertatem *R* : libertatem *SA* 14 summa *SA* : -mum *R* 15 sunt *SA* : curuae sunt et *R* alliduntur *SA* : alligantur *R* : *an* aluntur (*Reeve*)? 17 salebris *R** : salubris *S* : salubus *A* : salebras *R** 21 diuersas *S* : -sis *AR* 22 circulo *S* : *om. AR* 23 curuatura *R* : -rae *SA* iuxta *R** : iuncta *SAR** 26 neque pluuiae *R* : *om. SA*

pluuiae neque pruinae grandinesue tantum nocent quantum religatis et quasi tempestatibus oppositis. Idem tamen palmites priusquam fructus mitescant, uariantibus adhuc et acerbis uuis religari debent, quominus roribus queant putrescere aut uentis ferisue uastentur. Iuxta decumanum atque semitas 5 palmites intrinsecus flectendi sunt, ne praetereuntium incursu laedantur.

Et hac quidem ratione tempestiua uitis perducitur ad iugum; nam quae uel infirma uel breuis est, ad duas gemmas recidenda est, quo uehementiorem fundat materiam, quae protinus emicet in iugum.

Quinquennis uineae non alia est putatio quam ut figuretur, 21 quemadmodum supra institui dicere, neue superuagetur, sed ut caput trunci pedali fere spatio sit inferius iugo, quaternisque bracchiis, quae duramenta quidam uocant, diuidatur in totidem partis. Haec bracchia sat erit interim singulis palmitibus in fructum submitti, donec uineae iusti sint roboris. Cum deinde aliquot annis {et} quasi iuuenilem aetatem ceperint, quot palmites relinqui debeant, incertum est. Nam loci laetitia 2 plures, exilitas pauciores desiderat, siquidem luxuriosa uitis nisi fructu conpescitur, male deflorescit et in materiam frondemque effunditur; infirma rursus, cum onerata est, adfligitur.

Itaque pingui terra singulis bracchiis licebit bina iniungere flagella nec tamen numerosius onerare quam ut una uitis octo seruiat palmitibus, nisi si admodum nimia ubertas pluris

1 pruinae *R* : ruinae *SA* 2 religatis *R* : religas *SA* 5 ferisue uastentur *S* : ferisue deuastentur *A* : ferisque deuastentur *R* 6 palmites *R* : palmes *SA* flectendi *R* : plectendi *SA* 8 hac S^2R : hanc S^1A 9 uel infirma *R* : uim firma *SA* 10 quae *R* : quo *SA* 12 *tit. in contextu pr. SAR* : Nouella uinea quo modo putanda sit 13 institui *R* : stitui *SA* 14 sit *R* : sint *SA* 16 interim ς : interius *SAR* 17 deinde ς : quod *SA* : quod deinde *R* 18 et *del.* ς 22 infirma *R* : in prima *SA* 24 numerosius *R* : numerius *SA* 25 nisi si *R* : nisi *SA* (*cf. supra c. 10. 1*)

postulabit. Iam enim pergulae magis quam uineae figuram
3 optinet, quae supra hunc modum materiis distenditur. Nec debemus committere ut bracchia pleniora trunco sint, uerum adsidue, dummodo e lateribus eorum flagella licuerit summittere, amputanda erunt superiora duramenta, ne iugum excedant sed nouellis palmis semper uitis renouetur. Quae si satis excreuerint, iugo superponantur; sin aliqua earum uel praefracta uel parum procera fuerit locumque idoneum optinebit unde uitis anno sequenti reuocari debeat, in pollicem tondeatur, quem quidam custodem, alii resecem, nonnulli praesidiarium appellant, id est, sarmentum gemmarum duarum uel trium, ex quo cum processere frugiferae materiae, quicquid est supra uetusti bracchii amputatur, et ita ex nouello palmite uitis pullescit.

Atque haec ratio bene institutarum uinearum in perpetuum custodienda erit.

22 Si uero aliter formatas acceperimus uineas, et iam multorum annorum neglegentia superuenerint iugum, considerandum erit cuius longitudinis sint duramina quae excedant praedictam mensuram. Nam si duorum pedum aut paulo amplius fuerint, poterit adhuc uniuersa uinea sub iugum mitti, si tamen palus
2 trunco est adplicitus. Is enim a uite summouetur et in medio spatio duorum ordinum ad lineam pangitur; transuersa deinde uitis ad statumen perducitur atque ita iugo subicitur. At si

24 at si . . . p. 161, 4 prouenit: *Pall.* 3. 15. 1

1 postulabit *R* : -uit *SA* uineae figuram *R* : *om. SA* 4 dummodo *García Armendáriz* : cum modo *SAR* 7 sin aliqua earum *R* : silanique harum *SA* 8 praefracta ς : perfacta S^2*A* : facta S^1: perfracta *R* fuerit *R* : -rint *SA* 10 resecem S^2*R* : resecent S^1*A* 12 processere *AR* : pre- *S* 13 uetusti *Iucundus* : uetus tibi *SA* : uetustatem *R* 15 atque *R* : autem *SA* haec *R* : hanc *SA* 17 *rubr.* V. (*in marg. A*) MALE FORMATAS VINEAS RESTITVERE (RESTITVETVR *S*) iam *S* : *om. R, sp. rel. A* 18 superuenerint *Gesner* : -rit *SAR* 21 poterit *R* : -rint *SA* adhuc *R* : ad hunc *SA* *post* mitti *rubr.* VI. (*in marg. A*) DE MERGVLO tamen *R* : tam *SA* 22 is *R* : sis *SA*

duramenta eius longius excesserunt, ut in quartum aut etiam in quintum statumen prorepserint, maiore sumptu restituitur; mergis namque, qui nobis maxime placent, propagata celerrime prouenit.

Hoc tamen si uetus et exesa est superficies trunci. At si 3
robusta et integra, minorem operam desiderat: quippe hiberno tempore ablaqueata fimo satiatur angusteque deputatur, et inter quartum et tertium pedem a terra uiridissima parte corticis acuto mucrone ferramenti uulneratur. Frequentibus deinde fossuris terra permiscetur, ut incitari uitis possit et ab ea maxime parte, quae uulnerata est, pampinum fundere.

Plerumque autem germen de cicatrice procedit, quod siue 4
longius prosiluit, in flagellum summittitur, siue breuius, in pollicem, siue admodum exiguum, in furunculum. Is ex quolibet uel minimo capillamento fieri potest; nam ubi unius aut alterius folii pampinus prorepsit e duro, dummodo ad maturitatem perueniat, sequente uere si non adnodatus neque adrasus est, uehementem fundit materiam. Quae cum conualuit et quasi bracchium fecit, licet tum superuagatam partem duramenti recidere et ita reliquam iugo subicere. Multi sequentes 5
conpendium temporis, talis uineas supra quartum pedem detruncant, nihil reformidantes eiusmodi resectionem, quoniam fere plurimarum stirpium natura sic se commodat, ut iuxta cicatricem nouellis frondibus repullescant. Sed haec quidem ratio minime nobis placet, siquidem uastior plaga, nisi habet superpositam ualentem materiam, quae possit

5 *Pall.* 12. 3 20 *Pall.* 4. 7. 3

2 prorepserint *R* : properserint *SA* restituitur *SA* : restituentur *R* 3 placent *R* : placet S^2A : plaget S^1 5 at si ς : ad si *SA* : sin autem *R* 7 angusteque *R* : angustae quo *SA* 10 et *R* : *om. SA* 15 uel *R* : et *SA* 17 adnodatus *SA* : adnotatus *R* adrasus *R* : adprasus *S*, -ss- *A* 18 materiam *R* : uateriam *SA* 19 tum *SA* : tunc *R* 25 nobis *R* : nobilis *SA* 26 habet *R* : *om. SA*

inolescere, solis halitu torretur, mox deinde roribus et imbribus
putrescit.
6 Ac tamen cum est utique uinea recidenda, prius ablaqueare,
deinde paulum infra terram conuenit amputare, ut superiecta
humus uim solis arceat et e radicibus nouellos prorumpentis
caules transmittat, qui possint uel sua maritare statumina uel,
7 si qua sunt uidua in propinquo, propaginibus uestire. Haec
autem ita fieri debebunt, si uineae altius positae nec in summo
labantis radices habebunt et si boni generis erunt. Namque
aliter in cassum dependetur opera, quoniam degeneres etiam
renouatae pristinum seruabunt ingenium; at quae summa
parte terrae uix adhaerebunt, deficient antequam conualescant.
8 Altera ergo uinea fructuosis potius surculis inserenda erit,
altera funditus extirpanda et reserenda, si modo soli bonitas
suadebit; cuius cum uitio consenuit, nullo modo restituendam
censemus.

Loci porro uitia sunt, quae fere ad internicionem uineta
perducunt: macies et sterilitas terrae, salsa uel amara uligo,
praeceps et praerupta positio, nimium opaca et soli auersa
uallis, harenosus etiam tofus uel plus iusto ieiunus sabulo nec
minus terreno carens ac nuda glarea, et si qua est proprietas
9 similis, quae uitem non alit. Ceterum si uacat his et horum
similibus incommodis, potest ea ratione fieri restibilis uinea,
quam priore libro praecepimus. Illa rursus mali generis uineta,
quae quamuis robusta sint, propter sterilitatem fructu carent,
ut diximus, emendantur insitione facta, de qua suo loco disseremus, cum ad eam disputationem peruenerimus.

8 uineae *SAR** : uinidae *R** 10 dependetur *R** : -dentem *SA* : -dentur *R** degeneres etiam ς : degeneres si(n)t etiam *R* : degeneri sit uiam *SA* 15 consenuit *R* : conseubit *S* : consueuit *A* 18 salsa uel amara *R* : salsae uel amare *S*, mare *A* 20 uallis *Schneider* : -les *SAR* uel *SA* : et *R* 21 nuda *R* : da *SA* 24 quam ς : quae *SAR* 25 sint *R* : sunt *SA* 26 emendantur . . . disseremus *R* : *om.* *SA* 27 ad eam *R* : eadem *SA*

Nunc quia parum uidemur de putatione uinearum locuti, 23 maxime necessariam partem propositi operis diligentius persequemur.

Placet ergo, si mitis ac temperata permittit in ea regione quam colimus caeli clementia, facta uindemia secundum Idus Octobris auspicari putationem, cum tamen aequinoctiales pluuiae praecesserint et sarmenta iustam maturitatem ceperint; nam siccitas seriorem putationem facit. Sin autem 2 caeli status frigidus et pruinosus hiemis uiolentiam denuntiat, in Idus Februarias hanc curam differemus. Atque id licebit facere, si erit exiguus possessionis modus; nam ubi ruris uastitas electionem nobis temporis negat, ualentissimam quamque partem uineti frigoribus, macerrimam uere uel autumno, quin etiam per brumam meridiano axi oppositas uitis, Aquiloni per uer et autumnum deputare conueniet. Nec dubium quin sit 3 horum uirgultorum natura talis, ut quanto maturius detonsa sint, plus materiae, quanto serius, plus fructus adferant.

Quandoque igitur uinitor hoc opus obibit, tria praecipue 24 custodiat: primum, ut quam maxime fructui consulat; deinde, ut in annum sequentem quam laetissimas iam hinc eligat materias; tum etiam, ut quam longissimam perennitatem stirpi adquirat. Nam quicquid ex his omittitur, magnum adfert domino dispendium.

Vitis autem cum sit per quattuor diuisa partis, totidem caeli 2 regiones aspicit. Quae declinationes cum contrarias inter se qualitates habeant, uariam quoque postulant ordinationem pro condicione suae positionis in partibus uitium. Igitur ea bracchia

1 *Pall.* 11. 4. 1

---

4 *ante* placet *rubr.* VII. (*in marg. A*) DE PVTATIONE VINEAE 9 frigidus *R* : -dis *SA* pruinosus *SR** : -sis *AR** 10 hanc *R* : hac *SA* 14 axi *S* : axin *A* : axi in *R* 15 deputare *S* : -ri *AR* 16 natura talis *R* : naturalis *SA* 20 annum $S^{2}R$: anno $S^{1}A$ hinc *R* : hic *SA* eligat *R* : *om. SA* 21 perenitatem $S^{2}R$: pernitatem $S^{1}A$ 24 sit *R* : sint *SA* 27 positionis *S* : compositionis *AR** : constitutionis *R** partibus *SA* : parte *R* ea *R* : in *SA*

quae septentrionibus obiecta sunt, paucissimas plagas accipere debent, et magis si putabuntur ingruentibus iam frigoribus,
3 quibus cicatrices inuruntur. Itaque una tantummodo materia iugo proxima et unus infra eam custos erit summittendus, qui uitem mox in annum renouet. At e contrario per meridiem plures palmites summittantur, qui laborantem matrem feruoribus aestiuis opacent nec patiantur ante maturitatem fructum inarescere. Orientis atque occidentis haud sane magna est in putatione differentia, quoniam solem pari horarum numero sub utroque axi uitis accipit.

4 Modus itaque materiarum is erit, quem dictabit humi atque ipsius stirpis laetitia. Haec in uniuersum, illa per partis custodienda sunt. Nam ut ab ima uite quasi a quibusdam fundamentis incipiam, semper circa crus dolabella demouenda terra est, et si suboles, quam rustici suffraginem uocant, radicibus adhaeret, diligenter explantanda ferroque adleuanda est, ut hibernas aquas respuat; nam praestat ex uulnere postea subolem repullescentem uellere quam nodosam et scabram plagam relinquere. Hoc enim modo celeriter cicatricem ducit, illo cauatur atque putrescit.

5 Percuratis deinde quasi pedibus crura ipsa truncique circumspiciendi sunt, ne aut pampinarius palmes innatus aut uerrucae similis furunculus relinquatur, nisi si iugo superiecta uitis desiderabit ab inferiore parte reuocari. Si uero trunci pars senecta solis adflatu peraruit aut aquis noxiisque animalibus, quae per medullas inrepunt, cauata uitis est, dolabella

21 *Pall.* 3. 12. 4

2 putabuntur *R* : -bantur *SA* ingruentibus iam *R* : ingredientibus *SA* 4 proxima *R** : -mam *SAR** custos S^2R : ustos S^1A 5 at S^2R : ad S^1A 8 inarescere *Iucundus* : humum (humu *A*) legere *SA* : humo legere *R** : humo urescere *R** haud *R* : aut *SA* 10 axi *R* : exi *SA* 11 is erit *S* : serit *AR* dictabit S^2 : -uit S^1 : ditauit *AR* 17 postea . . . uellere *R* : *om.* *SA* 22 innatus *A* : inantus *S* : internatus *R* 23 furunculus *SR** : runculus *A* : surculus *R** iugo ς : iugum *SAR* superiecta *R** : supersecta *SAR**

conueniet expurgare quicquid emortuum est, deinde falce
eradi uiuo tenus, ut a uiridi cortice ducat cicatricem. Neque est 6
difficile mox adleuatas plagas terra quam prius amurga
madefeceris linere; nam et teredinem formicamque prohibet,
solem etiam et pluuiam arcet eiusmodi litura, propter quae
celerius coalescit et fructum uiridem conseruat. Cortex quoque
aridus fissusque per summa trunci dependens corpore tenus
delibrandus est, quod et melius uitis quasi sordibus liberata
conualescit et minus uino faecis adfert. Iam uero muscus, qui
more compedis crura uitium deuincta conprimit situque
et ueterno macerat, ferro destringendus et eradendus est.

Atque haec in ima parte uitis. Nec minus ea, quae in capite 7
seruanda sint, deinceps praecipiuntur. Plagae, quas in duro uitis
accipit, obliquae rotundaeque fieri debent; nam citius
coalescunt et quamdiu cicatricem non obduxerunt, commodius
aquam fundunt; transuersae plus umoris et recipiunt et conti-
nent. Eam culpam maxime uinitor fugito. Sarmenta lata, uetera,
male nata, contorta, deorsum spectantia decidito; nouella et
fructuaria summittito. Bracchia tenera et uiridia seruato; arida
et uetera falce amputato. Vngues custodum annotinos resecato.
In quattuor ferme pedes supra terram uitem elatam totidem 8
bracchiis conponito, quorum singula spectant singulas decusati
iugi partis; tum uel unum flagellum, si macrior uitis erit, uel
duo, si plenior, bracchio cuique summittito, eaque iugo super-
posita praecipitato.

13 plagae . . . 17 fugito: *Pall.* 3. 12. 5 17 sarmenta . . . 20 resecato: *Pall.* 3. 12. 2
23 tum . . . p. 166, 6 arescat: *Pall.* 3. 12. 3, 6

2 eradi *R* : radi *SA*^{2} : redi *A*^{1} 4 madefeceris *R* : deficeris *SA* linere *S* : lenire *A* : linire *R* 8 sordibus *AR* : sordidus *S* 9 uino *R* : uno *SA* 10 more compedis crura *R* : umore concedit cura *SA* 11 et^1 *R* : *om. SA* 12 atque *R* : et quae *S* : quae *A* parte *R* : crate *SA* 13 plagae *R* : -gas *SA* 15 coalescunt *SA* : conualescunt *R* 16 plus *R* : pus *SA* recipiunt *SR** : precipiunt *AR** 18 decidito *SA* : recidito *R* fructuaria *SA* : f- recta *R* 21 ferme ς : firme *SAR* terram *R* : terra nam *SA* 22 conponito *R* : conposito *SA* singulas *A* : singula *SR*

9 Sed meminisse oportebit, ne in eadem linea unoque latere bracchi esse duas materias plurisue patiamur; namque id maxime uitem infestat, ubi non omnis pars bracchii pari uice laborat neque aequa portione sucum proli suae dispensat sed ab uno latere exugitur, quo fit ut ea uena, cuius omnis umor adsumitur, uelut icta fulgure arescat.

10 Vitetur etiam focaneus palmes, qui solet in bifurco medius prorepere, et idcirco eum praedicto uocabulo rustici appellant, quod inter duo bracchia, qua se diuidit uitis, enatus uelut fauces obsidet atque utriusque duramenti trahens alimenta praeripit. Hunc ergo tamquam aemulum diligenter idem amputant et adnodant priusquam conroboretur. Si tamen ita praeualuit ut alterutrum bracchium adflixerit, id quod inbecillius est tollitur,
11 et ipse focaneus summittitur. Reciso enim bracchio aequaliter utrique parti uires mater sumministrat.

Igitur caput uitis pede infra iugum constituito, unde se pandant quattuor, ut dixi, bracchia, in quibus quotannis uitis renouetur amputatis ueteribus et summissis nouis palmis, quarum dilectus scite faciendus. Nam ubi magna materiarum facultas est, putator custodire debet ne aut proximas duro, id est a trunco et capite uitis, relinquat aut rursus extremas; nam illae minimum uindemiae conferunt, quoniam exiguum fructum praebent, similes scilicet pampinariis; hae uitem exhauriunt, quia nimio fetu onerant et usque in alterum ac

7 *Pall.* 3. 12. 2 19 nam ubi . . . p. 167, 1 extendunt: *Pall.* 3. 12. 6

1 latere S^2R : late S^1A 2 id *R* : ita *SA* 3 brachii *R* : brachia *A* : -cc- *S* 4 neque *Schneider* : quae *SA* : atque *R* 5 ea *R* : ae *S* : e *A* 6 fulgure *R* : pulchere *S* : pulgure *A* 7 uitetur *Richter* : uidetur *SA* : uocatur *R* medius *R* : melius *SA* 9 qua se *R* : quasi *SA* 11 amputant *R* : -tent *SA* 13 adflixerit *R* : adfixerit *SA* 16 uitis *R* : *om.* *SA* pede *ed. pr.* : pedum *SA* : pedes supra *R* : pede uno *Richter* constituito unde *R* : constet retunde *SA* : constituitur *Schneider*^{c} 17 ut <supra> dixi *Richter* quotannis *R* : quod annis *SA* 19 faciendus SAR^* : f- est R^* 21 a *R* : ad *SA* 23 similes ς : simile *SAR*

tertium palum, quod uitiosum esse diximus, se extendunt.
Quare mediae in bracchio commodissime palmae summit- 12
tentur, quae nec spem uindemiae destituant, nec emacient stirpem suam. Nonnulli fructus auidius eliciunt extrema et media flagella summittendo nec minus proximum duro sarmentum in custodem resecando, quod faciendum, nisi permittentibus soli et trunci uiribus, minime censeo; nam ita se induunt uuis, ut nequeant maturitatem capere, si benignitas terrae atque ipsius trunci laetitia non adsit.

Subsidiarius idemque custos in pollicem resecari non 13
debet, cum palmae, ex quibus proximi fructus sperantur, idoneo loco sitae sunt. Nam ubi ligaueris eas et in terram spectantis deflexeris, infra uinculum materias exprimes.
At si longius quam ritus agricolarum permittit a capite uitis 14
emicuerit et bracchiis in aliena iugorum compluuia perrepserit, custodem ualidum et quam maxime iuxta truncum duorum articulorum uel trium relinquemus, ex quo quasi pollice proximo anno citata materia formetur in bracchium et sic recisa uitis ac reuocata in iugum contineatur.

Sed in summittendo custode haec maxime sunt obseruanda; 15
primum ne resupina caelum sed prona potius plaga terram spectet (sic enim et <a> gelicidiis ipsa se protegit et ab sole

1 palum *R* : paulum *SA* esse *R** : esset *SAR** se extendunt *Iucundus* : ostendunt *SAR* : materias tendunt *Hedberg* 2 mediae *SA* : medio *R* 3 summittentur *SAR** : -tuntur *R** emacient *R* : emaciem *S* : -tiem *A* 4 suam *R* : sua *SA* auidius *S* : -dus *AR* 7 minime *R* : me *S* : e *A* 8 nequeant ς : neque an *SA* : neque ante *R* capere *R** : facere *SAR** 11 debet ς : debent *SAR* palmae *R* : palma *SA* 12 loco *R* : loci *SA* eas et *SR** : ea sed *AR** 13 exprimes A^2R : -mis SA^1 14 at S^2R : ad S^1A a *SA* : et a *R* 15 perrepserit ς : -rint *SAR* quam *SR** : qua *AR** 16 maxime *SA* : -mum *R* truncum *R* : -cus *SA* 17 articulorum *R** : part- *SAR** pollice *SA* : -l- *A* : -cem *R* 18 in *R* : *om. SA* et *R* : *om. SA* 19 reuocata *SAR** : renouata *R** in *SAR** : intra *R** 20 custode *R* : -dem *SA* 21 primum ne resupina *R* : pro munere supina *SA* potius *R* : poti *SA* plaga *R** : -gas *SAR** 22 a *addidi* (*cf.* 5. 10. 22, 11. 2. 69, 11. 3. 51)

obumbratur); deinde ne sagittae, sed ungulae similis fiat resectio (nam illa celerius et latius emoritur, haec tardius et angustius reformidat). Quodque etiam usurpari uitiosissime animaduerto, maxime uitandum est; nam dum seruiunt decori, quo sit breuior custos et similis pollici, iuxta articulum sarmen-
16 tum recidunt. Id autem plurimum officit, quoniam secundum plagam posita gemma pruinis et frigore, tum deinde aestu laborat. Optimum est igitur medio fere internodio subsidiarium tondere palmitem deuexamque resectionem facere post gemmam, ne, ut ante iam diximus, superlacrimet et gemmantem caecet oculum.

17 Si resicis facultas non erit, circumspiciendus est furunculus, qui quamuis angustissime praecisus in modum uerrucae, proximo uere materiam exigat, quam uel in bracchium uel in fructum remittamus. Si neque is reperitur, saucianda ferro est atque exulceranda uitis in ea parte, qua pampinum studemus elicere. Iam uero ipsos palmites, quos uindemiae praeparamus,
18 clauiculis ac nepotibus liberandos magno opere censeo, | sed in îs recidendis alia condicio est atque alia in îs quae procedunt e trunco. Nam quidquid est quod e duro prominet, uehementius adplicita falce adnodatur et eraditur, quo celerius obducat cicatricem; rursus quicquid e tenero processit, sicut nepos, parcius detondetur, quoniam fere coniunctam gerit ab latere gemmam, cui consulendum est, ne falce destringatur. Pressius enim si annodes adplicito ferro, aut tota tollitur aut conuulneratur,

1 obumbratur ς : -brabitur $S^{2}R^{*}$: *incertum* S^{1}: -braretur AR^{*} sed *SA* : sed ne *R* ungulae SAR^{*} : -lis R^{*} 2 latius *R* : latus *SA* 5 pollici *R* : polli *SA* articulum ς : arculum *SAR* 8 *post* laborat *rubr.* VIII. (*in marg. A*) MEDIA VITIS INTER DVOS OCVLOS internodio *R* : intermedio *SA* 9 tondere *R* : ten- *SA* palmitem *R* : -tes *SA* 10 iam *R* : *om.* *SA* 12 resicis *S* : resecis *R* 14 bracchium *R* : facchium *SA* 15 remittamus] summittamus *Schneider*^{c} 17 elicere *S* : eligere *AR* 19 is SAR^{*} : iis R^{*} is quae S^{2} : iis quae *R* : iquae $S^{1}A$ 20 e *R* : et *SA* prominet SR^{*} : prohiemet AR^{*} 21 adplicita *S* : adplicata *AR* obducat *R* : obdurat *SA* 23 coniunctam R^{*} : -ta SAR^{*} gerit *R* : *om.* *SA* 24 si *R* : ne *SA*

propter quod palmes, quem mox in germinatione citauerit, inbecillis ac minus fructuosus erit, tum etiam magis obnoxius uentis, scilicet quia infirmus de cicatrice prorepserit.

Ipsius autem materiae quam summittimus, longitudini 19
modum difficile est inponere. Plerique tamen in tantum prouocant, ut curuata et praecipitata per iugum nequeat terram contingere. Nos suptilius dispicienda illa censemus: primum uitis habitum (nam si robusta est, amplioris materias sustinet), deinde soli quoque pinguitudinem, quae nisi adest, quamuis ualidissimam uitem celeriter necabimus procerioribus emaciatam flagellis. Sed longi palmites non mensura, uerum 20
gemmarum numero aestimantur; nam ubi maiora sunt spatia inter articulos, licet eo usque materiam producere, dum paene terram contingat (nihilominus enim paucis frondescet pampinis); at ubi spissa internodia frequentesque oculi sunt, quamuis breue sarmentum multis palmitibus uirescit ac numeroso fetu exuberat. Quare modus talis generis necessarie maxime est adhibendus, ne procerioribus fructuariis oneretur et ut consideret uinitor, proximi anni magna necne fuerit uindemia; nam post largos fructus parcendum est uitibus et ideo anguste 21
putandum, post exiguos inperandum.

Super cetera illud etiam censemus ut duris tenuissimisque et acutissimis ferramentis totum istud opus exequamur. Optusa enim et hebes et mollis falx putatorem moratur, eoque minus operis efficit, et plus laboris adfert uinitori; nam siue curuatur acies, quod accidit molli, siue tardius penetrat, quod euenit in retuso et crasso ferramento, maiore nisu est opus. Tum etiam plagae asperae atque inaequales uites lacerant; neque enim uno

2 obnoxius *R* : -um *SA* 7 dispicienda *SAR** : de- *R** 8 sustinet *R* : -neat *SA* 10 necabimus *R* : necauimus (neg- *A*) *SA* 11 emaciatam *R* : semaciatam *SA* 13 licet *SA* : eos licet *R* 18 ne *R* : *om.* *SA* 24 putatorem *R* : sputatorem *SA* 25 curuatur *R* : -tura *SA* 26 molli *R* : -lis *SA* quod euenit in retuso *R* : *om.* *SA*

22 sed saepius repetito ictu res transigitur. Quo plerumque fit ut quod praecidi debeat, praefringatur, et sic uitis laniata scabrataque putrescat umoribus nec plagae consanentur. Quare magnopere monendus putator est, ut prolixet aciem ferramenti et quantum possit nouaculae similem reddat nec ignoret in quaque re qua parte falcis utendum sit. Nam plurimos per hanc inscitiam uastare uineta comperi.

25 Est autem sic disposita uinitoriae falcis figura, ut capulo pars
proxima, quae rectam gerit aciem, culter ob similitudinem
nominetur; quae flectitur, sinus; quae a flexu procurrit,
scalprum; quae deinde adunca est, rostrum appellatur; cui
superposita semiformis lunae species securis dicitur, eiusque
uelut apex pronus inminens mucro uocatur. Harum partium
quaeque suis muneribus fungitur, si modo uinitor gnarus est îs
2 utendi. Nam cum in aduersum pressa manu desecare quid
debet, cultro utitur; cum retrahere autem, sinu; cum adleuare,
scalpro; cum incutere, rostro; cum ictu caedere, securi; cum in
angusto aliquid expurgare, mucrone. Maior autem pars operis
in uinea ductim potius quam caesim facienda est, nam ea plaga
quae sic efficitur, uno uestigio adleuatur. Prius enim putator
3 adplicat ferrum atque ita quae destinauit praecidit. Qui caesim
uitem petit, si frustratus est, quod saepe euenit, pluribus ictibus
stirpem uulnerat. Tutior igitur et utilior putatio est quae, ut
rettuli, ductu falcis, non ictu conficitur.

1 quo *SA* : quod *R* 2 praefringatur *R* : praefingatur *SA* laniata S^2R : lanita S^1A 9 ob S^2R : ab S^1A 11 adunca ς : adunt *S* : aduni *AR* rostrum ς : nostrum *SAR* 12 lunae ς : luna *SAR* 13 inminens] eminens *tempt. Richter* 14 iis utendi *Schneider* : iis utendis *S* : *om. AR* 15 cum *S* : eum cum *AR* 16 autem ς : aut in *SAR* 17 incutere *ego* : incure *SAR* : incidere ς : incauare *Iucundus* : insecare *Hedberg* cum ς : cui *SAR* 19 uinea *S* : uineam *AR* ductim *S* : duc *A* : ducit *R* caesim ς : cresin SA^2 : in A^1: chresin *uel sim. R* 21 quae ς : quaeque *SAR* caesim *S* : -sem *A*, -sam *uel* -sam *R* 23 stirpem *S* : stirpe *AR* utilior *S* : uilior *AR* 24 ductu S^2R^* : dictu S^1AR^* : dicta R^*

Hac <re> peracta sequitur, ut ante iam diximus, adminiculandae **26** iugandaeque uineae cura, cui stabiliendae melior est ridica palo, neque ea quaelibet; nam est praecipua cuneis fissa olea, tum quercus et suber ac si qua sunt similia robora; tertium optinet locum pedamen teres, idque maxime probatur ex iunipiro, tum ex lauru et cupressu. Recte etiam faciunt ad eam rem siluestres †abuius†, atque et sabuci probabiles usu statuminis. Haec eorumque similia pedamenta post putationem retractanda sunt partesque eorum putres dedolandae acuendaeque; | atque alia conuertenda quae sinceritatem 2 habent, alia summouenda quae uel cariosa uel iusto breuiora sunt eorumque inuicem idonea reponenda, iacentia statuenda, declinata corrigenda. Iugo si non erit opus nouo, sarturae recentia uincula inserantur; si restituendum uidebitur, antequam uitis palo adplicetur, perticis uel harundinibus conectatur ac tum demum, sicut in nouella praecepimus, uitem iuxta caput, infraque bracchia conligemus {uitem iuxta caput} cum ridica. Idque facere non oportebit omnibus annis eodem loco, ne uinculum incidat et truncum strangulet.

Bracchia deinde sub stella quadripertito locabimus tenerosque 3 palmites super iugum ligabimus nihil repugnantes naturae, sed ut quisquis obsequetur, leuiter curuabitur, ne deflexus frangatur neue iam tumentes gemmae detergeantur. Atque ubi duae materiae per unam partem iugi mittentur,

1 _rubr._ VIIII. (_in marg. A_) DE IVGANDA VINEA hac _S_ : haec _AR_ : his peractis _Iucundus_ <re> _Reeve_ 4 olea _S_ : oleam _AR_ tum _Hedberg_ : gotum _SAR_ : _om. ed. pr._ suber _S_ : supero _AR*_ : subero _R*_ 5 probatur ς : prodatur _SAR_ 6 iunipiro tum _SA_^{1} : iunipirorum _A_^{2}_R_ 7 abuius _S_ : ab huius _AR_ : pinus _ed. pr._ : sabinas _Sobel, unde_ sabinae _Hedberg_ : _an_ arbuti? et] etiam _ed. pr., fort. recte_ probabiles _Schneider_ : -lis _SAR_ 8 usu _SA_ : usus _R_ statuminis _S_ : statum in his _A_ : tantum in his _R_ 10 acuendae que _S_ : quae _AR_ sinceritatem _R_ : ceritatem _SA_ 12 inuicem _S_ : -ce _AR_ 14 restituendum ς : -dam _SAR_ 16 iuxta caput _SA_ : _om. R_ 17 infraque ... uitem _SAR*_ : _om. R*_ uitem iuxta caput _secl. Iucundus_ 19 strangulet _R_ : -guilet _SA_ 20 locabimus _R_ : loco cabimus _SA_ 22 sed _SR*_ : est _A_ : est sed _uel_ sed est _R*_ quisquis _SA_ : quisque _R_

media pertica interueniat, diremptaeque palmae per iugorum
conpluuia decurrant et uelut mersae cacuminibus in terram
4 despiciant. Id ut scite fiat, meminerit adligator, ne torqueat
sarmentum sed tantum inflexum deuinciat et ut omnis
materia, quae modo potest praecipitari, iugo superponatur, ut
potius innixa perticae quam e uinculo dependeat. Saepe enim
notaui per imprudentiam rusticos subicere iugo palmam et ita
conligare, ut solo uimine suspendeat; quae uinea cum accipit
pampini et uuarum pondus, infringitur.

27 Sic deinde ordinata uineta festinabimus emundare sarmen-
tisque et calamentis liberare; quae sicco tamen solo legenda
sunt, ne lutosa humus inculcata maiorem fossori laborem
praebeat, qui protinus adhuc silentibus uineis inducendus
est. Nam si palmis incientibus progemmantibusque fossorem
immiseris, magnam partem uindemiae decusserit. Igitur ante-
quam germinent, per diuertium ueris atque hiemis, quam
altissime fodiendae uineae sunt, quo laetius et hilarius pullent;
eaeque ubi se frondibus uestierint, teneris caulibus necdum
2 adultis modus habendus est. Idemque uinitor, qui ante ferro,
nunc manu deputet umbrasque compescat ac superuacuos
pampinos deturbet; nam id plurimum refert non inscite facere,
siquidem uel magis pampinatio quam putatio uitibus consulit.
Nam illa quamuis multum iuuat, sauciat tamen et resecat; haec

1 media *R* : in ea *SA* 2 conpluuia *SAR** : compluria *R** 4 et *R* : sed *SA* omnis *R* : omni *SA* 5 materia *R** : -ae *SAR** modo *R* : mundo *SA* 6 dependeat *SAR** : pendeat *R** 7 notaui *R* : motaui *S* : mutaui *A* 10 festinabimus *R* : -uimus *SA* 11 calamentis *R* : -metis *S* : -mitis *A* solo *Iucundus* : loco *SAR* : *an* <so>lo colligenda? 13 adhuc *R** : ad id ut *SA* : adhuc ut *R** inducendus *ed. pr.* : indicendis *SA* : indulgendus *R* 14 incientibus *Pontedera*[2] : initientibus (inici- *A*) *SAR** : incipientibus *R** 15 immiseris *R* : miseris *SA* 16 germinent ς : germinem *SA* : germine *uel* germinet *R* 17 pullent ς : pullente *SA* : pullulent *R* 18 eaeque *R** : aeque *SAR** 19 habendus *SA* : adhibendus *R* (*cf.* 4. 3. 4) idemque *SAR** : idque *R** 20 deputet *R* : decutet *SA* 21 inscite *R* : scite *SA* 22 pampinatio quam putatio *R* : -tioni quam -tioni *SA* uitibus *R* : *om. SA* 23 et resecat *R* : regat *SA*

clementius sine uulnere medetur et anni sequentis expediti-
orem putationem facit, | tum etiam uitem minus cicatricosam 3
reddit, quoniam id ex quo uiride et tenerum decerptum est,
celeriter consanescit. Super haec materiae, quae fructum
habent, melius conualescunt et uuae commodius insolatae
percoquuntur.

Quare prudentis est ac maxime callentis uinitoris aestimare 4
ac dispicere quibus locis in annum debeat materias summittere,
nec orbos tantum detrahere palmites, uerum etiam frugiferos,
si supra modum se numerus eorum profuderit; siquidem euenit
ut quidam oculi trigeminis palmis egerminent, quibus binas
detrahere oportet, quo commodius singulos alumnos educent.
Est enim sapientis rustici reputare num maiore fructu uitis se 5
induerit quam ut perferre eum possit. Itaque non solum fron-
dem superuacuam uolet decerpere, quod semper faciendum
est, uerum interdum partem aliquam fetus decutere, ut ubere
suo grauatam uitem leuet; idque faciet uariis de causis pampi-
nator industrius, etiam si non erit maior fructus quam ut
maturescere queat. Si autem continuis superioribus annis 6
dapsilis prouenit, religatam uitem requiescere ac refici par erit,
<et> sic futurae materiae consulendum. Nam cacumina flagel-
lorum defringere luxuriae comprimendae causa uel dura parte
trunci sitos pampinos summouere, nisi ad renouandam uitem
unus atque alter seruandus est, tum e capite quicquid inter
bracchia uiret explantare, atque eos, qui per ipsa duramenta
steriles nequiquam matrem opacant, palmites detergere,
cuiuslibet uel pueri est officium.

1 anni *R* : annis *SA* 3 decerptum ς : deceptum *SAR* 4 haec *R* : hac *SA* 6 percoquuntur *R* : -quantur *SA* 8 dispicere *SAR** : de- *R** 11 trigeminis *SAR** : -ni *R** binas *Holford-Strevens*: binis *SA* : binos *R* 14 induerit *R* : -rint *SA* 17 idque *R* : inque *SA* 19 autem *R* : aut *SA* dapsilis *R* : dacili *SA* 20 prouenit *Josephson* : probentur *SAR** : prouentu *R** par erit ς : paruerit *SA* : patitur *R* et sic *Iucundus* : si *SAR* 22 defringere ς : definge *SAR** : confringere *R** causa *R* : crura *SA* 23 sitos *R* : si post *SA* summouere *S* : -rent *AR* 24 e *R* : et *SA* 26 steriles *R** : similes *SAR**

28 Tempus autem pampinationis antequam florem uitis ostendat, maxime est eligendum, sed et postea licet eandem repetere. Medium igitur eorum dierum spatium, quo acini formantur, uinearum nobis aditum negat, quippe florentem fructum mouere non expedit. Pubescentem uero et quasi adolescentem conuenit religare foliisque omnibus nudare, tum et crebris fossionibus implere; nam fit uberior puluerationibus.
2 Nec infitior plerosque ante me rusticarum rerum magistros tribus fossuris contentos fuisse, ex quibus Graecinus, qui sic refert: potest uideri satis esse constitutam uineam ter fodere. Celsus quoque et Atticus consentiunt tres esse motus in uite seu potius in omni surculo naturales: unum, quo germinet; alterum, quo confloreat; tertium, quo maturescat. Hos ergo motus censent fossionibus concitari; non enim Natura quod uult satis efficit, nisi eam labore cum studio iuueris.

29 Atque haec colendarum uinearum cura finitur uindemia. Redeo nunc ad eam partem disputationis, qua sum professus uitium inserendarum tuendarumque insitionum praecepta.

Tempus inserendi Iulius Atticus tradidit ex Kalendis Nouembribus in Kalendas Iunias, quoad posse custodiri surculum sine germine adfirmat. Eoque debemus intellegere nullam partem anni excipi, si sit sarmenti silentis facultas. Id porro in aliis stirpium generibus, quae firmioris et sucosioris libri sunt, posse
2 fieri sane concesserim. In uitibus nimis temere tot mensum rusticis insitionem permissam dissimulare non est fidei meae,

9 Graecinus: *cf. Reitzenstein, p. 56* 11 Celsus: *fr. 17 Marx* Atticus: *cf. Reitzenstein, p. 54* 16 *Pall. 3. 17. 1–7* 19 Iulius Atticus: *cf. Reitzenstein, p. 54*

---

4 negat *SAR** : negant *R** 5 et *R* : *om. SA* 6 nudare . . . 7 puluerationibus *R* : *om. SA* 9 grecinus *R* : -num *SA* sic *R* : si *SA* 10 ter fodere *R* : perfodere *SA* 12 naturales *SA* : -lis *R* unum S^2R : utrium S^1A 13 confloreat *SA* : floreat *R* 14 concitari *R* : -rie *SA* 15 uult *R** : uoli SA^1 : uolt A^2R^* labore *R* : -rem *SA* 17 partem A^2R : -tes SA^1 qua *SAR** : quam *R** 19 *ante* tempus *rubr.* X. QVO (QVOD *S*) TEMPORE INSERENDA (-DVS *S*) SIT 23 firmioris *R* : -ribus *SA* 24 mensum *SAR** : -sium *R**

nec quia ignorem brumae temporibus aliquando insitam uitem
conprehendere. Sed non quid in uno uel altero experimento
casu fiat, uerum quid certa ratione plerumque proueniat
discentibus praecipere debeamus. Etenim si exiguo numero
periclitandum sit, in quo maior cura temeritati medetur,
possum aliquatenus coniuere, | cum uero uastitas operis etiam 3
diligentissimi agricolae curam distendit, omnem scrupulum
summouere debemus. Est enim contrarium, quod Atticus
praecipit; nam idem per brumam negat recte putari uineam.
Quae res quamuis minus laedit uitem, merito tamen fieri
prohibetur, quod frigoribus omnis surculus rigore torpet nec
propter gelicidia corticem mouet, ut cicatricem consanet.

Atque idem Atticus non prohibet eodem ipso tempore 4
inserere, quod et cum totius obtruncatione uitis et cum
eiusdem resectionis fissura praecipit fieri. Verior itaque ratio est
inserendi tepentibus iam diebus post hiemem, cum et gemma
se et cortex naturaliter mouet nec frigus ingruit, quod possit aut
surculum insitum aut fissurae plagam inurere. Permiserim 5
tamen festinantibus autumno uitem inserere, quia non dis-
similis est eius aeris qualitas uernae.

Sed quocumque quis tempore destinauerit inserere, non
aliam sciat esse curam surculis explorandis quam quae tradita
est priore libro, cum de malleolis eligendis praecepimus. Quos
ubi generosos et fecundos et quam maturissimos uiti detraxerit,
diem quoque tepidum silentemque a uentis eligat. Tum con- 6
sideret surculum teretem solidique corporis nec fungosae

1 quia *R* : qui *SA* ignorem *R** : nigriorem *SAR** 4 praecipere *R** : per-miscere *SAR** debeamus *SAR** : debemus *R** 6 conniuere *R* : meri (*ex* in ea re *corruptum?*) contueri *SA* 7 curam distendit *R** : curandis tendit *SAR** 8 contrarium *R** : -us *SAR** 9 brumam *SR** : -ma *AR** 10 laedit *R* : dedit *SA* 11 rigore *R* : -ri *SA* 14 et cum *S* : cum et *R* : cum eti *A* totius *R* : otius *SA* uitis *R* : uitii *SA* 16 gemma se *S* : gemmas *AR* 18 permiserim *R* : -rit *SA* 26 fungosae *SR** : iugo se *A* : fugosae *R**

medullae, crebris etiam gemmis et breuibus internodiis. Nam plurimum interest non esse longum sarmentum, quod inseratur; et rursus pluris oculos quibus egerminet, inesse. Itaque si sunt longa internodia, necesse erit ad unam uel summum duas gemmas recidere surculum, ne proceriorem faciamus quam ut tempestatis uentos et imbres immobilis pati possit.

7 Inseritur autem uitis uel recisa uel integra perforata terebra, sed illa frequentior et paene omnibus agricolis cognita insitio, haec rarior et paucis usurpata. De ea igitur prius disseram, quae magis in consuetudine est.

8 Reciditur uitis plerumque supra terram, nonnumquam tamen et infra, quo loco maxime solida est atque enodis. Cum iuxta terram insita est, surculus adobruitur cacumine tenus; at cum editior a terra est fissura, diligenter subacto luto linitur et superposito musco ligatur, quod et calores et pluuias arceat. Temperatur ita surculus, ut calamo non absimilis coagmentum habeat ad fissuram, sub qua nodus in uite desideratur, qui quasi
9 alliget eam fissuram nec rimam patiatur ultra procedere. Is nodus etiam si quattuor digitis a resectionibus fuerit, inligari tamen eum priusquam uitis findatur conueniet, ne cum scalpro factum fuerit iter surculo, plus iusto plaga hiet. Calamus autem non amplius tribus digitis debet adleuari atque îs ex ea parte, qua raditur, ut sit leuis. Eaque rasura ita deducitur, ut medullam contingat uno latere atque altero paulo ultra corticem destringatur figureturque in speciem cunei, sicut ab ima parte acutus surculus latere altero sit tenuior atque altero plenior,

3 et *SA* : ut *R* 5 ne . . . quam *R* : *om. SA* 6 et imbres *R* : *om. SA* immobilis *R** : -les *SAR** 11 *rubr.* XI. (*in marg. A*) DE INSERENDA VITE 12 enodis *R* : nodis *SA* 14 fissura *R* : ipsum *SA* 15 superposito *R* : subposito *SA* 16 coagmentum habeat *Josephson* : est purgamentum habens *SA* : ut (*om. R**) coagmentet *R**, *fort. recte, si* ad *secluseris* 17 qui *S* : quit *A* : quid *R* 21 hiet *S* : it et *A* : hiet et *R* autem non *R* : ut rarior *SA* 22 is *SR** : his *AR** parte *R* : *om. SA* 23 sit *R* : sit ab ea parte *SA* 25 ima *SA* : una *R* 26 acutus *R* : artus *SA* atque altero plenior *AR* : *om. S*

perque tenuiorem partem insertus eo latere artetur quo est plenior, et utrimque contingat fissuram. Nam nisi cortex cortici sic applicatur, ut nullo loco transluceat, nequit coalescere.

Vinculi genus ad insitionem non unum est: alii uiminibus 10
obstringunt; nonnulli circumdant libro fissuram; plurimi ligant iunco, quod est aptissimum, nam uimen, cum inaruit, penetrat et insecat corticem. Propter quod molliora uincula magis probamus, quae cum circumuenere truncum, adactis harundineis cuneolis artantur. Sed antiquissimum est et ante haec ablaqueari uitem radicesque summas uel suboles amputari, et post haec adobrui truncum. Isque cum conprehendit, aliam rursus exigit curam.

Nam saepius pampinandus est, cum germinat, frequen- 11
tiusque detrahendae suboles, quae e lateribus radicibusque prorepunt; tum quod ex insito profudit subligandum, ne uento surculus labefactetur aut explantetur tener pampinus. Qui cum excreuit, nepotibus orbandus est, nisi si propter paenuriam et caluitium loci summittuntur in propagines. Autumnus deinde falcem maturis palmitibus admouet. Sed putationis insitis custoditur ea ratio, ut ubi nulla desideratur propago, unus surculus euocetur in iugum, alter ita recidatur, ut adaequetur plaga trunco, sic tamen, ne quid radatur e duro. Pampinandum non 12
aliter est quam in nouella uiuiradice; putandum uero sic, ut usque in quartum annum parcius imperetur, dum plaga trunci ducat cicatricem.

Atque haec per fissuram insitarum est ordinatio; | illa sic per 13

2 nam nisi *R* : nec *SA* 3 nequit ς : ne quid *SAR* coalescere *R* : patiatur coalescere *SA* 5 nonnulli S^2R : non pulli S^1A 14 detrahendae *R* : debrahitende *S*, -chi- *A* e *Hedberg* : a *R* : *om.* *SA* 15 profudit *SA* : profundit *R* 16 surculus *SA* : s- motus *R* explantetur *SA* : explanetur *R* 17 orbandus *R* : ordinandus *SA* 18 summittuntur *S* : summittitur *A* : sum(m)itur *R* autumnus *R*, *uix sanum* : autemnus *SA* 19 sed putationis *R* : se putationis *S* : septutationis *A* 20 nulla R^* : nullam SAR^* 22 radatur *R* : aratur nam *SA* 24 parcius ς : partius *SAR* 25 ducat *R* : ducit *S* : duci *A*

terebrationem: primum ex uicino fructuosissimam considerare
uitem, ex qua uelut traducem inhaerentem matri palmitem
adtrahas, et per foramen tramittas. Haec enim tutior et certior
est insitio, quoniam etsi proximo uere non conprendit,
sequente certe, cum increuit, coniungi cogitur et mox a matre
reciditur atque ipsa superficies insitae uitis usque ad receptum
14 surculum obtruncatur. Huius traducis si non est facultas, tum
detractum uiti quam recentissimum eligitur sarmentum, et
leuiter circumrasum, ut cortex tantum detrahatur, artatur
foramini, atque ita luto circumlinitur resecta uitis, ut totus
truncus alienigenis surculis seruiat. Quod quidem non fit in
traduce, qui materno sustinetur ubere, dum inolescat.

15 Sed aliud est ferramentum quo priores uitem perforabant,
aliud quod ipse usu nunc magis aptum conperi. Nam antiqua
terebra, quam solam ueteres agricolae nouerant, scobem
faciebat, et perurebat eam partem quam perforauerat; †de
uineta porro† cum raro {conualescebat et} insitus surculus
conprehendebat, tum etiam scobis numqụam sic eximebatur,
ut non inhaereret foramini et porro interuentu suo prohibebat
16 corpus surculi corpori uitis adplicari. Nos terebram, quam
Gallicam dicimus, ad hanc insitionem commenti longe habi-
liorem utilioremque comperimus; nam sic excauat truncum,

3 tutior *R* : putatior *SA* 4 conprendit *S* : comprehendit *AR* 5 coniungi *R** : coniugem *SA* : coniugi *R** 6 uitis *R* : uitae *SA* 7 tum *R** : cum *SA* : tam *R** 8 detractum *R* : tractum *SA* sarmentum S^2R : car- S^1A 9 artatur *SA* (*cf.* §9) : aptatur *R* 10 luto *R* : lato *SA* ut totus truncus *R* : ultratus surculus *SA* 11 alienigenis surculis *S* : alieni generis (generi *R**) uitis *R* : *om. A* quidem *R** : quidam *SAR** non *R* : *om. SA* 12 qui *R** : qua *SAR** dum *R* : cum *SA* 13 priores *R* : -ris *SA* 14 usu *SA* : usus *R* magis *R* : matris *SA* conperi *SA* : -rit *R* antiqua *R* : -quam *SA* 15 terebra S^2R^* : tebra S^1 : tenebra *AR** scobem *ed. pr.* : scrobem *SAR* 16 *post* faciebat *add.* raro reuirescebat *R** et *R** : *om. SAR** perurebat *R* : perferebat *SA* de uineta *SA* : deusta *R* : *an* deinde? 17 porro *fort. delendum* cum *SA*: *om. R* raro *R**: rore *S*: pro re *A*: *om. R** conualescebat (*fortasse ex* coalescebat *ortum, cf. ad*.5. 11. 12) et *seclusi* 18 scobis *SAR** : scrobis *R** 19 et *SA* : ea *R* porro *R* : porpo *SA* 21 longe *R* : -gem *SA*

ne foramen inurat, quippe non scobem sed ramenta facit,
quibus exemptis plaga leuis relinquitur, quae facilius omni
parte sedentem surculum contingat, nulla interueniente
lanugine, quam excitabat antiqua terebra.

Igitur secundum uernum aequinoctium perfectam uitium 17
insitionem habeto, locisque aridis et siccis nigram uitem
inserito, umidis albam; neque est ulla eius propagandi neces- 17
sitas, si modo tam mediocris est crassitudo trunci, ut incre-
mentum insiti plagam possit contingere et nisi tamen uacuus
locus demortui capitis uitem reposcit, quod cum ita est, alter ex
duobus surculis mergitur, alter eductus ad iugum in fructum
summittitur. Neque inutile est ex ea uite quam merseris,
enascentis in arcu propaginis pampinos educare, quos possis
mox, si ita competet, uel propagare uel ad fructum relinquere.

Quoniam constituendis colendisque uineis quae uidebantur **30**
utiliter praecipi posse disseruimus, pedaminum iugorumque et
uiminum prospiciendorum tradenda ratio est. Haec enim quasi
quaedam dotes uineis ante praeparantur, quibus si deficitur,
agricola causam faciendi uineta non habet, cum omnia quae
sunt necessaria, extra fundum quaerenda sint. Nec emptionis
tantum, sicut ait Atticus, pretium onerat rustici rationem,
sed est etiam comparatio molestissima; | conuehenda sunt 2
enim tempore iniquissimo hiberni. Quare salices uiminales
atque harundineta uulgaresque siluae, uel consulto consitae
castaneis, prius faciendae sunt. Salicum uiminalium Atticus

21 Atticus: *cf. Reitzenstein, p.* 54

1 ne ς : nec *SAR* scobem *ed. pr.* : scrobem *SAR* ramenta *ed. pr.* : tramenta *SA* : rasamenta *R* 2 relinquitur *R* : relinqui *SA* 3 nulla ς : nullam *SAR* 4 quam *R* : *om. SA* 5 igitur . . . 7 inserito (h)umidis *S*^{2}*R* : inserit ob (h)umidis *S*^{1}*A* ulla *R* : -lam *SA* albam *secl. Schneider* (*cf.* §§11–12) 9 insiti *R* : insita *SA* et *secluserim* 15 constituendis colendisque *R* : constituendis *S*^{2}*A* : -disque *S*^{1} uidebantur *R** : -batur *SAR** 21 rustici *R** : uitici *S* : uici *AR** 22 conuehenda *S*^{2}*R* : -dant *S*^{1}(?)*A* 23 quare *R* : quale *SA* 25 *ante* castaneis *rubr.* XII. (*in marg. A*) DE CASTANEA PONENDA faciendae *SR** : -da *AR** salicum *Schneider* : licet *S* : licet ut *AR* uiminalium *Iucundus* : uiminalibus *SAR*

putat singula iugera sufficere posse quinis et uicenis iugeribus ligandae uineae, harundineti singula iugera uicenis iugandis, castanieti iugerum totidem palandis quot harundineti iugandis.
3 Salicem uel riguus ager uel uliginis abundans optime, nec incommode tamen alit planus et pinguis. Atque is debet conuerti bipalio; ita enim praecipiunt ueteres in duos et semissem pastinare salicto destinatum solum. Nec refert cuius
4 generis uimen seras, dum sit lentissimum. Putant tamen tria esse genera praecipue Graecae, Gallicae, Sabinae salicis, quam plurimi uocant Amerinam. Graeca flaui coloris est, Gallica obsoleti purpurei et tenuissimi uiminis; Amerina salix gracilem uirgam et rutilam gerit. Atque hae uel {cum} cacuminibus uel taleis deponuntur. Perticae cacuminum modicae plenitudinis, quae tamen dupondiarii orbiculi crassitudinem non excedant, optime panguntur eo usque dum ad solidum demittantur.
5 Taleae sesquipedales terreno inmersae paulum obruuntur. Riguus locus spatia laxiora desiderat, eaque senum pedum per quincuncem recte faciunt, siccaneus spissiora sic, ut sit facilis accessus colentibus ea. Quinum pedum interordinia esse abunde est, ut tamen in ipsa linea consitionis alterna uacuis intermissis bipedaneis spatiis consistant semina.
6 Satio est eorum priusquam germinent, dum silent uirgae, quas arboribus detrahi siccas conuenit. Nam roscidas si recideris, parum commode proueniunt; ideoque pluuii dies in exputanda salice uitantur. Fodienda sunt primo triennio salicta crebrius, id est ut nouella uineta; cum deinde conualuerint,

2 harundineti *R** : -tis *SAR** 3 castanieti *R* : castani et *SA* quot *R* : quod *S* : quod id *A* 5 is *SR** : his *AR** 9 praecipue] *an* -pua? 10 amerinam *SR** : -na A^2*R** : -ca A^1 est *R* : et *SA* 11 et *AR* : sed *S* salix *R* : sans *SA* : *fort. delendum* 12 uirgam *R* : uocant uirgam quo *A*, uo *S* hae *S* : haec *AR* cum *del.* ς 13 plenitudinis ς : plan- *SAR* 14 excedant *R** : exedat *SA* : excedat *R** 16 taleae sesquipedales *SR** : tale est quipedales *A*, est is qu- *R** inmersae *R** : in mense *SAR** 23 detrahi *R* : -hit *SA* nam *R* : ab *SA* 24 commode *SAR** : prospere *R** 25 fodienda *R* : facienda *SA* primo *R* : -ma *SA* 26 crebrius *R* : creuius *SA*

tribus fossuris contenta sunt; aliter culta celeriter deficiunt.
Nam quamuis adhibeatur cura, plurimae salices intereunt, 7
quarum in locum ex propinquo mergis propagari debent
curuata et defossa cacumina, quibus restituatur quicquid
intercidit. Anniculus deinde mergus decidatur a stirpe, ut suis
radicibus tamquam uitis ali possit.

Perarida loca, quae genus id uirgultorum non recipiunt, **31**
genistam postulant. Eius cum sit satis firmum, tum etiam
lentissimum est uinculum. Seritur autem semine, quod cum est
natum, uel defertur bima uiuiradix, uel relicta cum id tempus
excessit, omnibus annis more segetis iuxta terram demeti
potest. Cetera uincula, qualia sunt ex rubo, maiorem operam,
sed in egeno tamen necessariam exigunt. Perticalis fere salix 2
eundem agrum quem uiminalis desiderat, melior tamen
riguo prouenit. Atque ea taleis conseritur et, cum
germinauit, ad unam perticam summittitur, crebreque foditur
atque exherbatur, nec minus quam uinea pampinatur, ut in
longitudinem potius quam in latitudinem euocetur. Sic culta
quarto demum anno caeditur. Nam quae uinculis praeparatur, 3
potest annicula praecidi ad semissem super duos pedes, ut
e trunco fruticet et in bracchia uelut humilis uinea disponatur;
si tamen siccior fuerit ager, bima potius resecabitur.

Harundo minus alte pastinato, melius tamen bipalio seritur. **32**
Ea cum sit uiuacissima nec recuset ullum locum, prosperius
resoluto quam denso, umido quam sicco, uallibus quam cliuis,
fluminum ripis et limitibus ac uepretis commodius quam

2 plurimae *R* : -mi *SA* 3 locum *S* : loco *AR* 5 intercidit *R* : -dat *SA* stirpe S^2R^* : stipe S^1AR^* 6 ali possit *R* : prosit *SA* 7 *rubr.* XIII. (*in marg. A*) GENISTAE SATIO 8 eius *R* : plus *SA* 9 seritur S^2R : seruitur S^1A 10 uiuiradix *R* : radix *SA* id *R* : ut *SA* 15 taleis R^* : talis *SA* : tales R^* 18 longitudinem *SA* : l- ramorum *R* 20 annicula *R* : adnicula *SA* 21 e *Iucundus* : et *SAR* et *R* : sed *SA* 23 *rubr.* XIIII. (*in marg. A*) HARVNDINIS (-NI *S*) SATIO harundo S^2R^* : itarundo S^1R^*, ida- *A* alte ς : alto *SAR* 25 denso *R* : de suo *SA* humido S^2R : numido S^1A cliuis *ed. pr.* : duis S^1 : dumis S^2AR 26 uepretis *Iucundus* : -tibus *S* : ueribus *A* : uepribus *R*

2 mediis agris deponitur. Seritur bulbus radicis et talea calami,
nec minus toto prosternitur corpore. Bulbus tripedaneis inter-
uacantibus spatiis obrutus anno celerius maturam perticam
praebet, talea et tota harundo serius praedicto tempore euenit.
Sed siue recisa in dupondium et semissem talea siue tota
prostrata deponetur, exstent earum cacumina, quae si obruta
sunt, totae putrescunt.

3 Sed cultus harundinetis primo triennio non alius est quam
ceteris. Cum deinde consenuit, repastinandum est. Ea est autem
senectus, cum uel exaruit situ et inertia plurium annorum uel
ita densatum est, ut gracilis et cannae similis harundo prodeat.
4 Sed illud de integro refodi debet, hoc potest intercidi et dirarari,
quod opus rustici castrationem uocant; quae tamen refectio
harundineti caeca est, quia non apparet in terra quid aut
tollendum sit aut relinquendum. Tolerabilius tamen harundo
castratur antequam caeditur, quod aliquatenus uelut indices
5 calami demonstrant quid eruendum sit. Tempus repastinandi
et conserendi est priusquam oculi harundinum egerminant.
Caeditur deinde post brumam; nam usque in id tempus incre-
mentum capit ac tum conpescitur, cum obriguit hiberno
frigore. Fodiendum quotiens et uinetum. Sed macies eius cinere
uel alio stercore iuuanda est, propter quod caesum plerique
incendunt harundinetum.

33 Castanea roboribus proxima est et ideo stabiliendis uineis

24 *cf. Pall.* 12. 7. 17–22

1 seritur *post* radicis *iter. R* 3 spatiis S^2R : satiis S^1 : satis *A* 4 talea et *Iucundus* : taleae *SAR* tota S^2 : totat S^1A : totae *R* 6 prostrata S: -tae *R* : pretrata *A* deponetur ς : -neretur *SAR** : -nerentur *R** cacumina *R* : camina *SA* quae *R** : uel *SA* : *om. R** obruta *SA* : -tae *R* 11 ita densatum *R* : it ad sensatum *S* : ita desensatum *A* 12 dirarari *SA* : disrarari *R** : dirari *R** 13 castrationem *R** : stipationem *SA** uocant *R* : uocarit *SA* 16 quod aliquatenus *R* : quatenus *SA* 18 oculi *R* : -lis *SA* 19 in id *R* : id in *SA* 20 conpescitur S^2R^* : -fesc- S^1 : conficitur *AR** 21 uinetum *Hedberg* : uineam *SA* : uineta *R* 24 *rubr.* XV. (*in marg. A*) CASTANIETI (A^2 : -TIS *S* : CASTETI A^1) SATIO et ideo *SA* : ideoque *R*

habilis. Tum in repastinato nux posita celeriter emicat et post quinquennium caesa more salicis recreatur atque in palum formata fere usque in alteram caesionem perennat. Ea pullam terram et resolutam desiderat, sabulonem umidum uel refractum tofum non respuit, opaco et septentrionali cliuo laetatur, spissum solum et rubricosum reformidat. Seritur ab Nouembri 2 mense per totam hiemem sicca terra et repastinata in altitudinem dupundii et semissis. Nuces in ordine semipedalibus, ordines autem quinum pedum spatiis dirimuntur. In altitudinem dodrantis castanea depressis sulcis committitur. Qui ubi nucibus sunt consiti, priusquam conplanentur breues harundines ab latere castanearum panguntur, ut per hos sationis indices tutius fodi et runcari possint.

Simulatque semina stilauerunt etiam <antequam iam> bima 3 transferri queunt, interuelluntur ac bini pedes arbusculis uacui relinquuntur, ne densitas plantas emaciet. Spissius autem propter uarios casus deponitur; nam interdum priusquam enascatur, aut siccitatibus nux inarescit aut aquarum abundantia putrescit, interdum subterraneis animalibus sicuti muribus et talpis infestatur; propter quae saepe nouella castanieta caluescunt. Atque ubi frequentanda sunt, melius ex uicino,

5 opaco . . . laetatur: *Garg. 4. 6 Mazzini* (= *fr. 12, p. 44 Condorelli*) Iulius Atticus opacis et septentrionem spectantibus cliuis laetissimum fieri castaneae pollicetur; Columella et Plinius [*N.H.* 15. 94] in eadem fere uerba consentiunt. 6 seritur . . . 7 hiemem: *Garg. 4. 1 Mazzini* (= *fr. 12, p. 39 Condorelli*) Columella . . . adfirmat a Nouembri mense per totam hiemem seri posse 8 dupundii et semissis: *Garg. 4. 7 Mazzini* (= *fr. 12, p. 45 Condorelli*) Maiori parti placet . . . in duorum pedum altitudinem . . .; Columella et Atticus addendum adhuc altitudini semissem putauerunt

1 in *SA* : ex *R* nux *R* : nox *SA* 2 salicis *SA* : salicti *R* atque *R* : neque *SA* 3 pullam *R* : pulsam *SA* 5 cliuo S^2R : ciuo S^1 : cibo *A* 6 solum et *R* : *om. SA* rubricosum *SAR** : *om. R** 8 nuces *Iucundus* : nucem *SAR* ordine *S* : -nem *AR* 10 dodrantis *R* : -tes *SA* 13 possint *R* : possit *SA* 14 stilauerunt *ego* : -rint *Schneider* : still- *SAR* antequam iam *addidi* 15 queunt *R* : que ut *SA* 16 emaciet S^2R : semaciet S^1A spissius *R** : ipsius *SAR** 19 sicuti muribus *R* : *om. SA*

si conpetit, mergi more pertica declinata propagatur quam
4 exempta reseritur. Haec enim uelut inmota sua sede uehementer germinat; at quae radicitus exempta et deposita est, biennio reformidat; propter quod compertum est commodius nucibus quam uiuiradicibus eiusmodi siluas institui. Spatia huiusce sationis, quae supra scripta sunt, capita castanearum recipiunt numero ∞ ∞ DCCCLXXX, cuius summae, sicut ait Atticus, ex facili iugera singula praebebunt statuminum duodena milia. Etenim taleae propius stirpem recisae quadrifidas plerumque, ac deinde secundae taleae eiusdem arboris bifidas ridicas subministrant, quod genus
5 fissilis adminiculi manet diutius quam teres palus. Cultus idem est fossionis qui uineae. Supputari debet bima, quin etiam trima; nam bis ferro repetenda est uerni principio, ut incitetur eius proceritas.

Potest etiam quercus simili ratione seri, uerum biennio tardius quam castanea deciditur, propter quod ratio postulat tempus potius lucrari, nisi dumosi glareosique montes atque ea genera terrae, quae supra diximus, glandem magis quam castaneam postulabunt.

6 Haec de uineis Italicis uinearumque instrumentis quantum reor non inutiliter et abunde disserui, mox agricolarum prouincialium uineaticos nec minus nostratis et Gallici arbusti cultus traditurus.

8 Atticus: *cf. Reitzenstein, p.* 54

1 si *S* : sic *AR* 3 radicitus *R** : -cibus *SAR** 7 numero] .N. *SA* : *om. R* ∞ ∞ *SR* : *om. sp. rel. A* DCCC *R* : ACC *SA* 9 statuminum *SR** : statum in unum *A* : statum in imum *uel sim. R** 10 milia *R* : milla *SA* propius *R** : proprius *SAR** 10 quadrifidas *R* : quadripedas *SA* 11 arboris bifidas *R* : arbori sui fluuias *SA* 12 adminiculi *R* : -lis *SA* 13 fossionis *R** : positionis *SAR** (*cf. u.l.* 4. 4. 2) 16 potest *R* : post *SA* 17 deciditur *R* : decitur S^1A : dicitur S^2 18 nisi *SAR** : nisi si *R**, *fort. recte* (*cf. supra c.* 10. 1, 21. 2) 19 supra S^2R : cupra S^1A EXPLICIT L. (LIB A^2 : *om.* A^1) IVNI MODERATI COLVMELLE REI RVSTICE LIBER QVINTVS (V. *A*) LIBER II *SA*

LIBER QVINTVS
<SVRCVLARIS TERTIVS>

PRIORIBVS libris quos ad te de constituendis colendisque uineis, 1
Siluine, scripseram, nonnulla defuisse dixisti quae agrestium
operum studiosi desiderarent, neque ego infitior aliqua me
praeterisse quamuis inquirentem sedule quae nostri saeculi
cultores quaeque ueteres litterarum monumentis prodiderunt.
Sed cum sum professus rusticae rei praecepta, nisi fallor,
adseueraueram quae uastitas eius scientiae contineret non
cuncta me dicturum sed plurima, nam illud in unius hominis
prudentiam cadere non poterat. Neque enim est ulla disciplina, 2
non ars, quae singulari consummata sit ingenio. Quapropter
ut in magna silua boni uenatoris est indagantem feras quam
plurimas capere nec cuiquam culpae fuit non omnis cepisse,
ita nobis abunde est tam diffusae materiae quam suscepimus
maximam partem tradidisse, quippe cum ea uelut omissa
desiderentur quae non sunt propria nostrae professionis; ut
proxime, cum de conmetiendis agris rationem M. Trebellius
noster requireret a me, uicinum atque adeo coniunctum esse
censebat demonstranti quemadmodum agrum pastinemus,

L. (LIBER *A*) IVNI MODERATI COLVMELLAE REI RVSTICAE LIBER SEXTVS (.VI. *A*) SVRCVLARIS LIBER TERTIVS FELICITER *SA*, *similiter R* *argumenta in appendice reperientur* 2 *an* <P.> Siluine? scripseram *S*^{2}*R* : scripus seram *S*^{1}*A* nonnulla *AR* : -lam *S* 3 studiosi *R* : studio *SA* 6 sum professus ς : summo festus *SA* : sim professus *R* fallor *SA* : fallor non *R* 7 uastitas *R* : unitas *SA* non *SA* : *om. R* 9 prudentiam *SA* : prouid- *R* 10 singulari *R* : consulari *SA* 13 abunde *SA* : satis abundeque *R* 14 ea ς : mea *SAR* 16 conmetiendis *R** : -ment- *SAR** 18 pastinemus *SA* : -naremus *R*

praecipere etiam pastinatum quemadmodum metiri debeamus.
3 Quod ego non agricolae sed mensoris officium esse dicebam, cum praesertim ne architecti quidem, quibus necesse est mensurarum nosse rationem, dignentur consummatorum aedificiorum, quae ipsi disposuerunt, modum conprehendere sed aliud existiment professioni suae conuenire, aliud eorum qui iam extructa metiuntur et imposito calculo perfecti operis rationem conputant. Quo magis ueniam tribuendam esse nostrae disciplinae censeo, si eatenus progreditur ut dicat qua quidque ratione faciendum, non quantum id sit quod effecerit.
4 Verum quoniam familiariter a nobis tu quoque, Siluine, praecepta mensurarum desideras, obsequar uoluntati tuae cum eo ne dubites id opus geometrarum magis esse quam rusticorum, desque ueniam si quid in eo fuerit erratum cuius scientiam mihi non uindico.

Sed ut ad rem redeam, modus omnis areae pedali mensura conprehenditur, qui digitorum XVI <est>. Pes multiplicatus in passus et actus et climata et iugera et stadia centuriasque, mox
5 etiam in maiora spatia procedit. Passus pedes habet quinque. Actus minimus, ut ait M. Varro, latitudinis pedes IIII, longitudinis habet pedes CXX. Clima quoquouersus pedum est LX. Actus quadratus undique finitur pedibus CXX; hoc duplicatum fecit iugerum, et ab eo quod erat iunctum nomen iugeri usurpauit. Sed hunc actum prouinciae Baeticae rustici agnuam uocant, itemque XXX pedum latitudinem et CLXXX longitudinem porcam
6 dicunt. At Galli candetum appellant in areis urbanis spatium

20 Actus ... p. 187, 12 possident: *Isid. Orig.* 15. 15. 4–7 Varro: *Rust.* 1. 10. 2, *Ling.* 5. 34

5 quae *SA* : quem *R* disposuerunt *SA* : -rint *R* 7 extructa (-runc- *A*) A^2 *R* : -tam SA^1 metiuntur (-unc- A^2) et imposito A^2R : et iuncturae posito SA^1 11 *inde a* quoniam *inc. excerptum P* 17 qui *AR* : quia *S* est *hic addidi probante Corsetti*, post* digitorum *Iucundus,* qui *Hedberg* 20 latitudinis *R* : -nem *SA* 22 fecit SA^1 : facit A^2R 23 erat *R** : erit *SAR** usurpauit RP^2 : -bit SAP^1 26 candetum *AR* : gan- *SP*

centum pedum, in agrestibus autem pedum CL quadratorum iustum candetum nominant; semiiugerum quoque arepennem uocant. Ergo, ut dixi, duo actus iugeri efficiunt longitudinem pedum CCXL, latitudinem pedum CXX, quae utraeque summae in se multiplicatae quadratorum faciunt pedum milia XXVIII DCCC. Stadium deinde habet passus CXXV, id est pedes DCXXV, quae mensura octies efficit ∞ passus; sunt ea milia pedum V.
Centuriam nunc dicimus, ut idem Varro ait, ducentorum 7
iugerum modum; olim autem ab centum iugeribus uocabatur centuria, sed mox duplicata nomen retinuit sicuti tribus, dictae primum a partibus populi tripertito diuisi, quae tamen nunc multiplicatae pristinum nomen possident.

Haec non aliena nec procul a ratiocinio quod tradituri sumus, 8
breuiter praefari oportuit; nunc ueniamus ad propositum.

Iugeri partis non omnis posuimus, sed eas quae cadunt in aestimationem facti operis; nam minores persequi superuacuum fuit, pro quibus nulla merces dependitur. Igitur, ut diximus, iugerum habet quadratorum pedum $\overline{\text{XXVIII}}$ DCCC, qui pedes efficiunt scripula CCLXXXVIII. Vt a minima parte, id est ab 9
dimidio scripulo, incipiam:

pars DLXXVI pedes efficit L, id est iugeri dimidium scripulum;

pars CCLXXXVIII pedes centum, hoc est scripulum;

pars CXLIIII pedes CC, hoc est scripula duo;

pars septuagensima et secunda pedes CCCC, hoc est sextula, in qua sunt scripula IIII;

pars XLVIII pedes DC, hoc est sicilicus, in quo sunt scripula sex;

8 Varro: *ibid.*

1 quadrat(or)um iustum *García Armendáriz* (*Isid.*) : quod aratores *SAR* 3 iugeri *SA* : -rum *R* 7 sunt ea m(ilia) p(edum) v *Hultsch* : sunt campum *SA* : is ueniunt quinque milia pedum *R* 8 ut *SA* : sicut *R* 9 ab SA^1 : ob A^2R 13 ratiocinio S^2R : rato- S^1A 15 posuimus *PR** : possumus *SAR** 17 merces dependitur *R* : mercede penditur *SA* 23 CXLIIII *S* : XLIIII *AR* 24 pars septuagensima et secunda *hic* ς, *ante* pars CXLIIII *SAR* 26 quo *SAR** : qua *R**

10 pars XXIIII pedes ∞ CC, hoc est semuncia, in qua scripula XII;

pars XII pedes $\overline{\text{II}}$ CCCC, hoc est uncia, in qua sunt scripula XXIIII;

pars VI pedes $\overline{\text{IIII}}$ DCCC, hoc est sextans, in quo scripula XLVIII;

pars IIII pedes $\overline{\text{VII}}$ CC, hoc est quadrans, in quo scripula LXXII;

11 pars III pedes $\overline{\text{VIIII}}$ DC, hoc est triens, in quo scripula XCVI;

pars III et XII pedes $\overline{\text{XII}}$, hoc est quincunx, in quo scripula CXX;

pars dimidia pedes $\overline{\text{XIIII}}$ CCCC, hoc est semis, in quo sunt scripula CXLIIII;

pars dimidia et duodecima pedes $\overline{\text{XVI}}$ DCCC, hoc est septunx, in quo scripula CLXIIX;

partes duae tertiae pedes $\overline{\text{XVIIII}}$ CC, hoc est bes, in quo scripula CXCII;

partes tres quartae pedes $\overline{\text{XXI}}$ DC, hoc est dodrans, in quo sunt scripula CCXVI;

12 pars dimidia et tertia pedes $\overline{\text{XXIIII}}$, hoc est dextans, in quo scripula CCXL;

partes duae tertiae et quarta pedes $\overline{\text{XXVI}}$ CCCC, hoc est deunx, in quo scripula CCLXIIII;

iugerum pedes $\overline{\text{XXVIII}}$ DCCC, hoc est as, in quo scripula CCLXXXVIII.

13 Iugeri autem modus si semper quadraret in agendis mensuris ut longitudinem haberet pedum CCXL, latitudinem pedum CXX, expeditissimum esset ratiocinium; sed quoniam diuersae formae agrorum ueniunt in disputationem, cuiusque generis species subiciemus, quibus quasi formulis utemur.

1 in qua *SA* : in qua sunt *R* 5 pedes *add.* ϛ 7 quincunx ϛ : -cuncxs *S* : -cunces *A* : -cuns *uel sim. R* 8 CXX *AR* : CX *S* 17 dextans *Iucundus* : destas *SA* : destans *R* 18 CCXL *SR** : CCXLV *A* : CCXLII *R** 19 duae tertiae *R* : tertiae et II *SA* 23 iugeri *SA* : -ris *R* modus *RP* : -dum *AS* 24 pedum . . . pedum ϛ : p. . . . p. *S* : pedes . . . pedes *AR* CCXL ϛ : CCXLVIII *S* : CXL *uel sim. R* 25 esset *SA* : esset eius *R*

Omnis ager aut quadratus aut longus aut cuneatus aut triquetrus aut rotundus, aut etiam semicirculi uel arcus, nonnumquam etiam plurium angulorum formam exhibet. 2

Quadrati mensura facillima est; nam cum sit undique pedum totidem, multiplicantur in se duo latera et quae summa ex multiplicatione effecta est, eam dicemus esse quadratorum pedum, tamquam esto locus quoquouersus centum pedum: ducimus centies centenos, fiunt $\overline{\text{x}}$; | dicemus igitur eum locum 2
habere $\overline{\text{x}}$ pedum quadratorum, quae efficiunt iugeri trientem et sextulam, pro qua portione operis ecfecti numerationem facere oportebit.

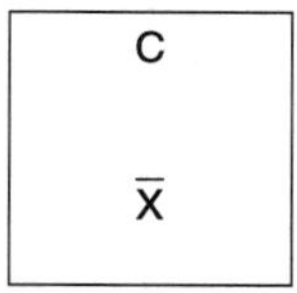

At si longior fuerit quam latior, ut exempli causa iugeri forma 3
pedes habet longitudinis CCXL, latitudinis pedes CXX ita, ut paulo ante dixi, latitudinis pedes cum longitudinis pedibus sic multiplicabis: centies uicies duceni quadrageni fiunt $\overline{\text{XXVIII}}$ DCCC; dicemus iugerum agri tot pedes quadratos habere, similiterque omnis longitudinis pedes cum pedibus latitudinis multiplicabimus.

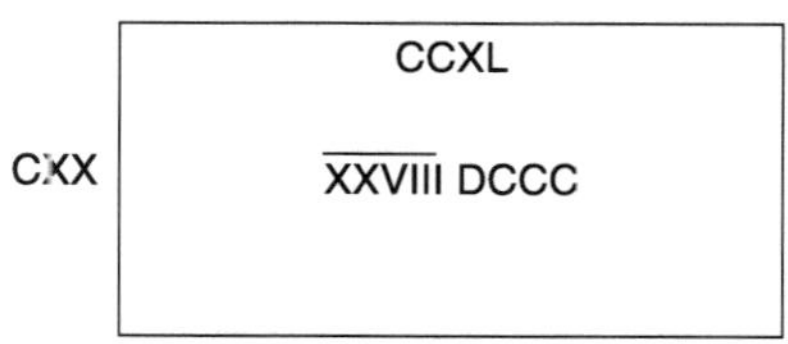

3 formam *R** : -ma *SA R** exhibet *R* : exiget *SA* 7 esto *R* : est *SA* 10 effecti *R* : et fecti *SA* (*cf.* 3. 13. 13) 11 *formam praebent SAR* : om. R* et sic fere semper* 14 pedes *P, Iucundus* : pedum *SAR* 15 multiplicabis *SAR** : -bimus *R** 18 *formam pr. S, numeros tantum AR*

4 Sin autem cuneatus ager fuerit, ut puta longus pedes centum, latus ex una parte pedes xx, ex altera pedes decem, duas latitudines conponemus, fiet utraque summa pedes xxx; huius pars dimidia est xv; decies et quinquies longitudinem multiplicando efficiemus pedes ∞ D; hos igitur in eo cuneo quadratos pedes esse dicemus, quae pars erit iugeri semuncia et scripula tria.

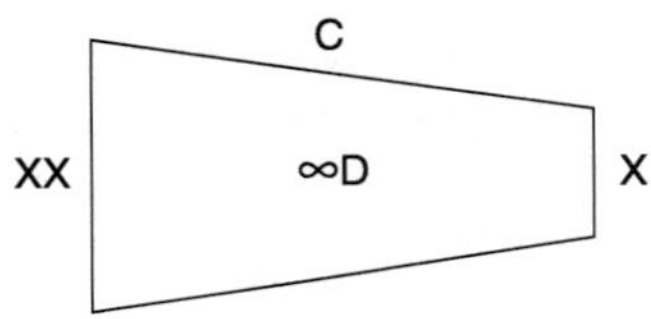

5 At si paribus lateribus triquetrum metiri debueris, hanc formam sequeris: esto ager triangulus pedes quoquouersus CCC; hunc numerum in se multiplicato, fiunt pedum $\overline{\text{XC}}$; huius summae partem tertiam sumito, id est $\overline{\text{XXX}}$; item sumito partem decumam, id est $\overline{\text{VIIII}}$; utramque summam componito; fiunt pedes $\overline{\text{XXXVIIII}}$; dicemus hanc summam quadratorum esse in eo triquetro, quae mensura efficit iugerum et trientem et sicilicum.

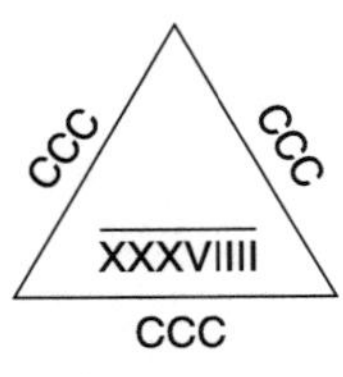

6 Sed si triangulus disparibus fuerit lateribus ager, tamquam in subiecta forma, quae habet rectum angulum, aliter ratiocinium ordinabitur: esto unius lateris linea pedes L et alterius pedes

2 ex *S* : et *AR* 4 xv ς : decus quinquies *SA* : *om. R* 7 paribus *R* : tribus *SA* 8 esto *R* : est *SA* 13 et^2 *R* : *om. SA* 17 esto *A* : est *S* pedes *Hedberg* : pedum *SAR*

centum; has duas summas in se multiplico, quinquagies centeni quinque milia. Horum pars dimidia $\overline{\text{II}}$ D, quae pars iugeri unciam et scripulum efficit.

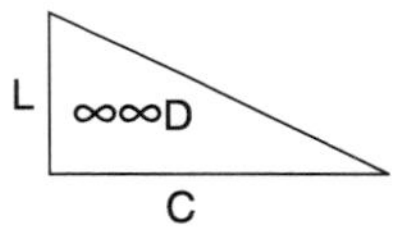

Si rotundus ager erit, ut circuli speciem habeat, sic podismum 7
inito: esto area rotunda cuius diametros, id est dimensio, habeat pedes LXX; hoc in se multiplico, septuagies septuageni $\overline{\text{IIII}}$ DCCCC; hanc summam undecies multiplico, fiunt pedes quinquaginta tria milia nongenti; huius summae quartam decimam duco, pedes $\overline{\text{III}}$ DCCCL; hos esse quadratos in eo circulo dico, quae summa efficit iugeri sescunciam, scripula duo et dimidium.

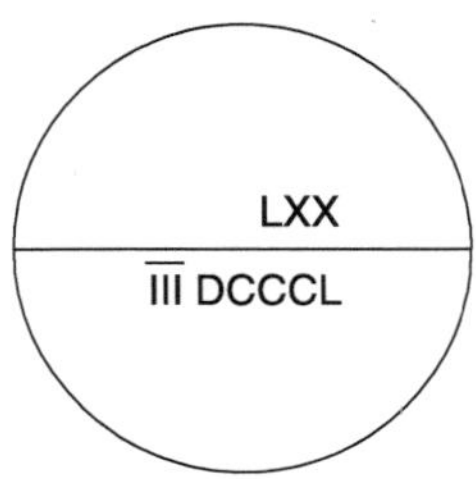

Si semicirculus fuerit ager, cuius basis habeat pedes CXL, 8
curuaturae autem latitudo pedes LXX, oportebit multiplicare latitudinem cum basi; septuagies centeni quadrageni fiunt $\overline{\text{VIIII}}$

4 podismum inito *R* : podis minito *SA* 5 esto *AR* : *om. SP* diametros *R* : dimidia metros S^2A, -diam m- S^1 6 septuagies *R* : -ges *SA* 9 duco *SA* : sumo duco *R* hos *R*P* : hoc *SAR** 10 sescunciam *Hedberg* : sesun- *S* : sexu- *AR* 12 semicirculus *R* : -lum *SA* ager *AR* : *om. SP* 13 latitudo *R* : -dinem *SA* 14 septuagies *S* : -agena *AR*

DCCC; haec undecies fiunt $\overline{\mathrm{CVII}}$ DCCC; huius summae quarta decima est $\overline{\mathrm{VII}}$ DCC; hos pedes esse dicemus in semicirculo, qui efficiunt iugeri quadrantem, scripula quinque.

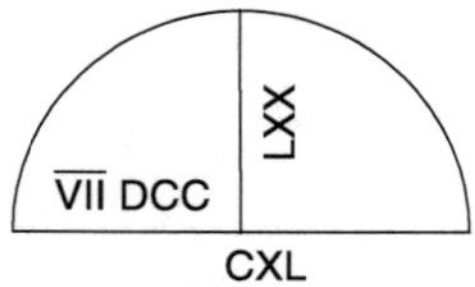

9 Sin autem minus quam semicirculus erit, arcum sic metiemur: esto arcus, cuius basis habeat pedes XVI, latitudo autem pedes IIII; latitudinem cum basi pono; fit utrumque pedes uiginti; hoc duco quater; fiunt LXXX; horum pars dimidia est XL; item sedecim pedum, qui sunt basis, pars dimidia VIII; hi octo in se multiplicati fiunt LXIIII; quartam decimam partem duco, ea efficiet pedes IIIIS paulo amplius; hos adicies ad quadraginta; fit utraque summa pedes XLIIIIS; hos in arcu quadratos esse dico, qui faciunt iugeri dimidium scripulum nona parte minus.

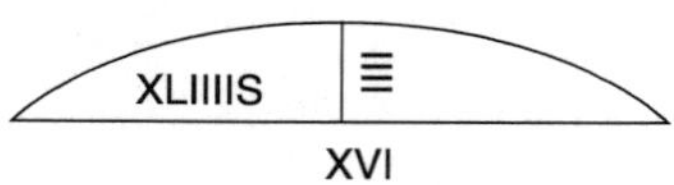

10 Si fuerit sex angulorum, in quadratos pedes sic redigitur: esto hexagonum quoquouersus lineis pedum XXX; latus unum in se multiplico, tricies triceni DCCCC; huius summae tertiam partem statuo, CCC; eiusdem partem decimam, XC; fiunt CCCXC; hoc sexies ducendum est, quia sex latera sunt, quae consummata efficiunt ∞ ∞ CCCXL; tot igitur pedes quadratos esse dicemus

4 sin S^2R : sint S^1A 7 duco *Iucundus* : dico *SAR* 9 ea R^* : eam SAR^* 10 S (= semis) *et* 11 S *S* : *om. utrubique AR* quadraginta *R* : -rages *SA* 11 utraque *R* : utrumque *SA* quadratos ς : -tus *SA* : -to *R* 12 nona *SA* : quinta et uigesima *R* 13 redigitur *SA* : redigetur *R* 14 pedum ς : pedes *SAR* 17 quia *SA* : quoniam *R*

in <hexagono> quae <pars> erit iugeri uncia dimidio scripulo et decima parte scripuli minus.

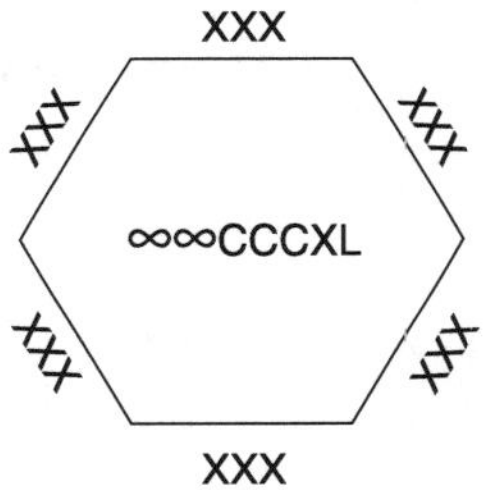

His igitur uelut primordiis talis ratiocinii preceptis non dif- 3
ficiliter mensuras inibimus agrorum, quorum nunc omnis persequi species et longum et arduum est. Duas etiam nunc formulas praepositis adiciam, quibus frequenter utuntur agricolae in disponendis seminibus. Esto ager longus pedes ∞ CC, latus pedes CXX; in eo uites disponendae sunt ita, ut quini pedes inter ordines relinquantur; quaero quot seminibus opus sit, quoniam quinum pedum spatia inter semina desiderantur.
Duco quintam partem longitudinis, fiunt CCXL, et quintam par- 2
tem latitudinis, hoc est XXIIII; his utrisque summis semper singulos asses adicito, qui efficiunt extremos ordines, quos uocant angulares; fit ergo altera summa ducentorum quadraginta unius, altera uiginti quinque; has summas sic multiplicato: quinquies et uicies duceni quadrageni singuli fiunt $\overline{\text{VI}}$ XXV; totidem dices opus esse seminibus.

1 in exagono . . . erit *Corsetti 1977* : inquerit SA^1 : itaque erit A^2R 3 *ante* his *pr.* Inter quot pedes uinea ponenda est SAR^* : *om.* R^* 6 adiciam A^2R : indiciam SA^1 7 disponendis ς : dispositis *SAR* 9 quaero *AR* : *om. SP* 12 summis semper SA^1 : semissem per A^2R^* : summis per R^*

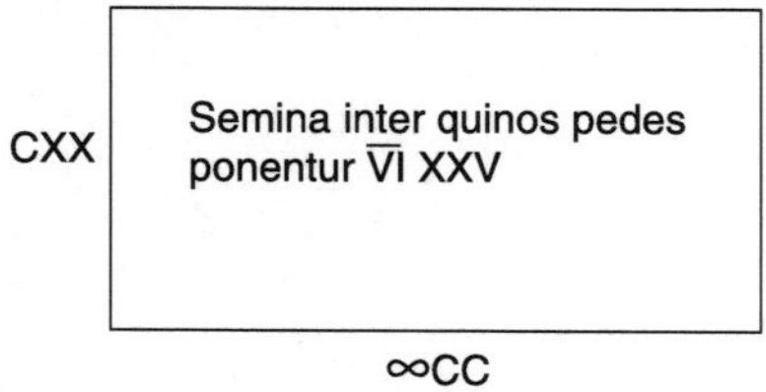

3 Similiter inter senos pedes si uoles ponere, duces sextam partem longitudinis Ī cc, fiunt cc, et sextam latitudinis cxx, id est xx; his summis singulos asses adicies quos dixi angulares esse, fiunt cci et xxi; has summas inter se multiplicabis, uicies et semel ducentos et unum, atque ita efficies ∞ ∞ ∞ ∞ ccxxi; totidem seminibus opus esse dices.

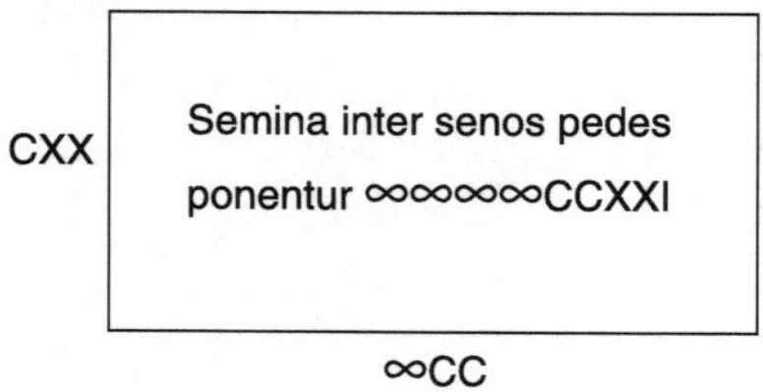

4 Similiter si inter septenos pedes ponere uoles, septimam partem longitudinis et latitudinis duces, et adicies asses angulares; eodem modo eodemque ordine consummabis numerum seminum. Denique quotcumque pedum spatia facienda censueris, totam partem longitudinis et latitudinis duces et praedictos asses adicies.

5 Haec cum ita sint, sequitur ut iugerum agri, quod habet pedes ccxl longitudinis et latitudinis pedes cxx, recipiat inter pedes ternos (hoc enim spatium minimum esse placet uitibus

formam pr. (*omisso* ∞ cc) *SAR** : *om. R** 1 inter *RP* : *om. SA* sextam partem *hic AR*, *post* latitudinis *S* 2 longitudinis *AR* : longī *S* 6 ccxxi *R* : ccxi *SA* *in forma* : ccxxi] ccxxii *S* : ccxvi *AR** : *om. R** ∞ cc *S* : ∞ ∞ *AR** : *om. R** 9 eodem modo *R* : *om. SA* ordine *R* : -nes *SA* 14 ccxl . . . latitudinis pedes *R* : *om. SA*

ponendis) per longitudinem semina LXXXI, per latitudinem inter quinos pedes semina XXV, qui numeri inter se multiplicati fiunt seminum ∞ ∞ XXV.

Vel si {XXV} quoquouersus inter quaternos pedes uinea erit 6 disposita, longitudinis ordo habebit semina LXI, latitudinis XXXI, qui numeri efficiunt in iugero uites ∞ DCCCLXXXXI. Vel si in longitudinem per quaternos pedes, in latitudinem per quinos pedes fuerit disposita, ordo longitudinis habebit semina LXI, latitudinis XXV, <qui numeri inter se multiplicati efficiunt ∞DXXV>.

Quod si inter quinos pedes consitio fuerit, per longitudinem 7 ordinis habebit semina XLVIIII, sed rursus per latitudinem semina XXV, qui numeri duo inter se multiplicati ecficiunt ∞ CCXV.

At si per senos pedes eundem uitibus locum placuerit ordinare, nihil dubium est quin longitudini dandae sint XLI uites, latitudini autem uiginti una, quae inter se multiplicata efficiunt numerum DCCCLXI.

Sin autem inter septenos pedes uinea fuerit constituenda, 8 ordo per longitudinem recipiet capita XXXV, per latitudinem XVIII, qui numeri inter se multiplicati efficiunt DCXXX; totidem dicemus semina praeparanda.

At si inter octonos pedes uinea conseretur, ordo per longitudinem recipiet semina XXXI, per latitudinem autem XVI, qui numeri inter se multiplicati efficiunt CCCCLXXXXVI.

At si inter nouenos pedes, ordo in longitudinem recipiet semina XXVII et in latitudinem XIIII, qui numeri inter se multiplicati faciunt CCCLXXVIII.

Vel inter denos pedes, ordo longitudinis recipiet semina 9

4 uel si *R* : uersi *SA*   XXV *del.* ς   6 iugero A^2R : gero SA^1 ∞ *R* : mille ∞ *SA*   9 qui . . . ∞DXXV *add.* ς   11 quod si *RP* : quod *SA*   13 efficiunt *R* : effiunt S^2 : et fiunt S^1A 14 MCCXV *R* : C ∞ CXXV *SA*   16 quin *P*ς : qui in *SAR*   17 multiplicata] *an* -tae (*sc. uites*)?   20 recipiet ς : -ent *SAR*

uiginti quinque, latitudinis XIII; hi numeri multiplicati faciunt CCCXXV.

Et ne in infinitum procedat disputatio nostra, eadem portione, utcumque placuerint laxiora spatia, semina faciemus. Ac de mensuris agrorum numerisque seminum dixisse abunde sit; nunc ad ordinem redeo.

4 Vinearum prouincialium plura genera esse comperi, sed ex
îs quas ipse cognoui, maxime probantur uelut arbusculae breui
crure sine adminiculo per se stantes, deinde quae pedaminibus
adnixae singulis iugis inponuntur (eas rustici cantheriatas
appellant), mox quae defixis harundinibus circumuinctae per
statumina calamorum materiis ligatis in orbiculos gyrosque
2 flectentur (eas nonnulli characatas uocant). Vltima est condicio
stratarum uitium, quae ab enata stirpe confestim uelut proiecta
per humum porrigitur.

Omnium autem sationis fere eadem est condicio; nam uel
scrobe uel sulco semina deponuntur, quoniam pastinationis
expertes sunt exterarum gentium agricolae, quae tamen ipsa
paene superuacua est îs locis, quibus solum putre et per se reso-
lutum est; 'namque hoc imitamur arando', ut ait Vergilius, id
3 est etiam pastinando. Itaque Campania, cum uicinum ex nobis
capere possit exemplum, non utitur hac molitione terrae,
quia facilitas eius soli minorem operam desiderat. Sicubi autem
densior ager prouincialem rusticum maiorem poscit inpensam,
quod nos pastinando efficimus, ille sulco facto consequitur, ut
laxius subacto solo deponat semina.

7 *Pall.* 3. 11 20 Vergilius: *Georg.* 2. 204

3 in *RP* : *om. SA* 4 utcumque] ut cuique ς placuerint *Iucundus* : -rit *SAR* *in* faciemus *expl. excerptum P* 7 *rubr.* I. (*mg. A*) DE VINEIS PROVINCIALIBVS 8 iis *Iucundus* : his *SAR* cognoui *R* : incognoui *SA* breui R^* : leui SAR^* 13 characatas *R* : charaeatas *SA* 14 stratarum *R* : strait- *SA* 18 ipsa *R* : ipse *SA* 19 iis *R* : his *SA* solum S^2R : solem S^1A putre *R* : -rem *SA* 20 id est *SA* : idem *R* 22 possit ς : potest *SAR* 23 quia *R* : qui *SA*

Sed ut singula earum quae proposui uinearum genera 5
persequar, praedictum ordinem repetam.

Vitis quae sine adminiculo suis uiribus consistit, solutiore terra scrobe, densiore sulco ponenda est, sed scrobes et sulci plurimum prosunt, si in locis temperatis, in quibus aestas non est praeferuida, ante annum fiant quam uinea conseratur. Soli tamen ante bonitas exploranda est; nam si ieiuno atque exili agro semina deponentur, sub ipsum tempus sationis scrobis aut sulcus faciendus est. Scrobis in longitudinem altitudinemque 2
defossus tripedaneus abunde est, latitudine tamen bipedanea. Vel si quaternum pedum spatia inter ordines relicturi sumus, commodius habetur eandem quoquouersus dare mensuram scrobibus, non amplius tamen quam in tres pedes altitudinis depressis. Ceterum quattuor angulis semina adplicabuntur subiecta minuta terra, et ita scrobes adobruentur.

Sed de spatiis ordinum eatenus praecipiendum habemus, ut 3
intelligant agricolae, siue aratro uineas culturi sint, laxiora interordinia relinquenda, siue bidentibus angustiora, sed neque spatiosiora quam decem pedum neque contractiora quam quattuor. Multi tamen ordines ita disponunt, ut per rectam lineam binos pedes aut plurimum ternos inter semina relinquant, transuersa rursus laxiora spatia faciant, per quae uel fossor uel arator incedat.

Sationis autem cura non alia debet esse quam quae tradita 4
est a me tertio uolumine. Vnum tamen huic consitioni Mago

25 Mago: *fr. 16 Speranza; Pall. 3. 10. 3*

4 terra ς : -rae *SAR* sed *R* : *om. SA* 5 temperatis *R* : terrae ratio *S* : prae ratio *A* 6 praeferuida *Beroaldus* (*cf.* 5. 6. 22, 5. 8. 5) : perf- *SAR* ante ... 18 deponentur *R* : soli tamen ante bonitas exploranda est ante annum fiant; nam si ieiuno atque exili agro semina deponentur quam uinea conseratur *SA* 8 sub ... 9 faciendus est *R* : *om. SA, et hic iter.* ante ... conseratur *R* scrobis *SA* : scrobibus *R* 10 defossus tripedaneus *SA* : -sis -is *R* 11 quaternum *R* : -na *SA* 21 aut *SA* : aut ut *R* 22 relinquant *R* : -quat *SA* faciant *R* : fiat *SA* 23 arator *R* : amator *SA* incedat ς : incidat *S* : -dit *A* : incedit *R*

Carthaginiensis adicit, ut semina ita deponantur, ne protinus
totus scrobis terra compleatur sed dimidia fere pars eius
sequente biennio paulatim adaequetur; sic enim putat uitem
cogi deorsum agere radices. Hoc ego siccis locis fieri utiliter non
negauerim, sed ubi aut uliginosa regio est aut caeli status
imbrifer, minime faciendum censeo; nam consistens in semi-
plenis scrobibus nimius umor, antequam conualescant, semina
5 necat. Quare utilius existimo repleri quidem scrobes stirpe
deposita, sed cum semina comprehenderint, statim post aequi-
noctium autumni debere diligenter atque alte ablaqueari, et
recisis radiculis, si quas in summo solo citauerint, post paucos
dies adobrui. Sic enim utrumque incommodum uitabitur, ut
nec radices in superiorem partem euocentur neque inmodicis
6 pluuiis parum ualida uexentur semina. Vbi uero iam
corroborauerint, nihil dubium est quin caelestibus aquis
plurimum iuuentur. Itaque locis quibus clementia hiemis
permittit, adapertas uites relinquere et tota hieme ablaqueatas
habere eas conueniet.

De qualitate autem seminum inter auctores non conuenit;
alii malleolo protinus conseri uineam melius existimant, alii
uiuiradice. De qua re quid sentiam, iam superioribus professus
7 sum, | et nunc tamen hoc adicio, esse quosdam agros quibus
non tam bene translata semina quam immota respondeant,
sed istud rarissime accidere. Notandum itaque et diligenter
explorandum esse Vergilius ait

25 Vergilius: *Georg.* 1. 53

1 adicit *AR* : adigit *S* 2 dimidia *SA* : d- quoque *R* 6 semiplenis *R* : -ni *SA* 7 nimius *R* : seminis *SA* conualescant *R* : -cat *SA* 8 quare utilius A^2R : quaru etilius A^1 : quarum e- *S* scrobes A^2R : scrobe SA^1 9 sed *SA* : et *R* comprehenderint statim *R* : tim *SA* 10 autumni *SA* : -nale *R* 12 adobrui *R* : obrui *SA* 13 radices S^2R : adicies S^1A 15 corroborauerint *R* : conprobauerunt *SA* nihil *R* : *om.* *SA* 20 alii S^2R : alia S^1A malleolo *R* : -li *SA* 21 uiuiradice de S^2A^2 : -cende S^1A^1: uiuiradices de *R* superioribus <uoluminibus> ς 22 quibus *SA* : in quibus *R* 23 tam *R* : *om.* *SA* 24 itaque et *R* : item *S* : itae *A* 25 Vergilius ait *Reeve* : uersibus aliter *SA* : *om.* *R*

quid quaeque ferat regio, quid quaeque recuset.

Depositam ergo stirpem, id est malleolum uel uiuiradicem,
formare sic conuenit, ut uitis sine pedamine consistat. Hoc
autem protinus effici non potest; | nam nisi adminiculum te- 8
nerae atque infirmae contribueris, prorepens pampinus terrae
se adplicabit. Itaque posito semini harundo adnectitur, quae
uelut infantiam eius tueatur atque educet producatque in
tantam staturam quantam permittit agricola. Ea porro non
debet esse sublimis; nam usque in sesquipedem coercenda est.

Cum deinde robur accipit et iam sine adiumento consistere 9
ualet, aut capitis aut bracchiorum incrementis adolescit. Nam
duae species huius quoque culturae sunt; alii capitatas uineas,
alii bracchiatas magis probant. Quibus cordi est in bracchia
uitem conponere, conuenit summa parte, qua decisa nouella
uitis est, quicquid iuxta cicatricem citauerit, conseruare et in
quattuor bracchia pedalis mensurae diuidere ita, ut omnem
partem caeli singula aspiciant. Sed haec bracchia non statim 10
primo anno tam procera summittuntur, ne oneretur exilitas
uitis, sed conpluribus putationibus in praedictam mensuram
educuntur; deinde ex bracchiis quasi quaedam cornua promi-
nentia relinqui oportet atque ita totam uitem omni parte in
orbem diffundi.

Putationis autem ratio eadem est quae in iugatis uitibus. Vno 11
tantum differt, quod pro materiis longioribus pollices quater-
num aut quinum gemmarum relinquuntur; pro custodibus
autem bigemmes resices fiunt. In ea deinde uinea quam

10 *cf. Pall.* 3. 14

1 regio *SA* : regio et *R*, *Verg.* recuset S^2R, *Verg.* : recuseret S^1A 2 uiuiradicem *R* : uiridem *SA* 5 infirmae *R* : -mum *SA* 6 adplicabit *R* : -uit *SA* harundo A^2R : -di SA^1 15 citauerit R^* : curauerit SAR^* conseruare *ego* : -ri *SAR* 17 caeli *R* : cesi *SA* singula *R* : -li *SA* 21 omni S^1AR : -nem S^2 parte *R* : partem *SA* 23 eadem *R* : nam eodem *SA* uitibus ς : uitis *SAR* 24 differt ς : differet *SAR* 26 resices (reseces *R*) fiunt *SR* : resicefficiunt *A*

capitatam diximus, iuxta ipsam matrem usque ad corpus
sarmentum detrahitur, una aut altera tantummodo gemma
12 relicta, quae ipsi trunco adhaeret. Hoc aut riguis aut pinguis-
simis locis fieri tuto potest, quoniam uires terrae et fructum
et materias ualent praebere. Maxime autem aratris excolunt,
qui sic formatas uineas habent, eamque rationem secuntur
detrahendi uitibus bracchia, quod ipsa capita sine ulla extantia
neque aratro neque bubus obnoxia sunt. Nam in bracchiatis
plerumque fit ut aut crure aut cornibus boum ramuli uitium
defringantur, saepe etiam stiua, dum sedulus arator uomere
perstringere ordinem et quam proximam partem uitium
13 excolere studet. Atque haec quidem cultura uel bracchiatis uel
capitatis uitibus, antequam progemment, adhibetur.

Cum deinde germinauerunt, fossor insequitur ac bidentibus
eas partes subigit, quas bubulcus non potuit pertingere. Mox
ubi materias uitis exigit, insequitur pampinator et superuacuos
deterget, fructuosos palmites summittit, qui cum induruerunt,
uelut in coronam religantur. Hoc duabus ex causis fit: una,
ne libero excursu in luxuriam prorepant omniaque alimenta
pampini absumant, altera, ut religata uitis rursus aditum
14 bubulco fossorique in excolenda se praebeat. Pampinandi
autem modus is erit, ut opacis locis umidisque et frigidis aestate
uitis nudetur foliaque palmitibus detrahantur, ut maturitatem
fructus capere possit et ne situ putrescat; locis autem siccis
calidisque et apricis e contrario palmitibus uuae contegantur et
si parum pampinosa uitis est, aduectis frondibus et interdum
15 stramentis fructus muniatur. M. quidem Columella patruus

21 *cf. Pall.* 3. 11

2 sarmentum *R* : in mentem *SA* 3 hoc *SA* : haec *R* 5 excolunt *R* : -lis S^1A : -li S^2 6 secuntur *SA* : sequ- *R* 7 capita *R* : -te *SA* 8 bubus obnoxia *AR* : bubo noxia *S* 13 uitibus *R* : *om. SA, fort. recte* progemment (-germ- *A*) *SA* : gemmet *R* 14 germinauerunt *SA* : -ri(n)t *R* bidentibus S^2R : ui- S^1A 15 potuit R^* : putauit SAR^* 21 fossorique *R* : -risque *SA* excolenda *Iucundus* : -dam *SAR* 23 detrahantur *R* : -huntur *SA*

meus, uir illustribus disciplinis eruditus ac diligentissimus agricola Baeticae prouinciae, sub ortu Caniculae palmeis tegetibus uineas adumbrabat, quoniam plerumque praedicti sideris tempore quaedam partes eius regionis sic infestantur Euro, quem incolae Vulturnum appellant, ut nisi teguminibus uites opacentur, uelut halitu flammeo fructus uratur.

Atque haec capitatae bracchiataeque uitis cultura est. Nam illa quae uni iugo superponitur aut quae materiis summissis harundinum statuminibus per orbem conectitur, fere eandem curam exigit quam iugata. 16 Nonnullos tamen in uineis characatis animaduerti, et maxime heluennaci generis, prolixos palmites quasi propagines summo solo adobruere, dein rursus ad harundines erigere et in fructum summittere. Quos nostri agricolae mergos, Galli candosoccos uocant eosque adobruunt simplici ex causa, quod existimant plus alimenti terram praebere fructuariis flagellis. Itaque post uindemiam uelut inutilia sarmenta decidunt et a stirpe summouent; nos autem praecipimus easdem uirgas, cum a matre fuerint praecisae, sicubi demortuis uitibus ordines uacent aut si nouellam quis uineam instituere uelit, pro uiuiradice ponere, quoniam quidem partes sarmentorum quae fuerant obrutae, satis multas habent radices quae depositae scrobibus confestim conprehendant.

17 Superest reliqua illa cultura prostratae uineae, quae nisi uiolentissimo caeli statu suscipi non debet; nam et difficilem laborem colonis exhibet nec umquam generosi saporis uinum praebet. Atque ubi regionis condicio solam eam culturam recipit, bipedaneis scrobibus malleolus deponitur; qui cum

3 praedicti *ego* (*cf.* 7. 3. 25) : dicti *SAR* 8 materiis *R* : -ries *SA* 9 statuminibus S^2R : istat- S^1A 11 (h)eluennaci *R* : etluen- *SA* 12 dein *S* : deinde *AR* 13 ad *R* : *om. SA* quos *R* : quos se *SA* 14 candosoccos *R* : ando occos *SA* 15 plus *R* : eius *SA* terram *R* : terri *SA* 18 a matre *R* : matre *SA* 21 partes *R* : partese *SA* : *an* partes eae? 25 uiolentissimo *R* : siol- *SA* 26 nec umquam S^2R : mecum quam S^1A 28 recipit *R* : recepit *SA*

egerminauit, ad unam materiam reuocatur eaque primo anno compescitur in duas gemmas; sequente deinde, cum palmites profundit, unus summittitur, ceteri decutiuntur; atque ille qui summissus est, cum fructum edidit, in eam longitudinem deputatur, ut iacens non excedat interordini spatium.

18 Nec magna est putationis differentia cubantis et ad statumen erectae uineae, nisi quod iacenti uiti breuiores materiae summitti debent, resices quoque angustius in modum furunculorum relinqui. Sed post putationem, quam utique autumno in eiusmodi uinea fieri oportet, uitis tota deflectitur in alterum interordinium, atque ita pars ea quae fuerat occupata, uel foditur uel aratur, et cum exculta est, eandem uitem recipit, ut
19 altera quoque pars excoli possit. De pampinatione talis uineae parum inter auctores conuenit: alii negant esse nudandam uitem, quo melius contra iniuriam uentorum ferarumque fructum abscondant; aliis placet parcius pampinare, ut et uitis non in totum superuacuis frondibus oneretur et tamen fructum uestire aut protegere possit; quae ratio mihi quoque commodior uidetur.

6 Sed iam de uineis satis diximus; nunc de arboribus praecipiendum est.

Qui uolet frequens et dispositum arbustum paribus spatiis fructuosumque habere, operam dabit, ne emortuis arboribus rarescat ac primam quamque senio ac tempestate adflictam

2 compescitur R* : conspicitur *SAR** 3 unus *R* : unus cum *SA* decutiuntur *R* : -tiunt *S* : -tienda *A* atque *ego* : at *R* : que *SA* 5 ut ς : uti *S* : uiti *AR* excedat *R* : -dit *A* : -di *S* interordini *A* : -nii *S* : -nis *R* 6 cubantis *R** : curantis *SAR** : *an* cubanti? ad *R* : *om.* *SA* 7 erectae *Hedberg* : recte *SAR* 8 resices *Hedberg* : resicis *SA* : reseces *R* angustius *AR* : -tiis *S* 9 relinqui *R** : relictis *SAR** sed *R* : et *SA* 10 deflectitur ς : deplectitur *SA* : deflectatur *R* 11 pars ea *R* : per sea (se S^2) S^1A 12 exculta *R* : excuncta (-culcta A^2) SA^1 14 alii A^2R : ali SA^1 negant esse *R* : negentes se (-tes esse *A*) *SA* 15 ferarumque *R* : ferarum quo *SA* 16 pampinare] *an* -ri? 18 aut *SA* : ac *R* ratio *SA* : satio *R* 20 *rubr.* II. (*mg. A*) DE VLMARIIS FACIENDIS

summoueat et inuicem nouellam subolem substituat. Id autem facile consequi poterit, si ulmorum seminarium paratum habuerit; quod quomodo et qualis generis faciendum sit, non pigebit deinceps praecipere.

Vlmorum duo esse genera conuenit, Gallicum et uernaculum; 2 illud Atinia, hoc nostras dicitur. Atiniam ulmum Tremelius Scrofa non ferre sameram, quod est semen eius arboris, falso est opinatus; nam rariorem sine dubio creat et idcirco plerisque {et} sterilis uidetur, seminibus inter frondem quam prima germinatione edit latentibus; itaque nemo eam serit ex samera sed ex subolibus. Est autem <haec> ulmus longe laetior et procerior 3 quam nostras frondemque iucundiorem bubus praebet; qua cum adsidue pecus paueris et postea generis alterius frondem dare institueris, fastidium bubus adferes. Itaque si fieri poterit, 4 totum agrum genere uno Atiniae ulmi conseremus; si minus, dabimus operam ut in ordinibus disponendis pari numero uernaculas et Atinias alternemus; ita semper mixta fronde utemur et quasi hoc condimento inlectae pecudes fortius iusta cibariorum conficient.

Sed uitem maxime populus uidetur alere, deinde ulmus, post etiam fraxinus. Populus, quia raram neque idoneam frondem 5 pecori praebet, a plerisque repudiata est. Fraxinus, quia capris et ouibus gratissima est nec inutilis bubus, locis asperis et montosis, quibus minus laetatur ulmus, recte seritur. Vlmus, quia et uitem commodissime patitur et iucundissimum pabulum bubus adfert uariisque generibus soli prouenit, a

1 inuicem $A^{2}R$: -uice *S* : -uici A^{1} 3 quod quomodo ς : quoquo modo *SA* : quod et quomodo *R* 6 tremelius *S* : -ll- *AR* 7 sameram *SA* : -mar- *R* 8 sine *R* : semini *SA* 9 et *seclusi* 10 eam serit *ego* : inserit *SA* : iam serit *R* samera ς : amere *SA* : amera *uel* amara *R* sed ex *R* : *om. SA* 11 haec *addidi* (*cf.* §9), *sed fort.* ulmus *potius delendum* 12 praebet *R* : *om. SA* qua *R* : que *SA* 13 paueris *S* : parueris *A* : alueris *R* 14 dare $S^{2}R$: darem $S^{1}A$ adferes *SA* : adfert *R* 18 inlectae *S* : -to *AR* iusta ς : iuxta *SAR* 22 quia *SA* : quae *R* 23 gratissima *S* : grauissima *AR* 24 montosis *SA* : -tanosis *R*

plerisque praefertur. Itaque si arbustum nouum instituere cordi erit, seminaria ulmorum uel fraxinorum parentur ea ratione, quam deinceps subscripserimus; nam populi melius cacuminibus in arbusto protinus disponuntur.

6 Igitur pingui solo et modice umido bipalio terram pastinabimus ac diligenter occatam et resolutam humum uerno tempore in areas componemus. Sameram deinde, quae iam rubicundi coloris erit et compluribus diebus in sole ita iacuerit, ut aliquem tamen sucum et lentorem habeat, iniciemus areis et eas totas seminibus spisse contegemus atque ita cribro putrem terram duos alte digitos incernemus et modice rigabimus stramentisque areas coperiemus, ne prodeuntia cacumina
7 seminum ab auibus praerodantur. Vbi deinde prorepserint plantae, stramenta colligemus et manibus herbas carpemus; idque leuiter et curiose faciendum est, ne adhuc tenerae breuesque radiculae ulmorum conuellantur. Atque ipsas quidem areas ita anguste compositas habebimus, ut qui runcaturi sunt, medias partes earum facile manu contingant; nam si latiores fuerint, <oberunt> ipsi seminibus, quae proculcata noxam capient.

8 Aestate deinde priusquam sol oriatur aut ad uesperum semina minus conspargi <aqua> quam rigari debent, et cum ternum pedum plantae fuerint, in aliud seminarium transferri. Ac ne radices altius agant (quae res postmodum in eximendo magnum laborem adfert, tunc cum plantas in aliud seminarium

1 praefertur *S* : refertur *AR* si *S* : cui *R* : *om. A* 3 subscripserimus *ego* : subscripsimus *SAR* 7 areas *S* : aream *AR* 8 diebus *S* : om. *AR* in sole *S*^{2}*R** : inso *S*^{1}*AR** iacuerit *S* : lacuerit *AR* 9 areis *S*^{2}*R** : aries *S*^{1}*AR* 12 stramentisque *S* : trametisque *AR* coperiemus *S* : comp- *AR* 13 prorepserint ς : -rit *SAR* 15 idque ς : itaque *SAR* 17 quidem *R* : -dam *SA* 18 nam *AR* : *om. S* 19 oberunt *add. Richter* : ipsa semi<na i>nibunt *Hedberg* ipsi] ipsis ς, *fort. recte* 22 semina *ego* : seminario *SAR* : -rium ς : -ria *ed. for.* : in seminario *Pomoell* minus *Hedberg* (semina minus *Richter*) : seminus *SA* : seminis *R* conspargi *huc transtuli, ante* seminus (-nis) *habent SAR* aqua *addidi* debent *ed. pr.* : debet *SAR*

transferemus), oportebit non maximos scrobiculos sesquipedem inter se distantis fodere, deinde radices in nodum si breues uel in orbem coronae similem si longiores erunt, inflecti et oblitas fimo bubulo scrobiculis deponi ac diligenter
circumcalcari. Possunt etiam collectae cum stirpibus plantae 9
eadem ratione disponi; quod in Atinia ulmo fieri necesse est, quia non seritur ex samera. Sed haec ulmus autumni tempore melius quam uere disponitur paulatimque ramuli eius manu detorquentur, quoniam primo biennio ferri reformidat ictum. Tertio demum anno acuta falce abraditur atque, ubi translationi iam idonea est, ex eo tempore autumni quo terra imbribus permaduerit, usque in uernum tempus, antequam radix ulmi in eximendo delibretur, recte seritur {in se}.

In resoluta terra ternum pedum quoquouersus faciendi 10
scrobes, at in densa sulci eiusdem altitudinis et latitudinis, qui arbores recipiant, praeparandi. Sic deinde in solo roscido et nebuloso conserendae sunt ulmi, ut earum rami ad orientem et occidentem derigantur, quo plus solis mediae arbores, quibus
uitis applicata et religata innititur, accipiant. Quod si etiam 11
frumentis consulemus, uberi solo inter quadraginta pedes, exili ubi nihil seritur, inter uiginti arbores disponantur. Cum deinde adolescere incipient, falce formandae et tabulata instituenda sunt. Hoc enim nomine usurpant agricolae ramos trunco prominentis, eosque uel propius ferro conpescunt uel longius promittunt, ut uites laxius diffundantur; hoc in solo
pingui melius, illud in gracili. Tabulata inter se ne minus ternis 12
pedibus absint atque ita formentur, ne superior ramus in

2 fodere $S^{2}R$: foed- $S^{1}A$ 7 samera S^{2} : amera $S^{1}AR$ 8 ramuli $S^{2}R$: rem- $S^{1}A$ manu ς : in manu *SAR* 10 abraditur ς : ablanditur *SAR* iam ς : nam *SAR* 13 in se *del.* ς 16 et latitudinis *S* : *om.* *AR* recipiant ς : respiat *S* : respiciant *AR* sic *S* : sed *AR* roscido *R* : roscio *SA* 17 nebuloso *R* : -sae *SA* 18 derigantur *S* : di- *AR* 20 inter *S* : intra *AR* 21 exili ς : ex(h)ibi *SAR* 22 incipient ς : -et *SAR* formandae ς : -da *SAR* 24 trunco *Iucundus* : -cos *SA* : -cosque *R* prominentis ς : promittentis *SAR* propius ς : proprius *SAR* 26 se ne minus *Iucundus* : si minus *S* : se minus A^{2} : seminibus A^{1}

eadem linea sit qua inferior; nam demissum ex eo palmitem germinantem inferior atteret et fructum decutiet.

Sed quamcumque arborem seueris, eam biennio proximo putare non oportet. Post deinde si ulmus exiguum incrementum <ceperit>, uerno tempore, antequam librum demittit, decacuminanda est iuxta ramulum qui uidebitur esse nitidissimus, ita tamen uti supra eum trunco stirpem dodrantalem relinquas, ad quam ductus et adplicatus ramus adligetur et 13 correptus cacumen arbori praebeat. Deinde stirpem post annum praecidi et adleuari oportet. Quod si nullum ramulum arbor idoneum habuerit, sat erit nouem pedes a terra relinqui et superiorem partem detruncari, ut nouae uirgae, quas emiserat, ab iniuria pecoris tutae sint. Sed si fieri poterit, uno ictu arborem praecidi, si minus, serra desecari et plagam falce adleuari oportebit eamque plagam luto paleato contegi, ne sole 14 aut pluuiis infestetur. Post annum aut biennium, cum enati ramuli recte conualuerint, superuacuos deputari et idoneos in ordinem summitti conueniet. Quae ulmus <si> a positione bene prouenerit, eius summae uirgae falce debent enodari. At si robusti ramuli erunt, ita ferro amputentur, ut exiguam stirpem prominentem trunco relinquas. Cum deinde arbor conualuerit, quicquid falce contingi poterit, exputandum est adleuandumque eatenus, ne plaga corpori matris adplicetur.

15 Vlmum autem nouellam formare sic conuenit: loco pingui octo pedes a terra sine ramo relinquendi uel in aruo gracili

24 *Pall.* 3. 13. 2

1 qua *S* : quam *AR* 5 ceperit *add. Hedberg* : recipit *Iucundus* demittit *S* : demit *AR* 6 ramulum *R* : -lam *SA* 7 trunco *Iucundus* : -cum *SAR* dodrantalem *Iucundus* : dodrantem *S* : drodamtranitem *A* : dodrantanitem *uel sim. R* 8 ad S^2R^* : a S^1AR^* ductus ς : dubitus *SAR* 10 nullum ς : -lam *SAR* 11 idoneum ς : ideum S^1AR : idem S^2 13 emiserat ς : -rant *SAR* 16 pluuiis *R* : fluuiis *SA* enati S^2R : enatu S^1A 18 si *addidi* 19 prouenerit ς : -rint *SAR* eius summae ς : eiussimae *SAR* 23 matris ς : maturius *SAR*

septem pedes, supra quod spatium deinde per circuitum in tres
partes arbor diuidenda est, ac tribus lateribus singuli ramuli
summittendi primo tabulato adsignentur. Mox de ternis 16
pedibus superpositis alii rami summittendi sunt ita, ne isdem
lineis quibus inferiores positi sint, eademque ratione usque in
cacumen ordinanda erit arbor. Atque in frondatione cauendum
ne aut prolixiores pollices fiant, qui ex amputatis uirgis relin-
quuntur, aut rursus ita adleuentur, ut ipse truncus laedatur aut
delibretur (nam parum gaudet ulmus usque in corpus nudari),
uitandumque ne de duabus plagis una fiat, quoniam talem
cicatricem non facile cortex conprehendit.

Arboris autem perpetua cultura est non solum diligenter 17
eam disponere sed etiam truncum circumfodere et quidquid
frondis enatum fuerit, alternis annis aut ferro amputare aut
astringere, ne nimia umbra uiti noceat. Cum deinde arbor
uetustatem fuerit adepta, prope terram uulnerabitur ita, ut
excauetur usque in medullam deturque exitus umori, quem ex
superiore parte conceperit. Vitem quoque, antequam ex toto
arbor praeualescat, conserere conuenit. At si teneram ulmum 18
maritaueris, onus iam non sufferet; si uetustae autem uitem
adplicueris, coniugem necabit. Ita subpares esse aetate et
uiribus arbores uitesque conuenit.

Sed arboris maritandae causa scrobis uiuiradici fieri debet latus pedes duo, altus leui terra totidem pedes, graui

5 inferiores *Richter* : -re *S* : in superiore *AR* positi sint *Iucundus* : positis (-tas *A*) in *SAR* 8 laedatur S^2 : laetatur S^1AR 9 usque *Hedberg* : quae *SAR* 12 *hinc usque in 7. 9. 4 nihil uidetur per se testimonium codd. R ualere (u. praef. p. x)* solum *S* : solum autem *AR* 13 eam *S* : eadem *AR* 14 fuerit A^2R : fue A^1: est *S* aut¹ *R* : autem *SA* 15 ne nimia S^2 : enimia S^1A^2 : eniia A^1 : enimla *uel* emnila *R* noceat *SR** : enoceat *AR** 16 uetustatem ς : -te *SAR* prope terram *Pontedera*³ : pro terram *S* : propterram A^1 : propter ramum A^2R 17 deturque *S* : quae *AR* 20 onus *S* : *om.* *AR* iam *Schneider* : nam *SAR* uetustae autem *Pomoell* : uetustate *S* : -tatem *AR** : uetustam *R** 21 adplicueris S^2A^1 : adpliceris S^1A^2R necabit *S* : negabit *AR* 24 altus ς : albus SA^1 : aluus A^2R pedes *Hedberg* : pedum *SAR*

dupundium et dodrantem, longus pedes sex aut minimum
quinque. Absit autem hic ab arbore ne minus sesquipedali
spatio; nam si radicibus ulmi iunxeris, male uitis conprehendet
19 et cum tenuerit, incremento arboris opprimetur. Hunc
scrobem, si res permittit, autumno facito, ut pluuiis et gelicidiis
maceretur. Circa uernum deinde aequinoctium binae uites, quo
celerius ulmum uestiant, pedem inter se distantes scrobibus
disponendae, cauendumque ne aut septentrionalibus uentis aut
20 rorulentae sed siccae serantur. Hanc obseruationem non solum
in uitium positione sed in ulmorum ceterarumque arborum
praecipio et uti cum de seminario eximuntur, rubrica notetur
una pars, quae nos admoneat ne aliter arbores constituamus
quam quemadmodum in seminario steterint. Plurimum enim
refert ut eam partem caeli spectent, cui ab tenero consuerunt.
Melius autem locis apricis, ubi caeli status neque praegelidus
neque nimium pluuius est, autumni tempore et arbores et uites
21 post aequinoctium deponuntur. Sed eae ita conserendae sunt,
ut summam terram, quae aratro subacta sit, semipedem alte
substernamus radicesque omnes explicemus et depositas
stercorata, ut ego existimo, si minus, certe subacta operiamus
et circumcalcemus ipsum seminis codicem.

Vites in ultimo scrobe deponi oportet materiasque earum
per scrobem porrigi, deinde ad arborem erigi atque ab iniuria
22 pecoris caueis emuniri. Locis autem praeferuidis semina
<a> septentrionali parte arbori adplicanda sunt, locis frigidis
a meridie, temperato statu caeli aut ab oriente aut ab occidente,
ne toto die solem uel umbram patiantur. Proxima deinde
putatione melius existimat Celsus ferro abstineri ipsosque coles

9 *Arb.* 17. 4 28 Celsus: *agr. fr.* 18 *Marx*

1 dupundium *Iucundus* : -diu SA^1 : -dio A^2R aut *S* : habet *AR* 5 facito S^2 : facit S^1AR 9 serantur ς : ferantur *SAR* 12 ne *S* : ne in *AR* 14 tenero *R** : teno *SAR** 19 depositas *Iucundus* : disposita *S* : deposita *AR* 25 a *addidi* 27 die S^2R : diem S^1A

in modum coronae contortos arbori circumdari, ut flexura materias profundat, quarum ualidissimam sequente anno caput uitis faciamus. Me autem longus docuit usus multo utilius 23
esse primo quoque tempore falcem uitibus admouere nec superuacuis sarmentis pati siluescere. Sed eam quoque, quae primo summittetur, materiam ferro coercendam censeo usque in alteram uel tertiam gemmam, quo robustiores palmites agat, qui cum primum tabulatum adprehenderint, proxima putatione disponentur. Omnibus annis alioquin in superius tabulatum excitabitur, relicta semper una materia, quae adplicata trunco cacumen arboris spectet.

Iamque uiti constitutae certa lex ab agricolis inponitur. 24
Plerique ima tabulata materiis frequentant, uberiorem fructum et magis facilem cultum sequentes. At qui bonitati uini student, in summas arbores uitem promouent; ut quaeque materia sedebit, ita in celsissimum quemque ramum extendunt sic, ut summa uitis summam arborem sequatur, id est, ut duo palmites extremi trunco arboris adplicentur, qui cacumen eius spectent, et prout quisque ramus conualuit, uitem accipiat. Plenioribus ramis plures palmites alius ab alio separati inpo- 25
nantur, gracilioribus pauciores, uitisque nouella tribus toris ad arborem religetur: uno, qui est in crure arboris, a terra quattuor pedibus distante, altero qui summa parte uitem capit, tertio qui mediam uitem conplectitur. Torum imum inponi non oportet, quoniam uires uiti adimit; interdum tamen necessarius habetur, cum aut arbor sine ramis truncata est aut uitis

3 *Pall.* 3. 13. 1

1 flexura ς : plexuram *SA* : flexuram *R* 2 materias *Iucundus* : -riae *SAR* 3 longus *S* : -gum *AR* 5 superuacuis ς : -us *SAR* 8 proxima putatione *ed. pr.* : -mam -nem *SAR* 9 disponentur *Iucundus* : -netur *SAR* 12 lex *AR* : *om. S* 14 at qui *S* : atque *AR* 16 sedebit ita *S* : sede uetita *AR* 19 uitem *R* : item *SA* accipiat *Iucundus* : accipit *SAR* 22 crure S^2R : cruere S^1A 23 distante ς : distant *SAR* capit A^2R : capis SA^1 24 imum *Iucundus* : uiuum *SAR* inponi S^2R : -nit S^1A non *SA* : tamen *R*

26 praeualens in luxuriam euagatur. Cetera putationis ratio talis est, ut ueteres palmites, quibus proximi anni fructus pependit, omnes recidantur, noui circumcisis undique capreolis et nepotibus, qui ex his nati sunt, amputatis committantur, et si laeta uitis est, ultimi potius palmites per cacumina ramorum praecipitentur, si gracilis, trunco proximi, si mediocris, medii, quoniam ultimus palmes plurimum fructum adfert, proximus minimum uitemque exhaurit atque attenuat.

27 Maxime autem prodest uitibus omnibus annis resolui; nam et commodius enodantur et refrigerantur cum alio loco adligatae sunt, minusque laeduntur ac melius conualescunt. Atque ipsos palmites ita tabulatis superponi conuenit, ut a tertia gemma uel quarta religati dependeant, eosque non constringi, ne
28 sarmentum uimine praecidatur. Quod si ita longe tabulatum est, ut materia parum commode in id perduci possit, palmitem ipsum uiti adligatum supra tertiam gemmam religabimus. Hoc ideo fieri praecipimus, quia quae pars palmitis praecipitata est, ea fructu induitur; at quae uinculo adnexa susum tendit, ea materias sequente anno praebet.

29 Sed ipsorum palmitum duo genera sunt: alterum, quod ex duro prouenit, quod quia primo anno plerumque frondem sine fructu adfert, pampinarium uocant, alterum, quod ex anniculo palmite procreatur, quod quia protinus, fructuarium appellant. Cuius ut semper habeamus copiam imae palmitum partes ad tres gemmas religandae sunt, ut quidquid intra uinculum est,

1 *Pall.* 3. 13. 2 14 *Pall.* 3. 13. 3

5 ramorum ς : morum *SAR* 6 proximi si *Iucundus* : proximis *SAR* medii *Iucundus* : medit S^2AR : edit S^1 8 minimum *S* : nimium *AR* 12 ut ς : et *SAR* 14 uimine *Iucundus* : uineae *SAR* 15 ut ς : in *SAR* 16 tertiam gemmam *Schneider* : ter gemma *SAR* religabimus *ed. pr.* : -uimus *SAR* 17 praecipitata R^* : praecap- SAR^* 18 ea *Schneider* : ex *SAR* fructu *S* : -to *AR* adnexa (an-) ς : abnexa *SA* : -sas *R* 23 palmite *S* : -tem *AR* protinus <fructum adfert> *Richter* : *sed Columellam aliter idem dicturum fuisse ueri simile est* 24 imae *Hedberg* : inae SA^1 : in ea A^2R palmitum *S* : -tem *AR*

materias exigat. Cum deinde annis et robore uitis conualuit, 30
traduces in proximam quamque arborem mittendae, easque
post biennium amputare atque alias teneriores tramittere
conuenit, nam uetustate uitem fatigant. Nonnumquam etiam
cum arborem totam uitis conprehendere nequit, ex usu
fuit partem aliquam eius deflexam terrae inmergere et rursus
ad eandem arborem duas uel tres propagines excitare, quo
pluribus uitibus circumuenta celerius uestiatur.

Viti nouellae pampinarium inmitti non oportet, nisi neces- 31
sario loco natus est, ut uiduum ramum maritet. Veteribus
uitibus loco nati palmites pampinarii utiles sunt et plerique
ad tertiam gemmam resecti optime summittuntur; nam
insequenti anno materias fundunt. Quisquis autem pampinus 32
loco natus in exputando uel alligando fractus est, modo ut
aliquam gemmam habuerit, ex toto tolli non oportet, quoniam
proximo anno uel ualidiorem materiam ex una creabit.

Praecipites palmites dicuntur, qui de annotinis uirgis enati in 33
duro adligantur. Hi plurimum fructus adferunt sed plurimum
matri nocent. Itaque nisi extremis ramis, aut si uitis arboris
cacumen superauit, praecipitari palmitem non oportet. Quod si 34
tamen id genus colis propter fructum summittere quis uelit,
palmitem intorqueat, deinde ita alliget et praecipitet; nam et
post eum locum quem intorseris, laetam materiam citabit,
et praecipitatus minus uirium in se trahet, quamuis fructu
exuberet. Praecipitem uero plus anno pati non oportet. Alterum 35
est genus palmitis, quod de nouello nascitur et in tenero
adligatum dependet, materiam uocamus; ea et fructum et noua

3 atque *S* : nihil atque *AR* tramittere *S* : transm- *AR* 5 nequit *S* : ne quid *AR* usu *AR* : usum *S* 8 uitibus S^2 : uitisus S^1: uitis *AR* 10 ueteribus S^2R^* : ueribus S^1AR^* 11 loco ς : loca *SAR* 12 tertiam ς : terram *SAR* resecti *S* : refecti *AR* 13 anno *R* : anni *SA* : *an* insequentis anni? 14 alligando *R* : -di *SA* 15 ex toto tolli S^2 : extotolli S^1 : extolli *AR* 16 creabit ς : -uit *SAR* 23 citabit S^2 : -uit S^1AR 24 praecipitatus *Hedberg* : -tata *SAR* uirium *Iucundus* : uinum *SAR* 26 est S^2 : et S^1AR

flagella bene procreat. Etiam si ex uno capite duae uirgae summittuntur, tamen utraque materia dicitur; nam pampinarius quam uim habeat, supra docui. Focaneus est, qui inter duo bracchia uelut in furca de medio nascitur; eum colem deterrimum esse conperi, quod neque fructum ferat et utraque bracchia, inter quae natus est, attenuet; itaque tollendus est.

36 Plerique uitem ualidam et luxuriosam falso crediderunt feraciorem fieri, si multis palmitibus summissis oneretur. Nam ex pluribus uirgis plures pampinos creat, et cum se multa fronde coperit, peius defloret nebulasque et rores diutius continet omnemque uuam perdit. Validam ergo uitem in ramos deducere censeo et traducibus dispergere atque dirarare, certosque uinearios coles praecipitare, et si nimis luxuriabitur, solutas materias relinquere; ea ratio uitem feraciorem faciet.
37 Sed ut densum arbustum commendabile fructu et decore est, sic ubi uetustate rarescit, pariter et inutile et inuenustum est. Quod ne fiat, diligentis patris familiae est primam quamque arborem senio defectam tollere et in eius locum nouellam restituere uitemque senectam aut uiuiradice frequentare aut, si sit facultas, quod est longe melius, ex proximo propagare. Cuius utriusque ratio consimilis est <ei> quam tradidimus.

Atque haec de Italico arbusto satis praecepimus.

7 Est et alterum genus arbusti Gallici, quod uocatur rumpotinum; id desiderat arborem humilem nec frondosam.

15 *Pall.* 3. 13. 3 23 *cf. Plin. N.H.* 14. 12 rumpotinus uocatur et alio nomine opulus (*Delecampius*: pop- *codd.*) arbor Italiae Padum transgressis

2 utraque ς : utramque *SAR* materia *SA* :- am *R* dicitur *ed. pr.* : deciditur *SAR* 5 esse ς : est *SAR* 8 summissis *R** : -sus *SAR** 10 coperit *S* : comperit *AR* et rores *R* : errores *SA* 12 traducibus ς : traductibus *SAR* dispergere *R** : disperge *SAR** dirarare *Iucundus* : dirrare *SA* : durare *R* 14 faciet *Schneider* : faceret *SAR* 15 commendabile ς : -li *SAR* 16 et inutile *S* : cum utile *AR* 19 uitemque senectam aut *Corsetti 1977* : uitem que aut enectam *S* : uitem quae at (aut A^2) nec tam A^1 : uitem queat ut nec tam *R* uiuiradice ς : -ci *SAR* frequentare aut *Hedberg* : frequenter ea ut *SAR* 21 ei *add. Iucundus* 24 rumpotinum *ed. pr.* : ump- *SAR*

Cui rei maxime uidetur esse idonea opulus (ea est arbor acernae
similis), quin etiam cornus et carpinus et ornus. Nonnumquam
et salix a plerisque in hoc ipsum disponitur, sed salix nisi
aquosissimis locis, ubi aliae arbores difficiliter conprehendunt,
ponenda non est, quia uini saporem infestat. Potest etiam
ulmus sic disponi, ut adhuc tenera decacuminetur, ne altitu-
dinem quindecim pedum excedat. Nam fere ita constitutum 2
rumpotinetum animaduerti, ut ad octo pedes locis siccis et
cliuosis, ad duodecim locis planis et uliginosis tabulata
disponantur. Plerumque autem ea arbor in tres ramos diuiditur,
quibus singulis ab utraque parte conplura bracchia summit-
tuntur, tum omnes paene uirgae, ne obumbrent, eodem
tempore quo uitis putatur, abraduntur.

Arboribus rumpotinis, <si> frumento non inseruitur, in 3
utramque partem XX pedum spatia interueniunt; at si segetibus
indulgetur, in alteram partem XL pedes, in alteram XX
relinquuntur. Cetera simili ratione atque in arbusto Italico
administrantur, ut uites longis scrobibus deponantur, ut eadem
diligentia curetur atque in ramos deducatur, ut noui traduces
omnibus annis inter se ex arboribus proximis committantur
et ueteres decidantur. Si tradux traducem non contingit, 4
media uirga inter eas deligetur; cum deinde fructus pondere
urguebit, subiectis adminiculis sustineatur. Hoc autem genus
arbusti ceteraeque omnes arbores quanto altius arantur et

1 esse *S* : *om. AR* opulus *Iucundus* (*u. TLL s.u.*) : populus *SAR* arbor] arbori *Hedberg* acernae *S* : cernae *AR* 2 carpinus A^2R : carpius SA^1 4 aquosissimis *S* : aquocissimis *AR* difficiliter S^2R : difficiter S^1A 6 ulmus ς : ulmos *SAR* adhuc ς : huc *SAR* 7 excedat S^2R^* : excadat S^1AR^* 8 rumpotinetum ς : -tu *SAR* 9 ad ς : a *SAR* 12 obumbrent *Pomoell* : bumbrente SA^2, brum- A^1 : umbrent *R* eodem *S* : eo *AR* 14 rumpotinis si *Iucundus* : ritum potinis *SAR* 15 at S^2R : ad S^1A 16 alteram partem A^2R : -ra -te SA^1 alteram ς : -ra *SAR* 18 administrantur ς : -tratur *SAR* 19 ramos *Vrsinus* : ramis *SAR* noui ς : non uita *S* : non noui *AR* 21 traducem ς : ducem S^2AR : dulcem S^1 22 deligetur *S* : di- *AR*

circumfodiuntur, maiore fructu exuberant; quod an expediat
patri familiae facere, reditus docet.
8 Omnis tamen arboris cultus simplicior quam uinearum est
longeque ex omnibus stirpibus minimam inpensam desiderat
2 olea, quae prima omnium arborum est. Nam quamuis non con-
tinuis annis sed fere altero quoque fructum adferat, eximia
tamen eius ratio est, quod leui cultu sustinetur et cum se non
induit, uix ullam inpensam poscit. Sed et si quam recipit,
subinde fructus multiplicat; neglecta conpluribus annis non ut
uinea deficit eoque ipso tempore aliquid etiam interim patri
familiae praestat, et cum adhibita cultura est, uno anno
3 emendatur. Quare etiam nos in hoc genere arboris diligenter
praecipere censuimus.

Olearum sicut uitium plura genera esse arbitror, sed in meam
notitiam decem omnino peruenerunt: posia, Licinia, Sergia,
4 Naeuia, Culminia, orchis, regia, radius, †culi†, murtea. Ex
quibus baca iucundissima est posiae, speciosissima regiae, set
utraque potius escae quam oleo est idonea. Posiae tamen oleum
saporis egregii dum uiride est, festinanter corrumpitur. Orchis
quoque et radius melius ad escam quam in liquorem stringitur.
Oleum optimum Licinia dat, plurimum Sergia. Omnisque
5 olea {et} maior fere ad escam, minor oleo est aptior. Nulla ex îs
generibus aut praeferuidum aut gelidum statum caeli patitur.

14 Olearum . . . 22 aptior: *Pall.* 3. 18. 3, *cf. Isid. Orig.* 17. 7. 63–7

---

2 reditus *Schneider* : ditus *SA* : ditu *uel* dictu *R* 4 minimam *Holford-Strevens* : minorem *SAR* 6 quoque ς : quodque *SAR* 8 ullam A^2R : uillam A^1: illam *S* 15 omnino *S* : anno *AR* posia *Forster* (pausia *iam ed. pr.*) : posita *SAR* licinia ς : licia *SAR* 16 naeuia *Iucundus* : ne uira *S* : neui *AR* culminia *SAR** : culmina *R** orchis *Beroaldus* : orches *R* : orces *SA* regia *Iucundus* : regiona *SAR* radius *Hedberg* (*cf.* §4) : scrisis *SAR* culi *SA* : cul *R* 17 posiae *S* : positae *AR* regiae sed *Schneider* : regies et *SAR* 18 utraque *S* : uirga quae *AR* posiae *Forster* (pausiae *iam ed. pr.*) posita *SAR* 19 est festinanter *Pomoell* : est inam *S* : estimam *AR* corrumpitur *Iucundus* : rumpitur *SAR* orchis *Beroaldus* : orces *R* : orceis *SA* 22 et *secl. Vrsinus* : *an* ut? iis *S* : his *AR* 23 praeferuidum *S* : praefert uidum *AR* patitur ς : patiatur *SAR*

Itaque aestuosis locis septentrionali colle, frigidis meridiano gaudet, sed neque depressa loca neque ardua, magisque modicos cliuos amat, quales in Italia Sabinorum uel tota prouincia Baetica uidemus.

Hanc arborem plerique existimant ultra sexagensimum a
mari aut non uiuere aut non esse feracem, sed in quibusdam
locis recte ualet. Optime uapores sustinet posia, frigus Sergia. 6
Aptissimum genus terrae est oleis, cui glarea subest, si super-
posita creta sabulo admixta est; non minus probabile est solum
ubi pinguis sabulo est, sed et densior terra, si uiuida et laeta est,
commode recipit hanc arborem. Creta ex toto repudianda est,
magis etiam scaturriginosa et in qua semper uligo consistit.
Inimicus est etiam ager sabulo macer aut nuda glarea; | nam etsi 7
non emoritur in eiusmodi solo, numquam tamen conualescit.
Potest tamen in agro frumentario seri uel ubi arbutus aut ilex steterant; nam quercus etiam excisa radices noxias olitueto relinquit, quarum uirus enecat oleam.

Haec in uniuersum de toto genere huius arboris habui dicere; nunc per partis culturam eius exequar.

Seminarium olitueto praeparetur caelo libero, solo modice 9
ualido et sucoso neque denso neque lutoso {solo}, potius tamen
resoluto. Id genus fere terrae nigrae est; quam cum in tres
pedes pastinaueris et alta fossa circumdederis, ne transitu
pecoris ager infestetur, | ramos nouellos proceros et nitidos, quos 2

7 *Pall.* 3. 18. 3–4 20 *Arb.* 17

1 frigidis *R* : frigis *SA* 2 neque[2] *R* : que *SA* ardua ς : arduo *SAR* 5 sexage(n)simum *R** : LXX *R** : censimum *S*[1]*A* : centes- *S*[2] 7 posia *Forster* (*iam* pausia *ed. pr.*) : postea *SA* : posita *R* sergia ς : -am *SAR* 8 glarea *SR** : -am *AR** 12 qua ς : quam *SAR* 15 frumentario *R** : -tano *SA*[1]*R** : -nos *A*[2] arbutus ς : arbustus *SAR* 16 excisa *S* : -sas *AR* 18 habui *S* : habui uobis *AR* 19 partis *A*[2]*R* : pratis *SA*[1] 20 *rubr.* IIII. (*mg. A*) DE SEMINARIO OLEAE seminarium ς : -rio *SAR* solo *ego* : modo *SR* : modo uel *A* : *del.* ς : terreno *Iucundus* 21 lutoso *ego* : soluto solo *SAR* 23 pastinaueris *S*[2]*R* : fas- *S*[1]*A* transitu *Hedberg* : traditus *SAR* : aditus ς 24 pecoris *Hedberg* : pecori *SAR* ager ς : ater *SAR* infestetur *Trockij 1928* : inferetur *S*[2] : infereturi *S*[1]*AR* ramos *A*[2]*R* : ramus *SA*[1]

conprehensos manus possit circumuenire, hoc est manubrii crassitudine, feracissimos arboribus adimito et quam recentissimos in taleas recidito ita, ne corticem aut ullam aliam partem quam qua serra praeciderit, laedas. Hoc autem facile contingit, si prius uaram feceris et eam partem supra quam ramum secaturus es, faeno aut stramentis texeris, ut molliter et
3 sine noxa corticis taleae superpositae secentur. Taleae deinde sesquipedales serra praecidantur, atque illae plagae utraque parte falce leuentur et rubrica notentur, ut sic quemadmodum in arbore steterit ramus, ita pars recte et cacumine caelum spectans deponatur; nam si inuersa mergatur, difficulter conprehendit, et cum {ualidis} conualuit, sterilis in perpetuum est. Sed oportebit palorum capita et imas partes mixto fimo cum cinere oblinere et ita totos eos inmergi, ut putris terra
4 quattuor digitis alte superueniat. Sed binis indicibus ex utraque parte muniantur; hi sunt de qualibet arbore breui spatio iuxta eas positi et inter se uinculo conexi, ne facile singuli deiciantur. Hoc facere utile est propter fossorum ignorantiam, ut cum bidentibus aut sarculis seminarium colere institueris, depositae taleae non laedantur.

5 Quidam melius existimant oculis excolere <et> eosdem simili ratione disponere. Sed utrumque debet post uernum aequinoctium seri et quam frequentissime seminarium primo anno sariri, postero et sequentibus, cum iam radiculae

7 *Pall.* 13. 18. 6 ('ut Columella dicit')

2 crassitudine ς : -nem *SAR* 3 recentissimos in *Hedberg* : -moi S^1A : -mo S^2R 4 qua ς : quae *SAR* 5 uaram *S* : uara *A* : uaria *R* 6 es S^2 : est S^1AR et ς : ut *SAR* 7 taleae[1] R^* : talae SAR^* taleae[2] ς : tali *SAR* 8 serra ς : terra *SAR* 9 rubrica *R* : lubrica *SA* ut sic] *aut* sic ut *legendum aut* sic *delendum* 10 steterit *Holford-Strevens* : -terat *SAR* 12 cum ualidis] *an* quamuis? ualidis *del. Hedberg* 13 est ς : esse *SAR* 14 oblinere SAR^* : -nire R^* inmergi *Schneider* : inmediri *SAR* 15 indicibus ς : induc- *SAR* 16 muniantur *Schneider* : uniantur *SA* : (h)umantur *R* arbore ς : arbores *SAR* breui *R* : -ue *SA* 19 depositae taleae ς : deposita et alere *SAR* 21 et eosdem *Hedberg* : corde *SAR*

seminum conualuerunt, rastris excoli. Sed biennio a putatione abstineri, tertio anno singulis seminibus binos ramulos relinqui et frequenter sariri seminarium conuenit; | quarto anno ex 6
duobus ramis infirmior amputandus est. Sic excultae quinquennio arbusculae stabiles translationi sunt. Plantae autem in oliueto disponuntur optime siccis et argillosis agris per autumnum, laetis et umidis uerno tempore, paulo antequam germinent.

Atque ipsis scrobes quaternum pedum praeparantur anno 7
ante; uel si tempus non largitur, priusquam deponantur arbores, sarmentis atque uirgis iniectis incendantur scrobes, ut eos ignis putres ecfficiat, quos sol et pruina facere debuerit. Spatia oliuetis esse debent pingui et frumentario solo sexagenum pedum in alteram partem atque in alteram quadragenum, macro neque idoneo segetibus quinum et uicenum pedum. Sed in Fauonium derigi ordines conuenit, ut aestiuo perflatu refrigerentur.

Ipsae autem arbusculae hoc modo possunt transferri: ante- 8
quam †plantam pars† arbusculam oleae, rubrica notato partem eius quae meridiem spectat, ut eodem modo quo in seminario

3 *Pall.* *3. 18. 6, 11. 8. 1, 12. 5*   18 *Pall.* *3. 18. 2, 5*

---

1 conualuerunt *SA* : -rint *R*   2 singulis ς : -li *SAR*   3 seminarium *R** : summarium *SAR**   4 duobus *R** : duabus *SAR**   excultae S^2*R** : exultae S^1*AR**   5 quinquennio ς : -nii *S* : -ni *AR*   6 argillosis *Pomoell* : uliginosis *SAR*   10 uel si *SR** : si uel *AR**   deponantur ς : -natur *SAR*   11 arbores ς : arbore *SAR*   sarmentis *Brouckhusius, cf. 5. 10. 3, Geop. 9. 6. 2* φρύγανα : si istam rectis (-tus A^1) *S*A^2 : sistam rectis *R*   atque uirgis iniectis (*Schneider* : insectis *S*) *om. AR*   incendantur ς : in cena dantur *SAR*   12 ignis ς : ignes *SAR*   putres efficiat *S* : putresque ficiat A^1 (*nimirum ex* putres et ficiat *ortum*), faciat A^2*R*   pruina ς : ruina *SAR*   debuerit] *an* -rint?   13 spatia *S* : -tium *AR*   oliuetis esse ς : ut (*om. AR*) uitis me *SAR*   debent *ut uid. S* : deberit *AR*   15 quinum ς : quidam *SAR*   uicenum ς : uicesimum *SAR*   16 fauonium A^2*R* : fab- *S*A^1 derigi *S* : di- *AR*   aestiuo ς : et euro S^2 : iruo S^1 : et riuo A^2*R* : et ruo A^1 19 plantam pars] plantario eruas *Hedberg* : explantare paras *Richter* : *alii alia*   arbusculam oleae *Hedberg* : arbusculas olee *S*, -le *AR* : -culam solo *Richter*   20 meridiem S^2*R* : -diae S^1*A*

stetit, deponatur; deinde ut arbusculae spatium pedale in circuitu relinquatur atque ita cum suo caespite planta eruatur. Qui caespes in eximendo ne soluatur, modicos surculos uirgarum inter se conexos facere oportet eosque pilae, quae eximitur, adplicare et uiminibus ita innectere, ut constricta
9 terra ueluti clausa teneatur, | tum subruta parte ima leuiter pilam commouere et subpositis uirgis adligare atque plantam transferre. Quae antequam deponantur, oportebit solum scrobis confodere bidentibus, deinde terram aratro subactam, si tamen pinguior erit summa humus, inmittere et ita seminibus substernere; et si qua constet scrobibus aqua, <ea> omnis haurienda est priusquam demittantur arbores, deinde ingerendi minuti lapides et glarea mixta pingui solo, depositisque seminibus latera scrobis circumcidenda et aliquid stercoris interponendum.

10 Quod si cum sua terra <transferre> plantam non conuenit, tamen optimum est omni fronde priuare truncum atque leuatis plagis caenoque et cinere oblitis scrobe uel sulco deponere. †Truncos gratus autem maturis† est, qui bracchi crassitudinem habet; poterit etiam longe maioris incrementi et robustioris transferri. Quem ita conuenit poni, ut nisi periculum a pecore habeat, exiguum admodum supra scrobem emineat (laetius

16 *Pall.* 3. 18. 5

1 stetit *Pomoell* : et id *SAR* pedale ς : -lem *SAR* 3 modicos ς : -co *SAR* 4 pilae ς : pila *SAR* quae *AR* : qua *S* 5 eximitur ς : eximuntur *SA* constricta terra ς : -tae -rae *SAR* 6 ueluti clausa *S* : uelut inclausa *AR* 8 deponantur (*sc. arbusculae*) *SAR* : -natur ς 9 confodere *Schneider*[c] : copia fodere (foed- S^1) S^2*AR* 10 inmittere ς : mittere *SAR* 11 si qua ς : sic *SAR* 12 ea *add,* ς priusquam ς : nusquam *SAR* demittantur *AR* : di- *S* 14 circumcidenda] circumcalcanda *Schneider*[c] 16 transferre *hic add. Hedberg, post* plantam *Forster* 18 plagis S^2R : flagis S^1A caenoque S^2 : cinoque S^1A : acinoque *R* oblitis *Iucundus* : obruitis *SA* : obrutis *R* scrobe ς : -bem *SAR* sulco ς : -cum *SAR* 19 *locus desperatus* : truncus autem aptior translationi *Iucundus* : *alii alia* maturis] materiis ς 20 robustioris *S* : -tionis *AR* 21 nisi *Richter* : sui *SAR* : si non *ed. pr.* pecore *S* : peccora *AR* 22 laetius ς : laetus *SAR*

enim frondet); si tamen incursus pecoris aliter uitari non potuerit, celsior truncus constituetur, ut sit innoxius ab iniuria pecorum. Atque etiam rigandae sunt plantae, cum siccitates 11
incesserunt nec, nisi post biennium, ferro tangendae. Ac primo surculari debent ita, ut simplex stilus altitudinem maximi bouis excedat; dein <ne in> arando coxam bos aliamue partem corporis offendat, optimum est etiam constitutas plantas circumuenire caueis. Deinde constitutum iam et maturum oliuetum in duas partes diuidere, quae alternis annis fructu induantur; neque enim olea continuo biennio uberat.

Cum subiectus ager consitus non est, arbor coliculum 12
agit; cum seminibus repletur, fructum adfert. Ita sic diuisum oliuetum omnibus annis aequalem reditum adfert, sed id minime bis anno arari debet et bidentibus alte circumfodiri; nam post solstitium cum terra aestibus hiat, curandum est ne per rimas sol ad radices arborum penetret. Post aequinoctium 13
autumnale ita sunt arbores ablaqueandae, ut a superiore parte, si olea in cliuoso est, incilia excitentur, quae ad codicem deducant aquam. Omnis deinde suboles quae ex imo stirpe nata est, quotannis extirpanda est ac tertio quoque fimo pabulandae sunt oleae.

16 *Pall.* 11. 8. 1–3, 4. 8. 1–2

4 incesserunt ς : incenserunt *SAR* nisi ς : ni *SAR* tangendae ς : tangeri de *SAR* 5 altitudinem ς : -ne *SAR* bouis *Gesner* : scrobis *SAR* 6 ne *hic Brouckhusius* (*post* arando *Iucundus*), in *add. Hedberg* coxam *SR** : coxa *AR**, *fort. recte* bos S^2R : uos S^1A aliamue *Iucundus* : -que *SAR* : aliaue (parte) *Richter* 8 caueis ς : cautis *S* : gaudetis *A* : gaudeas *R* 9 diuidere ς : -ri *SAR* 10 biennio *S* : -ni *A* : -nii *R* uberat *Iucundus* : eberat *S* : deberat *AR* 11 arbor ς : arbori *SAR* 14 bis *S* : huius A^2R : huis A^1 bidentibus S^2R* : ui- S^1AR* alte ς : alter *SAR* 15 solstitium *R** : solistitium *SAR** 16 radices *R** : -cem *SAR** arborum *R* : -rem *SA* 18 incilia *S* : incilicia *AR* deducant *ed. pr.* : -cat *SAR* 19 aquam *S* : *om. AR* 20 quotannis *R* : quodquod annis *S* : quotquot a- *A* pabulandae SA^1 : uel pabulandae A^2R

Atque eadem ratione stercorabitur oliuetum, qua in secundo
14 libro proposui, <si> tamen segetibus prospicietur; | at si ipsis
tantummodo arboribus, satis erunt singulis stercoris caprini
sex librae, stercoris sicci modii singuli uel amurgae insulsae
singulis congii VI. Stercus autumno debet inici, ut permixtum
hieme radices oleae calefaciat. Amurca <minus> ualentibus
infundenda est; nam <ui> eius per hiemem, si uermes atque
15 alia suberunt animalia, hoc medicamento necantur. Plerumque
etiam locis sucosis et umidis arbores musco infestantur, quem
nisi ferramento eraseris, nec fructu nec laeta fronde olea
induetur. Quin etiam conpluribus interpositis annis oliuetum
putandum est; nam ueteris prouerbii meminisse conuenit: eum
qui aret oliuetum, rogare fructum, qui stercoret exorare, qui
caedat cogere. Quod tamen satis erit octauo anno fecisse, ne
fructuarii rami subinde amputentur.

16 Solent etiam quamuis laetae arbores fructum non adferre.
Eas terebrari Gallica terebra conuenit atque ita in foramen
uiridem taleam oleastri arte demitti. Sic uelut inita arbor
fecundo semine fertilior extet; sed {si} haec ablaqueatione
adiuuanda est amurgaque insulsa cum suilla uel nostra urina
uetere, cuius utriusque modus seruatur; nam maximae arbori,
ut tantundem aquae misceatur, urna abunde erit. Solent etiam

12 prouerbii: *Otto no. 1285*

---

2 si *add. Schneider* prospicietur ς : propic- *SR** : propit- *AR** at *Vrsinus* : ac *SAR* 3 erunt *Hedberg* : seruari *S* : -uaueri *A* : -uaueris *R* : seruieris *Vrsinus* : facient *Schneider* singulis ς : -li *SAR* 4 amurgae *S* : -cae *AR* insulsae *Schneider*^{c} : in *SAR* 5 congii VI *Schneider*^{c} : condiuis *SAR* 6 hieme ς : -mi *SAR* calefaciat ς : calefacit *SAR* minus *add. Schneider* 7 ui *add.* ς 9 sucosis *ego* : siccis *SAR* 10 eraseris *Heinsius* : eareseris S^1A : earaseris S^2 : ea resecaueris *R* : *an* abraseris? fructu *ego* : -tum *SAR* laeta fronde] -tam -dem ς 11 induetur *ego* (*cf.* 5. 6. 28, 5. 9. 11) : inducet *SAR* : induet ς : se induet *Richter* (*cf.* 4. 27. 5, 6. 29. 5) 13 rogare ς : rigare *SAR* stercoret ς : -re S^1AR : -rat S^2 17 foramen ς : formem *SAR* 18 uiridem *R* : -dam *SA* taleam *ed. pr.* : talem *SAR* arte *Schneider* : parte *S* : -tem *AR* demitti *Hedberg* : di- *SAR* 19 si *del.* ς 20 nostra urina *ed. pr.* : natura *SAR* 21 seruatur ς : -turum *SAR* 22 ut *Schneider* : ui *SA* misceatur *R* : misatur *SA* urna *SA* : una *R*

uitio soli fructum oleae negare; | cui rei sic medebimur: altis 17
gyris ablaqueabimus eas, deinde calcis pro magnitudine arboris plus minusue circumdabimus, sed minima arbor modium postulat. Hoc remedio si nihil fuerit effectum, ad praesidium insitionis confugiendum erit; quemadmodum autem olea inserenda sit postmodo dicemus. Nonnumquam etiam in olea unus ramus ceteris aliquanto est laetior; quem nisi recideris, tota arbor contristabitur.

Ac de oliuetis hactenus dixisse satis est. Superest <ratio> pomiferarum arborum, cui rei deinceps praecepta dabimus.

Modum pomarii, priusquam semina seras, circumuenire **10**
maceriis uel saepe uel fossa praecipio nec solum pecori sed et homini transitum negare, quoniam si saepius cacumina manu detracta aut a pecoribus praerosa sunt, in perpetuum semina incrementum capere nequeunt. Generatim autem disponere 2
arbores utile est, maxime ne inbecilla a ualentiore prematur, quia nec uiribus nec magnitudine par est imparique spatio temporis adolescit.

Terra quae uitibus apta est, <et> arboribus est utilis. Ante annum quam seminare uoles, scrobem fodies. Ita sole pluuiaque macerabitur et †qua pedes positum† est, cito conprendet. At si eodem anno et scrobem <facere> et arbores 3

12 *Pall.* 3. 19 Modum . . . 20 utilis: *Arb.* 18 20 Ante annum . . . p. 222, 12 conuenit: *Arb.* 19

1 soli ς : sol *SAR* negare *S* : nec- *AR* 2 ablaqueabimus *S* : -amus *AR* magnitudine *R* : -nem *SA* 10 ratio *add.* ς praecepta dabimus S^2 : praeceptauimus S^1*AR* 12 *rubr.* V. (*mg. A*) DE POMARIO semina ς : semi *SAR* 13 praecipio *S* : praecipi *AR* 15 semina incrementum ς : seminarium crementum *SAR* 17 ne ς (*Arb.*) : etiam *SAR* 18 imparique S^2*R* : imperique S^1*A* 20 et *add. Richter* : etiam *Iucundus* 21 fodies *S* : fodi est *AR* 22 pluuiaque *Hedberg* (*Arb.*) : pluuias ne *SAR* qua pedes positum] quicquid depositum *Hedberg* 23 conprendet S^2 : -pend- S^1: conpedet *A* : -petet *R* at S^2 : *ras.* S^1: ea *AR* facere *add. Iucundus*

serere properabis, minime <ante duos menses scrobes> fodito, postea sarmentis incensis calefacito. Quos si latiores patentioresque feceris, laetiores uberioresque fructus percipies.
4 Sed scrobis clibano similis sit, imus summo patentior, ut laxius radices uagentur ac minus frigoris minusque aestate uaporis per angustum os penetret, tum etiam <ut> cliuosis locis terra quae in eum congesta est pluuiis non abluatur.

5 Arbores raris interuallis serito, ut cum creuerint, spatium habeant quo ramos extendant. Nam si spisse posueris, nec infra serere quid poteris nec ipsae fructuosae erunt, nisi interuolseris. Itaque inter ordines quadragenos pedes minimumque tricenos relinquere conuenit.

6 Semina lege crassa non minus quam manubrium bidentis, recta leuia procera, sine ulceribus, integro libro; ea bene et celeriter conprendent. Si ex ueteribus <arboribus> ramos sumes, <potissimum sumes> de îs quae quotannis bonos et uberes fructus adferunt. Ab <umeris autem obseruabis> illos qui sunt contra solem <orientem, ut eosdem decerpas; set si cum radice plantam posueris, incrementum ei maius futurum quam ceteris senties. Arbores insitae fructuosiores quam quae insitae non sunt, id est> quam quae ramis aut plantis ponentur.

13 Semina . . . p. 223, 14 demittito: *Arb.* 20

---

1 properabis *Brouckhusius* : pro(h)ibis *SA* : -bes *R* ante . . . scrobes *ex Arb. add. Iucundus* 2 sarmentis *SAR* (*u. ad c.* 9. 7 *supra*) : stramentis *ed. pr.* (*Arb.*) 3 feceris *A* ^{2}*R* : feris *SA*^{1} uberioresque *S*^{2}*R* : ubuer- *S*^{1}*A* 4 imus *ed. pr.* : (h)umus *SAR* summo *S* : -mum *A*^{1}*R* : -mus *A*^{2} 6 per ς : ple *SAR* os penetret ς, tum *Lundström* : openetrum *SAR* <ut> *add. Iucundus* 11 interuolseris *AR** : -uul- *SR** ordines ς : -nem *SAR* 13 bidentis ς : uidetis *SAR* 15 conprendent *Hedberg* (comprehendent *iam* ς): conprenderit *S* : comprehenderit *AR* ueteribus *A*^{2}*R* : ueterius *SA*^{1} arboribus *add. Pomoell* (*Arb.*) ramos *Schneider* : ramis *SAR* 16 potissimum sumes *add. Hedberg* (*Arb.*) is *S* : his *AR* bonos et uberes *S*^{2}*R* : bono sed uberi *S*^{1}*A* 17 adferunt *AR* : -rant *S* umeris . . . obseruabis *add. Hedberg* (*Arb.*) illos *ed. pr.* : illa *SAR* 18 orientem . . . id est *add. Hedberg praeeunte Schneider* (*Arb.*) 21 ramis ς : rimis *SAR* ponentur *Pontedera*^{2} : conentur *SAR*

Sed antequam arbusculas transferes, nota ut uentis, quibus 7
ante steterunt, constitui possint. †Manus† adhibeto, ut de cliuo
et sicco <in> umidum agrum transferas. Trifurca semina
maxime ponito; ea extent minime tribus pedibus. Si eodem
scrobe duas aut tres arbusculas uoles constituere, curato ne
inter se constringant; nam ita uermibus interibunt. <Cum 8
semina> depones, dextra sinistraque usque in imum scrobem
fasciculos sarmentorum bracchii crassitudinis demittito ita, ut
supra terram paulum extent, per quos aestate paruo labore
aquam radicibus subministres. Arbores ac semina cum radici-
bus autumno serito, hoc est circa Idus Octobris; | ramos uere 9
antequam germinant arbores, deponito. Ac ne tinia molesta sit
seminibus ficulnis, in imum scrobem lentisci taleam inuerso
cacumine demittito.

Ficum frigoribus ne serito; loca aprica calculosa glareosa,
interdum et saxeta amat; eiusmodi agro cito conualescet, si
scrobes amplos patentesque feceris. Ficorum genera, tametsi 10
sapore atque habitu distant, uno modo, dis<paribus locis> pro
differentia agri seruntur: locis frigidis et autumni tempore
aquosis praecoques ponito, ut ante pluuiam fructum deligas;

15 Ficum . . . p. 224, 9 meliorem: *Arb.* 21, *cf. Pall.* 4. 10. 23–36

1 arbusculas *ed. pr.* : -la *SAR* transferes ς : -ferres *SAR* ut uentis ς : uiuentis *SAR* 2 steterunt *Pontedera*^{3} : runt *S* : erunt *AR* possint ς : -sit *SAR* manus] *potius* curam *uel* diligentiam *exspectes, neque* ἀσύνδετον *placet* : curamque *Pontedera*^{2} adhibeto S^{2} : adhiueto S^{1}: adiuueto *AR* 3 in *add.* ς trifurca semina *Pomoell* (*Arb.*) : trifurcamina *S* : -cam in *A* : -cam *R* 5 uoles ς : uolens *SAR* 6 inter ς : puter *SAR* constringant ς : -gat *SAR* nam ita uermibus ς : aut uerbi aut (ut *S*) *SAR* cum semina *add. Iucundus* (*Arb.*) 7 depones *S* : depone *AR* usque *R* : us *SA* 8 fasciculos $A^{2}R$: -las SA^{1} brachii ς : brachia *SAR* demittito *R* : demicito $S^{1}A$: -mitito S^{2} 10 subministres *S* : sumministrare *AR* 11 ramos uere antequam *Pontedera*^{3} : remoueret equam (aquam *R*) *SAR* 13 taleam $A^{2}R$: aleam SA^{1} 14 demittito *S* : di- *AR* 15 *ante* ficum *rubr.* DE FICO (ELCO *S*) 16 saxeta $A^{2}R$: sazeta SA^{1} agro *Hedberg* (*Arb.*) : arbor *SAR* : aruo *Richter* 1972, *p.* 24 *n.* 1 conualescet *ego* : -scit *SAR* 17 ficorum ς : fico *SAR* genera tametsi *Hedberg* : generata etsi *SAR* 18 disparibus locis *Hedberg* (*Arb.*) : des *S* : id est *AR* 19 tempore ς : -ris *SAR* : -ribus *Arb.* 20 aquosis S^{2} : a quo is $S^{1}AR$

locis calidis hibernas <serotinas> serito. At si uoles ficum quamuis non natura seram facere, tunc grossulos priorem fructum decutito, ita alterum edet, quem in hiemem differet. Nonnumquam etiam cum frondere coeperunt arbores, cacumina fici ferro summa prodest amputare; sic firmiores arbores et feraciores fiunt. Ac semper conueniet, simulatque folia agere coeperit ficus, rubricam amurga diluere et cum stercore
11 humano ad radicem infundere; | ea res efficit uberiorem fructum et fartum fici pleniorem ac meliorem. Serendae sunt autem praecipue Liuianae Africanae Chalcidicae †fulcae† Lydiae callistruthiae †astopiae† Rhodiae Libycae Tiburnae, omnes etiam biferae et triferae flosculi.

12 Nucem Graecam serito circa Kalendas Februarias, quia prima gemmascit. Agrum durum calidum siccum desiderat; nam in locis diuersis nucem si deposueris, plerumque putrescit. Antequam nucem deponas, in aqua mulsea nec nimis dulci macerato; ita iucundioris saporis fructum, cum adoleuerit,
13 praebebit et interim melius atque celerius frondebit. Ternas nuces in trigonum statuito <parsque acutior inferior sit, quia inde radices mittit>, et nux a nuce minime palmo absit et

13 *Arb.* 23, *cf. Pall.* 2. 15. 6–19 20 minime palmo absit: *Garg. Hort.* 3. 1 *Mazzini* (= *fr.* 10 *p.* 30 *Condorelli*) non palmo, ut Columellae uidetur, sed pedis siue dodrantis spatio separentur

1 hibernas *Iucundus* : -na *SAR* serotinas *add. Pomoell* (*Arb.*) at *Iucundus* : aut *SAR* 2 natura ς : -ram *SAR* tunc grossulos] cum grossulis *Vrsinus* priorem] prioremue *Iucundus* : *an* pr- fructum *uelut glossema delendum?* 3 decutito ς : -tit *SAR* edet ς : det *SAR* hiemem ς : -me *SAR* 4 cum *S* : *om. AR* frondere *AR* : fronde *S* coeperunt *ed. pr.*: -rint *SAR* 6 fiunt *Iucundus* (*Arb.*) : sunt *SAR* 7 coeperit ς : -rint *SAR* 9 fartum *Iucundus* (*Arb.*) : partum *SAR* 10 liuianae *AR* : lib- *S* fulcae] Chiae *Hedberg* 11 callistrutiae ς : -rustiae *SAR* astopiae] mariscae *Hedberg* r(h)odiae *R* : rohiae *SA* Tiburnae *Forster* : tibernae *SR** : tyb- *AR** : hibernae *ed. pr.* 12 triferae *ed. pr.* : antiferae *SAR* 15 putrescit] *an* -scet? 16 aqua ς : aquam *SAR* 17 macerato *S* : -rat *AR* 19 parsque . . . mittit *add. Pontedera*[1] (*Arb.*) 20 a nuce minime *S* : geniminie *AR** : -mine *R**

anceps ad Fauonium spectet. Omnis autem nux unam radicem mittit et simplici stilo prorepit; cum ad scrobis solum radix peruenit, duritia humi coercita recuruatur et ex se in modum ramorum alias radices emittit.

14 Nucem Graecam et auellanam Tarentinam facere hoc modo poteris: in quo scrobe destinaueris nuces serere, in eo terram minutam in modum semipedis ponito ibique semen ferulae pangito. Cum ferula fuerit enata, eam findito et in medullam eius sine putamine nucem Graecam uel auellanam abscondito et ita adobruito. Hoc ante Kalendas Martias facito, uel etiam inter Nonas et Idus Martias. Eodem tempore iuglandem et pineam et castaneam serere oportet.

15 Malum Punicum a uere usque in Kalendas Aprilis recte seritur. Quod si acidum aut minus dulcem fructum feret, hoc modo emendabitur: stercore suillo et humano urinaque uetere radices rigato; ea res et fertilem arborem reddet et primis annis fructum uinosum, post quinquennium dulcem et apyrenum facit. Nos exiguum admodum laseris uino diluimus et ita cacumina arboris summa obleuimus; ea res emendauit acorem

1 anceps . . . spectet: *Garg. Hort.* 3. 1 *Mazzini* (*p.* 31 *Condorelli*) Columella cum dicat 'anceps nucis ad Fauonium spectet', et sine dubio et ipse unum latus opponit Aquiloni   5 *cf. Pall.* 3. 25. 31–33; semen ferulae . . . adobruito: *Garg. Hort.* 3. 3 *Mazzini* (= *fr.* 10 *pp.* 32–33 *Condorelli*) Mago primus et post eum Diophanes nouam amygdali <sationem> suadent ut ferulam primo seramus eamque post annum recisam et in media parte diffissam, nuce amygdali qua medullae sucus mollis est compleamus; nec desinunt adseuerare quod arbor eiusmodi et robore et fructu pulcriore prouenit, sicut Columella describit ferularem   10 hoc . . . Idus Martias: *Garg.* 4. 1 *Mazzini* (= *fr.* 12 *p.* 39 *Condorelli*) Columella . . . nuntiat Kal. Martias in Idus easdem ne quid intersit et plantat, ut quando quaeque sine culpa manus ueniat scire <non> possimus   13 *Arb.* 23, *cf. Pall.* 4. 10. 1–6

1 nux *SR** : nox *AR**   2 stilo *S* : stolo A^2R : stoillo A^1 solum ς : solux *S* : solus *AR*   3 ex se in modum *S* : ex summo dum *AR* : extensa in modum *Vrsinus* (*Arb.*)   4 alias *S* : auas A^1 : ambas A^2R 6 nuces ς : neces *SAR*   7 minutam *S* : inuitam *AR*   in *S* : pro *AR*   8 pangito *S* : repangito *AR*   eam *SR** : ea *AR**   medullam *S* : -la *AR*   9 uel *S* : ut *AR*   auellanam *SR** : auellana A^2R* : nouel- A^1 13 *rubr.* VI. (*mg. A*) DE MALO PVNICO EMENDANDO   a uere ς : habere *SAR*   17 apyrenum *Iucundus* (apirinum *codd. Arb.* 23. 1) : aprinum *SAR*

16 malorum. Mala Punica ne in arbore hient, remedio erunt lapides tres, si cum seres arborem ad radicem ipsam conlocaueris. At si iam arborem sitam habueris, scillam secundum radicem arboris serito. Alio modo: cum iam matura mala fuerint, antequam rumpantur, ramulos quibus dependent, intorqueto; eodem modo seruabuntur incorrupta etiam toto anno.

17 Pirum autumno ante brumam serito ita, ut minime dies XXV ad brumam supersint. Quae ut sit ferax, cum adoleuerit, alte eam ablaqueato et iuxta ipsam radicem truncum findito, in fissuram cuneum taedae pineae adigito et ibi relinquito; deinde adobruta ablaqueatione cinerem supra terram inicito.
18 Curandum est autem ut quam generosissimis piris pomaria conseramus. Ea sunt Crustumina regia Signina Tarentina, quae Syria dicuntur, purpurea superba hordeacea Aniciana Naeuiana Fauoniana Lateritana Dolabelliana Turraniana uolema mulsa praecocia Veneria, quaedam alia quorum enumeratio nunc longa est.

19 Praeterea malorum genera exquirenda, maxime Scaudiana Matiana orbiculata Cestiana Pedusiana Amerina Syrica melimela Cydonea, quorum genera tria sunt struthia chrysomelina mustia, quae omnia non solum uoluptatem sed etiam salubritatem adferunt.

20 Sorbi quoque et Armeniaci atque Persici non minima est gratia. Mala sorba pruna post mediam hiemem usque in Idus

7 *Arb.* 24, *cf. Pall.* 2. 15. 3 23 *Arb.* 25, *cf. Pall.* 2. 15. 1, 3. 25. 27, 12. 7. 1, 13

1 hient ς : ient *SA*^{1} : uent *A*^{2}*R* erunt *Reeve* : erit *SAR* 2 seres ς : res *SAR* conlocaueris *S* : colueris *AR* 3 at *A*^{2}*R* : ad *A*^{1}: a *S* sitam] satam *Arb.* 8 ad *R* : a *SA* adoleuerit ς : adoluerit *SAR* 10 in ς : et *SAR* cuneum ς : cuneo *SAR* pineae *R* : pinae *SA* adigito *Hedberg* : adicito *SAR* 11 adobruta *S*^{2} : ab- *S*^{1}: abruita *A* : absumpta *R* cinerem ς : cinere *SAR* 13 tarentina *R** : ter- *SAR** 14 syria ς : syna *SAR* (h)ordeacea *AR* : -cia *S* 15 mulsa *R* : mulsia *SA* 18 Scaudiana *Pomoell* : scaidianam *S* : gaudiana *AR* 19 Cestiana *TLL Onom.* 2. 355. 60 (*u. ad* 12. 47. 5) : cestina *SAR* 20 struthia *AR* : -tiac *S* 21 chrysomelina *AR* : chys- *S* mustia *AR* : -tiae *S* 24 mala *SA*^{1} : et mala *A*^{2}*R* sorba *S*^{2}*R** : sorua *S*^{1}*AR** hiemem *Schneider* : essem *SA* : messem *R*

Februarias serito. Mororum ab Idibus Februariis usque ad aequinoctium uernum satio est. Siliquam Graecam, quam quidam ceration uocant, et Persicum ante brumam per autumnum serito. Amygdala si parum ferax erit, forata arbore lapidem adigito et ita librum arboris inolescere sinito.

Omnium autem generum ramos circa Kalendas Martias in 21
hortis, <ubi et> subacta et stercorata terra est, per puluinos arearum disponere conuenit; <deinde cum tenuerint>, danda est opera ut dum teneros ramulos habent, ueluti pampinentur et ad unum stilum primo anno semina redigantur; et cum autumnus incesserit, antequam frigus cacumina adurat, omnia folia decerpere expedit et ita crassis harundinibus quae ab una parte nodos integros habeant, quasi pilleolis induere atque ita a frigore et gelicidiis teneras adhuc uirgas tueri. Post XXIIII deinde 22
menses, siue transferre et disponere in ordinem uoles siue inserere, satis tuto utrumque facies.

Sed omnis surculus inseri potest, si non est ei cui inseritur **11**
arbori cortice dissimilis; si uero etiam similem fructum et eodem tempore adfert, sine scrupulo egregie inseritur.

Tria genera porro insitionum antiqui tradiderunt: unum quo resecta et fissa arbor insertos surculos accipit, alterum quo resecta inter librum et materiam semina admittit, quae utraque genera uerni temporis sunt; tertium quo ipsas gemmas cum exiguo cortice in partem sui delibratam recipit, quam uocant

17 *Cf. Pall.* 3. 17, *Arb.* 26. 1

1 mororum *ed. pr.* (*Arb.*) : malorum *SAR*   3 quidam ceration *AR* : quedam -ni *S*   5 adigito *Vrsinus* : adicito *SAR*   6 ramos *S* : -mus *AR*   7 hortis *R* : hostis *SA*   ubi et subacta et *Pomoell* (*Arb.*) : truta est *SAR*   est per *Pomoell* (*Arb.*) : super *SAR*   8 deinde cum tenuerint *addidi* (*Arb.*)   12 una *SAR** : ima *R**   13 habeant ς : -at *SAR*   pilleolis *Richter* (*Arb.*) : pilleos *Pomoell* : tiliae *SAR*   induere atque ita *ego* (*Arb.*) : i- atque sic *Iucundus*: sic i- atque *SAR*   14 gelicidiis $A^{2}R$: -dis SA^{1} adhuc ς : adit ut *SAR*   16 utrumque *ed. pr.* : utrius (-que ς) *SAR*   facies *Hedberg* (*Arb.*) : facere *SAR*   17 *rubr.* VII. (*marg. A*) DE INSITIONE   21 arbor insertos *Hedberg* (*Arb.*) : arbore sextos *S* : arbor resectos *AR*   23 uerni *Iucundus* : ueris *SAR*

agricolae emplastrationem uel, ut quidam, inoculationem; hoc
2 genus insitionis aestiuo tempore optime usurpatur. Quarum
insitionum rationem cum tradiderimus, a nobis repertam
quoque docebimus.

Omnes arbores simul<atque> gemmas agere coeperint, luna
crescente inserito, oliuam autem circa aequinoctium uernum
3 usque in Idus Aprilis. Ex qua arbore inserere uoles et surculos ad
insitionem sumes, uideto ut sit tenera et ferax nodisque crebris;
et cum primum germina tumebunt, de ramulis qui solis ortum
spectabunt et integri erunt, eos legito crassitudine digiti
minimi. Surculi sint bifurci uel trifurci. Arborem quam inserere
uoles, serra diligenter exsecato ea parte qua maxime nitida et
4 sine cicatrice est dabisque operam ne librum laedas. Cum
deinde truncam reddideris, acuto ferramento plagam leuato,
deinde quasi cuneum tenuem ferreum uel osseum inter
corticem et materiam ne minus digitos tres sed considerate
demittito, ne laedas aut rumpas corticem. Postea surculos
quos inserere uoles, falce acuta ex una parte deradito tantum,
quantum cuneus demissus spatii dabit atque ita, ne medullam
5 illis neue alterius partis corticem laedas. Vbi surculos paratos
habueris, cuneum uellito statimque surculos <demittito> in ea
foramina quae cuneo adacto inter corticem et materiam feceris.
Ea autem fine qua adraseris, surculos sic inserito, ut semipedem

2 Quarum . . . 17 corticem: *Arb.* 26. 2–3 3 a nobis repertam: *Plin. N.H.* 17. 137 noua inserendi ratio . . . Columellae excogitata, ut adfirmat ipse (*u. infra* §13) 17 Postea . . . p. 229, 9 dilabatur: *Arb.* 26. 4–5

2 aestiuo tempore *ed. pr.* : -ui -ris *SAR* 5 atque *add. ed. pr.* coeperint R^* : -rit SAR^* 8 sit *AR* : si *S* 9 germina tumebunt *Iucundus* : germinatum ibunt *SAR* ramulis <anniculis> *Iucundus* (*Arb.*) 12 exsecato *AR* : excato *S* 13 est *AR* : et *S* 19 quantum S^1AR^* : quantam S^2R^* cuneus ς : -is *SAR* demissus ς : di- *SAR* spatii *AR* : -ti *S* medullam *Forster*, illis *Richter* : medullis *SAR* : -las ς 20 paratos . . . 21 surculos *om.* S^1 paratos S^2 : dimittito paratos *AR* 21 habueris ς : straueris S^2AR uellito S^2 : uel lecto *AR* demittito *add. Hedberg* : di- ς 22 foramina ς : forma *SAR* 23 qua adraseris A^2 : quadraseris SA^1 : quo a- *R* :

uel amplius de arbore extent. In una arbore duos, uel si truncus
uastior est, plures calamos recte inseres, dum ne minus quat-
tuor digitorum inter eos sit spatium; pro arboris magnitudine et
corticis bonitate haec facito. Cum omnes surculos quos arbor 6
ea patietur, demiseris, libro ulmi uel iunco aut uimine arborem
constringito; postea paleato luto bene subacto oblinito totam
plagam et spatium quod est inter surculos, usque adeo dum
minime quattuor digitis insita extent. Supra lutum deinde
muscum inponito et ita ligato, ne pluuia dilabatur. Quosdam
tamen magis delectat in trunco arboris locum seminibus
serra facere insectasque partes tenui scalpello leuare atque ita
surculos aptare.

Si pusillam arborem inserere uoles, imam abscidito ita, ut 7
sesquipedem e terra extet; cum deinde praecideris, plagam
diligenter leuato et medium truncum acuto scalpro modice
findito ita, ut fissura digitorum trium sit. In eam deinde
cuneum quo diducatur, inserito et surculos ex utraque parte
adrasos demittito sic, ut librum seminis libro arboris aequalem
facias. Cum surculos diligenter aptaueris, cuneum eximito et 8
arborem, ut supra dixi, adligato, deinde terram circa arborem
adaggerato usque ad ipsum insitum; ea res a uento et calore
maxime tuebitur.

Tertium genus insitionis cum sit subtilissimum, non omni
generi arborum idoneum est, sed fere recipiunt talem insi-
tionem, quae umidum sucosumque et ualidum librum habent,

13 Si pusillam . . . 22 tuebitur: *Arb.* 26. 6

1 in una . . . 8 extent *S* : *om. AR* 4 arbor ea *Gesner* : arbores *S* 6 totam *Gesner* : tam *S* 7 adeo dum *Schneider*^{c} : ad eodem *S* 8 insita *Gesner* : insta *S* lutum *Pomoell* (*Arb.*) : in *S* : inde est *A* (*ut uid.*) *R* 9 muscum *ed. pr.* (*Arb.*) : ramuscula *SAR* 13 inserere ς : serere *SAR* 14 sesquipedem e ς : sesquipedam e A^2R, sequi- e A^1 : sequipedamen *S* extet *S* : exstet et *AR* 15 scalpro SAR^* : scalpro (*uel* scalpello) pro R^* 16 eam *Hedberg* (*Arb.*) : ea *SAR* 18 demittito *Iucundus* : di- *SAR* 21 ad R^* : id SAR^* 23 tertium *om.* A^1 : tertium nos SA^2R 24 generi *R* : geriem SA^1 : generiem A^2 arborum ς : -ri *SA*, -ri(s) *R*

9 sicut ficus, | nam et lactis plurimum mittit et corticem robustum habet. Optime itaque ea inseritur scarifici ratione.

Ex arbore de qua inserere uoles, nouellos et nitidos ramos eligito; in îs dein quaerito gemmam quae bene apparebit certam<que spem germ>inis habebit, et eam duobus digitis quadratis circumsignato, ut gemma media sit, et ita acuto
10 scalpello circumcisam diligenter, ne eam laedas, delibrato. Item alterius arboris quam emplastraturus es, nitidissimum ramum eligito et eiusdem spatii corticem circumcidito et materiam delibrato. Deinde in eam partem quam nudaueris, praeparatum emplastrum aptato ita, ut alterius delibratae parti conueniat.
11 Vbi ita haec feceris, circa gemmam bene adligato cauetoque ne laedas ipsum germen; deinde commissuras et uincula luto oblinito, spatio relicto ut gemma libera uinculo non urgeatur. Arboris autem insitae subolem et ramos superioris praecidito, ne quid sit quo possit auocari, aut ne cui magis quam insito seruiat; post XXI diem soluito emplastrum. Et hoc genere optime etiam olea inseritur.

12 Quartum illud genus insitionis iam docuimus, cum de uitibus disputauimus; itaque superuacuum est hoc loco repetere traditam rationem terebrationis.

Sed cum antiqui negauerint posse omne genus surculorum

2 ratione: *Arb.* 26. 7 3 Ex arbore ... 21 terebrationis: *Arb.* 26. 8–9 22 Sed cum ... p. 232, 2 inseres : *Plin. N.H.* 17. 137–8, *Arb.* 27

2 ea *S* : *om. AR* scarifici *Dahllöf* : carifici *SA* : caprificii *R* ratione *S* : raneus *AR* 3 *ante* ex *rubr.* VIII. (*mg. A*) DE FICO INSERENDO 4 is dein quaerito *S* : his d- q- *A* : hisdemque serito *R* 5 certamque spem germinis ς (*Arb.*) : certaminis *SAR* et eam *Hedberg* : etiam *SAR* : eam *ed. pr.* (*Arb.*) 6 gemma media sit et ita *S* : gemmedia site ut *AR* 8 emplastraturus *S* : eam plastr- *AR* es *AR* : est *S* 11 aptato *S* : apto *AR* alterius *Forster* : alterae *AR* : alte *S* parti conueniat *ed. pr.* (*Arb.*) : parco(n)ueniat *SAR* 15 arboris *SR** : -res *AR** 16 quo *Iucundus* : quod *SAR* auocari *S* : uocari *AR* ne cui ς : nec uim *SAR* 19 *rubr.* VIIII. (*mg. A*) DE INSITIONIBVS (INSTIO *S*) ARBORVM (*om. S*) quartum *S* : quarum *AR* uitibus *S* : uitis *AR* 21 terebrationis S^2R : tene- S^1A

in omnem arborem inseri et ex illa definitione, qua nos
paulo ante usi sumus, ueluti quandam legem sanxerint eos
tantum surculos posse coalescere qui sint cortice ac libro et
fructu consimiles îs arboribus quibus inseruntur,
existimauimus errorem et huius opinionis discutiendum
tradendamque posteris rationem, qua possit omne genus sur-
culi omni generi arboris inseri. Quod ne longiore exordio 13
legentem fatigemus, unum quasi exemplum subiciemus, quo
possit omne genus surculi dissimilibus arboribus inseri.

Scrobem quoquouersus pedum IIII ab arbore oliuae tam
longe fodito, ut extremi rami oleae possint eam contingere.
<In> scrobem deinde fici arbusculam deponito diligentiamque
adhibeto, ut robusta et nitida fiat. Post triennium <aut quin- 14
quennium>, cum iam satis amplum incrementum ceperit,
ramum oliuae qui uidetur nitidissimus, deflecte, et ad crus
arboris ficulneae religa atque ita, amputatis ceteris ramis, ea
tantum cacumin<a, quae ins>eres, relinque. Tum arborem fici
detrunca plagamque leua et mediam cuneo finde. Cacumina 15
deinde oliuae, sicuti matri cohaerent, utraque parte adrade
et ita fissurae fici insere, cuneumque exime <et> diligenter
ramulos colliga, ne qua ui reuellantur. Sic interposito triennio
coalescet ficus cum olea, et tum demum quarto anno, cum bene

1 illa *SR** : tila *AR** qua ς : quae *SAR* 2 paulo ante ς : ↔ *SAR* ueluti quandam *ed. pr.* : uel antequam *SAR* 3 tantum ς : tantos *SAR* coalescere *S* : conualescere *AR* 4 is *S* : his *AR* 5 existimauimus *S* : -bimus *AR* 7 generi ς : -re *SAR* 9 dissimilibus *Forster* : dissimilis *S* : dimissis *AR* 10 *ante* scrobem *rubr.* X. (*mg. A*) OLIVAE INSITIO scrobem ς : scrobe *SAR* quoquo- *R* : quoque- *SA* pedum ς : pedes *SAR* ab *S* : *om. AR* 11 possint eam ς : possit ea *S* : positae *AR* 12 in *add. ed. pr.* 13 triennium aut quinquennium *ego* (*Arb.* 27. 3; *cf. Plin. N.H.* 17. 138 postea fico adepta uires, quod euenire trimae aut utique quinquenni) : biennium *SAR* 15 deflecte S^2R : defrecte S^1A 16 arboris ς : arbor *AR* : ar S^1 : *ras.* S^2 17 cacumina quae inseres *Lundström* : cacumineris *SA* : cacuminer *uel* -ne *R* : cacumina quae inserere uolueris *Pomoell* (*cf. Arb.*) 18 cuneo *S* : cuneam *AR* 20 et^2 *add. ed. pr.* (*Arb.*) 21 reuellantur ς : -latur *SAR* 22 coalescet *S* : conualescet *AR* bene ς : ene *S* : eno *AR*

coierit, uelut propagines ramulos oliuae a matre resecabis. Hoc modo omne genus in omnem arborem inseres.

Ac priusquam finem libri facimus, quoniam fere species surculorum omnes persequimur <ac> prioribus libris de cytiso incipere parum {ac} tempestiuum fuit, nunc opportune eius arboris praecipientes meminerimus.

12 Cytisum in agro esse quam plurimam maxime refert, quod gallinis apibus ouibus capris bubus quoque et omni generi pecudum utilissimum est, quod ex ea cito pinguescit et lactis plurimum praebet, tum etiam {ouis} octo mensibus uiridi eo pabulo uti et postea arido possis. Praeterea in quolibet agro quamuis macerrimo celeriter comprendit omnemque iniuriam
2 sine noxa patitur. Mulieres quidem si lactis inopia premuntur, cytisum aridam in aqua macerare oportet et cum tota nocte permaduerit, postero die expressi suci ternas heminas permiscere modico uino atque ita potandum dare; sic et ipsae ualebunt et pueri abundantia lactis confirmabuntur.

Satio autem cytisi uel autumno circa Idus Octobris uel uere
3 fieri potest. Cum terram bene subegeris, areolas facito ibique uelut ocimi semen cytisi autumno serito. Plantas deinde uere disponito ita, ut inter se quoquouersus quattuor pedum spatio

7 Cytisum . . . p. 233, 14 condito: *Arb. 28*

---

2 omnem *SA* : *om. R* 3 finem *AR* : fine *S* facimus] faciamus ς species *A²R* : specimus *SA¹* 4 ac *addidi* : sed *Pomoell* : dum *ante* persequimur *Richter* prioribus ς : priores *SAR* 5 parum ς : prauum *S* : paruum *AR* ac *del. Richter* opportune eius *huc transtulit Richter, ante* meminerimus *SAR* : *an* arboris praecipientes *secludendum?* 7 *rubr.* XI. (*mg. A*) DE CYTISO plurimam *ego* (*cf.* §4 aridam) : -mum *SAR* 8 ouibus *S* : *om. AR* generi *S* : -re *AR* 9 lactis *SR** : laetis *AR** 10 tum ς, *Arb.* : cum *SAR* ouis *hic SAR, post* praebet ς, *unde* ouibus *Iucundus* : *uocem seclusi* mensibus *SR** : -sis *AR** 11 arido *S²R* : rido *S¹A* possis *Iucundus* (*Arb.*) : -sit *SAR* 12 comprendit *S* : -prehendit *AR* omnemque *ego* (*Arb.*) : omnem *SAR* 14 aridam *ego* (*Arb.; cf.* §4) : -dum *SAR* aqua *SR** : aquam *AR** macerare *SA* : -ri *R* 16 ipsae ς : ipsa *SAR* 19 *ante* areolas *an* in modum holerum *addendum* (*Arb.*)? ibique ς : ubique *SAR* 21 disponito *S* : disposito *AR* spatio *ego* (*Arb.*) : spatia *SAR*

distent. Si semen non habueris, cacumina {ina} cytisorum uere
disponito, stercoratam terram circa aggerato. Si pluuia non 4
incesserit, rigato quindecim proximis diebus; simulatque
nouam frondem <agere> coeperit, sarito et post triennium
deinde caedito et pecori praebeto. Equae abunde est uiridis
pondo xv, bubus pondo uicena, ceterisque pecoribus pro portione uirium. Potest autem etiam circa saepem agri satis commode ramis cytisus seri, quoniam facile conprendit et iniuriam
sustinet. Aridam si dabis, parcius praebeto, quoniam uires
maiores habet, priusque aqua macerato et exemptam paleis
permisceto. Cytisum cum aridam facere uoles, circa mensem 5
Septembrem, ubi semen eius grandescere incipiet, caedito
paucisque horis, dum flaccescat, in sole habeto, deinde <in>
umbra exsiccato et ita condito.

Hactenus de arboribus praecepisse abunde est reddituro pecoris curam et remedia sequenti uolumine.

1 ina *SA* : ima *R* : *del. Iucundus* : *an* etiam *uel* ipsa? 2 disponito *S* : de- *AR* 3 incesserit ς : ingresserit SA^2 : ingess- A^1R^* : ingers- R^* 4 nouam SR^* : noua AR^* agere *add. ed. pr. (Arb.)* 5 equae] equo ς 6 pondo *R* : p. *S* : pedes *A* 7 uirium S^2R : uirum S^1A potest *AR* : potes *S* saepem *S* : saeptem A^1: saetem A^2R 8 conprendit *SA* : comprehendit *R* 13 in *add. ed. pr. (Arb.)* 14 exsiccato *R* : et siccato *SA* L. (LIBER *A*) IVNI MODERATI (COLVMELLAE *add.* R^*) REI RVSTICE (RERVM -CARVM *A*) SVRCVLARIS LIBER SEXTVS (VI. *A*) EXPLICIT (-TVS *A*) SAR^*

LIBER SEXTVS

<ΚΤΗΝΙΚΟΣ>

Praefatio SCIO quosdam, P. Siluine, prudentis agricolas pecoris abnuisse
curam gregariorumque pastorum uelut inimicam professionis
suae disciplinam constantissime repudiasse; neque infitior id
eos aliqua ratione fecisse, quia sit agricolae contrarium pastoris
propositum, cum ille quam maxime subacto et puro solo
gaudeat, hic nouali graminosoque, ille fructum e terra speret,
hic e pecore, ideoque arator abominetur at contra pastor
2 optet herbarum prouentum. Sed in îs tam discordantibus uotis
est tamen quaedam societas atque coniunctio, quoniam et
pabulum ex fundo plerumque domesticis pecudibus magis
quam alienis depascere ex usu est et copiosa stercoratione quae
3 contingit e gregibus terrestres fructus exuberant. Nec tamen
ulla regio est, in qua modo frumenta gignantur, quae non ut
hominum ita armentorum adiutorio colatur; unde etiam
iumenta et armenta nomina traxere quod nostrum laborem uel
onera subuectando uel arando iuuarent. Itaque, sicut ueteres
Romani praeceperunt, ipse quoque censeo tam pecorum quam
agrorum cultum pernoscere.

14 unde . . . 16 iuuarent: *Isid. Orig.* 12. 1. 7

INCIPIT LIBER SEPTIMVS. SEPTIMVS LIBER HAEC CONTINET (-NENT *A*) *SA*, *sim. uar.* R^{*} *argumenta in appendice reperientur* agricolas ς : -lis *SAR* 3 id eos ς : ideo *SAR* 4 quia $A^{2}R^{*}$: qua $SA^{1}R^{*}$ 8 is tam A^{2} : his tam *R* : ista SA^{1} 10 ex *Lundström* : e $A^{2}R$: et SA^{1} 11 ex usu est et *Schneider* : exuestet *uel* -scet *AR* : -ste *S* 13 gignantur R^{*} : -natur SAR^{*} 14 hominum *S* : omnium *AR* adiutorio S^{2} (*cf. Isid.*) : adiuuatorio S^{1} : adiurator *AR* colatur *S* : iuculatur A^{2} : iug- R^{*} : -tor $A^{1}R^{*}$ 15 nomina *Corsetti 1986* : nominare *S* : nomen a re *AR* 16 subuectando *R* : subiec- *S* : subtec- *A*

Nam in rusticatione uel antiquissima est ratio pascendi 4 eademque quaestuosissima, propter quod nomina quoque pecuniae et peculi tracta uidentur a pecore, quoniam et solum id ueteres possederunt et adhuc apud quasdam gentis unum hoc usurpatur diuitiarum genus. Set ne apud nostros quidem colonos alia res uberior, ut M. Cato prodidit, qui consulenti quam partem rei rusticae exercendo celeriter locupletari posset respondit, Si bene quis pasceret; rursusque interroganti quid deinde faciendo satis uberes fructus percepturus esset adfirmauit, Si mediocriter pasceret. Ceterum de tam sapiente 5 uiro piget dicere quod eum quidam auctores memorant eidem quaerenti quidnam tertium in agricolatione quaestuosum esset adseuerasse, Si quis uel male pasceret; cum praesertim maius dispendium sequatur inertem et inscium pastorem quam prudentem diligentemque conpendium. De secundo tamen responso dubium non est quin mediocrem neglegentiam domini fructus pecoris exuperet. Quam ob causam nos hanc 6 quoque partem rei rusticae, Siluine, quanta ualuimus industria maiorum secuti praecepta posteritati mandauimus; igitur cum sint duo genera quadripedum quorum alterum paramus in consortium operum, sicut bouem mulam equum asinum, alterum uoluptatis ac reditus et custodiae causa, ut ouem

2 propter ... 5 genus: *Isid. Orig.* 5. 25. 5, 16. 18. 4 6 Cato: *dicta fr.* 55 *Cugusi–Sblendorio Cugusi* (*cf. Cic. Off.* 2. 89) 19 igitur ... p. 236, 13 exordium: *Chir.* 946–7

2 eademque *R** : eand- *SAR** 3 peculi *AR** : -lii *SR** uidentur *R* : -detur *SA* solum id *Lundström* : solum in SA^1 : non solum A^2R 5 sed *S* : et *AR* 6 res uberior ς : re superior *SAR* prodidit *S* : reddidit *AR* 8 posset *SR** : possit *AR** quis (*ego* : is *Lundström*) pasceret (ς) : ipsasciret *S* : ipsas geret *AR* 9 uberes *SR** : -ret *AR** esset ς : est *SAR* 10 adfirmauit *R* : -uis A^1 : -bis SA^2 12 quidnam ς : quidam *SAR* quaestuosum *R* : -tusum *SA* 14 inscium ς : scium *SAR* 15 prudentem *R** : -ti *SAR** conpendium de S^2A^2 : conpr- de S^1A^1 : comprehendi unde *R* 19 secuti *SR** : sicuti *AR** igitur *AR* : igiturque *S* 22 uoluptatis *R* : uoluntatis *A* : -lumt- *S*

capellam suem canem, de eo genere primum dicemus cuius usus nostri laboris est particeps.

7 Nec dubium quin, ut ait Varro, ceteras pecudes bos honore superare debeat, praesertim et in Italia, quae ab hoc nuncupationem traxisse creditur quod olim Graeci tauros italos uocabant, et in ea urbe cuius moenibus condendis mas et femina boues aratro terminum signauerunt, uel, ut <antiquiora re>petam, quod idem Atticis Athenis Cereris et Triptolemi fertur minister, quod inter fulgentissima sidera particeps caeli fit, quod denique laboriosissimus adhuc hominis socius in agricultura <est>, cuius tanta fuit apud antiquos ueneratio ut tam capital esset bouem necuisse quam ciuem. Ab hoc igitur promissi operis capiamus exordium.

1 Quae in emendis bubus sequenda quaeque uitanda sint non
ex facili dixerim, quoniam pecudes pro regionis caelique statu
et habitum corporis et ingenium animi et pili colorem gerunt.
Aliae formae sunt Asiaticis, aliae Gallicis, Epiroticis aliae; nec
tantum diuersitas prouinciarum, sed ipsa quoque Italia partibus
suis discrepat. Campania plerumque boues progenerat albos et
2 exiles, labori tamen et culturae patrii soli non inhabiles, | Vmbria
uastos et albos eademque robios nec minus probabiles animis
quam corporibus, Etruria et Latium compactos sed ad opera for-
tis, Apenninus durissimos omnemque difficultatem tolerantis
nec ab aspectu decoros. Quae cum tam uaria et diuersa sint,

3 Varro: *Rust.* 2. 5. 3–4

1 capellam SR^* : -las AR^* suem SA^2 : ouem A^1R canem ς (*Chir.*) : tamen *SAR* 2 usus ς : usum *SAR* 6 uocabant *Lundström* (*Chir.*) : uocant *SAR* mas *S* : si mas *AR* 7 boues *S* (*cf. Chir.* uobe) : *om. AR* antiquiora repetam *Lundström* (*Chir.*) : petam *SA* : petum *R* : 8 atticis *ed. pr.* : -cus *SAR* 10 caeli fit *Corsetti** : caeli sit *Lundström* (*Chir.*) : caelis *SA* : caeli *R* denique *Lundström* (*Chir.*) : deinde quod *SA* : deinde *R* 11 est *addidi* (*Chir.*) 12 tam SR^* : tamen AR^* capital esset S^2 : -tales sed S^1 : -tales et *AR* necuisse SA^1 : necasse A^2R ab *S* : ob *AR* 14 *rubr.* DE BVBVS PROBANDIS 16 corporis R^* : -ri AR^* : -rum *S* ingenium SA^1 : -nii A^2R 19 progenerat *R* : -rant *SA* 20 labori ς : -ris *SAR* 24 decoros] indecoros ς diuersa ς : uersa *SAR*

tamen quaedam quasi communia et certa praecepta in emendis
iuuencis arator sequi debet, eaque Mago Carthaginiensis ita
prodidit ut nos deinceps memorabimus. Parandi sunt boues 3
nouelli, quadrati, grandibus membris, cornibus proceris ac
nigrantibus et robustis, fronte lata et crispa, hirtis auribus, oculis et labris nigris, naribus resimis patulisque, ceruice longa et torosa, palearibus amplis et paene ad genua promissis, pectore magno, armis uastis, capaci et tamquam inciente utero, lateribus porrectis, lumbis latis, dorso recto planoque uel etiam subsidente, clunibus rotundis, cruribus conpactis ac rectis, sed breuioribus potius quam longis nec genibus improbis, ungulis magnis, caudis longissimis et saetosis, pilo totius corporis denso breuique, coloris robii uel fusci, tactu {corporis} mollissimo.

Talis notae uitulos oportet, cum adhuc teneri sunt, con- **2**
suescere manu tractari <atque> ad praesepia religari, ut exiguus in domitura labor eorum et minus sit periculi. Verum neque ante tertium nec post quintum annum iuuencos domari placet, quoniam illa aetas adhuc tenera est, haec iam praedura. Eos autem qui de grege feri conprehenduntur sic subigi
conuenit. Primum omnium spatiosum stabulum praeparetur, 2
ubi domitor facile uersari et unde egredi sine periculo possit. Ante stabulum nullae angustiae sint sed aut campus aut uia late patens, ut cum producentur iuuenci, liberum habeant excursum ne pauidi aut arboribus aut obiacenti cuilibet rei se

2 *Mago*: 3 parandi ... 13 mollissimo: *fr.* 41 *Speranza* (*cf. Varr. Rust.* 2. 5. 7–8); *Pall.* 4. 11. 2 14 *cf. Pall.* 4. 12

---

3 memorabimus S^2R^* : -rauimus S^1AR^* 4 grandibus ς : -dis *SAR* 8 uastis ς : -ti *SAR* inciente *Vrsinus* : inplente *SAR* 9 lateribus S^2R^* : latibus S^1AR 10 subsidente S^2 : subi- S^1AR 11 ungulis *S* : uinculis *AR* 12 setosis *R* : -totis *SA* pilo totius *Pontedera*[1] (*Pall.*) : pilosius *SA* : pilosisque *R* corporis *S* : -ri *AR* 13 coloris *Schneider* (*Pall.*) : -re *SAR* corporis *del. Corsetti* 1979 15 atque *add. Corsetti** 17 nec *SA* : neque *R* 18 praedura eos ς : -re eos S^2 : predureos S^1AR 19 qui de S^2 : quidem S^1AR feri *S* : fieri *AR* 20 *ante* primum *rubr.* DE BVBVS DOMANDIS 22 angustiae *R* : -tia *SA* campus A^2R : c- sed SA^1 23 uia A^2R : ui SA^1 producentur SA^2R^* : -cerentur A^1R^*

3 inplicent noxamque capiant. In stabulo sint ampla praesepia
super quae transuersi asseres in modum iugorum a terra
septem pedibus elati configantur, ad quos religari possint
iuuenci.

Diem deinde quo domituram auspiceris bonum a tempestati-
bus et a religionibus matutinum eligito, cannabinisque funibus
4 cornua iuuencorum ligato. Sed laquei quibus capulantur lanatis
pellibus inuoluti sint, ne tenerae frontes sub cornua laedantur.
Cum deinde buculos conprehenderis, perducito <ad> stabulum
et ad stipites religato ita ut exiguum laxamenti habeant di-
stentque inter se aliquanto spatio, ne in conluctatione alter
alteri noceat. Si nimis asperi erunt, patere <ut> unum diem
noctemque desaeuiant; simulatque iras contuderint, mane
producantur ita ut a tergo conplures qui secuntur retinaculis
eos contineant et unus cum claua salignea praecedens modicis
5 ictibus subinde impetus eorum coerceat. Sin autem placidi et
quieti boues erunt, uel eodem die quo alligaueris ante
uesperum licebit producere et docere per mille passus
conposite ac sine pauore ambulare.

Cum domum reduxeris, arte ad stipites religato ita ne capita
mouere possint; tum demum ad alligatos boues neque a poste-
riore parte neque a latere sed aduersus placide et cum quadam
uocis adulatione uenito, ut accedentem consuescant aspicere;
6 deinde nares perfricato, ut hominem discant odorari. Mox
etiam conuenit tota tergora et tractare et respergere mero,
quo familiariores bubulco fiant, uteris quoque et sub femina
manum subicere et <ne> ad eiusmodi tactum postmodum

5 bonum *i.e.* faustum (*cf.* 9. 14. 3 castus ab rebus ueneriis, *Varr. Rust.* 2. 2. 2 bonas [*sc. oues*] emere, quae ita ab aetate, si neque uetulae sunt neque merae agnae sunt) 8 tenere *SA* : -ra *R* frontes S^2A^2 : -tet S^1A^1 : -te *R* 9 perducito ς : -te *SAR* ad ς, *Pall.* 12 ut *add. Corsetti** 13 contuderint ς : -tulerint *SAR* mane *S* : manu *AR* 15 praecedens ς : pro- *SAR* modicis *R** : -cibus *SAR** 18 passus *SR** : -sos *AR** 19 conposite *R* : -ta *SA* 20 reduxeris S^2 : pred- S^1 : prod- *AR* capita mouere *ego* : capite moueri *SAR* 24 discant ς : -cat *SAR* 27 et ne *Lundström* : et *SAR* : ne ς

pauescant et ut ricini, qui plerumque feminibus inhaerent, eximantur. Idque cum fit, a latere domitor stare debet, ne calce contingi possit. Post haec diductis malis educito linguam 7 totumque os et palatum sale defricato libralesque offas {in} praesulsae adipis in gulam demittito ac uini singulos sextarios per cornu faucibus infundito.

Nam per haec blandimenta triduo fere mansuescunt iugumque quarto die accipiunt, cui ramus inligatus temonis uice traicitur; interdum et pondus aliquod iniungitur, ut maiore nisu laboris exploretur patientia. Post eiusmodi experimenta 8 uacuo plostro subiungendi et paulatim longius cum oneribus producendi sunt. Sic perdomiti mox <ad> aratrum instituantur sed in subacto agro, ne statim difficultatem operis reformident neue adhuc tenera colla durae proscissione terrae contundant. Quemadmodum autem bubulcus in arando bouem instituat priore praecepi uolumine. Curandum <quoque est> ne in domitura bos calce aut cornu quemquam contingat; nam nisi haec cauentur, numquam eiusmodi uitia quamuis subacto eximi poterunt.

Verum ista sic agenda praecipimus si ueteranum pecus non 9 aderit; alioqui expeditior tutiorque ratio domandi est quam nos in nostris agris sequimur. Nam ubi plaustro aut aratro iuuencum consuescimus, ex domitis bubus ualentissimum eundemque placidissimum cum indomito iungimus. Is et procurrentem retrahit et cunctantem producit. Si uero non pigeat 10

1 ricini ς : riclini *SA* : reclini *uel* redini *R* 2 idque S^2 : itque S^1A : itaque *R* fit ς : sint *SAR* 3 diductis ς : de- *SAR* educito ς : sed- *SA* : red- *R* 4 os et *Pontedera*[3], *Pall.* : eo sed *S* : eo sub *AR* in *del. Lundström* (*Pall.*) 5 gulam *Gesner, Pall.* : singula *SAR* demittito ς : di- *SAR* uini *SR** : bini *AR** 6 cornu ς : -num *SAR* 8 inligatus *SA* : -tur *R* 12 ad *add.* ς 14 durae *ego* : dura *SAR* contundant *Iucundus* (tundant *iam ed. pr.*) : condant *SAR* 16 priore *ego* (*cf.* 11. 3. 39, 12. 52. 2) : primo *SAR*, *quod minime rectum nisi auctoris neglegentiae tribueris* (*nam ad* 2. 2. 22–8 *respiciendum est*) curandum ς : -da *SAR* quoque est *addidi* (*cf.* 6. 22. 1, 6. 27. 3, *necnon* 6. 5. 1 cauendum quoque est ... nam) : *an* est uero (*Corsetti**)? subacto ς : -to *SAR* 20 ueteranum ς : ueranum *SAR* 21 alioqui *Lundström* : adeoque *SAR* 24 is *S* : *om. AR*

iugum fabricare quo tres iungantur, hac machinatione consequemur ut etiam contumaces boues grauissima opera non recusent. Nam ubi piger iuuencus medius inter duos ueteranos iungitur aratroque iniecto terram moliri cogitur, nulla est imperium respuendi facultas. Siue enim efferatus prosilit, duorum arbitrio inhibetur, seu consistit, duobus gradientibus etiam inuitus obsequitur, seu conatur decumbere, a ualentioribus subleuatus trahitur; propter quae undique necessitate <cogente> contumaciam deponit et ad patientiam laboris paucissimis uerberibus perducitur.

11 Est etiam post domituram mollioris generis bos qui decumbit in sulco. Eum non saeuitia sed ratione censeo emendandum; nam qui stimulis aut ignibus aliisque tormentis id uitium eximi melius iudicant uerae rationis ignari sunt, quoniam peruicax contumacia plerumque saeuientem fatigat. Propter quod utilius est citra corporis uexationem fame potius et siti cubitorem bouem emendare, nam eum uehementius adficiunt naturalia
12 desideria quam plagae. Itaque si bos decubuit, utilissimum est pedes eius sic uinculis obligari, ne aut insistere aut progredi et per hoc pasci possit; quo facto inedia et siti conpulsus deponit ignauiam.

Quae tamen rarissima est in pecore uernaculo, longeque omnis bos indigena melior est quam peregrinus. Nam neque aquae nec pabuli nec caeli mutatione temptatur neque infestatur condicione regionis, sicut ille qui ex planis et campestribus locis in montana et aspera perductus est uel ex montanis in

1 hac machinatione *ed. pr.* : hanc -nem *SAR* : per hanc -nem *Lundström, fort. recte* 4 terram *Iucundus* : -ra *SAR* : -rae *Richter 1949* moliri *Iucundus* : molli *SAR* 5 efferatus S^2 : -tur S^1AR 7 inuitus S^2 : inbitur S^1A^1 : inhibitur A^2R 9 cogente *addidi (cf. 1. 8. 13)* : <coactus> *Richter 1949* 12 saeuitia A^2R : seuiti SA^1 ratione A^2R : -nem SA^1 16 citra *S* : circa *AR* 19 uinculis *ed. pr., Pall.* : uingulis A^2 : singulis SA^1R : cingulis ς 20 siti *R* : sitis *SA* 22 quae ς : qua S^1AR : quam S^2 tamen rarissima ς : et amarissima *SAR* 23 indigena A^2R : -nam SA^1 24 mutatione ς : -nem *SAR*

campestria. Itaque etiam, cum cogimur ex longinquo boues 13
arcessere, curandum est ut in similia patriis locis traducantur.
Item custodiendum, ne in conparatione uel statura uel uiribus
inpar cum ualentiore iungatur; nam utraque res inferiori cele-
riter adfert exitium. Mores huius pecudis probabiles habentur 14
qui sunt propiores placidis quam concitatis sed non inertes; qui
sunt uerentes plagarum et adclamationum, sed fiducia uirium
nec auditu nec uisu pauidi nec ad ingredienda flumina aut
pontis formidulosi; multi cibi edaces, uerum in eo conficiendo
lenti. Nam hi melius concoquunt ideoque robora corporum
citra maciem conseruant qui ex commodo quam qui festinanter
mandunt. Sed tam uitium est bubulci pinguem quam exilem 15
bouem reddere; habilis enim et modica corporatura pecoris
operarii debet esse neruisque et musculis robusta, non adipibus
obesa, ut nec sui tergoris mole nec labore operis degrauetur.

Quoniam quae sequenda sunt in emendis domandisque bubus tradidimus, tutelam eorum praecipiemus.

Boues calore sub dio, frigoribus intra tectum manere oportet. 3
Itaque hibernae stabulationi eorum praeparanda sunt stramenta, quae mense Augusto intra dies triginta sublatae messis praecisa in aceruum extrui debent. Horum desectio cum pecori tum agro est utilis: <sic enim> liberantur arua sentibus, qui aestiuo tempore per Caniculae ortum recisi plerumque radicitus intereunt, et stramenta pecori subiecta plurimum stercoris efficiunt. Haec cum ita curauerimus, tum et omne genus pabuli

1 cum ς : cui *SAR* 2 similia *Pontedera*^{3}, *Pall.* : simili *SAR* traducantur ς : -catur S^2R, tard- S^1A 3 comparatione *ed. Colon.* 1536, *Vrsinus* (*cf.* 2. 2. 3) : corpora- *SAR* 4 iungatur S^2R : iug- S^1A inferiori *SR** : -re *AR** 6 propiores ς : -priores SA^2R, -pries A^1 8 aut A^2R : ut SA^1 11 commodo *S* : -da *AR* 12 mandunt ς : -dant *SAR* uitium est ς : uitius ex *SAR* 18 *rubr.* DE CVRANDIS BVBVS (BOVES A^1) dio *S* : diuo A^2R: diu A^1 19 hibernae SA^1 : -na A^2R stabulationi *Iucundus* : -latio *AR* : -lati *S* 20 messis ς : mensis *SAR* 21 praecisa ς : -sas *SAR* 22 sic enim *addidi* : <quoniam> *uel sim. Corsetti**, liberantur <enim> *Schneider* 24 stramenta ς : -tis *SAR* pecori ς : -ris *SAR*

praeparabimus dabimusque operam ne paenuria cibi macrescat pecus.

2 Boues autem recte pascendi non una ratio est. Nam si ubertas regionis uiride pabulum sumministrat, nemo dubitat quin id genus cibi ceteris praeponendum sit. Quod tamen nisi riguis aut roscidis locis non contingit. Itaque in his ipsis uel maximum commodum est quod sufficit una opera duobus iugis, quae eodem die alterna temporum uice uel arant uel pascuntur. 3 Siccioribus agris ad praesepia boues alendi sunt, quibus pro condicione regionum cibi praebentur, eorumque nemo dubitat quin optimi sint uicia in fascem ligata et cicercula itemque pratense faenum. Minus commode tuemur armenta paleis, quae ubique et quibusdam regionibus solae praesidio sunt. Eae probantur maxime ex milio, tum ex hordeo, mox etiam ex tritico; sed iumentis iusta operum reddentibus hordeum praeter has praebetur.

4 Bubus autem pro temporibus anni pabula dispensantur. Ianuario mense singulis fresi et aqua macerati erui quaternos sextarios mixtos paleis dare conuenit uel lupini macerati modios uel cicerculae maceratae semodios et super haec adfatim paleas. Licet etiam, si leguminum inopia est, eluta et siccata 5 uinacea quae de lora eximuntur cum paleis miscere. Nec dubium quin ea longe melius cum suis folliculis antequam eluantur praeberi possint. Nam et cibi et uini uires habent nitidumque et hilare et corpulentum pecus faciunt. Si grano abstinemus, frondis aridae corbis pabulatorius modiorum uiginti sufficit uel faeni pondo xxx uel sine modo uiridis laurea

1 macrescat ς : maciescat *SAR* 5 nisi *Iucundus* : si *S* : sirisi A^1 : si in *R* : si ir-A^2 10 eorumque *ego* (*cf.* 7. 2. 3) : eosque *SAR* 11 sint SR^* : sunt AR^* 12 minus *R* : minum SA^2 : minimum A^1 armenta *S* : -to *AR* 13 eae *S* : ea *AR* 17 *rubr.* CIBARIA BOVM 18 singulis AR^* : -li si *S* : *om.* R^* 21 paleas *S* : -is *AR* si SA^1 : sit A^2R est *S* : et *AR* eluta ς : elata *SAR* 22 de lora *R* : dolore *SA* 26 pabulatorius ς (*cf.* 11. 2. 99) : -ribus *SAR* 27 sine *S* : sino *A* : si non *R* uiridis *S* : uiris *AR*

iligneaque frondes, et his, si regionis <condicio> permittit, glans adicitur, quae nisi ad satietatem datur, scabiem parit. Potest etiam, si prouentus uilitatem facit, semodius fabae fresae praeberi. Mense Februario plerumque eadem sunt cibaria. 6 Martio <et> Aprili debet ad faeni pondus adici, quia terra proscinditur; sat erit autem pondo quadragena singulis dari.

Ab Idibus tamen mensis Aprilis usque in Idus Iunias uiride pabulum recte secatur; potest etiam in Kalendas Iulias frigidioribus locis idem praestari. A quo tempore in Kalendas Nouembres tota aestate et deinde autumno satientur fronde; quae tamen non ante est utilis quam cum maturuit uel imbribus uel adsiduis roribus, probaturque maxime ulmea, post fraxinea et ab hoc populnea. Vltimae sunt ilignea et quernea et 7 laurea, sed eae post aestatem necessariae deficientibus ceteris. Possunt etiam folia ficulnea probe dari, <si> sit eorum copia aut stringere arbores expediat. Ilignea tamen uel melior est quernea, sed eius generis quod spinas non habet; nam id quod asperius <est> respuitur a pecore propter aculeos. Nouembri 8 mense ac Decembri per sementem quantum adpetit bos, tantum praebendum est; plerumque tamen sufficiunt singulis modî glandis et paleae ad satietatem datae uel lupini macerati modî uel erui aqua consparsi sextarii septem permixti paleis uel cicerculae similiter consparsae sextarii duodecim mixti paleis uel singulis modî uinaceorum, si his, ut supra dixi, large paleae adiciantur, uel, si nil horum est, per se faeni pondo quadraginta.

1 iligneaque S^2 : et ligneaque S^1 *ut uid.*: et lignea quae *AR*   condicio *add. Corsetti 1979* : uis ς : copia *Iucundus*   permittit *SA* : -tat *R*   3 prouentus *S* : -tu *AR*   uilitatem *R* : uilitem *SA*   5 et *add.* ς   quia ς : qua *SAR*   14 eae *Schneider** : (a)e SA^1 : *om.* A^2R 15 si sit *ed. pr.* : sit *SA* : si *R* : si erit (*om.* ea) ς   eorum *Gesner* (*cf.* 12. 59. 3) : ea *SAR*   18 asperius *Pontedera*[2] : erius *S* : imperius *A* : iuniperus *R*   est *add. Corsetti 1979*   19 sementem *R* : semetem *SA*   21 modi SA^1 : -dii A^2R 22 consparsi S^2R : -sis S^1A 24 singulis *SA* : -li *R*   modi *SA* : -dii *R*

4 Sed non proderit cibo satiari pecora, nisi omnis adhibetur
diligentia ut salubri sint corpore uiresque conseruent, quae
utraque custodiuntur large dato per triduum medicamento
quod conponitur pari pondere tritis <capparis foliis ac myrti
siluestris> cupressique et cum aqua nocte una sub dio habetur,
idque quater anno fieri debet ultimis temporibus ueris aestatis
2 autumni hiemis. Saepe etiam languor ac nausea discutitur, si
integrum gallinaceum crudum ouum ieiuni faucibus inseras ac
postero die spicas ulpici uel alii cum uino conteras et ita naribus
infundas. Neque haec tantum remedia salubritatem faciunt.
Multi largo sale miscent pabula; quidam marrubium deterunt
cum oleo et uino; quidam porri fibras, alii grana turis, alii
sabinam herbam rutamque pinsitam mero diluunt eaque
3 medicamenta potanda praebent. Multi caulibus uitis albae et
fabulis albis bubus medentur; nonnulli pellem serpentis
obtritam cum uino miscent. Est etiam remedio cum dulci uino
tritum serpullum, est concisa et in aqua macerata scilla. Quae
omnes praedictae potiones trium heminarum singulis diebus
per triduum datae aluom purgant depulsisque uitiis recreant
4 uires. Maxime tamen habetur salutaris amurga, si tantundem
aquae misceas et ea pecus insuescat. Quae protinus dari
non potest, sed primo cibi adsperguntur, deinde exigua

1 *Veg.* 4. 2. 6, *Pall.* 14. 4. 1 7 *Veg.* 4. 2. 8–9, *Pall.* 14. 4. 2–3 14 *Veg.* 4. 3. 10, *Pall.* 14. 4. 4 20 *Veg.* 4. 2. 11, *Pall.* 14. 4. 5

---

1 cibo ς : cibos *S* : cibus *AR* adhibetur S^1 : -beatur S^2 : adiuuetur *AR* 3 utraque ς : utroque *SAR* 4 quod ς : quo *SAR* tritis *Lundström* : tristis *SAR* capparis . . . siluestris *add. Svennung* 1925 (*Pall.*) 6 anno *SAR* (*cf.* 6. 32. 1, 7. 4. 5, 8. 11. 10, *al.*) : in anno *Veg.*, *Pall.* 7 ac S^2, *Pall.* : at A^2R : ad S^1A^1 9 uino S^2R : uno S^1A ita *Guenther* : in *SAR* 11 multi ς : -to *SAR* deterunt *S* : dederunt *AR* 13 rutamque *Iucundus* : putaque *SAR* pinsitam *Sabbadini* (*Pall.*) : uini tam *SAR* 14 uitis *R* : uitibus *SA* 15 fabulis *Svennung* 1928 (*cf. Cat.* 70. 1) : ualbulis *SA* : balbu- *R* 16 obtritam ς : obritam *SAR* est *S* : sed *AR* 17 est *SA* : et *R* 18 omnes *R* : -nis *SA* 21 insuescat ς, *Pall.* : -cas *SAR* 22 asperguntur ς : a(d)spergunt *SAR* deinde *ed. pr.* (*cf. Veg.*, *Pall.*) : de *SAR*

portione medicatur aqua, mox pari mensura mixta datur ad satietatem.

Nullo autem tempore et minime aestate utilius est boues in 5
cursum concitari; nam ea res aut aluum †meta ut frequen†.
Cauendum quoque est ne ad praesepia sus aut gallina perrepat;
nam haec quod desidit inmixtum pabulo bubus adfert necem.
Sus aegra pestilentiam facere ualet. Quae cum in gregem
incidit, confestim mutandus est status caeli <et mutanda
regio> et in pluris partis distributo pecore longinquae regiones
petendae sunt, atque ita segregandi <ab> sanis morbidi ne quis
interueniat qui contagione ceteros labefactet.

Itaque cum ablegabuntur, in ea loca perducendi erunt quibus 2
nullum inpascitur pecus, ne aduentu suo etiam illi tabem
adferant. Euincendi sunt autem quamuis pestiferi morbi et
exquisitis remediis propulsandi. Tunc panacis et erungii radices
faeniculi seminibus miscendae et cum fricti ac moliti tritici
farina candenti aqua conspargendae, eoque medicamine
saliuandum aegrotum pecus. Tum paribus casiae murraeque et 3
turis ponderibus ac tantundem sanguinis marinae testudinis
miscetur potio cum uini ueteris sextariis tribus et ita per nares
infunditur. Sed ipsum medicamentum ponderis sescunciae

3 nullo . . . 6 necem: *Veg.* 4. 2. 12–13, *Pall.* 14. 5. 1   7 sus . . . 11 labefactet: *Veg.* 4. 2. 15, *Pall.* 14. 5. 2   12 itaque . . . 15 propulsandi: *Veg.* 4. 3. 5–6, *Pall.* 14. 5. 2   14 euincendi . . . p. 246, 19 singula: *Pel.* 21–2   15 tunc . . . 17 pecus: *Pall.* 14. 5. 3; *cf. Veg.* 4. 3. 8–9   tum . . . p. 246, sat erit: *Veg.* 4. 3. 10, *Pall.* 14. 5. 4

---

3 minime ς : -ma *SAR*   4 aut *SAR** : acit *R**   meta ut frequen *inseq. spat. uac. SAR* : *cf. Pall.* aut aluum mouet aut febrem, *Veg.* aut aluus eorum ad perniciem soluitur aut febriculae commouentur   5 sus ς, *Pall.* : sua *SAR*   6 desidit] -det *Pall.*   7 sus ς : suaes *SAR*   pestilentiam *S* : -tia *AR*   facere S^2R^* : face S^1AR^* gregem ς : -ge *SAR*   8 mutandus *S* : -tatus *AR*   et mutanda regio *add. Lundström* (*Pall.*, *u.l.* et m- r- est)   10 ab ς, (*u.l.* a) *Pall.*   11 labefactet S^2, *Pall.* : -ciet S^1AR : -ciat ς   12 perducendi *Iucundus, Pall.* : -da *SAR*   13 inpascitur] pascitur *Veg., Pall.*   15 erungii *S* : aere ungii *AR*   16 fricti *S, Pel., Pall.* : defruti A^1R, -fric- A^2 17 candenti aqua *Gesner, Pel., Pall.* : candentia quae *SAR*   18 aegrotum] aegrum *Pel., Pall.*

diuisum portione aequa per triduum cum uino dedisse sat erit.

Praesens etiam remedium cognouimus radiculae quam pastores consiliginem uocant; ea Marsis montibus plurima nascitur omnique pecori maxime est salutaris. Laeua manu effoditur ante solis ortum; sic enim lecta maiorem uim creditur habere.
4 Vsus eius traditur talis: aenea fibula pars auriculae latissima circumscribitur ita ut manante sanguine tamquam O litterae ductus appareat. Hoc et intrinsecus et ex superiore parte auriculae cum factum est, media pars descripti orbiculi eadem fibula transuitur et facto foramini praedicta radicula inseritur. Quam cum recens plaga conprehendit, ita continet ut elabi non possit. In eam deinde auriculam omnis uis morbi pestilensque uirus elicitur, donec <ea> pars quae fibula circumscripta est demortua excidat et minimae partis iactura caput conseruetur.
5 Cornelius Celsus etiam uisci folia cum uino trita per nares infundere iubet.

Haec facienda, si gregatim pecora laborant, illa deinceps, si singula.

6 Cruditatis signa sunt crebri ructus ac uentris sonitus, fastidia cibi, neruorum intentio, hebetes oculi, propter quae bos neque ruminat neque lingua se deterget. Remedio erunt aquae calidae duo congî et mox triginta brassicae modici caules cocti et ex
2 aceto dati, sed uno die abstinendum est alio cibo. Quidam

3 praesens . . . 6 habere: *Veg.* 4. 3. 12, *Pall.* 14. 5. 5 7 *Veg.* 4. 3. 12–13, *Pall.* 14. 5. 6 16 *Pall.* 14. 5. 7, *Veg.* 4. 3. 14, 16 Celsus: *agr. fr.* 25 *Marx* 20 *Veg.* 4. 4. 1, *Pall.* 14. 6. 1 24 *Veg.* 4. 4. 2–3, *Pall.* 14. 6. 2

---

7 auriculae *S* : -la *AR* 9 ductus *Iucundus* : -tum *SAR* 12 elabi ς, *Pel.*, *Pall.* : ea labi *SAR* 14 elicitur $A^{2}R$: eligi- *S* : effici- A^{1} ea *add. Lundström* (*Pel.*, *Pall.*) 15 et . . . conseruetur *om. Pel.*, *Pall.*, *sed cf. Veg.* atque animal ita liberetur conseruetur *S* : -uatur *AR* 16 uisci] ipsius (*i.e. consiliginis*) *Pel.* 20 *rubr.* VITIA BOVVM (BOVM *A*) ET MEDICINAE : *eadem pr. et Pall.* 14. 6. 1 uentris *S* : -tri *AR* 23 congi S^{2} : congii *R* : cogi $S^{1}A$ modici *Schneider*^{c} (*cf. Veg.* caules modicos [*u.l.* -cas] decoques) : modice *SAR*, *post* caules *Iucundus* 24 abstinendum] -dus *Sabbadini* (*Pall.*)

clausum intra tectum continent, ne pasci possit. Tum lentisci
oleastrique cacuminum pondo quattuor et libram mellis una
trita permiscent aquae congio, quae nocte una sub dio habent
atque ita faucibus infundunt. Deinde interposita hora macerati
erui quattuor libras obiciunt aliaque potione prohibent. Hoc per 3
triduum fieri conuenit, ut omnis causa languoris discutiatur.
Nam si neglecta cruditas est, et inflatio uentris et intestinorum
maior dolor insequitur qui nec capere cibos sinit <et> gemitus
exprimit locoque stare non patitur, saepe decumbere et
uolutari cogit caudamque crebrius agitare. Manifestum
remedium est proximam clunibus partem caudae uinculo
uehementer obstringere uinique sextarium cum olei hemina
faucibus infundere atque ita citatum per mille et quingentos
passus agere. Si dolor permanet, unguis circumsecare et uncta 4
manu per anum inserta fimum extrahere rursusque agere
currentem. Si nec hoc profuit, tres caprifici aridi conteruntur et
cum dodrante aquae calidae dantur. Vbi nec <haec> medicina
processit, myrti siluestris foliorum duae librae leuigantur
totidemque sextarii calidae aquae mixti per uas ligneum
faucibus infunduntur, atque ita sub cauda sanguis emittitur; qui
cum satis profluxit, inhibetur papyri ligamine. Tum concitate
agitur pecus eo usque dum anhelet. Sunt et ante detractionem 5

5 *Veg.* 4. 4. 4; *Pall.* 14. 6. 3–4 14 *Veg.* 4. 4. 5, *Pall.* 14. 6. 5–6 22 *Veg.* 4. 4. 5, *Pall.* 14. 6. 7

1 continent] deti- *Veg., Pall.* 2 oleastrique ϛ : oleastri qua *SAR* libram *Morgagnus* : libra *SAR* 3 nocte una *Iucundus* (*Pall.* : ↔ *Veg.*) : nocte unam *SA* : noctem unam *R* sub dio *R* : subsidio *SA* 6 conuenit *Lundström* (*Pall.*) : cum *SAR* ut *S, Pall.* : *om. AR* 8 dolor S^2ϛ : -ri S^1*AR* insequitur ϛ (*cf. Veg.* subsequitur) : sequitur *SAR, Pall.* et *add. Lundström* (*Pall.*) 9 patitur ϛ : patiatur *SAR* 10 uolutari cogit *Trockij* 1927 (*Pall.*) : cogitare c(o)epit *SAR* agitare *Richter* (*Pall.*), *cf.* 6. 30. 9 : agere *SAR* 11 caudae ϛ : claude *SAR* 12 olei *R* : oleo *SA* 14 passus *SR** : passos *AR** unguis *ego* : ungulas *SAR, Veg, Pall.* (*sed haec uox Columellae tempore solum in animalibus usurpata*) et uncta] ac uncta ϛ, *Veg., Pall.* : et cuncta *SAR* 16 hoc *SAR** : h(a)ec *R** tres *S* : res *AR* 17 aquae *R* : antea quae *SA* haec *add. Morgagnus, Pall.* 18 leuigantur *Morgagnus, Pall.* : deligantur *SAR* 20 cauda ϛ, *Veg., Pall.* : causa *SAR*

sanguinis illa remedia: tribus heminis uini triens pinsiti ali
permiscetur et post eam potionem currere cogitur, uel salis
sextans cum decem caepis conteritur et admixto melle decocto
collyria inmittuntur aluo atque ita citatius bos agitur.
7 Ventris quoque et intestinorum dolor sedatur uisu nantium
et maxime anatis, quam si conspexit cui intestinum dolet,
celeriter tormento liberatur. Eadem anas maiore profectu
mulas et equinum genus conspectu suo sanat. Sed interdum
nulla prodest medicina sequiturque torminum uitium, quorum
2 signum est cruenta et mucosa uentris proluuies. Remedio sunt
cupressini quindecim coni totidemque gallae et utrorumque
ponderis uetustissimus caseus; quibus in unum tunsis admiscentur
austeri uini quattuor sextarii, qui pari mensura per
quatriduum dispensati dantur, nec desint lentisci murtique et
oleastri cacumina.

Viridis aluos corpus ac uires carpit operique inutilem reddit.
Quae cum accident, prohibendus erit bos potione per biduum
3 primoque die cibo abstinendus, | sed mox cacumina oleastri et
harundinis, item bacae lentisci et murti dandae, nec potestas
aquae nisi quam parcissime facienda est. Sunt qui teneram
laurum {coloni libram} et abrotonum erraticum pari portione
deterant cum aquae calidae duobus sextariis atque ita faucibus
infundant eademque pabula, ut supra diximus, obiciant.

5 Ventris . . . 8 sanat: *Veg. 4. 4. 6, Pall. 14. 7. 1* Sed . . . 15 cacumina: *Veg. 4. 4. 7, Pall. 14. 7. 2* 16 Viridis . . . 20 facienda est: *Veg. 4. 4. 8–9, Pall. 14. 7. 3* Sunt qui . . . 23 obiciant: *Veg. 4. 4. 10, Pall. 14. 7. 4*

---

1 triens *Svennung 1925 (cf. Veg.* VI unciae) : tribus *SAR* 5 *rubr.* VENTRIS DOLOR 7 liberatur *R, Pall.* : -retur *SA* 8 mulas *Corsetti 1986 (Pall.)* : mulus *SA* : mulos *R* 9 sequiturque *Lundström (Veg., Pall.)* : -tur *SAR* torminum *Iucundus* : ter- *S* : minum *A* : minus *R* : interaminum *Lundström (Pall.)* 11 utrorumque *S* : uirorumque *AR* 12 caseus *S* : caeses *AR* 14 murtique *Lundström* : myr- *uel* mir- *iam* ς : murtisque *SAR* 16 aluos ς : albos *SAR* 18 die *SR** : de *AR** 19 murti *Lundström* (myr- *iam* ς): multi *SAR* 21 coloni libram *secl. Corsetti 1979* abrotonum *R* : aprot- *SA* erraticum *Schneider (Veg.), Pall.* : cerat- *SAR* portione *R* : -nem *SA* 22 deterant *S* : dederant *AR*

Quidam uinaceorum duas libras torrefaciunt et ita conterunt 4
cum totidem uini austeri <sextariis> potandumque medicamentum praebent omni alio umore subtracto, nec minus cacumina praedictarum arborum obiciunt.

Quod si neque uentris erit citata proluuies neque intestinorum ac uentris dolor cibosque respuet et praegrauato capite saepius coniuerit lacrimaeque oculis et pituita naribus profluent, usque ad ossa frons media uratur auresque ferro discindantur. Sed uulnera facta igne dum sanescunt, defricare <uetere> bubula urina conuenit; at ferro rescissa melius pice et oleo curantur.

Solent etiam fastidia ciborum adferre uitiosa incrementa 8
linguae, quas ranas ueterinarii uocant. Haec ferro reciduntur et sale cum alio pariter trito uulnera defricantur, donec lacessita pituita profluat. Tum uino perluitur os et interposito unius horae spatio uirides herbae uel frondes dantur, dum facta ulcera cicatrices ducant. Si neque ranae fuerint neque aluus 2
citata et nihilominus cibos non adpetet, proderit alium pinsitum cum oleo per nares infundere uel sale et cunela defricare fauces uel eandem partem alio tunso et hallecula linere. Sed haec si solum fastidium est.

1 *Veg.* 4. 4. 11, *Pall.* 14. 7. 5–6   12 *Veg.* 4. 5; *Pall.* 14. 8. 1–2

2 sextariis *post* totidem *iam ab Iucundo additum huc transtulit Svennung* 1928 (*Pall.*) potandumque *R* : -dum quae *SA*   3 omni alio umore *Pontedera*[3], subtracto *Trockij* 1927 (*Pall.; cf. Veg.* nec alium potum [dant]) : omnia in (h)umores supra dixi *SAR*   5 erit *Morgagnus* (*Veg.*) : eriserit *S* : crescerit *AR*   6 ac uentris dolor] *om. Veg., Pall., fort. recte* (*cf.* 7. 1 *rubr.*)   cibosque *S* : cibusque *AR*   7 coniuerit *Svennung* 1928 (*Pall., iam dubit. Sabbadini*) : consueuit *SAR*   lacrimaeque ς, *Pall.* : -maque *uel* -ma quae *SAR*   naribus *Iucundus* (*Veg.*), *Pall.* : nari *SAR*   9 discindantur *Corsetti** (*Veg.*) : decid- *SAR* : descind- *Pall.*   igne dum *Iucundus* (*Veg.*), *Pall.* : interdum *AR* : indum *S*   10 uetere *add. Lundström* (*Veg., Pall.*)   at $A^{2}R$: ad SA^{1} 12 *rubr.* RANAE BOVVM (BOVM *A*) SIC CVRANTVR   ciborum ς, *Pall.* : cibo *SAR*   15 profluat ς, *Pall.* : proluat SA^{1} : *del.* A^{2} : *om. R*   20 linere *Pall.* : linire *SAR*   21 si *S* : his *AR*

9 Febricitanti boui conuenit abstineri cibo uno die, postero deinde exiguum sanguinem ieiuno sub cauda mitti atque interposita <hora> modicae magnitudinis coctos brassicae coliculos triginta ex oleo et garo saliuati more demitti eamque escam per quinque dies ieiuno dari; praeterea cacumina lentisci aut oleae uel tenerrimam quamque frondem ac pampinos uitis obici; tum etiam spongia labra detergeri et aquam frigidam ter die
2 praeberi potandam. Quae medicina sub tecto fieri debet nec ante sanitatem bos emitti. Signa febricitantis <sunt> manantes lacrimae, grauatum caput, oculi conpressi, fluuidum saliuis os, longior et cum quodam inpedimento tractus spiritus, interdum et cum gemitu.

10 Recens tussis optime saliuato farinae hordeaceae discutitur. Interdum magis prosunt gramina concisa et his admixta fresa faba. Lentis quoque ualuulis exemptae et minute molitae <* * *> miscentur aquae calidae sextarii duo, factaque sorbitio per cornu infunditur. Veterem tussim sanant duae librae hysopi macerati sextariis aquae tribus. Nam id medicamentum teritur et cum lentis minute, ut dixi, molitae sextariis quattuor more
2 saliuati datur ac postea aqua hysopi per cornu infunditur. Porri etiam sucus cum oleo uel ipsa fibra cum hordeacea farina contrita remedium est. Eiusdem radices diligenter lotae et cum farre triticeo pinsitae ieiunoque datae uetustissimam tussim

1 *Pall.* 14. 9; *cf. Veg.* 4. 6 13 *Veg.* 4. 7; *Pall.* 14. 10

1 febricitanti *R* : febricanti *S*, fab- *A* 3 hora *add. Iucundus* (*Veg.*), *Pall.* brassicae A^2R : brassisae SA^1 4 garo *ed. pr.*, *Pall.* : caro *SAR* demitti *S* : di- *AR* 6 pampinos ς : -nus *SAR* 7 tum ς : cum *SAR* spongia *Iucundus* : -gea *SAR* 8 quae *S* : -que *AR* medicina S^2A : -nam *R* : -ne S^1 sub tecto *R* : sub tectu *A* : sub iectu *S* : intra tectum *Veg.*, *Pall.* 9 febricitantis ς : -cantis *SR** : -catis *AR** sunt *add Corsetti** (*Pall. cod. b* : *om. Mv*), *Coll.* 6. 6. 1, 7.10. 1 10 fluuidum] fluidum ς 12 gemitu S^2R : -tum S^1A 13 *rubr.* DE TVSSI tussis ς : tussi *SAR* 15 *lacunam statuit Corsetti**, *nam lentis mensuram exspectes* 17 sanant *S* : sanan *A* : sanari *R* 19 molitae ς : -ta *SAR* 21 sucus cum *Morgagnus* (*Veg.*), *Pall.* : suc(c)um *SAR* 22 remedium *SR**, *Pall.* : -dia A^1 : -dio A^2R*, *fort. recte* 23 pinsitae *R* : -ta *SA* ieiunoque S^2 : eiunoque S^1A : uinoque *R*

discutiunt. Facit idem pari mensura eruum sine ualuulis cum torrido hordeo molitum et saliuati more in fauces demissum.

Suppuratio melius ferro rescinditur quam medicamento. 11
Expressa deinde sanie sinus ipse qui eam continebat calida bubula urina eluitur atque ita linamentis pice liquida et oleo inbutis curatur uel, si conligari ea pars non potest, lamina candente sebum caprinum aut bubulum instillatur. Quidam cum uitiosam partem inusserunt, urina uetere humana eluunt atque ita aequis ponderibus incocta pice liquida cum uetere axungia linunt.

Sanguis demissus in pedes claudicationem adfert, quae cum 12
accidit, statim ungulam inspicito. Tactus autem feruorem demonstrat nec bos uitiatam partem uehementius premi patitur. Sed si sanguis adhuc supra ungulas in cruribus est, frictione adsidua discutitur uel, cum ea nihil profuit, scariphatione emittitur. At si iam in ungulis est, inter duos ungues cultello leuiter aperitur, | et postea linamenta sale atque aceto 2
inbuta adplicantur ac solea spartea pes induitur maximeque datur opera ne bos in aquam pedem mittat et ut sicce

3 *Veg.* 4. 8; *Pall.* 14. 11 11 *Veg.* 4. 9, *Pall.* 14. 12. 1–5

1 facit ς : -ciunt *SAR* 2 torrido ς, *Pall.* : torreo *SAR* demissum ς : di- *SAR* 3 *rubr.* DE SVPPVRATIONE S^1, SVBP- *A* : -PVTA- S^2 suppuratio A^2R : supputatio *S* : -one A^1 rescinditur A^2R : rescid- SA^1 4 expressa *S* : -presse A^2R : -pressce A^1 sanie sinus *Schneider* (*Veg.*), *Pall.* : sasinus *SAR* 5 linamentis *SA* : linia- *R* 6 curatur *Svennung 1928* (*iam dubit. Morgagnus*) : conligatur *SAR* conligari ea *S* : conlinea *AR* 7 aut *S* : ut *AR* instillatur] stillatur *Veg.*, *Pall.* 8 partem S^2R : -te S^1A inusserunt urina uetere *ed. pr.*, *Veg.*, *Pall.* : minus seruntur inhabeturae *SAR* humana *Pontedera*[3] (*Veg.*), *Pall.* : huranae *S* : uranae A^2 : ranae A^1R eluunt *ed. pr.* : luunt *SAR* 10 axungia linunt S^2R^* : axungiali nunc S^1AR^* 11 demissus *S* : dimissis *AR* : dimissus ς 12 ungulam ς, *Veg.*, *Pall.* : -la *SAR* inspicito *Lundström* (*Veg.*, *Pall.*) : -cit *SAR* 13 bos *R* : uos *SA* 15 frictione *SA* : fricat- *R* 16 emittitur ς, *Pall* : hemitur *SAR* at si iam S^2 : ad suam S^1AR 17 aperitur et *Lundström* (*Pall.*) : aperiet *SAR* 18 inbuta *R* : -buto *SA* induitur R^* : inducitur SAR^* 19 bos S^2 : uos S^1 : us *A* : iis *R* pedem mittat S^2 : pede mittam S^1AR sicce stabuletur *S* : sic gesta- *A* : sic ges sta- *R*

stabuletur. Hic idem sanguis nisi emissus fuerit, famicem creabit, qui si suppurauerit, tarde percurabitur. Primum ferro circumcisus et expurgatus, deinde pannis aceto et sale et oleo madentibus inculcatis, mox axungia uetere et sebo hircino
3 pari pondere decoctis ad sanitatem perducitur. Si sanguis in inferiore parte ungulae est, extrema pars ipsius unguis ad uiuum resecatur et ita emittitur, ac linamentis pes inuolutus spartea munitur. Mediam ungulam ab inferiore parte non expedit aperire, nisi eo loco iam suppuratio facta est.

Si dolore neruorum claudicat, oleo et sale genua poplitesque et crura confricanda sunt, donec sanetur.

4 Si genua intumuerunt, calido aceto fouenda sunt et lini semen aut milium detritum consparsumque aqua mulsea inponendum. Spongiae quoque feruenti aqua inbutae et expressae litaeque melle recte genibus applicantur ac fasceis circumdantur.

Quod si tumori subest aliquis umor, fermentum uel farina hordeacea ex passo aut aqua mulsea decocta inponitur et, cum maturuit suppuratio, rescinditur ferro eaque emissa, ut supra
5 docuimus, linamentis curatur. Possunt etiam, ut Cornelius Celsus praecepit, lilii radix uel scilla cum sale uel sanguinalis herba, quam polygonum Graeci appellant, uel marrubium ferro reclusa sanare.

12 *Veg.* 4. 10, *Pall.* 14. 12. 6–9 21 Celsus: *agr. fr.* 26 *Marx*

1 famicem *SA*^{1} : saniem *R* : samiem *A*^{2} 2 percurabitur *S* : -rauit *AR* primum *S, Pall.* : ob primo *AR* : primo *Veg., u.l. Pall.* 5 pondere *A*^{2}*R* : ponere *SA*^{1} 6 unguis] ungulae *Veg., Pall.* 7 pes *SA* : per *R* 9 eo] in eo *Veg., Pall.* 10 poplitesque *R* : -teque *SA* 11 confricanda *S*^{2} : confic- *S*^{1}*A* : compic- *R* 12 intumuerunt] -rint *Veg., Pall.* 13 semen *S, Veg., Pall.* : semina *A* : semine *R* aut *S* : ut *AR* 14 spongiae *Iucundus* (*cf. Veg., Pall.*) : sp(h)ongia *S*^{2}*R* : phongio *S*^{1}*A* quoque *S, Veg., Pall.* : *om. AR* imbutae *Iucundus* : -ta *SAR* 15 expressae ς, *Veg., Pall* : -sa *SAR* litaeque *Svennung* 1928 : litae quae *S*^{1}*A* : lita aeque *R* : lita que *S*^{2} applicantur *SR** : ac plicantur *AR** 18 mulsea *R* : -saea *S*^{1}*A* : -sa *S*^{2}, *Veg., Pall.* 21 praecepit *SR** : -cipit *R** : -cepti *A* 22 poligonum *Forster* (*Pall.*) : -nam S : polygona *uel* poli- *AR*

Fere autem omnis dolor corporis, si sine uulnere est, recens melius fomentis discutitur, uetus uritur et supra ustum butyrum uel caprina instillatur adeps.

Scabies extenuatur trito alio defricta eodemque remedio 13
curatur rabiosae canis uel lupi morsus, qui tamen et ipse inposito uulneri uetere salsamento aeque bene sanatur. Et ad scabiem praesentior alia medicina est: cunela bubula et sulpur conteruntur admixtaque amurca cum oleo atque aceto incoquuntur. Deinde tepefactis scissum alumen tritum spargitur. Id medicamentum candente sole inlitum maxime prodest.

Vlceribus gallae tritae remedio sunt nec minus sucus 2
marrubii cum fuligine.

Est et infesta pestis bubulo pecori (coriaginem rustici appellant) cum pellis ita tergori adhaeret ut adprensa manibus diduci a costis non possit. Ea res non aliter accidit quam si bos aut ex languore aliquo ad maciem perductus est aut sudans in opere faciendo refrixit aut si sub onere pluuia madefactus est. Quae quoniam perniciosa sunt, custodiendum est ut cum ab 3
opere boues redierint, adhuc aestuantes anhelantesque uino aspergantur et offae adipis faucibus eorum inserantur. Quod si praedictum uitium inhaeserit, proderit decoquere laurum et ea calda fouere terga multoque oleo et uino confestim subigere ac

4 Scabies ... 13 fuligine: *Veg.* 4. 11, *Pall.* 14. 13. 1–4   12 Vlceribus ... 13 fuligine: *Pel.* 199. 2   14 Est et ... p. 254, 3 utuntur: *Veg.* 4. 12, *Pall.* 14. 13. 5–9

---

3 <uel> butyrum *Pall., u.l. Veg.*   4 *rubr.* DE SCABIE (-BIAE *A*)   defricta *S* (*cf. Veg.* defricata) : -cto *AR* (*cf. Pall.* -cato)   6 sanatur *S* : sanentur *AR*   et *SAR* (*cf. Veg.* quoque) : sed *Pall.* (*cf. Veg. u.l.* autem)   7 cunila (cunela *scripsi*) bubula *ed.* 1494 : cunicula bubula *S* : cuniculabula *AR*   8 atque *Schneider* (*Veg.*), *Pall.* : aqua *SAR*   10 candente ς, *Veg., Pall.* : cantendente *SAR*   sole *ed. pr.* : solum *SAR*   12 remedio *S, Pall.* : -um *AR* : -a *Pel.*   15 adprensa *S* : adprehen- *AR*   16 diduci *S* : de- *AR*   accidit ς : accedit *SAR*   17 bos S^2R : uos S^1A aliquo ς : -quod *SAR** : -quid *R**   18 refrixit S^1, *Pall* : refli- S^2AR 20 redierint *R* : rediderint *SA*   21 offae *S* : offea *AR*   22 proderit S^2 : prodiderit S^1AR

per omnis partis adprehendere et adtrahere pellem, idque optime fit sub dio sole feruente. Quidam fraces uino et adipi commiscent eoque medicamento post fomenta praedicta utuntur.

14 Est etiam illa grauis pernicies, cum pulmones exulcerantur: inde tussis et macies et ad ultimum pthisis inuadit. Quae ne mortem adferant, radix consiliginis ita, ut supra docuimus, perforatae auriculae inseritur et porri sucus instar heminae pari olei mensurae miscetur et cum uini sextario potandus datur diebus conpluribus.

2 Interdum et tumor palati cibos respuit crebrumque suspirium facit et hanc speciem praebet ut bos †lotus pendere† uideatur. Ferro palatum <prodest> sauciare, ut sanguis profluat, et exemptum ualuolis eruum maceratum uiridemque frondem uel aliud molle pabulum, dum sanetur, praebere.

3 Si in opere collum contuderit, praesentissimum est remedium sanguis de aure emissus aut, si id factum non erit, herba quae uocatur auia cum sale trita et inposita. Si ceruix mota et deiecta est, considerabimus in quam partem declinet et ex diuersa auricula sanguinem detrahemus. Ea porro uena quae in aure uidetur esse amplissima sarmento prius uerberatur. Deinde cum ad ictum intumuit, cultello soluitur et postero die iterum ex eodem loco sanguis emittitur, ac biduo ab opere datur uacatio. Tertio deinde die leuis iniungitur labor et
4 paulatim ad iusta perducitur. Quod si ceruix in neutram partem

4 *Veg.* 4. 13, *Pall.* 14. 14. 1–2 10 *Veg.* 4. 14. 1 (*om. Pall.*) 15 *Veg.* 4. 14. 2–15. 1, *Pall.* 14. 14. 3–4 24 *Veg.* 4. 15. 2, *Pall.* 14. 14. 5

1 pellem ς : pelle *SAR* 2 fraces *Iucundus* : flaces *SA*, -cc- *R* 6 adferant] afferat *u.l. Pall.* consiliginis ς, *Veg.*, *Pall.* : consilis in his *SA* : corili in his *R* 8 sextario ς, *Veg.*, *Pall.* : sextari *AR* : sestari *S* 10 tumor] tumore *Iucundus* 11 suspirium S^2R : -ri S^1A lotus (totus S^1) pendere S^2AR : *alii alia* : *an* despondere, *cf.* 8. 10. 1 [*turdi*] caueis clausi . . . despondent? 12 prodest *add. Lundström* (*Veg.*) : opus est *Iucundus* 13 et *S* : *om. AR* 15 si in *S* : sin *AR* contuderit *S* : contund- *AR* 17 auia *Iucundus* (*cf.* 6. 14. 6) : habia *SAR* 18 considerabimus ς : -uimus *SAR* in quam *S* : quam *AR* 19 auricula *S* : uiriculi *AR* 22 die *S*, *Pall.* : *om. AR*

deiecta est mediaque intumuit, ex utraque auricula sanguis emittitur. Qui cum intra triduum quam bos uitium cepit emissus non est, intumescit collum neruique tenduntur et inde nata durities iugum non patitur. Tali uitio conperimus aptum 5
esse medicamentum ex pice liquida et bubula medulla et hircino sebo <et uetere axungia> et uetere oleo aequis ponderibus conpositum atque incoctum. Hac conpositione sic utendum est: cum disiungitur ab opere <bos>, in ea piscina ex qua bibit tumor ceruicis aqua madefactus subigitur praedictoque medicamento defricatur et inlinitur.

Si ex toto propter ceruicis tumorem iugum recuset, paucis 6
diebus requies ab opere danda est, tum ceruix aqua frigida defricanda et spuma argenti inlinenda est. Celsus quidem tumenti ceruici herbam quae uocatur auia, ut supra dixi, contundi et inponi iubet.

Clauorum, qui fere ceruicem infestant, minor molestia est; nam facile <sanantur> oleo per ardentem lucernam instillato. Potior est tamen ratio custodiendi ne nascantur 7
neue colla caluescant, quae non aliter glabra fiunt, nisi cum sudore aut pluuia ceruix in opere madefacta est. Itaque cum id accidit, uetere latericio trito, priusquam diiungantur, colla

4 *Veg.* 4. 15. 3, *Pall.* 14. 14. 6–7   11 *Veg.* 4. 15. 4, *Pall.* 14. 14. 8–9   13 Celsus: *agr. fr.* 27 *Marx*   18 *Veg.* 4. 15. 5, *Pall.* 14. 14. 10

---

3 emissus *S* : -sum *AR*   4 aptum *Svennung* 1928 (*Veg., Pall., iam dubit. Morgagnus*) : autem *SAR*   6 et uetere axungia *add. Morgagnus* (*Veg.*), *Pall.*   8 bos *add. Lundström* (*Veg., Pall.*)   ea piscina ς, *Veg, Pall.* : aepiscina *R* : aepascina *SA*   9 subigitur ς : subicitur *SAR*   11 ceruicis tumorem] ↔ *Veg., Pall.*   recuset] -sat *Veg., Pall.*   17 sanantur *add. Morgagnus* (*Veg.*), *Pall.*   oleo per ardentem *Schneider praeeunte ex parte Pontedera*^{2} (*cf. Veg., Pall.*) : oper ardentem *S* : operantem *AR*   18 potior *R, Pall.* : patior S^1A : paratior S^2 nascantur *S* : -catur *AR*   20 madefacta *R* : -tum *SA*   21 uetere *ego* : ueteri SA^2R : *h.u. et omnia usque ad* con- *om.* A^1 : puluere *Richter* 1952 (*cf. Veg.* 4. 15. 5) : rudere *temptauerim*   latericio *S* : lateri latericio A^2R : *ne* uetere laserpicio trito *legamus* (*cf. Marcell. Med.* 18.24 laserpicium uetustissimum tunde) *obstat quod laser Cyrenaicum siue laserpicium multo maioris constabat quam ut bubulcis in hunc usum adhibere liceret* (*u. Plin. N.H.* 19. 38–40) colla *S* : colle A^2R

conspargi oportet et deinde, cum adsiccuerint, subinde oleo inbui.

15 Si talum aut ungulam uomer laeserit, picem duram et axungiam cum sulpure lana sucida inuoluito et candente ferro supra uulnus inurito. Quod idem remedium optime facit exempta stirpe, si forte surculum calcauerit aut acuta testa uel lapide ungulam pertuderit. Quae tamen si altius uulnerata est, latius ferro circumciditur et ita inuritur ut supra praecepi;
2 deinde spartea calceata per triduum suffuso aceto curatur. Item si uomer crus sauciarit, marina lactuca, quam Graeci tithymallum uocant, admixto sale inponitur. Subtriti pedes eluuntur calefacta bubula urina, deinde fasce sarmentorum incenso, cum iam ignis in fauillam recidit, feruenti cineri bos cogitur insistere ac pice liquida cum oleo uel axungia cornua eius linuntur. Minus tamen claudicabunt armenta, si <ab> opere disiunctis multa frigida lauentur pedes et deinde suffragines coronaeque ac discrimen ipsum quo diuisa est bouis ungula uetere axungia defricentur.

16 Saepe etiam uel grauitate longioris <itineris> uel cum in proscindendo aut duriori solo aut obuiae radici obluctatur, conuellit armos. Quod cum accidit, e prioribus cruribus sanguis emittendus est: si dextrum armum laesit, in sinistro, si laeuum,

3 Si talum ... 11 inponitur: _Veg._ 4. 16, _Pall._ 14. 15. 1–3 11 Subtriti ... 18 defricentur: _Veg._ 4. 17, _Pall._ 14. 15. 4–5 19 _Veg._ 4. 18, _Pall._ 14. 16. 1

1 et _S, Veg., Pall._ : _om. AR_ assicuerint ς : ad siccum erint _AR_, erit _S_ subinde _S[2]R*_ : subide _S[1]AR*_ : exinde _Veg._ 3 picem _SR*_ : pice _AR*_ 4 inuoluito _Svennung 1928_ : inuoluta _SAR_ 6 acuta _R_ : -to _SA_ 7 pertuderit ς : -tulerit _SAR_ 9 suffuso aceto] ↔ _Veg., Pall._ 10 uomer ς, _Pall._ : uomere _SAR_ sauciarit] -auerit _Pall._ 11 pedes _SA_ : pede _R_ eluuntur _S_ : eluntur _AR_ 12 fasce _R_ : fasces _SA_ 13 cineri bos _Trockij 1927 (Pall.)_ : cineribus _SAR_ 15 ab _add. Morgagnus (Veg., Pall.)_ 16 coronaeque _Svennung 1928 (Veg., Pall.)_ : quoueuae (qu _in ras._) _S[1]_ : quouenae _S[2]_ : coneuae _AR*_ : conenae _R*_ 17 quo _ed. pr._ : quod _SAR_ uetere _S[2]R_ : uete _S[1]A_ 18 defricentur _S_ : -cetur _AR_ 19 longioris itineris _Pall._ (itineris _tantum Veg._) : longioris _SAR_ : longi i- _Schoettgen_ : longi laboris _ed. Iunt., fort. recte_ 20 obluctatur _Vrsinus_ : -tus _SAR_ conuellit _R_ : -uelit _SA_ 22 emittendus _ego (Pall.; cf. Veg._ emittitur) : mitt- _SAR_ laeuum _R_ : leum _SA_

in dextro. Si uehementius utrumque uitiauit, item in posterioribus cruribus uenae soluentur.

Praefractis cornibus linteola sale atque aceto et oleo inbuta 2
superponuntur ligatisque per triduum eadem infunduntur. Quarto demum <die> axungia pari pondere cum pice liquida et cortice pineo leuigata inponitur, et ad ultimum, cum iam cicatricem ducunt, fuligo infriatur.

Solent etiam neglecta ulcera scatere uermibus, qui si mane perfunduntur aqua frigida, rigore contracti decidunt, uel, si hac ratione non possunt eximi, marrubium aut porrum conteritur et admixto sale inponitur. Id celerrime necat praedicta animalia. Sed expurgatis ulceribus confestim adhibenda sunt 3
linamenta cum pice et oleo uetereque axungia et extra uulnera eodem medicamento circumlinenda, ne infestentur a muscis, quae ubi ulceribus insederunt, uermes creant.

Est etiam mortiferus serpentis ictus, est et minorum anima- **17**
lium noxium uirus. Nam et uipera et caecilia saepe, cum in pascuo bos improuide supercubuit, lacessita onere morsum inprimit, musque araneus, quem Graeci μυγαλῆν appellant, quamuis exiguis dentibus non exiguam pestem molitur. Venena uiperae depellit super scariphationem ferro factam herba quam uocant personaceam trita et cum sale inposita.

3 Praefractis ... 7 infriatur: *Veg.* 4. 19, *Pall.* 14. 16. 2 8 Solent ... 15 creant: *Veg.* 4. 20; *Pall.* 14. 16. 3–4 16 *Pall.* 14. 18. 1, *Veg.* 4. 21. 1

---

1 item] etiam *Veg., Pall.* 2 soluentur] -uuntur *Veg., Pall.* : -uantur *Holford-Strevens* 5 die *add. Morgagnus* (*Veg.*), *Pall.* 6 pineo leuigata S^2 : pineolo uigata S^1A : pineolo iugata *R* 7 infriatur *Vrsinus* : -fricatur *SR*, -frigatur *A* 9 contracti S^2R^* : contracti decontracti S^1AR^* 12 expurgatis SR^* : -ti *AR* ulceribus S^2R^* : ulceri ulceribus S^1AR^* 16 minorum *Iunius, pp.* 366–7 (*Veg., Pall.*) : magnorum *SAR* 19 quem R^* : quae SAR^* μυγαλῆν *ed. R. Stephani* (*Lutetiae*, 1543), *in corrigendis* (*Veg., Pall.*) : MYΤΑΛΗΝ *S* : MYΙaaHN A^1 : σκυτάλην A^2R^* : *om. in lac.* R^* 21 uipere depellit *S* : ut per aede pellit *AR* factam ς, *Pall.* : captam *SAR* 22 herba *SA* : -bam *R* personaceam *Corsetti** (*cf. Veg., Pall.*) : persona *SAR* : -natam *Iucundus*

2 Plus etiam eiusdem radix contusa prodest uel si montanum
trifolium inuenitur, quod fragosis locis efficacissimum nascitur,
odoris grauis neque absimilis bitumini (et idcirco Graeci eam
ἀσφάλτειον appellant, nostri autem propter figuram uocant
acutum trifolium; nam longis et hirsutis foliis uiret caulemque
3 robustiorem facit quam pratense). Huius herbae sucus uino
mixtus infunditur faucibus atque ipsa folia cum sale trita
malagmatis uice cedunt. Vel si hanc herbam uiridem tempus
anni negat, semina eius collecta et leuigata cum uino dantur
potanda radicesque cum suo caule tritae atque hordeaciae
farinae et sali commixtae ex aqua mulsa scariphationi super-
4 ponuntur. Est etiam praesens remedium, si conteras fraxini
tenera cacumina quinque librarum cum totidem uini et duobus
sextariis olei expressumque sucum faucibus infundas, itemque
cacumina eiusdem arboris cum sale trita laesae parti super-
ponas.

Caeciliae morsus tumorem suppurationemque molitur; idem
facit etiam muris aranei, sed illius sanatur noxa fibula aenea, si
5 locum laesum conpungas cretaque Cimolia ex aceto linas. Mus
perniciem quam intulit suo corpore luit; nam animal ipsum
oleo mersum necatur et, cum imputruit, conteritur eoque
medicamine quandoque morsus muris aranei linitur. Vel si id
non adest tumorque ostendit iniuriam dentium, cuminum

1 *Pall.* 14. 18. 2, *Veg.* 4. 21. 2   6 *Pall.* 14. 18. 3–4, *Veg.* 4. 21. 3   12 *Pall.* 14. 18. 5–6, *Veg.* 4. 21. 4   19 *Pall.* 14. 18. 7, *Veg.* 4. 21. 4, *Pel.* 279

1 si montanum *S* : simoniamum *AR*   2 inuenitur] reperiatur *Veg.* : reperitur *Pall.*   4 aCΦaΛTEION *SA* : *om. in lac. R*   5 nam *ed. pr.* (*cf. Veg., Pall.*) : non *SAR*   caulemque ς : caulumque *SAR*   6 uino] cum uino *Veg., Pall.*   8 uice cedunt *Pontedera*[3] (*Pall.*) : uicedunt *SA* : incedunt *R*   10 caule A^2R : -la SA^1 tritae ς : et tritae *SAR*   atque hordeaciae *S, Pall.* : *om. AR*   11 sali *S* : sale *AR*   scarifationi ς : scariphationis SA^2R, ca- A^1 13 tenera S^2 : tera S^1A : terna *R*   14 olei A^2R : oleis SA^1 expressumque ς : -susque *AR* : -sus quae *S*   15 eiusdem S^2R : eiudem S^1 : eidem *A*   17 caeciliae ς, *Pall.* : caeli *SAR*   19 locum laesum] ↔ *Veg., Pall.*   21 necatur *R* : nega- *SA*   conteritur S^2 : -riter S^1AR 23 tumorque *Vrsinus* (*Pall.*) : (h)umorqu(a)e *SAR*

conteritur eoque adicitur exiguum picis liquidae et axungiae, ut lentorem malagmatis habeat. Id inpositum perniciem 6 summouet. Vel si, antequam tumor discuteretur, in suppurationem conuertit, optimum est ignea lamina conlectionem reserare et quicquid uitiosi est inurere atque ita liquida pice cum oleo linere. Solet etiam ipsum animal uiuum creta figulari circumdari, quae cum siccata est, collo boum suspenditur. Ea res innoxium pecus a morsu muris aranei praebet.

Oculorum uitia plerumque melle sanantur. Nam siue 7 intumuerunt, aqua mulsea triticea farina conspargitur et inponitur, siue album in oculo est, montanus sal Hispanus uel Ammoniacus uel etiam Cappadocus minute tritus et inmixtus melli uitium extenuat. Facit idem trita sepiae testa et per fistulam ter die oculo inspirata, facit et radix quam Graeci σίλφιον uocant, uulgus autem nostra consuetudine laserpicium appellat. Huius quantocumque ponderi decem partes salis 8 Ammoniaci adiciuntur eaque pariter trita oculo similiter infunduntur, uel eadem radix tunsa et cum oleo lentisci inuncta uitium expurgat.

Epiphoram supprimit polenta consparsa mulsea aqua et in

2 *Pall. 14. 18. 8–9, Veg. 4. 21. 5–6, Pel. 280* 9 Oculorum . . . 19 expurgat: *Pall. 14. 19. 1–3, Veg. 4. 22* 20 Epiphoram . . . p. 260, 7 aduolant: *Pall 14. 19. 4–5, Veg. 4. 23*

1 eoque] eique *ed. pr., sed. cf. 12. 8. 1, TLL 1. 668. 80* liquidae $A^{2}R$: -da SA^{1} 3 summouet *Morgagnus (Veg.), Pall.* : commouet *SAR* discuteretur *SAR, cod. v Pall.* : discutiatur *Pel., Veg.* : discutetur *cod. M Pall.* 4 collectionem *Morgagnus (Veg.), Pall.* : conuertionem *SAR* 5 reserare *Vrsinus* (*cf. Veg.* aperire) : resecare *SAR, Pel., Pall.* 6 linere *ego (Pall.)* : linire *SAR, Pel., Veg.* 7 circumdari $S^{2}R$: cumdari $S^{1}A$ 8 morsu muris *R* : morsu oris S^{2} : morsu umoris A^{2} : mor umoris A^{1} : motumoris S^{1} 9 siue *SAR, Veg.* : si *Pall. (u.l. Veg.)* 10 intumuerunt] -rint *Veg.* (-rit *codd. Pall.*) mulsea *Corsetti** (*cf. 6. 12. 4*) : -sae SA^{1} : -sa $A^{2}R$ triticea SA^{1} : -ceae $A^{2}R$ 11 siue *SAR, Veg.* : si uero *Pall. (u.l. Veg.)* 12 cappadocus ς : cap(p)adocis *SAR* inmixtus *R* : -tis *SA* 13 testa $A^{2}R$: tasta SA^{1} 15 σίλφιον $A^{2}R^{*}$: aΦΙΟΝ *S* : ΦΙΟΝ A^{1} : *om. in lac.* R^{*} consuetudine *R* : -nem *SA* 18 tunsa SA^{2}, *Veg., Pall.* : contunsa A^{1} : -tusa *R* 20 mulsea *Corsetti** (*Pall.*) : -sae S^{2} (? S^{1}) : -sa *AR, Veg.*

supercilia genasque inposita. Pastinacae quoque agrestis semina et sucus armoraceae cum melle conleuata oculorum
9 sedant dolorem. Sed quotiensque mel aliusue sucus remediis adhibetur, circumlinendus erit oculus pice liquida cum oleo, ne a muscis infestetur. Nam et ad dulcedinem et ad odorem mellis aliorumque medicamentorum non eae solae sed et apes aduolant.

18 Magnam etiam perniciem saepe adfert hirudo hausta cum aqua. Ea adhaerens faucibus sanguinem ducit et incremento suo transitum cibis praecludit. Si tam difficili loco est ut manu detrahi non possit, fistulam uel harundinem inserito et ita calidum oleum infundito; nam eo contactum animal confestim
2 decidit. Potest etiam per fistulam deusti cimicis nidor inmitti, qui ubi superpositus igni fumum emisit, conceptum nidorem fistula usque ad hirudinem perfert isque nidor depellit haerentem. Si tamen uel stomachum uel intestinum tenet, calido aceto per cornu infuso necatur.

Has medicinas quamuis bubus adhibendas praeceperim, posse tamen ex îs plurima etiam omni maiori pecori conuenire nihil dubium est.

19 Sed et machina fabricanda est qua clausa iumenta bouesque curentur, ut et propior accessus ad pecudem medentibus sit nec in ipsa curatione quadripes reluctando remedia respuat. Est

8 *Pall.* 14. 20, *cf. Veg.* 4. 24 21 *Veg.* 4. 25

1 imposita ς : inpositas *SAR* pastinacae quoque *S*, *Veg.*, *Pall.* : -caeque *AR* 2 armoraceae *S* : amoraceae *AR* 5 odorem *Trockij 1927* (*Pall.*) : oculorum *SAR* 6 eae ς : ea *SAR* et apes *S* : aetates *AR* 8 hirudo A^2R^* : -rundo SA^1R^* 9 incremento . . . transitum *S* : -tu(m) . . . tu *AR* 11 (h)arundinem SAR^* : hirundinem R^* 12 contactum *S*, *Pall.* : -tu *AR* 14 superpositus *S* : -ponuntur *AR* 15 hirudinem ς : hirundinem *SAR* depellit ς, *Pall.* : depellet *SAR* 18 adhibendas *S*, *Pall* : -beri *A man. rec.* : *om. in lac. AR* 19 is *S* : his *AR* 22 propior ς : -prior *SAR* medentibus sit S^2 : -ti tussit S^1AR 23 reluctando S^2 : relic- S^1A : -tanda *AR*

autem talis machinae forma: roboreis axibus conpingitur solum quod habet in longitudinem pedes nouem et in latitudinem pars prior dipundium semissem, pars posterior quattuor pedes. Huic solo septenum pedum stipites recti ab utroque latere 2 quaterni applicantur. Î autem qui ipsis quattuor angulis affixi sunt <* * *>, omnesque transuersis sex temonibus quasi uacerrae inter se ligantur ita ut a posteriore parte, quae latior est, uelut in caueam quadripes possit induci nec exire alia parte prohibentibus aduersis axiculis. Primis autem duobus statuminibus inponitur firmum iugum ad quod iumenta capistrantur uel boum cornua religantur, ubi potest etiam numella fabricari ut inserto capite descendentibus per foramina regulis ceruix catenetur. Ceterum corpus laqueatum et distentum temonibus 3 obligatur inmotumque medentis arbitrio est expositum. Haec ipsa machina communis erit omnium maiorum quadripedum.

Quoniam de bubus satis praecepimus, opportune de tauris **20** uaccisque dicemus.

Tauros maxime membris amplissimis, moribus placidis, media aetate probandos censeo. Cetera fere eadem omnia in his obseruabimus quae in bubus eligendis. Neque enim alio distat bonus taurus a castrato, nisi quod huic torua facies est, uegetior aspectus, breuiora cornua, torosior ceruix et ita uasta ut sit maxima portio corporis, uenter paulo substrictior, quo magis strenuus et ad ineundas feminas habilis sit.

16 *Cf. Pall.* 4. 11. 4

1 forma *R* : -mam *SA* 5 ii ς : it *SAR* qui *Richter* 1952 : in *SAR* 6 *lacunam statuit Richter* 1952 7 ligantur *S* : -gatur *AR* posteriore *S* : -ra *A* : -ri *R* latior ς : laterior *SAR* 9 duobus *S* : duabus *AR* 11 ubi . . . 14 obligatur *om.* S^1 numella S^2 : numelli *AR* 12 ceruix catenetur S^2 : ceruicax tenetur *AR* 14 obligatur *R* : -gantur S^2A 18 *rubr.* (XI. *S*) DE TAVRIS 19 media aetate *R* : mediaetatem *SA* probandos *SA* : improbandos *R* eadem omnia] *an* ↔ (*cf.* 9. 13. 5, 11. 2. 67)? 23 uenter *Schneider* : uentre *SAR* substrictior *Schneider* (*cf. Pall.*) : subtruncior *SAR* quo *Corsetti** : qui *SAR* 24 strenuus *dubit. Pontedera*^{2} : treus *S* : reus *AR*

21 Vaccae quoque probantur altissimae formae longaeque,
maximis uteris, frontibus latissimis, oculis nigris et patentis-
simis, cornibus uenustis ac leuibus et nigrantibus, pilosis auri-
bus, conpressis malis, palearibus et caudis amplissimis, ungulis
modicis, cruribus <rectis et breuibus>. Cetera quoque fere
eadem in feminis quae et in maribus desiderantur et praecipue
ut sint nouellae, quoniam, cum excesserunt annos decem,
2 fetibus inutiles sunt, rursus minores bimis iniri non oportet. Si
ante tamen conceperint, partum earum remoueri placet, ac per
triduum, ne laborent, ubera exprimi, postea mulctra prohiberi.
22 Sed et curandum est omnibus annis aeque atque in reliquis
gregibus pecoris ut dilectus habeatur. Nam exhaustae
uetustate, quod gignere desierunt, summouendae sunt, et
utique taurae, quae locum fecundarum occupant, ablegandae
uel aratro domandae, quoniam laboris et operis non minus
quam iuuenci propter uteri sterilitatem patientes sunt.
2 Eiusmodi armentum maritima et aprica hiberna desiderat,
†aestatim opicis morum omnium ac laeta† magis quam plana
pascua. Nam melius nemoribus herbidis et frutectis et carectis
<pascitur>, quoniam siccis ac lapidosis locis durantur ungulae.

1 *Pall.* 4. 11. 5 11 *Cf. Pall.* 4. 11. 6 17 Eiusmodi . . . p. 263, 3 iucundior est: *Pall.* 4. 11. 7

1 *rubr.* (XII. *S*) DE VACCIS 5 cruribus *A*^{2}*R* : rur- *SA*^{1} rectis et *Corsetti**, breuibus *add. Richter* 1949, *cf. Varr. Rust.* 2. 5. 8, *Geop.* 17. 2. 1 σκέλη ὀρθά, στερεά, παχύτερα μᾶλλον ἢ μακρότερα, *necnon supra* 6. 1. 3 (*de bubus*) *et infra* 6. 29. 3 (*de equis*) : paruis *dubit. Lundström* (*cf. Pall.* nigris et paruis) 8 minores *S*^{2}*R* : uinores *S*^{1}*A* 9 partum *SA* : -tim *R* 10 mulctra *AR* : multra *S* 12 exhaustae *ego* (*cf.* 7. 3. 14 effetus senectute, *et u. ad* 7. 5. 1) : et uisae et *SAR* : enisae (et e- *Iucundus*) et *Lundström* : effetae *Corsetti** 13 uetustate] uetustae ς summouendae *S* : -di *AR* 16 sterilitatem ς : -tates *R* : sterilites *SA* 18 aestatim *SA* : cestatim *R* : aestate (*Pall.*) autem *Lundström* opicis morum omnium] opacissima nemorum et montium *Lundström* (*cf. Pall.* opaca paremus ac frigida, montana maxime) ac laeta] alta ς : elata *Heinsius* 19 frutectis *Lundström* (*Pall.*) (frutetis *iam ed. pr.*) : fructibus *SAR* carectis ς : curetis *SAR* 20 pascitur *add. Lundström* (*cf. Pall.* saturantur, pascantur) : *lacunam iam Schneider statuerat* siccis *S* : *om. AR* durantur ς : -atur *SAR*

Nec tam fluuios riuosque desiderat quam lacus manu factos, quoniam et fluuialis aqua, quae fere frigidior est, partum abigit et caelestis iucundior est. Omnis tamen externi frigoris tolerantior equino armento uacca est ideoque facile sub dio hibernat.

23 Sed laxo spatio consaepta facienda sunt, ne in angustiis conceptum altera alterius elidat et ut inualida fortioris ictus effugiat. Stabula sunt optima saxo aut glarea strata, non incommoda tamen etiam sabulosa: illa quod imbres respuunt, haec quod celeriter exorbent transmittuntque. Sed utraque deuexa sint, ut umorem effundant, spectentque ad meridiem, ut facile siccentur et frigidis uentis non sint obnoxia.

2 Leuis autem cura pascui est; nam ut laetior herba consurgat, fere ultimo tempore aestatis incenditur. Ea res et teneriora pabula recreat deustis duris et fruticem surrecturum in altitudinem conpescit. Ipsis uero corporibus adfert salubritatem iuxta consaeptum saxis et canalibus sal superiectus, ad quem saturae pabulo libenter recurrunt cum pastorali signo quasi receptui canitur. 3 Nam id quoque semper crepusculo fieri debet, ut ad sonum bucinae pecus, si quod in siluis substiterit, saepta repetere consuescat. Sic enim recognosci grex poterit numerusque constare, si uelut ex militari disciplina intra stabulorum castra manserint. Sed non eadem in tauros exercentur imperia, qui freti uiribus per nemora uagantur liberosque egressus et reditus habent nec reuocantur nisi ad coitus feminarum.

3 Omnis . . . 4 hibernat: *cf. Pall. 4. 11. 8* 5 *Pall. 4. 11. 8* 12 nam ut . . . 15 conpescit: *Pall. 9. 4*

---

1 flu- . . . flu- ς : plu- . . . plu- *SAR* lacus R^* : lacu SAR^* 8 respuunt *Holford-Strevens* : -spuat *SAR* : -spuant ς 9 exorbent ς : -bem *SAR* : sorbeant *et mox* transmittantque *Iucundus* 10 ut *S* : *om. AR* 11 sint ς : sit *SAR* 14 deustis duris *Corsetti 1979* : dentis duribus SA^2 : dentibus duribus A^1 : dentibus duris *R* : sentibus ustis ς : *alii alia* 15 conpescit *S* : -cuit *AR* 20 sic *ego* : hic *SAR* 21 numerusque ς : -rumque *SAR* 22 stabulorum ς : -larum *SAR* 25 coitus *ed. pr.* : coetus *SAR*

24 Ex îs qui quadrimis minores sunt maioresque quam duodecim annorum prohibentur admissura, illi quoniam quasi puerili aetate seminandis armentis parum idonei, hi quia senio sunt effeti. Mense Iulio feminae maribus plerumque permittendae, ut eo tempore conceptos proximo uere adultis iam
2 pabulis edant; | nam decem mensibus uentrem perferunt. Neque ex imperio magistri sed sua sponte marem quaeque patitur, atque in id fere quod dixi tempus naturalia congruunt desideria, quoniam satietate uerni pabuli pecudes exhilaratae lasciuiunt in uenerem. Quam si aut femina recusat aut non adpetit taurus, eadem ratione qua fastidientibus equis mox praecipiemus elicitur cupiditas odore genitalium admoto naribus.

3 Sed et pabulum circa tempus admissurae subtrahitur feminis, ne steriles reddat nimia corporis obesitas, et tauris adicitur, quo fortius ineant, unumque marem quindecim uaccis sufficere abunde est. Qui ubi iuuencam superuenit, certis signis conprendere licet quem sexum generauerit, quoniam, si parte dextra desiluit, marem seminasse manifestum est, si laeua, feminam. Id tamen uerum esse non aliter apparet quam si post unum coitum forda non admittit taurum. Quod et ipsum raro
4 accidit. Nam quamuis plena fetu non expletur libidine: adeo ultra naturae terminos etiam in pecudibus plurimum pollent blandae uoluptatis inlecebrae! Sed non dubium est, ubi pabuli sit laetitia, posse omnibus annis partum educari, at ubi paenuria est, alternis submitti, quod maxime in operariis uaccis fieri

4 Mense Iulio . . . p. 265, 2 grauetur onere: *cf. Pall. 8. 4. 1*

1 is *S* : his *AR* quam ς : cum *SAR* 2 illi ς : illa *SAR* 6 edant ς : edat *SAR* 7 marem quaeque *ego* : maremque *A* : marem quae *S* ; marem ς patitur] -tiuntur ς 9 sacietate ς : stietatae *S* : si aetate *AR* 10 in uenerem *S* : uaccae *A* (*man. rec.*) : *om. in lac. AR* 11 adpetit *S* : adpeti *AR* 14 feminis *S* : -nes *A* : -nas *R* 20 tamen ς : tam *SAR* si *ed. pr* : in *SAR* : ubi ς 21 admittit ς : admittitur *SAR* 26 uaccis *S* : *om. AR*

placet, ut et uituli annui temporis spatio lacte satientur nec forda simul operis et uteri grauetur onere.

Quae cum partum edidit, nisi cibis fulta est, quamuis bona nutrix labore fatigata nato subtrahit alimentum. Itaque ecfetae 5
cytisus uiridis et torrefactum hordeum maceratumque eruum praebetur et tener uitulus torrido molitoque milio et permixto lacte saliuatur. Melius etiam in hos usus Alpinae uaccae parantur, quas eius regionis incolae ceuas appellant. Eae sunt humilis staturae, lactis abundantes, propter quod remotis earum fetibus generosum pecus alienis educatur uberibus. Vel si hoc praesidium non adest, faba fresa et uinum recte tolerat idque praecipue in magnis gregibus fieri oportet.

Solent autem uitulis nocere lumbrici, qui fere nascuntur 25
cruditatibus. Itaque moderandum est ut bene concoquant, aut, si iam tali uitio laborant, lupini semicrudi conteruntur et offae saliuati more faucibus inseruntur. Potest etiam cum arida fico et eruo conteri herba Santonica et formata in offam sicut saliuatum demitti. Facit idem axungiae pars una tribus partibus hysopi permixta. Marrubii quoque sucus et porri ualet eiusmodi necare animalia.

Castrare uitulos Mago censet dum adhuc teneri sunt, neque 26
id ferro facere sed fissa ferula conprimere testiculos et paulatim confringere. Idque optimum genus castrationum putat, quod adhibetur aetati tenerae sine uulnere. Nam ubi iam induruit, 2

3 quae cum . . . 7 saliuatur: *cf. Pall.* 5. 6   13 *Pall.* 14. 21   21 *Pall.* 6. 7. 1–3, Mago: *fr.* 43 *Speranza*

---

2 grauetur *S* : -uentur *AR*   4 effetae ς : et foetae *SAR*   5 uiridis ς : uiri *SAR*   torrefactum *R* : -fatum *SA*   ordeum *ed. pr.* : in horreum *SAR*   6 tener uitulus *Pontedera*^{1} : tenueruitolus S^1 : teneruit olus *AR* : tenuem uitulus S^2 torrido S^2 : torro ido S^1AR permixto *S* : permiam *AR*   7 Alpinae *Bochartus*, *i*, 287 (*cf. Plin. N.H.* 8. 179 plurimum lactis Alpinis) : altinae *SAR*   8 parantur *S* : probantur *AR*   ceuas *AR* : geuas *S* : *ἅπ. λεγ. utrumque*   16 inseruntur *ego* (*Pall.*) : ingeruntur S^2AR : incer- S^1 18 demitti ς : di- *SAR*   22 fissa *S* : ipsa *AR*   23 putat ς : putant *SAR*

melius bimus quam anniculus castratur, idque facere uere uel autumno luna decrescente praecipit uitulumque ad machinam deligare, deinde, priusquam ferrum admoueas, duabus angustis ligneis regulis ueluti forficibus adprehendere et ipsos neruos quos Graeci κρεμαστῆρας ab eo appellant quod ex illis genitales partes dependent, conprehensos deinde testis ferro reserare et expressos ita recidere ut extrema pars eorum
3 adhaerens praedictis neruis relinquatur. Nam hoc modo nec eruptione sanguinis periclitatur iuuencus nec in totum ecfeminatur adempta omni uirilitate formamque seruat maris, cum generandi uim deposuit. Quam tamen ipsam non protinus amittit; nam si patiaris eum a recenti curatione feminam inire, constat ex eo posse generari, sed minime id permittendum, ne profluuio sanguinis intereat.

Verum uulnera eius sarmenticio cinere cum argenti spuma linenda sunt abstinendusque eo die ab umore et exiguo cibo
4 alendus. Sequenti triduo uelut aeger cacuminibus arborum et desecto uiridi pabulo oblectandus prohibendusque multa potione. Placet etiam pice liquida et cinere cum exiguo oleo ulcera ipsa post triduum linere, quo et celerius cicatricem ducant nec a muscis infestentur.

Hactenus de bubus dixisse abunde est.

27 Quibus cordi est educatio generis equini, maxime conuenit prouidere actorem industrium et pabuli copiam, quae utraque uel mediocria possunt aliis pecoribus adhiberi. Summam sedulitatem et largam satietatem desiderat equitium, quod

23 *Cf. Pel.* 1

---

1 uere *S* (*cf. Pall.* uerno) : *om. AR* 3 angustis *S* : -tiis *AR* 4 forficibus A^2R : porficibus SA^1 : forcipibus ς, *Pall.* 5 *rubr.* (XIII *in marg. S*) KREMACTHRAC 7 reserare *Vrsinus* : resecare *SAR* (*cf. Pall.* resecant) 10 etffeminatur [*sic*] *S* : eff- *AR* 11 cum *S* : *om. AṚ* 15 sarmenticio ἅπ. λεγ. (*u. ad* 12. 16. 1) cum argenti spuma *SA* : *om. R* 17 sequenti ς : sequensei *S* : sequens *AR* 20 linere *S* : linire *AR* 23 *rubr.* (XIIII. *S*) DE EQVIS 24 actorem *Gesner* : auctorem *SAR* 25 aliis *S* : alias *AR*

ipsum tripertito diuiditur. Est enim generosa materies, quae circo sacrisque certaminibus equos praebet; est mularis, quae pretio fetus sui conparatur generoso; est et uulgaris, quae mediocres feminas maresque progenerat. Vt quaeque est praestantior, ita ubere campo pascitur. Gregibus autem spatiosa 2
et palustria nec montana pascua eligenda sunt, rigua nec umquam siccanea uacuaque magis quam stirpibus inpedita frequentibus, mollibus potius quam proceris herbis abundantia. Vulgaribus equis passim maribus ac feminis pasci per- 3
mittitur nec admissurae certa tempora seruantur. Generosis circa uernum aequinoctium mares iniungentur, ut eodem tempore quo conceperint iam laetis et herbidis campis post annum enixae paruo cum labore fetum educent; nam mense duodecimo partum edunt.

Maxime itaque curandum est praedicto tempore anni ut tam feminis quam admissariis desiderantibus coeundi fiat potestas, quoniam id praecipue armentum, si prohibeas, libidinis extimulatur furiis, unde etiam ueneno inditum est nomen ἱππομανές, quod equinae cupidini similem mortalibus amorem accendit. Nec dubium quin aliquot regionibus tanto 4
flagrent ardore coeundi feminae ut, etiamsi marem non habeant, adsidua et nimia cupiditate figurando sibi ipsae uenerem cohortalium more auium uento concipiant. Neque enim poeta licentius dicit:

9 Vulgaribus . . . 10 seruantur: *cf. Pall.* 4. 13. 4 Generosis . . . 20 accendit: *cf. Pall.* 4. 13. 1

7 siccanea ς : siccana *S* : sicana *AR* uacuaque ς : bacuane *SAR* 8 frequentibus *S* : frequenter *AR* mollibus *S* : mollis *AR* 9 feminis *R* : finibus *SA* 10 seruantur *S* : -uentur *AR* 11 iniungentur *S* : inug- *A* : iung- *R* 12 conceperint *S*[2] : concerint *S*[1] : c(o)eperint *AR* 13 enixae *Vrsinus* (*cf.* 6. 28. 1) : mensem *SAR* paruo cum *S*[2] : per uocum *S*[1]*AR* foetum *R** : feitum *S* : futum *AR** mense ς : mensem *SAR* 14 duodecimo ς : -ma *SAR* 19 *rubr.* (xv. *S*) ΙΠΠΟΜaΝΕC *SAR** : *om. in lac. R** 22 figurando *S* : -dus *SAR* 23 uenerem *S*[2] : bene rem *S*[1]*AR* neque *S* : quae *AR* 24 poeta *R* : poetica *SA*[2] : petica *A*[1]

5 scilicet ante omnis furor est insignis equarum;
illas ducit amor trans Gargara transque sonantem
Ascanium, superant montis et flumina tranant;
6 continuoque auidis ubi subdita flamma medullis,
uere magis, quia uere calor redit ossibus, illae
ore omnes uersae ad Zephyrum stant rupibus altis,
exceptantque leuis auras, et saepe sine ullis
coniugiis uento grauidae—mirabile dictu!—

7 cum sit notissimum etiam <in> Sacro monte Hispaniae, qui procurrit in occidentem iuxta Oceanum, frequenter equas sine coitu uentrem pertulisse fetumque educasse, qui tamen est inutilis, quod triennio priusquam adolescat morte absumitur. Quare, ut dixi, dabimus operam ne circa aequinoctium uernum equae desideriis naturalibus angantur.

8 Equos autem pretiosos reliquo tempore anni {cum} remouere oportet a feminis, ne aut, cum uolent, ineant, aut, si id facere prohibentur, cupidine sollicitati noxam contrahant. Itaque uel in longinqua pascua marem placet ablegari uel ad praesepia contineri, eoque tempore quo uocatur a feminis roborandus est largo cibo et appropinquante uere hordeo eruoque saginandus, ut ueneri supersit, quantoque fortior inierit, firmiora semina
9 praebeat futurae stirpi. Quidam etiam praecipiunt eodem ritu quo mulas admissarium saginare, ut hac sagina hilaris pluribus feminis sufficiat. Verumtamen nec minus quam quindecim nec rursus plures quam uiginti unus debet inplere, isque

1 scilicet ... equarum: *Georg.* 3. 266 2 Illas ... 8 dictu: *Georg.* 3. 269–75 22 *cf. Pall.* 4. 13. 1

---

3 montis *S, Verg. codd. PR* : montes A^2R, *Verg. cod. M* : bontes A^1 5 redit ossibus illae S^2A^1, *Verg.* : redit omnibus illae A^2R : reditos sibillae S^1 6 ad SA^1, *Verg. codd. M (manu secunda) et R* : in A^2R, *Verg. codd. plerique* 9 in ς : *om. SAR* Sacro] Tagro *Varr. Rust.* 2.1.19 11 uentrem *S* : -tem *A* : -tum *R* 12 triennio *ed. pr.* : -nii *SAR* 14 angantur ς : aguntur *SAR* 15 cum *del.* ς 17 sol(l)icitati ς : -tionis *S* : -tioni *AR* contrahant *S* : -hunt *AR* 23 pluribus *S* : plurimis *AR*

admissurae post trimatum usque in annos uiginti plerumque
idoneus est. Quod si admissarius iners in uenerem est, odore 10
proritatur detersis spongia feminae locis et admota naribus
equi; rursus si equa marem non patitur, detrita scilla naturalia
eius linuntur, quae res accendit libidinem. Nonnumquam igno-
bilis quoque <ac> uulgaris elicit cupidinem coeundi; nam ubi
admotus fere temptauit obsequium feminae, abducitur et iam
patientiori generosior equus inponitur. Inde maior praegnati-
bus adhibenda cura est largoque pascuo firmandae.
Quod si frigore hiemis herbae defecerint, tecto contineantur 11
ac neque opere neque cursu exerceantur nec frigori com-
mittantur nec in angusto clauso, ne aliae aliarum conceptus
elidant; nam haec omnia incommoda fetum abigunt. Quod si
tamen aut partu aut abortu equa laborauerit, remedio erit
felicula trita et aqua tepida permixta ac data per cornu. Sin 12
autem prospere cesserit, minime manu contingendus pullus
erit; nam laeditur etiam leuissimo contactu, <et> tamen cura
adhibebitur ut et amplo et calido loco cum matre uersetur, ne
aut frigus adhuc infirmo noceat aut mater in angustiis eum
obterat. Paulatim deinde producendus erit prouidendumque
ne stercore ungulas adurat. Mox cum firmior fuerit, in eadem
pascua in quibus mater est dimittendus, ne desiderio partus sui
laboret equa. Nam id praecipue genus pecudis amore natorum, 13
nisi fiat potestas, noxam trahit. Vulgari feminae solemne est

4 rursus ... 5 libidinem: *cf. Pall.* 4. 13. 5   8 Inde ... 15 per cornu: *Pall.* 4. 13. 5   16 minime ... 17 contactu: *cf. Pall.* 4. 13. 6

1 post *SA* : potest *R*   trimatum *S* : rima *insequ. lac. AR*   3 proritatur *S* : propri- *A* : profricatur *R*   4 equi A^2R : equa SA^1 equa *ed. pr.* (*cf. Pall.*) : qua *SAR*   6 ac *add. Schneider* (*cf.* 6. 37. 9) : et *Vrsinus* : uulgaris *secl. Richter* 1952   elicit *S* : eligit *AR*   7 admotus ς : -tu *SAR*   feminae *Vrsinus* : femina *SR* : semina *A*   abducitur ς : addu- *SAR*   11 frigori *haud tolerabile* : *an* frigido (*uel* frigidiori) loco (*cf.* §12)?   12 nec ... clauso] *utrum deest uerbum, an* in *delendum?*   14 laborauerit *ego* : -uit *SAR*   15 ac data *S* : addata *AR*   16 cesserit *ego* : cessit *SAR*   pullus erit *S* : polluerit *AR*   17 et tamen *ego* : tanta *SAR* : tantum ς : *secl. Corsetti**   19 infirmo SA^1 : firmo A^2R

omnibus annis parere, generosam conuenit alternis continere, quo firmior pullus lacte materno laboribus certaminum praeparetur.

28 Marem putant minorem trimo non esse idoneum admissurae, posse uero usque in uicesimum annum progenerare, feminam bimam recte concipere, ut post tertium annum enixa fetum educet, eandemque post decimum non esse utilem, quod ex annosa matre tarda sit atque iners proles. Quae siue ut femina siue ut masculus concipiatur, nostri arbitrii fore Democritus adfirmat, qui praecepit ut, cum progenerari marem uelimus, sinistrum testiculum admissarii lineo funiculo alioue quolibet obligemus, cum feminam, dextrum, idemque in omnibus paene pecudibus faciendum censet.

29 Cum uero natus est pullus, confestim licet indolem aesti-
mare: si hilaris, si intrepidus, si neque conspectu nouae rei
neque auditu terretur, si ante gregem procurrit, si lasciuia et
alacritate, interdum et cursu certaminis aequalis exuperat, si
fossam sine cunctatione transilit, pontem flumenque trans-
2 cendit, haec erunt honesti animi documenta. Corporis uero
forma constabit exiguo capite, nigris oculis, naribus apertis,
breuibus auriculis et adrectis, ceruice molli lataque nec longa,
densa iuba et per dextram partem profusa, lato et musculorum
toris numeroso pectore, grandibus armis et rectis, lateribus
inflexis, spina duplici, uentre substricto, testibus paribus et
3 exiguis, latis lumbis et subsidentibus, | cauda longa et saetosa
crispaque, mollibus atque altis rectisque cruribus, tereti genu

1 generosam ... 2 materno: *cf. Pall.* 4. 13. 6 4 *Cf. Chir.* 744 Marem ... 8 proles: *cf. Pall.* 4. 13. 6 10 Democritus: [*Dem.*] *fr.* 74 *Wellmann* 14 *Cf. Pall* 4. 13. 6 19 *Pel.* 2, *Chir.* 779, *cf. Pall.* 4. 13. 2, 7 25 *Chir.* 780

6 bimam SR^* : binam AR^* 8 ex annosa *SA* : sex annos a *R* tarda sit *SA* : tardarit *R* 15 intrepidus A^2R : -pitus SA^1 nouae S^2 : -b- S^1 : nouaeque *AR* 16 neque *S* : *om. AR* auditu S^2 : audita ut S^1AR 17 aequalis *S* : exequalis *AR* 22 iuba ς : iuua *S* : tuta *AR* 25 subsidentibus *SA* : subri- *R* setosa *S* : sectasa *A* : secta *R*

paruoque neque introrsus spectanti, rotundis clunibus, feminibus torosis ac numerosis, duris ungulis et altis et concauis rotundisque, quibus coronae mediocres superpositae sint; <et> sic <in> uniuersum corpus compositum ut sit grande sublime erectum, ab aspectu quoque agile et ex longo, quantum figura permittit, rotundum.

Mores autem laudantur qui sunt ex placido concitati et ex 4
concitato mitissimi. Nam hi et ad obsequia reperiuntur habiles et ad certamina laboremque promptissimi. Bimus equus ad usum domesticum recte domatur, certaminibus autem expleto triennio, sic tamen ut post quartum demum annum labori committatur.

Annorum notae cum corpore mutantur. Nam dum bimus et 5
sex mensum est, medii dentes superiores et inferiores cadunt; cum quartum annum agit, îs qui canini appellantur deiectis alios adfert; intra quintum deinde annum molares superiores et inferiores cadunt et ex eo cauatos <dentes> gerit; sexto anno quos primo mutauit exaequat; septimo omnes explentur aequaliter, nec postea quot annorum sit manifesto conprehendi potest. Decimo tamen anno tempora cauari incipiunt et supercilia nonnumquam canescere et dentes prominere.

7 *Pel.* 3. 1, Mores ... 9 promptissimi: *Chir.* 781 (*cf. Pall.* 4. 13. 7) Bimus ... 12 committatur: *cf. Pall.* 4. 13. 7 13 *Pel.* 1. 2–3 Annorum ... 21 prominere: *Chir.* 778; *Pall.* 4. 13. 8

---

3 sint *P, Pel., Chir.* : sunt *SAR* 4 et sic in *Corsetti** : sic *SAR, Chir.* : sit *Pel.* : sitque sic *Lundström* grande S^2R : glande S^1A 6 figura S^2R : -ram S^1A 7 concitati SA^2 : *om.* A^1R 8 concitato SA^2 : -tati A^1R ad *S* : *om. AR* 9 laboremque *S, Pel., Chir.* : laborem *AR* promtissimi bimus *S* : patientissimi b- *A man. rec.* : *om. in lac. AR* 11 tamen ut *ed. pr., Chir.* : ↔ *SAR* 13 dum] cum *Holford-Strevens* 14 mensum *SAR** : -sium *R** et inferiores *om. Pel., Chir., Veg., Pall.* 15 annum *S, Pel., Chir., Veg.* : *om. AR* is *Corsetti** : his *SAR* 16 quintum *Schneider*[c] (*cf. Varr.* 2. 7. 3, *Geop.* 16. 1. 15) : sextum *SAR* 17 et inferiores *S, Chir.* : *om. AR, Pel., Veg., Pall.* et ex ... gerit *post* aequaliter *habent SAR, Pel., Chir.* (*cf. et Veg.*), *huc transp. Schneider*[c] dentes *add. Corsetti* 1982 *ex Chir.* (*cf. et Pel., unde Veg.*) 18 primo ς, *Pel., Veg., Pall.* : -mos *SAR* : -mum *Chir.*

Haec quae ad animum et mores corpusque et aetatem pertinent dixisse satis habeo. Nunc sequitur curam recte et minus ualentium demonstrare.

30 Si sanis est macies, celerius torrefacto tritico quam hordeo reficitur sed et uini potio danda est ac deinde paulatim eiusmodi cibi subtrahendi inmixtis hordeo et furfuribus, dum consuescant faba et puro hordeo ali. Nec minus cotidie corpora pecudum quam hominum defricanda sunt, ac saepe plus prodest pressa manu subegisse terga equi quam si largissime
2 cibos praebeas. Multum autem refert robur corporis ac pedum conseruare, quod utrumque custodiemus, si idoneis temporibus ad praesepia, ad aquam, ad exercitationem pecus duxerimus curaeque fuerit ut stabulentur sicco loco, ne umore madescant ungulae, quod facile euitabimus, si aut stabula roboreis axibus constrata aut diligenter subinde emundata fuerit humus et paleae superiectae.

3 Plerumque iumenta morbos concipiunt lassitudine et aestu, nonnumquam et frigore et cum suo tempore urinam non fecerint uel si sudantia {et} a concitatione confestim biberint uel si, cum diu steterint, subito <aut in laborem aut> ad cursum extimulata sunt. Lassitudini quies remedio est ita ut <molliter cubet et> in fauces oleum uel adeps uino mixta infundatur. Frigori fomenta adhibentur et calefacto oleo lumbi rigantur caputque et spina tepenti adipe uel uino linuntur.

1 Haec . . . 2 habeo: *Chir. 779* 4 *Pel. 30* 17 *Pall. 14. 22. 1–3*

4 *rubr.* (XVI *S*) DE MEDICINA (-NAE *A*) sanis *Iucundus* : satis *SAR* 7 consuescant *Corsetti** : -cat *SAR* ali *A²R* : alii *SA¹* 9 equi *A²*, *Pel.* : qui *A¹R* : *om. S* 10 praebeas ς, *Pel.* : -beat *SARP* 11 pedum *A²* : pecudum *SA¹R* conseruare *S, Pel.* : seruare *AR* 14 euitabimus *A²R* : -uimus *SA¹* 16 fuerit ς : fuerint *SAR* superiectae ς : -iactae S : -iecta *AR* 17 *ante* plerumque *uerba* medicina iumentorum *ins. A*, -nae i- *S* 19 uel . . . 22 fauces *locus ualde incertus* sudantia *Corsetti 1986 (Pall.)* : sudant *SAR* et *seclusi (Pall.)* 20 aut in laborem aut *addidi (Pall.) dissuadente Corsetti*, nam abest tale apud. Pel. (cf. et Hipp. Berol. 107. 3)* 21 lassitudini quies] l- autem et labori quies *Pel* molliter cubet et *add. Corsetti* (Pel.) om. SAR, Pall.:* 22 uino *ed. pr.* : uncto *SAR* 23 et . . . rigantur *S, Pel., Pall.* : *om. AR* 24 linuntur ς, *Pall.*: liniuntur *SAR*

Si urinam non facit, eadem fere remedia sunt. Nam oleum 4
inmixtum uino supra ilia et renes infunditur et, si hoc parum profuit, melle decocto ac sale collyrium tenue inditur foramini quo manat urina uel musca uiua uel turis mica uel e bitumine collyrium inseritur naturalibus. Haec eadem remedia adhibebuntur, si genitalia deusserint.

Capitis dolorem indicant lacrimae quae profluunt auresque 5
flaccidae et <tota> ceruix cum capite adgrauata et in terram summissa. Tum rescinditur uena quae sub oculo est et os calida fouetur ciboque abstinetur primo die; deinde postero mane potio ieiuno tepidae aquae praebetur ac uiride gramen, tum uetus faenum uel molle stramentum substernitur, crepusculoque aqua iterum datur paruumque hordei cum uicialibus, ut per exiguas portiones cibi ad iusta perducatur.

Si equo maxillae dolent, calido aceto fouendae et axungia 6
uetere confricandae <sunt; si ea remedio non erunt, inurendae> sunt, eademque medicina tumentibus adhibenda est.

Si armos laeserit aut sanguinem demiserit, medio fere in utroque crure uenae soluantur et turis polline cum eo qui profluit sanguine inmixto armi linantur, et, ne plus iusto exanimetur, stercus ipsius iumenti fluentibus uenis admotum

1 *Pel.* 162, *Pall.* 14. 22. 4–5 7 *Pel.* 47, *Pall.* 14. 22. 6–7 15 Si equo ... 17 adhibenda est: *Pall.* 14. 22. 8 18 Si armos ... p. 274, 8 perducetur: *Pel.* 43, *Pall.* 14. 22. 9–11

---

3 ac *S, Pel., Pall.* : et *AR* 4 foramini *S* : -na *AR* manat urina *SP, Pel., Veg.* : maturina *AR* musca uiua *S* : in quae cauiua A^2R, q- c- A^1 5 e *SA* : *om. R* 6 deusserint ς, *Pall.* : -rit *SAR* 8 tota *add. Lundström* (*Pall.*) 9 calida *S* : calda *AR* 10 deinde *ego* (*cf.* 6. 9. 1, 8. 11. 14) : inde *SAPR* : *om. Pall.* mane *ego* : ante SA^2PR : *om.* A^1 : autem *Iucundus* (*Pall.*) 11 *uerba* tum ... substernitur *mire hic leguntur, fort. aut delenda aut alio traicienda* 13 paruumque *SP* : parumque *AR* : paulumque *Pall., fort. recte* (*cf.* 8. 5. 22 paulum triti salis) 14 exiguas *S* : -gua *AR* portiones *Schneider*[a] (*Pall.*) : portione A^2 : potiones SA^1 : potione *R* 17 sunt ... inurendae *add. Svennung* 1928 (*Pall.*) 18 demiserit *S* : di- *AR* 19 crure A^2 : cruore SA^1R 20 profluit $A^2S^2R^*$: -flu//it *ras.* 2 *litt.* S^1 : -flubuit A^1R 21 admotum A^2R : -tam SA^1

fasceis obligetur. Postero quoque die ex isdem locis sanguis
detrahatur et eodem modo curetur hordeoque abstineatur
7 exiguo faeno dato. Post triduum deinde usque in diem sextum
porri sucus instar trium cyathorum mixtus cum olei hemina
faucibus per cornu infundatur. Post sextum diem lente ingredi
cogatur et, cum ambulauerit, in piscinam demitti eum
conueniet ita ut natet. Sic paulatim firmioribus cibis adhibitis
ad iusta perducetur.

8 At si bilis molesta iumento est, uenter intumescit nec emittit
uentos; manus uncta inseritur aluo et obsessi naturales exitus
adaperiuntur, exemptoque stercore postea cunela bubula et
herba pedicularis cum sale tritae decocto melli miscentur atque
ita facta collyria subiciuntur, quae uentrem mouent bilemque
9 omnem deducunt. Quidam murrae tritae quadrantem cum
hemina uini faucibus infundunt et anum liquida pice oblinunt,
alii marina aqua lauant aluum, alii recente muria.

Solent etiam uermes atque lumbrici nocere intestinis,
quorum signa sunt si iumenta cum dolore crebro uolutantur,
10 si admouent caput utero, si caudam saepius iactant. Praesens
medicina est, ita ut supra scriptum est, inserere manum et
fimum eximere, deinde aluum marina aqua uel muria dura
lauare, postea radicem capparis tritam cum sextario aceti
faucibus infundere; nam hoc modo praedicta intereunt
31 animalia. Omni autem imbecillo pecori alte substernendum est,
quo mollius cubet.

1 isdem *S* : his- *AR* locis *S, Pel., Veg., Pall.* : *om. AR* 2 et *S, Pel., Pall.* : *om. AR*
3 post triduum *SA, Pel.* : postri- *R* : per tri- *Veg., Pall.* 6 demitti ς : di- *SAR*
7 adhibitis *P* : adib- S^2 : adiu- S^1A^1: adiutus A^2R 10 naturales A^2R : -lis SA^1
11 postea *P* : posite a *S* : posita ea *AR* cunela *scripsi* : cunila *SAR*
12 pedicularis ς : pediuc- *SAR* tritae *SA* : trita et *R* decocto S^2P : -tos S^1A : -ta *R*
14 quadrantem A^2R : -ratem SA^1 15 anum S^2 : annum S^1 : annul *AR*
16 recente *S* : recte A^1 : rece A^2R 17 atque *Svennung 1928 (Pall.)* : in qua *SAR*
20 inserere *P* : insere *SAR* 22 aceti *SP* : cum aceto *AR*

Recens tussis celeriter sanatur pinsita lente et a ualuulis separata minuteque molita. Quae cum ita facta sunt, sextarius aquae calidae in eandem mensuram lentis miscetur et faucibus infunditur, similisque medicina triduo adhibetur, ac uiridibus herbis cacuminibusque arborum recreatur aegrotum pecus. Vetus autem tussis discutitur porri suco trium cyathorum cum olei hemina conpluribus <diebus in fauces> infuso isdemque, ut supra monuimus, cibis praebitis.

Impetigines et quicquid scabri est aceto et alumine defrican- 2
tur. Nonnumquam, si permanent, paribus ponderibus mixtis nitro et scisso alumine cum aceto linuntur. Papulae feruentissimo sole usque eo strigile raduntur quoad eliciatur sanguis; tum ex aequo miscentur radices agrestis hederae sulpurque et pix liquida cum alumine. Eo medicamine praedicta uitia curantur.

Intertrigo bis die subluitur aqua calida, mox decocto ac trito 32
sale cum adipe defricatur, dum sanguis emanet.

Scabies mortifera huic quadripedi est, nisi celeriter succurritur. Quae si leuis est, inter initia candenti sub sole uel cedro uel oleo lentisci linitur uel urticae semine et oleo detritis uel unguine ceti quod in lancibus sallitus thynnus remittit.
Praecipue tamen huic noxae salutaris est adeps marini uituli, 2
sed si iam inueterauit, uehementioribus opus est remediis, propter quod bitumen et sulpur et ueratrum pici liquidae

1 Recens tussis ... 8 praebitis: *Pall.* 14. 23, *Pel.* 108 9 *Pall.* 14. 24. 1 15 *Pall.* 14. 24. 2–3 21 *Pall.* 14. 24. 4, *Pel.* 359

---

2 minuteque $S^{2}R$: inuteque $S^{1}A$ 7 diebus (*iam Beroaldus*) in fauces *add. Guenther* (*Pel., cf. Pall.*) : d- faucibus *Lundström* 9 scabri est *Trockij* 1927 (*Pall.*) : scabies *SAR* : scabiei est *Lundström* (*u.l. Pall.*) alumine ... alumine SA^{2} : atu- *utrubique* $A^{1}R$ 10 mixtis *S, Pall.* : permixtis *AR* 11 et ς : ex *SAR* papulae A^{2} : pabulo $SA^{1}R$ 13 hederae *Schneider, Pall.* (*cf. Hipp. Ber.* 69. 25 *κισσοῦ*) : herbae *SAR* 15 ac trito *S* : agrito *AR* 16 sanguis ς : sanguiss *S* : sane/uis (*ras.*) A^{1} : sanie uis $A^{2}R$ emanet *SA* : -nat *R* 18 candenti *P* : -tis *SAR* sub sole *SA* : sobole *R* cedro *S* : cedrae *AR* 19 semine $A^{2}R$: seme SA^{1} 23 bitumen $S^{2}A$: ui- S^{1} : bitumine *R* sulphur *P* : -p(h)ure *SAR* ueratrum *P* : -tro *SAR*

axungiaeque ueteri mixta pari pondere incocuntur, atque ea
conpositione curatur ita ut prius scabies ferro erasa perluatur
3 urina. Saepe etiam scalpello usque ad uiuum resecare et ampu-
tare scabiem profuit atque ita factis ulceribus mederi liquida
pice atque oleo, quae et purgant et replent uulnera. Quae cum
expleta sunt, ut celerius cicatricem et pilum ducant, maxime
33 proderit fuligo ex aeno ulceri infriata. Muscas quoque uulnera
infestantis summouebimus pice et oleo uel unguine infusis.
Cetera <ulcera> erui farina recte curantur.

Cicatrices oculorum ieiuna saliua et sale defrictae extenuan-
tur uel cum fossili sale trita sepiae testa uel semine agrestis
pastinacae pinsito et per linteum super oculos expresso, |
2 omnisque dolor oculorum inunctione suci plantaginis cum
melle acapno uel, si id non est, utique thymino celeriter
leuatur. Nonnumquam etiam per nares profluuium sanguinis
periculum adtulit idque repressum est infuso naribus uiridis
coriandri suco.

34 Interdum et fastidio ciborum languescit pecus. Eius remedium est genus seminis quod git appellatur, cuius duo cyathi triti diluuntur olei cyathis tribus et uini sextario atque ita faucibus infunduntur.

Sed et nausea discutitur, si caput alii tritum cum uini hemina saepius potandum praebeas.

3 *Pall.* 14. 24. 5–6, *Pel.* 170 7 *Pall.* 14. 25. 1–3, *Pel.* 437 13 *Pall.* 14. 25. 4–5 15 Nonnumquam . . . 17 suco: *Pel.* 307 18 *Pall.* 14. 26

1 ueteri *R* : -rio *SA* mixta SA^1 : commixta A^2R incocuntur *SA* : -coqu- *R* 2 curatur *N, Pel., Pall.* : -rantur *SAR* 3 uiuum S^2A^2R : uium A^1: uiuom S^1, *fort. recipiendum* 5 et purgant SA^2P : et expurgant A^1 : expurgant *R* (*cf.* 6. 12. 2, 6. 16. 3) uulnera quae S^2P : uulnere aquae (aeque A^2) quae S^1AR 6 ducant *P*ς : -cat *SAR* 7 infriata S^1 (*Pel.* infriatur) : infricata S^2AR, *Pall.* (*Pel. u.l.* -catur) 9 ulcera *add. Lundström* (*Pall.*) 10 defrictae P^2 : -cta *S* : -cata *AR* 11 fossili *S* : fusili *AR* agrestis ς : -tibus *SAR* 13 inunctione A^2R : iniun- SA^1 14 acapno ς, *Pel. Pall.* : acaprio *SAR* 16 repressum ς, *Pall.* (*cf. Pel.* reprimitur) : -pre(he)ns- *SAR* 19 git S^2 : gis S^1AR 20 diluuntur *S* (*cf. Pall.* diluantur) : diiunguntur *R*, diiug- *A* 22 sed et *Trockij* 1927 (*Pall.*) : det S^1A : et S^2PR si *S* : isi *AR*

Suppuratio melius ignea lammina quam frigido ferramento reseratur et expressa postea linamentis curatur.

Est etiam illa pestifera labes ut intra paucos dies equae subita 2
macie et deinde morte corripiantur. Quod cum accidit, quater-
nos sextarios gari singulis per nares infundere utile est, si
minoris formae sunt; nam si maioris, etiam congios. Ea res
omnem pituitam per nares elicit et pecudem expurgat.

Rara quidem sed et haec equarum nota <est> rabies, ut cum **35**
in aqua imaginem suam uiderint, amore inani capiantur et per
hunc oblitae pabuli tabe cupidinis intereant. Eius uesaniae
signa sunt cum per pascua ueluti extimulatae concursant <et>
subinde circumspicientes requirere ac desiderare aliquid uiden-
tur. Mentis error discutitur si decidas <inaequaliter iubam
equae et eam deducas> ad aquam. Tum demum speculata 2
deformitatem suam pristinae imaginis abolet memoriam.

Haec de uniuerso equarum genere satis dicta sunt; illa proprie praecipienda sunt îs quibus mularum greges curae est summittere.

In educando genere mularum antiquissimum est diligenter **36**
exquirere atque explorare parentem futurae prolis, feminam et
marem, quorum alter si non est idoneus, labat etiam quod ex
duobus fingitur. Equam conuenit quadrimam usque in annos 2
decem amplissimae atque pulcherrimae formae, membris
fortibus, patientissimam laboris eligere, ut discordantem utero
suo generis alieni stirpem insitam facile recipiat ac perferat et

8 Rara ... 15 memoriam: *cf. Pall.* 14. 27 22 Equam ... 23 decem: *cf. Pall.* 4. 14. 1

8 equarum *P* ς : ea quarum *SAR* nota *S* : non *AR* est *hic addidi post* haec ς 9 amore *S* : more *AR* 10 cupidinis S^2 : -dis S^1AR uesaniae *ed. pr.* : uas(a)e sapi(a)e *SAR* : uero rabiei *P* : uerae rabiei *Lundström* (*cf. Pall.* ueri ardoris) 11 et *add. Corsetti** 12 requirere *P* : -rint *S* : -rit *AR* 13 inaequaliter ... deducas *add. Corsetti*, praeeunte Svennung, qui tamen* comas (*Pall.*) *pro* iubam 17 is *Lundström* : iis ς : his *SAR* 19 *rubr.* XVII. DE MEDICINE MVLARUM *S* : (XXVII *mg.*) DE MVLIS *A* 21 alter si *A. Gronouius ap. Gesnerum* : alteri *SAR* 22 equam SA^2 : equum A^1R quadrimam *Heinsius* (*cf. Pall.* a quadrima) : quamam *SA* : quoniam *R*

ad fetum non solum corporis bona sed et ingenii conferat. Nam cum difficulter iniecta genitalibus locis animentur semina, tum etiam concepta diutius in partum adolescunt atque peracto anno mense tertio decimo uix eduntur, natisque inhaeret plus socordiae paternae quam uigoris materni.

3 Verumtamen equae ut in praedictos usus minore cura repeperiuntur, <ita> maior est labor eligendi maris, quoniam saepe iudicium probantis frustratur experimentum. Multi admissarii specie tenus mirabiles pessimam subolem forma uel sexu progenerant. Nam siue parui corporis feminas fingunt siue etiam speciosos plures mares quam feminas, reditum patris familiae minuunt. At quidam contempti ab aspectu pretiosissimorum seminum feraces sunt. Nonnumquam aliquis generositatem suam natis exhibet sed hebes in uoluptate rarissime sollicitatur
4 ad uenerem. Huius sensum magistri lacessunt admota generis eiusdem femina, quoniam similia similibus familiariora fecit natura. Itaque obiectu asinae cum superiectum eblanditi sunt, uelut incensum et occaecatum cupidine subtracta quam petierat fastiditae inponunt equae.

37 Est et alterum genus admissarii furentis in libidinem, quod nisi astu inhibetur, adfert gregi perniciem. Nam et saepe uinculis abruptis grauidas inquietat et, cum admittitur, ceruicibus dorsisque feminarum inprimit morsus. Quod ne faciat, paulisper ad molam iunctus amoris saeuitiam labore

15 *cf. Pall.* 4. 14. 1 20 *cf. Pall.* 4. 14. 2

1 ad fetum *S* : ad fectum *AR* 3 diutius *AR* : dilatius *S* atque ς : utque *SAR* 5 materni *A*^{2}*R* : -nae *SA*^{1} 6 ut in praedictos *Corsetti** : dictos ut in *SAR* cura reperiuntur *R* : cure periuntur *SA* 7 <ita> *ed. pr.* maris ς : magis *SAR* 9 mirabiles pessimam *Vrsinus* : mirabilissimam *SAR* forma ς : -mam *SAR* sexu *Iucundus* : sex *SAR* 10 fingunt *SAR** : -gant *R** 11 speciosos ς : specioso *uel* spet- *SAR* 12 minuunt at *S* : minus ut a *A* : minus ut *R* 14 hebes in *S*^{2} : hebe si *S*^{1}*AR* rarissime *S* : -mi *AR* 15 sensum *R* : -sium *SA* lacessunt *S* : sub *AR* 17 superiectum *Lundström* : -tu *SAR* 19 fastiditae *A*^{2}*R* : fest- *SA*^{1} 20 est et *AR* : ↔ *S* 22 abruptis ς : adr- *SAR* 24 amoris *SA*^{2} : a maioris *A*^{1}*R* labore ς : laborare *SAR*

temperat et sic ueneri modestior adhibetur. Nec tamen aliter 2
admittendus est etiam clementioris libidinis, quoniam multum
refert naturaliter sopitum pecudis ingenium modica
exercitatione concuti atque excitari uegetioremque factum
marem feminae iniungi, ut tacita quadam ui semina ipsa
principîs agilioribus figurentur.

Mula autem non solum ex equa et asino sed et asina et equo 3
itemque onagro et equa generatur. Quidam uero non dis-
simulandi auctores, ut M. Varro et ante eum Dionysius ac Mago,
prodiderunt mularum fetus regionibus Africae adeo non pro-
digiosos haberi ut tam familiares sint incolis partus earum
quam sunt nobis equarum. Neque tamen ullum est in hoc 4
pecore aut animo aut forma praestantius quam quod seminauit
asinus, <quamuis> posset huic aliquatenus conparari quod
progenerat onager, nisi et indomitum et seruitio contumax
siluestris mores strigosumque patris praeferret habitum. Itaque
eiusmodi admissarius nepotibus magis quam filiis utilior est.
Nam ubi asina et onagro natus admittitur equae, per gradus
infracta feritate quicquid ex eo prouenit paternam formam et
modestiam, fortitudinem celeritatemque auitam refert.

Qui ex equo et asina concepti generantur, quamuis a patre 5
nomen traxerint, quod hinni uocantur, matri per omnia magis
similes sunt. Itaque commodissimum est asinum destinare

7 Mula . . . 8 generatur: *cf Pall.* 4. 14. 2   9 Varro: *Rust.* 2. 1. 27   Dionysius ac Mago : *Mago fr.* 45 *Speranza*   12 *cf. Pall.* 4. 14. 2

1 adhibetur ς : adiube- *S* : adiuue- *AR*   4 exercitatione ς : excitatione *SAR*   5 marem A^2R^* : mare SA^1R^* quadam ui ς : quadram ui *SAR*   7 mula *S* : multa *AR*   sed et *SA* : sed ex *R* : *an* sed et <ex> (*u. ad* 3. 9. 9)?   13 forma *R* : -mam *SA*   seminauit asinus ς : seminabitu in sinus *SAR*   14 quamuis *add. Lundström* : quanquam *ed. pr.*   posset ς, *Schneider* : possit *SAR*   conparari R^* : conpari SAR^* 15 seruitio ς : seruili *SAR*   16 strigosumque ς : strigo (trigo *SA*) sunt quam *SAR*   praeferret] -fert ς, *Lundström* : -ferat *Iucundus*   18 onagro *S* : onager *AR*   19 infracta ς : infra et a *SAR*   paternam S^2 : -na S^1AR 20 modestiam S^2R : -a S^1A

mularum generi seminando, cuius, ut dixi, suboles experi-
6 mento est pretiosior. Verumtamen ab aspectu non aliter probari debet quam ut sit amplissimi corporis, ceruice ualida, robustis ac latis costis, pectore musculoso et uasto, feminibus lacertosis, cruribus conpactis, coloris nigri uel †magilis†. Nam murinus cum sit in asino uulgaris, tum etiam non optume
7 respondet in mula. Neque nos uniuersa quadripedis species decipiat, si qualem probamus conspicimus. Nam quemadmodum arietum quae sunt in linguis et palatis maculae plerumque in uelleribus agnorum deprehenduntur, ita, si discolores pilos asinus in palpebris aut auribus gerit, subolem quoque frequenter facit diuersi coloris, qui et ipse, etiam si diligentissime in admissario exploratus est, saepe tamen domini spem decipit. Nam interdum etiam citra praedicta signa dissimiles sui mulas fingit; quod accidere non aliter reor quam ut auitus color primordiis seminum mixtus reddatur nepotibus.

8 Igitur qualem descripsi asellum, cum est progenitus, oportet matri statim subtrahi et ignoranti equae subici. Ea optime tenebris fallitur; nam <cum> obscuro loco partu eius amoto praedictus <pullus subiectus> est, quasi ex ea natus alitur. Cui deinde cum decem diebus insueuit equa, semper postea desideranti praebet ubera. Sic nutritus admissarius equas diligere condiscit. Interdum etiam, quamuis materno lacte sit

2 *Pall.* 4. 14. 3, *Chir.* 782 7 *Chir.* 783 17 *Chir.* 784

1 suboles *Corsetti 1979* : species *uel* spet- *SAR* : progenies *Ahrens* 2 pretiosior *Schneider* : speciosior *SAR* 5 magilis *S* : macilis *AR* : magilini *Chir.*, ἅπ. λεγ. (*u. TLL s.u. mygalinus*) : maculosi *Iucundus* : magis rubei *Pontedera*^{2} (*cf. Pall.* nigri uel murini maxime coloris aut robei) : etiam gilui *Corsetti**, *fort. recte* (cf. *Hipp. Berol.* 14. 5 πορφυρίζοντες) 6 optume *SA* : optime *R* 14 spem *S, Chir.* : *om. AR* 16 auitus S^{2} : aut tus $S^{1}AR$ 17 progenitus *Corsetti 1979* (*Chir.*; statim progenitus *iam Beroaldus*) : protri (protris *A*) statim genitus *SAR* oportet ς, *Chir.* : -teat *SAR* 18 ea ς : ae SA^{1} : ac A^{2} 19 <in> tenebris *Chir.*, *fort. recte* cum *add. Lundström* (*Chir.*) 20 pullus subiectus *add. Lundström* (*Chir.*) 22 desideranti *S* : destinanti *AR* nutritus S^{2} : -tur $S^{1}AR$

educatus, potest a tenero conuersatus equis familiariter earum consuetudinem adpetere.

Sed ei non oportet minori quam trimo inire permitti, atque 9
id ipsum si concedatur, uere fieri conueniet; tum et desecto uiridi pabulo et largo hordeo firmandus, nonnumquam etiam saliuandus erit. Nec tamen temere feminae committetur; nam nisi prius ea marem concupiuit, adsilientem admissarium calcibus proturbat et iniuria depulsum etiam ceteris equis reddit inimicum. Id ne fiat, degener ac uulgaris asellus admouetur qui sollicitet obsequia feminae, neque is tamen inire sinitur sed, si iam est equa ueneris patiens, confestim abacto uiliore pretioso mari subigitur.

Locus est ad hos usus exstructus: machinam uocant rustici 10
duos parietes aduerso cliuulo inaedificatos qui angusto interuallo sic inter se distant ne femina conluctari aut admissario ascendenti auertere se possit. Aditus est ex utraque parte, sed ab inferiore clatris munitus ad quos capistrata in imo cliuo constituitur equa, ut et prona melius ineuntis semina recipiat et facilem sui tergoris ascensum ab editiore parte minori quadripedi praebeat.

Quae cum ex asino conceptum edidit, partum sequenti anno uacua nutrit. Id enim utilius est quam quod quidam faciunt, ut ecfetam nihilominus admisso equo inpleant. Annicula mula 11

3 Sed ei . . . permitti: *cf. Pall. 4. 14. 3* 23 *cf. Pall. 4. 14. 4*

1 potest a tenero *S* : potestate uero *AR* conuersatus *S* : -tur *AR* 3 inire permitti *Lundström* : in are mitti *SAR* 4 concedatur ς : concidatur *SAR* tum *Corsetti** : cum *SAR* 6 temere] tenerae ς committetur ς : -tentur *SAR* 7 concupiuit *Richter* (*cf. Pontedera*[3]) : conciuit *SAR* : cognouit *ed. pr.* adsilientem *uel* ass- ς : adsilentem *SAR* 9 degener ac S^2 : negener ag S^1: ne genera *AR* 10 is *S* : his *AR* 12 mari ς : is *SAR* subigitur *S* : iniungitur *AR* 13 hos *S* : hoc *AR* 15 interuallo *R* : interuallis *SA* 17 clatris ς : claris *SAR* quos *Richter 1949* : quod *SAR* in imo S^2 : immo S^1AR 18 prona ς : pronam *SAR* 23 effetam ς : et fetam *SAR*

recte a matre depellitur et admota montibus aut asperis locis pascitur, ut ungulas duret sitque postmodum longis itineribus habilis. Nam clitellis aptior mulus, illa quidem agilior, sed uterque sexus et uiam recte graditur et terram commode proscindit, nisi si pretium quadripedis rationem rustici onerat aut campus graui glaeba robora boum deposcit.

38 Medicinas huius pecoris plerumque iam in aliis generibus edocui. Propria tamen quaedam uitia mularum non omittam, quorum remedia subscripsi.

Equienti mulae cruda brassica datur. Suspiriosae sanguis detrahitur et cum sextario uini atque olei turis semuncia marrubii sucus instar heminae mixtus <faucibus> infunditur.

2 Suffraginosae hordeacia farina inponitur, mox suppuratio ferro reclusa linamentis curatur uel gari optimi sextarius cum libra olei per narem sinistram demittitur admisceturque huic medicamini trium uel quattuor ouorum albus liquor separatis uitellis.

3 Flemina secari et interdum inuri solent.

Sanguis demissus in pedes ita ut in equis emittitur uel, si est herba quam ueratrum uocant rustici, pro pabulo cedit. Est et ὑοσκύαμος, cuius semen detritum et cum uino datum praedicto uitio medetur.

Macies et languor summouetur saepius data potione quae recipit semunciam sulpuris ouumque crudum et murrae pondus

7 *Pall.* 14. 28. 1–3 (*om.* uel gari . . . uitellis) 18 Pall. 14. 28. 4–8

1 depellitur *Schneider*[c], *Pall.* : rep- *SAR* admota (amm- ς) *Corsetti** (*cf.* 7. 3. 19) : amota *SAR* asperis *ego* (*cf.* 2. 2. 1, 5. 6. 5, 6. 2. 12, 7. 6. 1 : per montes asperos *Pall.*) : seris *SAR* : feris ς 2 sitque ς : sique *SAR* 3 quidem ς : quod *SAR* 5 proscindit *S*[2]*A*[2]*R* : frons scindit *S*[1], cicindit *A*[1] onerat ς : onerant *SAR* 6 glaeba *S*[2] : gr- *S*[1] *A*[1], -bra *AR* 7 huius *SR** : hi(i) *AR** 10 *ante* Equienti *rubr.* XVIII. DE MEDICINA MVLARVM 12 faucibus *addidi* (*cf.* 6. 2. 7, 6. 6. 2, 7. 5. 21, 7. 7. 4), *nisi* naribus *praeferas* 14 gari *S* : cari *AR* 15 demittitur *Iucundus* : di- *SAR* 18 flemina *Svennung* 1928 (*Pall.*), *iam dub.* *Schneider*[c]: f(o)emina *SAR* 19 demissus *S* : di- *AR* 20 est et *SA* : est *R*, *Pall.* 21 YOCKYaMOC (-auoc *A*) *SAR** : *om. in lac.* *R**

denarii. Haec trita uino admiscentur atque ita faucibus infunduntur.

Sed et tussi dolorique uentris eadem ista aeque medentur. 4

Ad maciem nulla res tantum quantum Medica potest. Ea herba uiridis celerius nec tarde tamen arida faeni uice saginat iumenta, uerum modice danda, ne nimio sanguine stranguletur pecus.

Lassae et aestuanti mulae adeps in fauces demittitur uinumque in os suffunditur.

Cetera exequemur in mulis sicut prioribus huius uoluminis partibus tradidimus quae curam boum equarumque continent.

1 admiscentur ς : -cetur *SAR* 5 celerius *S, Pall.* : *om. AR* 8 adeps A^2 : ad eos SA^1R demittitur *S* : di- *AR* 9 uinumque ς, *Pall.* : uirum- SA^1R : merum- A^2
L. (LIBER *A*) IVNI MODERATI COLVMELLE REI RVSTICE LIBER VII. *SA, sim. uar. R*

LIBER SEPTIMVS
<DE MINORE PECORE>

1 De minore pecore dicturis, P. Siluine, principium tenebit minor
asino Arcadico uilis hic uolgarisque asellus, cuius plerique
rusticarum rerum auctores in emendis tuendisque iumentis
praecipuam rationem uolunt esse. Nec iniuria, nam etiam eo
rure quod pascuo caret contineri potest exiguo et qualicumque
pabulo contentus, quippe uel foliis spinisque uepraticis alitur
uel obiecto fasce stramentorum; paleis uero, quae paene omni-
2 bus regionibus abundant, etiam gliscit. Tum inprudentiam
custodis neglegentiamque fortissime sustinet plagarum et
paenuriae tolerantissimus, propter quae tardius deficit quam
ullum aliud armentum; nam laboris et famis maxime patiens
raro morbis adficitur. Huius animalis tam exiguae tutelae
plurima et necessaria opera supra portionem respondent, cum
et facilem terram, qualis in Baetica totaque Libye est, leuibus
aratris proscindat et non minima pondere uehicula trahat.
3 Saepe etiam, ut celeberrimus poeta memorat,

1 *Cf. Pall.* 4. 14. 4 16 poeta: *Verg. Georg.* 1. 273–5

VETERINARIVS (VTTE- *A*) MEDICINALIS LIBER II. DE MINORE PECORE LIBER OCTAVVS (.VIII. *A*) HAEC CONTINET *SA* : *sim. uar. R* *argumenta in appendice reperientur* 2 asino *Corsetti** : minora *SA*¹*R** : *om. A*²*R** : in ora *Lundström* : e seminio *Richter* Arcadico *Vrsinus* : arc(h)adi(a)e *SAR* 4 eo rure ς : eorum re *SAR* 6 uepratici salitur *S, corr. Schneider* : uel praticis alitur *AR* 8 inprudentiam *Pontedera*² : inprudentis *SAR* 9 neglegentiamque] neglegentiam *ed. pr.* : <uiolentiam> neglegentiamque *Lundström* 12 tam *SR** : tamen *AR** 14 libyae ς : lybie *S* : libre *AR* est ς : si *SAR* : sit *Iucundus* 15 aratris *A*²*R* : -tis *SA*¹

tardi costas agitator aselli
uilibus aut onerat pomis lapidemque reuertens
incussum aut atrae massam picis urbe reportat.

Iam uero molarum et conficiendi frumenti paene sollemnis est huius pecoris labor. Quare omne rus tamquam maxime necessarium instrumentum desiderat asellum, qui, ut dixi, pleraque utensilia et euehere in urbem et reportare collo uel dorso commode potest. Qualis autem species eius uel cura probatissima sit, superiore libro, cum de pretioso praeciperetur, satis dictum est.

Post huius quadripedis ouilli pecoris secunda ratio est, quae 2
prima sit, si ad utilitatis magnitudinem referas. Nam id praecipue nos contra uiolentiam frigoris protegit corporibusque nostris liberaliora praebet uelamina, tum etiam casei lactisque abundantia non solum agrestis saturat sed etiam elegantium mensas iucundis et numerosis dapibus exornat. Quibusdam 2
uero nationibus frumenti expertibus uictum commodat, ex quo Nomadum Getarumque plurimi γαλακτοπόται dicuntur. Igitur id pecus, quamuis mollissimum sit, ut ait prudentissime Celsus, ualetudinis tutissimae est minimeque pestilentia laborat.

Verumtamen eligendum est ad naturam loci, quod semper obseruari non solum in hoc, sed etiam in tota ruris disciplina Vergilius praecipit, cum ait,

nec uero terrae ferre omnes omnia possunt.

Pinguis et campestris situs proceras ouis tolerat, gracilis et 3
collinus quadratas, siluestris et montosus exiguas. Pratis

19 Celsus: *agr. fr.* 31 *Marx* 23 Vergilius: *Georg.* 2. 109

5 pecoris $A^{2}R$: -rum SA^{1} omne ς : omnem *SAR* 7 et *fort. delendum* euehere S^{2} : uere $S^{1}AR$: uehere ς 11 *rubr.* I. DE OVIBVS EMENDIS TVENDISQVE huius *S* : *om. AR* 12 sit *ego* : fit *SAR* 18 getarumque *S* : cet- *A* : ceter- *R* ΤΑΛΑΚΤΟΠωΤΑΙ *rubr. S* : ΤαaΚΟΠUΙΤaΙ *A* : *om. in lac. R, deinceps* Galacto (c *s.l.* S^{2}) potae *SAR* 20 pestilentia *S* : -tiae *AR*

planisque noualibus tectum pecus commodissime pascitur, idque non solum generibus sed etiam coloribus plurimum differt. Generis eximii Calabras Apulasque ut Miles<ias maiores> nostri existimabant earumque optimas Tarentinas; nunc Gallicae pretiosiores habentur earumque praecipue Altinates, item quae circa Parmam et Mutinam Macris stabulantur Campis.

4 Color albus cum sit optimus, tum etiam est utilissimus, quod ex hoc plurimi fiunt neque hic ex alio. Sunt etiam suapte natura pretio commendabiles pullus atque fuscus, quos praebet in Italia Pollentia, in Baetica Corduba, nec minus Asia rutilos, quos uocant ἐρυθραίους. Sed et alias uarietates in hoc pecudis genere docuit usus exprimere. Nam cum in municipium Gaditanum ex uicino Africae miri coloris siluestres ac feri arietes sicut aliae bestiae munerariis deportarentur, M. Columella patruus meus, acris uir ingenii atque inlustris agricola, quosdam mercatus in
5 agros transtulit et mansuefactos tectis ouibus admisit. Eae primum hirtos sed paterni coloris agnos ediderunt, qui deinde et ipsi Tarentinis ouibus inpositi tenuioris uelleris arietes progenerauerunt. Ex his rursus quicquid conceptum est maternam mollitiem, paternum et auitum rettulit colorem. Hoc modo Columella dicebat qualemcumque speciem quae fuerit in bestiis per nepotum gradus mitigata feritate reddi. Set ad propositum reuertar.

6 Ergo duo genera sunt ouilli pecoris, molle et hirsutum, sed in utroque uel emendo <uel tuendo> plura communia, quaedam

3 differt *Vrsinus* : refert *SAR* ut *Rodgers 2009* : et *SAR* milesias ς : miles *SA* (*uel* milites) *R* 4 maiores *addidi praeeunte Schneider* 6 stabulantur] pab- *Vrsinus* 10 commendabiles ς : -lis *SAR* 11 rutilos $A^{2}R$: lut- SA^{1} 12 ΕΡΥΘΡΑΙΩC Erythraeos *S* : ΕΡΥΘΡΑΙΩC erytrhaeos *A* : Erythraeos *post lacunam R* 18 hirtos *Iucundus* : ortos *SAR* 22 fuerit ς : -rint *SAR* 23 reddi sed S^{2} : reddisset $S^{1}AR$ 25 *rubr.* (IIII. *S*) DE ARIETIBVS ELIGENDIS 26 uel tuendo *add. Lundström* (*iam coni. Gesner*)

tamen sunt propria generosi quae obseruari conueniat. Communia in emendis gregibus fere illa: si candor lanae maxime placet, numquam nisi candidissimos mares elegeris, quoniam ex albo saepe fuscus editur partus, <ex> erythraeo uel pullo numquam generatur albus.

Itaque non solum ea ratio est probandi arietis, si uellere 3
candido uestitur, sed etiam si palatum atque lingua concolor lanae est, nam cum eae corporis partes nigrae aut maculosae sunt, pulla uel etiam uaria nascitur proles, idque inter cetera eximie talibus numeris significauit idem qui supra:

> illum autem, quamuis aries sit candidus ipse,
> nigra subest udo tantum cui lingua palato,
> reice, ne maculis infuscet uellera pullis
> nascentum.

Vna eademque ratio est in erythraeis et nigris arietibus, 2
quorum similiter, ut iam dixi, neutra pars esse debet discolor lanae multoque minus ipsa uniuersitas tergoris maculis uariet. Ideo nisi lanatas oues emi non oportet quo melius unitas coloris adpareat, quae nisi praecipua est in arietibus, paternae notae plerumque natis inhaerent. Habitus autem maxime probatur, 3
cum est altus atque procerus, uentre promisso atque lanato, cauda longissima densique uelleris, fronte lata, testibus amplis, intortis cornibus, non quia magis hic sit utilis (nam est melior mutilus aries) sed quia minime nocent intorta potius quam subrecta et patula cornua. Quibusdam tamen regionibus ubi caeli status uuidus uentosusque est, capros et arietes

4 ex albo . . . 9 proles: *Pall. 8. 4. 2*   10 idem qui supra: *Verg. Georg. 3. 387–90*
20 Habitus . . . 25 cornua: *Pall. 8. 4. 2*

---

3 nisi *S* : *om. AR*   elegeris *ego* : legeris *SAR*   4 ex ς (*cf. 6. 26. 3, 6. 37. 3*)
10 numeris ς : -ri *SAR*   11 ipse *S* : ipsa *AR*   14 nascentum ς, *Verg.* : -tium *SAR*   20 inherent ς : -ret *SAR*   22 fronte *S, Pall.* : in fr- *AR*   23 quia *S* : qui *AR*   25 quibusdam *S* : quibus *AR*

optauerimus uel amplissimis cornibus, quae tempora protegant
4 atque maximam partem capitis a tempestate defendant. Itaque si plerumque est atrocior hiemps, hoc genus eligemus, si clementior, mutilum probabimus marem, quoniam est illud incommodum in cornuto quod cum sentiat se uelut quodam naturali telo capitis armatum, frequenter in pugnam procurrit et fit in feminas quoque procacior. Nam riualem, quamuis solus admissurae non sufficit, uiolentissime persequitur nec ab alio tempestiue patitur iniri gregem, nisi cum est fatigatus libidine.
5 Mutilus autem, cum se tamquam exarmatum intellegat, nec ad rixam promptus est et in uenerem mitior.

Itaque capri uel arietis petulci saeuitiam pastores hac astutia repellunt: mensurae pedalis robustam tabulam configunt aculeis et aduersam fronti cornibus religant; ea res ferum prohibet a rixa, quoniam stimulatum suo ictu ipsum se sauciat.
6 Epicharmus autem Syracusanus, qui pecudum medicinas diligentissime conscripsit, adfirmat pugnacem arietem mitigari terebra secundum auriculas foratis cornibus, qua curuantur in flexum. Eius quadripedis aetas ad progenerandum optima est trima, nec tamen inhabilis usque in annos octo. Femina post bimatum maritari debet iuuenisque habetur quinquennis;
7 fatiscit post annum septimum. Igitur, ut dixi, mercaberis ouis intonsas, uariam et canam {conamque} inprobabis, quod sit incerti coloris. Maiorem trima dente minacem sterilem

16 Epicharmus : *cf. Plin. N.H. 8. 188* 19 Eius . . . 22 septimum: *Pall. 8. 4. 2–3*

---

1 tempora . . . atque *scripsi* : tam profecto altoque *SAR* : tam porrecta altaque ς : tam proiecta elataque *Heinsius* 2 defendant ς : -dat *SAR* 3 plerumque ς : plerum *SAR* hiemps *scripsi* : hiems ς : -mis *SAR* 6 naturali telo *S* : -ratie loco *A* : -re loco *R* : -re telo ς 8 sufficit] *an* -ciat *(Holford-Strevens)?* 9 iniri ς : inire *R* : ini *SA* 11 est et *Iucundus* : ↔ *SAR* uenerem ς : -re *SAR* 12 arietis ς : -tes *SAR* 14 prohibet a *R* : -bita *SA* 22 mercaberis *ed. pr.* : -ueris *S* : mercaris *AR* 23 intonsas *S* : -sis *AR* conamque *secl. Schneider* 24 trima ς : -me *SAR* dente *ed. pr.* : -tem *SAR*

repudiabis; eliges bimam uasti corporis, ceruice prolixi uilli nec asperi, lanosi et ampli uteri, nam uitandus est glaber et exiguus.

Atque haec fere communia sunt in conparandis ouibus, illa 8
etiam tuendis: humilia facere stabula, sed in longitudinem potius quam in latitudinem porrecta, ut simul et hieme calida sint nec angustiae fetus oblidant. Ea poni debent contra medium diem, namque id pecus, quamuis ex omnibus animalibus sit uestitissimum, frigoris tamen inpatientissimum est nec minus aestiui uaporis. Itaque cohors clausa sublimi macerie praeponi uestibulo debet, ut sit in eam tutus exitus aestuanti, deturque opera ne quis umor consistat, ut semper quam aridissimis filicibus uel culmis stabula constrata sint, quo purius et mollius incubent fetae. Sintque ouilia mundissima 9
ne ungularum ualetudo, quae praecipue custodienda est, infestetur uligine.

Omni autem pecudi larga praebenda sunt alimenta, nam uel exiguus numerus, cum pabulo satiatur, plus domino reddit quam maximus grex, si sensit paenuriam. Sequeris autem noualia non solum herbida sed quae plerumque uidua sunt spinis; utamur enim saepius auctoritate diuini carminis:

si tibi lanitium curae est, primum aspera silua
lappaeque tribolique absint.

Quoniam ea res, ut ait idem, scabros ouis reddit, 10

1 eliges ... 2 uteri: *Pall.* 8. 4. 3 10 Itaque ... 14 fetae: *cf. Pall.* 1. 22
17 Omni ... p. 290, 7 reparatur: *cf. Pall.* 8. 4. 3 22 *Verg. Georg.* 3. 384–5

1 ceruice ς : cerui et *SAR* 6 porrecta ς : -tam *S* : profectam *AR*
7 oblidant ς : -ligant *SAR* 9 sit *S* : *om. AR* 10 cohors A^2R : chors SA^1
11 aestuanti *Schneider*[c] : -di *SAR* 12 deturque A^2R : tet- SA^1 14 purius ς :
plurius *SAR* sintque ouilia *scripsi* : sint quolla *SAR* : sintque illa *Gesner* 15 ne
ungularum *ego* : neque earum *SAR* 19 sensit] -tit ς 21 utamur *R* : utam
S^1A : utar S^2 22 curae ς, *Verg.* : cura *SAR* est *del.* ς, *caret Verg.*
24 scabros] -ras ς

cum tonsis inlutus adhaesit
sudor et hirsutis secuerunt corpora uepres,

tum etiam cotidie minuitur fructus lanae, quae quanto prolixior in pecore concrescit, tanto magis obnoxia est rubis, quibus uelut hamis inuncata pascentium tergoribus auellitur, molle uero pecus etiam uelamen, quo protegitur, amittit, atque id non paruo sumptu reparatur.

11 De admissurae temporibus inter auctores fere constitit primum esse uernum Parilibus si sit ouis matura, sin uero feta circa Iulium mensem; prius tamen haut dubie probabilius, ut messem uindemia, fructum deinde uineaticum fetura pecoris excipiat et totius autumni pabulo satiatus agnus ante maestitiam frigorum atque hiemis ieiunium confirmetur. Nam melior est autumnalis uerno, sicut ait uerissime Celsus, quia magis ad rem pertinet ut ante aestiuum quam hibernum solstitium conualescat, solusque ex omnibus animalibus bruma commode
12 nascitur. Ac si res exigit, ut plurimi mares progenerandi sint, Aristoteles uir callidissimus rerum naturae praecepit admissurae tempore obseruare siccis diebus halitus septentrionales, ut contra uentum gregem pascamus et eum spectans admittatur pecus; at si feminae generandae erunt, austrinos flatus captare, ut eadem ratione matrices ineantur. Nam illud, quod priore libro docuimus, ut admissarii dexter uel etiam sinister uinculo testiculus obligetur, in magnis gregibus operosum est.

1 *Verg. Georg.* 3. 443–4 10 circa Iulium ... 14 Celsus: *agr. fr.* 32 *Marx* 16 conualescat: *cf. Pall.* 8. 4. 4; 17 Ac si ... 18 Aristoteles: *hist. anim.* 6. 19, 574^a1–2, *cf. de gen. anim.* 4. 2, 767^a8–11 22 ineantur: *Pall.* 8. 4. 4

2 hirsutis (*u.l. Verg.*)] -ti ς, *Verg.* 3 fructus *S* : *om. AR* lanae *SA* : lana *R* 4 obnoxia *S* : -xium *AR* 6 amittit ς : adm- *SAR* 8 *rubr.* V (*om. A*) DE ADMISSVRE TEMPORIBVS (*in mg. A*) 9 parilibus *S* : paribus *AR* matura *S* : -re *AR* sin uero *ed. pr.* : sincera *SAR* 10 probabilius ς : -lis *SAR* 11 messem ς : mensem *SAR* uindemia ς : -miam *SAR* 14 quia *S* : qui *AR* 18 praecepit] -cipit ς 20 ut ς : et *SAR* 21 at S^2*R* : ac S^1 : ad *A* erunt *SA* : sunt *R* 22 ratione ς : -nem *SAR*

Post feturam deinde longinquae regionis upilio {uilicus} fere 13 omnem subolem pastioni reseruat; <at> suburbanae teneros agnos, dum adhuc herbae sunt expertes, lanio tradit, quoniam et paruo sumptu deuehuntur et his summotis fructus lactis ex matribus non minor percipitur. Summitti tamen etiam in uicinia urbis quintum quemque oportebit, nam uernaculum pecus peregrino longe est utilius; | nec committi debet, ut totus 14 grex effetus senectute dominum destituat, cum praesertim boni pastoris uel prima cura sit annis omnibus in demortuarum uitiosarumque ouium locum totidem uel etiam plura capita substituere, quoniam saepe frigorum atque hiemis saeuitia pastorem decepit et eas ouis interemit quas ille tempore autumni ratus adhuc esse tolerabiles non submouerat; | quo magis etiam 15 propter hos casus nisi quae ualidissima non conprendatur hieme nouaque progenie repleatur numerus. Quod qui faciet seruare debebit ne minori quam trimae neue ei quae excessit annos octo prolem summittat. Neutra enim aetas ad educandum est idonea, tum etiam quod ex uetere materia nascitur plerumque congeneratum parentis senium refert, nam uel sterile uel inbecillum est.

Partus uero incientis pecoris non secus quam obstetricum 16 more custodiri debet, neque enim aliter hoc animal quam muliebris sexus enititur saepiusque etiam quando est omnis rationis ignarum laborat in partu. Quare ueterinariae

7 *cf. Pall.* 8. 4. 4–5

1 uilicus *om. ed. pr.* 2 pastioni *S* : -ne *AR* at *addidi* 5 minor *R* : mino *A* : *om. S* 6 quintum quemque *S* : quicumque *AR* 7 ut *S* : *om. AR* 8 effetus *R* : effectus *A* : effectu *S* 12 decepit *Richter* : -cipit *SAR* eas ouis *Iucundus* : ex eo uis *S* : ex eo uix *AR* 13 esse S^2 : essem S^1AR 14 ualidissima non ς : -mo non *SR*, -mo anon *A* hieme *Iucundus* : -mi *SAR* (*cf.* 5. 9. 14) 16 quam trimae *Ashworth* 1959 : quatrimae SA^1 : quadrimae A^2R 17 neutra *S* : ne ultra *AR* 19 senium S^2 : se nimium S^1AR^* : se R^* 21 incientis *Vrsinus* : incipientis *SAR* 23 quando *Schoettgen* : quanto *SAR*

medicinae prudens esse debet pecoris magister, ut si res exigat uel integrum conceptum, cum transuersus haeret locis genitalibus, extrahat uel ferro diuisum citra matris perniciem partibus educat, quod Graeci uocant ἐμβρυουλκεῖν.

17 Agnus autem, cum est editus, erigi debet atque uberibus admoueri, tum eius diductum os pressis umectari papillis, ut condiscat maternum trahere alimentum. Sed priusquam hoc fiat, exiguum lactis emulgendum est, quod pastores colostram uocant; ea nisi aliquatenus emittitur, nocet agno, qui primo biduo quo natus <est> cum matre claudatur, ut ea foueat
18 partum suum. Mox deinde, quam diu non lasciuit, obscuro et calido saepto custodiatur, postea luxuriantem uirgea cum conparibus hara claudi oportebit, ne uelut puerili nimia exsultatione macescat, cauendumque est ut tenerior separetur
19 a ualidioribus, quia robustus angit inbecillum. Satisque est mane, priusquam grex procedat in pascua, deinde etiam crepusculo redeuntibus saturis ouibus admiscere agnos. Qui cum firmi esse coeperunt, pascendi sunt intra stabulum cytiso uel Medica, tum etiam furfuribus aut, si permittit annona, farina hordei uel erui. Deinde ubi conualuerint, circa meridiem pratis aut noualibus uillae continuis matres admouendae sunt et a saepto mittendi agni, ut condiscant foris pasci.

20 De genere pabuli iam et ante diximus et nunc eorum quae omissa sunt meminimus, iucundissimas herbas esse quae

4 partibus] -tum ς educat *S* : ducat *AR* *rubr.* VI. (om. *A*) ЄμBRYOYaKЄIN 6 tum *S* : cum *AR* diductum *S* : ded- *AR* umectari *tempt. Gesner* : -re *SAR* 8 lactis *S* : *om. AR* emulgendum ς : -dus *SAR* colostram *AR* : colas- *S* 9 primo biduo *Heinsius* (*cf. Pall.* primo per biduum) : mouiduo S^1A : mobiduo S^2: *uaria et mutila R* : biduo ς 10 est *add.* ς ea foueat *Lundström Iucundum secutus* : et *SAR* 12 septo *S* : septe *AR* 13 hara *Lundström* : harea ς : area *SAR* 14 macescat *S* : (m)acessat *A* : maccessat *uel* macrescat *R* 15 satisque *S* : statimque *AR* 18 ceperunt *SA* : -rint *R* 21 noualibus *R* : naua- *SA* 22 a septo ς : a se *SAR* condiscant *R* : -cat *SA* 23 iam S^2 : am S^1 : an *AR* et^2 ς : ut *SAR*

aratro proscissis aruis nascantur, deinde quae pratis uligine carentibus, palustris siluestrisque minime idoneas haberi. Nec tamen ulla sunt tam blanda pabula aut etiam pascua quorum gratia non exolescat usu continuo, nisi pecudum fastidio pastor occurrerit praebito sale, quod uelut aquae ac pabuli condimentum per aestatem canalibus ligneis inpositum, cum e pastu redierunt, oues lambunt atque eo sapore cupidinem bibendi pascendique concipiunt. At contra paenuriae hiemis succur- 21
ritur obiectis intra tectum per praesepia cibis, aluntur autem commodissime repositis ulmeis uel ex fraxino frondibus uel autumnali faeno quod cordum uocatur, nam id mollius et ob hoc iucundius est quam maturum. Cytiso quoque et satiua 22
uicia pulcherrime pascuntur, necessariae tamen, ubi cetera defecerunt, etiam ex leguminibus paleae. Nam per se hordeum uel fresa cum faba cicercula sumptuosior est quam ut suburbanis regionibus salubri pretio possit praeberi, sed sicubi uilitas permittit haut dubie est optima.

De temporibus autem pascendi et <ad> aquam ducendi per 23
aestatem non aliter sentio quam ut prodidit Maro:

> Luciferi primo cum sidere frigida rura
> carpamus, dum mane nouum, dum gramina canent
> et ros in tenera pecori gratissimus herba.
> Inde ubi quarta sitim caeli collegerit hora,
> ad puteos aut alta greges ad stagna

perducamus medioque die, ut idem, ad uallem

19 Maro: *Georg.* 3. 324–7

3 aut *S*, *ed. pr.* : ut *AR* 5 uelut aquae ac *Lundström* : uel atquae ac *S* : uel atque ac *AR* 8 pascendique *S* : -di *AR* 10 fraxino ς : fragino *SAR* 12 cytiso ς : -sum *SAR* 16 precio *ed. pr.* : potio *SAR* sicubi uilitas ς : si cubilitas *SAR* 17 permittit *S* : mittit *AR* dubie *S* : dubium *AR* 18 ad *add.* ς

sicubi magna Iouis antiquo robore quercus
ingentis tendit ramos aut sicubi nigrum
ilicibus crebris atra nemus accubat umbra.

24 Rursus deinde iam mitigato uapore compellamus <ad>
aquam—minime per aestum id faciendum est—et iterum
in pabula producamus

solis ad occasum, cum frigidus aera Vesper
temperat et <saltus> reficit iam roscida luna.

Sed obseruandum est {sidus aestatis} per emersum Caniculae,
ut ante meridiem grex in occidentem spectans agatur et in eam
partem progrediatur, post meridiem in orientem, siquidem
plurimum refert ne pascentium capita sint aduersa soli, qui
25 plerumque nocet animalibus oriente praedicto sidere. Hieme
et uere matutinis temporibus intra saepta contineantur, dum
dies aruis gelicidia detrahat; nam pruinosa herba pecudi
claudiginem creat uentremque proluit, quare etiam frigidis
umidisque temporibus anni semel die potestas aquae facienda
est.

Tum qui sequitur gregem circumspectus ac uigilans (id quod
omnibus et omnium quadripedum custodibus praecipitur)
26 magna clementia moderetur. †Idem propriorque silent† et in
agendis recipiendisque ouibus adclamatione ac baculo minetur
nec umquam telum emittat in eas neque ab îs longius recedat
nec aut recubet aut considat. Nam nisi <pecus> procedit, stare

1 *Verg. Georg* 3. 329, 332–4 7 *Georg.* 3. 336–7

2 tendit] tendat *Verg.* aut ς, *Verg.* : aut ad *S* : ad *AR* 3 atra . . . accubat] sacra . . . accubet *Verg.* 4 ad *add.* ς 5 minime per aestum *scripsi* (*cf.* 11. 2. 54) : etiam per aestatem *SAR* : *del. Pontedera*[1] 6 in pabula *S* : pabulo *AR* 8 saltus *add.* ς (*Verg.*) 9 sidus aestatis *del. Hine* 15 pruinosa *S* : pr- (h)is *AR* 16 claudiginem *scripsi* : glaudiginem (*inseq.* great *S*[1]) *S* : glaudinem *A*, *ita uel* glandi- *R* : grauedinem ς 17 die *Vrsinus* : ei *SAR* 19 *ante* tum *rubr.* VII (*om.* *A*) DE OFFICIO PASTORIS 21 idem propriorque silent] idemque propior quia silent *ed. pr.* : *locus nondum explicatus* 24 recubet ς : -cauet *SAR* pecus *addidi*

debet, quoniam quidem custodis officium sublimem celsissimamque oculorum ueluti speculam desiderat, ut neque tardiores grauidas, dum cunctantur, neque agiles et fetas, dum procurrunt, separari a ceteris sinat, ne fur aut bestia halucinantem pastorem decipiat.

Sed haec communia fere sunt in omni pecore ouillo; nunc quae sunt generosi propria dicemus.

Graecum pecus, quod plerique Tarentinum uocant, nisi cum 4
domini praesentia est, uix expedit haberi, siquidem et curam et cibum maiorem desiderat. Nam cum sit uniuersum genus lanigerum ceteris pecudibus mollius, tum ex omnibus Tarentinum est mollissimum, quod nullam domini aut magistrorum ineptiam sustinet multoque minus auaritiam, nec aestus nec frigoris patiens. Raro foris, plerumque domi alitur et 2
est auidissimum cibi, cui si quid detrahitur fraude uilici, clades sequitur gregem. Singula capita per hiemem recte pascuntur ad praesepia tribus hordei uel fresae cum suis ualuulis fabae aut cicerculae quattuor sextariis, ut et aridam frondem praebeas aut siccam uel uiridem Medicam cytisumue, tum etiam cordi faeni septena pondo aut leguminum paleas adfatim.

Minimus agnis uendundis in hac pecude nec ullus lactis 3
reditus haberi potest, nam et qui summoueri debent paucissimos post dies quam editi sunt, inmaturi fere mactantur, orbaeque natis suis alienae suboli praebent ubera. Quippe singuli agni binis nutricibus summittuntur nec quicquam subtrahi summissis expedit, quo saturior lactens celeriter confirmetur et parta nutrici consociata minus laboret in educatione

3 cunctantur ς : -tatur *SAR* 4 separari ς : -re *SAR* bestia *R* : -as *A* : -us *S* 8 *rubr.* VIII. (*om. A*) DE OVIBVS (OBI- *S*) TECTIS 15 si quid *S* : *om. AR* uilici *S* : -cis *AR* 18 praebeas *Lundström* : -at *SAR* 22 debent ς : -bet *SAR* 24 natis ς : nates *SA* : nate *R* 26 lactens *Lundström* : lactis *SAR* 27 et S^2 : est S^1AR

fetus sui. Quam ob causam diligenti cura seruandum est, ut et suis cotidie matribus et alienis {non amantibus} agni subrumentur.

4 Plures autem in eiusmodi gregibus quam in hirtis masculos enutrire oportet; nam priusquam feminas inire possint, mares castrati, cum bimatum expleuerunt, enecantur et pelles eorum propter pulchritudinem lanae maiore pretio quam alia uellera mercantibus traduntur. Liberis autem campis et omni surculo ruboque uacantibus ouem Graecam pascere meminerimus, ne,
5 ut supra dixi, et lana carpatur et tegumen. Nec tamen ea minus sedulam curam foris quia non cotidie procedit in pascua, sed maiorem domesticam postulat, nam saepius detegenda et refrigeranda est, saepius eius lana diducenda uinoque et oleo insucanda, nonnumquam etiam tota est eluenda, si diei permittit apricitas, idque ter anno fieri sat est.

Stabula uero frequenter euerrenda et purganda umorque omnis urinae deuerrendus est, qui commodissime siccatur perforatis tabulis quibus ouilia consternuntur, ut grex supercubet.
6 Nec tantum caeno aut stercore, sed exitiosis quoque serpentibus tecta liberentur, quod ut fiat,

> disce et odoratam stabulis incendere cedrum
> galbaneoque agitare graues nidore chelydros.
> Saepe sub immotis praesepibus aut mala tactu
> uipera delituit caelumque exterrita fugit
> aut tecto adsuetus coluber.

Quare, ut idem iubet,

21 *Verg. Georg.* 3. 414–18

---

2 suis *S* : in suis *AR* non amantibus *seclusi* : non educantibus *temptaueram* 6 pelles A^2R : polles SA^1 8 omni *R* : omnis *SA* 9 meminerimus S^2R : -ribus S^1A 12 maiorem ς : -ris *SAR* 13 diducenda *ego* : de- *SR* 17 deuerrendus] deuertendus ς : deriuandus *Vrsinus* : *an* detergendus? est *AR* : *om. S* 21 odoratam *S, Verg.* : -tum *AR* 22 graues *SAR, cod. R Verg.* : -uis *Verg.*

<cape saxa manu>, cape robora, pastor,
tollentemque minas et sibila colla tumentem
<deice!>

uel, ne istud cum periculo facere necesse sit, muliebris capillos aut ceruina saepius ure cornua, quorum odor maxime non patitur stabulis praedictam pestem consistere.

Tonsurae certum tempus anni per omnes regiones seruari 7
non potest, quoniam nec ubique tarde nec celeriter aestas ingruit, et est modus optimus considerare tempestates, quibus ouis neque frigus si lanam detraxeris, neque aestum si nondum detonderis, sentiat. Verum ea quandoque detonsa fuerit, ungui debet tali medicamine: sucus excocti lupini ueterisque uini faex et amurca pari mensura miscentur eoque liquamine tonsa ouis
inbuitur, | atque ubi per triduum delibuto tergore medicamina 8
perbibit, quarto die, si est uicinia maris, ad litus deducta mersatur, si minus, caelestis aqua sub dio salibus in hunc usum durata paulum decoquitur eaque grex perluitur. Hoc modo curatum pecus toto anno scabrum fieri non posse Celsus adfirmat, nec dubium est quin etiam ob eam rem lana quoque mollior atque prolixior renascatur.

Et quoniam percensuimus cultum curamque recte ualen- 5
tium, nunc quemadmodum uitiis aut morbo laborantibus subueniundum sit praecipiemus, quamquam pars haec exordii paene tota iam exhausta est cum de medicina maioris pecoris priore libro disputaremus, quia cum sit fere eadem corporis natura minorum maiorumque quadripedum, paucae paruaeque

1 *Verg. Georg.* 3. 420–2   7 Tonsurae ... 20 renascatur: *Cels. agr. fr.* 33 *Marx; cf. Pall.* 6. 8. 1–2

1 <cape saxa manu> *et* <deice> *ex Verg. ed. pr.*   4 capillos *S* : -lus *AR*   11 detonderis *R* : -toderis *S* : -todoris *A*   ungui *SA* : ungi *R*   12 excocti S^2 : excoleti S^1(?), *AR*   14 ubi *S* : ubique *AR*   delibuto *R* : di- *SA*   medicamina *Iucundus* : media *SAR*   16 celestis *S* : ca (ea *R*) et gustis *AR*   sub dio *ed. pr.* (sub diuo *Pall.*) : subsidio *SAR*   21 percensuimus *Reeve* : censuimus *SAR*   24 exhausta ς : ex hausa *S* : excausa A^1 : exausa A^2R 25 quia ς : qua *SAR*

morborum et remediorum differentiae possunt inueniri.
Quae tamen quantulaecumque sunt, non omittentur a nobis.
2 Si aegrotat uniuersum pecus, ut et ante praecepimus et nunc,
quia remur esse maxime salutare, iterum adseueramus in hoc
casu quod est remedium praesentissumum, pabula mutemus et
aquationes totiusque regionis alium quaeramus statum caeli
curemusque, si ex calore et aestu concepta pestis inuasit, ut
3 opaca rura, si inuasit frigore, ut eligantur aprica. Sed modice ac
sine festinatione prosequi pecus oportebit, ne inbecillitas eius
longis itineribus adgrauetur, nec tamen in totum pigre ac
segniter agere. Nam quemadmodum fessas morbo pecudes
uehementer agitare et extendere non conuenit, ita conducit
mediocriter exercere et quasi torpentis excitare nec pati
ueterno consenescere atque extingui. Cum deinde grex ad
4 locum fuerit perductus, in lacinias colonis distribuatur; | nam
particulatim facilius quam uniuersus conualescit, siue quia
ipsius morbi halitus minor est in exiguo numero seu quia
expeditius cura maior adhibetur paucioribus. Haec ergo et
reliqua, ne nunc eadem repetamus quae superiore exordio
percensuimus, obseruare debemus, si uniuersae laborabunt,
illa si singulae.

5 Ouis frequentius quam ullum aliud animal infestatur scabie,
quae fere nascitur, sicut noster memorat poeta,

cum frigidus imber
altius ad uiuum persedit et horrida cano
bruma gelu,

3 *Pall.* 14. 29. 1 18 paucioribus: *Pall.* 14. 29. 2–4 22 *Pall.* 14. 30. 1 23 poeta: *Verg. Georg.* 3. 441–3

4 quia remur esse S^{2} : quiaremus resse $S^{1}A$: quiremus esse *R* 10 longis itineribus *S* : longe si teneribus *AR* 15 colonis ς, *Pall.* : -niis *SAR* 17 morbi *R* : mor *SA* 21 illa si *S* : illas in *AR* 22 *rubr.* VIIII. (*om. A*) DE SCABIE *SA* ouis *Pall.* : oues *SAR* ullum SA^{2} : nullum $A^{1}R$ infestatur $A^{2}S$, *Pall.* : -tantur *R* : -fertur A^{1} 24 cum *SAR*, *cod. R Verg.* : ubi *Verg.*

uel post tonsuram, si remedium praedicti medicaminis non
adhibeas, si aestiuum sudorem mari uel flumine non abluas, si
tonsum gregem patiaris siluestribus spinis ac rubis sauciari,
si stabulo utaris in quo mulae aut equi aut asini steterunt;
praecipue tamen exiguitas cibi maciem, macies autem scabiem
facit. Haec ubi coepit inrepere, sic intellegitur: uitiosum locum 6
pecudes aut morsu scalpunt aut cornu uel ungula tundunt aut
arbori adfricant parietibusue detergent. Quod ubi aliquam
facientem uideris, conprehendere oportebit et lanam diducere,
nam subest aspera cutis et uelut quaedam porrigo, cui primo
quoque tempore occurrendum est, ne totam progeniem coinquinet, siquidem celeriter cum et alia pecora tum praecipue
oues contagione uexentur.

Sunt autem conplura medicamina, quae idcirco enumera- 7
bimus, non quia cunctis uti necesse sit sed, quoniam nonnullis
regionibus quaedam reperiri nequeunt, <ut> ex pluribus
aliquod inuentum remedio sit. Facit autem commode primum
ea conpositio quam paulo ante demonstrauimus, si ad faecem
et amurcam sucumque decocti lupini misceas portione aequa
detritum album helleborum. Potest etiam scabritiem tollere 8
sucus uiridis cicutae, quae uerno tempore, cum iam caulem nec
adhuc semina facit, decisa contunditur atque expressus umor
eius fictili uase reconditur duabus urnis liquoris admixto salis
torridi semodio. Quod ubi factum est, oblitum uas in stercilino
defoditur ac toto anno fimi uapore concoctum mox promitur
tepefactumque medicamentum inlinitur scabrae parti, quae

6 *Pall.* 14. 30. 2–3 14 Sunt ... 17 remedio sit: *Pall.* 14. 30. 4 Facit ... 20 helleborum: *Pall.* 14. 30. 5 (*cf. id.* 6. 8. 1) 20 *Pall.* 14. 30. 5–6

3 siluestribus *S* : si silu- *AR* sauciari si *S*, *Pall.* : -aris *AR* 8 parietibusue *ed. pr.* (*Pall.* -tesue) : parietibus uel *SAR* 9 lanam diducere *Iucundus* (ded- *Pall.*) : lana rudi ducere (deuc- *S*) *SAR* 10 porrigo SA^1 : prurigo A^2R, *Pall.* 15 quoniam *Iucundus* : quia *SAR* 16 ut *add. Lundström* (*Pall.*) 20 helleborum A^2R : -rem A^1 : -reos *S* scabritiem S^2 : cabritiem S^1 : -tie *AR* 26 inlinitur *S* : linitur *AR*

tamen prius aspera testa defricta uel pumice redulceratur.
9 Eidem remedio est amurca duabus partibus decocta, item uetus hominis urina testis candentibus inusta. Quidam tamen hanc ipsam subiectis ignibus quinta parte minuunt admiscentque mensura pari sucum uiridis cicutae, deinde singulis urnis eius
10 liquaminis singulos fricti salis sextarios infundunt. Facit etiam sulpuris triti et picis liquidae modus aequalis igne lento coctus, sed georgicum carmen adfirmat nullam esse praestantiorem medicinam

> quam si quis ferro potuit rescindere summum
> ulceris os: alitur uitium uiuitque tegendo.

Itaque reserandum est et ut cetera uulnera medicamentis curandum. Subicit deinde aeque prudenter, febricitantibus ouibus de talo uel inter duas ungulas sanguinem emitti oportere, nam plurimum, inquit,

> profuit incensos aestus auertere et inter
> ima ferire pedis salientem sanguine uenam.

11 Nos etiam sub oculis et de auribus sanguinem detrahimus.

Clodigo quoque dupliciter infestat ouem, siue cum subluuies atque intertrigo in ipso discrimine ungulae nascitur, seu cum idem locus tuberculum habet, cuius media fere parte canino

2 *Pall.* 14. 30. 7–8; *cf. Cels. med.* 5. 28. 16 (= *agr. fr.* 34 *Marx*) 6 *Pall.* 14. 30. 9–10
8 georgicum carmen: *3. 453–4, 459–60* 18 *Pall.* 14. 31. 1

---

1 tamen *S* : *om. AR* defricta *S* (*cf. Pall.* defricatur) : -ruic- *A*, *ita uel* -ruct-, -rut- *R*
2 duabus *S* : duobus *AR* 3 quidam ... hanc ipsam ς, *Pall.* : quadam ... hac ipsa *SAR* 5 singulis urnis *Pall.* : singularis triti et picis *SAR* eius *S* (*Pall.*) : *om. AR* 7 lento *S*, *Pall.* : lente *AR* 11 tegendo *S*, *Verg.* : deteg- *AR* 12 et ut cetera uulnera S^2, *Pall.* : ut cera uul- S^1 : et ulcera uul- *A* : et ulcera *R*
14 emitti ς, *Pall.* : mitti *R* : mitti// *ras. SA* 15 inquit *Pall.* : id quidem *S* : id quid A^2 : id quod A^1R 16 estus *S* : aestui *A* : estiui *R* inter ima S^2 : interina S^1AR
17 sanguine *S* : -nem *AR* 19 clodigo *Svennung* (clodi cum *cod. M Pall.*) : clodi SA^2 : cludi A^1 : cladi *R* : *an* claud- *scribendum* (*cf.* 3. 3. 25)? infestat ς, *Pall.* : -tato *SAR*

similis exstat pilus eique subest uermiculus. Subluuies et inter- 12
trigo pice per se liquida uel alumine et sulpure atque aceto
mixtis litae eruentur uel tenero Punico malo, priusquam grana
faciat, cum alumine pinsito superfusoque aceto uel aeris
rubigine infriata uel conbusta galla cum austero uino leuigata
et inlita. Tuberculum cui subest uermiculus ferro quam cautis- 13
sime circumsecari oportet, ne dum amputatur etiam quod infra
est animal uulneremus. Id enim cum sauciatur, uenenatam
saniem mittit, quae respersum uulnus ita insanabile facit ut
totus pes amputandus sit. Sed cum tuberculum diligenter
circumcideris, candens sebum uulneri per ardentem taedam
instillato.

Ouem pulmonariam similiter ut suem curari conuenit inserta 14
per auriculam <radicula> quam ueterinarii consiliginem
uocant; de ea iam diximus cum maioris pecoris medicinam
traderemus. Sed is morbus aestate plerumque concipitur si
defuit aqua, propter quod uaporibus omni quadripedi largius
bibendi potestas danda est. Celso placet, si est in pulmonibus 15
uitium, acris aceti tantum dare quantum ouis sustinere possit,
uel humanae ueteris urinae tepefactae trium heminarum
instar per sinistram narem corniculo infundere atque axungiae
sextantem faucibus inserere.

Est etiam insanabilis sacer ignis, quam pusulam uocant 16
pastores. Ea nisi conpescitur intra primam pecudem quae tali

1 *Pall.* 14. 31. 2 6 *Pall.* 14. 31. 3–4 13 *Pall.* 14. 32. 1–3 18 Celso: *agr. fr.* 33 *Marx* 23 *Pall.* 14. 32. 4–5

1 uermiculus S^2 : merm- S^1AR 3 tenero *ed. pr., Pall.* : tero S^1AR : austero S^2 5 infriata *ed. pr., Pall.* : infrita S^1AR : infricata S^2 6 inlita *S* : nuta *AR* uermiculus S^2 : mermiculus S^1A^2R : mimerc- A^1 9 respersum *Iucundus, Pall.* : res pressum *S* : repres- *AR* 10 sed *S, Pall.* : et *AR* 11 sebum ς : seuum *SAR* 13 *rubr.* X DE PVLMONARIO VITIO *S* : *om. AR* suem (*cf.* 7. 10. 7)] bouem *malim* (*cf.* 6. 14. 1) 14 <radicula> *Lundström* (*Pall.*) 16 traderemus S^2, *Pall.* : -demus S^1 : -dimus *AR* is *R* : his *SA* 21 instar per A^2R : starpe SA^1 23 pusulam *AR* : punsu- S^1 : pustu- S^2, *Pall.*

malo correpta est, uniuersum gregem contagione prosternit, siquidem nec medicamentorum nec ferri remedia patitur, nam paene ad omnem tactum excandescit. Sola tamen fomenta non aspernatur lactis caprini, quod infusum tactu suo uelut eblanditur igneam saeuitiam, differens magis occidionem 17 gregis quam prohibens. Sed Aegyptiae gentis auctor memorabilis Bolus Mendesius, cuius commenta, quae appellantur Graece *Χειρόκμητα*, sub nomine Democriti falso produntur, censet propter hanc pestem saepius ac diligenter ouium terga perspicere, ut si forte sit in aliqua tale uitium deprehensum, confestim scrobem defodiamus in limine stabuli et uiuam pecudem, quae fuerit pusulosa, resupinam obruamus patiamurque super obrutam meare totum gregem, quod eo facto morbus propulsetur.

18 Bilis, aestiuo tempore non minima pernicies, potione depellitur humanae ueteris urinae, quae ipsa remedio est etiam pecori arquato. At si molesta pituita est, cunelae bubulae uel surculi nepetae siluestris lana inuoluti naribus inseruntur uersanturque donec sternuat ouis.

Fracta pecudum non aliter quam hominum crura sanantur inuoluta lanis oleo atque uino insucatis et mox circumdatis ferulis conligata.

6 *Pall.* 14. 32. 6   7 Bolus: [*Dem.*] *fr.* 68 *B* 3 *Diels–Kranz* (*ii.* 212. 13)   15 *Pall.* 14. 32. 7–9

2 si- *S, Pall.* : sic *AR*   3 tamen *S, Pall.* : tamen ea *AR*   4 tactu suo uelut *Svennung* (t- s- uel *Pall.*) : tactus uolet ut *SAR*   5 eblanditur *S* : et bl- *AR*   7 memorabilis S^2 : -rabis S^1AR Bolus *Reinesius* 1. 25 : dolus *SAR*   mendesius S^2 : mens desius S^1AR^*, dosius R^* 8 *Χειρόκμητα Schneider* : ΧΕΙΡΟΚΙΜΗΤΑ *S* : *om. in lac. AR* : *ὑπομνήματα suppl. man. rec. A*   9 censet *S* : gens et *AR*   pestem *S, Pall.* : *om. AR*   ac diligenter S^2, *Pall.* : adliganter S^1AR 11 scrobem A^2R : scribom SA^1 12 pusulosa *ς* : -sill- S^1AR : -still- S^2 : -stul- *Pall.*   13 super *S, Pall.* : sub *AR*   15 minima *ς, Pall.* : nimia *SAR*   16 ipsa *S* : ipse *AR*   17 at *ς, Pall.* : ac *SAR*   20 crura *ς, Pall.* : cura *SAR*

Est etiam grauis pernicies herbae sanguinariae, qua si pasta 19
est ouis, toto uentre distenditur contrahiturque et spumat <et>
quaedam tenuia taetri odoris excernit. Celeriter sanguinem
emitti oportet sub cauda in ea parte quae proxima est clunibus,
nec minus in labro superiore uena soluenda est.

Suspirio laborantibus auriculae ferro rescindendae mutandaeque regiones, quod in omnibus morbis ac pestibus fieri debere censemus.

Agnis quoque succurrendum est uel febricitantibus uel 20
aegritudine alia defectis; qui ubi morbo laborant admitti ad
matres non debent, ne in eas perniciem transferant. Itaque
separatim mulgendae sunt oues, et caelestis aqua pari mensura
lacti miscenda est, atque ea potio febricitantibus danda. Multi
lacte caprino isdem medentur, quod per corniculum infunditur
faucibus.

Est etiam mentigo, quam pastores ostiginem uocant, morti- 21
fera lactentibus. Ea plerumque fit, si per inprudentiam pastoris
emissi agni uel etiam haedi roscidas herbas depauerunt, quod
minime committi oportet. Sed cum id factum est, uelut ignis
sacer os atque labra foedis ulceribus obsidet. Remedio sunt 22
hyssopum et sal aequis ponderibus contrita; nam ea mixtura
palatum atque lingua totumque os perfricatur. Mox ulcera
lauantur aceto et tunc pice liquida cum adipe suilla perlinuntur.
Quibusdam placet rubiginis aeneae tertiam partem duabus
ueteris axungiae portionibus commiscere tepefactoque uti

1 *Pall.* 14. 32. 10–11 9 *Pall.* 14. 32. 12 16 Est . . . p. 304, 6 reuertar: *Pall.* 14. 32. 13–15

2 et *add. Lundström (Pall.)* 3 tenuia *Lundström (Pall.)* : tenui *SAR* excernit *Lundström (Pall.)* : expernit *SAR* 4 emitti *Pall.* : mitti *SAR* 6 suspirio *Richter (Pall.; cf. Veg.* 1. 10, 1. 38. 4) : -riore *SA* : -riose *R* 9 *rubr.* (XI. *S*) MEDICINE AGNORVM 12 separatim ς, *Pall.* : -tis *S* : -tim si *AR* 17 per inprudentiam ς, *Pall.* : prudentiam *SAR* 19 id factum S^2 : infactum S^1AR 20 obsidet *ed. pr., Pall.* : -dent *SAR* 22 lingua S^2A^1 : -guam A^2R : longua S^1

medicamine. Nonnulli folia cupressi trita miscent aquae et ita perluunt ulcera atque palatum. Castrationis autem ratio iam tradita est, neque enim alia in agnis quam in maiore quadripede seruatur.

6 Et quoniam de ouiarico satis dictum est, ad caprinum pecus nunc reuertar.

Id autem genus dumeta potius quam campestrem situm desiderat asperisque etiam locis ac siluestribus optime pascitur, nam nec rubos auersatur nec uepribus offenditur et arbusculis frutectisque maxime gaudet. Ea sunt arbutus atque alaternus cytisusque agrestis nec minus ilignei querneique frutices, qui in altitudinem non prosilierunt.

2 Caper cui sub maxillis binae uerruculae collo dependent optimus habetur, amplissimi corporis, cruribus crassis, plena et breui ceruice, flaccidis et praegrauantibus auribus, exiguo capite, nigro densoque et nitido atque longissimo pilo; nam et ipse tondetur

usum in castrorum ac miseris uelamina nautis.

3 Est autem mensum septem satis habilis ad progenerandum, quoniam inmodicus libidinis, dum adhuc uberibus alitur, matrem stupro superuenit et ideo ante sex annos celeriter consenescit, quod inmatura ueneris cupidine primis pueritiae temporibus exhaustus est, itaque quinquennis parum idoneus
4 habetur feminis inplendis. Capella praecipue probatur simillima hirco, quem descripsimus, si etiam est uberis maximi

18 *Verg. Georg.* 3. 313

---

1 cupressi trita *S* : cum pressurita *AR* 5 *rubr.* XII. (*om. A*) DE CAPRIS 7 campestrem S^2 : -tre *R* : campreste S^1A 8 desiderat S^2R : dederat S^1 : derat *A* 9 auersatur *SA* : adu- *R* 10 frutectisque *SA* : -tetisque *R* arbutus *S* : arubustus *A*, ar(u)b- *R* alaternus S^1 : alt- S^2AR 11 frutices *SA* : fruct- *R* 13 *rubr.* XIII. (*om. A*) DE PROBANDIS HIRCIS 14 crassis *S, Pall.* : erasis *AR* 15 pregrauantibus *S* : -uantis *A* : -ua(n)tis *R* 18 ac] et *Verg.* 19 mensum S^2 : -suum S^1A : -sium *R* progenerandum *S* : procerandum A^1 : -creandum A^2R 20 uberibus *S* : -rius *AR*

et lactis abundantissimi. Hanc pecudem mutilam parabimus quieto caeli statu, {nam} procelloso atque imbrifero cornutam. Semper autem et omni regione maritos gregum mutilos esse oportebit, quia cornuti fere perniciosi sunt propter petulantiam. Sed numerum generis huius maiorem quam centum 5 capitum sub uno clauso non expedit habere, cum lanigerae mille pariter commode stabulentur. Atque ubi caprae primum conparantur, melius est unum gregem totum quam ex pluribus particulatim mercari, ut nec in pastione separatim laciniae deducantur et in caprili maiore concordia quiete consistant. Huic pecudi nocet aestus sed magis frigus, et praecipue fetae, quia gelidior hiemps conceptum uitiat. Nec tamen ea <res> sola creat abortum sed etiam glans cum citra satietatem data est, itaque nisi potest adfatim praeberi, non est gregi permittenda.

Tempus admissurae per autumnum fere ante mensem 6 Decembrem praecipuum, ut iam propinquante uere gemmantibus frutectis, cum primum siluae noua germinant fronde, partus edatur. Ipsum uero caprile uel naturali saxo uel manu constratum eligi debet quoniam huic pecori nihil substernitur, diligensque pastor cotidie stabulum conuerrit nec patitur stercus aut umorem consistere lutumue fieri, quae cuncta sunt capris inimica. Parit autem, si est generosa proles, frequenter 7 duos, nonnumquam trigeminos. Pessima est fetura, cum matres binae ternos haedos efficiunt; qui ubi editi sunt, eodem modo quo agni educantur, nisi quod magis haedorum lasciuia

1 abundantissimi: *Cf. Pall.* 12. 13. 7 5 Sed . . . 7 stabulentur: *cf. Pall.* 12. 13. 8 15 Tempus . . . 18 edatur: *cf. Pall.* 12. 13. 7

1 mutilam ϛ : milam *S* : mila *R* 2 nam *seclusi* cornutam ϛ : -ta *SAR* 3 autem *Lundström* : nam *SAR* 4 quia *S* : qui *AR* 9 laciniae *ed. pr.* : lic- *SAR* 12 gelidior *Pontedera*[2] : geliciorior S^1 : geliciodior S^2 : gelicior AR^* : -tior R^* : gelicidiis ϛ hiemps *SA* : hiems *R* : hiemis ϛ uitiat *S* : fecit *AR* tamen *S* : tantum *AR* res *addidi* (*cf.* 2. 14. 2, 3. 3. 11) 13 creat] creant *Iucundus* abortum ϛ : -tu *S* : -tat *AR* : -tus *ed. pr.* 16 praecipuum *Vrsinus* : praecipimus *SAR* iam *S* : *om. AR* 17 frutectis *SA* : fructetis *R* 19 constratum ϛ : -tu *SAR* 25 quo ϛ : qui *SAR*

conpescenda et artius cohibenda est. Tum super lactis abundantiam samera uel cytisus aut hedera praebenda uel etiam cacumina lentisci aliaeque tenues frondes obiciendae sunt. Sed ex geminis singula capita, quae uidentur esse robustiora, in supplementum gregis reseruantur, cetera mercantibus tradun-
8 tur. Anniculae uel bimae capellae (nam utraque aetas partum edit) summitti haedum non oportet, neque enim educare nisi trima debet. Sed anniculae confestim depellenda suboles, bimae tamdiu admittenda dum possit esse uendibilis. Nec ultra octo annos matres seruandae sunt, quod adsiduo partu fatigatae
9 steriles existunt. Magister autem pecoris acer durus strenuus, laboris patientissimus, alacer atque audax esse debet, ut qui per rupes, per solitudines, per uepres facile uadat et non ut alterius generis pastores sequatur, sed plerumque et antecedat gregem. Maxime strenuum pecus est †capellae caprae cedent†; subinde quae incedit compesci debet ne procurrat, sed placide ac lente pabuletur, ut et largi sit uberis et non strigosissimi corporis.

7 Atque alia genera pecorum, cum pestilentia uexantur, prius morbo et languoribus macescunt, solae capellae quamuis optimae atque hilares subito concidunt <et> uelut aliqua ruina gregatim prosternuntur. Id autem accidere maxime solet ubertate pabuli, quam ob rem, <dum> adhuc paucas pestis

1 Tum super ... 3 obiciendae sunt: *cf. Pall.* 12. 13. 7 6 *Pall.* 12. 13. 8 18 *Pall.* 14. 33. 1

3 aliaequae *S* : altequae *AR* tenues ς : tenue *SAR* 6 bimae *S* : bine *AR* 10 matres] matrices *Pall., fort. recte* (*cf.* 7. 3. 12, 7. 9. 10) adsiduo *S* : -due *AR* fatigatae steriles *S* : fatigata est exsteriles *A* : f- est et st- *R* 11 existunt *Richter* : existant *SAR* 14 et *Lundström* : ut *SAR* 15 capellae caprae cedent] capella praecedens *Schneider* : -la -dente *Ashworth* 1966 16 quae incedit *Lundström* : quem cedit *SAR* : quae cedit ς : quae *tantum Schneider* procurrat ς : -ret *SAR* 18 *rubr.* XIIII. (*om. A*) DE MEDICINA CAPRARVM 20 optimae $A^{2}R$ (*Pall.*) : -ma SA^{1} : opimae *Beroaldus* et *add. Lundström* (*Pall.*) : ita ut (prosternantur) *temptaui* (*cf.* 7. 10. 4) 21 prosternuntur *Richter* : -natur *SAR* : -nantur ς : consternuntur *Pall.* autem (ς) accidere (S^{2}) *Lundström* : actum cedere *AR*, actim c- S^{1} 22 dum *add.* ς (*Pall.*) paucas *S*, *Pall.* : caudas *AR*

perculit, omnibus sanguis detrahendus nec toto die pascendae,
sed mediis quattuor horis intra saepta claudendae. Sin alius 2
languor infestat, poculo medicantur harundinis et albae spinae
radicibus, quas cum ferreis pilis diligenter contudimus,
admiscemus aquam pluuiatilem solamque potandam pecori
praebemus. Quod si ea res aegritudinem non depellit,
uendenda sunt pecora uel, si neque id contingere potest, ferro
necanda saliendaque. Mox interposito spatio conueniet olim
gregem reparare, nec tamen ante quam pestilens tempus anni,
siue id fuit hiemps uertatur aestate, siue autumnus uere
mutetur.

Cum uero singulae morbo laborabunt, eadem remedia quae 3
etiam ouibus adhibebimus. Nam cum distendetur aqua cutis,
quod uitium Graeci uocant ὕδρωπα, sub armo pellis leuiter
incisa perniciosum transmittat umorem, tum factum uulnus
pice liquida curetur. Cum ecfetae loca genitalia tumebunt aut 4
secundae non responderint, defruti sextarius uel, cum id
defuerit, boni uini tantundem faucibus infundatur et naturalia
ceroto liquido repleantur. Sed ne nunc singula persequar, sicut
in ouillo pecore praedictum est caprino medebimur.

Casei quoque faciendi non erit omittenda cura utique longin- **8**
quis regionibus, ubi mulctram deuehere non expedit. Is porro si
tenui liquore conficitur, quam celerrime uendendus est dum
adhuc uiridis sucum retinet, si pingui et opimo, longiorem

2 *Pall.* 14. 33. 2 12 *Pall.* 14. 33. 3 16 *Pall.* 14. 33. 4

4 contudimus *S* : -tund- *AR* 8 saliendaque *SA^2*, *Pall.* : -lte- *A^1* : sallendaque *R* 10 hiemps *ego*: hiemis *SAR* uertatur ς, *Pall.* : -tantur *SAR* autumnus *Pall.* : -num *SAR* : -ni ς uere ς, *Pall.* : uerum *SAR* 11 mutetur *S* : utetur *AR* 12 uero *R^**, *Pall.* : uere *SAR^** 13 adhibebimus *S^2* : ath- *S^1* : adhibuimus *A^2R*, -bim- *A^1* aqua *SA* : aque *R* 14 ΥΔΡωΠα *SA* : *om. in lac. R* 16 effete ς : et foetae *S* : et facte *AR* 17 defruti (-riti *Pall.*) sextarius *S^2*, sestaurius *S^1* : defruis est aunus *A* : d- est annus *R* 19 ceroto *Lundström* (*Pall.*; cerato *iam Iucundus*) : geratori *SA* : ageratori *R* 21 *rubr.* XV. (*om. A*) DE CASEO FACIENDO 22 mulctram *Iucundus* : -cram *S* : -cra *A^1* : multra *A^2R* 24 opimo] optimo *$Pontedera^2$*

patitur custodiam. Sed lacte fieri debet sincero et quam
recentissimo (nam requietum uel aqua mixtum celeriter
acorem concipit) <et> id plerumque cogi agni aut haedi
coagulo, quamuis possit et agrestis cardui flore conduci et
seminibus cneci nec minus ficulneo lacte, quod emittit arbor si
2 eius uirentem saucies corticem. Verum optimus caseus est qui
exiguum medicaminis habet. Minimum autem coagulum
recipit sinum lactis argentei pondus denarii, nec dubium quin
fici ramulis glaciatus caseus iucundissime sapiat.

3 Sed mulctra cum est repleta lacte, non sine tepore aliquo
debet esse, nec tamen admouenda est flammis, ut quibusdam
placet, sed haut procul <ab> igne constituenda, et confestim
cum concreuit liquor in fiscellas aut in calathos uel formas
transferendus est. Nam maxime refert primo quoque tempore
4 serum percolari et a concreta materia separari. Quam ob
causam rustici ne patiuntur quidem sua sponte pigre umorem
defluere, sed cum paulo solidior caseus factus est, pondera
superponunt quibus exprimatur serum; deinde ut formis aut
calathis exemptus est, opaco ac frigido loco, ne possit uitiari,
quam mundissimis tabulis conponitur, aspargitur tritis salibus
ut exsudet acidum liquorem, atque ubi duratus est, uehementius premitur ut conspissetur, et rursus torrido sale contingitur
5 rursusque ponderibus condensatur. Hoc cum per dies nouem
factum est, aqua dulci abluitur et sub umbra cratibus in hoc

1 Sed lacte ... 6 corticem: *cf. Pall.* 6. 9. 1   14 Nam maxime ... p. 309, 6 exustus est: *Pall.* 6. 9. 1–2

---

1 patitur *S* : -timur *AR*   2 aqua mixtum *Heinsius* : quam mixtum *S* : maximum *AR*   3 concipit ς : -piat *SAR*   et *add. Lundström*   4 agrestis ς, *Pall.* : -tius *SAR*   cardui ς, *Pall.* : cardiu *S* : cardius *AR*   7 medicaminis A^2R : -camis SA^1 coagulum ς : -lo *SAR*   8 argentei ... denarii *ed. pr.* : -teis ... -riis *SAR*   10 mul(c)tra *R* : mulctrat *SA*   12 ab *addidi*   16 patiuntur ς : -antur *SAR*   pigre umorem *scripsi* : -rum -rem *Schneider* : pigro umore *SAR*   17 solidior ς : -ius *SAR*   19 exemptus *R* : -mt- S^2 : -ptis S^1A 20 quam *Reeve* : quamuis *SAR*   21 ut *S* : *om. AR*   24 dulci abluitur *S* : -cia bibitur *A* : -ci ebibitur *R*

factis ita ordinatur, ne alter alterum caseus contingat et ut modice siccetur, deinde quo tenerior permaneat, clauso neque uentis obnoxio loco stipatur per conplura tabulata. Sic neque fistulosus neque salsus neque aridus prouenit, quorum uitiorum primum solet accidere si parum pressus, secundum si nimio sale inbutus, tertium si sole exustus est.

Hoc genus casei potest etiam trans maria permitti; nam is qui 6
recens intra paucos dies absumi debet, leuiore cura conficitur, quippe fiscellis exemptus in salem muriamque demittitur et mox in sole paulum siccatur. Nonnulli antequam pecus numellis induant, uirides pineas nuces in mulctram demittunt et mox super eas emulgent nec separant, nisi cum transmiserint in formas coactam materiam. Ipsos quidam uirides conterunt nucleos et lacti permiscent atque ita congelant.
Sunt qui thymum contritum cribroque colatum cum lacte 7
cogant. Similiter qualiscumque uelis saporis efficere possis adiecto quod elegeris condimento. Illa uero notissima est ratio faciundi casei quem dicimus manu pressum, namque is paulum gelatus in mulctra, cum est tepefacta rescinditur et feruente aqua perfusus uel manu figuratur uel buxeis formis exprimitur. Est etiam non ingrati saporis muria praeduratus atque ita †mallinis lignis† uel culmi fumo coloratus.

Sed iam redeamus ad ordinem.

10 Nonnulli . . . 14 congelant: *Pall. 6. 9. 2* 15 Sunt qui . . . 17 condimento: *Pall. 6. 9. 3*

---

1 factis *R* : fatis *SA* alter alterum *S* : -tera alt- *AR* 3 sic neque *S* : signeas *R* : -s ig- *A* 6 tertium *S* : -tio *AR* 7 permitti] promitti *Heinsius* 9 muriamque *S* : murtamque *AR* demittitur *S* : di- *AR* 11 induant *Broukhusius ap. Gesner* : indurat *SAR* : inducant *ed. pr.* multram *ed. pr.*: mulctra S^2, -ta S^1 : multra *AR* demittunt *S* : di- *AR* 13 transmiserint *ed. pr.* : transierunt *SAR* : *an* transierit . . . coacta materia *(Reeve)?* 14 congelant ς : -celant *SAR* 18 manu *R* : uanu *SA* pressum *R* : -su *SA* namque is *S* : nam quis *AR* 19 gelatus ς : caelatus *SAR* mulctra cum *Holford-Strevens* : mulctra dum *S* : mul(c)trandum *AR* tepefacta *ed. pr.* : neres fata *AR*, ph- *S* : ne res facta ς 20 figuratur *Iucundus* : -tus *SAR* 22 mallinis lignis] malini ligni *Iucundus* : *locus nondum explicatus* 23 ordinem *scripsi* (*cf.* 3. 11. 1, 5. 3. 9, 5. 5. 1, 8. 4. 6) : originem *SAR*

9 In omni genere quadripedum species maris diligenter eligitur, quoniam frequentius patri similior est progenies quam matri. Quare etiam in suillo pecore probandi sunt totius quidem corporis amplitudine eximii, sed qui quadrati potius <quam> longi aut rotundi sint, uentre promisso, clunibus uastis nec proinde cruribus aut ungulis proceris, amplae et glandulosae ceruicis, rostri breuis et resupini, maximeque ad
2 rem pertinet quam salacissimos esse seminantes. Ab annicula aetate commode progenerant dum quadrimatum agant, possunt tamen etiam semestres inplere feminam. Scrofae probantur longissimi status, set ut sint reliquis membris similes descriptis uerribus. Si regio frigida et pruinosa est, quam durissimae densaeque et nigrae saetae grex eligendus est, si temperata atque aprica glabrum pecus uel etiam pistrinale album potest pasci.

3 Femina sus habetur ad partus edendos idonea fere usque in annos septem, quae quanto fecundior est celerius senescit. Annicula non inprobe concipit, sed iniri debet mense Februario, quattuor quoque mensibus feta quinto parere, cum iam herbae solidiores sunt, ut et firma lactis maturitas porcis contingat et, cum desierint uberibus ali, stipula pascantur ceterisque legu-
4 minum caducis frugibus. Hoc autem fit longinquis regionibus, ubi nihil nisi summittere expedit, nam suburbanis lactens

3 Quare . . . 12 uerribus: *cf. Pall.* 3. 26. 1 Si regio . . . 15 pasci: *cf. Pall.* 3. 26. 2 16 *Pall.* 3. 26. 2–3

1 *rubr.* XVI. (*om. A*) DE SVBVS 2 frequentius *S* : -ter *AR* 3 probandi *S* : repro- *R* : respro- *A* 4 amplitudine *S* : -nem *AR* eximii *S* : -mit *AR* potius S^2 : positius S^1AR 5 quam *add. Iucundus* (*cf. Pall.* rotundi potius quam longi) 7 rostri *S* : rostribus *AR* : rostris ς breuis *SA* : breuibus *R* resupini *Lundström* : -na *SAR* : -nis *ed. pr.* 8 esse seminantes *ego* : esseminant et *SAR* : esse ineuntes *Lundström* 11 longissimi ς : -mis *SAR* set ut *Lundström* : est ut S^1AR : ut S^2 : et ut ς 13 denseque ς : adensaque *SAR* 14 pistrinale *S* : pristin- *AR* 16 sus ς : suus *SAR* 18 iniri *Iucundus* : inire *SAR* 21 ali S^2 : alit S^1AR 22 *deinceps traditae ueritatis uestigia reperiuntur in R* (*u. praef. p. x*) 23 lactens *R* : lactes *SA*

porcus aere mutandus est; sic enim mater non educando labori
subtrahitur celeriusque iterum conceptum partum edet, idque
bis anno faciet. Mares uel cum primum ineunt semenstres aut
cum saepius progenerauerunt trimi aut quadrimi castrantur, ut
possint pinguescere. Feminis quoque uuluae ferro exulcerantur 5
et cicatricibus clauduntur, ne sint genitales, quod facere non
intellego quae ratio compellat nisi paenuria cibi. Nam ubi est
ubertas pabuli, summittere prolem semper expedit.

Omnem porro situm ruris pecus hoc usurpat, nam et monti- 6
bus et campis commode pascitur, melius tamen palustribus
agris quam sitientibus. Nemora sunt conuenientissima quae
uestiuntur quercu subere fago cerris ilicibus oleastris termiti-
bus corylis pomiferisque siluestribus, ut sunt albae spinae,
Graecae siliquae, iuniperus lotus pampinus cornus arbutus
prunus et paliurus atque achrades piri. Haec enim diuersis
temporibus mitescunt ac paene toto anno gregem saturant. At 7
ubi paenuria est arborum, terrenum pabulum consectabimur et
sicco limosum praeferemus, ut paludem rimentur ecfodiantque
lumbricos atque in luto uolutentur, quod est huic pecudi gratis-
simum, quin et aquis abuti possint; namque id fecisse maxime
aestate profuit et dulcis eruisse radiculas aquatilis siluae tam-
quam scirpi iuncique et degeneris harundinis quam uulgus can-
nam uocant. Nam cultus quidem ager opimas reddit sues, cum 8
est graminosus et pluribus generibus pomorum consitus, ut per
anni diuersa tempora mala pruna pirum, multiformes nuces ac
ficum praebeat. Nec tamen propter haec parcetur horreis, nam
saepe de manu dandum est cum foris deficit pabulum, propter

9 *cf. Pall.* 3. 26. 3

1 aere *R* : aeru *SA* 3 aut] *an* uel? 7 compellat *R* : -lant *SA* 12 uestiuntur *R* : uertuntur *SA* 15 achrades ς : archad(r)es *R* : acades *SA* 18 effodiantque *R* : et fod- *SA* 21 aestate *R* : -tem *SA* : per aestatem, *ed. pr.* 22 scirpi ς : stirpi *SAR* 23 cultus quidem *ego* : ↔ *SAR* 24 generibus *R* : *om. SA* 27 est *R* : *om. SA*

quod plurima glans uel cisternis in aquam uel fumo tabulatis
9 recondenda est. Fabae quoque et similium leguminum, cum
uilitas permittit, facienda est potestas et utique uere dum adhuc
†lantiunt† uiridia pabula, quae subus plerumque nocent.
Itaque mane, priusquam procedant in pascua, conditiuis cibis
sustinendae sunt, ne inmaturis herbis citetur aluus eoque uitio
pecus emacietur.

Nec ut ceteri greges uniuersi claudi debent, sed per porticus
harae faciendae sunt, quibus aut a partu aut etiam praegnates
includantur; nam praecipue sues cateruatim atque inconditae,
cum sint pariter inclusae, super alias aliae cubant et fetus
10 elidunt. Quare, ut dixi, iunctae parietibus harae construendae
sunt in altitudinem pedum quattuor, ne sus transsilire saepta
queat; nam contegi non debet, ut a superiore parte custos
numerum porcorum recenseat et, si quem decumbens mater
oppresserit, cubanti subtrahat. Sit autem uigilax inpiger
industrius nauus; omnium quas pascit et matricum et mino-
rum meminisse debet, ut uniuscuiusque partum consideret.
Semper obseruet enitentem claudatque, ut in hara fetum edat.
11 Tum denotet protinus quot et quales sint nati, et curet ne quis
sub nutrice aliena educetur; nam facillime porci, si euaserint
haram, miscent se, et scrofa cum decubuit aeque alieno ac suo
12 praebet ubera. Itaque porculatoris maximum officium est ut

2 *cf. Pall.* 3. 26. 4

2 recondenda *S*[2] : reconda *S*[1]*A* : recondita *R* 3 potestas *S* : -tatis *AR* 4 lantiunt (-ci- *R*)] lactant *ed. pr.* : -tent *Gesner* (*cf. Pall.* cum lactent nouella uiridia) : blandiuntur *Richter* : lancinant *Pontedera*[3], *fort. recipiendum praecedente lacuna* subus *SA* : subiis *R*, *unde* suibus ς nocent *R* : -cet *SA* 6 sustinendae *ed. pr.* : -da *SAR* 8 nec *S* : ne *AR* per *R* : *om. SA* 9 hare ς : (h)aree *R* : *om. SA* a partu ς : a parte *SAR*[*] : aperte *R*[*] pregnates *A*[2] : regnates *SA*[1] : pregnantes *R* 10 cateruatim *R* : catur uatim *SA* atque *R* : ad *S* : ut ad *A* 12 hare ς : (h)aree *R* : *om. SA* 13 transsilire ς : transi- *SAR* 15 numerum *SA* : -ros *R* 16 uigilax *SA* : -lans *R* 19 claudatque ut in *R* : claudat in *SA* hara *SA* : (h)area *R* 20 denotet *R* : di- *SA* sint *R*[*] : sunt *SAR*[*] ne quis *S* : nutrix equis *A* : nutrix ne quis *R* 21 aliena educetur ς : -nae ducetur *SA* : -na educatur *R*

unamquamque cum sua prole claudat. Qui si memoria deficitur quominus agnoscat cuiusque progeniem, pice liquida eandem notam scrofae et porcis inponat, siue per litteras siue per alias formas unumquemque fetum cum matre distinguat; nam in maiore numero diuersis notis opus est, ne confundatur memoria custodis.

Ac tamen quia id facere gregibus amplis uidetur operosum, 13
commodissimum est haras ita fabricare, ut limen earum in tantam altitudinem consurgat quantam possit nutrix euadere, lactens supergredi non possit. Sic nec alienus inrepit et in cubili suam quisque matrem nidus exspectat, qui tamen non debet octo capitum numerum excedere, non quia ignorem fecunditatem scrofarum maioris esse numeri, sed quia celerrime fatiscit quae pluris educat. Atque eae quibus partus summittitur cocto sunt hordeo sustinendae, ne ad maciem summam perducantur et ex ea ad aliquam perniciem. Diligens autem 14
porculator frequenter suile conuerrit et saepius haras, nam quamuis praedictum animal in pabulatione spurce uersetur, mundissimum tamen cubile desiderat. Hic fere cultus est suilli pecoris recte ualentis; sequitur ut dicamus quae sit cura uitiosi.

Febricitantium signa sunt cum obstipae sues transuersa **10**
capita ferunt ac per pascua subito, cum paululum procurrerunt, consistunt et uertigine correptae concidunt. Earum notanda 2
sunt capita quam in partem proclinent, ut ex diuersa parte de auricula sanguinem mittamus. Item sub cauda duobus digitis a clunibus intermissis uenam feriamus, quae est in eo loco satis

21 *Pall.* 14. 36. 1 23 *Pall.* 14. 36. 2

1 unamquamque *R* : unamque *SA* 2 eandem *R* : eadem (*bis S*) *SA* 7 ac *SAR** : at *R** id *SA* : ita *R* 8 limen earum *R* : minearum *SA* 9 quantam *S* : -tum *AR* 10 supergredi *R* : ut pergr- *SA* 11 nidus *S* : -dos *AR* tamen *SAR** : tantum *R** 14 eae *S* : e *AR* 16 perducantur *R* : -catur *SA* 18 pabulatione *Vrsinus* : -nem *SAR* 21 *rubr.* XVII. (*om. A*) DE MORBO SVVM 24 proclinent *S*, *Pall.* : -nentur *AR*

ampla, eamque sarmento prius oportet uerberari, deinde ab
ictu uirgae tumentem ferro rescindi detractoque sanguine
3 conligari saligneo libro uel etiam ulmeo. Quod cum fecerimus,
uno aut altero die sub tecto pecudem continebimus et aquam
modice calidam quantam uolent farinaeque hordeaceae
singulos sextarios praebebimus.

Strumosis sub lingua sanguis emittendus est, qui cum profluxerit, sale trito cum farina triticea confricari totum os conueniet. Quidam praesentius putant esse remedium, cum per cornu singulis ternos cyathos gari demittunt. Deinde fissas taleas ferularum lineo funiculo religant et ita collo suspendunt, ut strumae ferulis contingantur.

4 Nauseantibus quoque salutaris habetur eburnea scobis sali
fricto et fabae minute fresae commixta ieiunisque priusquam
in pascua prodeant obiecta. Solet etiam uniuersum pecus aegro-
tare ita, ut emacietur nec cibos capiat productumque in pascua
medio campo procumbat et quodam ueterno pressum somnos
5 aestiuo sub sole captet. Quod cum facit, totus grex tecto
clauditur stabulo atque uno die abstinetur potione et pabulo.
Postridie radix anguinei cucumeris trita et conmixta cum aqua
datur sitientibus, quam cum pecudes biberunt, nausea cor-
reptae uomitant atque expurgantur, omnique bile depulsa
cicercula uel faba dura muria consparsa, deinde sicut homini-
bus aqua calida potanda permittitur.

6 Sed cum omni quadripedi per aestatem sitis sit infesta, tum
suillo maxime est inimica. Quare non ut capellam uel ouem sic

3 *Pall.* 14. 36. 3–4 13 *Pall.* 14. 36. 5–6 18 *Pall.* 14. 36. 7 25 *cf. Pall.* 14. 37. 1–2

7 emittendus ς, *Pall.* : mit- *SAR* 8 profluxerit *R* : prolux- *SA* 9 cum per *R* : compea *S* : cum pea *A* 10 cornu *cod. M Pall.* : -num *SAR* 13 quoque *R* : quodque *SA* sali ς : sale *SAR* 15 in *R* : *om. SA* obiecta ς, *u.l. Pall.* : abi- *SAR* uniuersum $A^{2}R$: -sam SA^{1} 16 productumque *R* : -tusque *SA* 17 somnos *SA* : -no *R* 19 pabulo *R* : paulo *SA* 20 anguinei *R** : sangu- *SAR** 22 bile $A^{2}R$: uile SA^{1} 25 *rubr.* MEDICINE SVVM *S* : *om. AR*

et hoc animal bis ad aquam duci praecipimus, sed si fieri potest,
iuxta flumen aut stagnum per ortum Caniculae detineri, quia
cum sit aestuosissimum, non est contentum potione aquae,
nisi obesam inluuiem atque distentam pabulis aluum demer-
serit ac refrigerauerit, nec ulla re magis gaudet quam riuis atque
caenoso lacu uolutari. Quod si locorum situs repugnat ut ita 7
fieri possit, puteis extracta et large canalibus inmissa praebenda
sunt pocula, quibus nisi adfatim satiantur, pulmonariae fiunt;
isque morbus optime sanatur auriculis inserta consiligine, de
qua radicula diligenter ac saepius iam locuti sumus. Solet etiam 8
uitiosi splenis dolor eas infestare, quod accidit cum siccitas
magna prouenit et, ut bucolicum loquitur poema,

strata iacent passim sua quaeque sub arbore poma.

Nam pecus inexsatiabile sues dulcedinem pabuli consectantur
et supra modum aestate splenis incremento laborant; cui suc-
curritur, si fabricentur canales tamaricis e trunco replean-
turque aqua et sitientibus admoueantur, quippe ligni sucus
medicabilis epotus intestinum tumorem compescit.

Castrationis autem <in> hoc pecore duo tempora seruantur, **11**
ueris et autumni, et eius administrandae duplex ratio: prima
illa, quam iam tradidimus, cum duobus uulneribus inpressis
per unamquamque plagam singuli exprimuntur testiculi; altera
est speciosior, sed magis periculosa, quam tamen non omittam.
Cum uirilem partem utramque ferro reseratam detraxeris, per 2

12 bucolicum . . . poema: *Verg. Ec.* 7. 54

1 bis S^2 : uis S^1A : *om. R* ad aquam S^2R : adam S^1A praecipimus *R* : -cep- *SA* 4 distentam S^2R : distem S^1A 5 ac *S* : et *AR* 7 extracta et S^2R : extractet S^1A 9 isque ς : quique S^2R : quisque S^1A inserta *R* : exarta *SA* 10 etiam *R* : iam *SA* 11 siccitas S^2R : ficitas S^1A 14 inexsatiabile sues *ego* : inex(s)atiabile suis ς : inexitiabiles (-uil- *A*) bis *SA* : inexitiabile(s) suis *R* 15 estate splenis ς : es bata es plenis *SA* : esbate splenis *R** 16 tamaricis ς : tramaricis *R* : -cus *SA* e trunco ς : et rusco *SAR* 19 *rubr.* DE CASTRATIONE in *add.* ς 24 reseratam *S* : resecatam *AR*

inpressum uulnus scalpellum inserito et mediam quasi cutem, quae interuenit duobus membris genitalibus, rescindito atque uncis digitis alterum quoque testiculum educito; sic una fiet cicatrix adhibitis ceteris remediis quae prius docuimus.

Illud autem quod pertinet ad religionem patris familiae non
3 reticendum putaui: | sunt quaedam scrofae quae mandunt fetus suos. Quod cum fit, non habetur prodigium; nam sues ex omnibus pecudibus inpatientissimae famis aliquando sic indigent pabuli ut non tantum alienam, si liceat, subolem, sed etiam suam consumant.

12 De armentis ceterisque pecudibus et magistris per quos quadripedum greges humana sollertia domi forisque curantur atque obseruantur, nisi fallor, satis adcurate disserui. Nunc, ut exordio priore sum pollicitus, de mutis custodibus loquar, quamquam falso canis dicitur mutus custos. Nam quis hominum clarius aut tanta uociferatione bestiam uel furem praedicat quam iste latratu, quis famulus amantior domini, quis fidelior comes, quis custos incorruptior, quis excubitor inueniri potest uigilantior, quis denique ultor aut uindex constantior? Quare uel in primis hoc animal mercari tuerique debet agricola,
2 quod et uillam et fructus familiamque et pecora custodit. Eius autem parandi tuendique triplex ratio est. Namque unum genus aduersus hominum insidias eligitur et id uillam quaeque iuncta sunt uillae custodit; {at} alterum propellendis iniuriis hominum ac ferarum et id obseruat domi stabulum, foris pecora pascentia; tertium uenandi gratia conparatur idque non solum nihil agricolam iuuat sed et auocat desidemque ab opere
3 suo reddit. De uillatico igitur et pastorali dicendum est, nam uenaticus nihil pertinet ad nostram professionem.

5 religionem *R* : regionem *SA* 8 pecudibus *R* : *om. SA* 11 *rubr.* DE CANIBVS 12 sol(l)ertia A^2R : -ti SA^1 23 hominum *SA* : hominum et ferarum *R* 24 at S^2A^2R : ad S^1A^1 : ac *uel* et *uel nihil* ς : *seclusi* alterum S^2R : laterum S^1A

Villae custos eligendus est amplissimi corporis, uasti latratus canorique, prius ut auditu maleficum, deinde etiam conspectu terreat et tamen nonnumquam ne uisus quidem horribili fremitu suo fuget insidiantem. Sit autem coloris unius, isque magis eligitur albus in pastorali, niger in uillatico, nam uarius in neutro est laudabilis. Pastor album probat, quoniam est ferae dissimilis magnoque opus interdum discrimine est in propulsandis lupis sub obscuro mane uel etiam crepusculo, ne pro bestia canem feriat. Villaticus, qui hominum maleficîs 4 opponitur, siue luce clara fur aduenit, terribilior niger conspicitur, siue noctu, ne conspicitur quidem propter umbrae similitudinem, quam ob rem tectus tenebris canis tutiorem adcessum habet ad insidiantem. Probatur quadratus potius quam longus aut breuis, capite tam magno ut corporis uideatur pars maxima, deiectis et propendentibus auribus, nigris uel glaucis oculis acri lumine radiantibus, amplo uillosoque pectore, latis armis, cruribus crassis et hirtis, cauda breui, uestigiorum articulis et unguibus amplissimis, qui Graece δράκες appellantur. Hic erit uillatici status praecipue laudandus.

Mores autem neque mitissimi nec rursus truces atque crude- 5 les, quod illi furem quoque adulantur, hi etiam domesticos inuadunt. Satis est seueros esse nec blandos, ut nonnumquam etiam conseruos iratius intueantur, semper excandescant in exteros. Maxime autem debent in custodia uigilantes conspici nec erronei, sed adsidui et circumspecti magis quam temerarii. Nam illi, nisi quod certum conpererunt, non indicant, hi uano

3 ne *R* : nec *SA* 9 bestia A^{2}*R* : uestio *S* : bestico A^{1} maleficis *SA* : -ciis *R* 10 aduenit *S* : -nerit *SA* 11 noctu *SR* : -te *A* ne *SA* : nec *R* conspicitur *Iucundus* : conspiciatur *SAR* 18 articulis *R* : auriculis *SA* 19 ΔΡaΚΗC *SA* : *om. in lac. R* 24 intueantur *R* : intuantur *SA* 26 erronei S^{2}*R* : errore ne S^{1} : errore *A* temerarii *R* : temeri *SA* 27 nam illi nisi *R* : quam inlini si *SA* indicant *SAR** : -digant *R**

6 strepitu et falsa suspicione concitantur. Haec idcirco memo-
randa credidi, quia non natura tantum sed etiam disciplina
mores facit, ut et cum emendi potestas fuerit eiusmodi probe-
mus, et cum educabimus domi natos talibus institutis
7 formemus. Nec multum refert an uillatici corporibus graues et
parum ueloces sint; plus enim comminus et in gradu quam
eminus et in spatioso cursu facere debent. Nam semper circa
saepta et intra aedificium consistunt, immo ne longius quidem
recedere debent satisque pulchre funguntur officio, si et
aduenientem sagaciter odorantur et latratu conterrent nec
patiuntur propius accedere uel constantius adpropinquantem
uiolenter inuadunt. Primum est enim non adtemptari, secun-
dum est lacessitum fortiter et perseueranter uindicari. Atque
haec <de> domesticis custodibus, illa de pastoralibus.
8 Pecuarius canis neque tam strigosus aut pernix debet esse,
quam qui dammas ceruosque et uelocissima sectantur anima-
lia, nec tam obesus aut grauis quam uillae horreique custos; sed
et robustus nihilominus et aliquatenus promptus ac strenuus, |
9 quoniam et ad rixam pugnamque nec tantum ad cursum con-
paratur, cum et lupi repellere insidias et raptorem ferum
consequi fugientem praedamque excutere atque auferre
debeat. Quare status eius longior productiorque ad hos casus
magis habilis est quam breuis aut etiam quadratus, quoniam, ut
dixi, nonnumquam necessitas exigit celeritatem in bestiis
consectandis. Ceteri artus similes membris uillatici canis aeque
probantur.

2 disciplina *R* : -nam *SA* 4 institutis SR^{*} : -ti AR^{*} 5 refert an $A^{2}R$: refertam SA^{1} 6 gradu *R* : *om.* *SA* 7 spatioso *R* : spart- *SA* debent *R* : -bet *SA* 10 odorantur $A^{2}R$: oder- SA^{1} 11 propius *R* : -prius *SA* 14 de *add.* ς pastoralibus *R* : -ribus *SA* 15 pecuarius *R* : -ris *SA* 16 qui dammas *R* : quidam mas *A* : quidem mas *S* 19 tantum *scripsi* : tamen *SA* : minus *R* 20 lupi *R* : rupi *SA* 22 debeat quare status *R* : *om.* *SA* 24 celeritatem (ς) in bestiis consectandis ceteri *ego* : celeriter autem (atem *A*) bestii consectam dicere *SA* : celeritate bestiam consectandi ceteri *R*

Cibaria fere eadem sunt utrique generi praebenda. Nam si 10 tam laxa rura sunt ut sustineant pecorum greges, omnis sine discrimine hordeacea farina cum sero commode pascit. Sin autem surculo consitus ager sine pascuo est, farreo uel triticeo pane satiandi sunt, admixto tamen liquore coctae fabae, sed tepido; nam feruens rabiem creat.

Huic quadripedi neque feminae neque mari nisi post annum 11 permittenda uenus est, quae si teneris conceditur, carpit et corpus et uires, animosque degenerat. Primus effetae partus amouendus est, quoniam tiruncula nec recte nutrit et educatio totius habitus aufert incrementum. Mares iuueniliter usque in annos decem progenerant, post id tempus ineundis feminis non uidentur habiles, quoniam seniorum pigra suboles existit. Feminae concipiunt usque in annos nouem nec sunt utiles post decimum.

Catulos sex mensibus primis, dum corroborentur, emitti non 12 oportet nisi ad matrem lusus ac lasciuiae causa. Postea catenis per diem continendi et noctibus soluendi, nec umquam eos quorum generosam uolumus indolem conseruare patiemur alienae nutricis uberibus educari, quoniam semper et lac et spiritus maternus longe magis ingenii atque incrementa corporis auget. Quod si ecfeta lacte deficitur, caprinum maxime 13 conueniet praeberi catulis dum fiant mensum quattuor.

Nominibus autem non longissimis appellandi sunt quo celerius quisque uocatus exaudiat, nec tamen breuioribus quam quae duabus syllabis enuntiantur, sicuti Graecum est *Σκύλαξ*, Latinum Ferox, Graecum *Λάκων*, Latinum Celer, uel femina, ut

2 sustineant *R* : -at *SA* omnis *R* : hominis *SA* 4 est *R* : et *SA* 6 feruens *R* : -uenti *SA* creat A^2R : creat membris (-bras A^1) uillatica SA^1 7 nisi S^2 : ni S^1AR 9 uires *R* : ueteres *SA* 10 educatio ς : -tion *SA* : -ti *uel* -to *R* 14 nec *R* : *om.* *SA* 16 corroborentur *R* : -retur *SA* 19 generosam *R* : -sa *SA* 22 auget A^2R : aget SA^1 effeta ς : et feta *R* : et fata *SA* 23 catulis *R* : -lus *SA* fiant ς : -at *SAR* mensum *SAR** : -sium *R** 26 CKYΛaξ *SA* : *om. in lac.* *R* : *item deinde* ΛaKωN, CΠOYΔH, aΛKH, PωMH

sunt Graeca Σπουδή, Ἀλκή, Ῥώμη, Latina Lupa, Cerua, Tigris.

14 Catulorum caudas post diem quadragensimum quam sint editi sic castrare conueniet. Neruus est, qui per articulos spinae prorepit usque ad ultimam partem caudae; is mordicus conprehensus et aliquatenus eductus abrumpitur, quo facto neque in longitudinem cauda foedum capit incrementum et, ut plurimi pastores adfirmant, rabies arcetur, letifer morbus huic generi.

13 Fere autem per aestatem sic muscis aures canum exulcerantur, saepe ut totas amittant; quod ne fiat, amaris nucibus contritis linendae sunt. Quod si ulceribus iam praeoccupatae fuerint, coctam picem liquidam suillae adipi <mixtam> uulneribus stillari conueniet. Hoc eodem medicamine contacti ricini decidunt, nam manu non sunt uellendi ne †ut et ante praedixeram† faciant ulcera.

2 Pulicosae cani remedia sunt siue cyminum tritum pari pondere cum ueratro aquaque mixtum et inlitum seu cucumeris anguinei sucus uel, si haec non sunt, uetus amurca per totum corpus infusa.

Si scabies infestauit, gypsi et sesami tantundem conterito et cum pice liquida permisceto uitiosamque partem linito, quod medicamentum putatur etiam hominibus esse conueniens. Eadem pestis si fuerit uehementior, cedrino liquore aboletur. Reliqua uitia sicut in ceteris animalibus praecepimus curanda erunt.

3 *Plin. N.H. 8. 153* (*Columellam nominat*)

---

5 mordicus ς : modice *SAR* comprehensus *R** : conpressus *SAR** : *fort.* -prensus 12 linendae *S* : -niende *AR* 13 mixtam *add. Iucundus* 14 eodem ς : edem *S* : eadem *AR* 15 ut et (et *om. AR*) ante praedixeram *obelos adposui* 16 faciant *R* : -unt *SA* ulcera ς : -ram *S* : ultra *A* : uulnera *R* 19 anguinei *R* : san- *SA* 21 *rubr.* AD SCABIEM REMEDIVM gypsi *SA*^{2} : gipsi *A*^{1} : cythisi *R* 24 uehementior cedrino *R* : c- uehementer *SA* 26 erunt *SA* : sunt *R*

Hactenus de minore pecore; mox de uillaticis pastionibus, 3 quae continent uolucrum pisciumque et siluestrium quadripedum curam, sequente uolumine praecipiemus.

2 uolucrum *SA* : -crumque *R* IVNI MODERATI COLVMELLE REI RVSTICE. LIBER (LIBER *om. A*) VIII. VETERINARIVS MEDICINALIS DE MINORE PECORE. LIBER .II. *SA*, *sim. uar. R*

LIBER OCTAVVS

DE VILLATICIS PASTIONIBVS

AVIARIVS ET PISCATOR

1 QVAE fere consummabant, P. Siluine, ruris expediendi
scientiam, quaeque pecuariae negotiationis exigebat ratio,
septem memorauimus libris. Hic nunc sequentis numeri
titulum possidebit, nec quia proximam propriamque rustici
curam desiderent ea quae dicturi sumus, sed quia non alio loco
quam in agris aut uillis debent administrari. Et tamen agresti-
2 bus magis quam urbanis prosint, | quippe uillaticae pastiones
sicut pecuariae non minimam colono stipem conferunt, cum et
auium stercore macerrimis uineis et omni surculo atque aruo
medeantur, et eisdem familiarem focum mensamque pretiosis
dapibus opulentent, postremo uenditorum animalium pretio
uillae reditum augeant. Quare de hoc quoque genere pastionis
dicendum censui.

3 Est autem id fere uel in uilla uel circa uillam. In uilla est quod appellant Graeci ὀρνιθῶνες καὶ περιστερεῶνες, atque etiam, cum datur liquoris facultas, ἰχθυοτρόφια sedula cura exercentur. Ea sunt omnia, ut Latine potius loquamur, sicut auium cohortalium stabula nec minus earum quae conclauibus

1 expediendi *Hjorth* : experiendi *SA* : exercendi(s) experiendique *R* 2 pecuariae *R* : pecuniariae *S* : pecuniaria te A^2: pecuniarte A^1 exigebat S^2R : exibat S^1A 4 nec *R* : *om. SA* 6 debent *Holford-Strevens* : -beant *SAR* 8 pecuariae *R* : pecuniariae *SA* 10 focum A^2R : locum SA^1 11 opulentent *A* : -tet *S* : -tant *R* 12 augeant *SA* : augent *R* quare *R* : quaque *SA* 14 est *R* : *om. SA* uilla *SA* : -lam *R* 15 ὀρνιθῶνες *R** : ΟΡΝΕΙΘΩΝΕC *SA*: *om. R** 16 liquoris *AR* : litoris *S* ΙΧΘΥΟΤΡΟΦΙΑ *SR** : ΙΧΟΥΟ- *A*: *om. R**

saeptae saginantur, uel aquatilium animalium receptacula.
Rursus circa uillam ponuntur *μελισσῶνες καὶ χηνοβόσκια*, 4
quin etiam *λαγοτρόφια* studiose administrantur; quae nos similiter appellamus apium cubilia, apiaria, uel nantium uolucrum, quae stagnis piscinisque laetantur, auiaria, uel etiam pecudum siluestrium, quae nemoribus clausis custodiuntur, uiuaria.

Prius igitur de îs praecipiam quae intra saepta uillae pascun- 2
tur. Ac de aliis quidem forsitan ambigatur an sint agrestibus possidenda, gallinarum uero plerumque agricolae cura sollemnis est. Earum genera sunt uel cohortalium uel rusticarum
uel Africanarum. Cohortalis est auis quae uulgo per omnes fere 2
uillas conspicitur, rustica, quae non dissimilis uillaticae per aucupem decipitur; eaque plurima est in insula quam nauitae Ligustico mari sitam producto nomine alitis Gallinariam uocitauerunt. Africana est quam plerique Numidicam dicunt, *Μελεάγριδι* similis, nisi quod rutilam paleam et cristam gerit, quae utraque sunt in Meleagride caerulae.

Sed ex his tribus generibus cohortales feminae proprie 3
appellantur gallinae, mares autem galli, semimares capi, qui hoc nomine uocantur cum sint castrati libidinis abolendae causa; nec tamen id patiuntur amissis genitalibus, sed ferro candente calcaribus inustis, quae cum ignea ui consumpta sunt,
facta ulcera dum consanescant, figulari creta linuntur. Huius 4
igitur uillatici generis non spernendus est reditus, si adhibeatur educandi scientia, quam plerique Graecorum et praecipue

1 saginantur *A*^{2}*R* : -natur *SA*^{1} 2 uillam *R* : -la *SA* *χηνοβόσκια R** : XHNOBOYXKIA *SA*: *om. R** 3 quin etiam *R* : quintiam *SA* ΛΑΓΟΤΡΟΦΙΑ *SR** : ΛΑΤΟ- *A* : *om. R** 4 apium *R** : apum *SAR** 8 îs *ego* : his *SAR* 9 ambigatur *R** : -gantur *SAR** sint *R** : sit *SAR** 11 cohortalium *A*^{2}*R* : c(h)ort- *SA*^{1} 12 *rubr.* DE COHORTALIBVS (KOR- *S*) GALLINIS 15 sitam *R* : sit *SA* 17 paleam *Vrsinus* : galeam *S*^{2}*A* : ca- *S*^{1}: *om. R* et cristam *SA* : cristam capite *R* gerit *R* : agerit *S* : ac- *A* 18 utraque *SA* : in utraque *R* cerulae *SA* : -lea *R* 22 tamen] tantum *Vrsinus* (*cf. Plin. N.H.* 10. 50)

celebrauere Deliaci. Sed et hi, quoniam procera corpora et
animos ad proelia pertinacis requirebant, praecipue Tanagri-
cum genus et Rhodium probabant, nec minus Chalcidicum et
Medicum, quod ab imperito uulgo littera <tantum> mutata
5 Melicum appellatur. Nobis nostrum uernaculum maxime
placet, omisso {tamen} illo studio Graecorum, qui ferocis-
simum quemque alitem certaminibus et pugnae praeparabant.
Nos enim censemus instituere uectigal industrii patris familiae,
non rixosarum auium lanistae, cuius plerumque totum
patrimonium, pignus aleae, uictor gallinaceus pyctes abstulit.

6 Igitur cui placebit sequi nostra praecepta, considerare oportet
primum quam multas et cuiusmodi parare debeat matrices,
deinde qualiter eas tutari et pascere, mox quibus anni
temporibus earum partus excipere, tum demum ut incubent et
excudant efficere, postremo ut commode pulli educentur
operam dare. His enim curis et ministeriis exercetur ratio
7 cohortalis, quam Graeci uocant ὀρνιθοτροφίαν. Parandi autem
modus est ducentorum capitum, quae pastoris unius curam
distendant, dum tamen anus sedula uel puer adhibeatur custos
uagantium, ne obsidiis hominum aut insidiatorum animalium
diripiantur. Mercari porro nisi fecundissimas aues non expedit.
Eae sint rubicundae uel infuscae plumae nigrisque pinnis, ac si
fieri poterit, omnes huius et ab hoc proximi coloris eligantur.
Sin aliter, uitentur albae, quae fere cum sint molles ac minus
uiuaces, tum ne fecundae quidem facile reperiuntur, atque
etiam conspicuae propter insigne candoris ab accipitribus et

2 animos ad $A^{2}R$: animosa SA^{1} proelia *AR* : proelio *S* requirebant $A^{2}R$: requiebant SA^{1} 4 tantum *add. Holford-Strevens* 5 nobis *R* : nouis *SA* 6 tamen *seclusi* 9 rixosarum *R* : rixio- *SA* 11 considerare ς : consideret *SAR* 13 tutari SAR^{*} : tueri R^{*} et *R* : *om. SA* 15 excudant R^{*} : exclu- *SAR* 19 distendant *SA* : dispendat *R* 20 insidiatorum $S^{2}A$: -diot- S^{1}: -dios- *R* 22 uel infuscae ς (*cf. 9. 10. 1*) : uelimfuscae *SA* : uel fuscae *R* 24 uitentur *R* : uiterbitentur *SA* : euitentur ς, *fort. recte* 25 reperiuntur ς : reperiantur *R*, refer- *S*, rer- *A* 26 propter *SA* : propterque *R*

aquilis saepius abripiuntur. Sint ergo matrices robii coloris, 8
quadratae, pectorosae, magnis capitibus, rectis rutilisque cristulis, albis auribus, et sub hac specie quam amplissimae, nec paribus unguibus; generosissimaeque creduntur quae quinos habent digitos, sed ita ne cruribus emineant transuersa calcaria; nam quae hoc uirile gerit insigne, contumax ad concubitum dedignatur admittere marem, raroque fecunda etiam cum incubat, calcis aculeis oua perfringit.

Gallinaceos mares nisi salacissimos habere non expedit. 9
Atque in his quoque sicut feminis idem color, idem numerus unguium, status altior quaeritur; sublimes sanguineaeque nec obliquae cristae, rauidi uel nigrantes oculi, breuia et adunca rostra, maximae candidissimaeque aures, paleae ex rutilo albicantes, quae uelut incanae barbae dependent; iubae deinde uariae uel ex auro flauae per colla ceruicesque in umeros diffusae; | tum lata et musculosa pectora, lacertosaeque similes 10
bracchiis alae; tum procerissimae caudae duplici ordine singulis utrimque prominentibus pinnis inflexae; quin etiam uasta femina et frequenter horrentibus plumis hirta, robusta crura nec longa sed infestis uelut sudibus nocenter armata. Mores 11
autem, quamuis non ad pugnam neque ad uictoriae laudem praeparentur, maxime tamen generosi probantur, ut sint elati alacres uigilaces et ad saepius canendum prompti, nec qui facile terreantur; nam interdum resistere debent et protegere coniugalem gregem, quin et attollentem minas serpentem uel aliud noxium animal interficere.

25 *cf. Verg. Georg.* 3. 421

1 aquilis S^2R : aequalis S^1A robii *S* : probi *R* : robusti *A* 2 rectis rutilisque cristulis *R* : rectis S^1A : cristis S^2 4 unguibus *SA* : ungulis *R* generosissimaeque *R* : generosis aeque *S*, seque *A* 5 transuersa *R* : transuelsa *SA* 6 gerit *R* : *om. SA* 8 perfringit S^2R : fer- S^1A, -cit S^1 10 feminis *SA* : in f- *R* 11 nec *SA* : aeque uel *R* 12 rauidi ς : rabidi *R* : rubidi *SA* 13 candidissimaeque *R* : candissim- *SA* paleae A^2R : galeae SA^1 14 iubae *R* : be *S* : uel *A* 20 mores SAR^* : mares R^* 25 et *S* : uel ς : *om. AR* 26 aliud *R* : alium *SA*

12 Talibus autem maribus quinae singulis feminae comparan-
tur. Nam Rhodii generis aut Medici propter grauitatem neque
patres nimis salaces nec fecundae matres, quae tamen ternae
singulis maritantur. Et cum pauca oua posuerunt, inertes ad
incubandum multoque magis ad excudendum, raro fetus suos
educant. Itaque quibus cordi est ea genera propter corporum
speciem possidere, cum exceperunt oua generosarum,
uulgaribus gallinis subiciunt, ut ab his excusi pulli nutriantur.
13 Tanagrici plerumque Rhodiis et Medicis amplitudine pares non
multum moribus a uernaculis distant, sicut et Chalcidici.

Omnium tamen horum generum nothi sunt optimi pulli,
quos conceptos ex peregrinis maribus nostrates ediderunt,
<nam et paternam speciem gerunt> et salacitatem fecundi-
14 tatemque uernaculam retinent. Pumileas aues, nisi quem
humilitas earum delectat, nec propter fecunditatem nec
propter alium reditum nimium probo, tam hercule quam
nec pugnacem nec rixosae libidinis marem; nam plerumque
ceteros infestat et non patitur inire feminas, cum ipse pluribus
15 sufficere non queat. Inpedienda est itaque procacitas eius
ampullaceo corio, quod cum in orbiculum formatum est, media
pars eius rescinditur, et per excisam partem galli pes inseritur,
eaque quasi compede cohibentur feri mores.

Sed, ut proposui, iam de tutela generis uniuersi praecipiam.

3 Gallinaria constitui debent <in ea> parte uillae quae hiber-
num spectat orientem. Iuncta sint ea furno uel culinae, ut ad
auem perueniat fumus, qui est huic generi praecipue salutaris.
Totius autem officinae, id est ornithonis, tres continuae

1 maribus S^2R : manibus S^1A 5 excudendum *R** : exclu- *SAR** 7 generosarum *R* : gene *SA* 8 excusi *A* : excussi *S* : exclusi *R* 11 sunt optimi *R* : ↔ *SA* 13 nam ... gerunt *add.* ς 14 pumileas *S* : -les *AR* 16 probo tam *R** : probatam *SR**, -tum *A* 17 rixosae *R* : rixo *SA* 18 inire *SA* : iniri *R* 21 et per ... inseritur *R* : *om. SA* 22 quasi *R* : quia si *SA* compede *R* : comniede *SA* 23 generis uniuersi *SA* : ↔ *R* 24 in ea *addidi* (*cf.* 9. 5. 1, 12. 6. 1)

extruuntur cellae, quarum, sicuti dixi, perpetua frons orientem sit obuersa. In ea deinde fronte exiguus detur unus omnino 2 aditus mediae cellae, quae ipsa, e tribus minima, esse debet in altitudinem et quoquouersus pedes septem. In ea singuli dextro laeuoque pariete aditus ad utramque cellam faciundi sunt, iuncti parieti qui est intrantibus aduersus. Huic autem focus applicetur tam longus, ut nec inpediat praedictos aditus et ab eo fumus perueniat in utramque cellam; eaeque longitudinis et altitudinis duodenos pedes habeant, nec plus latitudinis quam media.

Sublimitas diuidatur tabulatis, quae super se quaternos et 3 infra septenos liberos pedes habeant, quoniam ipsa singulos occupant. Vtraque tabulata gallinis seruire debent, et ea paruis ab oriente singulis inluminari fenestellis, quae et ipsae matutinum exitum praebeant auibus ad cohortem, nec minus uespertinum introitum. Sed curandum erit ut semper noctibus claudantur, quo tutius aues maneant. Infra tabulata maiores 4 fenestellae aperiantur et eae clatris muniantur, ne possint noxia inrepere animalia, sic tamen ut inlustria sint loca, quo commodius habitet auiarius, qui subinde debet speculari aut incubantis aut parturientis fetas. Nam etiam in îs ipsis locis ita crassos parietes aedificare conuenit, ut excisa per ordinem gallinarum cubilia recipiant, in quibus aut oua edantur aut excudantur pulli. Hoc enim et salubrius et elegantius est quam illud quod quidam faciunt, ut palis in parietis uehementer

1 extruuntur *SR** : extrahuntur *AR** sicuti *SA* : sicut *R* 2 *rubr.* II (*om. A*) DE GALLINARIIS in ea *R* : inde *S* : *om. A* 3 ipsa ϛ, e *Schneider* : ipse *SAR* 4 quoquo- *SA* : quoque *R* 5 utramque *R* : rutamque *SA* faciundi *SAR** : faciendi *R** 8 eaeque *S* : aeque *AR* 13 occupant *R* : -pat *SA* 15 exitum *R* : *om. SA* auibus *R* : animus *S*, -mos *A* 17 quo tutius *R* : quotius *SA*^{2}, -ties *A*^{1} infra *S* : intra *AR* 18 fenestellae *SA* : fenestrae *R* eae *R* : e *SA* 19 sint *R* : sunt *SA* 20 qui *R* : quia *S* : qua *A* : que ϛ 21 iis (*uel* his) *R* : *om. SA* 22 excisa *R* : exercisa *SA* 24 excudantur *R** : exclu- *SAR** 25 parietis *SA* : -tes *R*

5 actis uimineos qualos superponant. Siue autem parietibus ita ut diximus cauatis siue qualis uimineis praeponenda erunt uestibula, per quae matrices ad cubilia uel pariendi uel incubandi causa perueniant. Neque enim debent ipsis nidis inuolare, ne dum adsiliunt pedibus oua confringant.

6 Ascensus deinde auibus ad tabulata per utramque cellam datur iunctis parieti modicis asserculis, qui paulum formatis gradibus asperantur, ne sint aduolantibus lubrici. Sed ab cohorte forinsecus praedictis fenestellis scandulae similiter iniungantur, quibus inrepant aues ad requiem nocturnam. Maxime autem curabimus ut et haec auiaria et cetera, de quibus mox dicturi sumus, intrinsecus et extrinsecus poliantur opere tectorio, ne qua ad aues feles habeant aut coluber adcessum, tum et aeque noxiae prohibeantur pestes.

7 Tabulatis insistere dormientem auem non expedit, ne suo laedatur stercore, quod cum pedibus uncis adhaesit, podagram creat. Ea pernicies ut euitetur, perticae dolantur in quadrum, ne teres leuitas earum supersilientem uolucrem non recipiat, conquadratae deinde foratis duobus aduersis parietibus induuntur ita, ut a tabulato pedalis altitudinis et inter se bipedali latitudinis spatio distent.

8 Haec erit cohortalis officinae dispositio. Ceterum cohors ipsa per quam uagantur, non tam stercore quam uligine careat. Nam plurimum refert aquam non esse in ea nisi in uno loco quam bibant, eaque <sit> mundissima, nam stercorosa pituitam

1 uimineos . . . superponant *R* : ui minimo . . . superponent *SA*^{2} : uehementer . . . parietibus *om. A*^{1} 2 siue *SA* : aut *R* qualis *R* : qualem *SA* uimineis *R* : uimineos *S*^{2} : uinineos *A* : uineos *S*^{1} 4 nidis *A*^{2}*R* : dis *SA*^{1} 11 maxime *R* : maxima *S* : maxum *A* curabimus *S*^{2} : -uimus *S*^{1}*AR* 12 et extrinsecus *R* : *om. SA* 13 ne qua *Reeve* : neque *SAR* : ne quem *temptaueram* ad *S*^{2}*R* : *om. S*^{1}*A* 14 tum et aeque *SA* : et aeque *R* 17 euitetur *SA* : uitetur *R* 20 induuntur *R* (*cf. 8. 11. 4*) : induunt *SA* 21 bipedali *SA* : -lis *R* 23 tam *R* : tamen *SA* 25 eaque sit mundissima *ego* (*cf. 8. 4. 6, 9. 4. 1*) : eaque mundissima *SA* : eamque -mam *R* nam *R* : *om. SA*

concitat. Puram tamen seruare non possis nisi clausam uasis
in hunc usum fabricatis. Sunt autem qui aut aqua replentur
aut cibo plumbei canales, quos magis utiles esse ligneis aut
fictilibus conpertum est. Hi superpositis operculis clauduntur, 9
et a lateribus super mediam partem altitudinis per spatia
palmaria modicis forantur cauis ita, ut auium capita possint
admittere. Nam nisi operculis muniantur, quantulumcumque
aquae uel ciborum inest pedibus euerritur. Sunt qui a superiore
parte foramina ipsis operculis inponant; quod fieri non
oportet, nam supersiliens auis proluuie uentris cibos et aquam
conspurcat.

Cibaria gallinis praebentur optima pinsitum hordeum et 4
uicia, nec minus cicercula, tum etiam milium aut panicum.
Sed haec ubi uilitas annonae permittit; ubi uero ea est carior,
excreta tritici minuta commode dantur. Nam per se id frumen-
tum, etiam quibus locis uilissimum est, non utiliter praebetur,
quia obest auibus. Potest etiam lolium decoctum obici, nec
minus furfures modice a farina excreti, qui si nihil habent far-
ris, non sunt idonei, nec tamen appetuntur ieiunis. Cytisi folia 2
seminaque maxime probantur et sunt huic generi gratissima,
neque est ulla regio in qua non possit huius arbusculae copia
esse uel maxima. Vinacea quamuis tolerabiliter pascant dari
non debent, nisi quibus anni temporibus auis fetum non edit,
nam et partus raros et oua faciunt exigua. Sed cum plane post 3
autumnum cessat a fetu, potest hoc cibo sustineri.

1 uasis *R* : basis *SA*   3 ligneis *SA* : ligneos *R*   4 fictilibus *SA* : -les *R*   8 aquae *R* : atque *S* : *om. A*   inest *R* : ines *SA*   10 nam *R* : quam *SA*   11 conspurcat *R* : -gat *SA*   13 uicia *R* : uinacia *SA*   panicum *R* : -cium *SA* (*u. ad* 2. 7. 1)   16 praebetur A^2R : -bentur SA^1 19 ieiunis ς : -ni *SAR*   cytisi A^2R : cytis SA^1 21 possit SA^1 : possint A^2R 22 pascant *R* : -scat *SA*   dari *R* : diari *SA*   24 raros *SA* : raro *R*   exigua S^2R : exiguas S^1A sed S^2R : et S^1A 25 cessat *Josephson* : cessant *SAR*

Ac tamen quaecumque dabitur esca per cohortem uagantibus, die incipiente et iam in uesperum declinato, bis diuidenda est, ut et mane non protinus a cubili latius euagentur et ante crepusculum propter cibi spem temperius ad officinam redeant, possitque numerus capitum saepius recognosci, nam uolatile pecus facile custodiam pastoris decipit.

4 Siccus etiam puluis et cinis, ubicumque cohortem porticus uel tectum protegit, iuxta parietem reponendus est, ut sit quo aues se perfundant; nam his rebus plumam pinnasque emundant, si modo credimus Ephesio Heraclito, qui ait sues caeno, cohortales aues puluere lauari.

5 Gallina post primam emitti et ante horam diei undecimam claudi debet, cuius uagae cultus hic quem diximus erit; nec tamen alius clausae, nisi quod ea non emittitur sed intra ornithonem ter die pascitur maiore mensura. Nam singulis capitibus quaterni cyathi diurna cibaria sunt, cum uagis
6 bini praebeantur. Habeat tamen etiam clausa oportet amplum uestibulum quo prodeat et ubi apricetur, idque sit retibus munitum, ne aquila uel accipiter inuolet. Quas inpensas et curas, nisi locis <suburbanis> et quibus harum rerum uigent pretia, non expedit adhiberi. Antiquissima est autem cum in omnibus pecoribus tum in hoc fides pastoris, qui nisi eam domino seruat, nullius ornithonis quaestus uincit inpensas.

De tutela satis dictum est, nunc reliquum ordinem persequemur.

10 Heraclito: *fr. 37 Diels–Kranz*

3 latius *R* : tatius *SA* 5 possitque A^2R : possintque SA^1 6 custodiam pastoris *S* : ↔ AR 7 cinis S^2R : inis S^1 : nix *A* 8 tectum *R* : -tus *SA* parietem *SA* : -tes *R* 11 puluere *SA* : p- uel cinere *R* 14 emittitur *Iucundus* : -tetur *SAR* 17 bini *SA* : terni uel bini *R* praebeantur *R* : -atur *SA* 19 ne *R* : non *S* : *om. A* 20 suburbanis *add. Richter* et *SA* : *om. R* uigent] *an* uigeant? 21 in *R* : *om. SA* 22 pastoris *SAR** : -ribus *R** 23 nullius *S* : -lis *A* : -lus *R* uincit *S* : iungit *A* : uincet *R* 25 persequemur *SAR** : pro- *R**

Confecta bruma parere id genus auium consueuit. Atque 5
earum quae sunt fecundissimae locis tepidioribus circa Kalendas Ianuarias oua edere incipiunt, frigidis autem regionibus eodem mense post Idus. Sed cibis idoneis fecunditas earum elicienda 2
est, quo maturius partum edant. Optime praebetur ad satietatem hordeum semicoctum, nam et maius facit ouorum incrementum et frequentiores partus, et is cibus quasi condiendus est interiectis cytisi foliis ac semine eiusdem, quae maxime putantur augere fecunditatem {auium}. Modus autem cibariorum sit, ut dixi, uagis binorum cyathorum hordei. Aliquid tamen admiscendum erit cytisi, uel si id non fuerit, uiciae aut milii.

Curae autem debebit esse custodi, cum parturient aues, ut 3
habeant quam mundissimis paleis constrata cubilia, quae subinde conuerrat, et alia stramenta quam recentissima reponat. Nam pulicibus atque aliis animalibus replentur, quae secum affert auis, cum ad idem cubile reuertitur. Adsiduus autem debet esse custos et speculari parientes, quod se facere gallinae testantur crebris singultibus interiecta uoce acuta. Obseruare itaque dum edant oua, et tum confestim circumire 4
oportebit cubilia, ut quae nata sunt recolligantur, notenturque quae quoque die sint edita, et quam recentissima supponantur gluttientibus (sic enim rustici appellant auis eas quae uolunt

1 parere *R** : fere *SAR**   4 elicienda *S* : eligenda *AR*   5 praebetur *AR* : -beatur *S*   6 ouorum *S*² : oborum *S*¹ : obhorum *A* : horum *R*   7 et² *SA* : sed *R*   is *R* : his *SA*   8 quae *SA* : quae utraque *R*   9 auium *seclusi, utpote ex* autem *ortum*   autem *om. SA*   14 constrata *R* : constra *S*¹*A* : contra *S*²   quae *SA* : eaque *R*   16 reponat *R* : -nant *SA*   atque aliis *SA* : aliisque *R*   animalibus *ego* (*cf.* 3. 18. 5, 5. 9. 14, 8. 2. 11) : similibus animalibus *R* : similibus *SA* (*cf.* 1. 6. 15, 8. 17. 9), *is enim Columellae usus loquendi est, ut uel* aliis *uel* similibus *utique cum repetito nomine constructurus fuerit*   quae *R* : *om. SA*   18 custos *R* : cum *SA*   speculari parientes *R* : specularientis *S*², -tes *S*¹ : specularentis *A*², -lari- *A*¹   19 crebris *R* : crebis *SA*   20 itaque . . . oua *R* : dum (idum *A*) edunt oua itaque *SA*   et tum *scripsi* : dum et *SA* : et *R*   21 nata *R* : nati *SA*   notentur quaequ(a)e *SA*² : -tur aquae *A*¹: -turqu(a)e *R*   22 sint *R* : sunt *SA*   recentissima *R* : -mas *SA*   23 gluttientibus *SA* : gloc(c)ientibus *uel sim. R*

incubare), cetera uel reponantur uel aere mutentur. Aptissima
porro sunt ad excudendum recentissima quaeque; possunt
tamen etiam requieta subponi, dum ne uetustiora sint quam
5 dierum decem. Fere autem cum primum partum consum-
mauerunt gallinae, incubare cupiunt ab Idibus Ianuariis. Quod
facere non omnibus permittendum est, quoniam quidem
nouellae magis edendis quam excudendis ouis utiliores sunt,
inhibeturque cupiditas incubandi pinnula per nares traiecta.
6 Veteranas igitur auis ad hanc rem eligi oportebit, quae iam saepius id fecerint, moresque earum maxime pernosci, quoniam aliae melius excudunt, aliae editos pullos commodius educant. At e contrario quaedam et sua et aliena oua comminuunt atque consumunt, quod facientem protinus summouere conueniet.

7 Pulli autem duarum aut trium auium excusi, dum adhuc teneri sunt, ad unam quae est melior nutrix transferri debent, sed primo quoque die, dum mater suos et alienos propter similitudinem dinoscere non potest. Verumtamen seruari oportet modum, neque enim debet maior esse quam triginta capitum; negant enim hoc ampliorem gregem posse ab una nutriri.

8 Numerus ouorum quae subiciuntur inpar obseruatur nec semper idem; nam primo tempore, id est mense Ianuario, quindecim nec umquam plura subici debent, Martio nouem

1 ere mutentur *SA*[1] : rem utentur *A*[2]*R* 2 excudendum *AR* : exclud- *S* 3 sint *R* : sunt *SA* 5 cupiunt *SA* : incipiunt *R* idibus *R* : idus *SA* 7 excudendis *SA* : excubandis *R* 8 incubandi *R* : -do *SA* pinnula *R* : pia nulla *SA* nares traiecta *R* : nasieta *SA* 9 iam *SA* : etiam *R* 11 excudunt *ego* : excudant *SA* : excubant *R* : *an* incubant *uel etiam* incubant et excudunt (*cf.* *8. 2. 6, 12*)? 12 educant *Iucundus* : educent *SAR* 14 conueniet *R* : -nient *S* : -niunt *A* 16 est *SA* : sit *R* 17 suos et alienos propter *R* : *om.* *SA* 18 seruari *SA* : -re *R* 19 quam triginta *R* : quatriginta *SA* 20 negant *A*[2]*R* : necant *SA*[1] 24 quindecim *R* : quiad- *S* : quad- *A* Martio *Iucundus* : maio *SAR* nouem ... p. 333, 1 undecim] xix ... unum et uiginti *Iucundus, fort. recte* (*cf. Varr. 3. 9. 8, Plin. N.H. 10. 150, Geopon. 14. 7. 12*)

nec his pauciora, undecim Aprili, tota deinde aestate usque in
Kalendas Octobris tredecim. Postea superuacua est huius rei
cura, quod frigoribus excusi pulli plerumque intereunt.
Multi tamen etiam ab aestiuo solstitio non putant bonam 9
pullationem, quod ab eo tempore, etiam si facilem educa-
tionem habent, iustum tamen non capiunt incrementum.
Verum suburbanis locis, ubi a matre pulli non exiguis pretiis
ueneunt, probanda est aestiua educatio. Semper autem cum
supponuntur oua, considerari debebit ut luna crescente
ab decuma usque ad quintam decimam id fiat; nam et ipsa
suppositio per hos fere dies est commodissima, et sic adminis-
trandum est ut rursus cum excuduntur pulli luna crescat.

Diebus quibus animentur oua et in speciem uolucrum con- 10
formentur, ter septenis opus est gallinaceo generi, at pauonino
et anserino paulo amplius ter nouenis. Quae si quando fuerint
supponenda gallinis, prius eas incubare decem diebus fetibus
alienigenis patiemur. Tum demum sui generis quaterna oua,
nec plura quam quina fouenda recipient, sed et haec quam
maxima, nam ex pusillis aues minutae nascuntur. Cum deinde 11
quis uolet quam plurimos mares excudi, longissima quaeque
et acutissima oua subiciet, et rursus cum feminas quam
rotundissima.

Subponendi autem consuetudo tradita est ab îs qui religiosius
haec administrant eiusmodi: primum quam secretissima

2 tredecim] totidem *Iucundus, fort. recte* : tria et uiginti *Richter* 3 excusi *scripsi* (*cf.* 2. 12, 14. 7, 10, 15. 7) : exclusi *SAR* : excussi *ς* 4 multi *R* (*cf. infra* 10. 4, 17. 5) : plerumque *SA* 5 facilem *R* : -le *SA* 10 a(b) decuma (*uel* -cima) *R* : ab ducumu *S* : abducam *A* 12 excuduntur *R** : exclud- *SAR** 13 animentur . . . conformentur *Holford-Strevens* : -mantur . . . -mantur (formantur *R*) *SAR* in speciem *R* : specie *SA* 14 pauonino A^2R : pauone SA^1 17 alienigenis A^2R : genis SA^1 quaterna . . . quina *Holford-Strevens* : quattuor . . . quinque *SAR* 19 pusillis *R* : pulsisillis SA^2 : pulsillis A^1 minutae *R* : minima *SA* : -mae *Forster* nascuntur *R* : -scentur *SA* 23 *ante* subponendi *rubr.* IIII (*om. A*) DE SVPPOSITIONE OVORVM îs *ego* : his *SAR* religiosius A^2R : regiosius SA^1 24 administrant *R* : -strat *SA*

cubilia eligunt, ne incubantes matrices ab aliis auibus inquietentur; deinde antequam consternant ea, diligenter emundant, paleasque quas substraturi sunt, sulpure et bitumine atque ardente taeda perlustrant et expiatas cubilibus iciunt, ita factis concauatis nidis, ne aduolantibus aut etiam desilientibus
12 decidant oua. Plurimi etiam infra cubilium stramenta graminis aliquid et ramulos lauri nec minus alii capita cum clauis ferreis subiciunt. Quae cuncta remedio creduntur esse aduersus tonitrua, quibus uitiantur oua pullique semiformes interemuntur,
13 antequam toti partibus suis consummentur. Seruet autem qui subicit ne singula in cubile manu conponat, sed totum ouorum numerum in alueolum ligneum conferat; deinde uniuersum leniter in praeparatum nidum transfundat.

14 Incubantibus autem gallinis iuxta ponendus est cibus, ut saturae studiosius nidis inmorentur, neue longius euagatae refrigerent oua. Quae quamuis pedibus ipsae conuertant, auiarius tamen, cum desilierint matres, circumire debet ac manu uersare, ut aequaliter calore concepto facile animentur, quin etiam, si qua unguibus laesa uel fracta sunt, ut remoueat, idque cum fecerit duodeuiginti diebus, undeuicesimo animaduertat an pulli rostellis oua pertuderint, et auscultetur si pipiant. Nam saepe propter crassitudinem putaminum
15 erumpere non queunt; | itaque haerentis pullos manu eximere oportebit et matri fouendos subicere. Idque non amplius triduo facere; nam post unum et uicesimum diem silentia oua carent

1 eligunt *R* : legunt *SA* 5 concauatis *R* : concubantis *SA* desilientibus *R* : desilen- *SA* 6 stramenta *R* : instra- *SA* 8 remedio SA^1 : -dia A^2R 9 interemuntur S^1A^1 : -rim- S^2A^2R 10 seruet *Richter* : seruat *SAR* qui subicit A^2R : quis ubi SA^1 11 cubile *scripsi* : cubili *SA* : cubilia *R*, *fort. recte* conponat *R* : -nant *SA* 13 leniter ϛ : leuiter *SAR* 16 quamuis pedibus *R* : quam *SA* : *an* quom *legendum?* conuertant *R* : conuert *S* : confere *A* 17 auiarius *R* : auarius *SA* debet ϛ : debent *SAR* : *an* debebit? 20 duodeuiginti diebus *SA* : die *R* 22 pipiant *R* : pipant *SA* putaminum *R* : -narum *SA* : -na *Schneider*^{c} 23 erumpere *ed. pr.* : rumpere *SA* : irrum- *R*

animalibus, eaque remouenda sunt, ne incubans inani spe diutius retineatur effeta.

Pullos autem non oportet singulos, ut quisque natus sit, tollere, sed uno die in cubili sinere cum matre et aqua ciboque abstinere, dum omnes excudantur. Postero die, cum grex fuerit effectus, hoc modo deponatur: | cribro uiciario uel etiam 16 loliario, qui iam fuerit in usu, pulli superponantur, deinde pulei surculis fumigentur. Ea res iudicatur prohibere pituitam, quae celerrime teneros interficit.

17 Post hoc cauea cum matre cludendi sunt, et farre hordeaceo cum aqua incocto uel adoreo farre uino resperso modice alendi; nam maxime cruditas uitanda est. Et ob hoc in tertiam diem {cauea cum matre} continendi sunt, priusque quam emittantur ad recentem cibum, singuli temptandi ne quid hesterni habeant in gutture; nam nisi uacua est ingluuies, cruditatem significat, abstinerique <cibo> debent dum concoquant.

18 Longius autem non est permittendum teneris euagari, sed circa caueam continendi sunt et farina hordeacea pascendi, dum corroborentur; cauendumque ne a serpentibus adflentur, quarum odor tam pestilens <est> ut interemat uniuersos. Id uitatur saepius incenso cornu ceruino uel galbano uel muliebri capillo, quorum omnium fere nidoribus praedicta pestis summouetur. Sed et curandum erit ut tepide habeantur, nam nec 19 calorem nec frigus sustinent; optimumque est intra officinam clausos haberi cum matre, et post quadragesimum diem potestatem uagandi fieri. Sed primis quasi infantiae diebus pertractandi sunt, plumulaeque sub cauda clunibus detrahendae,

2 retineatur *SA* : de- *R*   6 effectus *AR** : effetus *SR**   8 iudicatur *Richter* (*cf.* 11. 2. 11) : uideatur *SA* : uidetur *R*   12 in tertiam diem *ego* : iam tertia die *S* : tertia die *AR* : in horam tertiam ς : ad h- t- diei *Richter*   13 cauea . . . matre *seclusi*   cum *S* : *om. AR*   priusque quam *SA* : priusquam *R*   14 ne quid *R* : quid *SA*   15 nisi *S* : *om. AR*   16 cibo *add. Corsetti**   20 est *add.* ς   interemat S^1A^1 : -rim- S^2A^2R 21 incenso *R* : -su *SA*   24 intra ς : infra *SAR* : inter ς   26 infantiae *R* : -tibus *S* : infartis *A*   27 clunibus *R* : crunibus *SA*

ne stercore coinquinatae durescant et naturalia praecludant.
20 Quod quamuis caueatur, saepe tamen euenit ut aluus exitum non habeat, itaque pinna pertunditur et iter digestis cibis praebetur.

Sed et iam ualidioribus factis atque ipsis matribus {etiam} uitanda pituitae pernicies erit. Quae ne fiat, mundissimis uasis et quam purissimam praebebimus aquam, nec minus gallinaria
21 saepe fumigabimus et {emundata} stercore liberabimus. Quod si tamen pestis permanserit, sunt qui micas alii tepido madefaciant oleo et faucibus inserant. Quidam hominis urina tepida rigant ora, et tamdiu conprimunt dum eius amaritudo cogat per nares emoliri pituitae nauseam. Vua quoque, quam Graeci ἀγρίαν σταφυλήν uocant, cum cibo mixta prodest, uel eadem
22 pertrita et cum aqua potui data. Atque haec remedia mediocriter laborantibus adhibentur. Nam si pituita circumuenit oculos et iam cibos auis respuit, ferro rescinduntur genae, et coacta sub oculis sanies omnis exprimitur, atque ita paulum
23 triti salis uulneribus infriatur. Id porro uitium maxime nascitur cum frigore et paenuria cibi laborant aues, item cum per aestatem consistens in cohortibus aqua potatur, item cum ficus aut uua inmatura nec ad satietatem permissa est. Quibus scilicet cibis abstinendae sunt aues, eosque ut fastidiant efficit uua labrusca de uepribus inmatura lecta, quae cum hordeo

8 *Pall.* 1. 27. 2

5 sed ς : saepe *SAR* et iam *Gesner* : etiam ς : etiam iam *SAR* etiam *del.* ς, *uncis inclusi* 6 pituitae *R* : *om. SA* 7 gallinaria *R* : -am *SA* 8 saepe *Richter* : semper *SAR* emundata (*R*) *seclusi* : emendata *SA* : *an* omni deinde? 9 micas *SA, Pall.* : spicas *R* madefaciant *SA* : -factas *R* 10 et *SA* : *om. R* inserant ς (*cf.* 6. 4. 2, 6. 13. 3, *Pall.* mica . . . inseretur) : inferant *SAR* 11 eius *scripsi* (*cf.* §23 eius sapore) : eas *SAR* 12 nauseam ς : -sa (-sea *R*) *SAR* uua *ed. pr.* : una *R* : aqua *SA* 13 prodest *R* : prodent *SA* : *an* -derit? 14 data *R* : datam *SA* 16 rescinduntur *R* : resciduntur *S* : rescinditur *A* 18 infriatur *ed. pr.* : infriantur *S* : infricantur *A* : -ca(n)tur) *R* 20 aqua potatur *R* : fuit aqua *SA* 22 eosque *SA* : eo usque *R* fastidiant S^2R : f- te S^1A 23 labrusca S^2R : -ber- S^1A

<uel> tritico minuto cocta obicitur esurientibus, eiusque sapore offensae aues omnem aspernantur uuam. Similis ratio est etiam caprifici, quae decocta cum cibo praebetur auibus, et ita fici fastidium creat.

Mos quoque, sicut in ceteris pecudibus, eligendi quamque 24
optimam et deteriorem uendendi etiam in hoc genere per autumni tempus omnibus annis seruetur, ne, cum fructus earum cessat, numerus quoque minuatur. Summouebimus autem ueteres, id est quae trimatum excesserunt, item quae aut parum fecundae aut parum bonae nutrices sunt, praecipue quae oua uel sua uel aliena consumunt, nec minus quae uelut mares cantare atque etiam calcare coeperunt, item serotini pulli, qui a solstitio nati capere iustum incrementum non potuerunt. In masculis non eadem ratio seruabitur, sed tamdiu custodiemus generosos quamdiu feminas inplere poterunt, nam rarior est in his auibus mariti bonitas.

Eodem quoque tempore cum parere desinent aues, id est ab 25
Idibus Nouembribus, pretiosiores cibi subtrahendi sunt et uinacea praebenda, quae satis commode pascunt, adiectis interdum tritici excrementis.

Ouorum quoque longioris temporis custodia non aliena est 6
huic curae; quae commode seruantur per hiemem, si paleis obruas, aestate, si furfuribus. Quidam prius trito sale sex horis adoperiunt, deinde eluunt, atque ita paleis ac furfuribus obruunt. Nonnulli solida, multi etiam fresa faba coaggerant, alii salibus integris adoperiunt, alii muria tepefacta durant. Sed 2

1 uel *add. Ahrens* tritico *SA* : -ceo *R* 2 aspernantur *R* : spernantur *SA* 4 fici *SA* : uerae fici *R* 6 etiam . . . annis *huc traieci* : *post* ne *SA* : *post* seruetur *R* per *SA* : ut per *R* 7 ne *SA* : *om. R* 10 parum bonae *R* : *om. SA* 11 quae[1] *R* : *om. SA* uelut mares *R* : uel mane *SA* 12 atque etiam calcare *R* : *om. SA* 14 non *SA* : autem non *R* 15 feminas *S* : -nam *AR* poterunt *Richter* : potuerunt *SAR* 20 excrementis] excretis *K. Bayer ap. Richter* (*cf. infra c.* 8. 6) 21 *rubr.* V (*om. A*) DE SERVANDIS OVIS 23 trito *R* : tristo *SA* 26 durant *R* : adudant *S* : aducant *S*

omnis sal, quemadmodum non patitur putrescere, ita minuit oua, nec sinit plena permanere, quae res ementem deterret. Itaque ne in muriam quidem qui demittunt, integritatem ouorum conseruant.

7 Pinguem quoque facere gallinam, quamuis fartoris non
rustici sit officium, tamen quia non aegre contingit, praecipi-
endum putaui. Locus ad hanc rem desideratur maxime calidus
et minimi luminis, in quo singulae caueis angustioribus uel
sportis inclusae pendeant aues, sed ita coartatae ne uersari
2 possint. Verum habeant ex utraque parte foramina, unum quo
caput exseratur, alterum quo cauda clunesque, ut et cibos
capere possint et eos digestos sic edere ne stercore coinquinen-
tur. Substernantur autem mundissimae paleae uel molle
faenum, id est cordum; nam si dure cubant, non facile pingues-
cunt. Pluma omnis e capite et sub alis atque clunibus
detergeatur, illic ne peduculum creet, hic ne stercore loca
naturalia exulceret.

3 Cibus autem praebetur hordeacea farina; quae cum est aqua
consparsa et subacta, formantur offae, quibus auis saliuatur.
Hae tamen primis diebus dari parcius debent, dum plus
concoquere consuescant, nam cruditas maxime uitanda est,
tantumque praebendum quantum digerere possint. Neque
ante recens admouenda est quam temptato gutture apparuerit
4 nihil ueteris escae remansisse. Cum deinde satiata est
auis, paululum deposita cauea dimittitur, et ita ne euagetur,
sed potius, si quid est quod eam stimulet aut mordeat, rostro
persequatur.

1 omnis *R* : omnes *SA* sal *A*^{2}*R* : salis *SA*^{1} 2 ementem *AR** : mentem *S* : *om.* *R** 3 itaque ne *R* : itaque *SA* muriam *R* : muria *SA* 5 *rubr.* VI (*om. A*) DE FARTVRIS fartoris *R* : -turis *SA* 13 substernantur *SA* : -natur *R* mundissimae paleae *S* : -ma -a *AR* 14 cordum *SA* : cordium *R* 16 detergeatur *Holford-Strevens* : -getur *SR*: -gentur *A* : -gatur ς illic *S*^{2} : illi *S*^{1}*AR* 18 (h)ordeacea *SR* : -ae *A* est *R* : *om.* *SA* 20 hae ς : eae *R* : ita *SA* 21 maxime *hic SA, post* est *R* uitanda *A*^{2}*R* : crudanda *SA*^{1} 25 deposita cauea *R* : -tae -ae *SA* et ita *SA* : sed ita *R* euagetur *S* : uagetur *AR*

Haec fere communis est cura farcientium. Nam illi qui uolunt non solum opimas sed etiam teneras auis efficere, mulsea recenti aqua praedicti generis farinam conspargunt, et ita farciunt. Nonnulli tribus aquae partibus, unam boni uini miscent, madefactoque triticeo pane obesant auem, quae prima luna (quoniam id quoque custodiendum est) saginari coepta uicensima pergliscit. Sed si fastidiet cibum, totidem diebus minuere 5
oportebit quot iam farturae processerint, ita tamen ne tempus omne opimandi quintam et uicesimam lunam superueniat. Antiquissimum est autem maximam quamque auem lautioribus epulis destinare; sic enim digna merces sequitur operam et inpensam.

Hac eadem ratione palumbos columbasque cellares pinguis- 8
simos facere contingit. Neque est tamen in columbis farciendis tantus reditus quantus in educandis, nam etiam harum possessio non abhorret a cura boni rustici. Sed id genus minore tutela pascitur longinquis regionibus, ubi liber egressus auibus permittitur, quoniam uel summis turribus uel editissimis aedificiis adsignatas sedes frequentant patentibus fenestris, per quas ad requirendos cibos euolitant. Duobus tamen aut tribus mensibus 2
acceptant conditiua cibaria, ceteris se ipsas pascunt seminibus agrestibus. Sed hoc suburbanis locis facere non possunt, quoniam intercipiuntur uariis aucupum insidiis. Itaque clausae intra tectum pasci debent, nec in plano uillae loco nec in frigido, sed in edito fieri tabulatum oportet, quod aspiciat hibernum meridiem. Eiusque parietes, ne iam dicta iteremus ut in orni- 3
thone praecepimus, continuis cubilibus excauentur, uel si non

1 farcientium *R* : fac- SA^2 : fat- S^1 uolunt *R* : colunt *SA* 2 mulsea *R* : multa *SA* 3 recenti ς : regenti *S* : recentia *A* : recente *R* aqua *R* : aque *S* : qui *A* 5 quoniam *R* : uiuoniam *SA* 9 superueniat *R* : -niunt *SA* 13 *rubr.* VI (*om. A*) DE PALVMBIS ET COLVMBIS FARCIENDIS hac S^2R^* : haec S^1AR^* columbasque *Holford-Strevens* : -bosque *SAR* 14 tamen *R* : tam *SA* farciendis *R* : fac- *SA* 15 harum] horum ς 18 editissimis *R* : ditissimis *SA* 19 frequentant *S* : -tent *AR* 21 conditiua SAR^* : conditicia *uel* -tia R^*

ita conpetit, paxillis adactis tabulae superponantur, quae uel loculamenta quibus nidificent aues, uel fictilia columbaria recipiant, praepositis uestibulis per quae ad cubilia perueniant.

Totus autem locus et ipsae columbarum cellae poliri debent
albo tectorio, quoniam eo colore praecipue delectatur hoc
4 genus auium; | nec minus extrinsecus leuigari parietes, maxime
circa fenestram. Ea sit ita posita ut maiorem partem hiberni diei
solem admittat, habeatque adpositam satis amplam caueam
retibus emunitam, quae excludat accipitres et recipiat egredi-
entis ad apricationem columbas, nec minus in agros emittat
matrices quae ouis uel pullis incubant, ne quasi graui perpetuae
5 custodiae seruitio contristatae senescant. Nam cum paulum
circa aedificia uolitauerunt, exhilaratae recreantur et ad foetus
suos uegetiores redeunt, propter quos ne longius quidem
euagari aut fugere conantur.

Vasa quibus aqua praebetur similia esse debent gallinariis, quae colla bibentium admittant et cupientis lauari propter angustias non recipiant; nam id facere eas nec ouis nec pullis, quibus plerumque incubant, expedit.

6 Ceterum cibos iuxta parietem conueniet spargi, quoniam fere partes eae columbarii carent stercore. Commodissima cibaria putantur uicia uel eruum, tum etiam lenticula milium lolium, nec minus excreta tritici, et si qua sunt alia legumina quibus etiam gallinae aluntur. Locus autem subinde conuerri et emundari debet. Nam quanto est cultior, tanto laetior auis conspicitur, eaque tam fastidiosa est ut saepe sedes suas perosa,

1 paxillis ς : taxillis *S*^{2}*AR* : ax- *S*^{1} 2 loculamenta *R* : locuml- *SA* 3 recipiant *R* : -pient *SA* 5 delectatur *R* : -tantur *SA* 6 parietes *A*^{2}*R* : paties *S* : partes *A*^{1} 7 ita *R* : ea *SA* 8 solem *R* : solis *SA* admittat *R* : -tant *SA* 9 excludat *SR** : -dant *AR** 10 emittat ς : -tant *SAR* 15 conantur *R* : -natur *SA* 16 praebetur *SA* : -beatur *R* 20 quoniam *R* : qui *SA* 21 fere *R* : *om. SA* partes *R* : artes *SA* eae *R** : ae ae *SA* : hae ς : *om. R** columbarii *SA* : -ri *R* 22 milium lolium *SA* : miliumque et lolium *R*

si detur auolandi potestas, relinquat, quod frequenter in îs
regionibus ubi liberos habent egressus accidere solet. Id ne fiat 7
uetus est Democriti praeceptum: genus accipitris, titiunculum
uocant rustici, fere in aedificiis nidos facit. Eius pulli singuli
fictilibus ollis conduntur, spirantibusque opercula superponun-
tur, et gypso lita uasa in angulis columbarii †superponuntur†.
Quae res auibus amorem loci sic conciliat ne umquam deserant.

Eligendae uero sunt ad educationem neque uetulae
nec nimium nouellae sed corporis maximi, curandumque, si
fieri possit, ut pulli, quemadmodum excusi sunt, numquam
separentur; nam fere si sic maritatae sunt, plures educant fetus.
Sin aliter, certe ne alienigenis coniungantur, ut Alexandrina 8
Campanae; minus enim <quam> pares suas diligunt, et ideo
nec multum ineunt nec saepius fetant.

Plumae color non semper nec omnibus idem probatus est,
atque ideo qui sit optimus non facile dictu est. Albus, qui ubique 9
uulgo conspicitur, a quibusdam non nimium laudatus est, nec
tamen uitari debet in îs quae cluso continentur. Nam in uagis
maxime est inprobandus, quod eum facillime speculatur
accipiter.

Fecunditas autem, quamuis longe minor earum quam est
gallinarum, maiorem tamen refert quaestum. Nam et octies

3 Democriti praeceptum: *[Dem.] fr. 68 Wellmann*

1 relinquat *R* : -quant *SA* îs *ego* : his *SAR* 3 titiunculum *SA* : tri(s)t(i)unculum *uel sim. R* 5 fictilibus *R* : fictibus *SA* spirantibusque *S* : -rat- *A* : stipan- *R* 6 columbarii *R* : -riis *SA* superponuntur *SAR** : suspend- *R** : suppon- *Josephson* (*coll. Plin. N.H.* 10. 109) : subiciuntur *Corsetti** : sub terram fodiuntur (*uel* obruuntur) *temptauerim* 8 eligendae *S* : -do *A* : seligendae *R* 9 nec nimium nouellae *R* : *om. SA* 10 excusi (excussi *R*) *ego* : exclusi *SA* 11 separentur *R* : -rantur *SA* si sic *ed. pr.* : si *SA* : sic *R* maritatae *R* : maritae *SA* 12 alienigenis *ego* (*cf.* 4. 29. 14) : alieni (aliendi *A*) generis *SAR* coniungantur *SA* : -guntur *R* alexandrina *SA* : -nae *R* 13 campanae *S* : con- *A* : non cam- *R* quam pares *ego* : pares *SAR* : impares *Iucundus* : compares *Vrsinus* suas *Iucundus* : suos *SAR* : sui *Richter* 16 dictu *R* : ductus *SA* 18 îs *ego* : his *SAR* cluso SA^2 : clauso A^1R 19 est *AR* : *om. S* 21 minor earum *scripsi* : minorum SA^2 : -re A^1 : minor sit *R*

anno pullos educat, si est bona matrix, et pretiis eorum dominicam conplet arcam, sicut eximius auctor M. Varro nobis adfirmat, qui prodidit etiam illis seuerioribus temporibus paria
10 singula milibus singulis sestertiorum solita uenire. Nam nostri pudet saeculi, si credere uolumus inueniri qui quaternis milibus nummorum binas aues mercentur. Quamquam uel hos magis tolerabiles putem qui oblectamenta deliciarum possidendi habendique causa graui aere et argento pensent, quam illos qui Ponticum Phasim et Scythicae stagna Maeotis helluati iam nunc Gangeticas et Aegyptias auis temulenter eructant.

11 Potest tamen in hoc auiario, sicuti dictum est, sagina exerceri; nam si quae steriles aut sordidi coloris interueniunt, similiter ut gallinae farciuntur. Pulli uero facilius sub matribus pinguescunt, si iam firmis, priusquam subuolent, paucas detrahas pinnas et obteras crura, ut uno loco quiescant, praebeasque copiosum cibum parientibus, quo et se et eos
12 abundantius alant. Quidam leuiter obligant crura, quoniam si frangantur, dolorem et ex eo maciem fieri putent. Sed nihil ista res pinguitudinis efficit; nam dum uincula exedere conantur, non quiescunt, et hac quasi exercitatione corpori nihil adiciunt. Fracta crura non plus quam bidui aut summum tridui dolorem adferunt, et spem tollunt euagandi.

9 Turturum educatio superuacua est, quoniam id genus in ornithone nec parit nec excudit. Volatura ita ut capitur farturae

2 M. Varro: *Rust.* 3. 7. 9

3 seuerioribus *SA* : s- suis *R* 4 uenire ς : ueniri *SAR* 6 nummorum *SAR** : nummum *R** 7 putem *Iucundus* : putent *SAR* 9 phasim *R* : phasint *S* : -sci- *A* Scythicae *Josephson* : sciatiae *SA* : scythica *R* helluati ς (heluati *Vrsinus*) : hel(l)uat *SAR* 11 potest *R* : pontes *SA* tamen *SA* : t- etiam *R* 13 farciuntur *R* : fartiunt *A* : faciunt *S* 15 detrahas *S* : subtrahas *AR* 16 copiosum *R* : -sus *SA* : -sius *Richter* parientibus *R* : paren- *SA* 18 putent *SR** : putaent *A* : putant *R** 19 exedere ς : ex(s)erere *SAR* : exuere *uel* uinculis se exserere *Holford-Strevens, quippe cui* exedere *pro* exesse *displiceat* 20 quiescunt *SA* : conqu- *R* 23 *rubr.* VIII (*om. A*) DE TVRTVRIBVS id genus *R* : ingenuus *SA*

destinatur, eaque leuiore cura quam ceterae aues saginatur,
uerum non omnibus temporibus. Nam per hiemem, quamuis
adhibeatur opera, difficulter gliscit, et tamen, quia maior est
turdi copia, pretium turturis minuitur. Rursus aestate uel sua 2
sponte, dummodo sit facultas cibi, pinguescit. Nihil enim aliud
quam obicitur esca, sed praecipue milium, nec quia tritico uel
aliis frumentis minus crassescat, uerum quod semine huius
maxime delectatur. Hieme tamen offae panis uino madefactae,
sicut etiam palumbos, celerius opimant quam ceteri cibi.
Receptacula non tamquam columbis loculamenta uel cellulae 3
cauatae fiunt, sed ad lineam mutuli per parietem fixi tegeticulas
cannabinas accipiunt, praetentis retibus quibus prohibeantur
uolare, quoniam si id faciant, corpori detrahunt. In his adsidue
pascuntur milio aut tritico, sed ea semina dari nisi sicca non
oportet, satiatque semodius cibi in diebus singulis uicenos et
centenos turtures. Aqua semper recens et quam mundissima 4
uasculis, qualibus columbis atque gallinis, praebetur, tegeticulaeque emundantur, ne stercus urat pedes, quod tamen et {id}
ipsum diligenter reponi debet ad cultus agrorum arborumque,
sicut et omnium auium praeterquam nantium. Huius auis aetas
ad saginam non tam uetus est idonea quam nouella; itaque circa
messem, cum iam confirmata est pullities, eligitur.

Turdis maior opera et inpensa praebetur, qui omni quidem **10**
rure, sed salubrius in eo pascuntur in quo capti sunt. Nam

23 *Pall.* 1. 26. 1–2

1 leuiore *R* : -res *SA* saginatur ς : -nantur *SAR* 2 temporibus *R* : *om. SA* nam *SA* : *om. R* 3 adhibeatur *R* : -antur *SA* gliscit *R* : crescit *SA* 7 crassescat *SAR** : -scant *R** huius *R* : cuius *SA* : eius ς 8 delectatur *SA* : -tantur *R* 11 fiunt *S* : efficiunt *AR* mutuli ς : multili *SAR* 14 pascuntur *R* : -scantur *SA* nisi *R* : ni *SA* 16 turtures *R* : datur S^2 (*fort. recipiendum, post* centenos *distincto, post uero* gallinis §4 *non distincto*) : tur S^1: *om. A* 18 emundantur *S* : -dentur *A* : mundentur *R* quod *R* : quo *SA* et *R* : *om. SA* 19 ipsum ς : id ipsum *SAR* 22 messem *R* : mensem *SA* 23 *rubr.* VIIII (*om. A*) DE TVRDIS

difficulter in aliam regionem transferuntur, quia caueis clausi
plurimi despondent, quod faciunt etiam cum eodem momento
temporis a rete in auiaria coniecti sunt. Itaque ne id accidat,
ueterani debent intermisceri, qui ab aucupibus in hunc usum
nutriti quasi allectores sint captiuorum, maestitiamque eorum
mitigent interuolando. Sic enim consuescent et aquam et cibos
adpetere feri, si mansuetos id facere uiderint.
2 Locum aeque munitum et apricum quam columbae deside-
rant, sed in eo transuersae perticae perforatis parietibus aduersis
aptantur, quibus insidant cum satiati cibo requiescere uolunt.
Hae perticae non altius a terra debent subleuari quam hominis
3 statura patitur, ut a stante contingi possint. Cibi ponuntur fere
partibus îs ornithonis quae super se perticas non habent, quo
mundiores permaneant. Semper autem arida ficus diligenter
pinsita et permixta polline praeberi debet, tam large quidem ut
4 supersit; | hanc quidam mandunt et ita obiciunt. Sed istud in
maiore numero facere uix expedit, quia nec paruo conducuntur
qui mandant, et ab his ipsis aliquantum propter iucunditatem
consumitur. Multi uarietatem ciborum, ne unum fastidiant,
praebendam putant. Ea est cum obiciuntur myrti et lentisci
semina, item oleastri et hederaceae bacae nec minus arbuti.
5 Fere enim etiam in agris ab eiusmodi uolucribus adpetuntur
quae in auiariis quoque desidentium detergent fastidia, facitque
auidiores uolatura, quod maxime expedit, nam largiore cibo
celerius pinguescunt. Semper tamen etiam canaliculi milio

3 rete *R* : re S^2A^2 : rei S^1A^1 4 aucupibus *R* : aucip- *SA* 6 mitigent *S* : -gant *AR* 8 quam *SA* : quem *R* columbae *SA* : -bi *R* 10 insidant *SR** : -diant A^1R^* : -deant A^2 cum *R* : tum *SA* 11 hae *S* : ae *A* : eae *R** : et *R** 12 contingi A^2R : -tigi SA^1 13 îs *ego* : his *SAR* super se *R* : super *SA* quo *R* : quae *SA* 15 pinsita *R* : pinsia *SA* polline *R* : pobline *S* : pu- *A* debet *R* : debent *SA* 19 multi S^2R : multu S^1A uarietatem *R* : -te *SA* 21 (h)ederaceae *R* : haereceae *SA* arbuti ς (*Pall.*) : arbusti *SAR* 22 uolucribus *SA* : u- haec *R* 23 desident(i)um *R* : sidentur *S*, -ter *A* facitque auidiores uolatura *Reeve* : factaque (faciuntque *R*) -rem –ram *SAR* 25 pinguescunt *Reeve* : -scit *SAR*

repleti adponuntur, quae est firmissima esca, nam illa quae
supra diximus pulmentariorum uice dantur. Vasa quibus recens 6
et munda praebeatur aqua non dissimilia sint gallinariis. Hac
inpensa curaque M. Terentius ternis saepe denariis singulos
emptitatos esse significat auorum temporibus, quibus qui tri-
umphabant populo dabant epulum. At nunc aetatis nostrae
luxuria cotidiana fecit haec pretia, propter quae ne rusticis
quidem contemnendus sit hic reditus.

Atque ea genera quae intra saepta uillae cibantur fere persecuti sumus. Nunc de îs dicendum est quibus etiam exitus ad agrestia pabula dantur.

Pauonum educatio magis urbani patris familiae quam tetrici 11
rustici curam poscit. Sed nec haec tamen aliena est agricolae,
captantis undique uoluptates adquirere, quibus solitudinem
ruris eblandiatur. Harum autem decor auium etiam exteros,
nedum dominos oblectat. Atque <id> genus alitum nemorosis
et paruulis insulis, quales obiacent Italiae, facillime continetur;
nam quoniam nec sublimiter potest nec per longa spatia uoli-
tare, tum etiam quia furis et noxiorum animalium rapinae
metus non est, sine custode tuto uagatur, maioremque pabuli
partem sibi adquirit. Feminae quidem sua sponte tamquam 2
seruitio liberatae studiosius pullos enutriunt; nec curator aliud
facere debet quam ut diei certo tempore signo dato iuxta uillam
gregem conuocet et exiguum hordei concurrentibus obiciat, ut
nec auis esuriat et numerus aduenientium recognoscatur.

4 M. Terentius: *Rust.* 3. 2. 15–16 12 *Pall.* 1. 28. 1

3 hac *R* : hanc *SA* 10 îs *ego* : his *SAR* 11 agrestia *R* : grestia *SA* 12 *rubr.* X (*om. A*) DE PAVONIBVS urbani *R* : -nis *SA* 14 uoluptates A^2R : -pet- SA^1 adquirere ς : acquire *R* : atquire *SA* solitudinem *SA* : -nes *R* 15 ruris *AR* : ruri *S* eblandiatur ς : -antur *R* : seu blandiatur *S*, seu blin- *A* 16 atque id *scripsi* (*cf.* 2. 10. 2, 3. 13. 13) : itaque *SAR* : idque *Josephson* (*coll.* 8. 5. 1, 8. 15. 16) 17 paruulis *AR* : paruis *S* continetur *SA* : -nentur *R* 18 sublimiter *R* : supliter *S* : stiliter *A* longa *AR* : loca *S* 19 et *SA* : ac *R*

3 Sed huius possessionis rara condicio est. Quare mediterraneis
maior adhibenda cura est, eaque sic administretur: herbidus
siluestrisque ager planus sublimi cluditur maceria, cuius tribus
lateribus porticus adplicantur et in quarto duae cellae, ut sit
altera custodis habitatio atque altera stabulum pauonum. Sub
porticibus deinde per ordinem fiunt harundinea saepta in
modum cauearum, quales columbariae tectis superponuntur.
Ea saepta distinguuntur uelut clatris intercurrentibus calamis
4 ita, ut ab utroque latere singulos aditus habeant. Stabulum
autem carere debet uligine, cuius in solo per ordinem figuntur
breues paxilli, eorumque partes summae lingulas dolatas
habent, quae transuersis foratis perticis induantur. Hae porro
quadratae perticae paxillis superponuntur, ut auem recipiant
adsilientem; sed idcirco sunt exemptiles, ut cum res exigit
paxillis eductae liberum aditum conuerrentibus stabulum
praebeant.

5 Hoc genus auium cum trimatum expleuit optime progenerat; siquidem tenerior aetas aut sterilis aut parum fecunda est. Masculus pauo gallinaceam salacitatem habet, atque ideo quinque feminas desiderat; nam si unam uel alteram fetam saepius compressit, uixdum concepta in aluo uitiat oua, nec ad partum sinit perduci, quoniam inmatura genitalibus locis excidunt.

6 Vltima parte hiemis concitantibus libidinem cibis utriusque sexus accendenda uenus est. Maxime facit ad hanc rem si fauilla leui torreas fabam tepidamque des ieiunis quinto quoque die; nec tamen excedas modum sex cyathorum in singulas auis.

17 *Pall.* 1. 28. 1–2

1 mediterraneis *SA* : m- locis *R* 2 adhibenda A^2R : adbib- *S* : adiuu- A^1 7 quales *SA* : -lis *R* columbariae *sc. caueae* tectis *SA* : tectus *R* 10 figuntur *R* : fing- *SA* 11 paxilli *R* : taxilli *SA* dolatas *SA* : edolatas *R* 12 induantur *SA* : induc- *R* 13 paxillis *R* : taxillis *SA* recipiant *R* : -at *SA* 15 eductae *S* : deductae *AR* 19 habet A^2R : habent SA^1 20 fetam *SA* : *om.* *R* 21 ad partum *R* : partu S^2A : parte S^1 22 sinit *R* : siñ *S* : sin *A*

Haec cibaria non omnibus promisce spargenda sunt, sed in singulis saeptis (quae harundinibus contexi oportere proposueram, portione seruata quinque feminarum et unius maris) ponenda sunt cibaria, nec minus aqua quae sit idonea potui. Quod ubi factum est, mares diducuntur in sua quisque saepta 7
cum feminis, et aequaliter uniuersus grex pascitur. Nam etiam in hoc genere pugnaces inueniuntur masculi qui et a cibo et a coitu prohibent minus ualidos, nisi sint hac ratione separati.

Fere autem locis apricis ineundi cupiditas exercet marem cum Fauonii spirare coeperunt, id est {tempus} ab Idibus Februariis ante Martium mensem. Signa sunt exstimulatae 8
cupidinis cum semet ipsum ueluti mirantem caudae gemmantibus pinnis protegit, idque cum facit rotari dicitur. Post admissurae tempus matrices custodiendae sunt, ne alibi quam in stabulo fetus edant, saepiusque digitis loca feminarum temptanda sunt, nam in promptu gerunt oua quibus iam partus adpropinquat. Itaque includendae sunt incientes, ne extra clausum fetum edant.

Maximeque temporibus his quibus parturiunt pluribus 9
stramentis exaggerandum est auiarium, quo tutius integri fetus excipiantur. Nam fere pauones cum ad nocturnam requiem uenerunt, praedictis perticis insistentes enituntur oua, quae quo propius ac mollius deciderunt, inlibatam seruant integritatem. Cotidie ergo diligenter mane temporibus feturae stabula circumeunda erunt, et iacentia oua colligenda,

11 *Pall.* 1. 28. 2

1 promisce *SAR** : -cue *R** 2 contexi *SA* : intexi *R* 3 proposueram portione *R* : *om.* *SA* 5 mares *SA* : m- sine rixa *R* 9 apricis A^2R : af(f)ricis SA^1 marem *SA* : mares *R* 10 tempus *seclusi* 11 mensem *R* : mense *SA* 12 cupidinis *SA* (cupidinem *Pall.*) : libidinis *R* ueluti mirantem *R* : uelut emirantem *S* : emirantem *A* 13 rotari *SA* : -tare *R* 14 tempus *SA* : t- confestim *R*, *fort. recte* alibi quam *R* : aliquam *SA* 17 includendae *R* : incud- *SA* incientes *Vrsinus* : incipientes *SAR** : implentes *R** 20 integri *R* : -grae *SA* 23 propius *Iucundus* : proprius *S* : prius *AR* 25 feturae A^2R : fut- SA^1

quae quanto recentiora gallinis subiecta sunt, tanto commodius excuduntur; idque fieri maxime patris familiae rationi con-
10 ducit. Nam feminae pauones quae non incubant ter anno fere partus edunt, at quae fouent oua totum tempus fecunditatis aut excudendis aut etiam educandis pullis consumunt. Primus est partus quinque fere ouorum, secundus quattuor, tertius aut
11 trium aut duorum. Neque est quod committatur ut Rhodiacae aues pauoninis incubent, quae ne suos quidem fetus commode nutriunt. Sed ueteres maximae quaeque gallinae uernaculi generis eligantur, eaeque nouem diebus a primo lunae incremento nouenis ouis incubent, sintque ex his quinque pauonina et cetera gallinacei generis.

12 Decimo deinceps die omnia gallinacea subtrahantur, et totidem recentia eiusdem generis supponantur, ut tricensima luna, quae est fere noua, cum pauoninis excudantur. Sed custodis curam non effugiat obseruare desilientem matricem, saepius ad cubile peruenire et pauonina oua, quae propter magnitudinem difficilius a gallina mouentur, uersare manu; idque quo diligentius facias, una pars ouorum notanda est atramento, quod signum habebit auiarius an a gallina conuersa sint.

13 Sed, ut dixi, meminerimus cohortales quam maximas ad hanc rem praeparari. Quae si mediocris habitus sint, non debent amplius quam terna pauonina et sena generis sui fouere. Cum deinde fecerint pullos, ad aliam nutricem gallinacei debebunt transferri, et subinde qui nati fuerint pauonini ad

3 *Pall.* 1. 28. 3   22 *Pall.* 1. 28. 4–5

2 rationi *Vrsinus* : -ne *SAR*   3 ter anno *R*, amno A^2 : terram non *S*, no A^1 5 excudendis aut *R* : *om. SA*   7 Rhodiacae *Schneider*^{c} : odiace *SA* : r(h)odiae *R*   10 eligantur *R* (electae *Pall.*) : relig- *SA*   eaeque *R* : aeque *SA*   13 subtrahantur SR^* : -huntur AR^* 14 supponantur *R* : -natur *SA*   16 curam *S* : cura *AR*   17 sepius *SA* : saepiusque *R*   19 facias] faciat ς   est A^2R : es SA^1 21 sint *R* : sit *SA*   23 praeparari *R* : -rabe *S* : -raueris *A*   sint *SA* : sunt *R*   24 pauonina S^2R : pauononima S^1A 25 fecerint ς : -rit *R* : -ris *SA*

unam congregari, donec quinque et uiginti capitum grex efficiatur.

Sed cum erunt editi pulli, similiter ut gallinacei primo die 14
non moueantur, postero deinde cum educatrice transferantur in caueam. Primisque diebus alantur hordeaceo farre uino resperso, nec minus ex quolibet frumento cocta pulticula et refrigerata. Post paucos deinde dies huic cibo adiciendum erit concisum porrum Tarentinum et caseus mollis uehementer expressus, nam serum nocere pullis manifestum est. Lucustae 15
quoque pedibus ademptis utiles cibandis pullis habentur, atque his pasci debent usque ad sextum mensem; postmodum satis est hordeum de manu praebere. Possunt autem post quintum et tricensimum diem quam nati sunt etiam in agrum satis tuto educi, sequiturque grex uelut matrem gallinam singultientem. Eaque ex cauea clausa fertur in agrum a pastore et missa ligato pede longa linea custoditur, ad quam circumuolant pulli; qui cum ad satietatem pasti sunt, reducuntur in uillam, persequentes, ut dixi, nutricis singultus.

Satis autem conuenit inter auctores non debere alias gallinas, 16
quae pullos sui generis educant, in eodem loco pasci. Nam cum conspexerunt pauoninam prolem, suos pullos diligere desinunt et inmaturos relinquunt, perosae uidelicet quod nec magnitudine nec specie pauoninis pares sint.

Vitia quae gallinaceo generi nocere solent, eadem has aues infestant, sed nec remedia traduntur alia quam quae gallinaceis adhibentur. Nam et pituita et cruditas et si quae aliae sunt

3 *Pall.* 1. 28. 5   9 *Pall.* 1. 28. 6

3 cum *R* : *om. SA*   4 deinde *SA* : d- die *R*   educatrice *R* : -ces *SA*   transferantur *R* : -runtur *A* : -rentur *S*   7 deinde dies *R* : ↔ *SA*   huic *R* : hic *S* : hoc *A*   13 agrum *S* : agris *A* : agro *R*   15 eaque ex *scripsi* : ex *SA* : ea *R*   cauea clausa *R* : causam causaque *SA*   16 linea *SA* : linea gallina *R*   ad quam *R* : aquam *SA*   18 singultus *R* : singuli *SA*   19 alias *R* : aliis *SA*   20 pasci *R* : fasci *SA*   21 prolem *R* : proles *SA*   22 perosae *SA* : perosi *R*   23 magnitudine nec *R* : -nem ne *SA*   pauoninis *SA* : pauoni *R*   24 gallinaceo generi *R* : -cei -ris *SA*

17 pestes, isdem remediis quae proposuimus prohibentur. Septimum deinde mensem cum excesserunt, in stabulo cum ceteris ad nocturnam requiem debent includi, et erit curandum ne humi maneant; nam qui sic cubitant tollendi sunt et supra perticas inponendi, ne frigore laborent.

12 Numidicarum eadem est fere quae pauonum educatio. Ceterum siluestres gallinae, quae rusticae appellantur, in seruitute non fetant, et ideo nihil de his praecipimus, nisi ut cibus ad satietatem praebeatur, quo sint conuiuiorum epulis aptiores.

13 Venio nunc ad eas aues quas Graeci uocant ἀμφιβίους, quia non tantum terrestria sed aquatilia quoque desiderant pabula, nec magis humo quam stagno consuerunt. Eiusque generis anser praecipue rusticis gratus est, quod nec maximam curam
2 poscit, et sollertiorem custodiam quam canis praebet. Nam clangore prodit insidiantem, sicut etiam memoria tradidit in obsidione Capitoli, cum aduentum Gallorum uociferatus est canibus silentibus.

Is autem non ubique haberi potest, ut existimat uerissime Celsus, qui sic ait: Anser neque sine aqua nec sine multa herba facile sustinetur, neque utilis est locis consitis, quia quicquid
3 tenerum contingere potest carpit. Sicubi uero flumen aut lacus est herbaeque copia neque nimis iuxta satae fruges, id quoque genus nutriendum est. Quod etiam nos facere censemus, non quia magni sit fructus, sed quia minimi oneris, ac tamen praestat ex se pullos atque plumam, quam non, ut in ouibus lanam, semel demetere, sed bis anno, uere et autumno, uellere

19 Celsus : *agr. fr. 37 Marx*

3 debent *R* : debet *SA* et *SA* : sed *R* 6 *rubr.* XI (*om. A*) DE NVMIDICIS ET RVSTICIS GALLINIS est *R* : et *SA* 8 praecipimus *R** : -cep- *SAR** 10 *rubr.* XII (*om. A*) DE ANSERIBVS 14 quam canis praebet *SA* : pr- qu- ca- *R* 15 etiam *SA* : et *R* memoria *R* : -am *SA* 17 silentibus *R* : *om. SA* 21 tenerum *R* : rerum *SA* 22 id quoque genus *R* : *om. SA* 24 minimi $A^{2}R$: nimi SA^{1} ac *SA* : at *R*

licet. Atque ob has quidem causas, si permittit locorum condicio, uel paucos utique oportet educare singulisque maribus ternas feminas destinare (nam propter grauitatem pluris inire non possunt), quin etiam in frutectis circa cohortem secretis angulis haras facere, in quibus cubitent et fetus edant.

Qui uero greges nantium possidere student, χηνοβόσκια **14** constituunt, quae tum demum uigebunt, si fuerint ordinata ratione tali: cohors ab omni cetero pecore secreta clauditur, alta nouem pedum maceria porticibusque circumdata ita, ut in aliqua parte sit cella custodis. Sub porticibus deinde quadratae harae caementis uel etiam laterculis exstruuntur, quas singulas satis est habere quoquouersus pedes ternos et aditus singulos firmis ostiolis munitos, quia per feturam diligenter claudi debent. Extra uillam deinde non longe ab aedificio si est 2 stagnum uel flumen, alia non quaeritur aqua, sin aliter, lacus piscinaque manu fiunt, ut sint quibus inurinari possint aues; nam sine isto primordio non magis quam sine terreno recte uiuere queunt. Palustris quoque sed herbidus ager destinetur, atque alia pabula conserantur, ut uicia trifolium faenum Graecum, sed praecipue genus intibi, quod σέριν Graeci appellant; lactucae quoque in hunc usum semina uel maxime serenda sunt, quoniam et mollissimum est holus et libentissime ab his auibus appetitur, tum etiam pullis utilissima est esca.

Haec cum praeparata sunt, curandum est ut mares femi- 3 naeque quam amplissimi corporis et albi coloris eligantur. Nam

14 *Pall.* 1. 30. 1

4 etiam *R* : et etiam *SA* frutectis *Schneider*^{c} : rutectis *SA* : pretecti sint *uel sim. R* circa *SA* : intra *R* cohortem A^2R : chor- SA^1 5 edant *AR* : edant ubi *S* 6 nantium *SA* : anatum *R* 7 constituunt A^2R : nan c- *S*, nam c- A^1 uigebunt] augebunt ς 11 harae A^2R : habere SA^1 : aree ς 13 f(o)eturam *R* : fut- *SA* 14 extra *SA* : et extra *R* 15 alia *Iucundus* : alta *SAR* : altera ς 16 inurinari *SAR** : innare *R** 18 queunt *R* : nequeunt *SA* destinetur *SA* : -natur *R* 20 intibi *SA* : intubi *R* σέριν *R** : caepin *S* : cepi *A* : *om. in lac. R** graeci *hic R** : *post* quod *SAR**

est aliud genus uarium, quod a fero mitigatum domesticum factum est; id neque aeque fecundum est nec tam pretiosum,
4 propter quod minime nutriendum est. Anseribus ad admittendum tempus aptissimum est a bruma, mox ad pariendum et ad incubandum a Kalendis Februariis uel Martiis usque ad solstitium, quod fit ultima parte mensis Iunii. Ineunt autem non, ut priores aues de quibus diximus, insistentes humi, nam fere in flumine aut piscinis id faciunt.

Singulaeque ter anno pariunt, si prohibeantur fetus suos excudere, quod magis expedit quam cum ipsae suos fouent.
5 Nam et a gallinis melius enutriuntur et longe maior grex efficitur. Pariunt autem singulis fetibus oua primo quina, sequenti quaterna, nouissimo terna. Quem partum nonnulli permittunt ipsis matribus educare, quia reliquo tempore anni uacaturae sunt a fetu. Minime autem concedendum est feminis extra saeptum parere, sed cum uidebuntur sedem quaerere, comprimendae sunt atque temptandae; nam si adpropinquat partus, digito tanguntur oua, quae sunt in prima parte locorum
6 genitalium. Quamobrem perduci ad haram debent includique ut fetum edant, idque singulis semel fecisse satis est, quoniam unaquaeque recurrit eodem ubi primo peperit. Sed nouissimo fetu cum uolumus ipsas incubare, notandi erunt uniuscuiusque partus, ut suis matribus subiciantur, quoniam negatur anser aliena excudere oua, nisi subiecta sua quoque habuerit. Supponuntur autem gallinis huius generis sicut pauonina plurima quinque, paucissima tria, ipsis deinde anseribus paucissima septem, plurima quindecim.

3 ad admittendum *A* : -tand- *S* : admittendis *R* 4 est a ς : est et a *S* : est *AR* 8 fere *AR* : se *S* 10 ipse *SA* : ipsi *R* 11 a *R* : *om.* *SA* enutriuntur *R* : enutritur *S*, nutr- *A* 18 digito A^2R : -tu A^1 : -tus *S* : -tis ς 19 debent *R* : debet *SA* 25 generis *SA* : g- oua *R* 27 septem *R* : semper *SA*

7 Sed custodiri debet ubi ouis subiciantur herbae urticarum (quo quasi remedio medicantur), ne noceri possit excusis anserculis, quos enecant urticae si teneros pupugerunt. Pullis autem formandis excudendisque triginta diebus opus est cum sunt frigora, nam tepidis quinque et uiginti satis est; saepius tamen anser tricensimo die nascitur.

8 Atque is dum exiguus est decem primis diebus pascitur in hara clausus cum matre. Postea cum serenitas permittit, producitur in prata et ad piscinas. Cauendumque est ne aut aculeis urticae conpungatur aut esuriens mittatur in pascuum, sed ante concisis intubis uel lactucae foliis saturetur. Nam si adhuc parum firmus indigens ciborum peruenit in pascuum, fruticibus aut solidioribus herbis obluctatur ita pertinaciter ut collum abrumpat. Milium quoque aut etiam triticum mixtum cum aqua recte praebetur. Atque ubi paulum se confirmauit, in gregem coaequalium conpellitur et hordeo alitur. Quod et in matricibus praebere non inutile est.

9 Pullos autem non expedit plures in singulas haras quam uicenos adici, nec rursus omnino cum maioribus includi, quoniam ualidior enecat infirmum. Cellas in quibus incubitant siccissimas esse oportet substratuique habere paleas uel, si eae non sunt, crassissimum quodque faenum. Cetera eadem quae in aliis generibus pullorum seruanda sunt, ne coluber, ne uiuerra felesue aut etiam mustela possit aspirare, quae fere pernicies ad internecionem prosternunt teneros.

1 custodiri *R* : -dire *SA*   debet *SA* : -bent *R*   ubi ouis *Richter* : ut ouis *SAR** : ubi *R** 2 noceri ς : nocere *SAR*   possit] possint *Richter*   excusis *Schöttgen* : excussis *SAR*   4 excudendisque *ego* : excludendisque *SA* : excudiendis *R*   8 clausus *R* : -sum *SA*   10 conpungatur *Iucundus* : -gantur *SAR*   11 si *SA* : si est *R*   13 fruticibus ς : fructicibus *SAR*   15 paulum se *S*, laulum se *A* : ↔ *R*   19 maioribus ς : maribus *SAR*   20 infirmum *R* : infimum *SA*   21 paleas *A*^{2}*R* : pales *S* : eas *A*^{1} 22 crassissimum *Schneider* : crassimum *SA*^{1} : -sinum *A*^{2} : gratissimum *R*   quodque *Richter* : quoque *SAR*   24 uiuerra *Richter* (*coll. c.* 15. 2; *Plin. N.H.* 30. 90) : uipera *SAR*   felesue *Richter* : -que *SAR*

10 Sunt qui hordeum maceratum incubantibus adponant, nec patiantur matrices saepius nidum relinquere. Deinde pullis excusis primis quinque diebus polentam uel maceratum far sicut pauoninis obiciunt. Nonnulli etiam uiride nasturcium consectum minutatim cum aqua praebent, eaque eis est esca iucundissima. Mox ubi quattuor mensum facti sunt, farturae maximus quisque destinatur, quoniam tenera aetas praecipue
11 habetur ad hanc rem aptissima. Et est facilis harum auium sagina, nam praeter polentam et pollinem ter die nihil sane aliud dari necesse est, dummodo large bibendi potestas fiat nec uagandi facultas detur, sintque calido et tenebricoso loco. Quae res ad creandas adipes multum conferunt. Hoc modo duobus mensibus pinguescunt etiam †patrimi†, nam pullities saepe quadraginta diebus opima redditur.

15 Nessotrophi cura similis, sed maior inpensa est. Nam clausae pascuntur anates quercedulae boscides phalarides similesque uolucres, quae stagna et paludes rimantur. Locus planus eligitur, isque munitur sublimiter pedum quindecim maceria; deinde clatris superpositis grandi macula retibus contegitur, ne aut euolandi sit potestas domesticis auibus, aut aquilis et
2 accipitribus inuolandi. Sed ea tota maceries opere tectorio leuigatur extra intraque, ne feles aut uiuerra perrepat.

8 *Pall.* 1. 30. 3

3 excus(s)is R* : exclusis *SAR** maceratum far *R* : carata farri S^2, fari S^1 : caratam farris A^2, faris A^1 4 pauoninis *S* : -nonis A^1 : pauonis A^2 : -nibus *R* 5 consectum *R** : conf- *SAR** 6 mensum SA^1 : -sium A^2R 9 sagina *R* : -nam *SA* praeter *R* : *om.* *SA* 11 tenebricoso loco quae *AR* : tenebricosolo quoque *S* 13 patrimi nam *SA* : propter nimiam *R* : maximi nam *Önnerfors* (*cf. Pall.* maiores) pullities *SA* : -tiem *R* 14 opima *Beroaldus* : optima *SAR* 15 *rubr.* XIII (*om. A*) DE ANATIBVS nessotrophii *Gesner* : nossotrophi *SAR* sed *R* : est *SA* 16 phalarides *Josephson* (*cf. Varr. Rust.* 3. 11. 4) : plargides *SA* : philagrides *R* 21 ea tota *AR* : eat opta *S* opere *R* : oportet *SA* tectorio *AR* : ectorio *S* 22 uiuerra *Victorius* (*cf. c.* 14. 9) : uierra *SA* : uipera *R* perrepat *R* : repat *SA*

Media deinde parte nessotrophi lacus defoditur in duos pedes altitudinis, spatiumque longitudinis datur et latitudinis quantum loci condicio permittit.

Orae lacus ne corrumpantur uiolentia restagnantis undae, 3
quae semper influere debet, opere Signino consternuntur, easque non in gradus oportet erigi sed paulatim cliuo subsidere, ut tamquam e litore descendatur in aquam. Solum autem stagni per circuitum, quod sit instar modi totius duarum partium, lapidibus inculcatis ac tectorio muniendum est, ne possit herbas euomere, praebeatque nantibus aquae puram superficiem. Media rursus terrena pars esse debet, ut colocasiis conseratur 4
aliisque familiaribus aquae uiridibus quae inopacant auium receptacula. Sunt enim quibus cordi est uel insulis tamaricum aut scirporum frutectis immorari, nec ob hanc tamen causam totus locus siluulis occupetur, sed, ut dixi, per circuitum uacet, ut sine inpedimento, cum apricitate die gestiunt aues, nandi uelocitate concertent. Nam quemadmodum desiderant esse quo 5
inrepant et ubi delitescentibus fluuiaticis animalibus insidientur, ita offenduntur si non sunt libera spatia quae permeent. Extra lacum deinde per uicenos undique pedes gramine ripae uestiantur; sintque post hunc agri modum circa maceriam lapide fabricata et expolita tectoriis pedalia in quadratum cubilia quibus innidificent aues, eaque contegantur intersitis

1 media *R* : medio *SA* nes(s)otrophi(i) *R* : nossotrophii *SA* 2 latitudinis *SA* : -dini *R* 3 permittit orae *Josephson* : permittore *SA* : permittit ora *R* 4 restagnantis *Iucundus* : -gnatis *S* : -gnati sunt *AR* 5 debet *SA* : -bent *R* 6 easque *R* : eaque *SA* 7 descendatur *R* : -dantur *SA* 9 ac *R* : ad SA^1 : at A^2 10 aquae *R* : ad quam S^1 : quam S^2 : ad aquam *A* 12 aquae *Iucundus* : atque *SAR* 13 tamaricum *R* : tram- *SA* 14 frutectis SA^2 : -tibus A^1 : fructetis *R* 15 locus *R* : lacus *SA* 16 apricitate *R* : -tem *SA* die *S, sc. genetiue* (*cf.* 9. 8. 12, 12. 52. 3) : diei *R* : di(gestiunt) *A* 17 quo ς : qui *SAR* 18 fluuiaticis *R* : -alibus *SA* 19 offenduntur *R** : effodiuntur *SAR** sunt *R** : sint *SAR** quae *S* : qua *R* : *om.* *A* 20 undique *R* : undequi *SA* 22 fabricata *SA* : -tam *R* 23 innidificent *SA* : nidificent *R* contegantur *R* : -gatur *SA*

buxeis uel myrteis fruticibus, qui non excedant altitudinem parietum.

6 Statim deinde perpetuus canaliculus humi depressus construatur, per quem cotidie mixti cum aqua cibi decurrant; sic enim pabulatur id genus auium. Gratissima est esca terrestris leguminis panicum et milium, necnon et hordeum, sed ubi copia est, etiam glans ac uinacea praebentur. Aquatilis autem cibi si sit facultas, datur cammarus et riualis hallecula uel si qua sunt incrementi parui fluuiorum animalia.

7 Tempora concubitus eadem quae ceteri siluestres alites obseruant Martii sequentisque mensis, per quos festucae surculique in uiuariis passim spargendi sunt, ut colligere possint aues quibus nidos construant. Sed antiquissimum est, cum quis nessotrophium constituere uolet, ut praedictarum auium circa paludes, in quibus plerumque fetant, oua colligat et cohortalibus gallinis subiciat. Sic enim excusi educatique pulli deponunt ingenia siluestria, clausique uiuariis haut dubitanter progenerant. Nam si modo captas auis, quae consueuere libero uictu, custodiae tradere uelis, parere cunctantur in seruitute.

Sed de tutela nantium uolucrum satis dictum est.

16 Verum opportune, dum meminimus aquatilium animalium, ad curam peruenimus piscium, quorum reditum, quamuis alienissimum agricultoribus putem (quid enim tam contrarium est quam terrenum fluuido?), tamen non omittam. Nam et harum studia rerum maiores nostri celebrauerunt, adeo quidem ut etiam dulcibus aquis fluuiatilis cluderent pisces, atque

1 fruticibus *SA* : fruct- *R* 5 pabulatur *R* : ambu- *S* : rabu- *A* 7 praebentur *SA* : praebea(n)tur *R* aquatilis *A* : -tili *S* : -tilibus *R* 8 cibi *S* : cibis *AR* 11 festucae *R* : fetu *SA* 12 uiuariis *S* : uiariis A^{1} : auiariis $A^{2}R$ 13 construant *S* : -struunt *AR* 14 nessotrophium *R* : nosso- *SA* 16 excusi SA^{1} : excussi $A^{2}R$ 18 consueuere libero *R* : *om.* *SA* 20 tutela nantium $S^{2}R$: tulantium $S^{1}A$ 21 *rubr.* XIIII (*om. A*) DE PISCIVM CVRA 24 est quam *SA* : excogitare quenquam (queam ς) *R* 26 aquis *R* : aquibus *SA* fluuiatilis *Josephson* : afl- *SA* : fluuiales *R* cluderent *Josephson* : claud- *R* : cludent *SA*

eadem cura mugilem squalumque nutrirent qua nunc muraena
et lupus educatur. Magni enim aestimabat uetus illa Romuli et 2
Numae rustica progenies, si urbanae uitae comparetur uillatica,
nulla parte copiarum defici; quamobrem non solum piscinas
quas ipsi construxerant frequentabant, sed etiam quos Rerum
Natura lacus fecerat conuectis marinis seminibus replebant.
Inde Velinus, inde etiam Sabatinus, item Volsiniensis et
Ciminius lupos auratasque procreauerunt, ac si qua sunt alia
piscium genera dulcis undae tolerantia. Mox istam curam 3
sequens aetas aboleuit et lautitiae locupletium maria ipsa
Neptunumque clauserunt, iam tum auorum memoria cum cir-
cumferretur M. Philippi <illud> uelut urbanissimum, quod
erat luxuriose factum atque dictum; nam is forte Casini cum
apud hospitem cenaret, appositumque e uicino flumine lupum
degustasset atque expuisset, inprobum factum dicto prosecu-
tus, Peream, inquit, nisi piscem putaui! Hoc igitur periurium 4
multorum subtiliorem fecit gulam, doctaque et erudita palata
fastidire docuit fluuialem lupum, nisi quem Tiberis aduerso
torrente defetigasset. Itaque Terentius Varro, Nullus est, inquit,
hoc saeculo nebulo ac mintho qui non iam dicat nihil sua
interesse, utrum eiusmodi piscibus an ranis frequens habeat
uiuarium. Ac tamen isdem temporibus quibus hanc memorabat 5
Varro luxuriam maxime laudabatur seueritas Catonis, qui
nihilominus et ipse tutor Luculli grandi aere sestertium milium
quadringentorum piscinas pupilli sui uenditabat. Iam enim
celebres erant deliciae popinales cum ad mare deferrentur

19 Terentius Varro: *Rust.* 3. 3. 9

6 replebant *R* : -bat *SA*   8 ciminius *SA* : -nus *R*   11 iam *SA* : etiam *R* auorum *R* : quorum *SA*   12 illud *addidi hortante Holford-Strevens* 20 nebulo ς : nebul(l)us *SAR*   mintho *SA* : minthon *R*   dicat *SA* : dicit *R* 22 ac *SA* : at *R*   hanc *R* : haec *SA*   23 luxuriam *S* : -xor- *A* : -riem *R* laudabatur *R* : -datur *SA*   24 luculli A^2R : lucilli SA^1 sestertium (*uel* sext-) *AR* : -tiis *S*   26 deferrentur *Iucundus* : defertur *SA* : -ferantur *R*

uiuaria, quorum studiosissimi, uelut ante deuictarum gentium
Numantinus et Isauricus, ita Sergius Orata et Licinius Murena
6 captorum piscium laetabantur uocabulis. Sed quoniam sic
mores obcalluere, non ut haec usitata uerum ut maxime lauda-
bilia et honesta iudicarentur, nos quoque ne uideamur tot
saeculorum seri castigatores, hunc etiam quaestum uillaticum
patri familiae demonstramus.

Qui siue insulas siue maritimos agros mercatus, propter
exilitatem soli quae plerumque litori uicina est, fructus terrae
percipere non potuerit, utique ex mari reditum constituat.
7 Huius autem rei quasi primordium est naturam loci contem-
plari, quo piscinas facere constituerit. Non enim omnibus
litoribus omne genus haberi potest. Limosa regio planum
educat piscem, uelut soleam rhombum passerem, eadem
quoque maxime idonea est conchiliis, muricibus et ostreis,
purpurarumque tum concharum pectunculis, balanis uel
8 sphondylis. At harenosi gurgites planos quidem non pessime,
sed pelagios melius pascunt, ut auratas ac dentices, Punicasque
et indigenas umbras, uerum conchyliis minus apti. Rursus
optime saxosum mare nominis sui pisces nutrit, qui scilicet
quod in petris stabulentur, saxatiles dicti sunt, ut merulae
turdique, nec minus melanuri.

9 Atque ut litorum sic et fretorum differentias nosse oportet,
ne nos alienigenae pisces decipiant. Non enim omni mari potest

2 orata *SA* : aurata *R* 4 obcalluere ς : obcaluere *SAR* 5 tot *SA* : tot iam *R* 6 quaestum *R* : quaetum *S*^{2}*A* : quae *S*^{1} 7 demonstramus *Josephson* : -raremus *SAR* : -remus ς : *an* (*e.c.*) -rare non recusamus? 8 insulas *R* : in insula *SA* mercatus *R* : -tur *SA* 10 percipere non potuerit *R* : percipuerit *SA* utique *Richter* : ut *SAR* : et ς 12 quo *R* : quod *SA*^{1} : qui *A*^{2} constituerit *SA* : -ris *R* 14 eadem *S*^{2}*R* : edem *S*^{1}*A* 15 muricibus *Iucundus* : muricis *SAR* ostreis *R* : ostrei *SA* 16 tum (*uel* cum) *R* : tunc *SA* pectunculis *Iucundus* : pectiunculi *SA*^{2} : -la *A*^{1} : -tunculi *R* balanis *ed. pr.* : balani *SR* : blani 17 sphondilis *ed. pr.* : -li *SAR* pessime *R* : spessime *S* : spiss- *A* 19 umbras *SA* : umbrasue *R* 22 melanuri *Iucundus* : -nuria *SAR* 23 ut *R* : ut hic *SA* 24 alienigenae] alieni cenae *Richter*

omnis esse, ut helops, qui Pamphylio profundo nec alio pasci-
tur, ut Atlantico faber, qui generosissimis piscibus adnume-
ratur in nostro Gadium municipio (eumque prisca consuetudine
zaeum appellamus), ut scarus, qui totius Asiae Graeciaeque
litore Sicilia tenus frequentissimus exit, numquam in Ligusti-
cum nec per Gallias enauit ad Hibericum mare. Itaque ne si 10
capti quidem perferantur in nostra uiuaria, diuturni queant
possideri. Sola ex pretiosis piscibus muraena, quamuis Tartesii
pelagi, quod est ultimum, uernacula, quouis hospes freto
peregrinum mare sustinet.

Sed iam de situ piscinarum dicendum est.

Stagnum censemus eximie optimum quod sic positum est **17**
ut insequens maris unda priorem summoueat, nec intra con-
saeptum sinat remanere ueterem. Namque id simillimum est
pelago, quod agitatum uentis adsidue renouatur nec conca-
lescere potest, quoniam gelidum ab imo fluctum reuoluit in
partem superiorem. Id autem stagnum uel exciditur in petra,
cuius rarissima est occasio, uel in litore construitur opere
Signino. Sed utcumque fabricatum est, si semper influente 2
gurgite riget, habere debet specus iuxta solum, eorumque
alios simplices et rectos, quo secedant squamosi greges, alios in
cocleam retortos nec nimis spatiosos, quibus muraenae
delitescant; quamquam nonnullis commisceri eas cum alterius
notae piscibus non placet, quia si rabie uexantur, quod huic
generi uelut canino solet accidere, saepissime persecuntur
squamosos plurimosque mandendo consumunt.

2 at(h)lantico *R* : aticantico *SA* generosissimis *AR* : -mus *S* piscibus *SR* : pisces *A* 3 gadium SA^2 : gaudium A^1R eumque *AR* : eum quem *S* consuetudine *AR* : -nem *S* 4 scarus] scaurus ς 5 sicilia *SR** : -liae *AR** 8 Tartesii *Schneider* : partesit *SA* : tarseni carpathi(i)que *uel sim. R* 9 uernacula ς : -lo *SAR* 12 *rubr.* XV (*om. A*) DE POSITIONE PISCINAE 14 ueterem *R* : uetere *SA* 17 exciditur *R* : excitur *SA* 19 influente gurgite *AR* : -tem -tem *S* 20 riget *SR* : rigit *A* : rigetur *Richter* habere *R** : -beri *SAR** 21 secedant *R* : secadant *SA* 22 cocleam *R* : -cliam *S* : -clia A^2 : -clios A^1 23 delitescant *scripsi* : -tisc- *SAR* 25 sepissime *SA* : saeuissime *R*, *fort. recte*

3 Itineraque, si loci natura permittit, omni lateri piscinae dari conuenit; facilius enim uetus summouetur unda, cum quacumque parte fluctus urget per aduersa patet exitus. Hos autem meatus fieri censemus per imam consaepti partem, si loci situs ita conpetit, ut in solo piscinae posita libella septem pedibus sublimius esse maris aequor ostendat. Nam piscibus stagni haec in altitudinem gurgitis mensura abunde est; nec dubium quin quanto magis imo mari ueniat unda, tanto sit
4 frigidior, quod est aptissimum nantibus. Sin autem locus ubi uiuarium constituere censemus pari libra cum aequore maris est, in pedes nouem defodiatur piscina, et infra duos a summa parte cuniculis riui perducantur, curandumque est ut largissime ueniant, quoniam modus ille aquae iacentis infra libram maris non aliter exprimitur quam si maior recentis freti uis incesserit.

5 Multi putant in eiusmodi stagnis longos piscibus recessus et flexuosos in lateribus specus esse fabricandos, quo sint opaciores aestuantibus latebrae. Sed si recens mare non semper stagnum permeat, id facere contrarium est, nam eiusmodi receptacula nec facile nouas admittunt aquas et difficiliter ueteres emittunt, plusque nocet putris unda quam prodest
6 opacitas. Debent tamen similes uelut cellae parietibus excauari, ut sint quae protegant refugientis ardorem solis, et nihilominus facile quam conceperint aquam remittant. Verum meminisse oportebit ut riuis per quos exundat piscina praefigantur aenei foraminibus exiguis cancelli, quibus inpediatur fuga piscium. Si uero laxitas permittit, e litore scopulos, qui praecipue uerbenis

1 lateri] latere ς 3 aduersa *SA* : -sam *R* 5 loci situs *R* : locus *SA* 8 ueniat SA^2 : uenit A^1R 11 infra *SA* : intra *R* a *R* : ad *SA* 12 cuniculis *SA* : -los *R* 13 quoniam *R* : quo iam *SA* 16 longos *R* : -gis *SA* 17 et *R* : est et *SA* 20 et *SA* : nec *R* 22 opacitas A^2R : opactas SA^1 23 refugientis SA^2R^* : -fuc- A^1 : refugientem R^* 25 ut riuis *ed. pr.* : utrius *SAR* praefigantur ς : -cantur *S* : -centur *A*: -gentur *R* 27 uerbenis *R* : ueluenis *SA*

algae uestiuntur, non erit alienum per stagni spatia disponere,
et quantum comminisci ualet hominis ingenium repraesentare
faciem maris, ut clausi quam minime custodiam sentiant.
Hac ratione stabulis ordinatis aquatile pecus inducemus. 7
Sitque nobis antiquissimum meminisse etiam in fluuiatili
negotio, quod in terreno praecipitur,

et quid quaeque ferat regio.

Neque enim si uelimus, ut in mari nonnumquam conspeximus,
in uiuario multitudinem mullorum pascere queamus, cum sit
nobilissimum genus et seruitutis indignantissimum; | raro 8
itaque unus aut alter de multis milibus claustra patitur. At
contra frequenter animaduertimus intra saepta pelagios
greges inertis mugilis et rapacis lupi. Quare, ut proposueram,
qualitatem litoris nostri contemplemur, et si uidemus
scopulosam, probemus turdi complura genera merulasque et
auidas mustelas, tum etiam sine macula (nam sunt et uarii)
lupos includamus; item plautas, quae maxime probantur,
muraenas et si quae sunt alia saxatilis notae quorum pretia
uigent; nam uile ne captare quidem, nedum alere conducit.
Possunt ista eadem genera etiam litoris harenosi stagnis con- 9
tineri, nam quae limo coenoque lita sunt, ut ante iam dixi,
conchyliis magis et iacentibus apta sunt animalibus.

7 *Verg. Georg.* 1. 53

1 stagni *R* : stagini *SA* 3 maris *SA* : ueri maris *R* 5 nobis ς : nouis *SAR* 7 *post* regio *add.* oportet si quis in eo *SA* 9 mullorum *R* : mulorum *S* : nullorum *A* 10 nobilissimum ς: mollissimum *SAR* indignantissimum ς : indignissimum *SAR* 11 milibus *R* : mulibus *SA* 14 et si *S* : si *AR* 15 scopulosam *S* : scopulos an *AR* *post h.u. dist. Richter, post* probemus *priores* 16 auidas *R* : -dos *SA* 17 plautas *SA*^{1} (*cf.* πλωτάς) : flutas *A*^{2}*R* 18 sunt *AR** : sint *SR** alia *Schneider* : aliae *SAR* saxatilis *ed. pr* : -les *SAR* quorum *Vrsinus* : quarum *SAR* 19 quidem *A*^{2}*R* : quidam *SA*^{1} 21 lita sunt ς : litascunt *S* : litescunt *A*^{2}*R* : -sunt *A*^{1}

Neque est eadem lacus positio quae recipit cubantis, neque
eadem praebentur cibaria prostratis piscibus et rectis. Namque
soleis ac rhombis et similibus animalibus humilis in duos pedes
piscina deprimitur ea parte litoris quae profundi recessu num-
10 quam destituitur. Spissi deinde clatri marginibus infiguntur,
qui super aquam semper emineant, etiam cum maris aestus
intumuerit. Mox praeiaciuntur in gyrum moles ita, ut conplec-
tantur sinu suo et tamen excedant stagni modum. Sic enim et
maris atrocitas obiectu crepidinis frangitur, et in tranquillo
consistens piscis sedibus suis non exturbatur, neque ipsum
uiuarium repletur congerie quam tempestatibus eructat pelagi
11 uiolentia. Oportebit autem nonnullis locis moles intercidi
more Maeandri paruis sed angustis itineribus, quae quantalibet
hiemis saeuitia mare sine fluctu transmittant.

Esca iacentium mollior esse debet quam saxatilium; nam
quia dentibus carent, aut lambunt cibos aut integros hauriunt,
12 mandere quidem non possunt. Itaque praeberi conuenit
tabentis halleculas et salibus exesam chalcidem putremque
sardinam nec minus saurorum branchiam, uel quicquid
intestini pelamys aut lacertus gerit, tum scombri carcharique
et elacatae uentriculos et, ne per singula enumerem, salsa-
mentorum omnium purgamenta quae cetariorum officinis
euerruntur. Nos autem plura nominauimus genera, non quia
cuncta cunctis litoribus exeunt, sed ut ex îs aliqua quorum erit

1 neque^{2} *Gesner* : atque *SAR* : <atque nantis> neque *Richter* 2 prostratis SA^{2} : -tas A^{1} : a prostratis *R* rectis *SA* : erectis *R*, *fort. recte* 4 profundi ς : frundi S^{1} : frondi $S^{2}A$: profundo *R* 5 infiguntur *SA* : -fing- *R* 13 quantalibet *R* : quantalibus et *SA* 14 hiemis *R* : hiemi *SA* transmittant *SA* : -tat *R* 15 esca *SA* : hi(n)c esca *R* 16 quia *R* : qua $S^{1}A$: quae S^{2} 17 mandere *R* : -dare *SA* 18 halleculas *R* : -lam *SA* 19 saurorum *Josephson* : aur- *SA* : scaur- *R* 20 pelamis *R* (*cf.* πηλαμύς) : palemis *SA* gerit tum ς : geritum *SA* : gerit cum *R* 21 elacatae ς : laptae *SAR* uentriculos *Iucundus* : uenterculos *SAR* singula enumerem *R* : -le numerem *S* : numere *A* 22 cetariorum *R* : ceterarum *SA* 24 îs *ego* : his *SAR*

facultas praebeamus. Facit etiam ex pomis uiridis adaperta 13
ficus et mitis digitis infractus unedo, nec minus elisum molle
sorbum, quique sunt cibi sorbilibus proximi, ut e mulctra
recens caseus, si loci condicio uel lactis annona permittit.
Nulla tamen aeque quam praedictae salsurae pabula commode
dantur, quoniam odorata sunt.

Omnis enim iacens piscis magis naribus escam quam oculis 14
uestigat, nam cum supinus semper cubet, sublimiora spectat,
et ea quae in plano sunt dextra laeuaque non facile peruidet.
Itaque cum salsamenta obiecta sunt, eorum sequens odorem
peruenit ad cibos. Ceteri autem saxatiles aut pelagii satis et his,
sed et recentibus melius pascuntur. Nam et hallecula modo
capta et cammarus exiguusque gobio, quisquis denique est
incrementi minuti piscis, maiorem alit. Si quando tamen 15
hiemis saeuitia non patitur eius generis escam dari, uel sordidi
panis offae uel si qua sunt temporis poma concisa praebentur.
Ficus quidem arida semper obicitur eximie, si sit ut Baeticae
Numidiaeque regionibus larga. Ceterum illud committi non
debet quod multi faciunt, ut nihil praebeant, quia semetipsos
etiam clausi diu tolerare possint. Nam nisi piscis domini cibariis
saginatur, cum ad piscatoris forum perlatus est, macies indicat
eum non esse libero mari captum sed de custodia elatum,
propter quod plurimum pretio detrahitur.

Atque haec uillatica pastio finem praesentis disputationis 16

1 uiridis *SA*^{2} : uiridibus *A*^{1}*R* 2 infractus unedo nec *SA* : infracti sunt dedonec *R* 3 ut] aut *Richter* mulctra ς : multra *R* : multis *SA* 5 aeque *R* : quae *SA* 6 odorata *S* : moderata *AR* : *an* inodorata (*cf.* 9. 4. 4, 11. 3. 22)? 8 cum . . . cubet *ego* (*nisi* recubet *magis placuerit*) : dum (*R* : *om. SA*) . . . cubat *SAR* sublimiora spectat *SA* : sublimius aspectat *R* 11 pelagii *Schneider*^{c} : pelagici *R* : pelasci *SA*^{1} : -gi *A*^{2} 12 et^{1} *SA* : ex *R* 13 gobio *S* : cobio *A* : gubio *R* 17 eximie *Richter* : eximia *SAR* 22 custodia elatum *R* : -die latum *SA* 24 praesentis *ego* : -ti *SAR* disputationis *SA* (*cf.* 2. 21. 6, 5. 11. 15) : -ni *R*

faciat, ne inmodico uolumine lector fatigetur. Redeamus autem sequenti exordio ad curam siluestrium pecorum cultumque apium.

1 lector *S*[2]*R* : delector *S*[1]*A* redeamus ς : rediemus *SAR* 3 apium *AR* : apum *S* IVNI MODERATI COLVMELLE REI RVSTICAE LIBER NONVS DE VILLATICIS PASTIONIBVS (RVSTICIS *A*) AVIARIVS ET PISCATOR *SA et sim. R*

LIBER NONVS

DE VILLATICIS PASTIONIBVS

MACELLARIVS ET APIARIVS

VENIO nunc ad tutelam pecudum siluestrium et apium educa- Praefatio
tionem, quas et ipsas, P. Siluine, uillaticas pastiones iure dixerim,
siquidem mos antiquus lepusculis capreisque ac subus feris
iuxta uillam plerumque subiecta dominicis habitationibus
ponebat uiuaria, ut et conspectu sui clausa uenatio possidentis
oblectaret oculos, et cum exegisset usus epularum, uelut e cella
promeretur. Apibus quoque dabantur sedes adhuc nostra 2
memoria uel in ipsis uillae parietibus excisis uel in protectis
porticibus ac pomariis. Quare quoniam tituli quem prae-
scripsimus huic disputationi ratio reddita est, ea nunc quae
proposuimus singula persequamur.

Ferae pecudes, ut capreoli dammaeque nec minus orygum 1
ceruorumque genera et aprorum, modo lautitiis ac uoluptati-
bus dominorum seruiunt, modo quaestui ac reditibus. Sed qui
uenationem uoluptati suae claudunt, contenti sunt utcumque
conpetit proximus aedificio loci situs munire uiuarium sem-
perque de manu cibos et aquam praebere. Qui uero quaestum
reditumque desiderant, cum est uicinum uillae nemus (id enim
refert non procul esse ab oculis domini), sine cunctatione

L. (*om. A*) IVNI MODERATI COLVMELLE REI RVSTICE LIBER DECIMVS DE VILLATICIS PASTIONIBVS MACELLARIVS ET APIARIVS *SA, sim. R* *argumenta in appendice reperientur* 1 et *R* : *om. SA* 3 subus *SA* : subiis *R* 5 sui *SA* : suo *R* 7 promeretur *SA* : -rentur *R* 9 praescripsimus *Schneider* : per- *S* : scripsimus *AR* 11 persequamur] pro- ς 12 *rubr.* DE VIVARIIS FACIVNDIS ET INCLVDENDIS PECVDIBVS FERIS 15 contenti S^2 : conti S^1AR 16 semperque *R* : perquae *SA*

2 praedictis animalibus destinatur. Et si naturalis defuit aqua, uel inducitur fluens uel infossi lacus Signino consternuntur qui receptam pluuiatilem contineant.

Modus siluae pro cuiusque facultatibus occupatur, ac si lapidis et operae uilitas suadet, haut dubie caementis et calce formatus circumdatur murus, sin aliter crudo latere ac luto
3 constructus. Vbi uero neutrum patri familiae conducit, ratio postulat uacerris includi (sic enim appellatur genus clatrorum), idque fabricatur ex robore querceo uel subereo, nam oleae rara est occasio. Quicquid denique sub iniuria pluuiarum magis diuturnum est, pro condicione regionis ad hunc usum eligitur. Et siue teres arboris truncus siue, ut crassitudo postulauit, fissilis stipes conpluribus locis per latus efforatur, et in circuitu uiuarii certis interuenientibus spatiis defixus erigitur, deinde per transuersa laterum caua transmittuntur amites, qui exitus
4 ferarum obserent. Satis est autem uacerras inter octonos pedes defigere, serisque transuersis ita clatrare ne spatiorum laxitas quae foraminibus interuenit pecudi praebeat fugam. Hoc autem modo licet etiam latissimas regiones tractusque montium claudere, sicuti <in> Galliarum necnon et in aliis quibusdam prouinciis locorum uastitas patitur. Nam et fabricandis uacerris ingens est materiae copia, et cetera in hanc rem feliciter suppetunt. Quippe crebris fontibus abundat solum, quod est
5 maxime praedictis generibus salutare; | tum etiam sua sponte pabula feris benignissime subministrat. Praecipueque saltus eliguntur qui et terrenis fetibus et arboreis abundant, nam

3 contineant *R* : -neat *SA* 5 haud dubie *R* : ita ut dubiis *SA* 6 latere *R* : lateri *SA* 8 clatrorum *S* : clatorum *AR* 12 siue teres *Vrsinus* : si ueteris *SAR* 13 efforatur] perforatur *Vrsinus* 14 certis *R* : tertiis *SA* 15 caua *Beroaldus* : cauea *R* : cuca *SA* amites *SA* : ramices *R* 16 octonos pedes *ego* : ↔ *SAR* 17 defigere *R* : figere *SA* 20 in Galliarum *ego* : galliarum *S* : gallicarum A^2R, -lig- A^1 : in Gallia Alpina *Vrsinus* 21 locorum *SA* : ubi locorum *R* uacerris *hic Richter* : *ante* materiae *R*, (uacerriis) *ante* copia *SA* 25 subministrat ς : -rant *SAR* 26 terrenis S^2R : ternis S^1A

ut graminibus ita frugibus roburneis opus est. Maximeque laudantur qui sunt feracissimi querneae glandis et iligneae nec minus cerreae, tum et arbuti ceterorumque pomorum siluestrium, quae diligentius persecuti sumus cum de cohortalibus subus disputaremus; nam eadem fere sunt pecudum siluestrium pabula quae domesticarum.

Contentus tamen non debet esse diligens pater familiae cibis 6 quos suapte natura terra gignit, sed temporibus anni quibus siluae pabulis carent condita messe clausis succurrere hordeoque alere uel adoreo farre aut faba, plerumque etiam uinaceis, quidquid denique uilissime constiterit dare. Idque ut intellegant ferae praeberi, unam uel alteram domi mansuefactam conueniet immittere, quae peruagata totum uiuarium cunctantis ad obiecta cibaria pecudes perducat. Nec solum istud per 7 hiemis paenuriam fieri expedit, sed cum etiam fetae partus ediderint, quo melius educent natos. Itaque custos uiuarii frequenter speculari debebit si iam effetae sint, ut manu datis sustineantur frumentis.

Nec uero patiendus est oryx aut aper aliusue quis ferus ultra quadrimatum senescere; nam usque in hoc tempus capiunt incrementa, postea macescunt senectute. Quare dum uiridis aetas pulchritudinem corporis conseruat, aere mutandi sunt. Ceruus tamen conpluribus annis sustineri potest, nam diu 8 iuuenis possidet uires, quod aeui longioris uitam sortitus est.

De minoris autem incrementi animalibus, qualis est lepus, haec praecipiemus, ut in îs uiuariis quae maceria munita sunt

1 est *SA* : habet *R*   2 iligneae S^2R : iligne A^2 : ligne S^1A^1 3 cerreae *R* : acerreae *SA*   tum ς : cum *SAR*   arbuti ς : arbusti *SAR*   5 cohortalibus A^2R : chor- SA^1 subus S^2 : sub S^1 : *om. AR*   10 plerumque *ego* : primumque *SA* : plurimumque *R*   11 idque *R* : *om. SA*   15 cum etiam] *an* ↔?   16 educent *R* : educant *SA*   17 sint *R* : sunt *SA*   manu *SA* : de manu *R* : a manu ς   22 aere mutandi *R* : remutandi *A*, -tun- *S*   24 possidet uires *Richter* : possidetur *SAR*   25 minoris *R* : minoribus *SA*   incrementi ς : -tis *SAR*   26 îs *ego* : his *SAR*

farraginis et holerum ferae intubi lactucaeque semina paruulis areolis per diuersa spatia factis iniciantur, itemque Punicum cicer uel hoc uernaculum, nec minus hordeum et cicercula condita ex horreo promantur et aqua caelesti macerata obician-
9 tur, nam sicca non nimis ab lepusculis adpetuntur. Haec porro animalia uel similia his, etiam silente me, facile intellegetur quam non expediat conferre in uiuarium quod uacerris circumdatum est, siquidem propter exiguitatem corporis facile clatris subrepunt et liberos nancta egressus fugam moliuntur.

2 Venio nunc ad aluorum curam, de quibus neque diligentius quicquam praecipi potest quam ab Hygino iam dictum est, nec ornatius quam Vergilio, nec elegantius quam Celso. Hyginus ueterum auctorum placita secretis dispersa monumentis industrie collegit, Vergilius poeticis floribus inluminauit, Celsus
2 utriusque memoratis adhibuit modum. Quare ne adtemptanda quidem nobis fuit haec disputationis materia, nisi quod consummatio susceptae professionis hanc quoque sui partem desiderabat, ne uniuersitas inchoati operis nostri, uelut membro aliquo reciso, mutila atque imperfecta conspiceretur.

Atque ea quae Hyginus fabulose tradita de originibus apium non intermisit, poeticae magis licentiae quam nostrae fidei
3 concesserim. Nec sane rustico dignum est sciscitari fueritne mulier pulcherrima specie Melissa, quam Iuppiter in apem conuerterit, an ut Euhemerus poeta dicit crabronibus et sole

12 Hyginus: *cf. Reitzenstein, p. 53* 14 Celsus : *agr. fr. 38 Marx* 24 Euhemerus: *fr. 24 Winiarczyk*

1 farraginis *ed. pr.* : fer(r)agini *SAR* 3 uernaculum ς : -culo *SAR* 6 silente me *S* : silentem et *AR* intellegetur *ego* : -gitur *SAR* 7 in *SA* : in id *R* 8 facile *fort. delendum* 9 nancta *Linde* : nancte *S* : nacte *AR* 10 *rubr.* DE APIBVS aluorum *SA* : alueorum *R et sic fere semper* 13 placita $A^{2}R$: plagita SA^{1} 14 collegit S^{2} : colligit $S^{1}AR$ 15 memoratis *ego* : memorati *SAR* 16 nobis $S^{2}R$: nouis $S^{1}A$ 19 mutila *SA* : mutilata *R* imperfecta *R* : in infectu *SA* 24 conuerterit *ego* : conuertit *SAR* Euhemerus] Eumelus *Schneider*^{c} : *sed cum Euhemerus non alibi poeta fuisse tradatur, Eumelus autem Bugoniam scripserit, quae hic narrantur ad Bugoniam qualemcumque uix quadrant* crabronibus *R* : crabonibus *SA*

genitas apes, quas nymphae †Phruxonides† educauerint, mox
Dictaeo specu Iouis extitisse nutrices eaque pabula munere dei
sortitas quibus ipsae pauerint alumnum. Ista enim quamuis
non dedeceant poetam, summatim tamen et uno tantummodo
uersiculo leuiter attigit Vergilius cum sic ait:

Dictaeo caeli regem pauere sub antro.

Sed ne illud quidem pertinet ad agricolas, quando et in qua 4
regione primum natae sint, utrum in Thessalia sub Aristaeo, an
in insula Cea ut scribit Euhemerus, an Erecthei temporibus in
monte Hymetto ut Euphronius, an Cretae Saturni temporibus
ut Nicander; non magis quam utrum examina, tamquam cetera
uidemus animalia, concubitu subolem procreent, an heredem
generis sui floribus eligant, quod adfirmat noster Maro; et
utrum euomant liquorem mellis, an alia parte reddant. Haec 5
enim et his similia magis scrutantium Rerum Naturae latebras
quam rusticorum est inquirere. Studiosis quoque litterarum
gratiora sunt ista in otio legentibus quam negotiosis agricolis,
quoniam neque in opere neque in re familiari quicquam iuuant.
Quare reuertamur ad ea quae aluorum cultoribus magis apta
sunt.

Peripateticae sectae conditor Aristoteles in îs libris quos de 3
animalibus conscripsit examinum genera conplura demonstrat,
eorumque alia quae uastas sed glomerosas easdemque nigras et

5 Vergilius: *Georg.* 4. 152 13 Maro: *Georg.* 4. 200–1 21 Aristoteles : *H. A.* 553^b 8, 624^b 23

1 phruxonides *R* : phrusx- *A* : phruyx- *S* : Phryx- *Gesner* 2 specu iouis A^2R : specuio quis SA^1 eaque *Némethy* : easque *SAR* 3 pauerint *Reeve* : parum (et aruom *SA*) educauerunt (-rant *R**) *SAR** 4 dedeceant S^2R : deceant S^1 : doceant *A* 8 sint ς : sunt *SAR* 9 erecthei *SA* : erichthonii *uel sim. R* 10 Hymetto *ed. pr.* : hymetio *S* : hye- *A* : hi- *R* Euphronius *Pontedera*[2] : euthronius *SAR** : euponius *R** 19 aluorum *A* : -ueorum *SR* 21 *rubr.* QVOT GENERA SVNT APIVM (APVM *S*) ET QVOD EX HIS OPTIMVM conditor A^2R : -tur SA^1 iis *ed. pr.* : his *SAR* 22 examinum *SAR** : apium *R** 23 eorumque *Vrsinus* : earumque *SAR*

hirsutas apis habent, alia minores quidem sed aeque rotundas
2 et infusci coloris horridique pili; alia magis exiguas nec tam rotundas, sed obesas tamen et latas, coloris meliusculi, nonnulla minimas gracilisque et acutae alui, ex aureolo uarias atque leues. Eius auctoritatem sequens Vergilius maxime probat paruulas oblongas leues nitidas,

ardentis auro et paribus lita corpora guttis,

moribus etiam placidis; nam quanto grandior apis atque etiam est rotundior, tanto peior; si uero saeuior, maxime pessima est.
3 Sed tamen iracundia notae melioris apium facile delinitur adsiduo interuentu eorum qui curant, nam cum saepius tractantur celerius mansuescunt. Durantque, si diligenter excultae sunt, in annos decem, nec ullum examen hanc aetatem potest excedere, quamuis in demortuarum locum quotannis pullos substituant; nam fere decumo anno gens uniuersa
4 ad internecionem totius aluei consumitur. Itaque ne hoc in toto fiat apiario, semper propaganda erit suboles obseruandumque uere, cum se noua profundent examina, ut excipiantur et domiciliorum numerus augeatur, nam saepe morbis intercipiuntur; quibus quemadmodum mederi oporteat suo loco dicetur.

4 Interim per has notas quas iam diximus probatis apibus destinari debent pabulationes, eaeque sint secretissimae et, ut

5 Vergilius: *Georg.* 4. 99 22 Interim . . . p. 371, 2 statu: *Pall.* 1. 37. 1

1 minores *SAR** : maiores *R** aeque *R* : neque *SA* 2 infusci *R* : fusci *SA* alia *SA* : alias *R* 3 latas] lotas *Vrsinus* nonnulla *SA* : -las *R* 4 gracilisque *SA* : -lesque *R* acutae *Holford-Strevens*, alui *Morgagnus* : acuti aluei *SAR* aureolo *R* : auriolo *SA* 5 eius *SA* : eiusque *R* 10 delinitur *R* : denitur *SA* 11 curant *R* : currant *SA* *post h.u.* <aluearia> *R*, *fort. recipiendum* 12 tractantur *R* : -tatur *SA* 15 decumo *SA* : -cimo *R* 16 ad internecionem *huc transp. Richter, ante* anno *SAR* 17 fiat apiario *SA* : ↔ *R* 20 oporteat *ego* : oportet *SAR* 22 *rubr.* QVALES PABVLATIONES ET QVI SITVS EARVM ESSE DEBEAT 23 eaeque *S* : aeque *AR* et ut ς : ↔ *SAR*

noster praecepit Maro, uiduae pecudibus, aprico et minime procelloso caeli statu:

> quo neque sit uentis aditus (nam pabula uenti
> ferre domum prohibent) neque oues haedique petulci
> floribus insultent, aut errans bucula campo
> decutiat rorem et surgentis atterat herbas.

Eademque regio fecunda sit fruticis exigui, et maxime thymi 2 aut origani, tum etiam thymbrae uel nostratis cunelae quam satureiam rustici uocant. Post haec frequens sit incrementi maioris surculus, ut rosmarinum et utraque cytisus (est enim satiua et altera suae spontis), itemque semper uirens tinus et minor ulex, nam prolixior ab omnibus inprobatur; hederae quoque non propter bonitatem recipiuntur, sed quia praebent plurimum mellis. Arborum uero sunt probatissimae rutila 3 atque alba ziziphus, nec minus tamarices, tum etiam amygdalae persicique ac piri, denique pomiferarum pleraeque, ne singulis immorer. Ac siluestrium commodissime faciunt glandifera robora, quin etiam terebinthus, nec dissimilis huic lentiscus et odorata cedrus ac tilia. Solae ex omnibus ut nocentes taxi repudiantur.

Mille praeterea semina uel crudo caespite uirentia uel 4 subacto sulco flores amicissimos apibus creant, ut sunt in uirgineo solo frutices amelli, caules acanthini, scapus

1 Maro: *Georg.* 4. 9–12 7 *Pall.* 1. 37. 2 21 *Pall.* 1. 37. 3

1 praecepit *SA* : -cipi *R* uiduae *R* : uide *SA* 3 quo *SA*, *Verg.* : quod *R* 4 oues A^2R, *Verg.* : opes SA^1 8 aut S^2R : auct S^1A cunelae A^2R : cunilae SA^1 9 satureiam *R* : satyr- A^2 : satyrametiam *S* : satratis etiam A^1 11 tinus *Salmasius, p.* 389 (*Pall.*): pinus *SAR* 12 ulex S^1A^1 (*Pall.*): ilex S^2A^2R 15 tamarices *Barbarus* : amaracus SA^2R, -gus A^1 16 ac *S* : a A^1 : atque A^2R 17 ac ς : at A^2R : ad SA^1 18 t(h)erebint(h)us A^2R : terebenthus S^2 : -uen- S^1A^1 19 et odorata cedrus A^2R : *om.* SA^1 tilia SA^1 : -liae A^2R solae A^2R : sola SA^1 ut A^1 : sunt A^2R : *om. S* 22 subacto *Goujard* : subacta *SAR* sulco συνεκδοχικῶς *pro* solo, *uariationis causa* sunt *S* : sint *AR*

asphodeli, gladiolus narcissi. At in hortensi lira consita nitent candida lilia nec his sordidiora leucoia, tum Punicae rosae luteolaeque et Sarranae uiolae, nec minus caelestis luminis hyacinthus; Corycius item Siculusque bulbus croci deponitur, qui
5 coloret inodoretque mella. Iam uero notae uilioris innumerabiles nascuntur herbae cultis atque pascuis regionibus, quae fauorum ceras exuberant, ut uulgares lapsanae nec his pretiosior armoracia rapistrique holus et intibi siluestris ac nigri papaueris flores, tum agrestis pastinaca et eiusdem nominis edomita, quam Graeci *σταφυλῖνον* uocant.

6 Verum ex cunctis quae proposui quaeque omisi temporum compendia sequens (nam inexputabilis erat numerus) saporis praecipui mella reddit thymum, eximio deinde proximum thymbra serpullumque et origanum. Tertiae notae, sed adhuc generosae, marinum ros et nostras cunela, quam dixi satureiam. Mediocris deinde gustus tamaricum ac ziziphi flores,
7 reliquaque <quae> proposuimus cibaria. Sed ex sordidis deterrimae notae mel habetur nemorense, quod sparto atque arbuto prouenit <et> uillaticum, quod nascitur in holeribus et stercorosis herbis.

Et quoniam situm pastionum atque etiam genera pabulorum exposui, nunc de ipsis receptaculis et domiciliis examinum loquar.

11 *Pall.* 1. 37. 3

2 sordidiora leucoia A^2R : sordidolareucola SA^1 3 sarranae A^2R : ser- SA^1 luminis SA^1 : num- A^2R 4 croci *S* : cruci A^1 : crocique A^2R 5 inodoretque *S* : inodorequae A^1 : odoretque A^2R mella *R* : *om.* *SA* iam A^2R : tam SA^1 : *an* tum? 6 regionibus A^2R : regionis SA^1 8 intibi SA^1 : intubi A^2R 10 *σταφυλῖνον* *Iucundus* : *σταφυλει* (*-φυαει* A^1) non SA^1 : *σταφυλινην* *uel sim.* A^2R^* : *om. in lac.* R^* 12 erat numerus A^2 : et numerus *R* : et enumeri SA^1 13 praecipui A^2R : -e SA^1 eximio *SA* : thimo *R* proximum *SA* : -mi *R* 14 thymbra ς : thybra *SA* : timbra *R* 16 tamaricum *ego* : amarachini SA^1 : -ranch- A^2R ac A^2R : a SA^1 17 reliquaque quae *Iucundus* : reliquaque *SAR* cibaria A^2R : -riis SA^1 18 habetur *R* : -bentur *SA* 19 arbuto *Iucundus* (*Pall.*) : arbusto *SAR* et *addidi* 20 et stercorosis herbis A^2R : *om.* SA^1, *fort. recte* 21 et A^2R : *om.* SA^1

Sedes apium collocanda est contra brumalem meridiem 5
procul a tumultu et coetu hominum ac pecudum, nec calido loco nec frigido, nam utraque re infestantur. Haec autem sit ima parte uallis, ut et uacuae cum prodeunt pabulatum apes facilius editioribus aduolent, et collectis utensilibus cum onere per procliuia non aegre deuolent. Si uillae situs ita conpetit, non est dubitandum quin aedificio iunctum apiarium maceria circumdemus, sed in ea parte quae taetris latrinae stercilinique et {a} balinei libera est odoribus. Verum si positio repugnabit, 2
nec maxime tamen incommoda congruent, sic quoque magis expediet sub oculis domini esse apiarium. Sin autem cuncta fuerint inimica, certe uicina uallis occupetur, quo saepius descendere non sit graue possidenti. Nam res ista maximam fidem desiderat, quae quoniam rarissima est, interuentu domini tutius custoditur. Neque ea curatorem fraudulentum tantum sed etiam segnitiae inmundae perosa est. Aeque enim dedignatur si minus pure habita est ac si tractetur fraudulenter.

Sed ubicumque fuerint aluaria non editissimo claudantur 3
muro. Qui si metu praedonum sublimior placuerit, tribus elatis ab humo pedibus exiguis in ordinem fenestellis apibus sit peruius; iungaturque tugurium, <in> quo et custodes habitent et condatur instrumentum; sitque maxime repletum praeparatis alueis ad usum nouorum examinum, nec minus herbis salutaribus, et si qua sunt alia quae languentibus adhibentur.

> Palmaque uestibulum aut ingens oleaster obumbret, 4
> ut cum uere nouo ducent examina reges,

25 *Verg. Georg.* 4. 20–1, 23–4

1 *rubr.* IIII (*om. A*) DE SEDIBVS APIVM ELIGENDIS apium *SA*^{1} : apibus *A*^{2}*R* 4 ut et *Richter* : ↔ *SAR* 9 a *del. ed. pr.* uerum *A*^{2}*R* : uel et *S* : uellet *A*^{1} 10 congruent *A*^{2}*R* : congluent *SA*^{1} 11 expediet *SA*^{1} : expeditet *A*^{2} : expedit et *R* 12 certe *A*^{2}*R* : certa *SA*^{1} 15 fraudulentum ς : -tium *SAR* 16 segnitiae immundae *SA* : ↔ R 20 fenestellis *A*^{2}*R* : -les *SA*^{1} 21 in *addidi* quo *A*^{2}*R* : quod *SA*^{1} 22 condatur *A*^{2}*R* : -dantur *SA*^{1} 23 alueis *A*^{2}*R* : alubis *SA*^{1} : aluis *Josephson*

uicina inuitet decedere ripa calori,
obuiaque hospitiis teneat frondentibus arbos.

5 Tum perennis aqua, si est facultas, inducatur uel extracta manu detur, sine qua neque faui neque mella nec pulli denique figurari queunt. Siue igitur, ut dixi, praeterfluens unda uel putealis canalibus inmissa fuerit, uirgis ac lapidibus aggeretur apium causa,

pontibus ut crebris possint consistere et alas
pandere ad aestiuum solem, si forte morantis
sparserit aut praeceps Neptuno inmerserit Eurus.

6 Conseri deinde circa totum apiarium debent arbusculae incrementi parui, maximeque propter salubritatem. Nam sunt etiam remedio languentibus cytisi, tum deinde casiae atque tini et rosmarinum, quin etiam cunelae et thymi frutices, item uiolarum uel quae utiliter deponi patitur qualitas terrae. Grauis et taetri odoris non solum uirentia sed et quaelibet res prohibeantur, sic uti cancri nidor cum est ignibus adustus aut odor palustris caeni. Nec minus uitentur cauae rupes aut uallis argutiae, quas Graeci uocant ἠχοῦς.

6 Igitur ordinatis sedibus aluaria fabricanda sunt pro condicione regionis. Siue illa ferax est suberis, haud dubitanter utilissimas aluos faciemus ex corticibus, quia nec hieme frigent nec candent aestate; siue ferulis exuberat, his quoque, quoniam sunt naturae corticis similes, aeque commode uasa texuntur.

8 *Verg. Georg.* 4. 27–9 20 *Pall.* 1. 37. 5–6

3 extracta SA^1 : extructa A^2R 4 qua SA^1 : aqua A^2R 9 aestiuum A^2R, *Verg.* : aestium SA^1 11 debent A^2R : d- in A^1 : debet *S* 14 tini *Salmasius, p.* 389 : pini *SAR* 15 item SA^1 : itemque A^2R quae SA^1 : quaecumque A^2R 18 uallis argutiae SA^1 : -les -tae A^2R 19 ηχους *SA* : ηχοις *uel sim.* *R** : *om. in lac.* *R** 20 *rubr.* V (*om. A*) DE VASIS ALVEORVM PROBANDIS 22 utilissimas *R* : -mos *A* : -mus *S* : uilissimos ς frigent *SA* : rigent *R* 24 aeque *SA* : equibus *R*

Si neutrum aderit, opere uitorio salicibus conectentur, uel si nec haec suppetent, ligno cauae arboris in tabulas desectae fabricabuntur. Deterrima est condicio fictilium, quae et 2
accenduntur aestatis uaporibus et gelantur hiemis frigoribus. Reliqua sunt aluorum genera duo, ut ex fimo fingantur uel lateribus exstruantur. Quorum alterum iure damnauit Celsus, quoniam maxime est ignibus obnoxium, alterum probauit, quamuis incommodum eius praecipuum non dissimulauerit, quod si res postulet, transferri non possit. Itaque non adsentior 3
ei, qui putat nihilominus eius generis habendas esse aluos. Neque enim solum id repugnat rationibus domini quod inmobiles sint, cum uendere aut alios agros instruere uelit (hoc enim commodum pertinet ad utilitatem solius patris familiae), sed (quod ipsarum apium causa fieri debet) cum aut morbo aut sterilitate et paenuria locorum uexatas conueniet in aliam regionem mitti, nec propter praedictam causam moueri poterunt: hoc maxime uitandum est. Itaque quamuis doctissimi 4
uiri auctoritatem reuerebar, tamen ambitione summota quid ipse censerem non omisi. Nam quod maxime mouet Celsum, ne sint stabula uel igni uel furibus obnoxia, potest uitari latericio circumstructis aluis, ut inpediatur rapina praedonis et contra flammarum uiolentiam protegantur, easdemque, cum fuerint mouendae, resolutis structurae conpagibus licebit transferre. Sed quoniam plerisque uidetur istud operosum, qualiacumque uasa placuerint conlocari debebunt.

6 Celsus : *agr. fr.* 39 *Marx* 19 Celsum : *agr. fr.* 40 *Marx*

---

1 opere . . . salicibus *R* : opererio salicibos *SA*, -rario s- *A* connectentur *Schneider* (cone- *scripsi*) : conectuntur *SA* : conne- *R* 2 cauae *SA* (*cf. Varr. Rust.* 3. 16. 15) : cauatae *R* in *SA* : aut in *R* 3 deterrima A^2R : -me SA^1 5 ut *SA* : uel *R* fingantur *R* : -guntur *SA* 10 putat *R* : -tant *SA* habendas *R* : -dos *SA* 12 cum R^* : tum SAR^* 13 patris *R* : patri *SA* 14 causa *R* : coriosa *SA* 15 et *SA* : aut *R* 17 poterunt *ed. pr.* : -rint *S* : -rant *AR* 19 mouet A^2R : nouiet A^1 : mouit S^2 : nouit S^1 20 latericio *SA* : opere l- *R* 22 protegantur *Iucundus* : -guntur *SAR*

7 Suggestus lapideus extenditur per totum apiarium in tres
pedes altitudinis totidemque crassitudinis extructus, isque
diligenter opere tectorio leuigatur ita, ne ascensus lacertis aut
2 anguibus aliisue noxiis animalibus praebeatur. Superponuntur
deinde siue, ut Celso placet, lateribus facta domicilia, siue, ut
nobis, aluaria praeterquam tergo et frontibus circumstructa;
seu, quod paene omnium in usu est qui modo diligenter ista
curant, per ordinem uasa disposita ligantur uel laterculis uel
caementis ita, ut singula binis parietibus angustis contineantur,
liberaeque frontes utrimque sint. Nam et qua procedunt non-
numquam patefaciendae sunt, et multo magis a tergo qua
3 subinde curantur examina. Sin autem nulli parietes aluis inter-
uenient, sic tamen conlocandae erunt ut paulum altera ab
altera distet, nec cum inspiciuntur, ea quae in curatione
tractatur haerentem sibi alteram concutiat uicinasque apes
conterreat, quae omnem motum inbecillis ut cereis scilicet
operibus suis tamquam ruinam timent. Ordines quidem
uasorum superinstructos in altitudinem tris esse abunde est,
quoniam summum sic quoque parum commode curator
inspicit.

4 Ora cauearum, quae praebent apibus uestibula, proniora sint quam terga, ut ne influant imbres, et si forte tamen incesserint non inmorentur sed per aditum ecfluant. Propter quos conuenit aluaria porticu supermuniri, sin aliter luto Punico frondibus inlimatis adumbrari, quod tegumen cum frigora et pluuias tum

1 *Pall.* 1. 37. 7 21 *Pall.* 1. 37. 7

1 *rubr.* VI (*om. A*) QVEMADMODVM DEINDE PRAECEPIMVS QVEMADMODVM ALVE CONLOCANDE SINT in *R* : per *SA* 2 totidemque crassitudinis *R* : *om. SA* 4 noxiis S^2R : noxis S^1A 6 tergo et frontibus *SA* : a tergo *R* 10 qua *SA* : quia *R* 11 sunt *SA* : sint *R* 15 tractatur *SA* : -tantur *R* 16 conterreat *SA* : conterat *R* cereis *R* : ceteris *SA* 22 incesserint *Linde* : -rit *SA* : ingesserint *R* 23 etfluant *A* : etffl- *S* : effl- *R* 24 porticu *SA* : porticibus *R* frondibus *R* : frontibus *SA*

et aestus arcet; nec tamen ita nocet huic generi caloris ut hiemis
halitus. Itaque semper aedificium sit post apiarium, quod
Aquilonis excipiat iniuriam stabulisque praebeat teporem. Nec 5
minus ipsa domicilia, quamuis aedificio protegantur, obuersa
tamen ad hibernum orientem conponi debebunt ut apricum
habeant apes matutinum egressum et sint experrectiores; nam
frigus ignauiam creat. Propter quod etiam foramina quibus
exitus aut introitus datur angustissima esse debent, ut quam
minimum frigoris admittant. Eaque satis est ita forari ne
possint capere plus unius apis incrementum; sic neque uenena-
tus stelio nec obscenum scarabaei uel papilionis genus lucifu-
gaeque blattae, ut ait Maro, per laxiora spatia ianuae fauos
populabuntur. Atque utilissimum est pro frequentia domicilii 6
duos uel tres aditus in eodem operculo distantis inter se fieri
contra fallaciam lacerti, qui uelut custos uestibuli prodeuntibus
inhians apibus adfert exitium, eaeque pauciores intereunt cum
liceat uitare pestis obsidia per aliud uolantibus effugium.

Atque haec de pabulationibus domiciliisque et sedibus 8
eligendis abunde diximus, quibus prouisis sequitur ut examina
desideremus. Ea porro uel aere parta uel gratuita contingunt;
sed quas pretio parabimus scrupulosius praedictis compro-
bemus notis, et earum frequentiam priusquam mercemur
apertis aluearibus consideremus. Vel si non fuerit inspiciendi 2

12 Maro: *Georg.* 4. 243 13 *Pall.* 1. 37. 8 18 *Pall.* 1. 38. 1–2

1 et aestus *S* : estatus *A* : aestus *R* hiemis alitus ς : hiemalitus *SA* : hiemis aestus *R* 4 protegantur *R* : -guntur *SA* 10 possint *R* : possit *SA* neque *SA* : nec *R* 13 populabuntur *SA* : -lantur *R* 16 inhians *R* : in hanc *SA* 17 liceat A^2 : liceant SA^1 : licet *R* uolantibus *S* : uulantibus *A* : uadentibus *R* 18 *rubr.* VI (*om. A*) DE COMPARANDIS APIBVS QVAE EMVNTVR domiciliisque S^2R : domicilibusque S^1A 19 prouisis *R* : prouis *SA* 20 ea porro *R* : porpo *S* : porpro A^2 : porerro A^1 parta *R* : parte *SA* 21 parabimus *S* : conparabimus *AR* scrupulosius *Schneider* : -sus *SA* : studiosius *R* 22 frequentiam *R* : -tia *SA* 23 fuerit S^2R : -rint S^1A inspiciendi *R* : spiciendi S^1A : aspic- S^2

facultas, certe id quod contemplari licet notabimus, an in
uestibulo ianuae conplures consistant et uehemens sonus
intus murmurantium exaudiatur. Atque etiam si omnes intra
domicilium silentes forte conquiescent, labris foramini aditus
admotis et inflato spiritu ex respondente earum subito fremitu
poterimus aestimare uel multitudinem uel paucitatem.
3 Praecipue autem custodiendum est ut ex uicinia potius quam
peregrinis regionibus petantur, quoniam solent caeli nouitate
lacessi. Quod si non contingit ac necesse habuerimus longin-
quis itineribus aduehere, curabimus ne salebris sollicitentur,
optimeque noctibus collo portabuntur; nam diebus requies
danda est, et infundendi sunt grati apibus liquores, quibus intra
4 clausum alantur. Mox cum perlatae domum fuerint, si dies
superuenerit, nec aperiri nec conlocari oportebit aluum nisi
uespere, ut apes placidae mane post totius noctis requiem
egrediantur. Specularique debebimus fere triduo numquid
uniuersae se profundant, quod cum faciunt, fugam meditantur.
Ea remediis quibus debeat inhiberi mox praecipiemus.
5 At quae dono uel aucupio contingunt minus scrupulose
probantur, quamquam ne sic quidem uelim nisi optimas
possidere, cum et inpensam et eandem operam custodis postu-
lent bonae atque inprobae. Maxime quoque refert ut non sint
degeneres intermiscendae, quae infament generosas; nam
minor fructus mellis respondet cum segniora interueniunt
6 examina. Verumtamen quoniam interdum propter condi-

1 contemplari S^2R : conplari S^1A notabimus *R* : -uimus *SA* an in ς : an *SA* : in *R* 3 intus *R* : intue S^1 : intuemur S^2 : inuie *A* 4 forte *R* : fortes *SA* conquiescent *SA* : -scant *R* 5 inflato *R* : in palato *A* : in /// (*ras.*) *S* subito *R* : sumito *SA* 8 peregrinis *SA* : ex p- *R* petantur *R* : petuntur *SA* 9 lacessi *ego* : -siri *SAR* (*cf.* 9. 15. 4) 10 aduehere S^2R : aduehe S^1A curabimus *R* : -uimus *SA* 12 grati apibus *R* : gratia pius *SA* 14 conlocari *SA* : -care *R* 15 noctis requiem *R* : quiem noctis *SA* 16 debebimus *SA* : debemus *R* numquid *S* : namque *A* : quid *R* 18 remediis *SA* : -dia *R* debeat *SA* : -ant *R* 22 maxime quoque *Holford-Strevens* : ↔ *SA* : maxime quod *R* refert ut *A* : referunt *S* : refert *R*

cionem locorum uel mediocre pecus (nam malum nullo quidem modo) parandum est, curam uestigandis examinibus hac ratione adhibebimus.

Vbicumque saltus sunt idonei mellificio, nihil antiquius apes 7
quam quibus utantur uicinos eligunt fontes. Eos itaque con-
uenit plerumque ab hora secunda obsidere, specularique quae
turba sit aquantium. Nam si paucae admodum circumuolant
(nisi tamen conplura capita riuorum diductas faciunt rariores),
intellegenda est earum paenuria, propter quam locum quoque
non esse mellificum suspicabimur. At si commeant frequentes, 8
spem quoque aucupandi examina maiorem faciunt, eaque
sic inueniuntur: primum quam longe sint explorandum est,
praeparandaque in hanc rem liquida rubrica, qua cum festucis
inlitis contigeris apium terga fontem libantium, commoratus
eodem loco facilius redeuntis agnoscere poteris. Ac si non
tarde id facient, scies eas in uicino consistere, sin autem serius,
pro mora temporis aestimabis distantiam loci. Sed cum 9
animaduerteris celeriter redeuntis, non aegre persequens iter
uolantium ad sedem perduceris examinis.

In îs autem quae longius meare uidebuntur, sollertior adhibebitur cura, quae talis est: harundinis internodium cum suis articulis exciditur et terebratur ab latere talea, per quod foramen exiguo melle uel defruto instillato ponitur iuxta fontem. Deinde cum ad odorem dulcis liquaminis conplures apes inrepserunt, tollitur talea et inposito foramini pollice non

4 *Pall.* 5. 7. 1–2   17 *Pall.* 5. 7. 3–5

3 adhibebimus S^2R : -berimus S^1A 4 *rubr.* QVEMADMODVM SILVESTRIA EXAMINA CAPIANTVR   mellificio *Vrsinus* : mellifici *SAR* : *secl. Richter*   6 obsidere *SA* : -deri *R*   13 praeparandaque *ed. pr.* : -dumque *SAR*   hanc *R* : hac *SA*   qua *R* : quam *SA*   cum *SA* : tunc *R*   14 contigeris *SA* : -gerit *R*   commoratus ς : -tur *SA* : -tos *R*   17 mora ς : more *SAR*   18 persequens *A* : persequeris *SR*   20 îs *ego* : his *SAR*   22 ab latere talea *R* : alua (alba S^1) teret alia *S*, ales *A*   23 defruto *R* : defriti SA^2 : -tim A^1 24 fontem S^2R : pontem S^1A 25 inrepserunt *R* : insperserunt *SA*   inposito *SA* : apposito *R*

emittitur nisi una, quae cum euasit fugam suam demonstrat obseruanti, atque is, dum sufficit, persequitur euolantem.
10 Cum deinde conspicere desît apem, tum alteram emittit, et si eandem petit caeli partem, uestigiis prioribus inhaeret. Si minus, aliam quoque atque aliam foramine adaperto patitur egredi, regionemque notat in quam plures reuolent, et eas persequitur donec ad latebram perducatur examinis.

Quod siue est abditum specu, fumo elicietur et cum erupit aeris strepitu coercetur; nam statim sono territum uel in frutice uel in editiore siluae fronde considit et a uestigatore praeparato
11 uaso reconditur. Sin autem sedem habent arboris cauae, et aut exstat ramus quem obtinent, aut ipsius trunci, si in eo sunt, mediocritas patitur, acutissima serra, quo celerius id fiat, praeciditur primum superior pars, quae ab apibus uacat, deinde inferior, quatenus uidetur habitari. Tum recisus utraque parte mundo uestimento contegitur, quoniam hoc quoque plurimum refert, ac si quibus rimis hiat inlitis ad locum perfertur, relictisque paruis, ut iam dixi, foraminibus in ordinem ceterarum aluorum conlocatur.

12 Sed indagatorem conueniet matutina tempora uestigandi eligere, ut spatium die habeat quo exploret commeatus apium. Saepe enim, si serius coepit eas denotare, etiam cum in propinquo sunt iustis operum peractis se recipiunt nec remeant ad aquam, quo euenit ut uestigator ignoret quam longe a fonte distet examen.

20 *Pall* 5. 7. 6

1 cum *R* : *om. SA* 3 desit *R* : possit *SA* apem tum *R* : apertum *SA* 4 petit *R* : cepit *SA* 6 notat *SA* : notet *R* et eas *R* : eas *SA* 8 quod *SA* : quo *R* 10 considit *S* : consedit *A* : considet *R* 11 uaso *SA* : uase *R* habent *Holford-Strevens* : habet *SAR* 12 exstat ramus] exstantis rami *Richter* trunci si *R* : truncis S^2 : trucis S^1A 15 habitari *SA* : inhabitari *R* 17 inlitis *S* : -tas *AR* 18 relictisque *R* : -tis *SA* ut iam *R* : utrim *SA* foraminibus *R* : certaminibus *S*, -minis *A* in ordinem *ego* (*cf.* 9. 12. 3) : more *SAR* 19 ceterarum *R* : certarum *SA* 21 die S^1 (*cf.* 8. 15. 4, 12. 52. 3) : diei S^2R : diem *A*

Sunt qui per initia ueris apiastrum atque, ut ille uates ait, 13

trita melisphylla et cerinthae ignobile gramen

aliasque colligant similes herbas, quibus id genus animalium delectatur, et ita aluos perfricent ut odor ac sucus uasis inhaereat; quae deinde emundata exiguo melle respargant, et per nemora non longe a fontibus disponant, eaque cum repleta
sunt examinibus domum referant. Sed hoc nisi locis quibus 14
abundant apes facere non expedit. Nam saepe uel inania uasa nancti qui forte praetereunt secum auferunt, neque est tanti uacua perdere complura ut uno uel altero potiare pleno. At in maiore copia, etiam si multa intercipiuntur, plus est quod in repertis apibus adquiritur.

Atque haec ratio est capiendi siluestria examina, deinceps talis altera est uernacula retinendi.

Semper quidem custos sedule circumire debet aluaria, neque 9
enim ullum tempus est quo non curam desiderent, sed eam postulant diligentiorem cum uernant et exundant nouis fetibus, qui nisi curatoris obsidio protinus excepti sunt diffugiunt. Quippe talis est apium natura ut pariter quaeque plebs generetur cum regibus; qui ubi euolandi uires adepti sunt, consortia dedignantur uetustiorum, multoque magis imperia, quippe cum rationabili generi mortalium, tum magis egentibus consilii
mutis animalibus nulla est regni societas. Itaque noui duces 2
procedunt cum sua iuuentute, quae uno aut altero die in ipso domicilii uestibulo glomerata consistens egressu suo propriae

1 *Verg. Georg.* 4. 63 15 *Pall.* 7. 7. 4

4 ac *SA* : et *R* sucus *R* : fucus *SA* 5 emundata *S* : mundata *AR* 9 nancti S^1A : nacti S^2R qui ς : quae *SAR* 10 potiare ς : patiore *SA* : patiare *R* 15 *rubr.* QVEMADMODVM VERNACVLA NOVA EXAMINA OBSERVENTUR ET IN ALVOS CONDANTVR 17 exundant *R* : exeundant *SA* 22 generi *Gesner* : -re *SAR* 23 mutis *R* : muti *S* : multa *A* est ς : sit *SAR* : *an* fit (*Reeve*)? 24 die in *R* : dein *SA* 25 consistens egressu *R* : consistent egressus S^1A : -su S^2

desiderium sedis ostendit, eaque tamquam patria contenta est, si per curatorem protinus adsignatur. Sin autem defuit custos,
3 uelut iniuria repulsa peregrinam regionem petit. Quod ne fiat, boni curatoris est uernis temporibus obseruare aluos in octauam fere diei, post quam horam non temere se noua proripiunt agmina, eorumque egressus diligenter custodiat; nam quaedam solent, cum subito euaserunt, sine cunctatione
4 se proripere. Poterit exploratam fugam praesciscere uespertinis temporibus aurem singulis alueis admouendo. Siquidem fere ante triduum quam eruptionem facturae sunt uelut militaria signa mouentium tumultus ac murmur exoritur, ex quo, ut uerissime dicit Vergilius,

> corda licet uulgi praesciscere, namque morantis
> Martius ille aeris rauci canor inuocat, et uox
> auditur fractos sonitus imitata tubarum.

5 Itaque maxime obseruari debent quae istud faciunt, ut siue ad pugnam eruperint (nam inter se tamquam ciuilibus bellis et cum alienis quasi cum exteris gentibus proeliantur), siue fugae causa se proripuerint, praesto sit ad utrumque casum paratus
6 custos. Pugna quidem uel unius inter se dissidentis uel duorum examinum discordantium facile conpescitur; nam, ut idem ait,

6 > pulueris exigui iactu conpressa quiescit,

3 *Pall.* 7. 7. 5   12 Vergilius: *Georg.* 4. 70–2   20 *Pall.* 5. 7. 6   22 *Verg. Georg.* 4. 87

1 tamquam *SA* : uelut *R*   2 per curatorem *ego* : procurator *SA* : -tori *R* : a procuratore ς : a curatore *Corsetti**   adsignatur *Holford-Strevens* : adsignetur *SAR*   3 uelut *R* : uel *SA*   repulsa *R* : -sam *SA*   fiat S^2R : flat S^1A 4 obseruare *R* : -ri *SA*   alu(e)os *R* : aluis *SA*   5 temere *R* : tamere *SA*   6 agmina *R* : agmine S^2A : acio mine S^1 eorumque egressus ς : eoque regressus *SA* : eo(rum)que (r)egressus *R*   diligenter *SA* : ut dil- *R*   10 militaria *R* : milia *SA*   13 morantis S^2R, *Verg.* : -ti S^1A 14 inuocat *SA* : increpat *R*, *Verg.*   16 debent *SA* : -bet *R*   18 alienis *ego* : alteris *SAR*   20 inter *R* : in *SA*

aut aqua mulsea passoue et alio quo liquore simili respersa, uidelicet familiari dulcedine saeuientium iras mitigante; nam eadem mire etiam dissidentis reges conciliant. Sunt enim saepe plures unius populi duces et quasi procerum seditione plebs in partis diducitur, quod frequenter fieri prohibendum est, quoniam intestino bello totae gentes consumuntur. Itaque si 7
constat principibus gratia, manet pax incruenta. Sin autem saepius acie dimicantis notaueris, duces seditionum interficere curabis; dimicantium uero proelia praedictis remediis sedantur.

Ac deinde cum agmen glomeratum in proximo frondentis arbusculae ramo consederit, animaduertito an totum examen in speciem unius uuae dependeat. Idque signum erit aut unum regem inesse aut certe plures bona fide reconciliatos, patierisque dum in suum reuolet domicilium. Sin autem 8
duobus aut etiam conpluribus uelut uberibus diductum fuerit examen, ne dubitaueris et pluris proceres et adhuc iratos esse, atque in îs partibus quibus maxime uideris apes glomerari requirere duces debebis. Itaque suco praedictarum herbarum, id est melisphylli uel apiastri, manu inlita, ne ad tactum diffugiant, leuiter inseres digitos, et diductas apes scrutaberis donec auctorem pugnae reperias.

Sunt autem hi reges maiores paulo et oblongi magis quam **10**
ceterae apes, rectioribus cruribus, sed minus amplis pinnis, pulchri coloris et nitidi, leuesque ac sine pilo, sine spiculo, nisi quis forte pleniorem quasi capillum quem in uentre gerunt aculeum putat, quo et ipso tamen ad nocendum non utuntur.

6 *Pall.* 5. 7. 6–7   22 *Pall.* 7. 7. 7

1 mulsea *SA* : mulsa *R*   alio quo liquore *R* : aliquo l- S^2 : -quor l- S^1 : aliquore *A*   simili *R* : simplici *SA*   respersa *SA* : -sam *R*   2 nam] iam *Richter*   5 diducitur *R* : de- *SA*   7 manet *Iucundus* : maneat *SAR*   8 acie *SA* : -em *R*   12 speciem *R* : spiciem *SA*   13 plures *SA* : -ris *R*   14 patierisque ς : paterisque *SA* : petieritis *R*   15 diductum ς : ductum *SA* : deductum *R*   17 îs *ego* : his *SAR*   20 diductas *S* : de- *AR*

Quidam etiam infusci atque hirsuti reperiuntur, quorum pro habitu damnabis ingenium.

2 Nam duo sunt regum facies, duo corpora plebis:
alter erit maculis auro squalentibus ardens
et rutilis clarus squamis insignis et ore.

Atque hinc maxime probatur qui est melior, nam deterior, sordido sputo similis, tam foedus est quam

puluere ab alto
cum uenit et sicco terram spuit ore uiator,

et, ut idem ait,

desidia latamque trahens inglorius aluum.

Omnes igitur duces notae deterioris

dede neci, melior uacua sine regnet in aula.

3 Qui tamen et ipse spoliandus est alis ubi saepius cum examine suo conatur eruptione facta profugere. Nam uelut quadam compede retinebimus erronem ducem detractis alis, qui fugae destitutus praesidio finem regni non audet excedere, propter quod ne dicionis quidem suae populo permittit longius euagari.

11 Sed nonnumquam idem necandus est, cum uetus aluare numero apium destituitur, atque infrequentia eius alio quo examine replenda est. Itaque cum primo uere in eo uase nata est pullities, nouus rex eicitur ut multitudo sine discordia cum

3 *cf. Verg. Georg.* 4. 90–7 19 *Pall.* 7. 7. 8

1 infusci *SAR* (*cf.* 8. 2. 7 infuscae) : fusci *Pall.* : infuscati *M. Niedermann, TLL* 7. 1513. 61 4 alter erit *R, Verg.* : alterit *A* : alter r *S* 6 hinc *SA* : hic *R* 7 sordido . . . similis *secl. Richter, fort. recte* 16 erronem *SR** : errorem *AR** 18 ditionis *SR** : dictionis *AR** 19 idem S^2A : de S^1 : *om. R* uetus *R* : uetatus *SA* 20 alio quo *Linde* (*cf.* 9. 9. 6) : alia (alie S^1) quo S^2A : aliquo *R* 21 examine *R* : -na *SA* cum *R* : tum *SA* 22 eicitur *ego* (*cf.* 4. 6. 3, 8. 5. 1) : eligitur *SAR* : eliditur *ed. pr.*

parentibus suis conuersetur. Quod si nullam progeniem
tulerint faui, duas uel tres aluorum plebes in unam contribuere
licebit, sed prius respersas dulci liquore, tum demum includere,
et posito cibo, dum conuersari consuescant, exiguis spiramentis
relictis, triduo fere clausas habere.

Sunt qui seniorem potius regem summoueant, quod est 2
contrarium: quippe turba uetustior uelut quidam senatus
minoribus parere non censent, atque imperia ualidiorum
contumaciter spernendo poenis ac mortibus afficiuntur. Illi 3
quidem incommodo, quod iuueniori examini solet accidere,
cum antiquarum apium relictus a nobis rex senectute defecit, et
tamquam domino mortuo familia nimia licentia discordat,
facile occurritur. Nam ex îs aluis quae plures habent principes
dux unus eligitur, isque translatus ad eas quae sine imperio
sunt rector constituitur. Potest autem minore molestia in
îs domiciliis quae aliqua peste uexata sunt paucitas apium
emendari. Nam ubi cognita est clades, infrequentis alui si 4
†quod habet† fauos oportet considerare, tum deinde cerae eius
quae semina pullorum continet partem recidere, in qua regii
generis proles animatur. Est autem facilis conspectu, quoniam
fere in ipso fine cerarum uelut papilla uberis apparet eminentior et laxioris fistulae quam sunt reliqua foramina quibus
popularis notae pulli detinentur. Celsus quidem adfirmat in 5

17 *Pall.* 7. 7. 8–9 23 Celsus: *agr. fr.* 41 *Marx*

2 duas *R* : dius *SA* unam *SA* : unum *R* 6 *rubr.* VIIII (*om. A*) QUEMADMODVM FREQVENTANDAE SVNT ALVI QVAE EXIGVA HABENT EXAMINA submoueant *R* : summouent *S* : sunt moueat *A* 8 censent *S* : cessent *A* : necesse est *R* : censet *Linde* 9 contumaciter S^2R : coitu aciter S^1A, -tur a- *A* afficiuntur *R* : afficitur *SA* 10 iuueniori S^2R : inueniori S^1A : iuniori ς 13 occurritur *S* : discurritur *AR* iis *S* : his *AR* 15 minore molestia *R* : -rem -tiam *SA* 16 îs *ego* : his *SAR* uexata sunt *SA* : uexantur *R* 17 infrequentis *SR* : frequentis *A* : *fort.* in frequentis alui <ceris> (*cf. Pall.* considerabis in aliis abundantibus ceras) 18 quod (quos *R*) habet] quid abundet *Richter* : quae pullos habent *temptauerim* cerae eius *SA* : cerei *R* 21 apparet . . . laxioris *R* : *om. SA* 22 sunt *SA* : sint *R* 23 celsus *R* : celsus quae *SA*

extremis fauis transuersas fistulas esse, quae contineant regios pullos. Hyginus quoque auctoritatem Graecorum sequens negat ex uermiculo, ut ceteras apes, fieri ducem, sed in circuitu fauorum paulo maiora quam sunt plebei seminis inueniri erecta foramina, repleta quasi sorde rubri coloris, ex qua protinus alatus rex figuretur.

12 Est et illa uernaculi examinis cura, si forte praedicto tempore facta eruptione patriam fastidiens sedem longiorem fugam denuntiauit. Id autem significat, cum sic apis euadit uestibulum
2 ut nulla intro reuolet sed se confestim leuet sublimius. Crepitaculis aereis aut testarum plerumque uulgo iacentium terreatur fugiens iuuentus, eaque uel pauida cum repetierit aluum maternam et in eius aditu glomerata pependerit, uel statim se ad proximam frondem contulerit, protinus custos nouum loculamentum in hoc praeparatum perlinat intrinsecus praedictis herbis, deinde guttis mellis respersum admoueat,
3 tum manibus aut etiam trulla congregatas apes recondat. Atque uti debet adhibita cetera cura, diligenter conpositum et inlitum uas interim patiatur in eodem loco esse, dum aduesperascat. Primo deinde crepusculo transferat et reponat in ordinem
4 reliquarum aluorum. Oportet autem etiam uacua domicilia conlocata in apiariis habere, nam sunt nonnulla examina quae cum processerint statim sedem sibi quaerant in proximo eamque occupent quam uacantem reppererint.

2 Hyginus: *cf. Reitzenstein, p. 53* 7 *Pall. 7. 7. 9*

3 uermiculo ς : uernaculo *SR* : -cula *A* 4 sunt *SA* : sint *R* 5 erecta *ego* : recta *SAR* : tecta *Gesner* sorde *SR* : sordide *A* : sanie *Richter* 8 eruptione *R* : -nem *SA* patriam *R* : -ae *SA* sedem *R* : sedens sedem *SA* 10 intro reuolet S^1 : introire uolet S^2A^2R, ualet A^1 11 aereis *R* : aeris *SA* 12 eaque *SA* : eaque quae *R* 15 loculamentum *R* : locla- *S* : loca- *A* perlinat *S* : perliniat *AR* 21 reliquarum *SA* : -quorum *R* 23 processerint ς : -serunt *SAR* 24 eamque ς : eaque *SA* : eandemque *R* occupent *SA* : sibi oc- *R* uacantem S^2 : uocantem S^1A : uacuam *R* reppererint *ego* : re(p)pererunt *R* : repperunt S^1A : -riunt S^2

Haec fere adquirendarum atque etiam retinendarum apium
traditur cura.

Sequitur ut morbo uel pestilentia laborantibus remedia 13
desiderentur. Pestilentiae rara in apibus pernicies, nec tamen
aliud quam quod in cetero pecore praecipimus quid fieri possit
reperio, nisi ut longius alui transferantur. Morborum autem
facilius et causae dispiciuntur et inueniuntur medicinae.

Maximus †que uel minimus annuus† earum labor est initio 2
ueris, quo tithymalli floret frutex et quo samaras ulmi {semina
sua} promunt; nam quasi nouis pomis ita his primitiuis floribus
inlectae auide uescuntur post hibernam famem. Alioqui citra
satietatem tali nocente cibo cum se adfatim repleuerunt, profluuio alui, nisi celeriter succurritur, intereunt; nam tithymallus
maiorum quoque animalium uentrem soluit et proprie ulmus
apium. Eaque causa est cur in regionibus Italiae quae sunt eius
generis arboribus consitae raro frequentes durent apes. Itaque 3
ueris principio si medicatos cibos praebeas, isdem remediis et
prouideri potest ne tali peste uexentur et cum iam laborant
sanari. Nam illud quod Hyginus antiquos secutus auctores
prodidit, ipse non expertus adseuerare non audeo, uolentibus
tamen licebit experiri. Siquidem praecepit apium corpora, quae 4
cum eiusmodi pestis incessit sub fauis aceruatim enectae
reperiuntur, sicco loco per hiemem reposita circa aequinoctium
uernum, cum clementia diei suaserit, post horam tertiam in

8 *Pall. 4. 15. 1*   19 Hyginus: *cf. Reitzenstein, p. 53*   21 *Pall. 6. 10*

2 cura $S^{2}R$: crura $S^{1}A$ 3 *rubr.* X (*om. A*) REMEDIA MORBO LABORANTIVM   5 praecipimus *SA* : -cep- *R*   7 dispiciuntur *SA* : inspiciuntur *R*   8 maximusque (maximus autem ς) uel minimus annuus *SAR* : maximus (*Kleberg 1937*) uero omnibus annis *scripserim* (*cf. 8. 5. 24*)   9 quo samaras (sameram *iam Iucundus*) *Richter* : quos amaras *SA* : quo amara *R*   ulmi *R* : -mis *SA*   semina sua (*cf. 5. 6. 2*) *del. Iucundus* : *an* samaras *potius delendum?*   11 alioqui *SA* : -quin *R*   12 tali *R* : ptali *SA*   repleuerunt *SA* : -rint *R*   13 nam *SA* : nam et *R*   15 in regionibus italiae *R* : ingeniobus taliae *SA*   18 prouideri *R* : -re *SA*   19 antiquos SA^{2} : -quus A^{1} : maiores *R*   20 audeo *SA* : audet *R*   22 enectae *AR* : -ta *S*   23 reperiuntur $S^{2}R$: periuntur $S^{1}A$

solem proferre ficulneoque cinere obruere. Quo facto adfirmat intra duas horas, cum uiuido halitu caloris animatae sunt, resumpto spiritu, si praeparatum uas obiciatur, inrepere.
5 Nos magis ne intereant, quae deinceps dicturi sumus aegris examinibus adhibenda censemus. Nam uel grana mali Punici tunsa et uino Aminneo consparsa uel uuae passae cum rore Syriaco pari mensura pinsitae et austero uino insucatae dari debent; uel si per se ista frustrata sunt, omnia eadem aequis ponderibus in unum leuigata et fictili uaso cum Aminneo uino inferuefacta, mox etiam refrigerata ligneis canalibus
6 adponi. Nonnulli rorem marinum aqua mulsa decoctum cum gelauerunt, imbricibus infusum praebent libandum. Quidam bubulam uel hominis urinam, sicut Hyginus adfirmat, aluis adponunt.

7 Necnon etiam ille morbus maxime est conspicuus qui horridas contractasque carpit, cum frequenter aliae mortuarum corpora domiciliis efferunt, aliae intra tecta, ut publico luctu, maesto silentio torpent. Id cum accidit, harundineis infusi canalibus offeruntur cibi, maxime decocti mellis et cum galla uel arida rosa detriti. Galbanum etiam, ut eius odore medicentur, incendi conuenit, passoque et defruto uetere fessas
8 sustineri. Optime tamen facit amelli radix, cuius est frutex luteus, purpureus flos. Ea cum uetere Aminneo uino decocta exprimitur, et ita liquatus eius sucus datur. Hyginus quidem in

4 *Pall.* 4. 15. 1–2 13 Hyginus: *cf. Reitzenstein, p.* 53 24 Hyginus: *cf. Reitzenstein, p.* 53

---

1 quo *R* : qui *SA* 2 caloris *S* : coloris *AR* 3 inrepere *R* : inreferre *SA* 4 dicturi S^2R : dictu S^1 : -tum *A* 5 mali punici *R* : punica mali *SA* : -ci mali ς 6 consparsa *R* : -sam *SA* 7 syriaco *Iucundus* (*Pall.*) : sutorio *SAR* insucatae *R* : insucae *SA* 9 et *R* : *om. SA* uaso *SA* : uase *R* (*cf.* 9. 8. 10) 11 rorem ς : robore *SA* : ros *R* mulsa *R* (*Pall.*) : uelea *SA* decoctum *R* : decoctu *S* : -dem coctu *A* 15 morbus *R* : morbis *SA* 17 corpora *R* : corporis *SA* domiciliis *SA* : d- suis *R* intra tecta S^2R : intracta S^1A 18 maesto S^2R : esto S^1A 19 galla *R* : galle *SA* 21 uetere fessas *R* : -res fossas *SA* 22 sustineri *ego* : -re *SAR* 23 decocta *S* : -to *AR*

eo libro quem de apibus scripsit, Aristomachus, inquit, hoc
modo succurrendum laborantibus existimat, primum ut omnes
uitiosi faui tollantur, et cibus ex integro recens ponatur, deinde
ut fumigentur. Prodesse etiam putat apibus uetustate corruptis 9
examen nouum contribuere; quamuis periculosum sit ne
seditione consumantur, uerumtamen adiecta multitudine
laetantur. Sed ut concordes maneant, earum apium quae ex alio
domicilio transferuntur quasi peregrinae plebis reges sum-
moueri debent. Nec tamen dubium quin frequentissimorum
examinum faui, qui iam maturos habent pullos, transferri et
subici paucioribus debeant, ut tamquam nouae prolis adoptione
domicilia confirmentur. Sed id cum fiet, animaduertendum 10
est ut eos fauos subiciamus quorum pulli iam sedes suas adape-
riunt, et uelut opercula foraminum obductas ceras erodunt
exserentes capita; nam si fauos immaturo fetu transtulerimus,
emorientur pulli cum foueri desierint.

Saepe etiam uitio quod φαγέδαιναν Graeci uocant intereunt; 11
siquidem cum sit haec apium consuetudo ut prius tantum
cerarum confingant quantum putent explere posse, non-
numquam euenit, consummatis operibus cereis, ut dum
examen conquirendi mellis causa longius euagatur, subitis
imbribus aut turbinibus in siluis opprimatur et maiorem
partem plebis amittat. Quod ubi factum est, reliqua paucitas

4 *Pall.* 7. 7. 8–9 12 *Pall.* 4. 15. 2

3 cibus ex *R* : ciuis et *SA* 5 contribuere *SAR** : constituere *R** periculosum *SA* : -lo *R* 7 laetantur *Josephson, Verdière* : letatur *S*^{2} : l(a)etatura *S*^{1}*AR* 8 plebis *R* : plebes *SA* reges (regi *SA*) summoueri *ego* : ↔ *R* 9 debent *SA* : debere *R* 12 id ς : sit *SA* : et *R* 13 est *R* : *om. SA* 14 et *R* : ut ς : *om. SA* erodunt *R* : produnt *S*, -dun *A* 15 immaturo *R* : -ros *SA* 17 φαγεδαιναν *uel sim. aut ante aut post* Graeci *R* : φαγεδεναν *ut hic SA* 18 sit *R* : sint *SA* 19 confingant *S* : contingant *A* : configant *R* putent *SA* : putant *R* posse *SA* : se posse *R* 20 euenit *SA* : e- ut *R* consummatis *Gesner* : consummas *A*, cum- *S* : consumatis *R* dum *SA* : *om. R* 21 conquirendi *R* : -dis *SA* euagatur *SA* : -tum *R* 22 turbinibus *S*^{2}*R* : turnibus *S*^{1}*A* opprimatur *SA* : -mantur *R* 23 reliqua *R* : aliqua *SA*

fauis conplendis non sufficit, tumque uacuae cerarum partes conputrescunt, et uitiis paulatim serpentibus corrupto melle
12 ipsae quoque apes intereunt. Id ne fiat, uel duo populi coniungi debent, qui possint adhuc integras ceras explere, uel si non est facultas alterius examinis, ipsos fauos, antequam putrescant, uacuis partibus acutissimo ferro liberare. Nam hoc quoque refert, ne admotum hebes ferramentum (quia non facile penetret) uehementius inpressum fauos sedibus suis commoueat, quod si factum est apes domicilium derelinquunt.

13 Est et illa causa interitus quod interdum continuis pluuiis plurimi flores proueniunt et apes magis mellificîs quam fetibus student. Itaque nonnulli, quibus minor est harum rerum scientia, magis fructibus delectantur, ignorantes exitium apibus imminere, quae et nimio fatigatae opere plurimae pereunt, nec ullis iuuentutis supplementis confrequentatae nouissime
14 reliquae intereunt. Itaque si tale uer incessit, ut {et} prata <atque> etiam pascua floribus abundent, utilissimum est tertio quoque die exiguis foraminibus relictis, per quae possint spirare, aluorum exitus praecludi, ut ab opere mellifici auocatae apes, quoniam non sperent se posse ceras omnis liquoribus stipare, fetibus expleant.

14 Atque haec fere sunt examinum uitio laborantium remedia; deinceps illa totius anni cura, ut idem Hyginus commodissime

10 *Pall. 4. 15. 3* 22 *Pall. 4. 15. 4* 23 Hyginus: *cf. Reitzenstein, p. 53*

2 conputrescunt R^* : cum putrescunt R^* : cum *S* : patescunt *A* corrupto *R* : -ta *SA* 3 uel *SA* : *om. R* 7 hebes S^2R : habes S^1A 8 inpressum *S* : -sos *AR* 10 pluuiis *Corsetti** : annis *SAR* 11 melleficis] melleficio *Richter* 12 harum S^2R : arum S^1A 14 imminere *R* : -nore *SA* 16 prata atque etiam pascua *ego* : et prata etiam parua *SA* : et pr- et arua *R* 18 possint spirare *ego* : possint ere per *S* : possint creper *A* : possit *R* : possint exire *ed. pr.* : non possint exire *Iucundus* : non possint erepere *Linde* 19 praecludi S^2R : -dit S^1A ab opere *R* : alueo fere *SA* 20 auocatae *SA* : euo- *R* non sperent se *SA* : se non sperent *R* 22 *rubr.* XI (*om. A*) QVID QVOQVE TEMPORE FACIANT APES ET PER TEMPORA ANNI QVID CVRATOR FACERE DEBEAT

prodidit. Ab aequinoctio primo, quod mense Martio circa VIII Kalendas Aprilis in octaua parte Arietis conficitur, ad ortum Vergiliarum dies uerni temporis habentur duodequinquaginta. Per hos primum ait apes curandas esse adapertis alueis, ut omnia purgamenta quae sunt hiberno tempore congesta eximantur, et araneis qui fauos conrumpunt detractis fumus immittatur factus incenso bubulo fimo (hic enim quasi quadam cognatione generis maxime est apibus aptus). Vermiculi 2
quoque qui tiniae uocantur, item papiliones enecandi sunt. Quae pestes plerumque fauis adhaerentes decidunt, si fimo medullam bubulam misceas, et his incensis nidorem admoueas. Hac cura per id tempus quod diximus examina firmabuntur, eoque fortius operibus inseruient. Verum maxime 3
custodiendum est curatori qui apes nutrit, <ut> cum aluos tractare debebit, utique pridie castus ab rebus ueneriis neue temulentus nec nisi lotus ad eas accedat, abstineatque fere omnibus redolentibus esculentis, ut sunt salsamenta et eorum omnium liquamina, itemque foetentibus acrimoniis alii uel caeparum ceterarumque rerum similium.

Vndequinquagesimo die ab aequinoctio uerno, cum fit Ver- 4
giliarum exortus circa V Idus Maias, incipiunt examina uiribus et numero augeri. Sed et isdem diebus intereunt quae paucas et aegras apes habent. Eodemque tempore progenerantur in extremis partibus fauorum amplioris magnitudinis quam sunt ceterae apes, eosque nonnulli putant esse reges; uerum quidam Graecorum auctores *οἴστρους* appellant, ab eo quod exagitent

2 ortum *S* : octu *A* : exortum *R*   3 dies S^2R : dis S^1A duode- *SA* : duo et *R*   7 factus *SA* : facto *R*   fimo *AR* : fimi *S*   11 incensis *R* : inpensis *SA*   13 eoque *Richter* : eaque *SAR*   14 ut *addidi*   15 utique] uti *Iucundus*   16 temulentus A^2R : -lestus A^1 : te molestus S^1, ste m- S^2 fere *R* : *om. SA, fort. recte*   17 salsamenta A^2R : salament SA^1 18 liquamina S^2 : ali- S^1A^1 : eli- A^2R 19 ceparum ceterarumque *R* : ceparumque S^1A : -rum rerumque S^2 20 fit *SA* : sit *R*   23 in *R* : et *SA*   26 *οιστρους* *SA* : *om. R*

nec patiantur examina conquiescere; itaque praecipiunt eos enecari.

5 Ab exortu Vergiliarum ad solstitium, quod fit ultimo mense Iunio circa octauam partem Cancri, fere examinant alui. Quo tempore uehementius custodiri debent, ne nouae suboles diffugiant. Tumque peracto solstitio usque ad ortum Caniculae, qui fere dies triginta sunt, pariter et frumenta et faui demetuntur. Sed hi quemadmodum tolli debeant mox dicetur
6 cum de confectura mellis praecipiemus. Ceterum hoc eodem tempore progenerari posse apes iuuenco perempto Democritus et Mago nec minus Vergilius prodiderunt. Mago quidem uentribus etiam bubulis idem fieri adfirmat, quam rationem diligentius prosequi superuacuum puto, consentiens Celso, qui prudentissime ait non tanto interitu pecus istud amitti ut sic requirendum sit.

7 Verum hoc tempore et usque in autumni aequinoctium decimo quoque die alui aperiendae et fumigandae sunt. Quod cum sit molestum examinibus, saluberrimum tamen esse conuenit. Suffitas deinde et aestuantis apes refrigerari oportet, consparsis uacuis partibus aluorum et †rectissimi rigoris† aqua infusa; deinde si quid ablui non poterit, pinnis aquilae, uel etiam cuiuslibet uasti alitis, quae rigorem habent emundari; |
8 praeterea ut tiniae, si apparuerint, euerrantur papilionesque necentur, qui plerumque intra aluos morantes apibus exitio

10 Democritus: *[Dem.] fr. 80 Wellmann* 11 Mago: *fr. 46 Speranza* Vergilius: *Georg. 4. 284–5* 13 Celso: *agr. fr. 42 Marx* 23 *Pall. 5. 7. 7*

7 et^1 *SA* : *om. R* 8 demetuntur *R* (*cf. c. 15. 4, 12*) : demuntur *SA* hi quemadmodum *R* : hiemadmodum *SA* 9 *post* mellis *add.* dicetur *S* : dicetur cum supra *A* 10 progenerari *R* : -rare *SA* 11 mago *A*^{2}*R* : magno *SA*^{1} 18 sit *R* : sint *SA* 19 refrigerari *Holford-Strevens* : -rare *SAR* 20 rectissimi] recentissimi ς : <quam> recentissimi *Iucundus* : *an* recentissima (*cf. 12. 9. 2*)? rigoris *uix ferendum insequente* rigorem : frigoris *scripsissem, nisi* recentissimi frigoris aqua *displicuisset* 22 rigorem *S*^{2}*R* : rigore *S*^{1}*A* 23 si apparuerint *R* : *om. SA* euerrantur *R* : uerrantur *SA* 24 necentur *S*^{2}A : -cem- *S*^{1} : enecentur *R*

sunt, nam et ceras erodunt et stercore suo uermes progenerant,
quos aluorum tinias appellamus. Itaque quo tempore maluae 9
florent, cum est eorum maxima multitudo, si uas aeneum simile miliario uespere ponatur inter aluos et in fundum eius lumen aliquod demittatur, undique papiliones concurrant, dumque circa flammulam uolitent adurantur, quoniam nec facile ex angusto susum euolent, nec rursus longius ab igne possint recedere, cum lateribus aeneis circumueniantur, ideoque propinquo ardore consumantur.

A Canicula fere post diem quinquagesimum Arcturus oritur, 10
cum inroratis floribus thymi et cunelae thymbraeque apes mella conficiunt, atque optimae notae <mel> maturescit autumni aequinoctio, quod est ante Kalendas Octobris cum octauam partem Librae Sol attigit. Sed inter Caniculae et Arcturi exortum cauendum erit ne apes intercipiantur uiolentia crabronum qui ante aluearia plerumque obsidiantur prodeuntibus.

Post Arcturi exortum circa aequinoctium Librae, sicut dixi, 11
fauorum secunda est exemptio. Ab aequinoctio deinde, quod conficitur circa VIII Kalendas Octobris, ad Vergiliarum occasum diebus XL ex floribus tamaricis et siluestribus frutectis apes collecta mella cibariis hibernis reponunt. Quibus nihil est omnino detrahendum, ne saepius iniuria contristatae uelut desperatione rerum profugiant.

Ab occasu Vergiliarum ad brumam, quae fere conficitur circa 12
VIII Kalendas Ianuarii in octaua parte Capricorni, iam recondito

1 ceras *R* : ceteras *S* : -ros *A*   3 eorum *SA* : earum *R*   4 simile *R* : -lem *SA*   5 *ante* undique *add.* efficitur ut *Richter*   concurrant *SA* : -rent *R*   7 susum *SA* : sursum *R*   8 possint *Richter* : possunt *SAR*   9 consumantur *R* : -matur *SA*   10 canicula *R* : -le *SA*   arcturus $A^{2}R$: acturus SA^{1} 11 cunelae $S^{2}R$: culae $S^{1}A$ 12 atque *SA* : idque *R*   mel maturescit *ego duce Schneidero* : nitescit *S* : enit- *A* : emitescit *R*   20 quod *R* : cum *SA*   21 tamaricis *R* (tamarici *Pall.*) : amaracis *SA*   frutectis *SA* : fructetis *R*   22 hibernis *scripsi* (*cf.* 2. 10. 22, 9. 14. 18), *nisi* hiemalibus *malis* : hiemis *SAR*   25 conficitur *R* : -fing- *SA*

melle utuntur examina. Nec me fallit Hipparchi ratio, quae docet solstitia et aequinoctia non octauis sed primis partibus signorum confici. Verum in hac ruris disciplina sequor nunc Eudoxi et Metonis antiquorumque fastus astrologorum qui sunt aptati publicis sacrificiis, quia et notior est ista ueteribus agricolis concepta opinio, nec tanta Hipparchi subtilitas
13 pinguioribus, ut aiunt, rusticorum litteris necessaria est. Ergo Vergiliarum occasu primo statim conueniet aperire aluos et depurgare quicquid immundi est diligentiusque curare, quoniam per tempora hiemis non expedit mouere aut patefacere uasa. Quam ob causam dum adhuc autumno apes quiescunt, apricissimo die purgatis domiciliis opercula intus usque ad fauos admouenda sunt, omni uacua parte sedis exclusa, quo facilius angustiae cauearum per hiemem concalescant. Idque semper faciendum est etiam in îs aluis quae paucitate plebis
14 infrequentes sunt. Quicquid deinde rimarum est aut foraminum luto et fimo bubulo mixtis inlinemus extrinsecus, nec nisi aditus quibus commeent relinquemus. Et quamuis porticu protecta uasa nihilominus congestu culmorum et frondium supertegemus, quantumque res patietur a frigore et tempestatibus muniemus.

15 Quidam exemptis interaneis occisas aues intus includunt, quae tempore hiberno plumis suis delitescentibus apibus praebent teporem. Tum etiam, si sunt absumpta cibaria, commode pascuntur esurientes, nec nisi ossa earum relinquunt.

7 pinguioribus . . . litteris: *cf. 1. pr. 33, 11. 1. 32* pingui Minerua (*Otto no. 1120*) *Pall. 12. 8. 1–2*

---

4 met(h)onis *R* : mentonis *SA* fastus ς : fatus *SAR* 5 aptati *R* : -tis *S* : -tus *A* ueteribus *ego* : uetus *SAR* 6 tanta *ego* : tamen *SAR* : *an* (*e. c.*) tam <sollers>? 8 conueniet *R* : -at *SA* 11 autumno *ego* (*cf. 2. 14. 3*) : -ni *SAR* apes quiescunt *ego* : requiescunt *SA* : reliquiae sunt *R* 22 inteṛaneis S^2R interraneis SA^1 23 delitescentibus A^2R : -litisc- SA^1 24 absumpta ς : ads- *SAR* 25 ossa *R* : oss S^2A : os S^1

Sin autem faui suffecere, permanent inlibatae, nec quamuis amantissimas munditiarum offendunt odore suo. Melius tamen nos existimamus tempore hiberno fame laborantibus ad ipsos aditus in canaliculis uel contusam et aqua madefactam ficum aridam uel defrutum aut passum praebere. Quibus liquoribus mundam lanam imbuere oportebit, ut insistentes apes quasi per siphonem sucum euocent. Vuas etiam passas cum 16
infregerimus, paulum aqua respersas probe dabimus. Atque his cibariis non solum hieme, sed etiam quibus temporibus, ut iam supra dixi, tithymallus atque ulmi florebunt, sustinendae sunt.

Post confectam brumam diebus fere quadraginta quicquid 17
est repositum mellis, nisi liberalius relictum, consumunt; saepe etiam uacuatis ceris usque in ortum fere Arcturi, qui est ab Idibus Februariis, ieiunae fauis accubantes torpent more serpentium et quiete sua spiritum conseruant. Quem tamen ne amittant, si longior fames incesserit, optimum est per aditum uestibuli siphonibus dulcia liquamina inmittere et ita paenuriam temporum sustinere, dum Arcturi ortus et hirundinis aduentus commodiores polliceantur futuras tempestates. Itaque post hoc tempus, cum diei permittit hilaritas, procedere 18
audent in pascua. Nam ab aequinoctio uerno sine cunctatione iam passim uagantur, et idoneos ad fetum decerpunt flores atque intra tecta conportant.

Haec obseruanda per anni tempora diligentissime Hyginus praecepit. Ceterum illa Celsus adicit, paucis locis eam felicitatem suppetere ut apibus alia pabula hiberna atque alia praebeantur aestiua. Itaque quibus locis post ueris tempora 19

25 Celsus: *agr. fr.* 43 *Marx*

1 suffecere S^2 : sufficere S^1A, -cerent *R* : sufficient *Iucundus* 2 amantissimas *R* : man- *SA* 3 nos *SA* : esse nos *R* 10 dixi S^2R : dixit S^1A atque *SA* : atque etiam *R* sustinendae *R* : -da *SA* 12 repositum *Linde* : -ta *S* : -tam *A* : -ti *R* 16 amittant *R* : -tam *SA* 21 ab *R* : *om. SA* 25 praecepit *SA* : -cip- *R* 26 felicitatem suppetere *R* : *om. SA* 27 post ueris *R* : potueris si *SA*

flores idonei deficiunt, negat oportere immota examina relinqui, sed uernis pastionibus absumptis in ea loca transferri quae serotinis floribus thymi et origani thymbraeque benignius apes alere possint. Quod fieri ait et Achaiae regionibus ubi transferuntur in Atticas pastiones et Euboea, et rursus in insulis Cycladibus cum ex aliis transportantur Scyrum, nec minus in Sicilia cum ex reliquis eius partibus in Hyblaeam conferuntur.
20 Idemque ait ex floribus ceras fieri, ex matutino rore mella, quae tanto meliorem qualitatem capiunt quanto iucundiore sit materia cera confecta. Sed ante translationem diligenter aluos inspicere praecipit, ueteresque et tiniosos et labantis fauos eximere, nec nisi paucos et optimos reseruare, ut simul etiam ex meliore flore quam plurimi fiant, eaque uasa quae quis transferre uelit non nisi noctibus et sine concussione portare.

15 Mox uere transacto sequitur, ut dixi, mellis uindemia, propter quam totius anni labor exercetur. Eius maturitas intellegitur cum animaduertimus fucos ab apibus expelli ac fugari. Quod est genus amplioris incrementi simillimum api, sed, ut ait Vergilius,

ignauum fucos pecus

2 et immune, sine industria fauis adsidens; | nam neque alimenta congerit et ab aliis inuecta consumit. Verumtamen ad procreationem subolis conferre aliquid hi fuci uidentur, insidentes seminibus quibus apes figurantur. Itaque ad fouendam et educandam nouam prolem familiarius admittuntur;

15 *Pall. 7. 7.* 19 Vergilius: *Georg. 4. 168* (= *Aen. 1. 435*) 21 et immune: *cf. Georg. 4. 244*

2 absumptis *R* : ads- *SA* 6 scyrum *ed. pr.* : syrum *SAR* 8 ex² *R* : ea *SA* 9 iucundiore *R* : -dior *SA* 11 praecipit *R** : -cep- *SAR** labantis *R* : labentis *A* : lauentis *S* 13 etiam *R* : et et *S* : ei etiam *A* : et <noui> et *Richter* 15 *rubr.* XII (*om. A*) DE MELLE CONFICIENDO ET QVEMADMODVM CASTRARI DEBEANT ALVI uindemia *R* : -am *SA* 19 api sed *S* : apis et *AR* 21 et immune *R* : etiam rure *SA* 25 et educandam *R* : *om. SA*

excusis deinde pullis extra tecta proturbantur, et, ut idem
ait, praesepibus arceantur. Hos quidam praecipiunt in totum 3
exterminari oportere; quod ego Magoni consentiens faciendum
non censeo, uerum saeuitiae modum adhibendum. Nam nec
ad occidionem gens interemenda est, ne apes inertia laborent,
quae cum fuci aliquam partem cibariorum absumunt, sarciendo
damna fiunt agiliores. Nec rursus multitudinem praedonum
conualescere patiendum est, ne uniuersas opes alienas diri-
piant. Ergo cum rixam fucorum et apium saepius committi 4
uideris, adapertas aluos inspicies, ut siue semipleni faui sint
differantur, siue iam liquore conpleti et superpositis ceris
tamquam operculis obliti demetantur.

Dies uero castrandi fere matutinus occupandus est; neque
enim conuenit aestu medio exasperatas apes lacessi. Duobus
autem ferramentis ad hunc usum opus est, sesquipedali uel
paulo ampliore mensura factis, quorum alterum sit culter
oblongus ex utraque parte acie lata, alterum uno capite adun-
cum scalprum {alterum} prima fronte planum et acutissimum,
quo melius hoc faui subsecentur, illo eradantur et quidquid
sordium deciderit attrahatur. Sed ubi a posteriore parte qua 5
nullum est uestibulum, patefactum fuerit aluare, fumum
admouebimus factum galbano uel arido <bubulo> fimo. Ea
porro uase fictili prunis inmixta conduntur, idque uas
ansatum simile angustae ollae figuratur ita, ut pars altera sit
acutior per quam modico foramine fumus emanet, altera latior

2 praesepibus arcentur: *cf. Georg.* 4. *168* 3 Magoni: *fr.* 47 *Speranza*
20 *Pall.* 7. 7. 2

1 excusis *ego* (*cf.* 8. 2. 12, 8. 5. 7, 8, 8. 8. 7) : exclusis *SAR* 2 praesepibus *Kleberg 1938* : a praesepibus *R* : presepius *SA* 3 oportere *R* : -ret *SA* 4 saeuitiae *R* : -tae *SA* 5 interemenda $S^{1}A$: interim- $S^{2}R$ 8 conualescere *Gesner* : coalescere *SAR* uniuersas *R* : unsas *SA* opes *R* : apes *SA* 10 inspicies *R* : -ciens *SA* 14 lacessi *SA* : lacessiri *R* 17 alterum *post* lata *Richter*, *post* oblongus *SA* : *om. R* 18 alterum *del. Richter* 19 subsecentur *SA* : succidantur *R* 20 sordium *R* : sordidum *SA* 22 bubulo *addidi ex Pall.* (*cf.* 9. 14. 1) 24 ita ut *R* : *om. SA*

6 et ore paulo patentiore per quam possit adflari. Talis olla cum
est aluari obiecta, spiritu admoto fumus ad apes promouetur,
quae confestim nidoris inpatientes in priorem partem domicilii
et interdum extra uestibulum se conferunt.

Atque ubi potestas facta est liberius inspiciendi, fere, si duo
7 sunt examina, duo genera quoque fauorum inueniuntur. Nam
etiam in concordia suum quaeque plebs morem figurandi ceras
fingendique seruant. Sed omnes faui semper cauearum tectis
et paululum ab lateribus adhaerentes dependent ita, ne solum
8 contingant, quoniam id praebet examinibus iter. Ceterum
figura cerarum talis est qualis et habitus domicilii; nam et quad-
rata et rotunda spatia nec minus longa suam speciem uelut
formae quaedam fauis praebent, ideoque non semper eiusdem
figurae reperiuntur faui. Sed hi qualescumque sunt, non omnes
eximantur. Nam priore messe, dum adhuc rura pastionibus
abundant, quinta pars fauorum, posteriore, cum iam metuitur
9 hiemps, tertia relinquenda est. Atque hic tamen modus non est
in omnibus regionibus certus, quoniam pro multitudine florum
et ubertate pabuli apibus consulendum est.

Ac si cerae dependentes in longitudinem decurrunt, eo ferra-
mento quod simile est cultro insecandi sunt faui, deinde subiec-
tis duobus bracchiis excipiendi atque ita promendi. Sin autem
transuersi tectis cauearum inhaerent, tunc scalprato ferra-
10 mento est opus ut aduersa fronte inpressi desecentur. Eximi
autem debent ueteres uel uitiosi, et relinqui maxime integri
ac melle pleni et si qui tamen pullos continent, ut examini
progenerando reseruentur.

10 *Pall.* 7. 7. 1 24 *Pall.* 7. 7. 3

1 patentiore *R* : latiore *SA* 2 aluari *Josephson* : albario *SA* : albea- *R* : alueari ς admoto *R* : -tu *SA* promouetur *R* : promeourunt *S* : promourunt *A* : promouerunt ς 6 fauorum *R* : pau- *SA* 7 in concordia suum *R* : incordia sunt *SA* 8 seruant *SA* (*cf.* 8. 8. 3) : seruat *R* 13 eiusdem *R* : eius quem *SA* 14 reperiuntur faui *R* : periuntur fauis *SA* sunt *S* : sint *AR* 17 hiemps *SA* : hiems *R* 21 simile est *SA* : ↔ *R*

Omnis deinde copia fauorum conferenda est in eum locum in quo mel conficere uoles, linendaque sunt diligenter foramina parietum et fenestrarum, ne quid sit apibus peruium, quae uelut amissas opes suas pertinaciter uestigant et persecutae consumunt. Itaque ex isdem rebus fumus etiam in aditu loci faciendus est, qui propulset intrare temptantis.

Castratae deinde alui si quae transuersos fauos in aditu habe- 11
bunt conuertendae erunt, ut alterna uice posteriores partes uestibula fiant. Sic enim proxime cum castrabuntur, ueteres potius faui quam noui eximentur, ceraeque renouabuntur, quae tanto deteriores sunt quanto uetustiores. Quod si forte aluaria circumstructa et immobilia fuerint, curae erit nobis ut semper modo a posteriore modo a priore parte castrentur.

Idque fieri ante diei quintam horam debebit, deinde repeti uel post nonam uel postero mane. Sed quotcumque faui sunt 12
demessi, eodem die dum tepent conficere mel conuenit. Saligneus qualus uel tenui uimine rarius contextus saccus, inuersae metae similis, qualis est quo uinum liquatur, obscuro loco suspenditur. In eum deinde carptim congeruntur faui. Sed adhibenda cura est ut separentur eae partes cerarum quae uel pullos habent uel rubras sordes; nam sunt mali saporis et suco suo mella corrumpunt. Deinde ubi liquatum mel in subiectum 13
alueum defluxit, transfertur in uasa fictilia, quae paucis diebus aperta sint dum musteus fructus deferuescat, isque saepius ligula purgandus est. Mox deinde fragmina fauorum, quae in sacco retractata remanserunt, exprimuntur. Atque id secundae notae mel defluit et ab diligentioribus seorsum reponitur, ne quod est primi saporis hoc adhibito fiat deterius.

6 propulset A^1R^* : -sent SA^2R^* 9 uestibula *R* : -lo *SA* cum *R* : *om.* *SA* ueteres . . . 10 renouabuntur *R* : *om.* *SA* 16 demessi *R* : demissi *S* : demisi *A* conficere mel *SA* : mella conficere *R* 19 carptim *R* : carpti *SA* faui *R* : fauis *SA* 21 rubras *R* : rubas *SA* suco suo *R* : ↔ *S*, (suca) *A* 23 transfertur *R* : -feretur *SA* : -feratur ς 26 retractata remanserunt *SA* : ↔ *R* id *R* : in *SA*

16 Cerae fructus quamuis aeris exigui non tamen omittendus est, cum sit eius usus ad multa necessarius. Expressae fauorum reliquiae, posteaquam diligenter aqua dulci perlutae sunt, in uas aeneum coiciuntur; adiecta deinde aqua liquantur ignibus. Quod ubi factum est, cera per stramenta uel iuncos defusa colatur atque iterum similiter de integro coquitur et in quas quis uoluit formas aqua prius adiecta defunditur. Eamque concretam facile est eximere, quoniam qui subest umor non patitur formis inhaerere.

2 Sed iam consummata disputatione de uillaticis pecudibus atque pastionibus, quae reliqua nobis rusticarum rerum pars superest, de cultu hortorum, P. Siluine, deinceps ita ut et tibi et Gallioni nostro conplacuerat, in carmen conferemus.

1 *Pall.* 7. 7. 4

1 *rubr.* XIII (*om. A*) DE CERA FACIENDA 4 coiciuntur *S* : coni(i)untur *AR* 5 stra(g)menta *R* : stramen *SA* 7 quis *SA* : quisque *R* aqua prius *R* : aquarius *SA* L.IVNI MODERATI COLVMELLAE REI RVSTICAE LIBRE X EXPLICIT *SAR*

LIBER DECIMVS

CEPVRICVS DE CVLTV HORTORVM

FAENORIS tui, Siluine, quod stipulanti spoponderam tibi, **Praefatio**
reliquam pensiunculam percipe; nam superioribus nouem libris hac minus parte debitum, quod nunc persoluo, reddideram. Superest ergo cultus hortorum segnis ac neglectus quondam ueteribus agricolis, nunc uel celeberrimus. Siquidem cum parcior apud priscos esset frugalitas, largior tamen pauperibus fuit usus epularum, lactis copia ferinaque ac domesticarum pecudum carne uelut aqua frumentoque summis atque humillimis uictum tolerantibus. Mox cum sequens et praecipue 2
nostra aetas dapibus libidinosa pretia constituerit, cenaeque non naturalibus desideriis sed censibus aestimentur, plebeia paupertas summota <a> pretiosioribus cibis ad uulgares compellitur.

Quare cultus hortorum, quoniam eorum fructus magis in usu 3
est, diligentius nobis quam tradidere maiores praecipiendus est; isque, sicut institueram, prorsa oratione prioribus subnecteretur exordiis, nisi propositum meum expugnasset frequens postulatio tua, quae peruicit ut poeticis numeris explerem

Inscriptio deest (u. ad calcem lib. 9) SA 3 hac *S* : ac *AR* 7 copia *R* : copa *S* : capa *A* ferinaque *R* : -naeque *SA* 9 cum sequens *SA* : consequens *R* praecipue *SA* : -a *R* 10 nostra *R* : nostrae *SA* libidinosa *S* : -se *A* : -sis *R* 11 naturalibus *R* : naturalius *SA* 12 <a> *Iucundus* 14 quoniam] quorum *Lundström* eorum *ego* : et *R* : *om. SA* : iam *Lundström* 16 prorsa *Lundström* : prorsus *SA* : prosa *R* oratione prioribus *R* : *om. SA* 18 peruicit *R* : praecepit *SA*

georgici carminis omissas partis, quas tamen et ipse Vergilius significauerat posteris se memorandas relinquere. Neque enim aliter istud nobis fuerat audendum quam ex uoluntate uatis
4 maxime uenerandi. Cuius quasi numine instigante pigre sine dubio propter difficultatem operis, uerumtamen non sine spe prosperi successus adgressi sumus tenuem admodum et paene uiduatam corpore materiam, quae tam exilis est ut in consummatione quidem totius operis adnumerari ueluti particula possit laboris nostri, per se uero et quasi suis finibus terminata nullo modo speciose conspici. Nam etsi multa sunt eius quasi membra, de quibus aliquid possumus effari, tamen eadem tam exigua sunt, quod aiunt Graeci, ut ex inconprehensibili
5 paruitate harenae funis effici non possit. Quare quicquid est istud quod elucubrauimus, adeo propriam sibi laudem non uindicat, ut boni consulat si non sit dedecori prius editis a me scriptorum monumentis. Sed iam praefari desinamus.

Hortorum quoque te cultus, Siluine, docebo
atque ea quae quondam spatiis exclusus iniquis,
cum caneret laetas segetes et munera Bacchi
et te, magna Pales, necnon caelestia mella,
Vergilius nobis post se memoranda reliquit.
Principio sedem numeroso praebeat horto
pinguis ager putres glaebas resolutaque terga
qui gerit et fossus gracilis imitatur harenas,
atque habilis natura soli quae gramine laeto
parturit et rutilas ebuli creat uuida bacas;
nam neque sicca placet nec quae stagnata palude

1 Vergilius: *Georg. 4. 418* 12 Graeci: *cf. Otto no. 791*

4 instigante *R* : castigante *SA* 8 ueluti *Schneider* : uelut in *SAR* : uelut ς 10 -si multa S^2R : simul S^1A 11 tamen *R* : et tamen *SA* : at tamen *Richter* 12 quod aiunt greci ut *SAR* : ut q- a- G- *Iucundus* 14 adeo *SA* : ideo *R*

carmen 5 Vergilius: *Georg. 4. 418*

carmen 7 putres glaebas *R* : putris glaebae *SA* terga *R* : terra *SA* 11 nec quae *R* : sed nec *S* : nec *A*

perpetitur querulae semper conuicia ranae.
Tum quae sponte sua frondosas educat ulmos
palmitibusque feris laetatur, et aspera siluis
achrados aut pruni lapidosis obruta pomis
gaudet, et iniussi consternitur ubere mali;
sed negat elleboros et noxia carbasa suco,
nec patitur taxos, nec strenua toxica sudat,
quamuis semihominis uesano gramine feta
mandragorae pariat flores maestamque cicutam
nec manibus mitis ferulas nec cruribus aequa
terga rubi spinisque ferat paliuron acutis.
Vicini quoque sint amnes, quos incola durus
attrahat auxilio semper sitientibus hortis,
aut fons inlacrimet putei non sede profunda,
ne grauis hausuris tendentibus ilia uellat.
Talis humus uel parietibus uel saepibus hirtis
claudatur, ne sit pecori neu peruia furi.
Nec tibi Daedaliae quaerantur munera dextrae,
nec Polyclitea nec Phradmonis aut Ageladae
arte laboretur, sed trunco forte dolato
arboris antiquae numen uenerare Priapi
terribilis membro, medius qui semper in horto
inguinibus puero, praedoni falce minetur.
  Ergo age nunc cultus et tempora quaeque serendis
seminibus, quae cura satis, quo sidere primum
nascantur flores Paestique rosaria gemment,
quo Bacchi genus aut aliena stirpe grauata
mitis adoptatis curuetur frugibus arbos,
Pierides tenui deducite carmine Musae.

15 achrados ς : achradis S^2R : achar- S^1 : aclaradis *A* 16 iniussi ς : -sa *SA* : -su *R* 17 negat S^2R : necat S^1A carbasa *S* : -sia *A* : galbana *R* 19 feta *SR** : foetu *AR** 21 aequa *SA* : aequae *R* 22 terga] texta *Schrader* rubi *SA* : rubis *R* 27 hirtis *R* : hitis *SA* 28 ne *SA* : neu *R* 29 nec *SA* : neu *R* 30 Phradmonis (frad- ς) *ed.* 1521 : phragmonis (frag- *S*) *SAR* 31 trunco ... dolato *Goodyear* : -cum ... -tum *SAR* 33 membro (*Holford-Strevens*) medius *scripsi* : membri medio *SAR* 37 pestique *R* : festaque *S* : festique *A*

Oceani sitiens cum iam Canis hauserit undas
et paribus Titan orbem librauerit horis,
cum satur Autumnus quassans sua tempora pomis
sordidus et musto spumantis exprimet uuas,
tum mihi ferrato uersetur robore palae
dulcis humus, si iam pluuiis defessa madebit.
At si cruda manet caelo durata sereno,
tum iussi ueniant decliui tramite riui,
terra bibat fontis et hiantia compleat ora.
Quod si nec caeli nec campi competit umor
ingeniumque loci uel Iuppiter abnegat imbrem,
expectetur hiemps, dum Bacchi Cnosius ardor
aequore caeruleo celetur uertice mundi,
solis et aduersos metuant Atlantides ortus.
Atque ubi iam tuto necdum confisus Olympo
sed trepidus profugit chelas et spicula Phoebus
dira Nepae tergoque Croti festinat equino,
nescia plebs generis matri ne parcite falsae.
Ista Prometheae genetrix fuit altera cretae;
altera nos enixa parens, quo tempore saeuos
Tellurem ponto mersit Neptunus et imum
concutiens barathrum Lethaeas terruit umbras.
Tumque semel Stygium regem uidere trementem
Tartara, cum pelagi streperent sub pondere Manes.
Nos fecunda manus uiduo mortalibus orbe
progenerat, nos abruptae tum montibus altis
Deucalioneae cautes peperere.
Sed ecce
durior aeternusque uocat labor: heia age segnis
pellite nunc somnos, et curui uomere dentis

46 si *AR* : *om. S* defessa *SA* : defossa *R* 49 hiantia . . . ora *SA* : -ti . . . ore *R* 52 hiemps *SA* : hiems *R* Cnosius] gnosius ς : noxius *SAR* 53 celetur S^{2} : caeruletur $S^{1}AR$ 57 nepae ς : negat *SAR* croti *S* : eroti *AR* 59 prometheae *R* : -thei *SA* 59–60 cretae altera *R* : *om. SA* 60 nos enixa *R* : noxenixa *S* : axaenixa *A* 61 mersit *AR* : *om. S* 62 umbras *Schrader* : undas *SAR*

iam uiridis lacerate comas, iam scindite amictus.
Tu grauibus rastris cunctantia perfode terga,
tu penitus latis eradere uiscera marris
ne dubita, et †summo frequentia caespite mixta†
ponere, quae canis iaceant urenda pruinis,
uerberibus gelidis iraeque obnoxia Cauri,
alliget ut saeuus Boreas Eurusque resoluat.
Post ubi Rhipaeae torpentia frigora brumae
candidus aprica Zephyrus regelauerit aura
sidereoque polo cedet Lyra mersa profundo,
ueris et aduentum nidis cantabit hirundo,
rudere tum pingui, solido uel stercore aselli,
armentiue fimo saturet ieiunia terrae
ipse ferens holitor diruptos pondere qualos,
pabula nec pigeat fesso praebere nouali
inmundis quaecumque uomit latrina cloacis.
Densaque iam pluuiis durataque summa pruinis
aequora dulcis humi repetat mucrone bidentis.
Mox bene cum glaebis uiuacem caespitis herbam
contundat marrae uel fracti dente ligonis,
putria maturi soluantur ut ubera campi.
Tunc quoque trita solo splendentia sarcula sumat
angustosque foros aduerso limite ducens,
rursus in obliquum distinguat tramite paruo.
Verum ubi iam puro discrimine pectita tellus
deposito squalore nitens sua semina poscet,
pangite tunc uarios, terrestria sidera, flores:

72 marris *R** : matris *SAR** 73 frequentia *AR** : frequenti *R** : frementia *S* : feruentia *Gesner* : fruticantia *Wernsdorf* : *alii alia* mixta *suspectum (nam oportet caespitem deorsum uerti, ut glaebae inferioris soli superiaceant)* 74 iaceant *S* : iacent *AR* 75 cauri ς : chauri *SR* : hauri *A* 77 Rhipaeae] ripheae *A*²*R* : -phei *A*¹ : rishae *S* 78 aura *R* : auras *SA* 80 nidis] mitis *Schrader* cantabit ς : -uit *SAR* : -rit *Iucundus* 83 diruptos *SA* : deductos *R* qualos *R** : quales *SR** : quata *A* 84 pigeat *R* : pudeat *SA* fesso *R** : fisso *SAR** 86 pluuiis *S* : puluis *AR* 88 uiuacem *R* : uiuacum *SA* 89 fracti] frangat *Wernsdorf* : fricti *Boldrer* : *alii alia* 91 sumat ς : su(m)mant *SAR* 96 pangite *Heinsius* (*cf. Arb.* 3. 3) : pingite *SAR*

candida leucoia et flauentia lumina caltae,
narcissique comas et hiantis saeua leonis
ora feri, calathisque uirentia lilia canis,
necnon uel niueos uel caeruleos hyacinthos.
Tum quae pallet humi, quae frondes purpurat auro,
ponatur uiola, et nimium rosa plena pudoris.
Nunc medica panacem lacrima, sucoque salubri
glaucea et profugos uinctura papauera somnos
spargite, quaeque uiros acuunt armantque puellis
iam Megaris ueniant genitalia semina bulbi,
et quae Sicca legit Gaetulis obruta glaebis
et quae falcifero seritur uicina Priapo,
excitet ut Veneri tardos eruca maritos.
Iam breue chaerepolum et torpenti grata palato
intiba, iam teneris frondens lactucula fibris
aliaque infractis spicis et olentia late
ulpica quaeque fabis habilis †fabrilia miscet†.
Iam siser Assyrioque uenit quae semine radix
sectaque praebetur madido sociata lupino,
ut Pelusiaci proritet pocula zythi.

Tempore non alio uili quoque salgama merce
capparis et tristes inulae ferulaeque minaces
plantantur, necnon serpentia gramina mentae
et bene odorati flores sparguntur anethi
rutaque Palladiae bacae iutura saporem
seque lacessenti fletum factura sinapis,
atque holeris pulli radix lacrimosaque caepa

99 calathisque *R* : chalatisque *SA* 101 frondes *SA* : frondens *R* purpurat auro *ς* : purpura tabo *SAR* 108 falcifero *Heinsius (qui et* furifugo *temptauit)* : frugifero *SAR* 111 intiba *SA* : intuba *R* lactucula *R* : et lactula *SA* 113 quaeque ... habilis] *intellego cum Wernsdorfio plantam quandam fabis condiendis aptam et adhiberi solitam, fort. satureiam, quae cum fabis sata bene prouenit (cf. 11. 3. 57); alii* habilis *substantiue interpretantur pro coquo ingenioso qui ulpica uel holera similia fabis misceat fabrorum in escas* fabrilia miscet] fastidia uincet *temptauerim (cf. Hor. Serm. 2. 6. 86, Stat. Theb. 1. 715)* 118 tristes *R* : tristis *SA* inulae ferulaeque *R* : inulaeque *SA* 120 odorati *R* : -rate S^2 : -rat S^1A

ponitur et lactis gustus quae condiat herba,
deletura quidem fronti data signa fugarum,
uimque suam idcirco profitetur nomine Graio.
Tum quoque conseritur toto quae plurima terrae
orbe uirens pariter plebi regique superbo
frigoribus caules et uerno cymata mittit:
quae pariunt ueteres caenoso litore Cumae,
quae Marrucini, quae Signia monte Lepino,
pinguis item Capua, et Caudinis faucibus horti,
fontibus et Stabiae celebres et Vesuia rura,
doctaque Parthenope Sebethide roscida lympha,
quae dulcis Pompeia palus uicina salinis
Herculeis uitreoque Siler qui defluit amni,
quae duri praebent cymosa stirpe Sabelli,
et Turni lacus et pomosi Tiburis arua,
Bruttia quae tellus et mater Aricia porri.
  Haec ubi credidimus resolutae semina terrae,
adsiduo grauidam cultu curaque fouemus,
ut redeant nobis cumulato faenore messes.
Et primum moneo largos inducere fontis,
ne sitis exurat concepto semine partum.
At cum feta suos nexus adaperta resoluit,
florida cum suboles materno pullulat aruo,
primitiis plantae modicos tum praebeat imbres
sedulus inrorans holitor ferroque bicorni
pectat, et angentem sulcis exterminet herbam.
At si dumosis positi sunt collibus horti
nec summo nemoris labuntur uertice riui,
aggere praeposito cumulatis area glaebis

124 gustus S^2R : c- S^1 : clistus *A* 125 deletura *SA* : deiectura *R* fugarum ς : fucarum *SAR* 129 uerno (*sc. tempore, cf.* 4. 10. 1) *ego* : ueri *SAR* 130 cenoso ς : ceposo *SAR* : Thesproto *Scaliger ad Cul.* 14 131 lepino ς : lepuno *SAR* 132 horti ς : hortis *S* : horris *AR* 133 uesuia *R* : -bia *S* : -pia *A* 134 Sebethide *Iucundus* : sebethride *SAR* 135 pompeia *R* : rompheia *SA* 140 resolutae *S* : -ta *AR* 143 fontis *R* : fontes *SA* 145 adaperta *S* : adop- *R* : -to *A* 151 uertice *R* : cortice *SA* 152 aggere S^2R : agere S^1 : acere *A*

emineat, sicco ut consuescat puluere planta
nec mutata loco sitiens exhorreat aestu.
Mox ubi nubigenae Phrixi nec portitor Helles
signorum et pecorum princeps caput efferet undis,
alma sinum tellus iam pandet adultaque poscens
semina depositis cupiet se nubere plantis,
inuigilate, uiri: tacito nam tempora gressu
diffugiunt nulloque sono conuertitur annus.
Flagitat ecce suos genetrix mitissima fetus,
et quos enixa est partus iam quaerit alendos
priuignasque rogat proles. Date nunc sua matri
pignora, tempus adest: uiridi redimite parentem
progenie, tu cinge comas, tu dissere crines.
Nunc apio uiridi crispetur florida tellus,
nunc capitis porri longo resoluta capillo
laetetur mollemque sinum staphylinus inumbret.
Nunc et odoratae peregrino munere plantae
Sicaniis croceae descendant montibus Hyblae,
nataque iam ueniant hilaro sampsuca Canopo,
et lacrimas imitata tuas, Cinyreia uirgo,
sed melior stactis ponatur Achaia murra,
et male damnati maesto qui sanguine surgunt
Aeacii flores inmortalesque amaranti
et quos mille parit diues natura colores
disponat plantis holitor, quos semine seuit.
Nunc ueniat quamuis oculis inimica corambe,
iamque salutari properet lactuca sapore,
tristia quae releuat longi fastidia morbi.

154 aestu *SA* : -tus *R* 157 alma *R* : ma *SA* 158 se nubere *SA* : denubere *R* : sinere ubera *Richter* : *an* iam nubere (*Holford-Strevens*)? 165 comas *SA* : comam *R* 170 sicaniis S^2 R^* : -nis S^1*A* : -neis R^* 171 hilaro *AR* : thilaro *S* : hilari *Iucundus* sampsuca *ed. pr.* : sams- *SA* : sans- *R* 172 cinyreia *ed. pr.* : cynireia *S* : cyniretta *A* : cynireiaque *R* 173 stactis ς : tactis *SAR* achaia *S* : archaia *A* : achaica *R* 175 Aeacii] Aeacidae *Heinsius ad Ou. Met. 10. 215* : Aiacis *Goodyear* amaranti ς : -thi *SAR* 178 corambe ς : coramue *SAR* 179 sapore] sopore *Victorius*

Altera crispa uiret, fusco nitet altera crine,
utraque Caecilii de nomine dicta Metelli;
tertia quae spisso set puro uertice pallet,
haec sua Cappadocae seruat cognomina gentis;
et mea quam generat Tartesi litore Gadis,
candida uibrato discrimine, candida thyrso est;
Cypros item Paphio quam pinguis nutrit in aruo,
punicea depexa coma, set lactea crure est.
  Quot facies, totidem sunt tempora quamque serendi:
Caeciliam primo deponit Aquarius anno,
Cappadocamque premit ferali mense Lupercus;
tuque tuis, Mauors, Tartesida pange Kalendis,
tuque tuis, Paphie, Cythaream pange Kalendis.
Dum cupit et cupidae quaerit se iungere matri
et mater facili mollissima subiacet aruo,
ingenera. Nunc sunt genitalia tempora mundi,
nunc Amor ad coitus properat, nunc spiritus orbis
bacchatur Veneri stimulisque cupidinis actus
ipse suas adamat partes et fetibus implet.
Nunc pater aequoreus, nunc et regnator aquarum,
ille suam Tethyn, hic pellicit Amphitriten,
et iam caeruleo partus enixa marito
utraque nunc reserat pontumque natantibus implet.
Maximus ipse deum posito iam fulmine fallax
Acrisioneos ueteres imitatur amores,
inque sinus matris uiolento depluit imbre.

181 crispa *Pontedera*^{1} : crebra *SAR*   183 spisso sed *R* : spissos et *SA*   185 generat ς : generant *SAR*   Gadis *Goodyear* (*coll. Plin. N.H.* 3. 7) : gades *SAR*   186 discrimine *S* : -na *AR*   187 Paphio] Paphie *Vrsinus*   pinguis *Wernsdorf*: pingui *SAR*   188 coma sed *R* : comas et *SA*   crure ς : crura *SAR*   191 lupercus S^2R : luipercus S^1A 193 tuis ς : suis *SAR*   Paphie Cythaream *ego* : paphie iterum iam (tam *A*) *SAR* : Paphie Paphien iam *Pontedera*^{3} : -en -e iam *Gesner* : Paphien Cythereia *Schrader*   195 facili *R* : facilis *SA*   mol(l)issima *SA* : -mo *R*   198 actus *R* : aptus *SA*   199 suas] suos *Forster*   partes *R* : partus (u *in ras.* S^2) S^2A 201 tethyn *S* : tethin *A* : thetim *R*   pellicit ς : polluit *SAR*   amphitriten (*uel* –tem) *R* : -phictriten *S* : -phicliten *A*   203 pontumque ς : portumque *SAR*   205 acrisioneos ς : acris ineos *SA* : acrisionios *R*

Nec genetrix nati nunc aspernatur amorem
et patitur nexus flammata cupidine Tellus.
Hinc maria, hinc montes, hinc totus denique mundus
uer agit, hinc hominum pecudum uolucrumque cupido
atque Amor ignescit menti saeuitque medullis,
dum satiata Venus fecundos compleat artus
et generet uarias suboles semperque frequentet
prole noua mundum, uacuo ne torpeat aeuo.
  Sed quid ego infreno uolitare per aethera cursu
passus equos audax sublimi tramite raptor?
Ista canit, maiore deo quem Delphica laurus
inpulit ad rerum causas et sacra mouentem
orgia naturae secretaque foedera caeli
extimulat uatem per Dindyma castra Cybebes
perque Cithaeronem, Nyseia per iuga Bacchi,
per sua Parnasi, per amica silentia Musis
Pierii nemoris, Bacchea uoce frementem
'Delie te Paean' et 'te Euhie Euhie Paean'.
Me mea Calliope cura leuiore uagantem
iam reuocat paruoque iubet decurrere gyro
et secum gracili conectere carmina filo
quae canat inter opus Musa modulante putator
pendulus arbustis, holitor uiridantibus hortis.
  Quare age, quod sequitur, paruo discrimine sulci
spargantur caecis nasturcia dira colubris,
indomito male sana cibo quas educat aluus
et satureia thymi referens thymbraeque saporem

208 et *SA* : sed *R*   212 fecundos *R* : -dus *SA*   artus *R* : arctus *SA*   215 cursu] curru *Schrader*   217 canit] canet *Perutelli ap. Boldrer* : canat ς (*cf. infra u. 228*)   218 ad *SA* : et *R*   causas et *R* : causa est *SA*   220 extimulat *SA* : -let *R*   castra *R* : casta *SA*   Cybebes *Postgate* : Cybeles *SAR*   221 nysaeia *SA* : nyseiaque *R* : *an* Nysaeaque?   222 parnasi ς : -sii *SAR*   per amica *S* : pernica *A* : per omissa *R*   223 bacchea *R* : baccheia *SA*   224 et te euhie euhie pean ς : et ehyie ehyie paen *SAR*   225 cura leuiore *R* : curauerit ore *SA* : Cyrrha ulteriore *uel* Cyrrhae per rura *Heinsius* : curru leuiore *Burmannus Secundus*   229 pendulus *R* : penulus *SA*   232 indomito *R* : in domino *SA*

et tenero cucumis fragilique cucurbita collo.
Hispida ponatur cinara, quae dulcis Iaccho
potanti ueniet nec Phoebo grata canenti;
haec modo purpureo surgit glomerata corymbo,
murteolo modo crine uiret deflexaque collo
nunc adaperta manet, nunc pinea uertice pungit,
nunc similis calatho spinisque minantibus horret,
pallida nonnumquam tortos imitatur acanthos.
  Mox ubi sanguineis se floribus induit arbos
Punica, quae rutilo mitescit tegmine grani,
†tempus haris satio† famosaque tunc coriandra
nascuntur gracilique melanthia grata cumino,
et baca asparagi spinosa prosilit herba,
et moloche, prono sequitur quae uertice solem,
quaeque tuas audax imitatur, Nysie, uitis
nec metuit sentis; nam uepribus improba surgens
achradas indomitasque bryonias alligat alnos.
Nomine tum Graio, ceu littera proxima primae
pangitur in cera docti mucrone magistri,
sic et humo pingui ferratae cuspidis ictu
deprimitur folio uiridis, pede candida beta.
  Quin et odoratis messis iam floribus instat,
iam uer purpureum, iam uersicoloribus anni
fetibus alma parens cingi sua tempora gaudet.
Iam Phrygiae caltae gemmantia lumina promunt

236 potanti *R* : potati *SA*   ueniet *Holford-Strevens* : ueniat *R* : ueiat *SA*   nec *R* : ne *SA*   239 adaperta *SA* : adop- *R*   240 minantibus *R* : imitantibus *SA*   242 arbos *R* : arbor *SA*   244 tempus haris *locus nondum sanatus* : tempus api (*tum* satui *pro* satio) *Pontedera*^{2} (*cf.* 11. 3. 34) : tunc raphanis *Housman ap. Postgate*   245 gracilique *SA* : gracili *R*   cumino ς : camino *SAR*   246 baca *SA*^{2} : bacas *R* : ambo *A*^{1} 247 moloche *R* : molo he *S*, hec *A*   solem ς : molem *SAR*   248 quaeque *S*^{2}*R* : quae *S*^{1}*A*   250 achradas *Vrsinus* : achrados *S* : archados *AR*   bryonias S : bycinias *A*^{1}, -sin- *A*^{2} : bionias *uel* by- *R*   alligat *S*^{2}*R* : -gant *S*^{1}*A*   251 tum *SA* : cum *R*   graio *R* : greio *SA*   252 docti ς : docto *SAR*   255 instat *R* : insta *SA*   256 anni *R** : annus *SAR**   257 cingi *R* : pingi *S*^{2} : piumgi *S*^{1}*A*   258 phrygiae *S*^{2}*R* : hrygiae *S*^{1}*A*   calthae *Pontedera*^{2} : lotae *SAR* : loti *Iucundus*   gemmantia *SR** : geminantia *AR**

et coniuentis oculos uiolaria soluunt,
oscitat et leo, et ingenuo confusa rubore
uirgineas adaperta genas rosa praestat honores
caelitibus templisque Sabaeum mulcet odorem.
  Nunc uos Pegasidum comites Acheloidas oro
Maenaliosque choros Dryadum nymphasque Napaeas,
quae colitis nemus Amphrysi, quae Thessala Tempe,
quae iuga Cyllenes et opaci rura Lycaei
antraque Castaliis semper rorantia guttis,
et quae Sicanii flores legistis Halaesi,
cum Cereris proles uestris intenta choreis
aequoris Hennaei uernantia lilia carpsit
raptaque Lethaei coniunx mox facta tyranni
sideribus tristes umbras et Tartara caelo
praeposuit Ditemque Ioui letumque saluti
et nunc inferno potitur Proserpina regno;
uos quoque iam posito luctu maestoque timore
huc facili gressu teneras aduertite plantas
tellurisque comas sacris artate canistris.
Hic nullae insidiae nymphis, non ulla rapina;
casta Fides nobis colitur sanctique Penates.
Omnia plena iocis, securo plena cachinno,
plena mero laetisque uigent conuiuia pratis.
  Nunc uer egelidum, nunc est mollissimus annus,
dum Phoebus teneris tenera decumbere in herba
suadet, et arguto fugientis murmure fontis

259 con(n)iuentis *R* : conuiuentis *SA*   uiolaria *R* : uiuaria *SA*   261 adaperta *SA* : adop- *R*   praestat ς : -stet *SAR*   262 mulcet *Housman* : miscet *SAR*   odorem *R* : honorem *SA*   263 comites *S* : -tis *AR*   265 Amphrysi *ed. pr.* : -rysii *SA* : -rissi *R*   267 castaliis *R* : casis S^2A : *ras.* S^1 269 proles *R* : flores *SA*   intenta ς : intecta *SAR*   270 hennaei *SA* : ethnei *R*   272 umbras *SR* : imbres *A*   276 gressu S^2R : -sus S^1A aduertite ς : auertite *SAR*   277 artate *R** (*cf.* 4. 29. 14) : aptate *SAR**   278 hic *R* : hinc *SA*   281 uigent *Vrsinus* : uirent *SAR*   282 uer egelidum *Iucundus* : uere (uer est *R*) gelidum *SAR*   283 teneris (*uel* -ras) *Goodyear* : tenerans *SA* : tener ac *R*   decumbere *Iucundus* : decumbit *SAR*   284 murmure *Gesner* (*qui et* carmine *temptauit*) : gramine *SAR*

nec rigidos potare iuuat, nec sole tepentis.
Iamque Dionaeis redimitur floribus hortus,
iam rosa mitescit Sarrano clarior ostro.
Nec tam nubifugo Borea Latonia Phoebe
purpureo radiat uultu, nec Sirius ardor
sic micat, aut rutilus Pyrois, aut ore corusco
Hesperus, Eoo remeat cum Lucifer ortu,
nec tam sidereo fulget Thaumantias arcu,
quam nitidis hilares conlucent fetibus horti.
 Quare age uel iubare exorto iam nocte suprema,
uel dum Phoebus equos in gurgite mersat Hibero,
sicubi odoratas praetexit amaracus umbras,
carpite narcissique comas sterilisque balausti.
Et tu, ne Corydonis opes despernat Alexis,
formoso nais puero formosior ipsa,
fer calathis uiolam et niueo permixta ligustro
balsama cum casia nectens croceosque corymbos
sparge mero Bacchi, nam Bacchus condit odores.
Et uos, agrestes, duro qui pollice mollis
demetitis flores, cano iam uimine textum
surpiculum ferrugineis cumulate hyacinthis.
Iam rosa distendat contorti stamina iunci,
pressaque flammeola rumpatur fiscina calta,
messibus ut uernis diues Vertumnus abundet,
et titubante gradu multo madefactus Iaccho
aere sinus gerulus plenos grauis urbe reportet.

286 hortus *R* : herbis *SA* 288 tam *SR* : iam *A* nubifugo *SA* : nubifico *R* phoebe *R* : pobe *SA* 290 aut *SA* : ut *R* rutilus *R* : rutilius *SA* 295 dum *SA* : cum *R* 297 sterilisque *R* : -lesque *SA* balausti ς : balausio *SA* : -si *R* 298 tu ne ς : tunc *SAR* despernat *SA* : di- *R* 299 formoso *S* : -sa *AR* formosior S^2R : -mons- S^1A 300 niueo *Parrhasius ap. Gesner* : nigro *SAR* 302 sparge S^2R : -get S^1A 303 agrestes S^2R : agerestes S^1A 304 cano iam *R* : canolam *SA* 305 surpiculum] syr- *Iucundus* : sir- *Gesner* : scir- *Häussner* cumulate (com- *R*) ς : tumulat *SA* 306 contorti *R* : -to *SA* 308 ut] aut ς : et *Iucundus* uertumnus ς : portunus *SAR* 310 gerulus *SR** : genus *AR** plenos ς : plenus *SAR*

Sed cum maturis flauebit messis aristis
atque diem gemino Titan extenderit astro
hauserit et flammis Lernaei bracchia Cancri,
alia tunc caepis, Cereale papauer anetho
iungite dumque uirent nexos deferte maniplos
et celebres Fortis Fortunae dicite laudes
mercibus exactis hilarisque recurrite in hortos.
Tum quoque proscisso riguoque insparsa nouali
ocima comprimite et grauibus densate cylindris,
exurat sata ne resoluti pulueris aestus,
paruulus aut pulex inrepens dente lacessat,
neu formica rapax populari semina possit.
Nec solum teneras audent erodere frondes
implicitus conchae limax hirsutaque campe,
sed cum iam ualido pinguescit lurida caule
brassica, cumque tument pallentia robora betae,
messibus atque holitor gaudet securus adultis
et iam maturis quaerit supponere falcem,
saepe ferus duros iaculatur Iuppiter imbres,
grandine dilapidans hominumque boumque labores;
saepe etiam grauidis inrorat pestifer undis,
e quibus infestae Baccho glaucisque salictis
nascuntur uolucrae serpitque eruca per hortos,
quos super ingrediens exurit semina morsu,
quae capitis uiduata comas spoliataque nudo
uertice trunca iacent tristi consumpta ueneno.
Haec ne ruricolae paterentur monstra, salutis
ipsa nouas artis uaria experientia rerum
et labor ostendit miseris ususque magister

312 extenderit *R* : expenderit *SA* 317 exactis *R* : exatis *SA* : exauctis *Schoettgen* 318 tum *AR* : tunc *S* 319 densate (-e *in ras.* S^2) S^2R : densatque *A* 320 aestus *SA* : -tu *R* 324 campe *R* : campi *SA* 325 pinguescit *SA* : turgescit *R* 326 robora *R* : -re *SA* : tubera *Heinsius* 327 messibus *Schrader* : mercibus *SAR* (*cf. uu. 308, 317*) 329 imbres *SAR** : ignes *R** 332 e *SA* : et *R* 333 uolucrae (*cf. Arb. 15*)] uolucre *A* : uolucres *SR.* 334 quos *R* : quo *SA* 335 comas *S* : comis *A* : coma *R*

tradidit agricolis uentos sedare furentis
et tempestatem Tuscis auertere sacris.
Hinc mala Rubigo uiridis ne torreat herbas,
sanguine lactentis catuli placatur et extis.
Hinc caput Arcadici nudum cute fertur aselli
Tyrrhenus fixisse Tages in limite ruris,
utque Iouis magni prohiberet fulgura Tarchon
saepe suas sedes praecinxit uitibus albis.
Hinc Amythaonius, docuit quem plurima Chiron,
nocturnas crucibus uolucres suspendit et altis
culminibus uetuit feralia carmina flere.
Sed ne dira nouas segetes animalia carpant,
profuit interdum medicantem semina primum
Palladia sine flore salis conspargere amurca,
innataue lari nigra satiare fauilla;
profuit et plantis latices infundere amaros
marrubii multoque sedi contingere suco.
At si nulla ualet medicina repellere pestem,
Dardanicae ueniant artes nudataque plantas
femina quae iustis tum demum operata iuuentae
legibus obsceno manat pudibunda cruore,
sed resoluta sinus, resoluto maesta capillo,
ter circum areolas et saepem ducitur horti.
Quem cum lustrauit gradiens (mirabile uisu)
non aliter quam decussa pluit arbore nimbus
uel teretis mali uel tectae cortice glandis,
uoluitur in terram distorto corpore campe;

343 catuli *R* : catulis *SA* 345 limite *SA* : limine *R* ruris *R* : rursus *SA* 346 tarchon *R* : -cho *S* : -cha *A* 348 amythaonius *R* : aminthanus (amyn- *A*) *SA* 352 primum *ego* : pingui *SAR* 353 flore *ego* : fruge *SAR* 354 innataue lari *Gesner* : innatam uelaris *SA* : innata uel aris *R* 356 marrubii *R* : marruuii *S* : marruit *A* sedi *Iucundus* : seri *SAR* 357 ualet S^2R : uacet S^1A 358 dardanicae *SA* : -niae *R* ueniant ς : ueniunt *SAR* 359 iuuentae *R* : -cae *SA* 361 sinus *R* : sinius *SA* 362 horti *S* : -tu *A* : -tis *R* 363 quem *SA* : quae *R* mirabile *R* : miserabile *SA* 364 decussa] de excussa (*uel* quassa) *Wernsdorf* arbore *SA* : ab arbore *R*

sic quondam magicis sopitum cantibus anguem
uellere Phrixeo delapsum uidit Iolcos.
Sed iam prototomos tempus decidere caules
et Tartesiacos Paphiosque reuellere thyrsos
atque apio fasces et secto cingere porro.
Iamque eruca salax fecundo prouenit horto,
lubrica iam lapathos, iam thamni sponte uirescunt
et scilla, hirsuto saepes nunc horrida rusco
prodit et asparagi corruda simillima filo
umidaque andrachle sitientis protegit antes
et grauis atriplici consurgit longa phaselos.
Tum modo dependens trichilis, modo more chelydri
sole sub aestiuo gelidas per graminis umbras
intortus cucumis praegnasque cucurbita serpit.
Vna neque est illis facies: nam si tibi cordi
longior est gracili capitis quae uertice pendet,
e tenui collo semen lege, siue globosi
corporis atque utero nimium quae uasta tumescit,
uentre leges medio; subolem dabit illa capacem
Naryciae picis aut Actaei mellis Hymetti
aut habilem lymphis hamulam Bacchoue lagoenam,
tum pueros eadem fluuiis innare docebit.
Liuidus at cucumis, grauida qui nascitur aluo
hirtus et ut coluber nodoso gramine tectus
uentre cubat flexos semper collectus in orbes,

367 magicis S^2R : maci S^1 : macis *A* sopitum *R* : soticum *SA* 368 phryxeo S^2R : pryxeo S^1A 369 prototomos SA^2 : protomos A^1 : prot(h)ocomos *R* 370 tartesiacos *AR* : parat- *S* 371 apio *R* : apios *SA* 372 horto *SR* : hortu *A* 373 lapathos *R* : laphatos *SA* 374 sepes *SA* : s(a)epe *R* 375 corruda *R* : curruda *SA* 376 andrachle *Lundström* : andrachiae *SAR* antes ς : antas *SAR* 377 phaselos *S* : -lus *R* : phasedos *A* 378 tum *SA* : tu *R* dependens ς : -des *SAR* : -det *Richter* trichilis *Gesner* : triplicis *SA* : richili *R* 380 intortus *S* : -tos *AR* 383 e S^1A : et S^2R lege siue *R* : leges iube *SA* 385 leges *R* : les *SA* 386 naryciae S^2 : narciae S^1A : nariciae *R* (h)actei *R* : aei *SA* 389 at ς : aut *SA* : et *R* grauida qui *R* : grauidaque *S* : que grauida *A* 391 flexos . . . orbes *Heinsius* : flexo . . . orbem *SR*, orbe *A*

noxius exacuit morbos aestatis iniquae,
fetidus hic suco, pingui quoque semine fartus.
At qui sub trichila manantem repit ad undam
labentemque sequens nimium tenuatur amore,
candidus, ecfetae tremebundior ubere porcae,
mollior infuso calathis modo lacte gelato,
dulcis erit riguoque madescit luteus aruo
et feret auxilium quondam mortalibus aegris.
Cum canis Erigones flagrans Hyperionis aestu
arboreos aperit fetus cumulataque moris
candida sanguineo manat fiscella cruore,
tunc praecox bifera descendit ab arbore ficus
Armeniisque et cereolis prunisque Damasci
stipantur calathi et pomis, quae barbara Persis
miserat, ut fama est, patriis armata uenenis;
at nunc ex positis paruo discrimine leti
ambrosios praebent sucos, oblita nocendi.
Quin etiam eiusdem gentis de nomine dicta
exiguo properant mitescere Persica malo.
Tempestiua madent quae maxima Gallia donat,
frigoribus pigro ueniunt Asiatica fetu.
At grauis Arcturi sub sidere parturit arbos
Liuia, Chalcidicis et caunias aemula Chiis,
purpureaeque Chelidoniae pinguesque Mariscae
et callistruthis, roseo quae semine ridet,
albaque, quae seruat flauae cognomina cerae,

393 suco pingui quoque *R* : sucoque et pingui *SA* 394 trichila manantem repit ad *R* : tricleam anterepit an *SA* 396 effetae *R* : et fetae *SA* tremebundior ubere S^2R : -dio rubore S^1A 398 riguoque *R* : riguque S^1A : riguique S^2 aruo S^2R : arbo S^1A 403 bifera *R* : bifere *SA* 404 armeniisque *SR* : -nisque *A* 407 ex positis *Housman ap. Postgate* : expositi *SAR* : deposito *Schneider* : *alii alia* 411 maxima *SA* : -me *R* donat *AR* : donit *S* 412 frigoribus S^2R : frigribus S^1A pigro *R* : pigri *SA* 414 caunias *Vrsinus* : caunis *SAR* Chiis] chia *Schneider* 415 purpureaeque *R* : -reque *SA* chelidoniae *R* : cheliodoniae SA^1, -dion- A^2 416 callistruthis ς : callistruit his *SA* : callisthrutis *R*

scissa Libyssa simul, picto quoque Lydia tergo.
Quin et Tardipedi sacris iam rite solutis
nube noua seritur, caeli pendentibus undis,
gongylis, inlustri mittit quam Nursia campo,
quaeque Amiterninis defertur bunias aruis.
  Sed iam maturis nos flagitat anxius uuis
Euhios excultosque iubet claudamus ut hortos.
Claudimus imperioque tuo paremus agrestes,
ac metimus laeti tua munera, dulcis Iacche,
inter lasciuos Satyros Panasque biformes,
bracchia iactantes uetulo marcentia uino.
Et te Maenalium, te Bacchum teque Lyaeum
Lenaeumque patrem canimus sub tecta uocantes,
ferueat ut lacus et mixto completa Falerno
exundent pingui spumantia dolia musto.

Hactenus agrorum cultus, Siluine, docebam
siderei uatis referens praecepta Maronis,
qui primus ueteres ausus recludere fontis
Ascraeum cecinit Romana per oppida carmen.

434 Maronis: *Georg.* 2. 175–6

---

418 libyssa ς : lybisca *SAR*, lib- R^* 420 pendentibus S^2R : peden- S^1A 421 gongylis *Gesner* : congili (-gyli S^2) S^1A : -gilis *R* 424 Euhios *Boldrer* : Euchios *SAR* : Euhius *Iucundus* 426 laeti tua *R* : laetita S^1 : laeti iam S^2 : letitia *A* 430 uocantes S^2AR : uacantes S^1 431 mixto *Boldrer* : musto *SAR* : multo ς 433 agrorum S^1AR^* : aruorum R^* : hortorum S^2 434 siderei *R* : sideie *SA*
L. (LIBER *A*) IVNI MODERATI COLVMELLAE REI RVSTICAE . CEPVRICVS DE CVLTV HORTORVM LIBER VNDECIMVS (XI *A*) EXPLICIT *SA* : *sim.* *R* : *om.* R^*

LIBER VNDECIMVS
<VILICVS ET HOLITOR>

CLAVDIVS AVGVSTALIS, tam ingenuae naturae quam erudi- 1
tionis adulescens, complurium studiosorum et praecipue
agricolarum sermonibus instigatus extudit mihi cultus horto-
rum prosa ut oratione componerem, nec me tamen fallebat
hic euentus rei, cum praedictam materiam carminis legibus
implicarem. Sed tibi, P. Siluine, pertinaciter expetenti uersifi- 2
cationis nostrae gustum, negare non sustinebam, facturus
mox, si conlibuisset, quod nunc adgredior, ut holitoris curam
subtexerem uilici officiis. Quae quamuis primo *Rei Rusticae*
libro uidebar aliquatenus exsecutus, quoniam tamen ea
simili desiderio noster Augustalis saepius flagitabat, numerum
quem iam quasi consummaueram uoluminum excessi et hoc
undecimum praeceptum rusticationis memoriae tradidi.

Vilicum fundo familiaeque praeponi conuenit aetatis nec 3
primae nec ultimae; nam seruitia sic tirunculum contemnunt
ut senem, quoniam alter nondum nouit opera ruris, alter
exequi iam non potest, atque hunc adulescentia neglegentem,
senectus illum facit pigrum. Media igitur aetas huic officio est

INCIPIT LIBER DVODECIMVS (XII *A*) *SA* : prosa de cultu hortorum *add.* R^* *titulus ex indice huius libri sumptus, ubi u. app. crit.* 2 studiosorum *Gesner* : studiorum *SAR* 3 agricolarum *SA* : agricolationum *R* extudit *SA* : excudit *R* 8 conlibuisset S^2R : -bisset S^1A 9 subtexerem *S* : -xeram *A* : -xam *R* uil(l)ici *R* : uilicis *SA* quae *SA* : qui *R* 10 ea *S* : eam *AR* 11 simili *AR* : -lis *S* 14 *rubr.* I (*om. A*) DE VILICO *SA* : *om. R* 16 senem *SA* : senem iuuenem *R* alter . . . alter *SA* : ille . . . hic *R*

aptissima, poteritque ab anno quinto et tricesimo usque in sexagesimum et quintum, si non interuenient fortuita corporis
4 uitia, satis ualidi fungi muneribus agricolae. Quisquis autem destinabitur huic negotio, sit oportet idem scientissimus robustissimusque, ut et doceat subiectos et ipse commode faciat quae praecipit. Siquidem nihil recte sine exemplo docetur aut discitur, praestatque uilicum magistrum esse operariorum, non discipulum, cum etiam de patre familiae prisci moris exemplum Cato dixerit: Male agitur cum domino, quem uilicus
5 docet. Itaque in *Oeconomico* Xenophontis, quem M. Cicero Latino sermoni tradidit, egregius ille Ischomachus Atheniensis, rogatus a Socrate utrumne, si res familiaris desiderasset, mercari uilicum tamquam fabrum an a se instituere consueuerit: Ego uero, inquit, ipse instituo. Etenim qui me absente in meum locum substituitur et uicarius meae diligentiae succedit, is ea quae ego scire debet. Sed et haec nimium prisca et eius quidem temporis sunt quo idem Ischomachus negabat quemquam
6 rusticari nescire. Nos autem memores ignorantiae nostrae uigentis sensus adulescentulos corporisque robusti peritissimis agricolis commendemus, quorum monitionibus uel unus ex multis (nam est difficile erudire) non solum rusticationis sed imperandi consequatur scientiam. Quidam enim, quamuis operum probatissimi artifices, imperitandi parum prudentes aut saeuius aut etiam lenius agendo rem dominorum corrumpunt.

9 Cato: *inc. sed. fr.* 6 *Speranza* [= *ad M. fil. fr.* 15 *Cugusi–Sblendorio Cugusi*]; *cf. Agr.* 5. 2 ne plus censeat sapere quam dominum 10 Xenophontis : *Oec.* 12. 3–4; *Cic. Oec. test.* 2 *Garbarino*

1 anno quinto et tricesimo *Lundström* : annis quinque et triginta (annis quinque *om. A*) *SA* : anno xxx *R* 2 sexagesimum et quintum *SA* : sexagesimum *R* interuenient *ego* : -ant *SAR* 3 uitia S^2R : uita S^1A 5 ut et doceat *S* : ut doceat A^1 : ut edoceat A^2R 7 discitur *R* : dicitur *SA* 11 egregius *SA* : ut egregius *R* ischomachus ... ischomachus ς : scomachus *utrubique SAR* 14 absente *AR* : -tem *S* 15 is *R* : *om. SA* 18 nostrae ... p. 421, 9 qualitas *R* : *om. SA* 19 uigentis R^* : ingentis R^* 20 unus *ed. pr.* : unum *R*

Quare, sicut dixi, docendus et a pueritia rusticis operibus 7 edurandus multisque prius experimentis inspiciendus erit futurus uilicus, nec solum an perdidicerit disciplinam ruris, sed an etiam domino fidem ac beneuolentiam exhibeat, sine quibus nihil prodest uilici summa scientia. Potissimum est autem in eo magisterio scire et existimare quale officium et qualis labor sit cuique iniungendus; nam nec ualentissimus possit exsequi quod imperatur, si nesciat quid agat, nec peritissimus, si sit inualidus. Qualitas itaque cuiusque rei consideranda est. Quippe aliqua sunt opera tantummodo uirium, 8 tamquam promouendi onera portandique, aliqua etiam sociata uiribus et arti, ut fodiendi arandique, ut segetes et prata desecandi; nonnullis minus uirium, plus artis adhibetur, sicut putationibus insitionibusque uineti; plurimum etiam scientia pollet in aliquibus, ut in pastione pecoris atque eiusdem medicina. Quorum omnium officiorum uilicus, quod iam prius 9 dixi, aestimator bonus esse non potest, nisi fuerit etiam peritus, ut in unoquoque corrigere queat perperam factum; neque enim satis est reprehendisse peccantem, si non doceas recti uiam. Libenter igitur eadem loquor: tam docendus est futurus uilicus quam futurus figulus aut faber, et haud facile dixerim num illa tanto expeditiora sint discentibus artificia quanto minus ampla sunt.

Rusticationis autem magna et diffusa materia est, partesque 10 si uelimus eius percensere, uix numero comprehendamus. Quare satis admirari nequeo, quod primo scriptorum meorum exordio iure conquestus sum, ceterarum artium minus uitae necessariarum repertos antistites, agriculturae neque

2 edurandus] educandus ς 4 sed ς : et *R* 5 potissimum *Iucundus* : potentissimum *R* 7 qualis ς : quis *R* 8 possit ς : posset *R* 11 etiam sociata *Lundström* : sociata *SA* : s- tam *R* 12 ut segetes *SA* : segetes *R* 16 quod *SA* : quem *R* prius dixi *R* : ↔ *SA* 17 aestimator *SA* : exist- *R* 19 reprehendisse *R* : -di *SA* doceas *Holford-Strevens* : doceat *SAR* 20 loquor *R* : loquatur S^1A : loquamur S^2 22 sint *SA* : sunt *R*

discipulos neque praeceptores inuentos; nisi magnitudo rei
fecerit reuerentiam uel discendi uel profitendi paene inmen-
sam scientiam, cum tamen non ideo turpi desperatione
11 oportuerit eam neglegi. Nam nec oratoria disciplina deseritur,
quia perfectus orator nusquam repertus est, nec philosophia,
quia nullus consummatae scientiae, sed e contrario plurimi
semet ipsos exhortantur uel aliquas partes earum addiscere,
quamuis uniuersas percipere non possint. Etenim quae proba-
bilis ratio est obmutescendi, quia nequeas orator esse perfectus,
12 aut in socordiam compelli, quia desponderis sapientiam? Mag-
nae rei quantulumcumque possederis, fuisse participem non
minima est gloria. Quis ergo, inquis, docebit futurum uilicum,
si nullus professor est? Et ego intellego difficillimum esse ab
uno uelut auctore cuncta rusticationis consequi praecepta;
uerumtamen ut uniuersae disciplinae uix aliquem consultum,
sic plurimos partium eius inuenias magistros, per quos efficere
queas perfectum uilicum. Nam et arator reperiatur aliquis
bonus et optimus fossor aut faeni sector nec minus arborator et
uinitor, tum etiam ueterinarius et probus pastor, qui singuli
rationem scientiae suae desideranti non subtrahant.

13 Igitur complurium agrestium formatus artibus, qui sus-
ceperit officium uilicationis, in primis conuictum domestici
multoque magis exteri uitet. Somni et uini sit abstinentissimus,
quae utraque sunt inimicissima diligentiae; nam et ebrioso
cura officii pariter cum memoria subtrahitur et somniculoso
plurima effugiunt. Quid enim possit aut ipse agere aut cuiquam
14 dormiens imperare? Tum etiam sit a ueneriis rebus auersus;
quibus si se dediderit, non aliud quicquam possit cogitare quam

27 *Xen. Oec.* 20. 16–19; *Cic. Oec. fr.* 26 *Garbarino*

2 fecerit *AR* : ceperit *S* 6 scientiae *SA* : sapientiae *R* 12 est gloria *AR* : ↔ *S* 17 arator *SA* : orator *R* rep(p)eriatur *SA* : -ritur *R* 22 domestici *SA* : -cum *R* 23 magis *SA* : ut magis *R* 26 effugiunt *R** : officiunt *SAR** 27 ueneriis *SA* :-reis *R* rebus *Schneider*^{c} (*cf.* 12. 4. 3) : amoribus *SAR*

illud quod diligit. Nam uitiis eiusmodi pellectus animus nec praemium iucundius quam fructum libidinis nec supplicium grauius quam frustrationem cupiditatis existimat. Igitur primus omnium uigilet familiamque semper ad opera cunctantem pro temporibus anni festinanter producat et strenue ipse praecedat. Plurimum enim refert colonos a primo mane opus adgredi nec
lentos per otium pigre procedere. Siquidem Ischomachus idem 15
ille: Malo, inquit, unius agilem atque industriam quam decem
hominum neglegentem et tardam operam. Quippe plurimum 16
adfert mali, si operario tricandi potestas fiat; nam ut in itinere conficiendo saepe dimidio maturius peruenit is qui nauiter et sine ullis concessationibus permeauit, quam is qui, cum sit una profectus, umbras arborum fonticulorumque amoenitatem uel aurae refrigerationem captauit, sic in agresti negotio dici uix potest quid nauus operarius ignauo cessatori praestet.

Hoc igitur custodire oportet uilicum, ne statim a prima luce 17
familia cunctanter et languide procedat, sed uelut in aliquod proelium cum uigore et alacritate animi praecedentem eum tamquam ducem strenue sequatur, uariisque exhortationibus in opere ipso exhilaret laborantes et interdum, tamquam deficienti succursurus, ferramentum auferat parumper et ipse fungatur eius officio moneatque sic fieri debere, ut ab ipso for-
titer sit effectum. Atque ubi crepusculum incesserit, neminem 18
post se relinquat, sed omnis subsequatur more optimi pastoris, qui e grege nullam pecudem patitur in agro relinqui. Tum uero, cum tectum subierit, idem faciat quod ille diligens upilio, nec in domicilio suo statim delitescat, sed agat cuiusque maximam

7 ischomachus ς : scomachus S^2AR, co- S^1 10 tricandi SA^1 : meretricandi A^2R : mane tricandi *Pontedera*[2] 12 permeauit *Lundström* : -bit *SAR* 15 nauus operarius] *an post* praestet *propter numeros traicienda?* cessatori *ego* : et cessatore *SAR* 24 relinquat *AR* : reliquerit *S* omnis *S* : -nes *R* : *per comp. A* 25 tum *AR* : tunc *S* 26 opilio (upilio *scripsi*) nec S^2R : -lioni ec S^1? : oppinio nec *A* 27 delitescat A^2R : delitiscat SA^1

curam. Siue quis, quod accidit plerumque, sauciatus in opere
noxam ceperit, adhibeat fomenta, siue aliter languidior est, in
ualetudinarium confestim deducat et conuenientem ei ceteram
19 curationem adhiberi iubeat. Eorum uero, qui recte ualebunt,
non minor habenda erit ratio, ut cibus et potio sine fraude a
cellariis praebeatur, consuescatque rusticos circa larem domini
focumque familiarem semper epulari atque ipse in conspectu
eorum similiter epuletur sitque frugalitatis exemplum; nec nisi
sacris diebus accubans cenet festosque sic agat, ut fortissimum
quemque et frugalissimum largitionibus prosequatur, non-
numquam etiam mensae suae adhibeat et uelit aliis quoque
20 honoribus dignari. Tum etiam per ferias instrumentum rusti-
cum, sine quo nullum opus effici potest, recognoscat et saepius
inspiciat ferramenta eaque semper duplicia comparet ac
subinde refecta custodiat, ne si quod in opere uitiatum fuerit, a
uicino petendum sit, quia plus in operis seruorum auocandis
quam in pretio rerum eiusmodi dependitur.

21 Cultam uestitamque familiam utiliter magis habeat quam
delicate, id est munitam diligenter a frigoribus et imbribus,
quae utraque prohibentur optime pellibus manicatis et sagaceis
cucullis; idque si fiat, omnis paene hiemalis dies in opere
tolerari possit. Quare tam uestem seruitiorum quam, ut dixi,
ferramenta bis debebit omnibus mensibus recensere; nam
frequens recognitio nec inpunitatis spem nec peccandi locum
22 praebet. Itaque mancipia uincta, quae sunt ergastuli, per
nomina cotidie citare debebit atque explorare ut sint diligenter
compedibus innexa, tum etiam custodiae sedes an tuta et recte

2 noxam *R* : -xiam *S* : -xium *A* languidior est in *Iucundus* : languidiorem ut *SAR* 3 ualetudinarium *R* : -nari *SA* 11 mensae suae *SA* : ↔ *R* aliis *R* : alis *SA* 17 eiusmodi *A* : eiuseiusmodi *S* : eiusdem modi *R* 21 hiemalis dies *R* : -libus diebus *SA* 23 omnibus *SA* : singulis *R* 25 itaque] itemque *Richter* uincta quae sunt *secl. Schneider* (*cf.* 1. 8. 16) 26 diligenter compedibus *SA* : ↔ *R* 27 innexa *R* : nexa *SA*

munita sit; nec, si quem dominus aut ipse uinxerit, sine iussu
patris familiae resoluat. Sacrificia nisi ex praecepto domini
facere nesciat; haruspicem sagamque sua sponte non nouerit,
quae utraque genera uana superstitione rudes animos infestant.
Non urbem, non ullas nundinas, nisi uendendae aut emendae 23
rei necessariae causa, frequentauerit. Neque enim coloniae suae
terminos egredi debet nec absentia sua familiae cessandi aut
delinquendi spatium dare.

Semitas nouosque limites in agro fieri prohibeat. Hospitem,
nisi ex amicitia domini, quam rarissime recipiat. Ad ministeria
sua conseruos non adhibeat nec ulli terminos egredi, nisi
magna coegerit necessitas, permittat. Pecuniam domini neque 24
in pecore nec in aliis rebus promercalibus occupet. Haec enim
res auocat uilici curam et eum negotiatorem potius facit quam
agricolam nec umquam sinit <eum> cum rationibus domini
paria facere, sed ubi nummum est numeratio, res pro nummis
ostenditur. Itaque tam istud uitandum habebit quam hercule
fugiendum uenandi uel aucupandi studium, quibus rebus
plurimae operae auocantur. Iam illa, quae etiam in maioribus 25
imperiis difficulter custodiuntur, considerare debebit, ne aut
crudelius aut remissius agat cum subiectis; semperque foueat
bonos et sedulos, parcat etiam minus probis et ita temperet,
ut magis eius uereantur seueritatem quam ut saeuitiam detes-
tentur, poteritque id custodire, si maluerit cauere ne peccet
operarius quam, cum peccauerit, sero punire. Nulla est autem 26
uel nequissimi hominis amplior custodia quam cotidiana

2 resoluat *R* : soluat *SA* 8 delinquendi *AR* : deliquendi *S* 10 ad *AR* : at *S* 15 eum *add. Iucundus* (*cf.* 1. 8. 13) : *om. SAR* 16 nummum est *Lundström* : non est *SA* : est R^* : (numeratio) exigitur R^* (*cf.* 1. 8. 13) 18 uel *SA* : aut *R* 19 iam illa *R* : illa iam *SA* 22 temperet S^2R : -rat S^1 : -rate *A* 23 magis eius *R* : eius *S* : eius magis *A* 26 uel nequissimi . . . p. 426, 12 quicquid *R* : *om. SA*

operis exactio. Nam illud uerum est M. Catonis oraculum: Nihil agendo homines male agere discunt.

Itaque curabit uilicus ut iusta reddantur, idque non aegre
27 consequetur, si semper se repraesentauerit. Sic enim et magistri singulorum officiorum diligenter exsequentur sua munia et familia post operis exercitationem fatigata cibo quietique potius ac somno quam maleficiis operam dabit. In uniuersa porro uilicatione, sicut in cetera uita, pretiosissimum est intellegere quemque nescire se quod nesciat, semperque cupere
28 quod ignoret addiscere. Nam etsi multum prodest scientia, plus tamen obest inprudentia uel neglegentia, maxime in rusticatione, cuius est disciplinae caput semel fecisse quicquid exegerit ratio culturae; nam quamuis interdum emendata sit perperam facti uel inprudentia uel neglegentia, res tamen ipsa iam domino decoxit nec mox in tantum exuberat, ut et
29 iacturam capitis amissi restituat et quaestum resarciat. Praelabentis uero temporis fuga quam sit inreparabilis, quis dubitet? Eius igitur memor praecipue semper caueat, ne inprouidus ab opere uincatur. Res est agrestis insidiosissima cunctanti; quod ipsum expressius uetustissimus auctor Hesiodus hoc uersu significauit:

αἰεὶ δ' ἀμβολιεργὸς ἀνὴρ ἄταισι παλαίει.

Quare uulgare illud de arborum positione rusticis usurpatum 'serere ne dubites', id uilicus ad agri totum cultum referri iudicet credatque praetermissas non duodecim horas sed

1 Cato: *inc. sed. fr. 7 Speranza [= inc. fr. 38 Cugusi–Sblendorio Cugusi], unde fort. Cat. Dist.* 1. 2 nam diuturna quies uitiis alimenta ministrat (*Otto no. 42*); *cf. carmen de moribus fr. 3, ii. 444 ap. Gell. 11. 2. 6.* 20 Hesiodus: *Op. 413* 23 uulgare illud: *Otto no. 1631*

3 idque *Schneider*[c] : itaque *R* 10 scientia *ed. pr.* : inscientia *R* 22 ΑΙeΙΔΑΝ ΒΟΛΙeΡΤΟ CΑΝeΡΑΤΑ ΑΙCΙΠΑΛΑΙe S : ΑΙeΙΑ ΑΝΒΟΛΙΕeΡΤΟC ΑΝΗΡΑΤΑ ΑΙCΙΠΜΑΙe A : *om. sp. rel. R** 24 totum *AR* : totam *S*

annum perisse, nisi sua quaque die quod instat effecerit. Nam 30
cum propriis paene momentis fieri quidque debeat, si unum opus tardius quam oporteat peractum sit, ceterae quoque quae secuntur culturae post iusta tempora serius adhibentur, omnisque turbatus operis ordo spem totius anni frustratur. Quare necessaria est menstrui cuiusque officii monitio ea quae
pendet ex ratione siderum et caeli. Nam, ut ait Vergilius, 31

tam sunt Arcturi sidera nobis
Haedorumque dies seruandi et lucidus Anguis,
quam quibus in patriam uentosa per aequora uectis
Pontus et ostriferi fauces tentantur Abydi.

Contra quam obseruationem multis argumentationibus disseruisse me non infitior in îs libris quos aduersus astrologos composueram. Sed illis disputationibus exigebatur id quod inprobissime Chaldaei pollicentur, ut certis quasi terminis
et diebus statis aeris mutationes respondeant. In hac autem 32
ruris disciplina non desideratur eiusmodi scrupulositas, sed quod dicitur pingui Minerua quamuis utile continget uilico tempestatis futurae praesagium, si persuasum habuerit, modo ante, modo post, interdum etiam stato die orientis uel occidentis competere uim sideris. Nam satis prouidus erit, cui licebit ante multos dies cauere suspecta tempora.

Itaque praecipiemus quid quoque mense faciendum sit, sic 2
temporibus accommodantes opera ruris ut permiserit status caeli; cuius uarietatem mutationemque si ex hoc commentario fuerit praemonitus uilicus, aut numquam decipietur aut certe non frequenter.

7 Vergilius: *Georg.* 1. 204–7

3 oporteat *R* : -tet *SA* 4 secuntur S^1A : sequ- S^2R 6 officii A^2R : -cium SA^1 7 et *S* : *om.* *AR* 13 iis ς : his *SAR* 16 et *ego* : ita *SAR* statis *S* : satis *AR* 18 quamuis utile *S* : quamuis inutile *A* : quantum uis utile *R* continget *R* : -git *SA* 22 suspecta *R* : suscepta *SA* 23 itaque *R* : itemque *SA* 26 numquam *R* : non numquam *SA*

Et ne desciscamus ab optimo uate, quod ait ille, uere nouo
2 terram proscindere incipiat. Noui autem ueris principium non sic obseruare rusticus debet quemadmodum astrologus, ut expectet certum illum diem qui ueris initium facere dicitur, sed aliquid etiam sumat de parte hiemis, quoniam consumpta bruma iam intepescit annus permittitque clementior dies opera
3 moliri. Possit igitur ab Idibus Ianuariis, ut principem mensem Romani anni obseruet, auspicari culturarum officia; quorum alia ex pristinis residua consummabit atque alia futuri temporis inchoabit. Satis autem erit per dimidios menses exequi quodque negotium, quia neque praefestinatum opus nimium immature uideri possit ante quindecim dies factum nec rursus post totidem nimium tarde.

4		Id. Ian.	Ventosa tempestas et incertus status.
	XVIII	Kal. Febr.	Tempestas incerta.
	XVII	Kal. Febr.	Sol in Aquarium transit, Leo mane incipit occidere; Africus, interdum Auster cum pluuia.
	XVI	Kal. Febr.	Cancer desinit occidere, hiemat.
	XV	Kal. Febr.	Aquarius incipit oriri, uentus Africus, tempestatem significat.
	XI	Kal. Febr.	Fidicula uespere occidit, dies pluuius.
5	VIIII	Kal. Febr.	Ex occasu Pristini sideris significat tempestatem, interdum etiam tempestas.

1 uate: *Verg. Georg.* 1. 43

1 desciscamus *R* : desistamus *SA*[2] : desinamus *A*[1] 6 clementior *SA* : -ter *R* 8 romani *R* : proromani *S* : promani *A* obseruet *SA* : -uent *R* auspicari *R* : rusticari *SA* 11 quodque *R* : quoque *SA* 14 *rubr.* DIES CAELESTES 16 Febr. *R**: ss (*i.e.* supra scriptas) *SAR**, *quod non amplius notabo* 20 XV *AR* : XII *S* 22 uespere *R* : uesper *SA* 23 VIIII *AR* : VIII *S*

VI Kal. Febr. Leonis quae est in pectore clara stella occidit, nonnumquam significat, hiemps bipertitur.

V Kal. Febr. Auster aut Africus, hiemat, pluuius dies.

III Kal. Febr. Delphinus incipit occidere, item Fidicula occidere, significat.

Pridie Kal. Febr. Eorum quae supra siderum occasus tempestatem facit, interdum tantummodo significat.

Hoc igitur semestrium et deinceps sequentia tempestatibus 6 adnotatis percensuimus, quo cautior uilicus, ut iam dixi, uel abstinere possit operibus uel festinationem adhibere.

Itaque ab Idibus Ianuariis, quod habetur tempus inter brumam et aduentum Fauoni, si maior est uineae uel arbusti modus, quicquid ex autumno putationis superfuit, repetendum est, sed ita ne matutinis temporibus uitis saucietur, quoniam pruinis et gelicidiis nocturnis adhuc rigentes materiae ferrum reformidant. Itaque dum hae regelatae secentur, usque in 7 horam secundam uel tertiam poterunt uepres attenuari, ne incremento suo agrum occupent, segetes emundari, acerui uirgarum fieri, ligna denique confici, ut tum demum tepenti iam die putatio administretur. Apricis etiam et macris aut aridis locis prata iam purganda et a pecore sunt defendenda, ut faeni sit copia.

Siccos quoque et pingues agros tempestiuum est proscindere; 8 nam uliginosi et mediocris habitus sub aestatem ueruagendi sunt, macerrimi uero et aridi post aestatem primo autumno

2 significat] *i.e.* (ἐπι)σημαίνει (*absol.*) 3 hiemps *SA* : hiems *R* bipertitur *R* : biperitur *SA* 7 quae *ed. pr.* : qui *SAR* 11 percensuimus] percensebimus *Richter* 14 fauoni *SA* : -nii *R* 18 regelatae *S* : relegatae *AR* secentur *Lundström* : secuntur *SA*^{2}, sequ- *R*, sect- *A*^{1} 19 attenuari *R* : attenuri *S*^{1}*A* : apte uri *S*^{2} 21 tum *Iucundus* : cum *SAR* 26 aestatem *SA* : -te *R* ueruagendi ς : ueruagiendi *SA* : uero agendi *R* 27 post . . . p. 430, 1 arandi *R* : *om. SA* autumno ς : autem non *R*

arandi et subinde conserendi. Sed iugerum agri pinguis hoc
tempore anni commode duabus operis proscinditur, quia
hibernis pluuiis adhuc madens terra facilem cultum sui praebet.
9 Eodem mense ante Kalendas Februarias sariendae segetes
autumnales, siue illae seminis adorei sunt, quod quidam far
uennuculum uocant, seu tritici, earumque tempestiua sartio
est cum enata frumenta quattuor fibrarum esse coeperunt.
Hordeum quoque maturum quibus superest opera, nunc
10 demum sarire debebunt. Sed et faba eandem culturam exigit, si
iam coliculus eius in quattuor digitos altitudinis creuit; nam
prius saruisse nimium teneram non expedit. Eruum melius
quidem priore mense, nec tamen improbe hoc ipso uel proximo
seremus; nam Martio nullo modo terrae committendum esse
rustici praecipiunt.
11 Vineae, quae sunt palatae et ligatae, recte iam fodiuntur.
Surculi qui primi florem adferunt, statim circa Idus inserendi
sunt, ut cerasiorum tuburum amygdalorum Persicorumque.

Ridicis uel etiam palis conficiendis idoneum tempus est, nec
minus in aedificia succidere arborem conuenit. Sed utraque
melius fiunt luna decrescente ab uicesima usque in tricesimam,
quoniam omnis materia sic caesa iudicatur carie non infestari.
12 Palos una opera caedere et exputatos acuere centum numero
potest, ridicas autem querneas siue oleagineas findere et
dedolatas utraque parte exacuere numero sexaginta, item ad
lucubrationem uespertinam palos decem uel ridicas quinque
conficere totidemque per antelucanam lucubrationem.
13 Materies si roborea est, ab uno fabro dolari ad unguem debet
per quadratos pedes uiginti; haec erit uehis una. Pinus autem

4 eodem *SA* : eodemque *R* 6 uennuculum *Lundström* (*cf.* 2. 6. 3) : uennaculum *SA* : uern- *R* 9 sarire *R* : sarrire *SA* 10 creuit *SA* : creuerit *R* 12 proximo *S* : -mos *AR* 17 tuburum *SA* : tuberum *R* 20 tricesimam ς : xxx *S* : trigesima *A* : -mam *R* 21 sic caesa S^2R : siccaesse *A*, -sa S^1 26 conficere *R* : conficeret *S*, -fig- *A* antelucanam *R* : anti- *SA* 28 haec *Iucundus* : hoc *SAR*

quinque et uiginti pedum aeque ab uno expeditur, quae et ipsa uehis dicitur; nec minus ulmus et fraxinus pedum triginta, cupressus autem pedum quadraginta, tum etiam sexagenum pedum abies atque populus singulis operis ad unguem quadrantur, atque omnes eae mensurae similiter uehes appellantur.

His etiam diebus maturi agni et reliqui fetus pecudum nec 14
minus maiora quadripedia charactere signari debent.

	Kal. Febr.	Fidis incipit occidere, uentus Eurinus et interdum Auster cum grandine est.	
III	Non. Febr.	Fidis tota et Leo medius occidit, Corus aut Septentrio, nonnumquam Fauonius.	
	Non. Febr.	Mediae partes Aquarii oriuntur, uentosa tempestas.	
VII	Id. Febr.	Callisto sidus occidit, Fauonî spirare incipiunt.	15
VI	Id. Febr.	Ventosa tempestas.	
III	Id. Febr.	Eurus.	

Per hosce dies locis maritimis et calidis ac siccis prata uel arua purgantur et in faenum submittuntur.

Reliquae partes uinearum propter brumam uel frigora 16
omissae nunc palandae et alligandae sunt, ne postea tumentes gemmae laedantur et oculi atterantur. Item uinearum fossio isdem locis peragenda est arbustorumque siue putatio siue alligatio finienda, quorum iusta certa esse non possunt. Inter Nonas deinde et Idus pomorum seminaria facienda sunt et maturae plantae de seminariis in scrobes transferendae.

6 maturi . . . 7 debent: *Pall.* 2. 16 (*Columellam nominat*)

---

4 populus *R* : -lis *SA* 7 maiora *SA* : minora *R* 12 Corus] chorus *SAR*, *et sic semper* (*hic semel moneo*) 16 sidus (syd-) *ed. pr.* : fidis *SA* : fidus *R* fauoni *SA* : -nii *R* 26 finienda] f- est *R* : fienda *S* : figenda *A* 28 transferendae *S* : -de sunt *A* : transferantur *R*

17 Pastinatio quoque quae mense Decembri uel Ianuario coepta
est iam nunc includenda et uitibus conserenda est. Pastinatur
autem terreni iugerum ita, ut solum in altitudinem trium
pedum defodiatur operis octoginta uel in altitudinem dupondii
semissis operis quinquaginta uel ad bipalium, quae est altitudo
18 duorum pedum, operis quadraginta. Haec tamen in agro sicco
surculis conserendis minima pastinationis mensura est; nam
holeribus deponendis possit uel sesquipedalis altitudo satis-
facere, quae plerumque in singula iugera triginta operis
conficitur.

Hoc eodem tempore stercoris pars in prata egerenda, pars
oleis et ceteris arboribus inspargenda, quin etiam uitiaria
diligenter facienda malleolusque quam curiosissime pangen-
19 dus. Populos et salices et fraxinos, priusquam frondeant,
plantasque ulmorum nunc ponere utile est, ante autem satas
nunc exputare et circumfodere ac summas earum aestiuas
radices amputare. Sarmenta e uineis nondum fossis atque
arbustis et <ex> segetibus ramos aut rubos, quicquid denique
facile fodientem uel alio genere terram molientem potest
inpedire, nunc egerere et ad saepem applicare oportet, rosaria
noua conserere uel antiqua curare, harundineta nunc ponere
uel etiam pristina colere, salicta facere uel deputata runcare
ac fodere, genistam semine uel plantis in pastinato uel etiam
20 sulco deponere. Trimestrium quoque satio non est aliena huic

2 est iam *R* : etiam *SA* <uinea> uitibus *M. Schlitter ap. Richter* 3 ita ut *R* : it autem *S*, id a- *A* 4 dupundii *R* : dupondius *S*, -pun- *A* 5 semissis *S* : semis *A* : semisses *R* bipalium *R* : bipedalium S^2 : ui- S^1A quae *SA* : qui *R* 8 uel *R* : *om. SA* 11 egerenda *S* : deg- *A* : egredienda *R* : *an* euehenda (*u. app. ad* 1. 6. 21, 7. 1. 3, *sed cf.* 2. 14. 1)? 12 uitiaria ς (*cf.* 3. 4. 1, 3. 5. 1) : uinearia *SAR** : uinaria *R** 14 populos *ed. pr.* : -lus *SAR* fraxinos *ed. pr.* : -nus *SAR* 15 nunc *R* : nun *SA* 17 sarmenta e *S* : sarmente *A* : sarmenta *tantum R* 18 ex *addidi* 19 facile *SA* : iacens *R* : iacens facile *Lundström* molientem *R* : moll- S^2 : mollien S^1 : molliem *A* 20 egerere *S* : egere *A* : egeri *R* applicare *Iucundus* : -ri *SAR* 22 colere S^2R : colore S^1A deputata *Schneider* : deputa *SA* : deputare *R* 23 genistam ς : genestam *SAR*

tempori, quamuis tepidis regionibus melius administretur per mensem Ianuarium.

Id. Febr. Sagittarius uespere occidit, uehementer hiemat.

XVI Kal. Mart. Vespere Crater oritur, uenti mutatio.

XV Kal. Mart. Sol in Pisces transitum facit, nonnumquam uentosa tempestas.

XIII et XII Kal. Mart. Fauonius uel Auster cum grandine 21
et nimbis.

X Kal. Mart. Leo desinit occidere, uenti septentrionales, qui uocantur Ὀρνιθίαι, per dies XXX esse solent, tum et hirundo aduenit.

VIIII Kal. Mart. Arcturus prima nocte oritur, frigidus dies Aquilone uel Coro, interdum pluuia.

VIII Kal. Mart. Sagitta crepusculo incipit oriri, uariae tempestates, alcyonei dies uocantur, in Atlantico quidem mari summa tranquillitas nota est.

VII Kal. Mart. Ventosa tempestas, hirundo 22
conspicitur.

Per hos dies frigidis locis earum rerum quas supra scripsimus, tempestiua est administratio, locis autem calidioribus, quamuis sera, tamen necessaria. Ceterum malleoli et uiuiradicis positio
huius temporis esse uidetur optima,| nec tamen deterior etiam 23
inter Kalendas et Idus sequentis mensis, utique si non {sit} feruentissima regio, si uero etiam magis frigida, uel melior.

1 administretur *R* : -traretur *SA* 3 uespere ς : -peri *R* : -per *SA* 6 pisces *R* : -cem *S* : -ce *A* 10 uenti *SR* : -tis *A* 20 nota *SA* : notata *R* 23 frigidis *AR* : -dus *S* 25 uiuiradicis *R* : uiuae- *SA* 26 temporis esse *AR* : ↔ *S* 27 utique S^2R : utiquenti S^1A sit *seclusi*

Insitio quoque arborum atque uitium tepidis locis hoc tempore commode administrabitur.

		Kal. Mart.	Africus, interdum Auster cum grandine.
24	VI	Non. Mart.	Vindemitor apparet, quem Graeci Τρυγητῆρα dicunt, septentrionales uenti.
	IIII	Non. Mart.	Fauonius, interdum Auster, hiemat.
		Non. Mart.	Equus mane oritur, flatus Aquilonis.
	III	Id. Mart.	Piscis aquilonius desinit oriri, septentrionales uenti.
	Pridie	Id. Mart.	Argo nauis exoritur, Fauonius aut Auster, interdum Aquilo.

25 His diebus commode instruuntur horti, de quibus suo loco dicam secretius, ne inter hanc quasi turbam operum neglegentius holitoris officia descripsisse uidear aut nunc ordinem reliquarum culturarum coeptum interrupisse.

26 Igitur a Kalendis Martiis eximia est uitium putatio usque in x Kalendas Apriles, si tamen se gemmae nondum mouent. Surculi quoque silentes ad insitionem nunc praecipue utiliterque leguntur, et ipsa insitio uitium atque arborum longe nunc est optima. Frigidis quoque locis et umidis uitium satio nunc praecipua est, sed et ficulnea cacumina iam tumentia utilissime deponuntur. Sartura quoque frumentorum iteratur egregie;
27 modios tres una opera recte sarit. Prata purgare et a pecore defendere iam tempestiuum est; locis quidem calidis et siccis etiam mense Ianuario, ut supra diximus, id fieri debet, nam frigidis uel a Quinquatribus prata recte summittuntur.

5 uindemitor *S* : -mieor *A* : -miator *R* 19 apriles *S* : aprilis *AR* mouent *S* : moueant *AR* 20 utiliterque *R* : utiliter *SA* 21 longe *R* : *om.* *SA* 24 deponuntur *S* : -nitur *A* : ponuntur *R* 27 mense *SA* : a mense *R* 28 su(m)mittuntur *SA* : submetuntur *R*

Scrobes omnis generis, quos eris autumno consiturus, hoc 28
tempore fieri oportebit; eorum quaternarii, hoc est quoquouer-
sus pedum quaternum, si est commodum terrenum, XIIII ab
uno fiunt, ternarii autem decem et octo. Ceterum ad deponen-
das uites uel non magni incrementi arbores sulcus, qui sit
pedum centum et uiginti, latitudine bipedanea, in altitudinem
deprimi debet dupondii semissis, eumque similiter una opera
efficit. Rosarium serotinum perfossum et cultum habere iam 29
tempus est.

Oleis laborantibus circum radices amurcam quae salem non
habeat nunc conueniet infundere; maximis sex congii, medio-
cribus arboribus quattuor satisfaciunt, ceteris aestimanda erit
portio; sed tamen quae nihil uitii habuerint, aliquanto laetiores
fient, si amurca rigentur insulsa. Nonnulli hoc optimum 30
tempus esse seminariis instituendis dixerunt; tum etiam bacas
lauri et murti ceterorumque uiridium semina in areolas dis-
serere praeceperunt. Orthocissos et hederas ab Idibus Februariis
uel etiam Kalendis Martiis poni oportere îdem censuerunt.

	Id. Mart.	Nepa incipit occidere, significat tempestatem.	
XVII	Kal. Apr.	Nepa occidit, hiemat.	31
XVI	Kal. Apr.	Sol in Arietem transitum facit, Fauonius uel Corus.	
XII	Kal. Apr.	Equus occidit mane, septentrionales uenti.	

10 oleis . . . 13 portio: *Pall.* 4. 8. 1 (*Columellam nominat*)

3 quaternum *S* : -nu *A* : IIII *R*   5 sit *R* : *om. SA*   7 semissis *S* : dimissis *A* : semisse *R*   10 amurcam *AR* : -ca *S*   11 habeat *R* : habeant *SA*   conueniet *R* : conueri et *SA*   sex *R* (*Pall.*) : *om. SA*   congii *SA* : congiis *R*   12 quattuor *ego* (*Pall.*) : urnae (-ma *A*) *SAR*   aestimanda *SA* : exti- *R*   13 habuerint *ed. pr.* : -rit *SAR*   15 bacas *R* : bagas *S* : baucas *A*   17 ortocissos *R* : *om. SA*   18 idem *SA* : iidem *R*

x Kal. Apr. Aries incipit exoriri, pluuius dies, interdum ninguit.

viiii et viii Kal. Apr. Aequinoctium uernum, tempestatem significat.

32 Ab Idibus eadem quae supra utique peragenda sunt. Optime autem uliginosa et pinguia loca nunc demum proscinduntur; at quae mense Ianuario ueruacta fecimus, nunc ultima parte Martii sunt iteranda. Et si quae pergulae uitium generosarum uel si quae in agris aut uepribus singulares arbores maritae a putatoribus relictae sunt, ante Kalendas Apriles utique deputari debent; post quam diem et sera et infructuosa fit eiusmodi
33 rerum cura. Milii quoque et panici haec prima satio est, quae peragi debet circa Idus Apriles; utriusque seminis sextarii quini singula iugera occupant.

Quin etiam pecus lanatum ceteraque quadripedia tempus idoneum est castrandi. Locis autem tepidis ab Idibus Februariis usque in Idus Apriles, at locis frigidis ab Idibus Martiis usque in Idus Maias omnia recte pecora castrantur.

34 Kal. Apr. Nepa occidit mane, tempestatem significat.

Non. Apr. Fauonius aut Auster cum grandine, nonnumquam hoc idem pridie.

viii Id. Apr. Vergiliae uespere celantur, interdum hiemat.

vii Id. Apr. et vi et v Austri et Africi, tempestatem significat.

2 ninguit *SA* : ningit *R* 3 viiii et viii *R* : viii *SA* 7 fecimus *Gesner* : facimus *SAR* 9 uepribus] segetibus *Schneider*[c] (*coll.* §54), *fort. recte* maritae] maritate *S*[2] : *an* maritandae (*cf.* 3. 11. 3, 8. 8. 7)? 11 quam *SA* : quem *R* et sera *Richter* : cetera *SA* : sera *R* eiusmodi *SA* : huius modi *R* 12 cura *SA* : cultura *R* 17 at *Lundström* : ad *SA* : in *R* 26 et *R* : *om. SA* tempestatem significat] tempestas (*an* -tates?), significat *Lehoux*

IIII	Id. Apr.	Sole oriente Libra occidere incipit, interdum tempestatem significat.
Pridie	Id. Apr.	Suculae celantur, hiemat.

His diebus locis frigidis prima uinearum fossio utique ante 35
Idus peragenda est, quaeque mense Martio post confectum aequinoctium fieri debuerunt, nunc denique quam primum exequenda sunt. Fici uitesque adhuc recte inseruntur; seminaria quae sunt ante facta, runcari et adhuc commode fodiri possunt. Oues Tarentinae radice lanaria lauari debent, ut tonsurae praeparentur.

	Id. Apr.	Vt supra, Libra occidit, hiemat.	
XVIII	Kal. Mai.	Ventosa tempestas et imbres nec hoc constanter.	36
XV	Kal. Mai.	Sol in Taurum transitum facit, pluuiam significat.	
XIIII	Kal. Mai.	Suculae se uespere celant, pluuiam significat.	
XI	Kal. Mai.	Ver bipertitur, pluuia et nonnumquam grando.	
X	Kal. Mai.	Vergiliae cum Sole oriuntur, Africus uel Auster, dies umidus.	
VIIII	Kal. Mai.	Prima nocte Fidicula apparet, tempestatem significat.	
IIII	Kal. Mai.	Auster fere cum pluuia.	
III	Kal. Mai.	Mane Capra exoritur, Austrinus dies, interdum pluuiae.	37
Pridie	Kal. Mai.	Canis se uespere celat, tempestatem significat.	

1 sole *S* : sol *AR*   3 hiemat *AR* : hiemam *S*   16 se *R* : *om. SA*   uespere *SA* : -ri *R*   pluuiam *R* : *om. SA, fort. recte* (*cf.* §§5, 94)   21 (h)umidus *AR* : uel idus *S*   22 fidicula *R* : -duc- *SA*   26 pluuiae *R* : -uii *SA*

Per hos dies eadem quae supra persequemur possuntque, si iam librum remittunt, inseri oleae uel emplastrari ceteraeque
38 pomiferae arbores eodem emplastrationis genere inseri. Sed et prima pampinatio recte inchoatur, dum prorepentes oculi digito decuti possunt. Si qua praeterea in uineis aut fossor disturbauit aut neglegentia omisit, diligens uinitor restituere debet et fracta iuga considerate resarcire aut disiectos palos reponere ita, ne teneros pampinos explantet. Eodem tempore secundi fetus pecudes signari oportet.

39		Kal. Maiis	Hoc biduo Sol unam dicitur tenere particulam, Sucula cum Sole exoritur.
	VI	Non. Mai.	Septentrionales uenti.
	V	Non. Mai.	Centaurus totus apparet, tempestatem significat.
	III	Non Mai.	Idem sidus pluuiam significat.
	Pridie	Non. Mai.	Nepa medius occidit, tempestatem significat.
		Non. Mai.	Vergiliae exoriuntur mane, Fauonius.
	VII	Id. Mai.	Aestatis initium, Fauonius aut Corus, interdum et pluuiae.
40	VI	Id. Mai.	Vergiliae totae apparent, Fauonius aut Corus, interdum et pluuiae.
	III	Id. Mai.	Fidis mane oritur, significat tempestatem.

Per hos dies runcandae segetes sunt, faenisiciae instituendae; bonus operarius prati iugerum desecat nec minus mille ducentos manipulos unus obligat, qui sint singuli quaternarum librarum. Arbores quoque tempus est ablaqueatas circumfodere

7 considerate *SA* : -rare et *R* 9 secundi] *an* serotini (*sic Pall.* 5. 6, *cf.* 8. 5. 24 serotini pulli)? 10 unam *R* : una *SA* 18 exoriuntur *SR* : exoritur *A* 19 Fauonius . . . pluuiae *alterutrum fort. delendum* 25 runcande A^2*R* : nonandae *S*, nun- A^1 27 obligat *R* : alligat *SA* 28 ablaqueatas *R* : -tis *SA*

et operire; una opera nouellas circumfodiet arbores LXXX, mediocres LXV, magnas L. Hoc mense seminaria omnia 41 crebre fodere oportet. Sed et a Kalendis Martiis usque in Idus Septembres omnibus mensibus non solum seminariis, sed etiam nouellis uineis danda fossio est.

Isdem diebus, ubi praegelidum et pluuium caelum est, oleae putantur et emuscantur. Ceterum tepidis regionibus duobus temporibus anni facere istud oportebit, primo ab Idibus Octobribus usque in Idus Decembres, iterum ab Idibus Februariis usque in Idus Martias, si tamen arbor librum non remittit. Hoc 42 eodem mense in pastinato seminario nouissima positio est olearis taleae, eamque oportet, cum panxeris, fimo et cinere mixtis oblinere et superponere muscum, ne sole findatur. Sed hoc idem opus melius fiet ultima parte mensis Martii uel prima mensis Aprilis et ceteris temporibus, quibus praecepimus seminaria plantis uel ramis conserere.

	Id. Mai.	Fidis mane exoritur, Auster aut Eurinus, interdum dies umidus.	43
XVII	Kal. Iun.	Idem quod supra.	
XVI et XV	Kal. Iun.	Eurinus uel Auster cum pluuia.	
XIIII	Kal. Iun.	Sol in Geminos introitum facit.	
XII	Kal. Iun.	Suculae exoriuntur, septentrionales uenti, nonnumquam Auster cum pluuia.	
XI et X	Kal. Iun.	Arcturus mane occidit, tempestatem significat.	
VIII et VII et VI	Kal. Iun.	Capra mane exoritur, septentrionales uenti.	

2 mediocres] *inde ab* ocres *incipit A′* (*uide ad* §76) 4 sed etiam nouellis uineis *R* : u- sed etiam n- *SA* 7 emuscantur *Schneider* : muscantur *SAR* 9 iterum *SA* : item *R* 12 taleae *S* : tale *AR* panxeris *SA′* : -ncx- *A* : panseris *R* 13 oblinere *SA* : -nire *R* 14 idem *R* : *om. SA* 17 fidis *AR* : fides *SA′*

44 Ab Idibus usque in Kalendas Iunias ueteranam uineam, priusquam florere incipiat, iterum fodere oportet, eandemque et ceteras omnes uineas identidem pampinare. Quod si saepius feceris, puerilis una opera iugerum uineti pampinabit. Quibusdam regionibus oues nunc tondentur, et pecoris nati aut amissi ratio accipitur. Item qui lupinum stercorandi agri causa seuit, nunc demum aratro subuertit.

45	Kal. Iun. et IIII Non.	Aquila exoritur, tempestas uentosa et interdum pluuia.
	VII Id. Iun.	Arcturus occidit, Fauonius aut Corus.
	IIII Id. Iun.	Delphinus uespere exoritur, Fauonius, interdum rorat.

46 His diebus, si opere uicti sumus, eadem quae extremo mense Maio facienda sunt. Item omnes arbores frugiferae circumfossae aggerari debent, ut ante solstitium id opus peractum sit. Quin etiam pro condicione regionis et caeli terra uel proscinditur uel iteratur, eaque si est difficilis, proscinditur operis tribus, iteratur duabus, tertiatur una, lirantur autem iugera duo opera una. At si facilis est terra, proscinditur iugerum duabus operis, iteratur una, lirantur una iugera quattuor,
47 cum in subacta iam terra latiores porcae sulcantur. Quae ratio colligit ut per autumnum facile possint uno iugo tritici obseri modî centum quinquaginta ceterorumque leguminum modî centum.

Isdem his diebus area triturae praeparanda est, ut <cum> quaeque res desecta erit, in eam conferatur. Vinearum quoque

2 eandemque *A′R* : eandem quam *SA* 3 identidem *SA* : itidem *R* 5 aut amissi *R* : et mulsi *SA* 6 seuit *SA* : serit *R* 7 aratro S^2*A′R* : arat po S^1 : arat quo *A* 15 frugiferae *SA′* : fructifere *AR* 19 lirantur *AR* : linantur *SA* 20 duo *R* : duabus *SAA′* : duo bis ς 21 una[1] *A′*ς : una in *SAR* 24 modi . . . modi *S* : modii . . . modii *AR* 26 cum *addidi* (*cf.* 5. 9. 4, 5. 10. 5, 6. 13. 3)

<cultus> quibus maior est modus iteratus esse debet ante
solstitium. Pabulum, si facultas est, uel nunc uel etiam superi- 48
oribus quindecim diebus, qui fuerunt ante Kalendas Iunias, praeberi pecori oportet. A Kalendis autem Iuniis, si iam defecit uiridis herba, usque in ultimum autumni frondem caesam praebebimus.

	Id. Iun.	Calor incipit.	49
XIII	Kal. Iul.	Sol introitum <in> Cancrum facit, tempestatem significat.	
XI	Kal. Iul.	Anguifer, qui Graece dicitur Ὀφιοῦχος mane occidit, tempestatem significat.	
VIII et VII et VI	Kal. Iul.	Solstitium, Fauonius et calor.	
III	Kal. Iul.	Ventosa tempestas.	

His diebus eadem quae supra. Sed et uiciam in pabulum 50
secare oportet, priusquam siliquae eius durentur, hordeum metere, fabam serotinam ducere, fabam maturam conterere et paleas eius diligenter recondere, hordeum terere paleasque omnis recondere, alueos castrare. Quos subinde nono quoque aut decimo die a Kalendis Maîs considerare et curare oportet; nunc autem si sunt pleni atque operculati faui, demetendi sunt, sin autem maiore parte uacant aut sine operculis adaperti sunt, nondum esse maturos significatur, itaque mellatio est differenda. Quidam in prouinciis transmarinis uel hoc uel sequente mense sesama serunt.

1 cultus *add. Iocundus* : fundus *post* modus *Richter* 2 pabulum . . . oportet *A′R* : *om. SA* 3 fuerunt *A′ς* : fuerint *R* ante *A′ς* : a *R* iunias *A′*: iuniis *R* 4 praeberi pecori *A′*: pecori depreberi *R* iuniis *AR* : iunias *S* defecit *A′*: deficit *SAR* 8 <in> *Iucundus* Cancrum *ego* : -cro *SAR* 10 ΟΦΙΟΥΧΟC *A′* : ΦΙΟΥΧΟC *S* : ΦΙΟΥΑΟC *A* : *om. sp. rel. R* 13 solstitium *AR* : solistitium *S* 16 siliquae *A′R* : -qua *SA* 19 quos *A′*: quas *SAR* 20 a *SA*^{1}*A′*: ad *A*^{2}*R* mais *A′*: maias *SAR* 22 uacant] *post h. u. desinit A′* (*uide ad* §76) adaperti *R* : adop- *A*, -tis *S*

51		Kal. Iul.	Fauonius uel Auster et calor.
	IIII	Non. Iul.	Corona occidit mane.
	Pridie	Non. Iul.	Cancer medius occidit, calor.
	VIII	Id. Iul.	Capricornus medius occidit.
	VII	Id. Iul.	Cepheus uespere exoritur, tempestatem significat.
	VI	Id. Iul.	Prodromi flare incipiunt.

52 His diebus eadem quae supra. Sed et {proscissum} ueruactum optime nunc iteratur et siluestris ager decrescente luna utilissime extirpatur.

		Id. Iul.	Procyon exoritur mane, tempestatem significat.
	XIII	Kal. Aug.	Sol in Leonem transitum facit, Fauonius.
	VIIII	Kal. Aug.	Aquarius incipit occidere, Fauonius uel Auster.
53	VII	Kal. Aug.	Canicula apparet, caligo aestuosa.
	VI	Kal. Aug.	†Aquila exoritur.†
	IIII	Kal. Aug.	Leonis in pectore clara stella exoritur; interdum tempestatem significat.
	III	Kal. Aug.	Aquila occidit, significat tempestatem.

54 His diebus locis temperatis et maritimis messis conficitur et intra dies triginta quam desecta est, stramenta praecisa in aceruum congeruntur. Iugerum stramentorum opera una desecat, quibus remotis priusquam sol acrior exurat terram, omnes arbores quae fuerant in segete circumfodere et adob-

5 cepheus *R* : cetheus *SA* 7 VI *AR* : V *S* 8 proscissum *seclusi; aut hoc aut* ueruactum *superuacuum esse monuerat iam Schneider* 9 optime S^2R : optim S^1A 11 mane *R* : *om. SA* 15 VIIII *AR* : VIII *S* Aquarius . . . 17 Kal. Aug. Canicula . . . 18 *cruces adposuit Richter* (*cf.* §45 *et huius* § *fin.*), occidere incipit *uel sim. exspectes* 19 IIII Kal. Aug. *om. A* occidere *S* : occidere clare *R* : oc- mane *tempt. Richter* 20 significat III *AR* : *om. S*

ruere oportet. Item quibus magna sementis praeparatur, nunc
debent iterare. Nam de colendis nouellis uineis saepius iam dixi 55
nullum esse mensem omittendum, donec autumnale aequinoctium conficiatur. Meminisse autem oportebit, ut per hos et
Augusti mensis dies antelucanis et uespertinis temporibus
frondem pecudibus caedamus. Item quascumque uineas culturi
sumus, ne per aestum, sed mane usque in tertiam et a decima
usque in crepusculum fodiamus. Quibusdam regionibus, sicut 56
in Cilicia et Pamphylia, hoc mense sesama seruntur, Italiae autem regionibus umidis possunt ultimo mense Iunio seri. Quin etiam tempus est ficulneis arboribus caprificum suspendere, quod quidam existimant idcirco fieri debere, ne fructus decidat et ut celerius ad maturitatem perueniat.

	Kal. Aug.	Etesiae.	
Pridie	Non. Aug.	Leo medius exoritur, tempestatem significat.	
VIII	Id. Aug.	Aquarius occidit medius, nebulosus aestus.	57
Pridie	Id. Aug.	Fidis occidit mane, autumnus incipit.	

His diebus eadem quae supra. Nonnullis tamen locis faui demetuntur, qui si non sunt melle repleti nec operculati, differenda est in mensem Octobrem mellatio.

	Id. Aug.	Delphini occasus, tempestatem significat.	
XVIIII	Kal. Sept.	Eiusdem sideris matutinus occasus, tempestatem significat.	
XIII	Kal. Sept.	Sol in Virginem transitum facit; hoc et sequenti die tempestatem	58

2 colendis *SA* : fodiendis colendisue *R* iam *R* : *om.* *SA* 3 esse mensem *R* : ↔ *SA*[2] : esse m- esse *A*[1] 14 et(a)esiae *SA* : ecthesie *R* 19 autumnus *SA* : et aut- *R*

significat, interdum et tonat; hoc eodem die Fidis occidit.

x Kal. Sept. Ex eodem sidere tempestas plerumque oritur et pluuia.

vii Kal. Sept. Vindemitor exoritur mane et †Arcturus incipit occidere†, interdum pluuia.

iii Kal. Sept. Vmeri Virginis exoriuntur, Etesiae desinunt flare et interdum hiemat.

Pridie Kal. Sept. Andromeda uespere exoritur, interdum hiemat.

59 His quidem diebus arbores ficorum inoculantur, quod genus insitionis emplastratio uocatur, idque licet uel commodius facere superiore mense post Idus Iulias, quo tempore etiam 60 aliarum arborum nonnulli emplastrationem faciunt. Quibusdam autem locis, ut in Baeticae maritimis regionibus et in Africa, uindemia conficitur. Sed frigidioribus regionibus puluerationem faciunt, quam uocant rustici occationem, cum omnis glaeba in uineis refringitur et soluitur in puluerem.

Hoc eodem tempore priusquam uineae pulerentur, si perexilis est uel terra uel ipsa uitis, lupini modî tres uel quattuor in singula iugera sparguntur et ita inoccantur; qui cum fruticauerunt, prima cum fossione conuersi satis bonum 61 stercus uineis praebent. Multi etiam, si pluuius est status caeli, sicut suburbana regione Italiae, pampinis uitem spoliant, ut percoqui fructus possint nec putrescere imbribus; at e contrario

5 vii *AR* : vi *S* uindemitor *SA* : -miator *R* 6 Arcturus . . . occidere *uix sanum* : exoriri *Pontedera*[2], *fort. recte, an potius* Arcturus *corrigendum erat* (*cf.* §63)? 10 uespere *S* : uesperi *A*[2]*R* : -per *A*[1] 12 inoculantur *ed. pr.* : inoculant *SAR* 16 Baeticae *Richter* (*cf.* 1. 3. 7, 9. 13. 2, 11. 2. 56, 11. 3. 15) : -ca *SAR* 19 soluitur *SA* : resoluitur *R* 21 perexilis (ἅπ. λεγ.) . . . uitis *dubium* : si terra exilis in uinea est et uinea ipsa miserior *Pall.* 9. 2 uel terra *SA* : uel rara *R* modi *S* : modii *AR* 23 fruticauerunt *SA* : fructific- *R* 25 sicut *AR* : suicui *S*

locis calidioribus, ut modo nominatis prouinciis, circa uindemiam adumbrantur uel stramentis uel aliis tegmentis uuae, ne uentis aut caloribus exarescant.

Hoc idem tempus est aridis uuis ficisque conficiendis, de 62
quibus quemadmodum passae fiant, suo loco dicemus, cum uilicae persequemur officia. Filex quoque aut carex ubicumque nascitur, Augusto mense recte extirpatur, melius tamen circa Idus Iulias ante Caniculae exortum.

	Kal. Sept.	Calor.	63
IIII	Non. Sept.	Piscis austrinus desinit occidere, calor.	
	Non. Sept.	Arcturus exoritur, Fauonius uel Corus.	
VII	Id. Sept.	Piscis aquilonius desinit occidere et Capra exoritur, tempestatem significat.	
III	Id. Sept.	Fauonius aut Africus, Virgo media exoritur.	

His diebus locis maritimis et calidis uindemia et cetera quae 64
supra scripta sunt commode administrantur. Iteratio quoque arationis peracta esse debet, si serius terra proscissa est, sin autem celerius, etiam tertiatum solum esse conuenit. Hoc etiam tempore qui consueuerunt uina condire aquam marinam praeparant et aduectam decoquunt; de qua conficienda praecipiam, cum uilicae officia persequar.

	Id. Sept.	Ex Pristino sidere nonnumquam tempestatem significat.	
XV	Kal. Oct.	Arcturus exoritur, Fauonius aut Africus, interdum Eurus, quem quidam Vulturnum appellant.	65

2 uel aliis *R* : uelis uel aliis *SA* 5 cum *R* : tum *SA* 6 filex S^2A : filix *R* : felix S^1 11 exoritur S^2R : ea oritur S^1A 13 capra *R* : cara *SA* 19 tertiatum solum ς : tertia cum solum *SA* : tertiatum satum solum *R* 22 persequar *SA* : exequar *R*

	XIIII Kal. Oct.	Spica Virginis exoritur, Fauonius aut Corus.
	XIII Kal. Oct.	Sol in Libram transitum facit, Crater matutino tempore apparet.
	XI Kal. Oct.	Pisces occidunt mane, item Aries occidere incipit, Fauonius aut Corus, interdum Auster cum imbribus.
66	X Kal. Oct.	Argo nauis occidit, tempestatem significat, interdum et pluuiam.
	VIIII Kal. Oct.	Centaurus incipit mane oriri, tempestatem significat, interdum et pluuiam.
	VIII Kal. Oct. et VII et VI	Aequinoctium autumnale, plerumque significat.
	V Kal. Oct.	Haedi exoriuntur, Fauonius, nonnumquam Auster cum pluuia.
	IIII Kal. Oct.	Virgo desinit oriri, tempestatem significat.

67 His diebus uindemiae plurimis regionibus fiunt, quarum maturitatem alii aliter interpretati sunt. Quidam cum uidissent partem aliquam uuarum uiescere, crediderunt tempestiuam esse uindemiam, quidam cum coloratas et perlucidas uuas animaduertissent, nonnulli etiam cum pampinos ac folia decidere considerassent. Quae omnia fallacia sunt, quoniam inmaturis uuis omnia eadem possunt accidere propter
68 intemperiem solis aut anni. Itaque nonnulli gustu explorare maturitatem temptauerunt, ut siue dulcis esset sapor uuae siue acidus proinde aestimarent. Sed et haec ipsa res habet aliquam fallaciam, nam quaedam genera uuarum numquam dulcedinem

11 interdum et pluuiam *alterum* A^2R : *om.* SA^1, *fort. recte* 14 autumnale *R* : *om. SA* 20 plurimis *S* : -rimi *A* : -ribus *R* regionibus S^2R : -ni S^1 : *om. A* 22 uiescere *ego* (*u. ad* 12. 15. 1) : uirescere *SAR* : mitescere *Gesner* 27 intemperiem A^2R : -ri SA^1

capiunt propter austeritatem nimiam. Itaque optimum est 69
quod nos fecimus, ipsam naturalem contemplari maturitatem: naturalis autem maturitas est, si cum expresseris uinacea quae acinis celantur, iam infuscata et nonnulla propemodum nigra fuerint. Nam colorem nulla res uinaceis potest adferre nisi naturae maturitas, praesertim cum ita in media parte acinorum sint, ut et a sole et a uentis protegantur umorque ipse non patiatur ea praecipi aut infuscari nisi suapte natura.

Hoc igitur cum exploratum habuerit uilicus, sciet uindemiam 70
sibi esse faciendam. Sed antequam fructum cogere incipiat, cuncta praeparanda erunt, superiore si fieri possit mense; si minus, certe ut ante quindecim dies dolia partim picata partim defricata et diligenter lota marina uel aqua salsa et recte siccata; | tum et opercula colaque et cetera sine quibus probe confici 71
mustum non potest, torcularia uero et fora diligenter emundata lotaque et, si res ita exegerit, picata, praeparataque habeat ligna quibus defrutum et sapam decoquat. Tum etiam salem atque odoramenta quibus condire uina consueuerit, multo ante reposita esse oportet.

Nec tamen haec cura totum auocet eum a cetera ruris cultura. Nam et napinae itemque rapinae siccaneis locis per hos dies fiunt <et> farraginaria quoque pecori futura per hiemem praesidio; itemque siliqua, quod rustici faenum Graecum uocant, nec minus in pabulum uicia nunc demum conseruntur. Tum etiam lupini haec erit praecipua satio, quod quidam uel 72
ab area protinus in agrum deferri putant oportere. Milium et panicum hoc tempore demetitur, quo phaseolus ad escam

1 optimum *SA* : oportunum *R* 2 nos S^2R : non S^1A fecimus *SA* : facimus *R* contemplari *R* : -re *SA* 4 propemodum ς : praeter modum *SAR* 7 ut et *R* : et *SA* et a uentis *SA* : a uentis extuante *R* 8 patiatur *SA* : patitur *R* praecipi S^2R : praecipia S^1(?)*A* 9 sciet *SA* : sciat *R* 11 possit *SA* : posset *R* 18 consueuerit *SA* : -rint *R* 22 et *add. Lundström* : *om. SAR* 23 siliqua *SA* : siliquam *R* 25 haec *R* : hac *SA* 27 phaseolus] passolus SA^1 : faseolus *R* : fasiolus A^2 : faselus *Pall. 10. 12* (*cf.* §75, *2. 10. 4*)

seritur. Nam ad percipiendum semen ultima parte Octobris circa Kalendas Nouembres melius obruitur. Quare cum haec cuncta in agris exequi debeat, possit eorum curam quae intra uillam facienda sunt, uilicae delegare, ita tamen, ut ipse consideret an recte facta sint.

		Kal. Oct.	
	et VI	Non.	Interdum tempestatem significat.
73	III	Non. Oct.	Auriga occidit mane, Virgo desinit occidere, significat nonnumquam tempestatem.
	III	Non. Oct.	Corona incipit exoriri, significat tempestatem.
	Pridie	Non. Oct.	Haedi oriuntur uespere, Aries medius occidit, Aquilo.
	VIII	Id. Oct.	Coronae clara stella exoritur.
74	VI	Id. Oct.	Vergiliae exoriuntur uespere, Fauonius et interdum Africus cum pluuia.
	III et pridie	Id. Oct.	Corona tota mane exoritur, Auster hibernus et nonnumquam pluuia.

Per hos dies frigidis regionibus uindemia et cetera quae supra scripta sunt, fieri solent, isdemque regionibus frumenta matura seruntur et praecipue far adoreum; locis etiam opacis triticum nunc recte seritur. Et quoniam sementis mentionem fecimus, non intempestiue quantum cuiusque seminis iugerum agri
75 recipiat, referemus. Iugerum agri recipit tritici modios quattuor uel quinque, farris adorei modios nouem uel decem, hordei modios quinque uel sex, milii uel panici sextarios quattuor

8 desinit *AR* : desint *S* 23 (h)isdemque regionibus frumenta *R* : isdem frumentaque regionibus *SA* 28 nouem . . . hordei modios *R* : *om. SA* 29 uel panici *R* : *om. SA*

uel quinque, lupini modios octo uel decem, phaseli modios quattuor, pisi modios tres uel quattuor, fabae modios sex, lentis paulo amplius modium, lini seminis modios octo uel decem, cicerculae modios tres uel quattuor, ciceris modios tres uel IIII, sesami sextarios quattuor uel quinque, uiciae pabularis modios septem uel octo, uiciae seminalis modios quinque uel sex, erui modios quattuor uel quinque, farraginis hordeaceae modios septem uel octo, siliquae modios sex, Medicae singulos cyathos serere oportet in areolis longis pedum X, latis pedum V. Cannabis grana sex in pede quadrato ponuntur.

	Id. Oct. et sequenti biduo	Interdum tempestas, nonnumquam rorat tantummodo, Iugulae exoriuntur uespere.	76
XIII	Kal. Nou.	Sol in Scorpionem transitum facit.	
XIII et XII	Kal. Nou.	Solis exortu Vergiliae incipiunt occidere, tempestatem significat.	77
XI	Kal. Nou.	Tauri cauda occidit, Auster, interdum pluuia.	
VIII	Kal. Nou.	Centaurus exoriri mane desinit, tempestatem significat.	
VII	Kal. Nou.	Nepae frons exoritur, tempestatem significat.	78
V	Kal. Nou.	Vergiliae occidunt, hiemat cum frigore et gelicidiis.	

1 phaseli *Lundström* : faseli *SA* : faseoli *R*   3 paulo amplius modium *ego* : modium (*SA* : m-inum *R*) paulo amplius *SAR* : *an* m- <uel> p- a- (*Holford-Strevens*)?
4 ciceris . . . IIII *R*, III uel III *A* : *om. S*   9 X latis pedum V *R* : quinum *SA*
12 tempestas *R* : temperatas *S*¹*A*, -rat *S*²   13 nonnumquam rorat *SR* : non rara numquam *A* *sed ita ut post* non- *interpositum sit A′ inde a §40* (medi)ocres LXV magnas L *usque ad §50* uacant   tantummodo . . . 14 uespere *S* : *om. AR*
16 exortu *A* : -tum *S* : -tus *R*

IIII	Kal. Nou.	Arcturus uespere occidit, uentosus dies.
III	Kal. Nou.	Cassiope incipit occidere, tempestatem significat.

79 Per hos dies quaecumque semina differri debent arbusculaeque omnis generis recte ponuntur. Vlmi quoque uitibus recte maritantur, ipsaeque uites in arbustis et uineis commode propagantur. Seminaria runcare et fodere tempus est, tum etiam arbores ablaqueare nec minus uineas easdemque putare itemque in arbustis uitem deputare. Seminaria quae suo tempore pampinata non sunt, arbusculaeque ficorum in seminarîs putari et ad singulos stilos redigi debent, quae tamen melius, dum tenerae sunt, per germinationem pampinantur.

Sed cum omnia in agricultura strenue facienda sint, tum
80 maxime sementis, | uetus est agricolarum prouerbium maturam sationem saepe decipere solere, seram numquam, quin mala sit. Itaque in totum praecipimus: ut quisque natura locus frigidus erit, is primus conseratur, ut quisque calidus, nouissimus.

81 Vicia et faba stercorare agrum dicuntur. Lupinum nisi in flore uerteris, nihil agrum stercoraueris. Sed nec ulla res magis uacuis operarîs aut seritur aut conditur, nam et primis temporibus ante ullam sementem possis id obruere et nouissimis post coactos fructus tollere.

82 Sementi facta inoccare oportet quod sparseris. Duo iugera tres operae commode occabunt, arboresque quae intererunt ablaqueabunt, quamuis antiqui singulis operis singula iugera

16 prouerbium: *Otto no. 1590*

6 arbusculaeque *SR* : -laque *A* 8 seminaris *SA* : -riis *R* 12 tamen melius S^2R : tam emelius S^1A 13 tenerae *S* : -ra *AR* 17 sit *R* : sint *SA* 18 primus *S* : -mis *A* : -mum *R* 20 flore *Schneider* : florem *SAR* *post* magis *uocem qualis est* utiliter *excidisse suspicatus est Richter* 21 operaris *SA* : operariis *R* 22 possis *Lundström* : possit *SAR*

sariri et occari uelint; quod an recte fieri possit adfirmare non ausim. Eodem tempore fossas riuosque purgare et elices sulcosque aquarios facere conuenit.

Isdem temporibus, si sit, fraxineam, si minus, orneam, si nec 83
haec sit, iligneam frondem bubus recte praebebimus. Glandis quoque non inutile est singulis iugis modios singulos dare; nec tamen amplius, ne laborent, nec minus diebus xxx praebueris; nam si paucioribus diebus datur, ut ait Hyginus, per uer scabiosi boues fiunt. Glans autem paleis inmiscenda est atque ita bubus adponenda. Tum etiam siluam si quis barbaricam, id est consemineam, uelit facere, recte conseret glandibus et ceteris seminibus. Tum et olea destringenda est ex qua uelis uiride oleum efficere; quod fit optimum ex uaria oliua, cum incipit nigrescere, nam acerbum nisi ex alba olea fieri non debet.

Kal. Nou. et postridie	Caput Tauri occidit, pluuiam significat.	84
III Non. Nou.	Fidicula mane exoritur, hiemat et pluit.	
VIII Id. Nou.	Idem sidus totum exoritur, Auster uel Fauonius, hiemat.	
VII Id. Nou.	Significat tempestatem, hiemat.	
VI Id. Nou.	Vergiliae mane occidunt, significat tempestatem, hiemat.	
V Id. Nou.	Stella clara Scorpionis exoritur, tempestatem significat, uel Vulturnus, interdum rorat.	

8 Hyginus: *cf. Reitzenstein, p. 53; Plin. N.H. 18. 232*

2 riuosque *ed. pr.* : riuos *SAR* 4 fraxineam *S* : -nam *A* : -nea *R* orneam *SA* : ornea *R* 5 iligneam *S*^{2}*R* : ileigneam *S*^{1}*A* 7 xxx *R* : *om. SA* 8 nam . . . datur ς, daturus *R* : *om. SA* per uer *R* : *om. SA* 13 incipit nigrescere *S* : incipiunt crescere *A* : incipit increscere *R* 24 hiemat *AR* : et hiemat *S*

IIII Id. Nou. Hiemis initium, Auster aut Eurus, interdum rorat.

85 His diebus usque in Idus quae superiore mense facere non potueris, adhuc tolerabiliter efficies. Sed et proprie hoc obseruabis, ut pridie quam plenilunium sit, si minus certe ipso plenilunio, omnem quam saturus es fabam uno die spargas; sed postea licebit ab auibus et pecore defensam obruas, eamque, si ita conpetierit lunae cursus, ante Idus Nouembres occatam habeas quam pinguissimo et nouo loco, si minus quam sterco-
86 ratissimo. Satis erit in singula iugera uehes stercoris comportare numero decem octo; uehis autem stercoris una habet modios octoginta. Ex quo colligitur oportere in denos quoquouersus pedes modios quinos stercoris spargere. Quae ratio docet uniuerso iugero satisfacere modios ∞ CCCCXL.
87 Tum etiam conuenit oleas ablaqueare et, si sunt parum fructuosae uel cacuminibus retorridae frondis, magnis arboribus quaternos modios stercoris caprini circumspargere, in ceteris autem pro magnitudine portionem seruare; eodem tempore uineis ablaqueatis columbinum stercus ad singulas uites, quod sit instar unius sextarii, uel urinae hominis congios uel alterius generis quaternos sextarios stercoris infundere. Iugerum uinearum in senos pedes positarum duae operae ablaqueant.

88 Id. Nou. Dies incertus, saepius tamen placidus.
XVI Kal. Dec. Fidis exoritur mane, Auster, interdum Aquilo magnus.
XV Kal. Dec. Aquilo, interdum Auster cum pluuia.
XIIII Kal. Dec. Sol in Sagittarium transitum facit, Suculae mane oriuntur, tempestatem significat.

4 potueris *R* : poteris *SA* 6 spargas *R* : peragas *SA* 11 uehis *SA* : uehes *R* una *S* : uno *A* : *om. R* 13 quoquo- *ed. pr.* : quoque *SAR* quinos *R* : quinque *SA* 20 congios <singulos> *Richter, sed cf. 6. 34. 2* 22 ablaqueant *ed. pr.* : obl- *SAR* 24 fidis *R* : fides *SA*

XII	Kal. Dec.	Tauri cornua uespere occidunt, Aquilo frigidus et pluuia.
XI	Kal. Dec.	Sucula mane occidit, hiemat. 89
X	Kal. Dec.	Lepus occidit mane, tempestatem significat.
VII	Kal. Dec.	Canicula occidit Solis ortu, hiemat.
Pridie	Kal. Dec.	Totae Suculae occidunt, Fauonius aut Auster, interdum pluuia.

His diebus quae praeterita erunt superioribus opera consequi 90
oportebit. Et si non plurimum serimus, optimum est intra Kalendas Decembres sementem fecisse. Sed etiam longis noctibus ad diurnum tempus aliquid adiciendum est, nam multa sunt quae in lucubratione recte agantur. Siue enim uineas possidemus, pali et ridicae possunt dolari exacuique, siue regio ferulae uel corticis ferax est, apibus aluaria fieri debent, siue palmae spartiue fecunda est, fiscinae sportaeque, seu uirgultorum, corbes ex uimine. Ac ne cetera nunc persequar, nulla regio 91
non aliquid adfert quod ad lucubrationem confici possit. Nam inertis est agricolae expectare diei breuitatem, praecipue in îs regionibus in quibus brumales dies horarum nouem sunt noctesque horarum quindecim. Possit etiam salix decisa pridie 92
ad lucubrationem expurgari et ad uitium ligamina praeparari. Quae si natura minus lenta est, ante dies quindecim praecidenda et purgata in stercore obruenda est, ut lentescat; sin autem iam pridem caesa exaruit, in piscina maceranda est. Tum etiam per lucubrationem ferramenta acuere et ad ea facere uel facta manubria aptare, quorum optima sunt ilignea, deinde carpinea, post haec fraxinea.

1 uespere *S* : -ri *AR* 6 ortu S^2 : oritur S^1AR 10 oportebit *S* : oportet *AR* 11 fecisse *SA* : confecisse *R* <de> longis *Gesner* 12 ad diurnum ς : ad diuturnum S^2R : addiuntur S^1(?), *A* 13 agantur *SA* : aguntur *R* 15 aluaria *A* : alb- *S* : aluearia *R* 20 îs *ego* : his *SAR* 25 iam pridem *R* : pridie *SA*

93 Kal. Dec. Dies incertus, saepius tamen placidus.

VIII Id. Dec. Sagittarius medius occidit, tempestatem significat.

VII Id. Dec. Aquila mane oritur, Africus, interdum Auster et rorat.

III Id. Dec. Corus uel Septentrio, interdum Auster cum pluuia.

His diebus quae praeterita erunt superiore mense opera peragi debebunt, utique in locis temperatis aut calidis; nam frigidis recte fieri iam non possunt.

Id. Dec. Scorpio totus mane exoritur, hiemat.

94 XVI Kal. Ian. Sol in Capricornum transitum facit, brumale solstitium (ut Hipparcho placet), itaque tempestatem saepe significat.

XV Kal. Ian. Ventorum commutationem significat.

X Kal. Ian. Capra occidit mane, tempestatem significat.

VIIII Kal. Ian. Brumale solstitium (sic Chaldaei obseruant), significat.

VI Kal. Ian. Delphinus incipit oriri mane, tempestatem significat.

IIII Kal. Ian. Aquila uespere occidit, hiemat.

III Kal. Ian. Canicula occidit uespere, tempestatem significat.

pridie Kal. Ian. Tempestas uentosa.

95 His diebus qui religiosius rem rusticam colunt, nisi si uinearum causa pastines, negant debere terram ferro com-

5 et rorat *SA* : irrorat *R* 6 septentrio *S* : -trion *AR* 10 frigidis *AR* : locis frigidis *S* 19 VIIII *AR* : VIII *S* sic *SA* : sicut *R* 23 uespere *AR* : -ri *S* 28 causa ς : -sam *S* : -sas *AR* pastines] pastinetur *malim*

moueri; itaque quidquid citra id genus effici potest, id ab
îs comprehenditur, ut olea legatur et conficiatur, ut uitis
paletur et capite tenus alligetur, ut iuga uineis inponantur et
capistrentur. Ceterum palmare, id est materias alligare, hoc 96
tempore non expedit, quia plurimae propter rigorem, qui fit ex frigore, franguntur. Possunt etiam his diebus cerasia et tubures et Armeniacae atque amygdalae ceteraeque arbores, quae primae florent, inseri commode. Nonnulli tamen etiam legumina serunt.

	Kal. Ian.	Dies incertus.	97
III	Non. Ian.	Cancer occidit, tempestas uaria.	
	Non. Ian.	Media hiemps, Auster multus, interdum pluuia.	
	Non. Ian.	Fidis exoritur mane; tempestas uaria.	
VI	Id. Ian.	Auster, interdum Fauonius.	
V	Id. Ian.	Auster, interdum imber.	
pridie	Id. Ian.	Incertus status caeli.	

Per hos quoque dies abstinent terrenis operibus religiosiores 98
agricolae, ita tamen ut ipsis Kalendis Ianuariis auspicandi causa omne genus operis instaurent; ceterum differant terrenam molitionem usque in proximas Idus.

Sed nec ignorare debebit uilicus quid uni iugo boum quoquo mense per singulos dies praestari satis sit. Quare huius quoque curae rationem subiciemus.

Mense Ianuario paleas cum erui macerati sextariis sex uel 99
paleas cum cicerculae fresae semodio uel frondis corbem pabulatorium modiorum XX uel paleas quantum uelint et faeni pondo uiginti uel adfatim uiridem frondem ex siliquis et lauru uel, quod his omnibus praestat, farraginem hordeaceam dabit

2 îs *ego* : his *SAR* comprehenditur *R* : -dit *SA* 3 alligetur *AR* : -gentur *S* 6 cerasia *SA* : -sa *R* 12 hiemps S^1A : hiems S^2R 14 fidis *R* : fides *SA* 22 *ante* sed *rubr.* CIBARIA BOVM (CIBARIVM *S*) PER SINGVLOS MENSES iugo *AR* : iuga *S* 25 macerati S^2R : -tis S^1A 28 siliquis et *SA* : ilice uel *R*

siccam. Februario idem. Martio idem uel, si opus facturi sunt,
100 faeni pondo quinquaginta. Aprili frondem querneam et populneam ex Kalendis ad Idus uel paleas et faeni pondo quadraginta. Maio pabulum adfatim. Iunio ex Kalendis frondem adfatim. Iulio idem. Augusto idem uel paleas ex eruo pondo quin-
101 quaginta. | Septembri frondem adfatim. Octobri frondem et ficulnea folia. Nouembri ad Idus frondem uel folia ficulnea, quae sint corbis unius; ex Idibus glandis modium unum paleis inmixtum et lupini macerati modium unum paleis inmixtum uel maturam farraginem. Decembri frondem aridam uel paleas cum erui semodio macerato uel lupini quod ex semodio macerato exierit uel glandis modium unum, ut supra scriptum est, uel farraginem.

3 Et quoniam percensuimus opera quae suis quibusque temporibus anni uilicum exsequi oporteret, memores polliciti nostri subiungemus cultus hortorum, quorum aeque curam suscipere debebit, ut et cotidiani uictus sui leuet sumptum et aduenienti domino praebeat, quod ait poeta, inemptas rure dapes.

2 Democritus in eo libro quem *Georgicon* appellauit, parum prudenter censet eos facere qui hortis extruant munimenta, quod neque latere fabricata maceries perennare possit pluuiis ac tempestatibus plerumque infestata et lapidea supra rei dignitatem poscat inpensam; si uero amplum modum saepire quis uelit, patrimonio esse opus. Ipse igitur ostendam rationem

18 poeta: *Verg. Georg. 4. 133* 20 Democritus: *[Dem.] fr. 3 Wellmann*

1 siccam *R* : *om. SA* 5 eruo *SA* : aruo *R* 7 ficulnea^{1} *R* : -neam *SA* 8 unum *R* : *om. SA* 14 *rubr.* II. (*om. A*) DE CVLTV HORTORVM 16 curam *R* : cura *S* : cultura *A* 18 inemptas rure *SA* : -ta ruris *R* 19 dapes *S*^{2}*R* : de apes *S*^{1}*A* 20 Democritus . . . muniamus *R* : *om. SA* georgicon ς : georgicam *R* 21 munimenta ς : monimenta *R* 22 maceries *Vrsinus* : materies *R* 23 et *Holford-Strevens* : neque *SAR* : neque . . . <non> poscat *Schneider*^{c} lapidea *Schneider*^{c} : -des *R* : -dis ς 24 inpensam *R* : -sa ς

qua non magna opera hortum ab incursu hominum pecu-
dumque muniamus. Vetustissimi auctores uiuam saepem 3
structili praetulerunt, quia non solum minorem inpensam
desideraret, uerum etiam diuturnior †inmensis† operibus per-
maneret; itaque uepris efficiendi consitis spinis rationem talem
reddiderunt. Locus quem saepire destinaueris, ab aequinoctio 4
autumnali simulatque terra maduerit imbribus, circumual-
landus est duobus sulcis tripedaneo spatio inter se distantibus.
Modum altitudinis eorum abunde est esse bipedaneum, sed
eos uacuos perhiemare patiemur, praeparatis seminibus quibus
obserantur: ea sint uastissimarum spinarum maximeque rubi
et paliuri et eius quam Graeci uocant *κυνόσβατον*, nos sentem
canis appellamus. Horum autem ruborum semina quam 5
maturissima legere oportet et erui moliti farinae inmiscere;
quae cum est aqua consparsa, inlinitur uel nauticis ueteribus
funibus uel quibuslibet aliis restibus. Siccati deinde funiculi
reponuntur in tabulato; mox ubi bruma confecta est, inter-
missis quadraginta diebus circa hirundinis aduentum, cum
iam Fauonius exoritur {post Idus Februarias}, si qua in sulcis
per hiemem constitit aqua, exhauritur, resolutaque humus,
quae erat autumno regesta, usque ad mediam sulcorum
altitudinem reponitur. Praedicti deinde funes de tabulato 6
prompti explicantur et in longitudinem per utrumque sulcum
porrecti obruuntur, sed ita ut non nimium supergesta terra
semina spinarum, quae inhaerent toris funiculorum, enasci
possint. Ea fere citra tricensimum diem prorepunt, atque ubi
coeperunt aliquod incrementum habere, sic insuesci debent ut

2 muniamus *ego* : munimus *R* *rubr.* DE MVNIENDO ET COLENDO HORTO 4 inmensis] inuentis *Richter* (*coll. Vitr.* 1. 2. 2, 2. *pr.* 5) : caementiciis *temptauerim* operibus *SA* : temporibus *R* 5 uepris *SA* : uepres *R* : *fort.* ueprem (*cf.* §7) 6 sepire *R* : sepiri *SA* 12 KYNOCBATON *SA* : *om. in lac. R* 13 autem *R* : *om. SA* 14 legere *Lundström* : legi *S* : religi *AR* 19 post Idus Februarias *secl. Richter* 25 inherent toris *R* : inhaerent (*ras.*) oris *S* : inherentonis *A* 26 possint *R* : possit *SA* citra *SA* : circa *R*

7 in id spatium quod sulcis interiacet inclinentur. Oportebit
autem uirgeam saepem interponere quam super se pandant
sentes utriusque sulci, et sit quo interdum quasi adminiculo,
priusquam corroborentur, adquiescant. Hunc ueprem mani-
festum est interimi non posse, nisi radicitus effodere uelis.
Ceterum etiam post ignis iniuriam melius renasci, nulli dubium
est. Et haec quidem claudendi horti ratio maxime est antiquis
probata.

8 Locum autem prius eligi conueniet, si permittit agri situs,
iuxta uillam praecipue pinguem, quique aduenienti riuo uel si
non sit fluens aqua, fonte puteali possit rigari. Sed ut certam
perennitatis puteus habeat fidem, tum demum effodiendus
est, cum Sol ultimas partes Virginis optinebit, id est mense
Septembri ante aequinoctium autumnale, siquidem maxime
explorantur uires fontium, cum ex longa siccitate aestatis terra
9 caret umore pluuiatili. Prouidendum est autem ne hortus areae
subiaceat neue per trituram uenti possint paleas aut puluerem
in eum perferre, nam utraque sunt holeribus inimica. Mox
ordinandi pastinandique soli duo sunt tempora, quoniam duae
quoque holerum sationes; nam et autumno et uere plurima
seruntur, melius tamen uere riguis locis, quoniam et nascentis
anni clementia excipit prodeuntia semina et sitis aestatis
10 restinguitur fontibus. At ubi loci natura neque manu inlatam
neque suae spontis aquam ministrari patitur, nullum quidem
aliud auxilium est quam hiemales pluuiae. Potest tamen etiam
in siccissimis locis opus custodiri, si depressius pastinetur
solum, eiusque abunde est gradum effodere tribus pedibus, ut
11 in quattuor consurgat regestum. At ubi copia est rigandi, satis
erit non alto bipalio, id est minus quam duos pedes ferramento

9 *rubr.* DE SITV *mg. SA* : *om. R* prius *R* : *om. SA* 13 est[1] *R* : *om. SA*
16 pluuiatili *SA* : pluuiali *R* 23 restinguitur *S* : restringitur *AR* manu *S* : in manu *AR* 24 spontis *R* : sponte *SA*

nouale conuerti. Sed curabimus ut ager quem uere conseri oportet, autumno circa Kalendas Nouembres pastinetur; quem deinde uelimus autumno instituere, mense Maio conuertamus, ut aut hiemis frigoribus aut aestiuis solibus et glaeba soluatur et radices herbarum necentur.

Nec multo ante stercorare debebimus, sed cum sationis adpropinquabit tempus, ante quintum diem exherbandus erit locus stercorandusque et ita diligenter fossione iterandus, ut
fimo terra commisceatur. Optimum uero stercus est ad hunc 12
usum asini, quia minimum herbarum creat, proximum uel armenti uel ouium, si sit anno maceratum; nam quod homines faciunt, quamuis habeatur excellentissimum, non tamen necesse est adhibere, nisi aut nudae glareae aut sine ullo robore solutissimae harenae, cum maior scilicet uis alimenti
desideratur. Igitur solum quod conserere uere destinauerimus, 13
post autumnum patiemur effossum iacere brumae frigoribus et pruinis inurendum; quippe e contrario sicut calor aestatis ita uis frigoris excoquit terram fermentatamque soluit. Quare peracta bruma tum demum stercus inicitur, et circa Idus Ianuarias humus refossa in areas diuiditur; quae tamen sic informandae sunt, ut facile runcantium manus ad dimidiam partem latitudinis earum perueniant, ne qui persecuntur herbas, semina proculcare cogantur, sed potius per semitas ingrediantur et alterna uice dimidias areas eruncent.

Haec ante sationem quae facienda sunt, dixisse abunde est; 14
nunc quid quoque tempore uel colendum uel serendum sit, praecipiamus, et primum de îs generibus loquendum est quae possunt duobus seri temporibus, id est autumno et uere.

Sunt autem semina brassicae et lactucae cinarae erucae nasturcii coriandri caerefolii anethi pastinacae siseris

1 curabimus ς : -uimus *SAR* 3 instituere *R* : instruere *SA* 7 appropinquabit ς : -uit *SAR* 19 inicitur *ego* : inicietur *SAR* 26 nunc *S* : in uno *AR* 27 îs *ego* : his *SAR* 29 brassicae et lactucae *AR* : -ca et -ca *S*

papaueris; haec enim uel circa Kalendas Septembres uel melius
15 ante Kalendas Martias <mense> Februario seruntur. Locis uero
siccis aut tepidis, qualia sunt Calabriae et Apuliae maritima,
possunt circa Idus Ianuarias terrae committi. Rursus quae
tantum autumno conseri debent, si tamen uel maritimum uel
apricum agrum incolimus, haec fere sunt: alium, caepae
capitula, ulpicum, sinape. Sed iam potius quo quidque tempore
terrae mandari plerumque conueniat, per menses digeramus.

16 Ergo post Kalendas Ianuarias confestim recte ponetur
lepidium. Mense autem Februario uel planta uel semine ruta
atque asparagus et iterum caepae semen et porri; nec minus
si uernum et aestiuum fructum uoles habere, Syriacae radicis
et rapae napique semina obrues. Nam alii et ulpici ultima est
17 huius temporis positio. At circa Kalendas Martias locis apricis
licet porrum, si iam ingranduit, transferre; item panacem
ultima parte Martii mensis. Deinde circa Kalendas Apriles
aeque porrum atque inulam et serotinam plantam rutae. Item
ut maturius enascatur, cucumis cucurbita capparis serenda est;
nam semen betae, cum Punicum malum florebit, tum demum
18 optime seritur. Porri autem caput circa Idus Maias tolerabiliter
adhuc transfertur. Post hoc nihil ingruente aestate obrui debet
nisi semen apii, si tamen rigaturus es; sic enim optime per
aestum prouenit. Ceterum Augusto circa Vulcanalia tertia satio
est, eaque optima radicis et rapae itemque napi et siseris nec
minus holeris atri.

19 Atque haec sunt sationum tempora. Nunc de îs quae aliquam
curam desiderant singulis loquar, quaeque praeteriero intellegi
oportebit nullam postulare operam nisi runcatoris; de qua

1 uel melius *R* : uelius *S*¹*A* : uel *S*² 2 mense *addidi* (*cf.* §2) 7 sinape *SA* : sinapis *R* iam *SA* : etiam nunc *R* 10 lepidium *ed. pr.* : lepidum *SAR* 13 et² *R* : *om.* *SA* 22 nisi *SR* : nisi si *A* 23 aestum *SA* : estatem *R* 24 et siseris *R* : siseris *SA* 26 iis ς : his *SAR*

semel hoc dicendum est: omni tempore consulendum esse, ut
herbae exterminentur.
Vlpicum, quod quidam alium Punicum uocant, Graeci autem 20
ἀφροσκόροδον appellant, longe maioris est incrementi quam
alium, idque circa Kalendas Octobres, antequam deponatur,
ex uno capite in plura diuidetur. Habet enim uelut alium
plures cohaerentis spicas, eaeque cum sunt diuisae, liratim seri
debent, ut in puluinis positae minus infestentur hiemis aquis.
Est autem lira similis ei porcae, quam in sationibus campestri- 21
bus rustici faciunt, ut uliginem uitent; sed haec in hortis minor
est facienda, et per summam partem eius, id est in dorso, inter
palmaria spatia spicae ulpici uel alii (nam id quoque similiter
conseritur) disponendae sunt. Sulci lirarum inter se distent
semipedali spatio. Deinde cum ternas fibras emiserunt spicae,
sariantur; nam quo saepius id factum est, maius semina capiunt
incrementum. Deinde antequam caulem faciant, omnem
uiridem superficiem intorquere et in terram prosternere con-
ueniet, quo uastiora capita fiant. Regionibus autem pruinosis 22
neutrum horum per autumnum seri debet, nam brumali
tempore corrumpuntur; quod fere mense Ianuario mitescit, et
idcirco frigidis locis tempus optimum est alium uel ulpicum
ponendi circa Idus praedicti mensis. Sed quandoque uel con-
seremus uel iam matura in tabulatum reponemus, seruabimus
ut îs horis quibus aut obruentur aut eruentur, luna infra terram
sit. Nam sic sata et rursus sic recondita existimantur neque
acerrimi saporis exsistere neque mandentium halitus inodorare.
Multi tamen haec ante Kalendas Ianuarias mediis diebus serunt 23
mense Decembri, si caeli tepor et situs terrae permittit.

4 ΑΦΡΟCΚΟΡΔΟΝ *SA*, *corr. ed. pr.* : *om. in lac. R* 7 coherentis *AR* : *om. S* spicas eaeque S^2 : -casa eaeque S^1A : -cas aeque *R* sunt *S* : sint *AR* 9 lira *AR* : libra *S* 13 disponendae *R* : -di *SA* 14 semipedali] *an* sesquipedali? deinde *primum AR* : dein *S* 16 faciant *R* : faciunt *SA* 24 îs *ego* : his *SAR* horis *S* : locis *AR* 25 sic recondita *R* : fere condita *SA* : sic fere condita ς 26 saporis . . . inodorare (*R* : odorari *S*) *om. A*

Brassica cum sex foliorum erit, transferri debet ita, ut radix
eius liquido fimo prius inlita et inuoluta tribus algae taeniolis
pangatur; haec enim res efficit ut in coctura celerius madescat
24 et uiridem colorem sine nitro conseruet. Est autem frigidis et
pluuîs regionibus positio eius optima post Idus Apriles; cuius
depressae plantae cum tenuerint, quantum holitoris ratio
patitur saepius sarta et stercorata melius conualescit, plenioris-
que incrementi et coliculum facit et cymam. Nonnulli hanc
eandem locis apricioribus a Kalendis Martiis deponunt; sed
maior pars eius in cymam prosilit nec postea hibernum caulem
amplum facit, cum est semel desecta. Possis autem uel maxi-
mos caules bis transferre idque si facias, plus seminis et maioris
incrementi praebere dicuntur.

25 Lactuca totidem foliorum quot brassica transferri debet.
Locis quidem apricis et maritimis optime autumno ponitur,
mediterraneis et frigidis contra <* * *> hieme non aeque com-
mode dispangitur. Sed et huius quoque radix fimo lini debet
maioremque copiam desiderat aquae, †si quo† tenerioris folii.
26 Suntque complura lactucae genera, quae suo quidque tempore
seri oportet. Ea autem quae <est> fusci aut purpurei aut etiam
uiridis coloris et crispi folii, uti Caeciliana, mense Ianuario recte
differtur, at Cappadocia, quae pallido et pexo densoque folio
uiret, mense Februario; quae deinde candida est et crispissimi
folii, ut in prouincia Baetica et finibus Gaditani municipii,
27 mense Martio recte pangitur. Est et Cypri generis ex albo

2 inuoluta *R* : iam uoluta *SA* 5 pluuis *S* : pluuiis *AR* 15 ponitur *R* : ponuntur *SA* 16 contra *aduerbialiter positum haud placet, nam* e contrario *exspectes (cf.* 5. 5. 14, *supra* §13) *post h.u. lacunam statuit Richter, qui* <uere, nam> *coniecit* hieme *R* : hiemem *SA, fort. recipiendum praemisso* per 17 dispangitur *S* : dispargitur *AR* lini *ego* (*cf.* oblini 12. 15. 12, 12. 23. 2, 12. 44. 6) : liniri *SAR* 18 si quo] sicque fit *Iucundus* : *uel* cum sit *uel* siquidem <est> *temptauerim* 19 suntque *SA* : sunt *A* : sunt autem *Iucundus* quidque *SA* : quoque *R* 20 seri *R* : fieri *SA* ea autem *ego* : et eorum *SA* : eorum *R* : earum *ed. pr.* est *addidi* aut^1 *ego* : et ut *SA* : et uelut *R* : est uel *Lundström* 22 folio S^2*R* : foli S^1 -lii *A* 22 et *Gesner* : est *SAR*

rubicunda leui et tenerrimo folio, quae usque in Idus Octobres commode disponitur. Fere tamen aprico caeli statu, quibus locis aquarum copia est, paene toto anno lactuca seri potest. Quae quo tardius caulem faciat, cum aliquod incrementum habuerit, exiguam testam media parte accipiat; eo quasi onere coercita in latitudinem se diffundit. Eadem est ratio etiam intubi, nisi quod hiemem magis sustinet ideoque uel frigidis regionibus primo autumno seri potest.

Cinarae subolem melius per autumni aequinoctium 28 disponemus; semen commodius circa Kalendas Martias seremus, eiusque plantam ante Kalendas Nouembres deprimemus et multo cinere stercorabimus. Id enim genus stercoris huic holeri uidetur aptissimum.

Sinape atque coriandrum nec minus eruca et ocimum ita uti 29 sata sunt, sua sede inmota permanent, neque est eorum cultus alius quam ut stercorata runcentur. Possunt autem non solum autumno, sed et uere conseri. Plantae quoque sinapis prima hieme translatae plus cymae uere adferunt.

Panax utroque tempore leui et subacta terra rarissime disseritur, quo maius incrementum capiat; melior tamen eius uerna satio est.

Porrum si sectiuum facere uelis, densius satum praeceperunt 30 priores relinqui et ita, cum increuerit, secari. Sed nos docuit usus longe melius fieri, si differas et eodem more quo capitatum modicis spatiis, id est inter quaternos digitos, depangas et cum conualuerit, deseces. In eo autem quod magni capitis efficere 31 uoles, seruandum est ut antequam translatum deponas, omnis radiculas amputes et fibrarum summas partes intondeas; tum testulae uel conchae quasi sedes singulis subiectae seminibus

1 octobres *S* : -bris *A* : aprilis *R* 4 cum *R* : tum *SA* 10 disponemus *R* : -nimus *SA* 11 ante *SA* : circa *R* 12 stercorabimus *R* : -uimus *SA* 14 sinape *SA* : sinapi *R* 20 disseritur *R* : -rentur *S* : -runtur *A* melior *S* : melius *AR* 23 secari *R* : secare *SA* 25 quaternos *R* : quattuor *SA* 27 seruandum *R* : seruandum serendum *SA* 29 singulis *S* : in singulis *AR*

32 adobruuntur, ut fiant capita latioris incrementi. Cultus autem porri capitati adsidua sartio et stercoratio est nec aliud tamen sectiui, nisi quod totiens rigari et stercorari saririque debet, quotiens demetitur. Semen eius locis calidis mense Ianuario, frigidis Februario seritur; cuius incrementum quo maius fiat, raris linteolis complura grana inligantur atque ita obruuntur. Enatum autem differri debet in îs locis quibus aqua subministrari non potest, circa aequinoctium autumni; at quibus possis umorem praebere, mense Maio recte transferuntur.

33 Apium quoque possis plantis serere nec minus semine, sed praecipue aqua laetatur et ideo secundum fontem commodissime ponitur. Quod si quis id uelit lati folii facere, quantum seminis possint tres digiti comprehendere, raro linteolo inliget et ita in areolas dispositum riget. Vel si crispae frondis id fieri maluerit, semen eius inditum pilae et saligneo palo pinsitum
34 exspoliatumque similiter linteolis ligatum obruat. Potest etiam citra hanc operam fieri crispum qualitercumque satum, si cum est natum, incrementum eius superuoluto cylindro coerceas. Satio eius est optima post Idus Maias usque in solstitium, nam teporem desiderat.

Fere etiam his diebus ocima seruntur, quorum cum semen obrutum est, diligenter inculcatur pauicula uel cylindro; nam si terram suspensam relinquas, plerumque corrumpitur.

35 Pastinaca et siser atque inula conualescunt alte pastinato et stercorato loco, sed quam rarissime ponenda sunt, ut maiora capiant incrementa. Inulam uero interuallo trium pedum seri conuenit, quoniam uastos facit frutices et radicibus, ut oculus harundinis, serpit. Nec est alius cultus horum omnium, nisi ut

5 quo *AR* : quod *S*   6 ita *R* : *om. SA*   7 differri *SA* : de- *R*   iis *R* : his *SA*
14 riget *Gesner* (*nisi* inriget *malis*) : liget *SA* : religet *R* : rediget *Pontedera*[2]
26 inulam S^2R : in nullam S^1A 27 frutices *S* : fructices *AR*   28 harundinis *R* : harundis *SA*

sartionibus herbae tollantur. Commodissime autem deponentur prima parte Septembris uel ultima Augusti parte.

36 Atrum holus, quod Graecorum quidam uocant {hipposelinon} πετροσέλινον, nonnulli ζμυρναῖον, pastinato loco semine debet conseri, maxime iuxta maceriam, quoniam et umbra gaudet et qualicumque conualescit loco; idque cum semel seueris, si non totum radicitus tollas sed alternos frutices in semen submittas, aeuo manet paruamque sartionis exigit culturam. Seritur a Vulcanalibus usque in Kalendas Septembres, sed etiam mense Ianuario.

37 Menta dulcem desiderat uliginem; quam ob causam iuxta fontem mense Martio recte ponitur. Cuius si forte semina defecerunt, licet de noualibus siluestre mentastrum colligere atque ita inuersis cacuminibus disponere; quae res feritatem detrahit et edomitam reddit.

38 Rutam autumno semine satam mense Martio differre oportet in apricum <locum> et cinerem adgerare runcareque, donec conualescat, ne herbis enecetur. Sed uelata manu debet runcari; quam nisi contexeris, perniciosa nascuntur ulcera. Si tamen per ignorantiam nuda manu runcaueris et prurigo atque tumor incesserit, oleo subinde perungito. Eiusdem frutex pluribus annis manet innoxius, nisi si mulier quae est in menstruis contigerit eum et ob hoc exaruerit.

39 Thymum ros marinus cunela serpullum, sicut priore libro iam rettuli, magis aluaria curantibus quam holitoribus studiose conseruntur. Sed nos ea condimentorum causa (nam sunt quibusdam esculentis aptissima) non alienum putamus etiam in

3 hipposelinon *SA* : -lignon *R* : *secl. Lundström* 4 ΠΕΤΡΟΣΕΛΕΙΝΟΝ ... ΖΜΥΡΝΑΙΟΝ *SA* : *om. in lac. R* ζμυρναῖον] ζμύρνινον *Richter, fort. recte* 7 frutices *S* : fructices *AR* 8 aeuo *R* : saeuom *S* : reuom *A* 17 locum *addidi* runcareque *SA* : -carique *R* 21 perungito S^2A : -git S^1 : -guito *R* 24 ros marinus *Pontedera*^{1} (*coll.* 9. 4. 6, 9. 5. 6) : et transmarina *SAR* cunela *SA* : cunila *R* serpullum *scripsi* : serpyllum *SAR* : <et> s- *ed. pr.* 25 aluaria *Richter* : saluaria S^2A : -ri S^1 : aluearia *R*

hortis habere. Locum neque pinguem neque stercoratum sed apricum desiderant, ut quae macerrimo solo per se maritimis plerumque regionibus nascantur. Eae res et semine et plantis
40 circa aequinoctium uernum seruntur; | melius tamen est thymi nouellas plantas disponere. Quae cum subacto solo depressae fuerint, ne tarde comprehendant, aridi thymi fruticem contundi oportet atque ita pinsito illo pridie quam uolueris uti, aquam medicare; quae cum sucum eius perceperit, depositis
41 fruticibus infunditur, donec eos recte confirmet. Ceterum cunela uiuacior est quam ut inpensius curanda sit.

Lepidium cum ante Kalendas Martias habueris dispositum, uelut porrum sectiuum demetere poteris, rarius tamen; nam post Kalendas Nouembres secandum non erit, quoniam frigoribus uiolatum emoritur. Biennio tamen sufficiet, si diligenter sartum et stercoratum fuerit; multis etiam locis uiuacitatem suam usque in annos decem prorogat.

42 Beta florenti Punico malo semine obruitur et simulatque quinque foliorum est, ut brassica, differtur aestate, si riguus est locus; at si siccaneus, autumno, cum iam pluuiae incesserint, disponi debebit.

Chaerephyllum itemque holus atriplicis, quod Graeci uocant ἀνδράφαξιν, circa Kalendas Octobres obrui oportet non frigidissimo loco. Nam si regio saeuas hiemes habet, post Idus Februarias semina disserenda sunt suaque sede patienda.

Papauer et anethum eandem habent condicionem sationis quam chaerephyllum et ἀνδράφαξις.

3 nascantur *S* : nascuntur *AR* eae *R* : ea *SA* et semine *R* : et sesemine *SA* 4 seruntur *R* : seruatur *SA* thymi S^2R : hymi S^1A 6 comprehendant *ed. pr.* : -dat *SAR* fruticem *SA* : fructicem *R* 7 pinsito illo *Lundström* : in illo *SA* : insito *R* 9 fruticibus ς : fructibus *SAR* 10 impensius *R* : inpenses *SA* 18 foliorum S^2R : floriorum S^1A 20 debebit *Iucundus* : debebunt *SAR* 22 ΑΝΑΡΑΦΑΞΙΝ *SA* : *om. in lac. R* 24 semina *Iucundus* : semine *SAR* 25 habent *R* : habet *SA* 26 ΑΝΔΡΑΦΑΞΙϹ *SA* : *om. in lac. R*

Satiui asparagi, quam corrudam rustici uocant, semina fere 43
biennio praeparantur. Ea cum pingui et stercoroso loco post
Idus Februarias sic obrueris, ut quantum tres digiti seminis
comprehendere queunt, singulis fossulis deponas, fere post
quadragensimum diem inter se inplicantur et quasi unitatem
faciunt. Quas radiculas sic inligatas atque conexas holitores
spongias appellant; eas post quattuor et uiginti menses in
locum apricum et bene ualidum stercorosumque transferri
conuenit. Sulci autem inter se pedali mensura distantes fiunt 44
non amplius dodrantalis altitudinis, in quam ita spongiae
deprimuntur, ut facile superposita terra egerminent. Sed in
locis siccis partibus sulcorum imis disponenda sunt semina,
ut tamquam in alueolis maneant. At uliginosis e contrario in
summo porcae dorso conlocanda, ne umore nimio laedantur.
Primo deinde anno, cum ita consita sunt, asparagum quem 45
emiserunt, infringi oportet. Nam si ab imo uellere uolueris,
uix adhuc {teneris} ualidis radiculis tota spongiola sequetur.
Reliquis annis non erit decerpendus, sed radicitus uellendus;
nam nisi ita fiat, stirpes praefractae angunt oculos spongiarum
et quasi excaecant nec patiuntur asparagum emittere. Ceterum
stilus qui nouissime autumnali tempore nascitur, non omnis
est tollendus, sed aliqua pars eius in semen summittenda.
Deinde cum spinam fecerit, electis seminibus ipsis, scopiones 46
ita, uti sunt, in suo loco perurendi sunt et deinde sulci omnes
consariendi herbaeque eximendae; mox uel stercus uel cinis
iniciendus, ut tota hieme sucus eius cum pluuiis manans ad

1 corrudam *R* : corundam *SA* 2 loco] solo ς 6 inligatas *R* : inligas *SA* conexas *SA* : connexas *R* 7 sp(h)ongias *R* : phongeas *SA* 8 ualidum *SA* : madidum *R* 10 dodrantalis *ed. pr.* : -les *SAR* spongiae *scripsi* : sphongiae *A* : fongiae *S* : sp(h)ongiolae *R* 11 terra egerminent *ego* : terrae (-ra *R*) germinent *SAR* 16 emiserunt *R* : meminit tunc *SA* 17 uix *R* : *om. SA* teneris *seclusi* : *post* ualidis ς tota spongiola *R* : totas phongiola *S* : totis phongiola *A* 19 ita] *an* id? angunt *S* : agunt *AR* 22 est *R* : *om. SA* 23 spinam] spicam *Richter* scopiones *Burmannus ad Petr. 22* : scorpiones *SAR* 26 cum *SA* : *om. R*

radicem perueniat. Vere deinde priusquam coeperit germinare, capreolis, quod genus bicornis ferramenti est, terra commoueatur, ut et facilius stilus emicet et relaxata humo plenioris crassitudinis fiat radix.

47 Raphani radix bis anno recte seritur, Februario mense, cum uernum fructum exspectamus, et Augusto mense circa Vulcanalia, cum maturum. Sed haec satio sine dubio melior habetur. Cura est eius ut terra stercorata et subacta obruatur. Post ubi ceperit aliquod incrementum, subinde aggeretur; nam si super terram emerserit, dura et fungosa fiet.

48 Cucumis et cucurbita, cum copia est aquae, minorem curam desiderant; nam plurimum iuuantur umore. Sin autem sicco loco seri debuerint, quo rigationem ministrare non expediat, mense Februario sesquipedali altitudine fossa facienda est. Post Idus deinde Martias, quasi tertia pars altitudinis sulci stramentis inditis tegenda, mox stercorata terra usque in dimidium sulcum adgerenda, positisque seminibus tam diu est aqua praebenda, donec enascantur, atque ubi conualescere coeperint, adiecta humo incrementa eorum prosequenda sunt, donec sulcus coaequetur; sic exculta semina sine rigatione tota aestate
satis ualebunt fructumque iucundioris saporis quam rigua
49 praebebunt. Aquosis autem locis primo quoque tempore, non tamen ante Kalendas Martias semen ponendum est, ut differri possit confecto aequinoctio, idque de media parte cucurbitae {semen} inuerso cacumine ponito, ut fiat incrementi uastioris; nam sunt ad usum uasorum satis idoneae, sicut Alexandrinae
50 cucurbitae, cum exaruerunt. At si esculenta merci praeparabis, recto cacumine de collo cucurbitae sumptum semen serendum

3 commoueatur *R* : -ueantur *SA* relaxata S^2 (*coni. Schneider*) : relaxat S^1A : relaxa *R* 7 maturum *SA* : maturius *R* 13 rigationem ς : -tione *SR* : -tiot ne *A* ministrare] -trari ς 14 fossa facienda est *S* : -sa -da sunt *A* : -se -de sunt *R* 18 enascantur *R* : enascatur *SA* 23 differri ς : differre *SA* : deferri *R* 24 confecto aequinoctio *S* (*cf. infra* §§ 51, 53, 2. 11. 9, 8. 5. 1) : ↔ *AR* 25 semen *secl. Richter* 27 at *R* : ac *SA* esculenta *ego* : -tae *SAR*

erit, quo prolixior et tenuior fructus eius enascatur, qui scilicet
maius aeris inuenit pretium. Sed custodiendum est ut quam
minime ad eum locum in quo uel cucumeres aut cucurbitae
consitae sunt mulier admittatur; nam fere contactu eius
languescunt incrementa uirentium. Si uero etiam in menstruis
fuerit, uisu quoque suo nouellos fetus necabit. Cucumis tener et 51
iucundissimus fit, si antequam seras, semen eius lacte maceres.
Nonnulli etiam quo dulcior existat, aqua mulsa idem faciunt.
Sed qui praematurum fructum cucumeris habere uolet, con-
fecta bruma stercoratam terram inditam cophinis offerat
modicumque praebeat umorem. Deinde cum enata semina
fuerint, tepidis diebus et insolatis iuxta aedificium sub diuo
ponat ita, ut ab omni adflatu protegantur. Ceterum frigoribus
ac tempestatibus sub tectum referat idque tam diu faciat, dum
aequinoctium uernum confiat. Postea totos cophinos demittat
in terram; sic enim praecoquem fructum habebit. Possint 52
etiam, si sit operae pretium, uasis maioribus rotulae subici, quo
minore labore producantur et rursus intra tecta recipiantur. Sed
nihilominus specularibus integi debebunt, ut etiam frigoribus
serenis diebus tuto producantur ad solem. Hac ratione fere 53
toto anno Tiberio Caesari cucumis praebebatur. Nos autem
leuiore opera istud fieri apud Aegyptiae gentis Bolum Men-
desium legimus, qui praecipit aprico et stercoroso loco alternis
ordinibus ferulas, alternis rubos in hortis consitas habere;
deinde eas confecto aequinoctio paululo infra terram secare

22 Bolum Mendesium: *[Dem.] fr. 26 Wellmann; cf. Plin. N.H. 19. 68, Pall. 4. 9. 9 (uterque Columellam nominat)*

---

1 quo *S* : quod *AR* enascatur *R* : nascatur *SA* scilicet *R* : si licet *SA* 3 locum *R* : *om. SA* cucumeres *Lundström* : -ris *SA* : cucumis *R* 6 uisu S^2R : uiso S^1A necabit *R* : necauit S^2, na- S^1 : negauit *A* 7 iucundissimus *R* : -mis *SA* 10 offerat *SA* : obserat *R* 15 confiat *SA* : conficiat *R* 16 possint *S* : possunt *AR* 19 integi *R* : inintegi *SA* debebunt ut *AR* : debebuntur *S* 22 Bolum *Gesner* : uolum *A* : uolu *S* : populum *R* mendesium *SA* : mendensium *R* 25 eas *R* : ex *SA* paululo *S* : -lum *AR*

et ligneo stilo laxatis uel rubi uel ferulae medullis stercus inmittere atque ita semina cucumeris inserere, quae scilicet incremento suo coeant rubis et ferulis (namque non sua, sed quasi materna radice aluntur); sic insitam stirpem frigoribus quoque cucumeris praebere fructum. Satio secunda eius seminis fere Quinquatribus obseruatur.

54 Capparis plurimis prouinciis sua sponte noualibus nascitur. Sed quibus locis eius inopia est, si serenda fuerit, siccum locum desiderabit, isque debebit ante circumdari fossula, quae repleatur lapidibus et calce uel Punico luto, ut sit quasi quaedam lorica, ne possint eam perrumpere praedicti seminis frutices, qui fere per totum agrum uagantur, nisi munimento
55 aliquo prohibiti sunt. Quod tamen non tantum incommodum est (subinde enim possunt extirpari) quantum quod noxium uirus habent sucoque suo sterile solum reddunt. Cultu aut nullo aut leuissimo contenta est, quippe quae res etiam in desertis agris citra rustici operam conualescat. Seritur utroque aequinoctio.

56 Caepina magis frequenter subactam postulat terram quam altius conuersam. Itaque ex Kalendis Nouembribus proscindi solum debet, ut hiemis frigoribus et gelicidiis putrescat, intermissisque quadraginta diebus tum demum iterari et interpositis uno ac uiginti diebus tertiari et protinus stercorari, mox bidentibus aequaliter perfossum in areas disponi delectis radicibus
57 omnibus. Deinde ad Kalendas Februarias sereno die conueniet semina spargi; quibus aliquid satureiae semen intermiscendum erit, ut eam quoque habeamus. Nam et uiridis esui est iucunda nec arida inutilis ad pulmentaria condienda. Sed caepina uel saepius, certe non minus debet quam quater sariri. Cuius si

1 ligneo S^2R : lineo S^1A 4 materna ς : macerata *SAR*   13 sunt *SA* : sint *R*
16 leuissimo *R* : nouissimo *SA*   17 conualescat *S* : -scit *AR*   24 delectis *Pontedera*^{2} : dilectus *SA* : deletis *R*   25 conueniet *ego* : conueniat *SAR*
28 ad pulmentaria S^2R : at plumentaria S^1A

semen excipere uoles, capita maxime generis Ascalonii, quod est optimum, mense Februario disponito quaternum uel etiam quinum digitorum spatiis distantia, et cum coeperint uirere, ne minus ter consarito; | deinde cum fecerint caulem, humilioribus 58
quasi cantheriolis interpositis rigorem stilorum conseruato. Nam nisi harundines transuersas in modum iugatae uineae crebre disposueris, thalli caeparum uentis prosternentur totumque semen excutietur; quod scilicet non ante legendum est, quam cum maturescere coeperit coloremque nigrum habere. Sed nec patiendum est, ut perarescat et totum decidat, uerum integri thalli uellendi sunt et <in> sole siccandi.

Napus et rapa duas sationes habent et eandem culturam 59
quam raphanus; melior est tamen satio mensis Augusti. Iugerum agri quattuor sextarios seminis eorum poscit, sed ita ut radicis Syriacae super hanc mensuram paulo plus quam heminam seminis recipiat. Qui aestate ista seret, caueat ne 60
propter siccitates pulex adhuc tenera folia prorepentia consumat, idque ut uitetur, puluis qui supra cameram inuenitur, uel etiam fuligo quae supra focos tectis inhaeret, colligi debet; deinde pridie quam satio fiat, conmisceri cum seminibus et aqua conspargi, ut tota nocte sucum trahat. Nam sic macerata postero die recte obserentur. Veteres quidem auctores, ut 61
Democritus, praecipiunt semina omnia suco herbae quae sedum appellatur medicare eodemque remedio aduersus bestiolas uti; quod uerum esse nos experientia docuit. Sed

23 Democritus: *[Dem.] fr. 19 Wellmann; cf. Plin. N:H. 18. 159*

1 maxime *Richter* : -ma *SAR* 2 disponito *R* : dispositio *SA* quaternum *ego* : quaternorum *SAR* 3 coeperint *R* : -rit *SA* uirere *R* : uiuere *S* : uidere *A* 4 consarito *R* : inconserito *SA* deinde *R* : dieinde S^2 : die in die S^1A 5 canteriolis *R* : chat- *S* : cat- *A* rigorem ς : rigoribus *SAR* 6 uineae *R* : uinea *SA* 7 prosternentur *Iucundus* : -nuntur *SAR* 11 et *Richter* : ut *SAR* in *addidi* 15 syriacae ς : uriacae S^2 : urice S^1A : surice *R* 17 pulex S^2 : pulix S^1A : culix *R* prorepentia *R* : propentia S^1A : prorup- S^2 18 puluis S^2R : plus S^1 : pluis *A* cameram S^2R : caram S^1A 22 obserentur SA^2 : obseruntur A^1R

frequentius tamen, quoniam eius herbae larga non est facultas,
fuligine et puluere praedicto utimur satisque commode tuemur
62 his incolumitatem plantarum. Rapae semina Hyginus putat
post trituram iacentibus adhuc in area paleis inspargi debere,
quoniam fiant laetiora capita, cum subiacentis soli duritia
non patiatur in altum descendere. Nos istud saepe frustra
temptauimus; itaque sicut raphanum et napum melius
existimamus subacta terra obrui, seruantque adhuc antiquo-
rum consuetudinem religiosiores agricolae, qui cum ea serunt,
63 precantur ut et sibi et uicinis nascantur. Locis frigidis, ubi timor
est ne autumnalis satio hiemis gelicidîs peruratur, harundi-
nibus humiles antherî fiunt uirgaeque et uirgis stramenta
superiaciuntur, et sic a pruinis semina defenduntur. Vbi uero
apricis regionibus post pluuias noxia incesserunt animalia
quae a nobis appellantur urucae, Graece autem κάμπαι
nominantur, uel manu colligi debent uel matutinis temporibus
frutices holerum concuti. Sic enim dum adhuc torpent noc-
turno frigore, si deciderint, non amplius in superiorem partem
64 prorepent. Id tamen superuacuum est facere, si ante sationem
semina, ut iam prius dixi, suco herbae sedi macerata sunt.
Nihil enim sic medicatis nocent urucae. Sed Democritus in eo
libro qui Graece inscribitur περὶ ἀντιπαθῶν adfirmat has ipsas
bestiolas enecari, si mulier quae in menstruis est solutis

3 Hyginus: *cf. Reitzenstein, p. 53* 21 Democritus: *fr. 68 B 300. 8 Diels–Kranz (ii. 215. 12)*

1 larga non est *SA* : minus larga est *R* 2 puluere *S²R* : pluere *S¹* : plure *A* 5 fiant *S* : fiunt *SR* cum *R* : *om. SA* subiacentis *Richter* : subiacens *SAR* soli *R* : solui *SA* 6 patiatur *SA* : patitur *R* 7 raphanum *R* : rapharum *SA* 8 seruantque *R* : seruaritque *S¹A* : -rique *S²* 10 nascantur ς : nascatur *SAR* 11 est ne *AR* : est et ne *S* autumnalis satio ς : -li spatio *SAR* gelicidis *S¹A* : -diis *S²R* peruratur *R* : -rantur *SA* 12 cantheri *SA* : -rii *R* 13 superiaciuntur *Reeve* : supra iac- *SAR* 15 ΚΑΜΠΑΙ *SA* : *om. in lac. R* 19 prorepent *ego* : -punt *SAR* 20 ut iam prius dixi *ego* (*cf. 1. 3. 13, 2. 9. 5*) : uti iam predixi *SAR* 22 ΠΕΡΙΑΝΤΙΠΑΦΟΝ *S* : ΠΕΡΑΝΤΙΠΑΤΩΝ *A* : *om. in lac. R*

crinibus et nudo pede unamquamque aream ter circumeat; post hoc enim decidere omnes uermiculos et ita emori.

Hactenus praecipiendum existimaui de cultu hortorum et officiis uilici, quem quamuis instructum atque eruditum omni opere rustico esse oportere prima parte huius exordii censuerim, quoniam tamen plerumque euenit ut eorum quae didicerimus memoria nos deficiat eaque saepius ex commentariis renouanda sint, omnium librorum meorum argumenta subieci, ut cum res exegisset, facile reperiri possit quid in quoque quaerendum et qualiter quidque faciendum sit.

LIBER PRIMVS <REI RVSTICAE> HAEC CONTINET

praecepta quae sequantur qui rusticari uelint
qualiter dispositus fundus maxime probetur
quae praecipue <in> inspiciendo agro, antequam ematur, notanda sint
de salubritate regionum
de aqua
de positione uillae
de officiis patris familiae
de pecore et pecorum magistris
qualis corporaturae mancipia cuique operi contribuenda sint

LIBER SECVNDVS REI RVSTICAE SEMENTIVVS

terram nec senescere nec fatigari si stercores
quot sint genera terrae
quot deinde species generibus subiungantur
quod solum maxime probetur
quemadmodum siluestris locus excolatur et aruum fiat
quemadmodum pinguis et frumentarius ager dinoscatur
quae sequenda quaeque uitanda sint in proscindendo solo

4 instructum atque *R* : *om. SA*   9 exegisset] *an* -gerit?   11 *ante hoc argumentum* anacefaleosis *add. S*   rei rusticae *add. Richter*   14 in *addidi*   sint *Lundström* : sunt *SAR*   20 sint *S* : sunt *AR*   21 SEMENTIVVS] -BVS *SAR*   22 si stercores *Lundström* : si -ceres *S* : *om. AR*   23 quot *R* : quod *SA*   24 quot *R* : in quod *SA*

quemadmodum ab opere disiuncti boues curari debeant
quibus temporibus quodque genus soli proscindendum et iterandum sit
quemadmodum frumentarius ager stercorandus sit
de seminum generibus
de temporibus sationum
quantum cuiusque seminis in iugerum adiciendum
quemadmodum emendetur salsa et uliginosa terra
quemadmodum ad sementem frumenta sint eligenda
quemadmodum iacta sementi frumenta colenda sint
de sartione
de runcatione
quod solum cuique legumini conueniat
quemadmodum et quot operis iugerum quodque frumentorum et leguminum colatur
pro modo cuiusque agri quot operae desiderentur
quae legumina agris prosint quaeque noceant
de generibus stercoris
quibus temporibus agri proscindendi sint
quemadmodum ex aruo prata fiant
quemadmodum facta prata colantur
quemadmodum succisum faenum tractari et condi debeat
de area constituenda
de messe facienda
quomodo area terrena fieri debeat
quae per ferias liceat agricolis et quae non liceat facere

2 quodque *ego* : quidque *SAR* 3 frumentarius ager *R* : -rium agrum *SA* 4 seminum *S*²*R* : minum *S*¹*A* 6 cuiusque *Richter* : cuique *SAR* 13 colatur *AR* : colantur *S* 14 operae *S*² : perae *S*¹ : per ea *AR* 17 sint *u.l. in argumentis lib. XII praefixis* (*u. append.*) : sunt *SAR* 20 succisum *S* : succis ut *A* : succis *R* 23 area terrena . . . debeat *ego* (*cf.* 2. 19. 1) : araturae *SAR* : area terrae . . . debent (-beat ς) *argumenta lib. XII praefixa* (*u. append.*)

{LIBER TERTIVS PHYTEVTICVS SVRCVLARIS
de uitiario faciendo
qualia semina et quando legas
quemadmodum semina legas
de malleolis
de uineis constituendis
de generibus uiearum
quemadmodum uites coli debeant
de resecanda uetere uinea et propaganda
de propagatione
de insitione
infructuosas uites fecundas facere
ut uua acinorum genera complura habeat
uineam quomodo putes
de fossura
de pampinatione
ne rubigo uineam uexet
ne formica uitem ascendat
ne sorices uuas comedant
de arbustis
de oliueto
de pomario constituendo
de scrobibus faciendis
quomodo semina legas
quando ficus serenda sit
de ceteris pomis
de seminario faciendo
de insitione
oliuam fico inserere
de cytiso
de salice et genista
de harundine
deuiola
de rosa}

1 *quae ad librum de arboribus spectant seclusi*   18 ascendat *S* : excecat *A* : exsecat *R*

LIBER TERTIVS REI RVSTICAE SVRCVLARIS PRIOR

quod genus uitis conueniat cuique solo et statu caeli
quae uites suburbanis regionibus ad escam conserendae
quae uites diffusionis causa deponendae
nomina et qualitates minus aut magis generosarum uitium
disputationem qua colligitur nihil magis rusticis expedire quam uineas colere
quantum debeat agricola ex disposito malleolo recidere
quantum in singula iugera facere uini
quot iugera debeat unus uinitor colere
quomodo Aminneas uites feraces facias
quae spectandae sint qualitates in eo solo, quod uineis destinaueris
quomodo terra pastinetur
quot modis uitis ponatur aut in prouinciis aut in Italia
meliorem esse pastinato solo positionem quam in nouali factis scrobibus aut sulcis
quae mensura pastinandi soli uineis abunde sit
quemadmodum et quibus temporibus conserenda sit uitis
quae obseruare debeat qui uitem conserit
contra Iulii Attici positionem, quae contortum malleolum ponit
quam longus esse debeat malleolus
quot genera uitium ponenda sint
utrum distinctis uitium generibus horti conserendi sint an conseminineae uineae faciundae

LIBER QVARTVS REI RVSTICAE SVRCVLARIS SECVNDVS

contra opinionem Attici et Celsi non esse satis altos scrobes bipedaneos uineaticis seminibus
non oportere unius uiuiradicis materiis duos palos uestire, sed singula semina singulis adminiculis esse contribuenda

1 TERTIVS *Lundström (qui librorum numeros deinceps correxit omnes)* : QVARTVS *R* : IIII *SA* REI *R* : *om. SA* 2 statu *SA* : statui *R* 5 generosarum S^2R : gerosarum S^1 : rosarum *A* 7 disposito] deposito *Richter* 11 solo *SA* : loco *R* 16 sit uitis *R* : sitis S^1 : sistis *A* : sit S^2 21 conserendi *R* : -dae *SA* faciundae *S* : faciendae *AR* 22 QVARTVS] QVINTVS *R* : V *SA*

nouam constitutionem uineae, nisi magna et adsidua cura adiuuetur, celeriter interire
prosterni uitem in scrobe et recuruatam usque ab imo solo rectam calamo applicari oportere
a consitione omnibus mensibus diligenter fodiendum esse
non esse committendum ut in nouella uinea herbae nascantur
ita pampinandas esse uiuiradices ut ad unam materiam redigantur
eandem pampinationem malleolis adhibendam
tempestiuam pampinationem esse, quae ita tenera est ut digito palmites facile deiciantur
non oportere per aestatem falce pampinos adnotare
per autumnum ablaqueandum esse utique primo quinquennio
nouellam uineam ante brumam coaequandam
ablaqueata uinea quemadmodum aestiuae radiculae amputentur
quemadmodum nouella uinea putetur
quod sit optimum tempus putandi
quomodo malleolus resecandus sit
quemadmodum uitis alliganda sit
quemadmodum pampinanda sit uinea
quam alte cantherius leuandus sit
quemadmodum malleolis iugum inponendum sit
quemadmodum nouella uinea frequentanda et propagines faciendae sint
quo tempore et cuius aetatis uiuiradix transferenda sit
quemadmodum ex harundinibus iugum faciendum sit
quemadmodum in hortulos uineae diuidendae sint
quemadmodum ueteraneae uineae restituantur
quemadmodum eaedem putentur quaeque bonus uinitor in constituenda uinea aut uitare aut sequi debeat

2 scrobe *SA* : -bem *R* ab *R* : ad S^1A imo S^2 : imo *uel* uno *R* : uimo S^1A calamo *S* : calore *AR* 11 aestiuae *S* : -ua *AR* radiculae *ego* (*cf.* 4. 8. 1) : red- *SAR* 12 putetur S^2 : putentur S^1AR 14 sit *Lundström* : est *SAR* 22 diuidendae S^2R : diuidenae S^1A 24 uinea (uinaeam S^1) aut uitare aut (at S^1) sequi S^2 : uitare uineam atsequi *A* : uinea utare aut assequi *R*

quemadmodum pampinari debeat
quot fossuris excoli
de inserendis tuendisque uineis
de salictis faciendis
de genistis conserendis
de harundinetis
de castanietis

LIBER QVINTVS REI RVSTICAE SVRCVLARIS TERTIVS

quemadmodum datas formas agrorum metiri debeas
quotena semina iugerum in ternos pedes ac deinde usque in denos disposita recipiat
culturas prouincialium uinearum
de ulmariis faciendis
de seminariis oliuarum faciendis
de ordinando arbusto et quae sit eius cultura
de cultu oliuetorum
de arboribus pomiferis
de insitionibus arborum
de cytiso

LIBER SEXTVS REI RVSTICAE KTHNIKOΣ

de bobus probandis
de bobus domandis
de cura et cibariis eorum
uitia boum et medicinas
de tauris
de uaccis
de castratione boum
de equis
medicinas earum

5 genistis *R* : genestis *SA* 8 QVINTVS] SEXTVS *R* : VI *SA* 10 recipiat *AR* : -as *S* 19 SEXTVS] SEPTIMVS *SR* : VII *A* KTHNIKOC *SA* : *om. R* 20 de bobus probandis . . . 26 castratione boum ς : *om. SAR* 23 medicinas *Lundström* : medicine ς 28 earum *SA* : eorum *R*

de mulis
medicinas mularum

LIBER SEPTIMVS REI RVSTICAE DE PECORE MINVTO

de minore asello
de ouibus emendis tuendisque
de arietibus eligendis
de ouibus tectis
medicinas pecoris ouilli
de officio pastorum
de capris
medicinas earum
de caseo
de subus
medicinas earum
de castratione
de canibus
medicinas eorum

LIBER OCTAVVS REI RVSTICAE DE VILLATICIS PASTIONIBVS

LIBER PRIMVS

de cohortalibus gallinis nutriendis et gallinariis constituendis
de seruandis ouis
de gallinis farciendis
de columbis et palumbis farciendis
de columbariis constituendis
de turturibus
de turdis
de pauonibus
de Numidicis et rusticis gallinis
de anseribus
de anatibus et quercedulis
de piscinis faciendis et piscibus alendis

3 SEPTIMVS] OCTAVVS *R* : VIII *SA*   10 capris S^2R : caparis S^1A 14 earum *A* : eorum *SR*   18 OCTAVVS] NONVS *R* : viiii *SA*   20 cohortalibus A^2R : chort- *S* : pecor- A^1

LIBER NONVS REI RVSTICAE DE VILLATICIS PASTIONIBVS

LIBER SECVNDVS MACELLARIVS ET APIARIVS

de uiuariis faciendis et includendis pecudibus feris

de apibus

quot genera sint apium et quod ex his optimum genus

quales pabulationes et qui situs pastionum apium esse debeat

de sedibus apium eligendis

de uasis aluorum probandis

quemadmodum alui conlocandae sint

de conparandis apibus

quemadmodum siluestria examina capiantur

quemadmodum uernacula examina prodeuntia obseruentur et in aluos condantur

quemadmodum frequentandae sint alui quae exigua habent examina

remedia morbo laborantium apium

quid quoque tempore faciant apes et per anni tempora quid earum curator facere debeat

de melle conficiendo et quemadmodum et quando castrari debeant alui

de cera facienda

LIBER DECIMVS REI RVSTICAE

carmen de cultu hortorum

LIBER VNDECIMVS HIC EST VILICVS ET HOLITOR

1 NONVS] DECIMVS *R* : X *SA* 2 SECVNDVS *SR* : ii *A* 5 sint *Richter* : sunt *SAR* 6 pabulationes *AR* : fab- *S* apium *R* : aptus *SA* 7 sedibus *S* : sepibus *AR* 11 examina *S* : *om. AR* 15 quid *R* : *om. SA* 18 DECIMVS] VNDECIMVS *R* : XI *SA* 20 VNDECIMVS] DVODECIMVS *R* : xii *SA* HOLITOR *Reeve* : HORTORVM *SAR* *post h.u. SAR praebent* Continet autem quae intra uillam agi debeant a muliere officio uilicationis praeposita: de condituris uinorum, de custodia pomorum, et pleraque alia quae in oeconomicis libris praecipiuntur. Praeter hos duodecim libros singularis est (*SA* : ei *R*) liber (S^2R : siber *A* : *om.* S^1) ad Eprium Marcellum de cultura uinearum et arborum. hic liber †aliter quam indicem (in indice *Richter*)† habetur (*SA* : habet *R*) inscriptus (inscriptus *S* : in scripturis *AR* : inscriptus est *Richter, insequitur enim inscriptio libri sequentis*)

LIBER DVODECIMVS
VILICA ΚΑΘΟΛΙΚΑ

Praefatio

XENOPHON Atheniensis eo libro, P. Siluine, qui *Oeconomicus* inscribitur, prodidit maritale coniugium sic comparatum esse natura, ut non solum iucundissima uerum etiam utilissima uitae societas iniretur: nam primum, quod etiam Cicero ait, ne genus humanum temporis longinquitate occideret, propter hoc marem cum femina esse coniunctum, deinde ut ex hac eadem societate mortalibus adiutoria senectutis nec minus
propugnacula praepararentur. Tum etiam, cum uictus et cultus 2
humanus non, uti feris, in propatulo ac siluestribus locis sed domi <et> sub tecto adcurandus erat, necessarium fuit alterutrum foris et sub diuo esse, qui labore et industria compararet quae tectis reconderentur (siquidem uel rusticari uel nauigare uel etiam genere alio negotiari necesse erat, ut aliquas
facultates adquireremus);| cum uero paratae res sub tectum 3
essent congestae, alium esse oportuit, qui et inlatas custodiret et ea conficeret opera quae domi deberent administrari. Nam et fruges ceteraque alimenta terrestria indigebant tecti, et ouium

1 Xenophon: *Oec. 7. 18–28; Cic. Oec. fr. 6 Garbarino*

L. (LIBER *A*) IVNI MODERATI COLVMELLAE REI RVSTICAE LIBER TERTIVS DECIMVS (XIII *A*) VILICA (-CAE *S*). LIBER TERTIVS DECIMVS HAEC CONTINET *καθολικα* (*καθ- om. R**) *SAR** *sequuntur argumenta* (*u. append.*), *deinde* INCIP(IT) LIB(ER) XIII (XII *ut uid.* S^{1}) *S* 4 nam primum *Schneider* : iam pridem *SAR* 5 occideret *S* : -rit *AR* 8 praepararentur *Iucundus* : -parentur *SAR* 10 <et> *addidi* (*cf.* foris et sub diuo, §6 foris et in aperto) adcurandus *R* : -dum *SA* 14 paratae *SA* : partae *R* 16 et ea *S* : ea *A* : et cetera *R* 17 tecti *SA* : -to *R*

ceterarumque pecudum fetus atque fructus clauso custodiendi
erant nec minus reliqua utensilia, quibus aut alitur hominum
genus aut etiam excolitur.

4 Quare, cum et operam et diligentiam desiderarent ea quae
proposuimus, nec exigua cura foris adquirerentur quae domi
custodiri oporteret, iure, ut dixi, natura comparata est {opera}
mulieris ad domesticam diligentiam, uiri autem ad exercita-
tionem forensem et extraneam; itaque uiro calores et frigora
perpetienda, tum etiam itinera et labores pacis ac belli, id est
5 rusticationis et militarium stipendiorum, deus tribuit. Mulieri
deinceps, quod omnibus his rebus eam fecerat inhabilem,
domestica negotia curanda tradidit, et quoniam hunc sexum
custodiae et diligentiae adsignauerat, idcirco timidiorem red-
didit quam uirilem; nam metus plurimum confert ad diligen-
6 tiam custodiendi. Quod autem necesse erat foris et in aperto
uictum quaerentibus nonnumquam iniuriam propulsare,
idcirco uirum quam mulierem fecit audaciorem; quia uero par-
tis opibus aeque fuit opus memoria et diligentia, non minorem
feminae quam uiro earum rerum tribuit possessionem; tum
etiam, quod simplex natura non omnis res commodas amplecti
ualebat, idcirco alterum alterius indigere uoluit, quoniam quod
alteri deest, praesto plerumque est alteri.

7 Haec in *Oeconomico* Xenophon et deinde Cicero, qui eum
Latinae consuetudini tradidit, non inutiliter disseruerunt;
nam et apud Graecos et mox apud Romanos usque in patrum

10 *cf. Xen. Oec. 7. 35–6; Cic. Oec. fr. 7* Garbarino*

1 custodiendi *SA* : -da *R*   2 aut : *om. SA*   4 desiderarent *SR** : considerarent *AR**   5 nec *S* : ne *AR*   6 natura *SA* : a natura *R*   opera *del.* ς, *Schneider*   10 stipendiorum $S^{1}R$: -arum $S^{2}A$ deus tribuit S^{2} : de usu tr- $S^{1}A$: distr- *R*   13 custodiae *R* : -dia *SA*   diligentiae] uigilantiae *Richter, fort. recte*   17 uero *R* : uiro *SA*   18 memoria *R* : -am *SA*   21 ualebat ς, *Schneider* : uolebat *SAR*   quoniam quod *R* : quod quia *SA*   22 deest *R* : id est *SA*   23 et *R* : *om. SA*   24 non *R* : quod *SA*

nostrorum memoriam fere domesticus labor matronalis fuit, tamquam ad requiem forensium exercitationum, omni cura deposita, patribus familias intra domesticos penatis se recipientibus. Erat enim summa reuerentia cum concordia et diligentia mixta, flagrabatque mulier pulcherrima diligentiae aemulatione studens negotia uiri cura sua maiora atque meliora reddere. Nihil conspiciebatur in domo diuiduum, nihil quod aut 8
maritus aut femina proprium esse iuris sui diceret, sed in commune †conspiciebatur† ab utroque ut cum forensibus negotiis matronalis industria rationem parem faceret. Itaque ne uilici quidem aut uilicae magna erat opera, cum ipsi domini cotidie negotia sua reuiserent atque administrarent. Nunc uero, cum 9
pleraeque sic luxu et inertia diffluunt, ut ne lanificii quidem curam suscipere dignentur sed domi confectae uestes fastidio sint, peruersaque cupidine maxime placeant quae grandi pecunia et paene totis censibus redimuntur, nihil mirum est easdem ruris et instrumentorum agrestium cura grauari sordidissimumque negotium ducere paucorum dierum in uilla moram.

Quam ob causam, cum in totum non solum exoleuerit sed 10
etiam occiderit uetus ille matrum familiarum mos Sabinarum atque Romanarum, necessaria inrepsit uilicae cura, quae tueretur officia matronae, quoniam et uilici quoque successerunt in locum dominorum, qui quondam prisca consuetudine non solum coluerant sed habitauerant rura.

2 forensium *R* : -tium *SA* 3 familias *R* : -liis *SA* 5 diligentiae *R* : *om. SA* 6 aemulatione *R* : -nes *SA* sua *SA* : *om. R* 9 conspiciebatur] conspirabatur ς : *an* consule- *uel* prospicie-? utroque *R* : utraque *SA* 12 *ante* nunc *rubr.* DE LVXV MVLIERVM 13 pleraeque *R* : -raque *SA* diffluunt *R* : -fluant *SA* lanificii *AR* : -ciis *S* 19 moram *SA* : morari *R* (*cf.* 1. *pr.* 17, 18) : <spatium> (*cf.* 4. 28. 1) *uel* <tempus> (*Iucundus*) . . . *uel* paucos dies morari *temptauerim* 20 exoleuerit *AR* : exsoluerit *S* 22 romanarum *SR* : -norum *A* 24 consuetudine S^2R : -nem S^1A 25 habitauerant] inhab- S^2

Verum ne uidear intempestiue censorium opus obiurgandis
moribus nostrorum temporum suscepisse, iam nunc officia ui-
licae persequar.

1 Ea porro, ut institutum ordinem teneamus quem priore uolu-
mine inchoauimus, iuuenis esse debet, id est non nimium
puella, propter easdem causas quas de aetate uilici rettulimus,
integrae quoque ualetudinis, nec foedi habitus nec rursus
pulcherrima; nam inlibatum robur et uigiliis et aliis sufficiet
laboribus, foeditas fastidiosum, nimia species desidiosum
2 faciet eius contubernalem. Itaque curandum est ut nec
uagum uilicum et auersum a contubernio suo habeamus,
nec rursus intra tecta desidem et complexibus adiacentem
feminae.

Sed nec haec tantum quae diximus, in uilica custodienda
3 sunt;| nam in primis considerandum erit, an a uino, ab escis, a
superstitionibus, a somno, a uiris remotissima sit, et ut cura
eam subeat quid meminisse, quid in posterum prospicere
debeat, ut fere eum morem seruet quem uilico praecepimus,
quoniam pleraque similia esse debent in uiro atque femina; et
tam malum uitare quam praemium recte factorum sperare,
tum elaborare ut quam minimam operam uilicus intra tectum
impendat, cui et primo mane cum familia prodeundum est et
4 crepusculo peractis operibus fatigato redeundum. Nec tamen
instituendo uilicam domesticarum rerum uilico remittimus
curam, sed laborem eius adiutrice data leuamus. Ceterum
munia quae domi capessuntur, non in totum muliebri officio
relinquenda sunt sed ita deleganda ei, ut identidem oculis uilici

1 censorium opus *R* : censuri A^1S^1, -rim S^2, -ri A^2 4 *rubr.* PRAECEPTA QVAE VILICA (-CAE *A*) EXSEQVI DEBEAT quem *R* : quae *SA* 6 uilici S^2R : uili S^1A 11 a *S* : *om.* *AR* 13 feminae *SA* : -nam *R* 14 nec haec *R* : nec *S* : haec *A* 16 cura eam *R* : curae an *SA* 18 fere eum *SR* : ferum *A* 26 capessuntur *SA* : capescenda *R* in *AR* : it S^1 : id S^2 27 deleganda *SR* : delig- *A* : -gen- A^1

custodiantur; sic enim diligentior erit uilica, si meminerit sibi esse cui frequenter ratio reddenda sit.

Ea porro persuasissimum habere debebit aut in totum aut 5
certe plurimum domi se morari oportere; tunc quibus aliquid in agro faciendum erit seruis, eos foras emittere, quibus autem in uilla quid agendum uidebitur, eos intra parietes continere atque animaduertere ne diurna cessando frustrentur opera; quae domum autem inferuntur, diligenter inspicere, ne delibata sint, et ita explorata atque inuiolata recipere; tum separare quae consumenda sunt, et quae superfieri possunt custodire, ne sumptus annuus menstruus fiat. Tum si quis ex 6
familia coeperit aduersa ualetudine adfici, uidendum erit ut is quam commodissime ministretur; nam ex eiusmodi cura nascitur beneuolentia nec minus obsequium; quin etiam fidelius quam prius seruire student qui conualuerunt, cum est aegris adhibita diligentia.

Post haec meminisse debebit quae inferantur, ut idoneis et **2**
salubribus locis recondita sine noxa permaneant. Nihil enim magis curandum est quam praeparare ubi quidque reponatur et unde, cum opus sit, promatur. Ea loca qualia esse debeant et primo uolumine, cum uillam constitueremus, et undecimo, cum de uilico disputaremus, iam dicta sunt. Sed ne nunc qui- 2
dem demonstrare breuiter pigebit; nam quod est excelsissimum conclaue, pretiosissima uasa et uestem desiderat, quod denique horreum siccum atque aridum, frumentis habetur idoneum, quod frigidum, commodissime uinum custodit, quod bene inlustre, fragilem supellectilem atque ea postulat penora

1 uilica . . . sibi (ibi *R*) *ego* : *om. SA* 2 frequenter ratio *SA* : ↔ *R* 3 ea *AR* : e *S* 4 morari *SA* : memorari *R* 5 eos ς : eo *SAR* 7 cessando *R* : cessendo *SA* 11 annuus *R* : annus *SA* 13 is *S* : his *AR* 18 recondita ς : -tae *R* : *om. SA* 19 et unde *R* : et *SA* : ut *ed. pr.* : et unde commode *Richter, non male* 21 primo . . . undecimo *SA* : in primo . . . in und- *R* 22 uilico *SA* : officio uilici *R* 25 denique] deinde ς 27 penora *Richter* : opera *SAR*

3 quae multi luminis indigent. Praeparatis igitur receptaculis oportebit suo quidque loco generatim atque etiam specialiter nonnulla disponere, quo facilius, cum quid expostulabit usus, recipere possit. Nam uetus est prouerbium: paupertatem certissimam esse, cum alicuius indigeas, uti eo non posse, quia ignoretur ubi proiectum iaceat quod desideratur; itaque in re familiari laboriosior est neglegentia quam diligentia.

4 Quis enim dubitet nihil esse pulchrius in omni ratione uitae dispositione atque ordine, quod etiam ludicris spectaculis licet saepe cognoscere; nam ubi chorus canentium non ad certos modos neque numeris praeeuntis magistri consensit, dissonum quiddam et tumultuosum audientibus canere uidetur; at ubi certis numeris ac pedibus uelut facta conspiratione consensit atque concinuit, ex eiusmodi uocum concordia non solum ipsis canentibus amicum quiddam et dulce resonat, uerum etiam spectantes audientesque laetissima uoluptate permulcentur.
5 Iam uero in exercitu neque miles neque imperator sine ordine ac dispositione quicquam ualet explicare, cum armatus inermem, eques peditem, plaustrum equitem, si sunt permixti, confundunt. Haec eadem ratio praeparationis atque ordinis etiam in nauigiis plurimum ualet; nam ubi tempestas incessit et est rite disposita nauis, suo quidque ordine locatum armamentum sine trepidatione minister promit, cum est a guberna-
6 tore postulatum. Quod si tantum haec possunt uel in theatris uel in exercitibus uel etiam in nauigiis, nihil dubium est quin cura uilicae ordinem dispositionemque rerum quas reponit,

1 *Xen. Oec.* 8. 2–4; *Cic. Oec. frr.* 9*, 10* *Garbarino* 4 prouerbium: *cf. Xen. Oec.* 8. 2 (*Otto no.* 1359)

4 recipere *SAR** : reperiri *R** possit] possis *Richter, fort. recte* (*nisi* reperiri *recipias*) 5 indigeas *R* : -at *SA* 6 in re *AR* : rei *S* 18 ualet *S* : ualeat *AR* 19 peditem *R* : perditem *SA* equitem *SA* : equites *R* sunt . . . confundunt *Holford-Strevens* : sint . . . -dant *SAR* 20 eadem *R* : enim *SA* 22 suo quitque *S* : suoque quid *AR** : suoque quidque *R**

desideret. Nam et unumquidque facilius consideratur, cum est adsignatum suo loco et, si quid forte abest, ipse uacuus locus admonet ut quod deest, requiratur; si quid uero curari aut concinnari oportet, facilius intellegitur, cum ordine suo recensetur. De quibus omnibus M. Cicero, auctoritatem Xenophontis secutus in *Oeconomico*, sic inducit Ischomachum sciscitanti Socrati narrantem.

Praeparatis idoneis locis instrumentum et supellectilem distribuere 3
coepimus. Ac primum ea secreuimus quibus ad res diuinas uti sole-
mus, postea mundum muliebrem qui ad dies festos comparatur,
deinde ad <bellum> uirilem, item dierum sollemnium ornatum nec
minus calciamenta utrique sexui conuenientia; tum iam seorsum
arma ac tela separabantur et in altera parte quibus <ad> lanificia
utuntur. Post quae ad cibum comparandum uasa usui <esse> 2
adsolent, construebantur; inde quae ad lauationem, quae ad
†exornationem†, quae ad mensam cotidianam atque epulationem
pertinent, exponebantur; postea ex îs quibus cotidie utimur, quod
menstruum esset, seposuimus; annuum quoque in duas partes diui-
simus, nam sic minus fallit qui exitus futurus sit. Haec postquam 3
omnia secreuimus, tum suo quaeque loco disposuimus. Deinde
quibus cotidie seruuli utuntur, quae ad lanificia, quae ad cibaria
coquenda et conficienda pertinent, haec ipsis qui his uti solent,
tradidimus, et ubi exponerent, demonstrauimus, et ut salua essent,
praecepimus. Quibus autem ad dies festos et ad hospitum aduentum 4
utimur et ad quaedam rara negotia, haec promo tradidimus, et loca

5 *Xen. Oec.* 9. 6–10 *Cic, Oec. frr.* 10*, 12*, 13 *Garbarino*

1 consideratur ς : -ratum *SAR* 3 deest *R* : dees *SA* 5 recensetur *AR* : -sentur *S* 6 (o)economico *R* : -cos *SA* ischomachum ς : scho- *S* : sco- *A uel* sto- *R* 11 bellum *add. Schottus* 3. 7 (*cf. Xen.* 9. 6 εἰς ἑορτὰς καὶ πόλεμον) : bella *Schneider* 13 separabantur *SA* : praep- *R* ad lanificia ς : lanificia *SAR*, *fort. tolerandum quasi 'mancipia quibus lanificii opus adsignatur'* : lanificae *Richter* 14 uasa usui <esse> *ego* (uasa usui sunt *iam Lambinus*) : uasa *SA*[1] : uasa ut *A*[2]*R* 16 exornationem *uix sanum* (*u. TLL s.u., cf. Xen.* 9. 7 ἀμφὶ μάκτρας) : excoctionem *Kurfess* : exonerationem *Richter* 17 îs *ego* : his *SAR* 18 menstruum *AR* : menstrum *S* annuum *S* : annum *AR* in duas partes] *Cicero Xenophontem male interpretatus est, siquidem* δίχα ... κατέθεμεν *(9. 8) 'separatim condidimus' ualet* 22 ipsis qui his *SA* : ipsa quis *R* 23 exponerent *SA* : ea ponerent *R* 25 promo *Gesner* : primo *S*[2]*AR* : -ma *S*[1]

omnium demonstrauimus et ei omnia adnumerauimus atque adnumerata ipsi exscripsimus, eumque monuimus ut quodcumque opus esset, sciret unde daret, et meminisset atque adnotaret quid et quando et cui dedisset, et cum recepisset, ut quidque suo loco reponeret.

5 Igitur haec nobis antiqui per Ischomachi personam praecepta industriae ac diligentiae tradiderunt, quae nunc nos uilicae demonstramus. Nec tamen una eius esse cura debebit, ut clausa custodiat quae tectis inlata receperit, sed subinde recognoscat atque consideret, ne aut supellex uestisue condita situ dilabatur aut fruges aliaue utensilia neglegentia desidiaque sua corrum-
6 pantur; | pluuiis uero diebus uel cum frigoribus aut pruinis mulier sub dio rusticum opus obire non potuerit, ut ad lanificium reducatur praeparataeque sint et pectitae lanae, quo facilius iusta lanificio persequi atque exigere possit. Nihil enim nocebit, si sibi atque actoribus et aliis in honore seruulis uestis domi confecta fuerit, quominus patris familiae rationes onerentur.

7 Illud uero etiam in perpetuum custodiendum habebit, ut eos qui foris rusticari debebunt, cum iam e uilla familia processerit, requirat, ac si quis, ut euenit, curam contubernalis eius intra tectum tergiuersans fefellerit, causam desidiae sciscitetur exploretque, utrum aduersa ualetudine inhibitus restiterit an pigritia delituerit et, si compererit uel simulantem languorem, sine cunctatione in ualetudinarium deducat; praestat enim opere fatigatum sub custodia requiescere unum aut alterum diem quam pressum nimio labore ueram noxam concipere.

1 ei omnia] cuique sua *Iucundus* : ea omnia *malim* (*cf. Xen.* 9. 10 *καὶ δείξαντες τὰς χώρας αὐτῶν καὶ ἀπαριθμήσαντες καὶ γραψάμενοι ἕκαστα*) 2 monuimus *SA* : admon- *R* 6 nobis S^2R : noui S^1A antiqui *SA* : ab antiquis *R* ischomachi ς : scomachi *SAR* 8 esse cura *SA* : ↔ *R* 11 desidiaque *SA* : -aue *R* 13 dio *SAR** : diuo *R** 15 iusta *SAR** : iuxta *R** persequi atque S^2R : persequat quae S^1A

Denique uno loco quam minime oportebit eam consistere. 8
Neque enim sedentaria eius opera est, sed modo ad telam
debebit accedere ac si quid melius sciat docere, si minus,
addiscere ab eo qui plus intellegat; modo eos qui cibum familiae
conficiunt inuisere, tum etiam culinam et bubilia nec minus
praesepia emundanda curare; ualetudinaria quoque, uel si
uacent ab inbecillis, identidem aperire et inmunditiis liberare,
ut cum res exegerit, bene ordinata et salubria languentibus
praebeantur; | promis quoque et cellariis aliquid appendentibus 9
aut metientibus interuenire, nec minus interesse pastoribus
in stabulis fructum cogentibus aut fetus ouium aliarumue
pecudum subrumantibus; tonsuris uero earum utique interesse
et lanas diligenter percipere et uellera ad numerum pecoris
recensere; tum insistere atriensibus, ut supellectilem exponant;
et aeramenta detersa nitidentur atque rubigine liberentur,
ceteraque, quae refectionem desiderant, fabris concinnanda
tradantur.

Postremo, his rebus omnibus constitutis, nihil hanc arbitror 10
distributionem profuturam, nisi, ut iam dixi, uilicus saepius
et aliquando tamen dominus aut matrona considerauerit
animaduerteritque, ut ordinatio instituta conseruetur. Quod
etiam in bene moratis ciuitatibus semper est obseruatum,
quarum primoribus atque optimatibus non satis uisum est
bonas leges habere, nisi custodes earum diligentissimos ciues
<creassent>, quos Graeci *νομοφύλακας* appellabant. Horum 11

5 culinam *R** : -na *SAR** bubilia *R* : bouilia *SA* : cubilia ϛ 6 praesepia emundanda *S*^{2} : p- mundanda *R* : -piae mun- *S*^{1}*A* 9 promis *SAR** : penis *R** appendentibus (ϛ) aut metientibus *Turnebus* 17. 13 (*coll. Xen.* 10. 10 *παραστῆναι δὲ καὶ ἀπομετρούσῃ τῇ ταμίᾳ*) : attendentibus aut metuentibus *R* : attendentibus *SA* 11 aut ϛ : aut ut *SAR* 12 uero *SA* : uerum *R* utique *SAR** : etiam *R** 13 lanas *SA* : lanas etiam *R* 14 recensere *A*^{2}*R* : -ri *S*^{2} : recenser *S*^{1}*A*^{1} atriensibus ϛ : -tibus *SAR* 15 nitidentur *R* : nidentur *SA* 19 profuturam *SAR** : -rum *R** 21 instituta *R* : constituta *SA* 22 ciuitatibus *AR* : ciuilibus *S* 25 creassent ϛ (*cf. Xen.* 9. 14 *προσαιροῦνται*) *νομοφυλακας* *SAR** : *om.* *R** appellabant *S*^{2}*AR** : appellant *S*^{1}*S*^{3}*R**

erat officium eos qui legibus parerent laudibus prosequi nec minus honoribus, eos autem qui non parerent poena multare, quod nunc scilicet faciunt magistratus adsidua iurisdictione uim legum custodientes. Sed haec in uniuersum administranda tradidisse abunde sit.

4 Nunc de ceteris rebus quae omissae erant prioribus libris, quoniam uilicae reseruabantur officiis, praecipiemus, et ut aliquis ordo custodiatur, incipiemus a uerno tempore, quoniam fere maturis atque trimenstribus consummatis sationibus uacua tempora iam contingunt ad ea exsequenda quae deinceps docebimus.

2 Paruarum rerum curam non defuisse Poenis Graecisque auctoribus atque etiam Romanis memoria tradidit; nam et Mago Carthaginiensis et Hamilcar, quos secuti uidentur Graecae gentis non obscuri scriptores Mnaseas atque Paxamus, tum demum nostri generis, postquam a bellis uacuum fuit, quasi quoddam tributum uictui humano conferre non dedignati sunt, ut M. Ambiuius et Mena Licinius, tum etiam C. Matius, quibus studium fuit pistoris et coqui nec minus cellarii diligentiam suis praeceptis instruere.

3 His autem omnibus placuit eum qui rerum harum officium susceperit, castum esse continentemque oportere, quoniam totum in eo sit, ne contrectentur pocula uel cibi nisi aut inpubi aut certe abstinentissimo rebus ueneriis; quibus si fuerit operatus uel uir uel femina, debere eos flumine aut perenni aqua priusquam penora contingant ablui; propter quod his necessarium esse pueri uel uirginis ministerium, per quos promantur quae usus postulauerit.

14 Mago: *fr. 58 Speranza*

---

7 *post* quoniam *lacunam suspicatus est Richter* 9 fere] uere *Iucundus* 14 carthaginiensis *SAR** : -nensis *R** hamilcar S^2 : hmilcar S^1 : halcar *A* : amilcar *R* 15 Paxamus *Iucundus* : phaxames *S* : -mus *AR* 16 demum *AR* : deinde *S* 18 Mena *ego duce Syme* : mecenas *SR** : bascenas *AR** : maenas *ed. pr.* 24 ueneriis *SA* : -reis *R*

4 Post hoc praeceptum locum et uasa idonea salgamis praeparari iubent: locum esse debere auersum a sole, quam frigidissimum et siccissimum, ne situ penora mucorem contrahant; uasa autem fictilia uel uitrea, plura potius quam ampla, et eorum alia recte picata, nonnulla tamen pura, prout condicio conditurae exegerit; | haec uasa dedita opera fieri oportere 5 patenti ore et usque ad imum aequalia nec in modum doliorum formata, ut exemptis ad usum salgamis quidquid superest aequali pondere usque ad fundum deprimatur, quoniam ea res innoxia penora conseruet, ubi non innatent sed semper sint iure summersa; quod in utero dolii fieri uix posse propter inaequalitatem figurae; maxime autem ad haec necessarium esse aceti et durae muriae usum; quae utraque sic confieri.

5 In sextarios duodequinquaginta fermenti libram, fici aridi pondo quadrantem, salis sextarium; haec subterito et subtrita cum quartario mellis aceto diluito atque ita in praedictam mensuram adicito. Quidam hordei tosti sextarios quattuor et nuces ardentes iuglandes quadraginta et mentae uiridis pondo selibram in eandem mensuram adiciunt. Quidam ferri massas 2 exurunt ita, ut ignis speciem habeant, easque in eandem mensuram demittunt, tum etiam exemptis nucleis ipsas nuces pineas uacuas numero v uel sex incendunt et ardentis eodem demittunt, alii nucibus sappineis ardentibus idem faciunt.

6 Muriam duram sic facito: dolium quam patentissimi oris locato in ea parte uillae quae plurimum solis accipit; id dolium aqua caelesti repleto (ea est enim huic <rei> aptissima) uel, si

6 oportere *S* : oportet *AR* 7 patenti *SA* : -te *R* 8 ad S^2R : ut ad S^1A salgamis *R* : -mum *SA* 10 conseruet *R** : construet *SAR** 11 fieri uix *SA* : ↔ *R* 12 haec *SA* : hoc *R* 13 usum *R* : usuum *SA* 14 *rubr.* VINVM VAPIDVM FIERI ACRIVS duodequinquaginta *R* : quadraginta octo *SA* aridi *SA* : -dae *R* 21 demittunt . . . 23 demittunt ς : di- *utrubique SAR* 22 uacuas *R* : uacuas quas *SA* 24 *rubr.* DE MVRIA DVRA 26 repleto S^2R : respletio S^1A ea est *R* : est ea *SA* rei *add. ed. pr.* (*cf. infra* §§ 25. 2, 52. 3)

non fuerit pluuiatilis, certe fontana dulcissimi saporis; tum indito sportam iunceam uel sparteam, quae replenda est sale candido, quo candidior muria fiat; eum salem per aliquot dies uidebis liquescere, et ex eo intelleges nondum esse muriam
2 maturam. Itaque subinde alium salem tamdiu ingeres, donec in sporta permaneat integer nec minuatur; quod cum animaduerteris, scies habere muriam maturitatem suam. Et si facere aliam uolueris, hanc in uasa bene picata diffundes et opertam in sole habebis; omnem enim mucorem uis solis aufert et odorem bonum praebet. Et est aliud muriae maturae experimentum; nam ubi dulcem caseum demiseris in eam, si pessum ibit, scies esse adhuc crudam, si innatabit, maturam.

7 His praeparatis circa uernum aequinoctium herbas in usum colligi et reponi oportebit: cymam caulon capparim, apii coliculos rutam, holeris atri cum suo caule florem antequam de folliculo exeat, item ferulae cum coliculo silentem quam tenerrimum florem, pastinacae agrestis uel satiuae cum coliculo silentem florem, uitis albae et asparagi et rusci et thamni et digitelli et pulei et nepetae et lapsanae et batis et eius coliculum, qui miluinus pes appellatur, quin etiam tenerum coliculum faeniculi.

2 Haec omnia una conditura commode seruantur, id est aceti duas partes et tertiam durae muriae si miscueris; sed uitis alba et ruscum et thamnum et asparagus et lapsana et pastinaca et nepeta et batis generatim in alueos conponuntur et sale consparsa biduo sub umbra dum consudent, reponuntur;

3 candidior *SA* : candidor *R* 4 intelleges ς : -gis *SAR* 8 opertam *R* : operata *S*^{1}*A* : operta *S*^{2} sole ς : solem *SAR* 9 uis *R* : ui *SA* aufert *SAR** : auferet *R** 10 et *SA* : *om. R* 11 demiseris ς : di- *SAR* 12 esse *AR* : se *S* 13 *rubr.* QVAS HERBAS LEGI OPORTET usum *R* : usu *SA* 14 caulon (καυλόν) *Richter* : caulo *SA* (*cf.* §5 *infra*) : caulem *R* 15 caule florem *SA* : caule *R** : flore *R** 16 silentem quam tenerrimum *Schneider* : silentem *SA* : silentes quam tenerrimum *R* 18 coliculo *SA*^{2} : -cule *A*^{1} : -culis *R* *ante* florem *dist. ed. pr.* : florem <florem> *Richter* 24 et *SA* : e *R* ruscum *SA* : -cus *R* et lapsana *R* : *om. SA*

deinde, si tantum remiserunt umoris ut suo sibi iure ablui
possint, | si minus, superfusa dura muria lauantur, et pondere 3
inposito exprimuntur; tum suo quidque uase conditur et ius,
ut supra dixi, quod est mixtum duabus partibus aceti et una
muriae, infunditur, faeniculique aridi, quod est per uindemiam
proximo anno lectum, spissamentum inponitur ita, ut herbas
deprimat et ius usque in summum labrum fideliae perueniat.

Holus atrum et ferulam et faeniculum cum legeris, sub tecto 4
reponito, dum flaccescat; deinde folia et corticem omnem
folliculorum detrahito. Caules si fuerint pollice crassiores,
harundine secato et in duas partes diuidito. Ipsos quoque flores,
ne sint inmodici, diduci et partiri oportebit atque ita in uasa
condi, deinde ius, quod supra scriptum est, infundi et paucas
radiculas laseris, quod Graeci σίλφιον uocant, adici, tum ita
spissamento faeniculi aridi contegi, ut ius superueniat. Cymam 5
caulon capparim, pedem milui, puleium digitellum com-
pluribus diebus sub tecto siccari, dum flaccescat, et tum eodem
modo condiri conuenit quo ferulam rutam satureiam cunelam.

Sunt qui rutam muria tantum dura sine aceto condiant,
deinde, cum usus exigit, aqua uel etiam uino abluant et super-
fuso oleo utantur; hac conditura possit commode satureia
uiridis et aeque uiridis cunela seruari.

Oxygalam sic facito: ollam nouam sumito eamque iuxta **8**
fundum terebrato; deinde cauum quem feceris, surculo

2 lauantur *AR* : lab- *S* : *an* abluuntur ? 3 tum *SAR** : cum *R** 5 muriae *AR* : muria *S*² : mura *S*¹ 7 et ius *R* : e *SA* summum *AR* : summo *S* 9 flaccescat ς : flacescat *S*²*R* : falac(c)escat *S*¹*A*², -cessat *A*¹ folia *R* : foliam *SA* 10 folliculorum] coliculorum *Vrsinus* caules *R* : colles *SA* 12 diduci ς : deduci *SAR* 14 laseris *SA* : lasaris *R* σιλφιον *SAR** : *om.* *R** adici tum *SA* : adiectum *R* 15 contegi *R** : conteri *SA* 16 caulon *Richter* (*cf.* §1 *supra*) : caulo *SAR* : -lem ς digitellum *AR* : -tillum *S* 18 rutam satureiam (-reim *S*) cunelam *rubr. SA, litt. comm. R* : *in contextum recepit André* 19 condiant *R* : -unt *SA* 21 hac *S* : haec *AR* 23 *rubr.* OXYGALAE (OXI- *R**) COMPOSITIO (-TO *SA*) 24 terebrato *S*²*R* : tene- *S*¹*A*

obturato et lacte ouillo quam recentissimo uas repleto eoque adicito uiridium condimentorum fasciculos origani mentae caepae coriandri. Has herbas ita in lacte demittito, ut ligamina
2 earum exstent. Post diem quintum surculum quo cauum opturaueras, eximito et serum emittito; cum deinde lac coeperit manare, eodem surculo cauum obturato, intermissoque triduo ita, ut supra dictum est, serum emittito et fasciculos condimentorum exemptos abicito, deinde exiguum aridi thymi et cunelae aridae super lac destringito concisique sectiui porri quantum uidebitur adicito et permisceto; mox intermisso biduo rursus emittito serum cauumque obturato et salis triti quantum satis erit adicito et misceto. Operculo deinde inposito oblinito. Non antea aperueris ollam quam usus exegerit.

3 Sunt qui satiui uel etiam siluestris lepidii herbam cum collegerunt, in umbra siccent, deinde folia eius, abiecto caule, die et nocte muria macerata expressaque lacti misceant sine condimentis, et salis quantum satis arbitrantur adiciant, tum cetera quae supra praecepimus, faciant. Nonnulli recentia folia lepidii cum dulci lacte in olla miscent et post diem tertium, quemadmodum praecepimus, serum emittunt, deinde concerptam satureiam uiridem, tum etiam arida semina coriandri atque anethi et thymi et apii in unum bene trita adiciunt, salemque bene coctum cribratum permiscent. Cetera eadem quae supra faciunt.

9 Caules lactucae ab imo depurgatos eatenus qua tenera folia uidebuntur, in alueo sallire oportet diemque unum et noctem

1 uas *R* : *om. SA* 2 uiridium *R* : uiridum *SA* 7 triduo S^2R : tridu S^1A 11 biduo *SAR** : triduo *R** 13 *ante* oblinito *add.* et *R, post Richter* oblinito S^2R : oblinio S^1A antea *SAR** : ante *R**, *fort. recte* (*u. ad* 2. 15. 1) 15 *rubr.* ALIO MODO lepidii *SA* : -di *R* 17 et *R* : *om. SA* muria *R* : muriam *SA* 19 tum *S* : tunc *AR* *ante* nonnulli *rubr.* ALITER 21 concerptam *Gesner* : compertam *SAR* 26 *rubr.* LACTVCAE CONDITVRA

sinere, dum muriam remittant; deinde in muria eluere et
expressos in cratibus pandere, dum adsiccescant; tum sub-
sternere anethum aridum et faeniculum rutaeque aliquid et
porri concidere atque ita miscere; tum siccatos coliculos ita
componere, ut phaseoli uirides integri interponantur, quos
ipsos ante dura muria die et nocte macerari oportebit; |
similiterque adsiccatos cum fasciculis lactucarum condi et 2
superfundi ius, quod sit aceti duarum partium atque unius
muriae; deinde arido spissamento faeniculi sic comprimi, ut
ius supernatet; quod ut fiat, is qui huic officio praeerit saepe
suffundere ius debebit neque pati sitire salgama sed extrinsecus
munda spongia uasa pertergere et aqua fontana quam recentis-
sima refrigerare.

Simili ratione intibum et cacumina rubi qua lactucam 3
condire oportet nec minus thymi et satureiae et origani, tum
etiam armoraciorum cymam. Haec autem, quae supra scripta
sunt, uerno tempore conponuntur.

Nunc quae per aestatem circa messem uel etiam exactis iam **10**
messibus colligi et reponi debeant, praecipiemus.

Pompeianam uel Ascaloniam caepam uel etiam Marsicam
simplicem, quam uocant unionem rustici, eligito; ea est autem
quae non fruticauit nec habuit suboles adhaerentis. Hanc 2
prius in sole siccato, deinde sub umbra refrigeratam substrato
thymo uel cunela componito in fidelia, et infuso iure quod
sit aceti trium partium et unius muriae, fasciculum cunelae

5 phaseoli *ego* (*u. ad.* 11. 2. 72) : passioli *SA* : fasioli *R* : phaseoli ς   10 is *AR* : his *S*   huic *AR* : huius *S*   11 neque *SA* : nec *R*   pati sitire *R* : patis nec itinere *SA*   12 spongia *R* : -gea *SA*   14 *rubr.* INTIBI   intibum *SA* : intubum *R*   cacumina rubi (rubis *R**) *R* : cacuminarum *S* : cacumina rub *A*   qua *AR* : quam *S*   lactucam ς : -ca *SR* : -ra *A*   16 armoraciorum ς : -tiorum *SA*²*R* : -tioro *A*¹   18 nunc *S*²*R** : non *S*¹ : nun *A* : num *R**   19 messibus *A*²*R* : mensibus *SA*¹   20 *ante* pompeianam *rubr.* CEPE CONDITVRA   21 unionem *R* : uniuersi *SA*   22 fruticauit *S* : fructificauit *AR*

superponito ita, ut caepa deprimatur; quae cum ius combiberit, simili mixtura uas suppleatur.

Eodem tempore corna et pruna onychina et pruna siluestria nec minus genera pirorum et malorum condiuntur.

3 Corna, quibus pro oliuis utamur, item pruna siluestria et pruna onychina adhuc solida nec maturissima legenda sunt, nec tamen nimium cruda; deinde uno die <in> umbra siccanda; tum aequis partibus acetum et sapa uel defrutum misceatur et infundatur. Oportebit autem aliquid salis adicere, ne uermiculus aliudue animal innasci possit. Verum commodius seruantur, si duae partes sapae cum aceti una parte misceantur.

4 Pira Dolabelliana Crustumina regia Veneria uolema Naeuiana Lateritiana Decimiana laurea myrapia {pruna} purpurea cum inmatura, non tamen percruda legeris, diligenter inspicito, ut sint integra sine uitio aut uermiculo; tum in fictili picata fidelia conponito et aut passo aut defruto completo ita, ut omne pomum summersum sit. Operculum deinde inpositum gypsato.

5 Illud in totum praecipiendum existimaui nullum esse genus pomi quod non possit melle seruari; itaque, cum sit haec res interdum aegrotantibus salutaris, censeo uel pauca poma in melle custodire, sed separata generatim, nam si commisceas, alterum ab altero genere corrumpitur.

6 Et quoniam opportune mellis fecimus mentionem, hoc eodem tempore alui castrandae ac mel conficiendum,

2 uas suppleatur *R* : uasupleatur *SA* 3 onychina *R* : onycina *SA et sic infra* 4 pirorum *S*^{2}*R** (*ras. S*^{1}) : priorum *A* : prunorum *R** condiuntur ς : conduntur *SAR* 5 *rubr.* CORNA ET PRVNA CONDIRE 6 pruna *fort. secludendum* maturissima *R* : maturrima *SA* 7 in *addidi* (*cf. c.* 12. 8. 3, 33. 1, 38. 7, 48. 1, 2) 8 sapa *Iucundus* : -pam *SAR* defrutum *AR* : defructum *S* 10 aliudue *A*^{2}*R* : aliusue *SA*^{1} 11 misceantur *R* : misceatur *SA* 12 *rubr.* PIRORVM ET MALORVM CETERORVMQVE POMORVM COMPOSITIO dolauelliana *SA* : dolobelliana *R* 13 laurea *S*^{2}*R* : laure *S*^{1}*A* myrapia *R* : myrapira *S* : myra *A* pruna *SR** : prima *AR** : *del.* ς, *Pontedera*^{2} 14 percruda *R* : cruda *SA* 17 operculum *A* : opor- *S* : -lo *R* inpositum *SA* : -to *R* 19 possit *R* : posset *SA* 21 custodire] -ri *P* (*u. praef.* p. viii, *adn.*), *ed. pr.* 23 *rubr.* DE ALVIS CASTRANDIS

cera facienda est, de quibus nono libro iam diximus. Nec nunc aliam curam exigimus a uilica quam ut administrantibus intersit fructumque custodiat.

Ceterum cum eodem tempore mella nec minus aqua mulsa 11
in uetustatem reponi debeat, meminisse oportebit ut cum secundarium mel de fauis fuerit exemptum, cerae statim minute resoluantur et aqua fontana uel caelesti macerentur. Expressa deinde aqua coletur et in uas plumbeum defusa decoquatur, omnisque spurcitia cum spumis eximatur. Quae decocta cum tam crassa fuerit quam defrutum, refrigeretur et
bene picatis lagonis condatur. Hac quidam mella pro aqua 2
mulsa utuntur, nonnulli etiam pro defruto in condituras oliuarum, quibus quidem magis idoneam censeo, quia cibarium saporem habet. Nec potest languentibus pro aqua mulsa remedio esse, cum si bibatur, inflationem stomachi et praecordiorum faciat. Itaque seposita ea et ad condituras destinata, per se facienda erit optumo melle aqua mulsa.

Haec autem non uno modo conponitur; nam quidam multos 12
ante annos caelestem aquam uasis includunt et sub dio in sole habent, deinde, cum saepius eam in alia uasa transfuderunt et eliquauerunt (nam quotiens aqua post longum tempus diffunditur, aliquod crassamentum in imo simile faeci reperitur),
ueteris aquae sextarium cum libra mellis miscent. Nonnulli 2
tamen, qui austeriorem uolunt efficere gustum, sextarium

1 cera] *an* ceraque? 2 uilica *SA* : -co *R* 3 fructumque *R* : frumque *SA* 4 *rubr.* DE MELLA (-LE *S*) ET MVLSA FACIENDA mella *R* : melle *SA* 7 caelesti R^* : -te SAR^* 8 coletur *R* : coloretur *SA* 9 spurcitia *AR* : -tiae *S* 10 tam *R* : iam *SA* defrutum *AR* : defructum *S* 11 lagonis *SA* : lag(o)enis *R et sic semper* hac ς : haec *SAR* 12 nonnulli *R* : -la *SA* 16 praecordiorum *R* : -diarum *SA* faciat *S* : facit *AR* *ante* itaque *rubr.* DE AQVA (QVA A^1) MVLSA FACIENDA seposita ea *Gesner* : -tae *SA* : -ta esse *R* 17 optumo *scripsi* : -timo *R* : -tima *S* : -tuma *A* 19 uasis A^2R : usis SA^1 dio SAR^* : diuo R^* 20 alia uasa *AR* : aliam uasam *S* transfuderunt et eliquauerunt *SA* : -rint ... -rint *R* 21 aqua *P*, *Schneider* : quae *SA* : etiam *R* post *SA* : per *R* 24 qui S^2 : cui S^1 : ut *AR*

aquae cum dodrante pondo mellis diluunt et ea portione repletam lagonam gypsatamque patiuntur per Caniculae ortum in sole quadraginta diebus esse; tum demum in tabulatum
3 quod fumum accipit, reponunt. Nonnulli, quibus non fuit curae caelestem inueterare aquam, recentem sumunt eamque usque in quartam partem decoquunt; deinde, cum refrixerit, siue dulciorem {mulseam} facere uolunt, duobus aquae sextariis sextarium mellis permiscent, siue austeriorem, sextario aquae dodrantem mellis adiciunt; et his portionibus factam in lagonam diffundunt eamque, sicut supra dixi, quadraginta diebus insolatam postea in tabulatum quod suffumigatur, reponunt.

13 Caseo usibus domesticis praeparando hoc maxime idoneum tempus est, quod et caseus seri minimum remittit et ultimo tempore cum tam exiguum lactis est, non iam expedit operas morari ad forum fructibus deferendis; et sane saepe deportati propter aestum acore uitiantur. Itaque praestat eos hoc ipso tempore in usum conficere. Id autem ut quam optime fiat, upilionis officium est, cui septimo libro praecepta dedimus quae sequi debeat.

2 Sunt etiam quaedam herbae quas adpropinquante uindemia condire possis, ut portulacam et holus cordum, quod quidam satiuam batim uocant. Hae herbae diligenter purgantur et sub umbra expanduntur, deinde quarto die sal in fundis fideliarum substernitur et separatim unaquaeque earum componitur acetoque infuso iterum sal superponitur; nam his herbis muria non conuenit.

1 ea *R* : a *SA* 4 *ante* nonnulli *rubr.* ALITER 6 siue *SA* : si uero *R* 7 mulseam] -sam *Pς* : *seclusi* 8 austeriorem *R* : -re *SA* 12 *rubr.* DE CASEO IN VSVS DOMESTICOS SERVANDO 13 quod *SR** : quo *AR** 14 tam *ego* : iam *SAR* iam *S* : tam *AR* 15 forum *Iucundus* : eorum *SAR* deportati *R* : depotati *S* : depoti *A* 16 propter] per *ς* uitiantur *R* : uitantur *SA* 18 upilionis *scripsi* : opilionis S^2R, -pilli- S^1 : apilionis *A* 20 *rubr.* PORTVLACA ET BATTIS QVEM AD MODVM SERVENTVR 21 portulacam *R* : prot- *SA* holus *R* : holos *SA* 22 satiuam SA^2 : -uum A^1R batim *SA* : battim *R* hae *AR* : haec *S*

Hoc eodem tempore, uel etiam primo mense Augusto, mala 14
et pira dulcissimi saporis, mediocriter matura eliguntur et in
duas aut tres partes harundine uel osseo cultello diuisa in sole
ponuntur, donec arescant. Eorum si est multitudo, non mini-
mam partem cibariorum per hiemem rusticis uindicant; nam
pro pulmentario cedit sicuti ficus, quae cum arida seposita est,
hiemis temporibus rusticorum cibaria adiuuat.

Ea porro neque nimium uieta neque inmatura legi debet et in 15
eo loco expandi qui toto die solem accipit. Pali autem quattuor
pedibus inter se distantes figuntur et perticis iugantur; factae
deinde in hunc usum cannae iugis superponuntur ita, ut duo-
bus pedibus absint a terra, ne umorem, quem fere noctibus
remittit humus, trahere possint. Tunc ficus inicitur, et crates
pastorales, culmo uel carice uel filice textae, ex utroque latere
super terram plane disponuntur, ut cum sol in occasu fuerit,
erigantur et inter se adclines testudineato tecto more tugurio-
rum uiescentem ficum ab rore et interdum a pluuia defendant;
nam utraque res praedictum fructum corrumpit. Cum deinde 2
aruerit, in orcas bene picatas meridiano tempore calentem
ficum condere et calcare diligenter oportebit, subiecto tamen
arido faeniculo et iterum, repletis uasis, superposito. Quae
uasa confestim operculari et oblini conuenit et in horreum
siccissimum reponi, quo melius ficus perennet.

Quidam lectis ficis pediculos adimunt et in sole eas expan- 3
dunt; cum deinde paulum siccatae sunt, antequam indurescant,
in labra fictilia uel lapidea congerunt eas, tum pedibus lotis in

1 *rubr.* DE MALIS ET PIRIS IN SOLE SICCANDIS 6 *ante* sicuti *rubr.* DE FICIS SICCANDIS 8 uieta R^* : uicta *SAR** 9 qui *SA* : quo *R* 10 iugantur S^2R^* : iungantur S^1AR^* 11 in *R* : *om. SA* 14 uel^1 *R* : aut *SA* filice S^2R : felicae S^1A 15 occasu *S* : -sum *AR* 17 uiescentem *Schneider* : uisc- SA^1 : uiresc- A^2R ab rore *S* : a rore *R* : arbore *A* defendant *R* : -dat *SA* 18 corrumpit *SA* : -punt *R* 19 tempore] tepore *Heinsius, sed cf. infra* §5, *c.* 27. 1 20 subiecto *R* : subicto S^2A : subito S^1 22 operculari *Corsetti* 1977 : operculare *SAR* oblini *SA* : oblinire *R* 24 *rubr.* ALITER

modum farinae proculcant et admiscent torrefacta sesama
4 cum aneso Aegyptio et semine faeniculi et cymini. Haec cum bene proculcauerunt et totam massam comminutae fici permiscuerunt, modicas offas foliis ficulneis inuoluunt ac religatas iunco uel qualibet herba offas reponunt in crates et patiuntur siccari; deinde cum perarueriunt, picatis uasis eas condunt. Nonnulli hanc ipsam farinam fici orcis sine pice includunt et oblita uasa clibano uel furno torrefaciunt, quo celerius omnis umor excoquatur; sic siccatam in tabulatum reponunt et cum exigit usus, testam comminuunt, nam duratam massam fici aliter eximere non possunt.

5 Alii pinguissimam quamque uiridium ficorum eligunt et harundine uel digitis diuisam dilatant atque ita in sole uiescere patiuntur; quas deinde bene siccatas meridianis temporibus, cum calore solis emollitae sunt, colligunt et, ut est mos Afris atque Hispanis, inter se compositas comprimunt, in figuram stellarum flosculorumque uel in formam panis redigentes; tum rursus in sole adsiccant et ita uasis recondunt.

16 Similem curam uuae desiderant, quas dulcissimi saporis, albas, maximis acinis nec spissis luna decrescente sereno et sicco caelo post horam quintam legi oportet et in tabulas paulisper porrigi, ne inter se pondere suo pressae conlidantur. Deinde aeno uel in olla noua fictili ampla praeparatam lixiuam cineris sarmenticii calefieri conuenit, quae cum feruebit, exiguum olei quam optimi adici et ita permisceri, deinde uuas pro magnitudine binas uel ternas inter se conligatas in aenum

1 proculcant *R* : -cante *SA* admiscent *R* : -scunt *SA* torrefacta *R* : -tam *SA* sesama *R* : semam S^1A : sesemam S^2 2 aneso *R* : anaesol *SA* 3 proculcauerunt *SA* : -uerint *R* 4 permiscuerunt *SA* : -rint *R* inuoluunt *AR* : -lunt *S* 5 crates *R* : grates *SA* 10 exigit *SA* : exegerit *R* 12 uiridium ς : uiridem *SAR* 13 uiescere *SA* : arescere *R* 15 solis emollitae S^2R : sol semolitae S^1, -ll- *A* 16 figuram *R* : -ra *SA* 18 adsiccant *R* : atque siccant *SA* 19 *rubr.* DE VVIS PASSIS 23 aeno *SA* : a(h)eneo *R* lixiuam *SAR** : -uiam *R** 24 sarmenticii *Schneider* (*coll.* 6. 26. 3) : -tiui *SA* : -ti *R* 26 aenum A^1 : ahenum A^2 : a(h)eneum S^2R : aenium S^1

feruens demitti et exiguum pati, dum decolorentur, nec
rursus committere ut excoquantur; nam quadam moderatione
temperamentoque opus est. Cum deinde exemeris, in crate 2
disponito rarius quam ut altera alteram contingat. Post tres
deinde horas unamquamque uuam conuertito nec in eodem
uestigio reponito, ne in umore qui defluxerit corrumpatur.
Noctibus autem contegi debent quemadmodum fici, ut a rore
uel pluuia tutae sint; cum deinde modice aruerint, in uasa noua
sine pice operculata et gypsata sicco loco reponito.

Quidam uuam passam foliis ficulneis inuoluunt et adsiccant, 3
alii foliis uitigineis, nonnulli plataninis semiuietas uuas contegunt et ita in amphoras recondunt. Sunt qui culmos fabae exurant et ex eo quod cremauerint cineream lixiuam faciant, deinde in lixiuae sextarios decem salis tres cyathos et olei cyathum adiciant, tum adhibito igne calefaciant et cetera eodem modo administrent. Quod si uidebitur in aeno parum inesse olei, subinde quantum satis erit, adiciatur, quo sit pinguior et nitidior uua passa.

Eodem tempore sorba manu lecta curiose in urceolos 4
picatos adicito, et opercula picata inponito et gypso linito; tum scrobibus bipedaneis sicco loco intra tectum factis, urceolos ita collocato, ut oblita ora eorum deorsum spectent; deinde terram congerito et modice supercalcato. Melius est autem pluribus scrobibus pauciora uasa distantia inter se disponere; nam in exemptione eorum, dum unum tollis, si reliqua commoueris,

3 temperamentoque *R* : temperatione *S* : -tiore *A* est *AR* : *om. S* crate disponito *R** : crateriis ponito *S* : canteriis ponito *AR** 8 cum *R* : tum *SA* modice *R* : modico *SA* aruerint *RP* : aruerit S^2A, ha- S^1 10 *rubr.* ALITER 11 nonnulli *SR* : -la *R* semiuietas ς : semiuitas *SA* : semiuittas *uel* -uict- *R* 13 cremauerint *R* : -uerit *SA* cineream *SA* : cinere *R* lixiuam *SAR** : -uiam *R** faciant *SA* : faciunt *R* 14 lixiuae *SAR** : -uiae *R** salis *AR* : alis *S* 15 tum *AR* : cum *S* 16 a(h)eno *SA* : a(h)eneo *R** 19 *rubr.* DE SORBIS urceolos S^2R^* : urciolos S^1AR^* 20 picata *SR** : -tas *AR** 21 urceolos *AR* : -lis *S* 22 collocato *SR** : -ta *AR** 23 modice *S* : mode *AR* supercalcato] desuper calc- ς

5 celeriter sorba uitiantur. Quidam hoc idem pomum in passo, quidam etiam in defruto commode seruant adiecto spissamento aridi faeniculi, quo deprimantur ita sorba, ut semper ius supernatet; ac nihilominus picata opercula diligenter gypso linunt, ne possit spiritus introire.

17 Sunt quaedam regiones in quibus uini ideoque etiam aceti paenuria est. Itaque hoc eodem tempore est ficus uiridis quam maturissima legenda, utique si iam pluuiae incesserunt et propter imbres in terram decidit. Quae cum sublecta est, in dolium uel in amphoras conditur et ibi sinitur fermentari. Deinde cum exacuit et remisit liquorem, quicquid est aceti diligenter colatur et in uasa picata bene olida diffunditur. Hoc primae notae acerrimi aceti usum praebet nec umquam situm
2 aut mucorem contrahit, si non umido loco positum est. Sunt qui multitudini studentes aquam ficis permisceant et subinde maturissimas ficos recentis adiciant et patiantur in eo iure tabescere, donec satis acris aceti sapor fiat; postea in iunceis fiscellis uel sparteis saccis percolant liquatumque acetum inferuefaciunt, dum spumam et omnem spurcitiam eximant; tum torridi salis aliquid adiciunt, quae res prohibet uermiculos aliaue innasci animalia.

18 Quamuis priore libro, qui inscribitur *Vilicus*, iam diximus quae ad uindemiam praeparanda sint, non tamen alienum est etiam uilicae de isdem rebus praecipere, ut intellegat suae curae esse debere quaecumque sub tecto administrantur circa
2 uindemiam. Si ager amplus aut uineta aut arbusta grandia sunt,

1 in passo *S* : *om. AR*   3 aridi *Iucundus* (*cf. cc.* 7. 4, 9. 2 *supra, c.* 50. 2 *infra*) : spissi *SAR*   deprimantur ς : -matur *SAR*   6 *rubr.* DE ACETO FICVLNEO FACIENDO   7 ficus S^2 : fucus S^1 : fructus *AR*   8 si *S* : e si *A* : et si *R*   10 conditur *R* : tonditur *SA*   13 primae *SR** : primite *AR**   15 aquam ς : quam *SAR*   16 ficos *SAR** : ficus *R**   19 spumam ς : -men *SAR** : -mem *R**   22 *rubr.* QVAE VINDEMIAE PRAEPARANDA SVNT   inscribitur ς : scribitur *SAR*   24 est etiam ς : extet iam *SAR*   25 sub tecto *SR** : subiecto *AR**   26 uindemiam *SR** : undecimam *AR**

perenne fabricandae decemmodiae et trimodiae, fiscellae
texendae et picandae, nec minus falculae et ungues ferrei quam
plurimi parandi et exacuendi sunt, ne uindemitor manu
destringat uuas et nọn minima fructus portio dispersis acinis in
terram dilabatur. Funiculi quoque fiscellis aptandi sunt et lora 3
trimodiis. Tum lacus uinarii et torcularii et fora omniaque uasa,
si uicinum est mare, aqua marina, si minus, dulci eluenda
sunt et communda̱nda et diligenter adsiccanda, ne umorem
habeant. Cella quoque uinaria omni stercore liberanda et bonis
odoribus suffienda, ne quem redoleat foetorem acoremue. Tum 4
sacrificia Libero Liberaeque <pro uino> et uasis pressorîs quam
sanctissime castissimeque facienda, nec per uindemiam ab
torculari aut uinaria cella recedendum est, ut et omnia, qui
mustum conficiunt, pure mundeque faciant nec furi locus detur
partem fructuum intercipiendi.

Dolia quoque et seriae ceteraque uasa ante quadragesimum 5
uindemiae diem picanda sunt atque aliter ea quae demersa sunt
humi, aliter quae stant supra terram; nam ea quae demersa
sunt, ferreis lampadibus ardentibus calefiunt, et cum pix in
fundum destillauit, sublata lampade rutabulo ligneo et ferrea
curuata radula educitur quod destillauit aut quod in lateribus
haesit; dein penicillo detergitur et, feruentissima pice infusa,
nouo alio rutabulo et scopula picatur. At quae supra terram 6
consistunt, ante compluris dies quam curentur, in solem
producuntur, deinde, cum satis insolata sunt, in labra

1 perenne ς : perennie *SAR* decem(m)odiae *R* (*sc. corbulae, cf. infra c.* 52. 8) : -dia *SA* trimodiae *AR* : tria modiae *S* 2 falculae *Iucundus* : faculae *SAR* 5 dilabatur ς : -bitur *SAR* 8 adsiccanda *S* : adsignanda *AR* 9 habeant ς : habeat *SAR* 10 suffienda ς : sufficienda *SAR* 11 liberaeque *AR* : libraeque *S* pro uino *tempt. Schneider* (*coll. Paulo ex Festo* 423. 1–2 *Lindsay*) : *utique aliquid hic excidit* 12 per *S* : *om. AR* 14 nec ς : ne *SAR* 15 partem ς : pantem *SAR* fructuum ς. : fructum *SAR* 16 ante *S* : ne *AR* 18 humi aliter S^2ς : humilia ter S^1*AR* 19 pix *Forster* : picem S^2 : *ras.* S^1 : pixim *AR* : pix imum *Pontedera*[2] 20 destillauit ς : destinauit S^1*AR* : -bit S^2 24 ante *Hedberg* : e S^1*A* : hae S^2 : et *R* quam *AR* : qua *S*

conuertuntur et, subiectis paruis tribus lapidibus, suspenduntur; atque ita ignis subicitur et tamdiu incenditur, donec ad fundum calor tam uehemens perueniat, ut adposita manus patiens eius non sit; tum, dolio in terram demisso et in latus deposito, pix feruentissima infunditur uolutaturque, ut omnes
7 doli partes linantur. Sed haec die quieto a uentis fieri debent, ne admoto igne, cum adflauerit uentus, uasa rumpantur. Satis autem sesquicullearibus doliis picis durae pondo uicena quina; nec dubium quin, si quinta pars picis Bruttiae in uniuersam cocturam adiciatur, utilissimum sit omni uindemiae.

19 Cura quoque adhibenda est ut expressum mustum perenne sit aut certe usque ad uenditionem durabile, quod quemadmodum fieri debeat et quibus condituris adiuuari deinceps subiciemus.

Quidam partem quartam eius musti quod in uasa plumbea coniecerunt, nonnulli tertiam decoquunt; nec dubium quin ad dimidiam si quis excoxerit, meliorem sapam facturus sit eoque usibus utiliorem, adeo quidem ut etiam uice defruti sapa mustum quod est ex ueteribus uineis condire possit.

2 Quaecumque uini nota sine condimento ualet perennare, optimam esse eam censemus, nec omnino quidquam permiscendum quo naturalis sapor eius infuscetur. Id enim praestantissimum est quod suapte natura placere poterit. Ceterum cum aut regionis uitio aut nouellarum uinearum mustum laborauit, eligenda est pars uineae, si est facultas, Aminneae, si minus, quam bellissimi uini, quaeque sit et

2 ignis ς : igni *SAR* et tam- ς : etiam *SAR* 4 demisso *S* : di- *AR* 5 uolutaturque S^2 ς : uolutatuque S^1AR 6 haec *R* : hac *SA* 8 doliis *R* : doleis *SA* 9 si ς : sic *SAR* Bruttiae *Iucundus* : brutiae *SAR* 11 *rubr.* DE CONDITVRIS VINI 15 *ante* Quidam *rubr.* QVEMADMODVM COQVATVR SAPA 20 *rubr.* DEFRVTI COCTVRA perennare *S* : -ri *AR* 22 infuscetur *AR* : infuc- *S* 23 poterit *Iucundus* : potuerit *SAR* 24 cum *AR* : tum *S* 25 laborauit S^1AR : -rabit S^2 est *ego* : erit *SAR* 26 sit *ego* : erit *SAR*

uetustissima et minime uliginosa. Tum obseruabimus decres- 3
centem lunam cum est sub terra, et sereno siccoque die uuas
quam maturissimas legemus, quibus proculcatis mustum quod
defluxerit, antequam prelo pes eximatur, statim de lacu in uasa
defrutaria conferemus, lenique primum igne et tenuibus
admodum lignis, quae gremia rustici appellant, fornacem
incendemus, ut ex commodo mustum ferueat.

Isque qui praeerit huic decoquendo, cola iuncea uel spartea 4
set crudo, id est non malleato, sparto praeparata habeat,
itemque fasciculos faeniculi fustibus inligatos, quos possit
utique ad fundum uasorum demittere, ut quicquid faecis
subsederit exagitet et in summum reducat, tum colis omnem
spurcitiam quae redundarit expurget, nec absistat id facere,
donec uidebitur eliquatum omni faece mustum carere; tum
siue mala Cydonea, quae percocta sublaturus sit, seu quos-
cumque uoluerit conuenientis odores adiciat, et nihilominus
subinde faeniculo peragitet, ne quid subsederit quod possit
plumbeum perforare. Cum deinde iam acriorem potuerit 5
ignem uas sustinere, id est cum aliqua parte iam mustum
excoctum in se feruebit, tum codices et uastiora ligna subician-
tur, sed ita ne fundum contingant; quod nisi uitatum fuerit,
saepe uas ipsum pertundetur; uel, si id factum non erit,
utique aduretur mustum, et amaritudine concepta condituris
fiet inutile. Oportebit autem, antequam mustum in uasa 6
defrutaria coiciatur, oleo bono plumbea intrinsecus inbui, bene
fricari atque ita mustum adici. Ea res non patitur defrutum
aduri.

1 obseruabimus *AR* : -uimus *S* 2 cum *AR* : tum *S* est] *an* erit? 3 legemus ς : legimus *SAR* 4 statim ς, *Vrsinus* : satis *SAR* 5 conferemus *S* : -ramus *AR* tenuibus *AR* : tenuimus *S* 8 spartea sed ς, *Schneider* : -teas et *A* : -tes et *S* : -tea(s) ex *R* 12 subsederit ς : supersed- *S* : se supersed- *AR* 13 quae *ed. pr.* : quam *SAR* 15 percocta SAR^* : praecocta R^* 17 feniculo *S* : fun- *AR* 19 parte iam *S* : ↔ *AR* 22 pertundetur S^2AR^* : -dentur S^1 : -ditur R^* 26 patitur *AR* : patiatur *S*

20 Quin etiam indiligenter factum defrutum, sicut uinum, solet acescere; quod cum ita sit, meminerimus anniculo defruto, cuius iam bonitas explorata est, uinum condire; nam uitioso medicamento tunc fructus qui perceptus est, uitiatur. Ipsa autem uasa quibus sapa aut defrutum coquitur plumbea potius
2 quam aenea esse debent; | nam in coctura aeruginem remittunt aenea et medicaminis saporem uitiant. Odores autem uino fere apti sunt qui cum defruto coquuntur: iris, faenum Graecum, schoenum. Harum rerum singulae librae in defrutarium quod ceperit musti amphoras nonaginta, cum iam deferbuerit et expurgatum erit, tum adici debent; deinde, si natura tenue mustum erit, cum ad tertiam partem fuerit decoctum, ignis subtrahendus est et fornax protinus aqua refrigeranda; quod etiam si fecerimus, nihilominus defrutum infra tertiam partem
3 uasi considet. Sed id quamuis aliquid detrimenti habeat, prodest tamen; nam quanto plus decoquitur, si modo non est adustum, melius et spissius fit. Ex hoc autem defruto quod sic erit coctum, satis est singulos sextarios singulis amphoris inmisceri.

Cum amphoras musti nonaginta in defrutario decoxeris ita, ut iam exiguum supersit de toto (quod significat decoctum ad tertias), tum demum medicamina adicito, quae sunt aut liquida aut resinosa, id est picis liquidae Nemeturicae, cum eam diligenter ante aqua marina decocta perlueris, decem sextarios,

1 indiligenter *S* : diligenter *AR* 2 acescere *SR* : acessere A^2 : acc- A^1 anniculo *AR* : -los *S* 3 uitioso *AR* : -sum *S* 4 medicamento *S* : -tum *AR* uitiatur *Iucundus* : uitiat *SAR* 6 coctura *AR* : -ram *S* 8 coquuntur ς : quocuntur *S* : coquunt *AR* 10 deferbuerit *AR* : deferuerit *S* 15 uasi] uasis ς considet *ego* : considit *S* : consedit *AR* 20 *ante* cum amphoras *rubr.* ALIA COMPOSITIO AD VINVM CONDIENDVM QVAM QVIDAM NEAPOLITANAM VOCANT, *fort. recipienda* (*sed* Neapolitanam *ex* Nemeturica *ortum suspicor*) 21 toto *Forster* : tota *SAR* : nota *Pontedera*^{3} quod ς : quae *SAR* : quae . . . tertias *secl. Gesner, Barthium secutus, fort. recte* 22 liquida aut ς : liquida ut *S* : aliquid aut *AR* 23 nemeturicae ς : nemot- *SAR*

item resinae terebinthinae sesquilibram. Haec cum adicies, 4
plumbeum peragitabis, ne adurantur. Cum deinde ad tertias
subsederit coctura, subtrahe ignem, et plumbeum subinde
agitabis, ut defrutum et medicamenta coeant. Deinde cum
uidebitur mediocriter calere defrutum, reliqua aromata contusa
et cribrata paulatim insparges et iubebis rutabulo ligneo agitari,
quod decoxeris eo usque, dum defrigescat; quod si non ita, ut
praecepimus, permiscueris, subsident aromata et adurentur. Ad 5
praedictum autem modum musti adici debent hi odores:
nardi folium, iris Illyrica, nardum Gallicum, costum palma
cyperum schoenum, quorum singulorum selibrae satisfacient,
item murrae pondo quincunx, calami pondo libram, casiae
selibram, amomi pondo quadrans, croci quincunx, †erispae†
pampinaceae libram. Haec, ut dixi, arida, contusa et cribrata 6
debent adici et his commisceri rasis, quod est genus crudae
picis; eaque quanto est uetustior, tanto melior habetur; nam
longo tempore durior facta, cum est contusa, in puluerem
redigitur et his medicaminibus admiscetur; satis est autem
praedictis ponderibus sex libras eius misceri.

Ex hac compositione quantum in sextarios musti quadragenos octonos adiciendum sit, incertum est, quoniam pro
natura uineae aestimari oportet quid satis sit, cauendumque
est ne conditus sapor intellegatur; nam ea res emptorem
fugat. Ego tamen, si umida fuerit uindemia, trientem, si sicca, 7

1 terebinthinae *Iucundus* : t(h)erebint- A^2R : therebent(h)- SA^1 sesquilibram *S* : sex- *R* : -brum *AR* cum *R* : *om. SA* 3 subtrahe] -hes *tempt. Richter* subinde *SA* : inde *R* 4 agitabis *AR* : -bitis *S* 6 insparges et *AR* : -ge sed *S* iubebis *SAR** : uidebis *R** 7 dum ς : cum *SAR* defrigescat *S* : -scit *AR* : *ἅπ. λεγ., an* re- (*sed cf. 12. 21. 1* defrixerit) 8 praecepimus *S* : -cip- *AR* 10 costum *S* : cortum *AR* 11 quorum ς : quarum *SAR* 12 murrae *ed. pr.* : -ram *SAR* pondo *prius SA* : *om. R* quincunx *S* : quicuna *AR* 13 quincunx S^2R : cincunx *A*, cumc- S^1 erispae (eris A^1) pampinaceae SA^2 : eripe (*uel sim.*) p- *R* : sertae Campanicae *Barbarus* (*cf. Cat. 107, Plin. N.H. 21. 53*) 17 in *S* : *om. AR* puluerem ς : -re *SAR* 19 sex *R* : ex *SA* 20 musti *AR* : mustis *S* 22 uineae *ego* : uinea *S* : uini *AR*

quadrantem medicaminis in binas amphoras miscere solitus
sum ita, ut quattuor urnarum esset musti modus (urna autem
quattuor et uiginti sextariorum). Nonnullos agricolas singulis
amphoris quadrantem medicaminis indidisse scio, sed hoc
coactos fecisse propter nimiam infirmitatem uini eiusmodi,
8 quod uix triginta diebus integrum permanebat. Hoc tamen
mustum, si sit lignorum copia, satius est inferuefacere et
omnem spumam cum faecibus expurgare, quo facto decima
pars decedit sed reliqua perennis est. At si lignorum paenuria
est, marmoris uel gypsi quod flos appellatur, uncias singulas,
item ad tertias decocti defruti sextarios binos singulis amphoris
miscere oportebit. Ea res etiam si non in totum perennem, at
certe usque in alteram uindemiam plerumque uini saporem
seruat.

21 Mustum quam dulcissimi saporis decoquitur ad tertias et
decoctum, sicut supra dixi, defrutum uocatur; quod cum
defrixit, transfertur in uasa et reponitur, ut post annum sit in
usu. Potest tamen et post dies nouem quam refrixerit, adici in
uinum, at melius est, si anno requieuerit. Eius defruti sextarius
in duas urnas musti adicitur, si mustum ex uineis collinis est,
2 sed si ex campestribus, tres heminae adiciuntur. Patimur
autem, cum de lacu mustum sublatum est, biduo deferuescere
et purgari; tertio die defrutum adicimus. Deinde interposito
biduo, cum id mustum pariter cum defruto deferbuerit,
purgatur et ita eo adicitur in binas urnas ligula cumulata uel
mensura semunciae bene plenae salis cocti et triti. Sal autem

2 modus *AR* : modum *S* 3 singulis *AR* : in sing- *S* 6 permanebat S^2AR : -uat S^1: -bit *ς* 8 faecibus S^2 : facibus S^1A : faucibus *R* 9 decedit *ego* (decedet *iam Gesner*) : decidet *SAR* 12 perennem at SA^1 : perennat A^2R 15 *rubr.* ALITER QVEMADMODVM MVSTVM (MVSTVM QVEMADMODVM *AR**) INFIRMI GENERIS AD VETVSTATEM POSSIT PERDVCI decoquitur *Holford-Strevens* : -quetur *SAR* : -quatur *Iucundus* 17 defrixit] refrixit *ς*, *Vrsinus* (*u. ad c.* 20. 4 defrigescat) 18 usu *AR* : usum *S* 19 at *Richter* (sed *iam ς*) : et *SAR* defruti *AR* : -tis *S* 20 si *AR* : sit *S* 22 mustum *AR* : -tus *S* 24 deferbuerit *AR* : deferuerit *S* 26 pl(a)enae *SAR** : planae *R**

quam candidissimus coicitur in urceo fictili sine pice; qui urceus cum recipit salem, diligenter totus oblinitur luto paleato et ita igni admouetur ac tamdiu torretur quamdiu strepitum edit; cum silere coepit, finem habet cocturae. Praeterea faenum 3 Graecum maceratur in uino uetere per triduum, deinde eximitur et in furno siccatur uel in sole; idque cum est aridum factum, molitur. Ex eo molito post sallituram musti cochlear cumulatum uel simile genus moduli huius, qui est quarta pars cyathi, adicitur in binas urnas. Deinde, cum iam perfecte mustum deferbuit et constitit, tantundem gypsi floris miscemus quantum salis adieceramus, atque ita postero die purgamus dolium et nutritum uinum operimus atque oblinimus.

Hac conditura Columella patruus meus, inlustris agricola, 4 uti solitus est in îs fundis, in quibus palustres uineas habebat. Sed idem cum collina uina condiebat, aquam salsam decoctam ad tertias pro sale adiciebat. Ea porro facit sine dubio maiorem mensuram et odoris melioris, sed periculum habet ne uitietur uinum, si male cocta sit aqua. Sumitur autem haec, ut iam dixeram, quam longissime ab litore; nam liquidior et purior est quantum altiore mari hausta est. Eam si quis, ut Columella 5 faciebat, reponat et post triennium in alia uasa eliquatam transfundat, deinde post alterum triennium decoquat usque ad partem tertiam, longe meliorem habebit condituram uini, nec ullum periculum erit ne uina uitientur. Satis est autem sextarios singulos adicere salsae aquae in binas musti urnas, quamuis multi etiam binos inmisceant, nonnulli etiam ternos sextarios, idque ego facere non recusem, si genus uini tantum ualeat ut aquae salsae non intellegatur sapor. Itaque diligens 6

2 cum *AR* : tum *S* 5 maceratur *AR* : -tum *S* 7 ex] et ex ς 8 simile *AR* : sim *S* moduli *Richter* : poculi *SAR* huius *AR* : puius *S* qui] quae *ed. pr.* : quod *Forster* 11 adieceramus ς : adicieramus *SAR* 14 îs *ego* : his *SAR* 15 uina *AR* : *om. S* 18 male *S* : mala *AR* 19 ab *SAR** : a *R** purior *AR* : turpior *S* 21 eliquatam *AR* : -ta *S* 25 aquae *S* : easque *AR*

pater familiae, cum parauerit fundum, statim prima uindemia tres aut quattuor notas conditurae totidem amphoris musti experietur, ut exploratum habeat quantum plurimum salsae uinum, quod fecerit, sine offensa gustus pati possit.

22 Picis liquidae Nemeturicae metretam adde in labrum aut in alueum, et in eodem infundito cineris lixiuae congios duos, deinde permisceto spatha lignea; cum requieuerit, eliquato lixiuam. Deinde iterum tantundem lixiuae addito, eodem pacto permisceto et eliquato; tertio quoque idem facito. Cinis autem
2 odorem picis aufert et eluit spurcitiam. Post eodem addito picis Bruttiae, si minus, alterius notae quam purissimae et quam optimae x pondo et resinae durae quam purissimae quinque libras; haec minute concidito et admisceto pici Nemeturicae. Tum aquae marinae quam uetustissimae, si erit, si minus, ad tertiam partem recentis aquae marinae decoctae congios duos inicito, apertum labrum sinito in sole per Caniculae ortum et spatha lignea permisceto quam saepissime usque eo, dum ea quae addideris, in pice conliquescant et unitas fiat; noctibus
3 autem labrum operire conueniet, ne inroretur. Deinde, cum aqua marina quam addideris, sole consumpta uidebitur, sub tectum uas totum ferre curabis. Huius medicaminis quidam pondo quadrantem in sextarios quadraginta octo miscere soliti sunt et hac conditura contenti esse, alii cyathos tres eius medicamenti adiciunt in totidem sextarios quot supra diximus.

23 Pix corticata appellatur, qua utuntur ad condituras Allobroges. Ea sic conficitur, ut dura sit, et quanto facta est uetustior, eo

1 prima *AR* : primum *S* 5 *rubr.* ALITER MEDICAMEN QVOD (QVO *R**, *recte*) MVSTVM CONDIAS 6 cineris ς : cinere *SAR* lixiuae ς : lexiuae *SAR** : lixiuiae *R** 7 spatha ς : sphata *SAR* 8 lixiuam *AR** : lexiuam *S* : lixiuiam *R** *et similiter mox* lixiuae 10 spurcitiam *AR* : -tiem *S*, *fort. recte* 11 bruttiae *SAR** : brutiae *R** notae *S* : bruttae *AR* et quam . . . purissimae S^2 : *om.* S^1AR 16 sinito in *S* : insinito A^2R : inin- A^1 sole ς : solem *SAR* 17 spatha S^2ς : patha S^1 : sphata *AR* 25 *rubr.* CONDITVRA VINI PICATI 26 eo *AR* : et *S*

melior in usu est; nam omni lentore misso facilius in puluerem
resoluitur atque cribratur. Hanc ergo conteri et cribrari oportet;
deinde, cum bis mustum deferbuerit, quod plerumque est intra
quartum diem quam de lacu sublatum est, diligenter manibus
expurgatur et tum demum praedictae picis sextans et semuncia
in sextarios quinque et quinquaginta adicitur et rutabulo
ligneo permiscetur, nec postea tangitur dum conferuescat.
Quod tamen non amplius diebus quattuordecim a conditura 2
patiendum est; nam oportebit post hunc numerum dierum
confestim uinum emundare, et si quid faecis aut labris uasorum
aut lateribus inhaesit, eradi ac suffricari et protinus operculis
inpositis oblini. At si ex eadem pice totam uindemiam condire
uolueris ita, ne gustus picati uini possit intellegi, sat erit
eiusdem picis sex scripula in sextarios quinque et quadraginta
tum demum miscere, cum mustum deferbuerit et faeces
expurgatae fuerint. Oportebit autem salis decocti contritique 3
semunciam in eundem modum musti adicere; nec solum huic
notae uini sal adhibendus est, uerum si fieri possit, in omnibus
regionibus omne genus uindemiae hoc ipso pondere sallien-
dum est; nam ea res mucorem uino inesse non patitur.

Pix Nemeturica in Liguria conficitur. Ea deinde ut fiat con- **24**
dituris idonea, aqua marina quam longissime a litore de pelago
sumenda est atque in dimidiam partem decoquenda; quae cum
in tantum refrixerit quantum ne contacta corpus urat, partem
aliquam eius quae satis uidebitur, praedictae pici inmiscebimus
et diligenter lignea spatha uel etiam manu peragitabimus, ut si
quid inest uitii eluatur. Dein patiemur picem considere et cum 2

1 melior A^2R : mell- A^1 : mollior *S* 3 deferbuerit *S* : deferuerit *AR et similiter* 15 5 tum *S* : tunc *AR* 12 at *S* : ac *AR* 14 eiusdem *SA* : eidem *R* 16 oportebit S^2ς : -terit S^1A, -t(u)erit) *R* 21 *rubr.* ALITER VINVM CONDIRE nemeturica ς : nemot- *SAR* 23 atque *S* : quae *AR* 24 contacta] *an* -tu? 25 inmiscebimus *S* : inmiscemus *AR* 26 spatha SR^* : sphata AR^* 27 quid *AR* : quod *S* dein SAR^* : deinde R^* considere *S* : consedere *AR*

consederit, aquam eliquabimus. Postea bis aut ter ex reliqua parte aquae decoctae tamdiu lauabimus et subigemus eam, donec rutila fiat. Tum eliquatam in sole xiiii diebus patiemur esse, ut quisquis ex aqua umor remansit adsiccetur; noctibus autem uas tegendum erit, ne inroretur. Cum hoc modo picem praeparauerimus et uina, cum iam bis deferbuerint, condire uoluerimus, in musti sextarios octo et quadraginta cyathos duos
3 picis praedictae sic adiciemus. Ex ea mensura quam condituri sumus, sextarios duos musti sumere oportebit, deinde ex his sextariis in picis sextantem paulatim mustum infundere et manu tamquam mulsum subigere, quo facilius coeat; sed ubi toti duo sextarii cum pice coierint et quasi unitatem fecerint, tum eosdem in id uas unde sumpseramus, perfundere, et ut permisceatur medicamen, rutabulo ligneo peragitare conueniet.

25 Quoniam quidam, immo etiam fere omnes Graeci, aqua salsa uel marina mustum condiunt, eam quoque partem curae non omittendam putaui.

In mediterraneo, quo non est facilis aquae marinae inuectio,
2 sic erit ad condituras conficienda muria. Huic rei maxime est idonea caelestis aqua, si minus, ex fonte liquidissimo profluens. Harum ergo alterutram curabis quam plurimam et quam optimis uasis conditam ante quinquennium in sole ponere, deinde, cum conputruerit, tamdiu pati, donec ad pristinum modum perueniat. Quod cum factum fuerit, alia uasa habeto et in ea sensim aquam eliquato, donec ad faecem peruenias; semper enim in requieta aqua crassamen aliquod in imo reperitur.
3 Sic curata cum fuerit, in modum defruti ad tertias decoquenda est. Adiciuntur autem in aquae dulcis sextarios quinquaginta

1 consederit *SR** : sederit *AR** 2 lauabimus ς : laudabimus *SAR* subigemus *R** : subigebimus *S²AR**, -bicie- *S¹* 3 tum eliquatam ς : due li- *S¹A* : dum eli- *S²R* 11 coeat *AR* : quo eat *S* 13 id uas ς : duas *SAR* 15 *rubr.* AQVAM (QVAM *A*) DVLCEM AD CONDITVRAM VINI SALSAM FACERE etiam *Iucundus* : enim *SAR* 19 conficienda *SA* : -das *R* 23 conputruerit *AR* : conputuerit *S*

salis candidi sextarii sex et mellis optimi unus sextarius. Haec pariter decoqui et omnem spurcitiam expurgari oportet, deinde, cum refrixerit, tum quantumcumque umoris est, tantam in amphoram musti portionem adici.

Quod si ager maritimus est, silentibus uentis de alto quam 4
quietissimo mari sumenda est aqua et in tertiam partem decoquenda, adiectis, si uidebitur, aliquibus aromatis ex îs quae supra rettuli, ut sit odoratior uini curatio. Mustum autem antequam de lacu tollas, uasa rore marino uel lauro uel murto subfumigato et large repleto, ut in efferuescendo uinum se bene purget; postea uasa nucibus pineis suffricato. Quod uinum 5
uolueris dulcius esse, postero die, quod austerius, quinto die quam sustuleris condire oportebit et ita supplere et oblinere uasa. Nonnulli etiam suffumigatis seriis prius condituram addunt et ita mustum infundunt.

In quo agro uinum acescere solet, curandum est ut, cum **26**
uuam legeris et calcaueris, priusquam uinacea torculis exprimantur, mustum in cortinam defundas et aquae dulcis puteanae ex eodem agro partem decimam adicias et coquas, donec ea aqua quam adieceris, decocta sit. Postea cum refrixerit, in uasa defundas et operias et oblinas; ita diutius durabit et detrimenti nihil fiet. Melius est, si ueterem seruatam 2
compluribus annis aquam addideris, longeque melius, si aquae nihil addideris et decimam musti decoxeris frigidumque in uasa transtuleris, et si in sextarios VI musti heminam gypsi

1 candidi *Schneider* : -didis *S* : *om. AR* sestarii sex *S* : -riis A^1 : -rius A^2R 3 quantumcumque (h)umoris *AR* : -cuique moris *S* 4 tantam *Morgagnus* : tantum *SAR* 5 *rubr.* DE AQVA MARINA DECOQVENDA 7 is *S* : his *AR* 8 uini SR^* : uni AR^* 10 uinum SR^* : unum A^* 13 oblinere *ego* (*cf.* 5. 9. 3, 11. 2. 42) : oblinire *SAR* 14 suffumigatis *S* : -gantis *AR* 16 *rubr.* NE VINVM ACESCAT (AG- *A*) acescere *AR* : acessere *S* 18 cortinam *Schneider* : cornam *SA* : corbam *R* 19 puteanae] puta ea ne *S* : puteune *AR* 22 est SR^* : est a AR^* : est autem ς 23 longeque . . . addideris S^2AR : *om.* S^1 25 uasa *S* : uas *AR* VI *André* : L *S* : uel *AR*

miscueris, posteaquam decoctum refrixerit. Relicum mustum quod e uinaceis fuerit expressum primo quoque tempore absumito aut aere commutato.

27 Vinum dulce sic facere oportet: Vuas legito, in sole per triduum expandito, quarto die meridiano tempore calidas uuas proculcato; mustum lixiuum, hoc est antequam prelo pressum sit, quod in lacum musti fluxerit tollito; cum deferbuerit, in sextarios quinquaginta irim bene pinsitam ne plus unciae pondere addito; uinum a faecibus eliquatum diffundito. Hoc uinum erit suaue, firmum, corpori salubre.

28 Irim quam candidissimam pinsito; faenum Graecum uetere
uino macerato, deinde in sole exponito aut in furno, ut
siccescat; tum commolito minutissime. Item odoramenta trita,
id est irim cribratam quae sit instar pondo quincuncem et
trientem, faeni Graeci pondo quincuncem et trientem, schoeni
pondo quincuncem in unum permisceto; tum in serias singulas
quae sint amphorum septenum, addito medicaminis pondo
2 unciam scripula octo. Gypsi, cum ex locis palustribus mustum
erit, in serias singulas ternas heminas, cum de nouellis uineis
erit, sextarium, cum de ueteribus et locis siccis, heminas singu-
las adicito. Tertio die quam calcaueris condituram infundito;
sed antequam condias, musti aliquantum in seriam de seria
transferto, ne in condiendo, cum medicamento ecferuescat,
3 ecfluat. Sic autem curato: gypsum et medicamentum in labello

1 refrixerit ς : -ris *SAR* relicum S^1 : reliquum *AR* : -qum S^2 2 e *ed. Iunt.* : in *SAR* uinaceis *R* : -ciis *SA* 4 *rubr.* DE VINO DVLCI FACIENDO 5 tempore *AR* (*cf.* 12. 15. 2) : temporie S^1 : -per- S^2 7 quod *AR* : *om. S* 9 a *AR* : ad *S* 10 corpori *S* : -rali *AR* 11 *rubr.* ALITER VINVM DVLCE CONDIRE *ante* Irim *add.* Alia medicaminum genera uini condituris et firmitati aptissima sic facito *Iucundus* 12 exponito *S* : exposito *AR* ut *AR* : aut *S* 14 quincuncem ς : v *S* : quinque *AR* 15 quincuncem *R* : quincum *SA* 16 quincuncem *AR* : -cumquem *S* 17 amphorum] -rarum *Iucundus* 18 scripula *S* : -lam *AR* 19 serias *S* : *om. AR* cum ς : tum *SAR* 22 aliquantum *AR* : -tulum *S*, *fort. recte* 23 efferuescat *S* : -scit *AR* 24 effluat *Hedberg* : et fluat *SAR* : et effluat ς curato *S* : curatio *AR*

permisceto quantum serîs singulis fuerit necessarium, idque medicamentum musto diluito et ipsa ad serias addito et permisceto. Cum deferbuerit, statim repleto et oblinito. Omne uinum cum condieris, nolito statim diffundere sed sinito in dolîs liquescere; postea, cum de dolîs aut de serîs diffundere uoles, per uer florente rosa defaecatum quam liquidissimum in uasa bene picata et pura transferto. Si in uetustatem seruare 4
uoles, in cado duarum urnarum quam optimi uini sextarium aut faecis generosae recentis sextarios tres addito; aut si uasa recentia ex quibus uinum exemptum sit habebis, in ea confundito; si horum quid feceris, multo melius et firmius erit uinum. Etiam si bonos odores addideris, omnem malum odorem et saporem <uix> prohibueris; nam nulla res alienum odorem celerius ad se ducit quam uinum.

Mustum ut semper dulce tamquam recens permaneat, sic 29
facito: Antequam prelo uinacea subiciantur, de lacu quam recentissimum addito mustum in amphoram nouam, eamque oblinito et inpicato diligenter, ne quicquam aquae introire possit. Tunc in piscinam frigidae et dulcis aquae totam amphoram mergito ita, ne qua pars exstet. Deinde post dies quadraginta eximito. Sic usque in annum dulce permanebit.

Ab eo tempore quo primum dolia operculaueris, usque ad 30
aequinoctium uernum semel in diebus XXXVI uinum curare satis est, post aequinoctium uero bis; at si uinum florere incipiet, saepius curare oportebit ne flos eius pessum eat et saporem uitiet. Quanto maior aestus erit, eo saepius conuenit

1 seris *S* : seriis *AR* 3 deferbuerit *S* : -ruue- A^1 : -rue- A^2R 4 nolito *S* : nolite *AR* diffundere *AR* : defundere *S* 5 dolis *S* : -liis *AR* dolîs *scripsi* : doliis *SAR* serîs *scripsi* : seriis *SAR* 6 per uer *S* : uere *AR* defaecatum *AR* : effae- *S* 13 <uix> prohibueris *Reeve* : prohibere non poteris *temptaueram* (*cf.* 2. 10. 10, 9. 14. 7) 15 *rubr.* MVSTVM DVLCE SERVARE NE MVTET SAPOREM 16 facito *AR* : facto *S* 18 quicquam *AR* : quiquam *S* 22 *rubr.* VINI CVRATIO 23 semel . . . 24 uero (*ego* : uernum *R*) *om. SA* 24 at *ego* : aut *SAR* 26 saporem *AR* : -re *S* conuenit] *an* -niet?

uinum nutriri refrigerarique et uentilari; nam quamdiu bene
2 frigidum erit, tamdiu recte manebit. Labra uel fauces doliorum semper suffricari nucibus pineis oportebit, quotiens uinum curabitur.

Si qua uina erunt duriora aut minus bona, quod agri uitio aut tempestate sit factum, sumito faecem uini boni et panes facito et in sole arefacito et coquito in igne. Postea terito et pondo quadrantem amphoris singulis infriato et oblinito. Bonum fiet.

31 Si quod animal in mustum ceciderit et interierit, <ut> serpens aut mus sorexue {in mustum ceciderit}, ne mali odoris uinum faciat, ita, ut repertum corpus fuerit, id igne adoleatur cinisque eius in uas, quo deciderat, frigidus infundatur atque rutabulo ligneo permisceatur. Ea res erit remedio.

32 Vinum marrubii multi utile putant ad omnia intestina uitia et maxime ad tussim. Cum uindemiam facies, marrubii caules teneros maxime de locis incultis et macris legito eosque in sole siccato, deinde fasciculos facito et tomice palmea aut iuncea ligato et in seriam mittito ita, ut uinculum exstet. In musti dulcis sextarios CC marrubii libras octo adicito, ut simul cum musto deferuescat; postea eximito marrubium et purgatum uinum diligenter oblinito.

33 Vinum scilliten <ad con>coquendum et ad corpus reficiendum itemque ad ueterem tussim et ad stomachum hoc modo condire oportet: primum ante dies quadraginta quam uoles uinum uindemiare scillam legito eamque secato quam tenuissime sicut raphani radicem, taleolasque sectas suspende

5 *ante* si qua *rubr.* REMEDIVM LANGVENTIS VINI 7 et^{2}] *an* aut? 8 quadrantem *R** : -rante *SAR** infriato S^1, *Vrsinus* : infricato S^2*AR* 9 quod ς : quid *SAR* ut *add. Richter* (uti *iam Iucundus*) 10 in mustum ceciderit *del.* ς, *ed. pr.* 11 faciat] *an* fiat? ita ut] *an* simulatque *uel sim.* (*sed cf.* *8. 9. 1* ut capitur, *12. 50. 5* ut erunt exemptae)? 12 uas *SR** : uasa *AR** 14 *rubr.* VINVM EX MARRVVIO marrubii *R* : -uii *SA et sic fere semper* 15 marrubii *R**: -bi *R** : -uiae *SA* : -uii *Hedberg* 16 teneros *R* : -ras *SA* 19 CC ς : tt *S* : tres *AR* 22 ad concoquendum *Iucundus* : coquendum *SAR* 25 secato S^3*R* : sicato S^1 : siccato S^2 : *om. A* 26 sectas *AR* : secatas *S* suspende *ego* : -dere *SAR*

in umbra, ut adsiccentur; deinde, cum aridae erunt, in musti Aminnei sextarios quadraginta octo scillae aridae adde pondo libram, eamque inesse patere diebus XXX; postea eximito et defaecatum uinum in amphoras bonas adicito. Alii scribunt in 2
musti sextarios XLVIII scillae aridae pondo libram et quadrantem adici oportere, quod et ipsum non improbo.

Hoc ipsum scillae pondus quod supra in aceti duas urnas **34**
adiciunt et per quadraginta dies inesse patiuntur, qui scilliticum acetum facere uolunt.

{Ad embammata in tres amphoras musti mittis aceti acris congium aut duplum, si non est acre; et in olla, quae fert amphoras tres, decoquis ad palmum, id est ad quartas aut, si non est dulce mustum, ad tertias; despumatur. Sed mustum †desub massa† et limpidum sit.}

Vinum absinthiten et hysopiten et abrotoniten et thymiten et **35**
marathiten et glechoniten sic condire oportet: Pontici absinthii pondo libram cum musti sextariis quattuor decoque usque ad quartam; relicum quod erit, id frigidum adde in musti Aminnei urnam. Idem ex reliquis rebus quae supra scripta sunt, facito. Possint etiam pulei aridi tres librae cum congio musti ad tertias decoqui, et cum refrixerit liquor, exempto puleio in urnam musti adici. Idque mox tussientibus per hiemem recte datur uocaturque uini nota glechonites.

4 bonas *ed. pr.* : binas *SAR* : *an potius* nouas, *i.e. omni odore uel sapore liberas* (*cf. c. 36 infra*)? 6 ipsum] ipse *P. Langlois ap. André* improbo *Iucundus* : probo *SAR* 7 *rubr.* ACETVM SCILLITEN 9 scilliticum ς : scillet- *SA* : scyllit- *R* 10 ad embammata . . . 14 sit *exulari iussi* ad embammata *Salmasius, p. 384* (*cf.* 12. 57. 2) : decem bambatae *SAR* : de embammate *Vrsinus* mittis *SA* : mitis *R* acris ς : acri *SAR* 11 acre *R* : acer *SA* olla *Hedberg* : ollam *SAR* 13 tertias *AR* : tertia *S* despumatur . . . 14 massa et *uix sana* : despumato adsidue eo usque dum *temptauerim* (*cf. 4. 30. 4, 6. 6. 5, 12. 20. 4*) despumatur *SAR** : di- *R** : despumabitur ς : -metur *Iucundus* : *uncis inclusit Richter* 14 desub massa] despumatum *Richter* 15 *rubr.* VINVM ABSENTITEN (-THITEN *R**) ET RELIQVAS NOTAS FACERE absint(h)iten *AR* : absen- *S* hysopiten *S* : his- *AR* 16 glechoniten *SAR** : gleco- *R** absinthii *R* : absen- *SA* 18 relicum S^1 : -qum S^2: reliquum *AR* musti *R* : mustum *SA* 20 possint *SA* : possunt *R*

36 Ad tormina et omnem alui proluuiem uinum roratum sic facies: Mustum tortiuum est, quod post primam pressuram uinaceorum circumciso pede exprimitur. Idque mustum coicies in amphoram nouam et inplebis ad summum. Tum adicies ramulos roris marini aridi lino colligatos et patieris una deferuescere per dies septem. Deinde eximes ramulorum fasciculum, et purgatum diligenter uinum gypsabis. Sat erit autem roris marini sesquilibram in duas urnas musti adicere. Hoc uino post duos menses possis pro remedio uti.

37 Vinum Graeco simile facere ad aluum molliendam: uuas praecoques quam maturissimas legito easque per triduum in sole siccato; quarto die calcato, et mustum quod nihil habeat ex tortiuo, coicito in seriam diligenterque curato ut, cum deferbuerit, faeces expurgentur. Deinde quinto die, cum purgaueris mustum, salis cocti et cribrati duos sextarios uel, quod est minimum, adicito unum sextarium in sextarios musti XLVIII. Quidam etiam defruti sextarium miscent, nonnulli etiam duos adiciunt, si existimant uini notam parum esse firmam.

38 Vinum myrtiten ad tormina et ad alui proluuiem et ad inbecillum stomachum sic facito: duo genera sunt myrti, quorum alterum est nigrum, alterum album. Nigri generis bacae cum sunt maturae, leguntur et semina earum eximuntur, atque ipsae sine seminibus in sole siccantur, et in fictili fidelia
2 sicco loco reponuntur. Deinde per uindemiam ex uetere arbusto uel, si id non est, ex uetustissimis uineis Aminneae bene maturae uuae sole calido leguntur, et ex îs mustum

1 *rubr.* (*in contextum recepta*) AD TORMINAM (*sic SAR** : -NA ς) ET OMNEM ALVI PROLVVIEM VINVM RORATVM SIC FACIES (*u. c.* 38. 1 *infra*) 3 idque S^2 : id S^1AR 5 roris *SR* : rosis *A* colligatos et ς : -to sed *SA* : -tos sed *R* 10 *rubr.* (*in contextum recepta*) VINVM GRAECO SIMILE (-LEM *A*) FACERE AD ALVVM MOLLIENDAM (-DVM *SR**) (*cf. c.* 38. 1 *infra*) 11 legito *SR** : legibus *A* : legi *R** 16 XLVIII *S* : quadraginta nouem *A* : XLIX *uel sim. R* 18 existimant uini *R* : -mat uino *SA* 19 *rubr.* VINVM MYRTITEM (MIR- *SR**) myrtiten ς : -tem *SAR* 20 genera sunt *SA* : ↔ *R* 21 est S^2R : et S^1A 25 id *AR* : *om. S* 26 is *S* : his *AR*

adicitur in seriam et statim primo die, antequam id ferueat,
bacae myrti quae fuerant repositae diligenter conteruntur et
totidem earum librae contusarum appenduntur quot amphorae
condiri debent; tum exiguum musti sumitur ex ea seria quam
medicaturi sumus, et tamquam farina conspargitur quicquid
contusum et appensum est. Post hoc complures ex ea massulae
fiunt et ita per latera seriae in mustum demittuntur, ne
altera offa super alteram perueniat. Cum deinde bis mustum 3
deferbuerit et bis curatum est, rursus eodem modo et tantun-
dem ponderis bacae sicut supra contunditur, nec iam ut prius
massulae fiunt, sed in labello mustum de eadem seria sumitur,
praedicto ponderi permiscetur, sicut sit instar iuris crassi; quod
cum est permixtum, in eandem seriam confunditur et rutabulo
ligneo peragitatur. Deinde post nonum diem quam id factum 4
est, uinum purgatur et scopulis aridae myrti seria suffricatur
operculumque superponitur, ne quid eo decidat. Hoc facto,
post septimum diem rursus uinum purgatur et in amphoras
bene picatas et bene olidas diffunditur; sed curandum est ut,
cum diffundis, liquidum et sine faece diffundas.

Mel Atticum ter inferuere facito et totiens despumato; uel si 5
Atticum non habueris, quam optimum mel eligito et quater uel
quinquies despumato, quoniam quanto est deterius, tanto plus
habet spurcitiae. Cum deinde mel refrixerit, bacas albi generis
myrti quam maturissimas legito et perfricato ita, ne interiora
semina conteras. Mox fiscello lineo inclusas exprimito, 6
sucumque earum, qui sit sextariorum sex, cum mellis decocti
sextario immisceto et in laguncula diffusum oblinito. Sed

7 demittuntur *S* : di- *AR* 9 deferbuerit *R* : -ruue- *A* : -rue- *S* 10 supra *SA* : supra dixi *R* 14 id *AR* : ad id *S* 15 myrti ς : myrtae *SAR* seria *R* : seriae *SA* 19 faece S^2R : faecem S^1A 20 *rubr.* ALITER inferuere *S* : inferbuere *R* : -ruu- *A* despumato . . . 20 despumato *SA* : di- *utrubique* *R* 22 quinquies *R* : -ques *A* : quinque *S* 23 habet SR^* : haberet AR^* 25 lineo *S* : ligneo *AR* 27 sextario *R* : -rium *SA* immisceto ς : miscetur *SA* : inmiscetur *R* : misceto *Hedberg* diffusum *SR* : -sam *A*

hoc mense Decembri fieri debebit, quo fere tempore matura sunt myrti semina, custodiendumque erit ut, antequam bacae legantur, si fieri potest, VII diebus, sin autem, ne minus triduum serenum fuerit aut certe non pluerit; et ne rorulentae legantur, cauendum.

7 Multi nigram uel albam myrti bacam, cum iam maturuit,
destringunt et, duabus horis eam cum paululum in umbra
expositam siccauerunt, proterunt ita ut, quantum fieri potest,
interiora semina integra permaneant; tum per lineum fiscum
quod protriuerant, exprimunt et per colum iunceum liquatum
sucum lagunculis bene picatis condunt neque melle neque alia
re ulla inmixta. Hic liquor non tam est durabilis, sed quamdiu
sine noxa manet, utilior est ad ualetudinem quam alterius
8 myrtitis notae compositio. Sunt qui hunc ipsum expressum
sucum, si sit eius copiosior facultas, in tertiam partem deco-
quant et refrigeratum picatis lagunculis condant; sic confectum
diutius permanet. Sed et quod non decoxeris possit innoxium
durare biennio, si modo munde et diligenter id feceris.

39 Passum optimum sic fieri Mago praecipit, ut et ipse feci: uuam praecocquem bene maturam legere; acina mucida aut uitiosa reicere; furcas uel palos, qui cannas sustineant, inter quaternos pedes figere et perticis iugare; tum insuper cannas ponere et in sole pandere uuas et noctibus tegere, ne inrorentur; cum deinde exaruerint, acina decerpere et in dolium aut in seriam coicere; eodem mustum quam optimum sic, ut grana

19 Mago: *fr. 59 Speranza*

6 *rubr.* ALITER 7 destringunt ς : -get S^1 : -gent S^2*AR* 8 proterunt *R* : posterunt S^1*A* : post t- S^2 9 tum *R* : dum *SA* 10 protriuerant *S* : per- *AR* 11 neque² *R** : nec *SAR** 12 inmixta *R* : -tae *SA* quamdiu ς : tamdiu *SAR* 13 noxa ς : noxia *SAR* 14 myrtitis *S* : myrtetis *R* : myrtis *A* compositio *R* : -tiones *SA* *ante* sunt *rubr.* ALITER 16 condant *SA* : condunt *R* confectum *S* : -tam *AR* 17 et *S* : *om. AR* possit] poterit *ed. pr., fort. recte* 19 *rubr.* PASSVM QVEMADMODVM FIAT 20 acina mucida *Heinsius* : acinam (-na *R*) acida *SAR*

summersa sint, adicere; ubi conbiberit uua seque impleuerit, sexto die in fiscellam conferre et prelo premere passumque tollere; | postea uinaceos calcare, adiecto recentissimo musto 2
quod ex aliis uuis factum fuerit, quas per triduum insolaueris; tum permiscere, et subactam brisam prelo subicere; passumque secundarium statim uasis oblitis includere, ne fiat austerius; deinde post xx dies, cum deferbuerit, in alia uasa deliquare, et confestim opercula gypsare et pelliculare.

Vuam apianam integram legito; acina corrupta purgato et 3
secernito; postea in perticis suspendito; perticae uti semper in sole sint, facito; ubi satis conrugata erunt acina, demito et sine scopionibus in dolium coicito pedibusque bene calcato; ubi unum tabulatum feceris, uinum uetus inspargito; postea alterum supercalcato; item uinum conspargito; eodem modo tertium calcato et infuso uino, ita <ut> supernatet, sinito dies v; postea pedibus proculcato et in fiscina noua uuas premito.

Quidam aquam caelestem ueterem ad hunc usum praeparant 4
et ad tertias decoquunt; deinde cum uuas, sicut supra scriptum est, passas fecerunt, decoctam aquam pro uino adiciunt et cetera similiter administrant. Hoc ubi lignorum copia est, uilissime constat et est in usu uel dulcius quam superiores notae passi.

Lora optima sic fieri oportet: quantum uini uno die feceris, **40**
eius partem decimam, quot metretas efficiat, considerato, et totidem metretas aquae dulcis in uinaceos, ex quibus unius diei uinum expressum erit, addito. Eodem spumas defruti siue sapae et faecem ex lacu confundito et permisceto, eamque intritam macerari una nocte sinito; postero die pedibus

1 uua ς : uuas *SAR* 6 oblitis *S* : oblinitis *AR* 7 xx *uel* uiginti *SAR** : xxx *uel sim. R** cum *R* : tum *SA* deferbuerit *R* : -ruue- *A* : -rue- *S* 9 *rubr.* ALITER 11 erunt *R* : erint *SA* 12 scopionibus *Vrsinus* : scipionibus *SAR* 15 ut *add.* ς 17 *rubr.* ALIO MODO 21 uilissime ς : utilissime *SAR* superiores *AR* : -ris *S* 23 *rubr.* (*in contextum recepta*) LORA OPTIMA SIC FIERI OPORTET 25 uinaceos ex ς : uinaceo sed SA^2R : -ceto sed A^1

proculcato et sic permixtam prelo subicito; quod deinde fluxerit, aut dolîs aut amphoris condito, et cum deferbuerit, optu- 2 rato; commodius autem seruatur in amphoris. Hanc ipsam loram M. Columella ex aqua uetere faciebat et nonnumquam plus biennio innoxiam seruabat.

41 Mulsum optimum sic facies: mustum lixiuum de lacu statim tollito; hoc autem erit quod destillauerit, antequam nimium calcetur uua; sed de arbustiuo genere, quod sicco die legeris, id facito. Conicies in urnam musti mellis optimi pondo x et diligenter permixtum recondes in lagonam eamque protinus gypsabis iubebisque in tabulatum poni. Si plus uolueris facere, pro portione, qua supra, mel adicies; post uicensimum et alterum diem lagonam aperire oportebit et in aliud uas mustum eliquatum oblinere atque in fumum reponere.

42 Compositio medicamenti ad tormina, quod uocatur διὰ ὀπώρας: in caccabo fictili nouo uel in stagneo coicitur musti arbustiui Aminnei urna et mala Cydonea grandia expurgata xx et integra mala dulcia granata, quae Punica uocantur, et sorba non permitia diuisa exemptis seminibus, quae sint instar 2 sextariorum trium. Haec ita coquuntur, ut omnia poma deliquescant cum musto; et sit puer, qui spatha lignea uel harundine permisceat poma, ne possint aduri. Deinde, cum fuerint decocta, ut non multum iuris supersit, refrigerantur et percolantur, eaque quae in colo subsederunt, diligenter contrita leuigantur, et iterum in suo sibi iure lento igni, ne adurantur, carbonibus decoquuntur, donec crassamen in modum faecis 3 existat. Prius tamen, quam de igne medicamentum tollatur, III

2 dolis *S*[1]*A* : doliis *S*[2]*R* deferbuerit *AR* : deferuerit *S* 4 M. *R* : macrius *SA* nonnumquam *R** : non umquam *SAR** 6 *rubr.* (*in contextum recepta*) MVLSVM OPTIMVM SIC FACIES 7 nimium ς : minimum *SAR* 10 lagonam *SA* : -na *R* 11 iubebisque *SAR** : uidebisque *R** 14 oblinere ς : oblinare *SAR** : -nire *R** 15 *rubr.* (*in contextum recepta*) COMPOSITIO MEDICAMENTI AD TORMINA QVOD VOCATVR δια οπωρας (-ρα *S*) 16 fictili *S* : figuli *AR* coicitur ς : cocitur *SA* : coquitur *R* 19 sint *Iucundus* : sit *SAR* 27 tollatur *R* : -lantur *SA*

heminae roris Syriaci contriti et cribrati super omnia adiciuntur et spatha permiscentur, ut coeant cum ceteris; tum refrigeratum medicamentum adicitur in uas fictile nouum picatum, idque gypsatum alte suspenditur, ne pallorem trahat.

Caseum sic condiemus: casei aridi ouilli proximi anni frusta 43
ampla facito et picato uaso componito. Tum optimi generis mustum adimpleto ita, ut superueniat; et sit ius aliquanto copiosius, quoniam caseus combibit et fit uitiosus, nisi mustum semper supernatet {et ut}. Vas autem cum impleueris, statim gypsabis. Deinde post dies xx licet aperias et utaris qua uoles adhibita conditura; est autem etiam per se non iniucundus.

Vuas ut sint uirides usque ad annum, sic custodies: uuas 44
bumastos uel duracinas uel purpureas cum desecueris a uite, continuo pediculos earum inpicato dura pice; deinde labellum fictile nouum inpleto paleis quam siccissimis cribratis, ut sine puluere sint, et ita uuas superponito; tum labello altero adoperito et circumlinito luto paleato atque ita in tabulato siccissimo composita labra paleis siccis obruito. Omnis autem uua sine 2
noxa seruari potest, si luna decrescente et sereno caelo post horam quartam, cum iam insolata est nec roris quicquam habet, uiti detrahatur; sed ignis in proximo decumano fiat, ut pix ferueat, in qua pediculi uuarum statim demittantur.

In dolium bene picatum defruti amphoram coicito, deinde transuersos fustes spisse artato ita, ut defrutum non contingant; tum superponito fictiles nouas patinas et his sic uuam

2 spatha ς : spathata *S* : sphata *AR* 3 uas S^2 : alias S^1AR 4 alte ς : alter *SAR* 5 *rubr.* CASEVM (CASSEVM A^1) SIC CONDIEMVS *SA* : *om. R* ouilli ς : ouili *SAR* frusta *S* : frustra *AR* 6 uaso] uase ς 7 sit ius ς : siccius *SAR* 9 et ut *del. ed. pr.* : eum *Hedberg* 10 licet *S* : liceat *AR* uoles ς : uolet *SAR* 11 conditura S^2 ς : conditur S^1AR 12 *rubr.* (*in contextum recepta*) VVAS VT SINT VIRIDES VSQVE AD ANNVM SIC CVSTODIES (*sic S* : -DIEMVS *AR*) 15 fictile ς : fictilem *SAR* 18 composita *R* : composito a *SA* 20 cum S^2R : eum S^1A 22 demittantur *S* : di- *AR* 23 *ante* in dolium *rubr.* ALITER 24 transuersos *S* : -sus *AR* artato *S* : arato *AR* 25 patinas ς : patenas *SAR* his] in his *Iucundus*

disponito, ut altera alteram non contingat; tum opercula patinis inponito et linito. Deinde alterum tabulatum et tertium, et quamdiu magnitudo patitur dolii, similiter superinstruito et eadem ratione uuas componito; deinde picatum operculum dolii defruto large linito et ita inpositum {in} cinere opturato.
3 Nonnulli adiecto defruto contenti sunt transuersas perticas artare et ex his uuas ita suspendere, ne defrutum contingant, deinde operculum inpositum oblinere.

Quidam uuas cum ita, ut supra dixi, legerunt, doliola noua sine pice in sole siccant; deinde, cum ea in umbra refrigerauerunt, furfures hordeaceos adiciunt et uuas ita superponunt, ut altera alteram non comprimat. Tum generis eiusdem furfures infundunt et alterum tabulatum uuarum eodem modo collocant, idque faciunt usque dum dolium alternis furfuribus et uuis compleant; mox opercula inposita linunt, et uuas siccissimo frigidissimoque tabulato reponunt.

4 Quidam eadem ratione arida populnea uel abiegnea scobe et uirides uuas custodiunt; nonnulli sicco flore gypsi obruunt uuas quas non nimium maturas uitibus detraxerunt. Alii cum legerunt uuam, si qua sunt in ea uitiosa grana, forficibus amputant atque ita in horreo suspendunt, in quo triticum positum est, sed haec ratio rugosa facit acina et paene tam dulcia quam est uua passa.

5 M. Columella patruus meus ex ea creta qua fiunt amphorae lata uasa in modum patinarum fieri iubebat eaque intrinsecus et exterius crasse picari; quae cum praeparauerat, tum demum purpureas et bumastos et Numisianas et duracinas uuas legi

1 patinis *S* : pate- *AR* 3 dolii ς : dolis *SAR** : -liis *R** super- *S* : *om.* *AR* 5 in *SAR*, *del.* ς 7 artare *SAR** : aptare *R** 8 oblinere *ego* : oblinire *SAR* 9 *ante* quidam *rubr.* ALITER 12 comprimat *S* : -mant *AR* 14 dum *S* : *om.* *AR* 17 *rubr.* ALITER abiegnea *Hedberg* : -nia *SAR* 18 nonnulli *SR** : -lis *AR** 19 nimium *S* : nimio *AR* 24 *rubr.* ALIO MODO 25 patinarum *S* : pate- *AR* 26 exterius *AR* : extrinsecus *S*

praecipiebat pediculosque earum sine mora in feruentem
picem demitti et in praedictis patinis separatim sui cuiusque
generis ita componi, ne uuae inter se contingerent; | post hoc 6
opercula superponi et oblini crasso gypso, tum demum pice
dura, quae igni liquata esset, sic picari, ne quis umor transire
posset; tota deinde uasa in aqua fontana uel cisternina
ponderibus inpositis mergi nec ullam partem eorum pati
extare. Sic optime seruatur uua, sed cum est exempta, nisi eo
die consumitur, acescit.

Nihil est tamen certius quam uasa fictilia facere, quae singu- 7
las uuas laxe recipiant. Ea debent quattuor ansas habere, quibus
inligata uiti dependeant, itemque opercula eorum sic formari,
ut media diuisa sint, ut cum suspensa uasa singulas uuas
receperint, ex utroque latere adpositae operculi duae partes
coeant et contegant uuas. Et haec uasa et opercula extrinsecus
et intra diligenter picata esse debebunt, deinde cum con-
texerint uuas, luto paleato multo adoperiri. Sed uuae depen-
dentes a matre sic in pultarios condi debebunt, ne qua parte
uasa contingant. Tempus autem quo includi debent, id fere 8
est quo adhuc siccitatibus et sereno caelo grossa uariaque sunt
acina. Illud in totum maxime praecipimus, ne in eodem loco
mala et uuae conponantur neue in uicino unde odor malorum
possit ad eas peruenire; nam huiusmodi halitus celeriter acina
corrumpunt. Eae tamen custodiendorum pomorum rationes,
quas rettulimus, non omnes omnibus regionibus aptae sunt,

3 *Plin. N.H.* 15. 66 (*Columellam nominat*)

2 demitti *S* : di- *AR* patinis *S* : pate- *AR* 5 picari *Gesner* : picato *SAR* 6 posset *Iucundus* : possit *SAR* 10 *rubr.* ALITER 11 laxe recipiant *S* : laxare cipiant *A*, incip- *R* 12 dependeant ς : -deat *SAR* 14 duae ς : duaes *S* : duas *AR* 15 uuas *R* : uuam S^2A^2 : uiuum A^1 : *om.* S^1 16 picata SR^* : picta AR^* 17 contexerint *ed. pr.* : -runt *SAR* 18 qua *SA* : quae *R* parte *S* : partes *AR* 20 quo ς : quod *SAR* 21 acina *AR* : auna *S* 22 uicino *ed. pr.* : uicinos *SAR* 24 eae *S* : et *AR*

sed pro condicione locorum et natura uuarum aliae aliis conueniunt.

45 Antiqui plerumque scirpulas et uennuculas et maiores Aminneas et Gallicas, quaeque maiores et duri et rari acini erant, uasis condebant; nunc autem circa Vrbem maxime ad hunc usum Numisianae probantur. Hae sereno caelo, cum iam sol rorem sustulit, IIII uel V hora, si modo luna decrescit et sub terris est, modice maturae rectissime leguntur; statim pediculi earum picantur, deinde in cratibus ita ponuntur, ne altera
2 alteram collidat. Tum demum sub tectum referuntur et mucida uel uitiosa grana forficibus amputantur et, cum paululum sub umbra refrixerint, ternae aut etiam quaternae, pro capacitate uasorum, in ollas demittuntur et opercula diligenter pice opturantur, ne umorem transmittant; tum uinaceorum pes bene prelo expressus proruitur et modice separatis scopionibus resoluta intrita folliculorum in dolio substernitur et deorsum uersus spectantes ollae componuntur, ita distantes, ut intercal-
3 cari possint uinacea. Quae cum diligenter conspissata primum tabulatum fecerunt, aliae ollae eodem modo componuntur expleturque secundum tabulatum; deinde similiter doliis exstruuntur ollae et spisse incalcantur. Mox usque ad summum labrum uinacea condensantur, et statim operculo superposito cinere in modum gypsi temperato dolium linitur. Monendus autem erit qui uasa empturus est, ne bibulas aut male coctas ollas emat, nam utraque res, transmisso umore, uitiat uuam.

3 *rubr.* DE OLLARIBVS VVIS scirpulas *Gesner* : scirriculas *SAR* : scirpiculas *Hedberg* (*cf.* 3. 2. 27) uennuculas *Hedberg* : uenuculas *S* : uenucculas *A uel sim. R* 6 hae ς : haec *SAR* 7 hora *Iucundus* : horas *SAR* 8 rectissime *SA* : lec- *R* statim . . . 9 picantur *S* : *om. AR* 9 altera ς : alter *SAR* 10 mucida *Heinsius* (*cf.* 12. 39. 1) : acida *SAR* 11 forficibus ς : forpic- *SAR* 12 capacitate ς : capietate *S* : capitate *R* : capitete *A*^{1} 13 demittuntur *S* : dimitur *A* : dimittitur *R* 15 scopionibus *Gesner* : scipionibus *SAR* 18 possint ς : possunt *SAR* uinacea ς : uineacea *SAR* 20 expleturque *Iucundus* : explenturque *SAR* 21 extruuntur *S* : extruntur *A* : extrahuntur *R* 22 uinacea ς : -ceae *SAR* 25 umore *S*^{2}*R* : -rem *S*^{1}*A* uitiat *S*^{2} ς : uitat *S*^{1}*A* : inuitat *R*

Quin etiam oportebit, cum ad usum promuntur ollae, tota singula tabulata detrahi; nam conspissata uinacea, si semel mota sunt, celeriter acescunt et uuas corrumpunt.

46 Secuntur uindemiam rerum autumnalium compositiones, quae et ipsae curam uilicae distendunt; nec ignoro plurima <in> hunc librum non esse conlata, quae C. Matius diligentissime persecutus <est> . Illi enim propositum fuit urbanas mensas et lauta conuiuia instruere; libros tres edidit, quos inscripsit nominibus *Coci* <et *Cellari*> et *Salgamari*. Nobis tamen abunde sunt ea quae ex facili rusticae simplicitati non magna inpensa possunt contingere, uti sunt in primis omnium generum mala.

2 Quidam pediculos Punicorum, sicuti sunt in arbore, intorquent, ne pluuiis mala rumpantur et hiantia dispereant, eaque ad maiores ramos religant, ut inmota permaneant. Deinde sparteis retibus arborem cludunt, ne aut coruis aut cornicibus aliisue auibus pomum laceretur. Nonnulli uascula fictilia dependentibus malis aptant et inlita luto paleato arboribus haerere patiuntur; alî faeno uel culmo singula inuoluunt et insuper luto paleato crasse linunt, atque ita maioribus ramis inligant, ne, ut dixi, uento commoueantur. 3 Sed haec omnia, ut dixi, sereno caelo administrari sine rore debent; quae tamen aut facienda non sunt, quia laeduntur arbusculae, aut certe non continuis annis usurpanda, praesertim cum liceat etiam detracta arboribus eadem innoxia custodire; nam et sub tecto fossulae tripedaneae siccissimo loco fiunt, eoque cum aliquantulum terrae minutae repositum est, infiguntur sabuci ramuli;

4 *rubr.* CONDITVRA MENSE OCTOBRI ET NOVEMBRI secuntur *SA* : sequ- *R* 5 in *add.* ς 6 matius *R* : mattius *SA* 7 est *add.* ς 9 et cellarii *add. Richter* : et caetarii *ed. Iunt.* : pistoris *ante* coci *Hedberg* (*coll.* 12. 4. 2) 12 *rubr.* MALA GRANATA PVNICA SERVARE VIRIDIA arbore intorquent *S* : -rem torquent *AR* 15 retibus ς, *Vrsinus* : restibus *SAR* 17 malis ς : mali *SAR* 18 alli S^1A : alii S^2R 22 facienda *R* : -do *SA* 24 innoxia *ed. pr.* : innoxiae *SAR* sub tecto ς : subiecto *SAR* 25 fossulae ς : possulae *SAR*

deinde sereno caelo granata leguntur cum suis pediculis <et
ramulis> inseruntur, quoniam sabucus tam apertam et laxam
4 medullam habet, ut facile malorum pediculos recipiat. Sed
cauere oportebit, ne minus quattuor digitis a terra absint et
ne inter se poma contingant; tum factae scrobi operculum
inponitur et paleato luto circumlinitur, eaque humus, quae
fuerat egesta, superaggeratur. Hoc idem etiam in dolio fieri
potest, siue quis uolet resolutam terram usque ad dimidium
uas adicere seu, quod quidam malunt, fluuiatilem harenam,
ceteraque eadem ratione peragere.

5 Poenus quidem Mago praecipit aquam marinam uehementer
calefieri et in eam mala granata, lino uel sparto ligata,
paululum demitti, dum decolorentur, et exempta per triduum
in sole siccari, postea loco frigido suspendi, et, cum res exegerit,
una nocte et postero die usque in eam horam, qua fuerit
utendum, aqua frigida dulci macerari. Sed et idem auctor
est creta figulari bene subacta recentia mala crasse inlinere
et, cum argilla exaruit, frigido loco suspendere, mox, cum
exegerit usus, in aquam demittere et cretam resoluere. Haec
6 ratio tamquam recentissimum pomum custodit. Idem iubet
Mago in urceo nouo fictili substernere scobem populneam
uel iligneam et ita disponere, ut scobis inter se calcari possit,
deinde facto primo tabulato rursus scobem substernere et
similiter mala disponere, idque sic facere, donec urceus

11 Mago: *frr.* 64–5 *Speranza* 21 Mago: *fr.* 65 *Speranza*

1 leguntur ς : legantur *SAR* et ramulis *add. Hedberg* (et sambuco *iam Iucundus*) 3 malorum ς : maiorum *SAR* 4 ne *S* : nec *AR* a *AR* : ab *S* 6 humus S^2 : humos S^1 : humo *AR* 7 superaggeratur *S* : -rentur *A* : -retur *R* 9 adicere *Schneider* : adicitur *S* : eicitur *AR* 11 *rubr.* ALITER *SA* : *om. R* 12 eam *ego* : eo *SAR* : ea ς 13 paululum demitti *S* : paulum di- *AR* 16 dulci *S* : dulce *AR* 17 mala S^2R : malla S^1A inlinere *ego* : inlinire *SAR* 19 aquam ς : aqua *SAR* demittere ς : di- *SAR* 21 populneam ς : -neum *SAR* 22 iligneam ς : ilignea *SAR* scobis *S* : scobes *A** : scfiobes *R** 24 idque *ego* (*cf. 4. 16. 2, 6. 2 .6, 8. 11. 1, 11. 1. 26*) : itaque *S* : *om. AR* sic facere *S* : *om. AR* urceus *R* : urcilus *SA*

inpleatur; qui cum fuerit repletus, operculum inponere et
crasso luto diligenter oblinere.

Omne autem pomum quod in uetustatem reponitur, cum 7
peciolis suis legendum est, sed si sine arboris noxa fieri possit,
etiam cum ramulis; nam ea res plurimum ad perennitatem con-
fert. Multi cum ramulis suis arbori detrahunt et creta figulari
cum diligenter mala obruerunt, in sole siccant, deinde, si
qua rimam creta fecit, luto linunt et adsiccata frigido loco
suspendunt.

Multi eadem ratione qua granata, in scrobibus uel dolîs **47**
seruant Cydonea, nonnulli foliis ficulneis inligant, deinde
cretam figularem cum amurca subigunt et ea linunt mala, quae
cum siccata sunt, in tabulato frigido loco et sicco reponunt.
Nonnulli haec eadem in patinas nouas sicco gypso ita obruunt,
ut altera alteram non contingat.

Nihil tamen certius aut melius experti sumus quam ut 2
Cydonea maturissima integra sine macula et sereno caelo
decrescente luna legantur et in lagona noua, quae sit patentis-
simi oris, detersa lanugine, quae malis inest, conponantur
leuiter et laxe, ne collidi possint; deinde, cum ad fauces usque
fuerint composita, uimineis surculis sic transuersis artentur,
ut modice mala comprimant nec patiantur ea, cum acceperint
liquorem, subleuari; tum quam optimo et liquidissimo melle
uas usque ad summum ita repleatur, ut pomum summersum
sit. Haec ratio non solum ipsa mala custodit sed etiam liquorem 3
mulsi saporis praebet, qui sine noxa possit inter cibum dari

2 oblinere *ego* : oblinire *SAR* 4 si sine S^2 : sine S^1AR arboris *AR* : -riis *S*
6 *ante* multi *rubr.* MALA (MALE *S* : -LAE A^2) CYDONEA (-NIAE *S* : -NEAE *A*) QVEMADMODVM SERVENTVR 8 adsiccata *S* : -to *AR* 10 *rubr.* ALITER dolis *SA* : -liis *R*
11 cydonea A^2R : -nia SA^1 12 subigunt *Iucundus* : subiciunt *SAR*
14 patinas *SR** : pate- *AR** 15 altera *S* : alter *AR* contingat *R* : -gant *SA*
16 *rubr.* ALITER 21 uimineis *SR** : fimineis *AR** transuersis ς : -si *SAR*
22 acceperint *ego* (*cf.* §4) : -runt *SAR* 26 cibum ς : cibium S^2 : ciuium S^1AR

febricitantibus; isque uocatur melomeli. Sed cauendum est ne, quae in melle custodire uolueris, inmatura mala condantur, quoniam grossa si lecta sunt, ita indurescunt, ut usui non sint.
4 Illud uero, quod multi faciunt, ut ea diuidant osseo cultro et semina eximant, quod putent ex eis pomum uitiari, superuacuum esse <usus> nos docuit adeo quidem, ut etiam si uermiculus inest, non amplius tamen corrumpantur mala, cum praedictum liquorem acceperint; nam ea mellis est natura, ut coerceat uitia nec serpere ea patiatur, qua ex causa etiam exanimum corpus hominis per annos plurimos innoxium conseruat.

5 Itaque possunt etiam alia genera malorum, sicuti orbiculata Cestiana melimela Matiana, hoc liquore custodiri; sed quia uidentur in melle dulciora fieri sic condita nec proprium saporem conseruare, arculae fagineae uel etiam tiliagineae, quales sunt in quibus uestimenta forensia conduntur, huic rei paulo ampliores praeparari debent, eaeque tabulato frigidissimo et siccissimo, quo neque fumus neque taeter perueniat odor, conlocantur, deinde carta substrata praedicta poma sic conponi ut flosculi susum, pediculi deorsum spectent, quemadmodum etiam in arbore nata sunt, et ne inter se
6 alterum ab altero contingantur. Item obseruandum est, ut unumquodque genus separatim propriis arculis reponatur; nam cum una clausa sunt diuersa genera, inter se discordant et celerius uitiantur. Propter quod etiam conseminalium

1 isque *S* : hisque *AR* 3 usui R^* : usi SAR^* 4 osseo cultro S^2R : osse occulteo S^1A 5 putent S^2 : potent S^1AR^* : *uaria* R^* 6 usus nos docuit *Richter* (*coll.* 11. 3. 30, 61) : no docui *S* : non d- *AR* : nunc d- *ed. pr.* 12 *rubr.* DE MALIS CAESIANIS ORBICVLAEIS MELIMELIS MATIANIS possunt *R* : possint *SA* 13 cestiana *Vrsinus* (*cf.* 5. 10. 19) : caesiana *SAR* matiana ς : -nas *SAR* quia *SA* : quae *uel* qua *R* 15 fagineae *R* : faginae *SA* 17 eaeque ς : aeque *SAR* 19 collocantur ς : conlocatur *SA*, cum l- *R* carta] cartha *S* : *om. AR* 20 poma ς : pomi *SAR* 22 item *S* : ita *AR* 23 propriis ς : proprius *SAR* reponatur ς : reponantur *SAR* 24 una *ed. pr.* : uno *S* : bino *A* : uino *uel* in uno *R*

uinearum non tam est firmum uinum quam si per se sincerum Aminneum uel apianum aut etiam faecinium condideris. Verum, sicut supra dixi, cum diligenter mala fuerint composita, operculis arcularum contegantur et luto paleato linantur opercula, ne introire spiritus possit.

Atque ea ipsa nonnulli, sicut in aliis generibus supra iam diximus, populnea, quidam etiam abiegnea scobe interposita, mala custodiunt; haec tamen poma non matura sed acerbissima legi debent.

Inulae curatio: cum eius radicem mense Octobri, quo maxime **48** matura est, e terra erueris, aspero linteolo uel etiam cilicio detergeto quidquid harenae inhaerebit; deinde acutissimo cultello summatim eradito, et quae plenior radicula fuerit, pro modo crassitudinis in duas uel plures <partes> digiti longitudine diffindito; deinde ex aceto modice in caccabulo aeneo coquito ita, ne taleolae semicrudae sint. Post hoc in umbra triduo siccentur et ita in fideliam picatam recondantur, adiecto passo uel defruto quod supernatet, spissamentoque cunelae inposito contectum uas pelliculetur.

Cum radices eius eraseris, taleolas, ut supra, facito et in 2
umbra triduo uel etiam quatriduo siccato, deinde siccatas in uasis sine pice, interiecta cunela, coicito; ius infundito quod eam compositionem habeat, ut sex partibus aceti una pars sapae misceatur cum hemina salis cocti; eo iure macerentur taleolae, donec quam minimum amaritudinis resipiant. Postea 3

1 tam ς : tamen *SAR* 2 apianum ς : aprianum *SAR* faecinium *Forster* : faecinum *SAR* (*cf.* 3. 2. 14) 3 sicut supra dixi *S* : sic praedixi *AR* 6 *ante* atque *rubr.* ALITER sicut *S* : sic *AR* 7 abiegnea *Hedberg* : -genea *S* : -gena *A* : -gna *R* (*cf.* 12. 44. 4) 9 debent *SR** : debet *AR** 10 *rubr.* (*in contextum recepta*) INVLAE CVRATIO radicem *S* : radice *AR* quo ς : quod *SAR* 12 detergeto *S* : -gito *AR* 14 partes *add.* ς 16 taleolae ς : taliolae *SAR* semicrudae sint S^2 : *ras.* S^1 : mitru desint *AR* 20 *rubr.* ALITER CRVDAM (*om.* S^1) INVLAM (*R** : INNULLAM S^1AR : INULLAM S^2) CONDIRE *S* 22 ius (eius S^1) infundito quod eam compositionem *S* : quae cunelae . . . pelliculetur (*ut* §1 *ex.*) *AR*

exemptae iterum siccentur per dies quinque in umbra; tum crassamen uini faeculenti, nec minus, <si> sit, mulsi et utriusque eorum quartam partem boni defruti confundito in ollam, quae cum inferbuerit, taleolas inulae adicito et statim ab igne remoueto ac rudicula lignea peragitato, donec perfecte refrigescant; postea transfundito in fideliam picatam, operculo tegito tectumque pelliculato.

4 Cum radiculas diligenter eraseris, minute concisas in muria dura macerato, donec amaritudinem dimittant; deinde effusa muria sorba quam optima et maturissima, semine detracto, contere et cum inula misce; tum siue passum seu quam optimum defrutum adicito et uas opturato.

5 Quidam cum condiuerunt inulam muriaque macerauerunt, exsiccant et malis Cydoneis tritis quae in defruto uel melle decoxerant, miscent atque ita superfundunt passum uel defrutum et uas operculatum pelliculant.

49 Acerbam pauseam mense Septembri uel Octobri, dum adhuc uindemia est, contunde et aqua calida paululum maceratam exprime, faeniculique seminibus et lentisci cum cocto sale modice permixtam reconde in fideliam et mustum quam recentissimum infunde; tum fasciculum uiridis faeniculi superpositum merge, ut oliuae premantur et ius superueniat. Sic curata oliua tertio die possis uti.

2 Albam pauseam uel orchadem uel radiolum uel regiam dum

1 exemptae *Iucundus* : -ta *SAR* tum *S* : tunc *AR* 2 crassamen *S* : -mentum *AR* si *add. ed. pr.* 4 inferbuerit *R* : -ruuerit *SA* taleolas ς : taliolas *SR* : tol- *A* 5 rudicula *R* : tud- *SA* 7 tectumque *ego* : tumque *SAR* 8 *rubr.* ALITER INNVLLAM (INVL- S^2) CONDIRE 9 dimittant *AR* : de- *S* 12 uas S^2 : uuas S^1*AR* 13 *rubr.* ALITER cum *S* : *om. AR* 17 *rubr.* OLIVARVM CONDITVRAE, *ne in contextum recipere censeam,* pauseam *pro oliuam facilius intellegitur* 18 contunde ς : -dere *SAR* 19 cocto *R* : cocta *SA* 20 permixtam ς : -ta *SAR* fideliam *S* : -lium *AR* 22 superueniat *ego* (*cf.* 12. 7. 4, 12. 43. 1) : superemineat *SAR* 24 *rubr.* ALITER albam ς : aluam *S* : albuam *AR* orchadem *scripsi duce Corsetti 1977* (*cf. Mynors ad Verg. Georg.* 2. 85–6) : horhadem *SA* : (h)orchitem *R*

contundes, primum quamque, ne decoloretur, in frigidam muriam demerge. Cuius cum tantum paratae habueris, quantum satis fuerit implendae amphorae, faeniculi aridi fasciculum substerne in imo; deinde uiridis faeniculi semina et lentisci destricta et purgata in urceolo habeto; tum exemptam de muria oliuam exprimito et permixtam praedictis seminibus in uas adicito; deinde, cum ad fauces peruenerit eius, faeniculi aridi fasciculos superponito et ita recentis musti duas partes et unam durae muriae permixtas adicito. Hac conditura compositis oliuis toto anno commode uteris.

3 Quidam oliuam non contundunt sed acuta harundine insecant; idque operosius quidem sed melius est, quia haec candidior est oliua quam ea quae ex contusione liuorem contrahit.

Alii, siue contuderunt siue inliserunt oliuas, modico sale cocto et praedictis seminibus inmiscent, deinde sapam uel passum uel, si est facultas, mellam infundunt. Mella autem quomodo fiat, paulo ante hoc ipso libro praecepimus. Cetera omnia similiter administrant.

4 Posias oliuas uel regias sine macula quam candidissimas manu stringito et eligito; deinde, substrato faeniculo, in amphoram coicito, intermixtis seminibus lentisci nec minus faeniculi, et cum ad fauces uas repleueris, adicito muriam duram; tum, spissamento facto de harundinum foliis, oliuam premito, <ita> ut infra ius mersa sit, et iterum infundito

1 primum ς : primam *SAR* decoloretur *R* : decoleretur *SA* 2 muriam ς : duriam *SAR* 5 urceolo ς : urciola *SAR* exemptam ς : -ta *SAR* 6 permixtam *ed. pr.* : -ta *SAR* 8 recentis ς : -tes *SAR* 11 *rubr.* ALITER harundine S^2R : -dinei S^1A 12 operosius *R* : -rasius *S* : -rusius *A* 15 *ante* alii *rubr.* ALITER contuderunt ς : contund- *SAR* inliserunt] insecuerint (-runt *debuit*) *Iucundus* : inciderunt *Richter* 17 mellam *ed. pr.* : mella *SAR* 18 fiat *SAR** : fiant *R** 20 *rubr.* OLIVA ALBA EX MVRIA candidissimas *R* : candidissas *SA* 21 stringito et *Hedberg* : tringinto et *S* : trito et *A* : tritas *R* faeniculo S^2 : -culi S^1AR 22 coicito *AR* : coito *S* intermixtis ς : -ti *S* : -tum *AR* 23 uas ς : uuas *SAR* 25 ita *addidi* (*cf. infra* §10)

muriam duram, dum ad summum amphorae labrum perueniat.

5 At haec oliua per se parum iucunda est, sed ad eas condituras quae lautioribus mensis adhibentur, idonea maxime est; nam cum res exigit, de amphora promitur et contusa recipit quamcumque uolueris condituram. Plerumque tamen sectiuum porrum et rutam cum apio tenero et mentam minute concidunt et contusis oliuis miscent, deinde exiguum aceti piperati et plusculum mellis aut mulsi adiciunt oleumque uiride inrorant, atque ita fasciculo apii uiridis contegitur.

6 Quidam sic lectae oliuae in modios singulos ternas heminas salis permiscent et, adiectis seminibus lentisci faeniculoque substrato, amphoram usque ad fauces replent oliuis; deinde aceto non acerrimo infundunt, et cum iam paene amphoram inpleuerunt, faeniculi spissamento deprimunt bacam et rursus acetum usque ad summum labrum adiciunt; postea quadragesimo die omne ius defundunt et sapae uel defruti tres partes cum aceti una permiscent et amphoram replent.

7 Est et illa probata compositio ut, cum in muria dura pausea alba {ubi} conmaturuerit, omne ius defundatur, et mixtis duabus partibus defruti cum aceti una repleatur amphora. Eadem conditura possit etiam regia conponi uel orchita.

8 Quidam unam partem muriae et duas aceti miscent eoque iure oliuas posias colymbadas faciunt, quibus si per se quis uti uelit, satis iucundas experietur, quamuis et hae sic de muria condituram qualemcumque recipere possint.

4 exigit S^2 : exegit S^1*AR* 7 miscent ς : miscentur *SAR* 8 plusculum *S* : flosculum *AR* 9 inrorant ς : inrorantur *SAR* 10 *rubr.* ALITER EX DVLCI sic ς : si *SAR* 11 adiectis *R* : adlectis *SA* 13 infundunt *S* : -dent *AR* 16 defundunt S^2 : defunt S^1 : infundent *AR* sapae *S* : saepe *AR* 18 *rubr.* DE OLIVIS EX DVLCI CONDIENDIS 19 ubi *del. Iucundus* : utique *Hedberg* 22 *rubr.* ALITER ALBAE COLYMBADES SINE DVLCI 24 hae *Iucundus* : haec *SAR* sic] *i.q.* αὔτως : cum exeunt *Iucundus* 25 possint *Iucundus* : possit *SAR*

Oliuae posiae, cum iam decolorantur, antequam mitescant, <cum> peciolis leguntur et in oleo quam optimo seruantur; haec maxime nota etiam post annum repraesentat uiridem saporem oliuarum. Nonnulli etiam, cum de oleo exemerunt, eas trito sale aspersas pro nouis adponunt.

Est et illud conditurae genus, quod in ciuitatibus Graecis 9
plerumque usurpatur, idque uocant epityrum: oliua pausea
uel orchita, cum primum ex albo decoloratur fitque luteola,
sereno caelo manu destringitur et in cannis uno die sub umbra
expanditur, et si qui adhaerent pediculi foliaque aut surculi,
leguntur; postero die cribratur et nouo fisco inclusa prelo
supponitur uehementerque premitur, ut exsudet quantulum-
cumque habet amurcae. Patimur autem nonnumquam tota 10
nocte et postero die pondere pressam bacam uelut exaniari;
tum, resolutis corticulis, eximimus eam, et in singulos modios
oliuae triti salis cocti singulos sextarios infundimus, itemque
lentisci semen rutaeque et faeniculi folia sub umbra siccata,
quanta satis uidentur, concisa minute admiscemus; patimurque
horis tribus, dum aliquatenus baca salem conbibat; tum super-
fundimus boni saporis oleum ita, ut obruat oliuam, et faeniculi
aridi fasciculum deprimimus, ut ius supernatet. Huic autem 11
conditurae uasa noua fictilia sine pice praeparantur; quae ne
possint oleum sorbere, tamquam oliuariae metretae imbuuntur
liquida cummi et adsiccantur.

1 *ante* oliuae *rubr.* DE OLIVIS FVSCIS poseae *R* : posseae *SA* 2 cum peciolis *Hedberg* (*cf.* 12. 45. 7) : peciolae (pet- *R*) *SAR* 5 eas trito S^2 : astrito S^1AR 6 *rubr.* DE EPYTYRIS FACIENDIS 7 epityrum *ed. pr.* : epy- *SAR* 8 orchita *ed. pr.* : orchia S^1R : iorchia S^2 : chorchia *A* decoloratur ς : -rantur *SAR* 9 cannis *S* : annis *AR* 10 qui *S* : quid *AR* 14 exaniari *SA* : examari *R* 18 quanta *S* : quaeta *A* : quae ita *R* 21 supernatet S^2 ς : supernas et S^1AR 22 ne possint ς : nec possit *SAR* 24 cummi (*u. app. ad c.* 52. 16, 17)] gummi *Schneider* : tum *SAR* assicantur ς : assiccatur *R** : atsiccatur *S* : absiccatur *AR**

50 Sequitur autem frigus hiemis, per quod oliuitas, sicut uindemia, curam uilicae repetit. Prius itaque, quia iam inchoauimus, de condituris oliuarum praecipiemus, ac statim conficiendi olei rationem subiciemus.

Pauseae bacae uel orchitae, nonnullis regionibus etiam
Naeuiae, conuiuiorum epulis praeparantur; has igitur, cum iam
nigruerint nec adhuc tamen permaturae fuerint, sereno caelo
destringere manu conuenit lectasque cribrare et secernere
quaecumque maculosae, uitiosae minorisue incrementi
2 uidebuntur. Deinde in singulos modios oliuae salis integri
ternas heminas adicere et in uimineos qualos confundere et,
superposito copioso sale ita uti oliuam contegat, XL dies pati
consudescere atque omnem amurcam exstillare; postea in
alueum diffundere mundaque spongia salem, ne perueniat,
detergere; tum in uas adicere et sapa uel defruto amphoram
replere, superposito spissamento aridi faeniculi, quod oliuam
3 deprimat. Plerique tamen tres partes defruti aut mellis et unam
miscent aceti, aliqui duas partes et unam aceti, et eo {que} condiunt iure.

Quidam cum oliuam nigram legerunt, eadem portione qua supra, salliunt et sic collocant in qualis, ut, inmixtis seminibus lentisci, alterna tabulata oliuarum et similiter deinde salis, tum iterum oliuarum et similiter supra salis usque in summum componant. Deinde post XL diem, cum oliua quicquid habuit amurgae exsudauit, in alueum defundunt et iam cribratam

1 *rubr.* NIGRARVM OLIVARVM CONDITVRA oliuitas *S* : -uetas *A* : -ueta *R* 2 curam uilicae S^2 : cura mulicae S^1AR 5 *ante* pauseae *rubr.* NIGRARVM OLIVARVM COMPOSITIO pauseae *ed. pr.* : pausae *SAR* 8 lectasque *SA* : lectaque *R* 9 *post* maculosae *add.* seu *Iucundus*, uel *Richter* 10 in *S* : *om. AR* 12 XL *S* : triginta *A et sim. R* 14 spongia *R* : sphongea *S* : sponga *A* salem *AR* : sale *S* 15 et *Iucundus* : e S^1 : *om.* S^2AR 18 aliqui . . . aceti *AR* : *om. S* eo *Forster* : eoque *S* : eo quo *AR* : eo quoque *Richter* : *an* atque eo *pro* et eoque (*cf.* 7. 3. 20)? 20 *ante* quidam *rubr.* ALITER eadem *SA* : eandem *R* portione ς : portionem *SAR* 24 componant *Gesner* : -nunt *SAR* diem *SA* : dies *R* habuit *SA* : *om. R* 25 amurgae ς : -ga *S* : -ca *AR*

separant ab seminibus lentisci, spongiaque detergent, ne quid adhaereat salis, tum in amphoram confundunt, adiecto defruto uel sapa uel etiam mella, si est copiosa, ceteraque similiter faciunt.

In singulos modios oliuae singulos sextarios maturi seminis 4
lentisci et ternos cyathos seminis faeniculi, <uel> si id non est, ipsum faeniculum concisum, quantum satis uidebitur, adici oportet; deinde in singulis modîs oliuarum salis cocti sed non moliti ternas heminas admisceri et ita in amphoris condi; easque fasciculis faeniculi obturari et cotidie per terram uolutari, deinde tertio quoque aut quarto die, quidquid amurgae inest, emitti; | post XL dies in alueum diffundi et a sale 5
tantummodo separari sic, ut non spongia detergantur oliuae sed ita, ut erunt exemptae, maximis salis micis in amphoram condantur, et spissamentis inpositis, ad usus in cellam reponantur.

Oliuam Ciliciensem sic condito: maturam oliuam in †statiuam† factam colymbadem de muria tollito, spongia tergeto; dein canna uiridi scindito duobus uel tribus locis et triduo in aceto habeto, quarto die spongia extergeto, in uas, id est in urceum aut caccabum nouum, mittito, substrato apio et modica ruta. Concis deinde pleno uase oliuis inmitte defrutum usque ad os; lauri turiones in hoc uas mittito, ut oliuas deprimant; post dies XX utere.

1 spongiaque ς : spongiamque *AR*, spho- *S* 5 *rubr.* OLIVA NIGRA SINE DVLCI 6 lentisci ς : lentisque *SAR** : lentiscique *R** ternos *SAR** : terno *uel* torno *R** uel *addidi (cf. 1. 6. 14, 4. 15. 1, 8. 5. 2)* 8 modis *S* : modiis *A*²*R* : modios *A*¹ cocti *R* : coctis *SA* 12 amurgae *S* : -cae *AR* emitti *S* : mitti *AR* dies *R* : diem *SA* 13 sic ut *SA* : sic *R* spongia *R** : -gea *SAR** detergantur ς : -gatur *SAR* 14 exemptae ς : -ta *SAR* maximis *Hedberg* : -me *S* : -mi *AR* micis *SA*² : miscis *A*¹*R* 15 spissamentis *S* : spissetis *AR* 17 *ante* maturam *rubr. (in contextum recepta)* OLIVAM CILICIENSEM (CILIENSIEM *A*) SIC CONDITO 18 statiuam] salsura *Gesner* : stratura *Schneider* : *alii alia* 19 tergeto *AR* : tergito *S* 20 quarto *S* : quarta *AR* 21 urceum *S*²*R* : urcium *S*¹*A* 22 concis *AR* : concisae *S* : concisis ς 23 uas *S* : usu *AR* ut ς : et *SAR*

51 Samsa quemadmodum fiat: Oliua nigra maturissima sereno
caelo legitur eaque sub umbra uno die in cannis porrigitur, et
quaecumque est uitiosa baca separatur. Item si qui adhaeserunt
pediculi, adimuntur foliaque <et> surculi quicumque sunt
intermixti eliguntur. Postero die diligenter cribratur, ut si
quid inest stercoris, separetur. Deinde integra oliua nouo fisco
2 includitur et prelo subicitur, ut tota nocte exprimatur. Postero
die inicitur quam mundissimis molis suspensis, ne nucleus
frangatur, et cum est in samsam redacta, tunc sal coctus
tritusque manu permiscetur cum ceteris aridis condimentis;
haec sunt autem careum, cyminum, semen faeniculi, anesum
Aegyptium. Sat erit autem totidem heminas salis adicere quot
sunt modî oliuarum, et oleum superfundere, ne exarescat;
3 idque fieri debebit, quotiensque uidebitur adsiccari. Nec
dubium est quin optimi saporis sit quae ex oliua posia facta est.
Ceterum supra duos menses sapor eius non permanet integer.
Videntur autem alia genera huic rei magis esse idonea, sicut
Liciniae et Culminiae, uerumtamen habetur praecipua in hos
usus olea Calabrica, quam quidam propter similitudinem
oleastellum uocant.

52 Media est oliuitas plerumque initium mensis Decembris:
nam et ante hoc tempus acerbum oleum conficitur, quod
uocatur aestiuum, et circa hunc mensem uiride premitur,
deinde postea maturum; sed acerbum oleum facere patris
familiae rationibus non conducit, quoniam exiguum fluit,
nisi si baca tempestatibus in terram decidit et necesse est eam
sublegere, ne a domesticis pecudibus ferisue consumatur.
2 Viridis autem notae conficere uel maxime expedit, quoniam et

1 *rubr.* (*in contextum recepta*) SAMSA (-SAM *A*) QVEMADMODVM FIANT (FIAT R^*) 3 adhaeserunt *SAR** : -rant R^* 4 et *add.* ς 6 integra *Hedberg* : inter *S* : intra *AR* 11 autem *AR* : *om. S, nescio an recte* 13 modi *SA* : modii *R* 15 posia A^2R : possia A^1 : postea *S* 17 sicut *SA* : sic *R* 21 *rubr.* DE OLEO CONFICIENDO 23 uiride ς : -dem *SAR* 26 nisi si *S* : nisi *AR* 27 pecudibus *R* : peculibus *SA*

satis fluit et pretio paene duplicat domini reditum. Sed si uasta sunt oliueta, necesse est aliqua pars eorum maturo fructui reseruetur.

Locus autem, in quo confici oleum debet, iam descriptus est priore uolumine; pauca tamen ad rem pertinentia commemoranda sunt, quae prius omiseram. Tabulatum quo 3
inferatur olea necessarium est, quamuis praeceptum habeamus <ut> uniuscuiusque diei fructus molis et prelo statim subiciatur. Verumtamen, quia interdum multitudo bacae torculariorum uincit laborem, sit {laborem} oportet pensile horreum, quo inportentur fructus, idque tabulatum simile esse debet granario et habere lacusculos tam multos, quam postulabit modus oliuae, ut separetur et seorsum reponatur uniuscuiusque die coactura. Horum lacusculorum solum lapide 4
uel tegulis oportet consterni et ita decliue fieri, ut celeriter omnis umor per canales aut fistulas defluat; nam est inimicissima oleo amurca; quae si remansit in baca, saporem olei corrumpit. Itaque, cum lacus, quemadmodum diximus, exstruxeris, asserculos inter se distantes semipedalibus spatiis supra solum ponito et cannas diligenter spisse textas inicito ita, ut ne bacam transmittere queant et oliuae pondus possint sustinere. Iuxta omnis autem lacusculos ea parte, qua defluet 5
amurca, sub ipsis fistulis in modum fossularum concauum pauimentum uel canalem lapideum esse oportebit, in quo consistat et unde exhauriri possit quidquid defluxerit; praeterea lacus uel dolia praeparata sub tecto haberi oportebit, quae seorsum recipiant sui cuiusque generis amurcam, siue quae

2 olieta *R* : -to *SA* 4 iam *Reeve* : etiam *SAR* 6 quae *S* : quo *AR* 7 inferatur *S* : feratur *AR* 8 ut *add. Iucundus* 10 torculariorum ς : troclariorum *SAR* laborem *SAR**, -re *R**, *secl. Gesner* oportet *SA* : est (esse ς) oportet *R* 11 inportentur *S* : inperientur *AR* 14 die *SAR* (*cf.* 8. 15. 4, 9. 8. 12) : diei ς 17 oleo amurca A^2R : oleamurca SA^1 20 textas *S* : testes *AR* 25 consistat ς : -stant *SAR*

sincera fluxerit, siue etiam quae salem receperit; nam utraque usibus plurimis idonea est.

6 Oleo autem conficiendo molae utiliores sunt quam trapetum,
trapetum quam canalis et solea. Molae quam facillimam
patiuntur administrationem, cum pro magnitudine bacarum
uel summitti uel etiam eleuari possint, ne nucleus, qui saporem
olei uitiat, confringatur. Rursus trapetum plus operis faci-
7 liusque quam solea et canalis efficit. Est et organum erectae
tribulae simile, quod tudicula uocatur, idque non incommode
opus efficit, nisi quod frequenter uitiatur et, si bacae plusculum
ingesseris, inpeditur. Pro condicione tamen et regionum
consuetudine praedictae machinae exercentur, sed est optima
molarum, tum etiam trapeti.

Haec, antequam de oleo conficiendo dissererem, praefari necesse habui.

8 Nunc ad ipsam rem ueniendum est, quamquam multa omissa
sint, quae sicut ante uindemiam, sic et ante oliuitatem
praeparanda sunt, tamquam lignorum copia, quae multo ante
adportanda est, ne, cum res desiderauerit, operae auocentur,
tum scalae, corbulae decemmodiae, trimodiae, satoriae, quibus
destricta baca suscipitur, fisci, funes cannabini uel spartei,
concae ferreae, quibus depletur oleum, opercula, quibus uasa
olearia conteguntur, spongiae maiores et minores, urcei, quibus
oleum progeritur, cannae tegetes, quibus oliua excipitur, et si
9 qua sunt alia, quae nunc memoriam meam fugiunt. Haec omnia
multo plura esse debent, quoniam in usu depereunt et pauciora
fiunt; quorum si quid suo tempore defuerit, opus intermittetur.
Sed iam quod pollicitus sum, exequar.

4 et solea ς : est olea *SAR* 5 cum *Forster* : tum *SAR* 10 plusculum *S* : flu- *AR* 12 est *S* : et *AR* 20 tum ς : cum *SAR* 21 suscipitur ς : suspicitur *SAR* cannabini *Gesner* : cannauini *S* : canna *A* : cannali *R* uel *SA* : *om.* *R* spartei ς : sparteis *R* : isparteis *SA* 25 fugiunt *S* : refugiunt *AR* 27 defuerit ς : -rint *SAR* intermittetur *S* : -titur *AR*

Cum primum bacae uariare coeperint et iam quaedam nigrae
fuerint, plures tamen albae, sereno caelo manibus destringi oli-
uam oportebit et, substratis tegetibus aut cannis, cribrari et
purgari; | tum diligenter emundatam protinus in torcular deferri 10
et integram in fiscis nouis includi prelisque subici, ut, quantum
possit, paulisper exprimatur. Postea, resolutis torculis, emoli
debebunt, adiectis binis sextariis integri salis <in> singulos
modios, et aut regulis, si consuetudo erit regionis, aut certe
nouis fiscis samsae exprimi. Quod deinde primum defluxerit in
rotundum labrum (nam id melius est quam plumbeum quadra-
tum uel structile gemellar) protinus capulator depleat et in
fictilia labra, huic usui praeparata, defundat.

Sint autem in cella olearia tres labrorum ordines, ut unus 11
primae notae, id est primae pressurae, oleum recipiat, alter
secundae, tertius tertiae; nam plurimum refert non miscere
iterationem, multoque minus tertiationem, cum prima
pressura, quoniam longe melioris saporis est, quod minore ui
preli, quasi lixiuum, defluxerit. Cum deinde paululum in labris
primis constiterit oleum, eliquare id capulator in secunda labra
debebit et deinde in sequentia usque ad ultima; nam quanto
saepius translatione ipsa uentilatur et quasi exercetur, tanto
fit liquidius et amurca liberatur. Sat erit autem in singulis 12
ordinibus tricena componi labra, nisi si uasta fuerint oliueta et
maiorem numerum desiderauerint. Quod si frigoribus oleum
cum amurca congelabitur, plusculo sale cocto utique utendum
erit; ea res resoluit oleum et separat ab omni uitio. Neque

1 *ante* cum primum *rubr.* DE OLEO VIRIDI CONFICIENDO 3 substratis *A^2R* : substractis *SA^1* 4 emundatam *S* : mundatam *AR* 6 torculis emoli *SA* : t- et moli *R* : corticulis et emollitis *Schneider* 7 adiectis *R* : adlec- *SA* binis *S^2R* : uinis *S^1A* in *add.* ς 8 regulis *S* : -lus *AR* 10 est *ed. pr.* : sed *SAR* 11 capulator *S* : copulator *AR* 13 sint ς : sin *SAR* 18 lixiuum ς : lex- *SAR* paululum *AR* : paulum *S* 20 ultima ς : -mam *SAR* : -mum ς 23 nisi si *S* : nisi *AR* 24 maiorem ς : malorum *S* : maiorum *AR* numerum *AR* : muneru *S* 26 uitio *AR* : utio *S* neque uerendum *ed. pr.* : ne querendum *SAR*

uerendum est ne salsum fiat, nam quantumcumque adieceris salis, nihilominus saporem non recipit oleum. Solet autem ne sic quidem resolui, cum maiora frigora incesserunt; itaque nitrum torretur et contritum inspargitur et conmiscetur; ea res eliquat amurcam.

13 Quidam quamuis diligentes olearii bacam integram prelo non subiciunt, quod existimant aliquid olei deperire; nam cum preli pondus accepit, non sola exprimitur amurca, sed et aliquid secum pinguedinis attrahit. Illud autem in totum praecipiendum habeo, ut neque fumus neque fuligo, quamdiu uiride oleum conficitur, in torcular admittatur aut in cellam oleariam; nam est utraque res inimica huic rei. Peritissimique olearii uix patiuntur ad unam lucernam opus fieri, quapropter ad eum statum caeli et torcular et cella olearia constituenda est, qui maxime a frigidis uentis auersus est, ut quam minime uapor ignis desideretur.

14 Dolia autem et seriae, in quibus oleum reponitur, non tantum eo tempore curanda sunt, cum fructus necessitas cogit, sed ubi fuerint a mercatore uacuata, confestim uilica debet adhibere curam ut, si quae faeces aut amurcae in fundis uasorum subsederint, statim emundentur et non calidissima lixiua, ne uasa ceram remittant, semel atque iterum eluantur, deinde aqua tepida leuiter manibus defricentur et saepius eluantur, atque
15 ita spongia omnis umor adsiccetur. Sunt qui cretam figularem in modum liquidae faecis aqua resoluant et, cum uasa lauerint, hoc quasi iure intrinsecus oblinant et patiantur arescere; postea, cum res exigat, alî pura aqua, nonnulli prius amurca, deinde aqua uasa perluunt et adsiccant; tum considerant

3 sic quidem ς : siquidem *SAR* 9 secum S^2R^* : sed cum S^1AR^* 11 torcular ς : trocla *S* : troclar *A*, *ita uel sim. R* 12 oleariam *SA* : oli- *R* 14 et torcular ς : etroclar *SA* : et troclar *R* 15 ut *S* : *om. AR* 20 amurce *S* : -gae *AR* 21 uasa S^2R^* : uasam S^1AR^* 22 eluantur S^2A : eleuantur S^1R : *nonne* lauentur? 25 aqua *S* : aquam *AR* 27 postea S^2 : potest S^1AR ali *S* : tali *AR*

numquid ceram nouam dolia desiderent; nam fere sexta
quaque oliuitate cerari oportere antiqui dixerunt. Quod 16
<quomodo> fieri possit non intellego; nam quemadmodum
noua uasa, si calefiant, liquidam ceram facile recipiant, sic
uetera non crediderim propter olei sucum ceraturam pati.
Quam tamen et ipsam ceraturam nostrorum temporum
agricolae repudiauerunt existimaueruntque satius esse noua
dolia liquida cummi perlinere siccataque subfumigare alba
cera, ne pallorem aut malum odorem capiant. Eamque suf-
fitionem semper faciendam iudicant, quotiensque uel noua uel
uetera uasa curantur <et> oleo nouo praeparantur. Multi cum 17
semel noua dolia uel serias crasse cummi liuerunt, una in per-
petuum cummitione contenti sunt; et sane quae semel oleum
testa conbibit, iam alteram cummitionem non recipit: respuit
enim olei pinguitudo talem materiam qualis est cummis.

Post mensem Decembrem circa Kalendas Ianuarias eadem
ratione, qua superius, destringenda erit olea et statim expri-
menda; nam si reposita in tabulatum fuerit, celeriter conca-
lescet, quoniam hiemalibus pluuîs amurcae plus concipit, quae
est contraria huic rei. Cauendum est itaque ne fiat oleum 18
cibarium, quod uno modo uitari poterit, si protinus inlata de
agro baca conmolita et expressa ceteraque sic administrata
fuerint, ut supra diximus. Plerique agricolarum crediderunt,
si sub tecto baca deponatur, oleum in tabulato crescere, quod

2 quaque *AR* : quaeque *S* 3 quomodo . . . possit *Holford-Strevens* : fieri posse *SAR* 5 crediderim ς : -deram *SAR* 8 cummi S^1A^1 : gummi S^2A^2R perlinere *ego* (*cf.* 7. 5. 22, 9. 12. 2) : perluere *SAR* 9 aut malum odorem *S* : *om.* *AR* 11 et *add.* ς oleo nouo *S* : olea noua *AR* 12 crasse *SAR* (*cf.* 12. 46. 2) : crassa ς, *fort. recte* cummi SA^1 : gummi A^2R liuerunt *ed. pr.* : lientur *SAR* : linierunt ς 13 cummitione SA^1 : gum- A^2R contenti sunt *AR* : contempsunt *S* 14 conbibit iam ς : conbibitam *SAR* cummitionem A^1 : com- *S* : gum- A^2R 15 cummis S^1A^1 : gum- S^2A^2R 16 *ante* post *rubr.* OLEVM MATVRVM QVEMADMODVM BONI FIAT (FIT *A*) SAPORIS 19 pluuîs *scripsi* (pluuiis *iam* ς) : fluuiis *AR** : fluuis *S* 22 ceteraque . . . 23 fuerint *Pontedera*[2] : cera quae . . . fuerit *SAR* 24 crescere *AR* : grandescere *S*

tam falsum est quam in area frumenta grandescere. Idque
19 mendacium uetus ille Porcius Cato sic refellit. Ait enim in
tabulato conrugari oliuam minoremque fieri; propter quod,
cum facti unius mensuram rusticus sub tecto reposuerit et
post multos dies eam molere uoluerit, oblitus prioris men-
surae quam intulerat, ex alio aceruo, similiter seposito,
quantumcumque mensurae defuit supplet; eoque facto
uidentur plus requietae quam recentes bacae reddere, cum
20 longe plures modius acceperit. Ac tamen, ut maxime id uerum
esset, nihilominus ex pretio uiridis olei plus quam multitudine
mali nummorum contrahitur. Sed et Cato dicit: ne sic quidem
quidquam ponderis aut mensurae oleo accedit, si portionem
uelis in factum adiectae bacae conputare. Quapropter dubitare
non debemus lectam oliuam primo quoque tempore conmolere
preloque subicere.

21 Nec ignoro etiam cibarium oleum esse faciendum; nam ubi
uel exesa uermiculis oliua decidit uel tempestatibus et pluuiis
in lutum defluxit, ad praesidium aquae calidae decurritur;
aenumque calefieri debet, ut inmundae bacae eluantur. Sed
id non feruentissima fieri oportet uerum modice calida, quo
commodior gustus olei fiat; nam si excoctus est, etiam uermicu-
lorum ceterarumque immunditiarum saporem trahit. Sed
cum fuerit oliua elota, reliqua sicut supra praecepimus, fieri
22 debebunt. Fiscis autem non isdem probum et cibarium oleum
premi oportebit; nam ueteres ad caducam oliuam, noui autem

2 Porcius Cato: *inc. sed. fr.* 12 *Speranza; cf. Agr.* 64

3 quod cum ς : quo cum *SAR* 5 oblitus ς : -tis *SA* : -ti *R* prioris A^2R : -res SA^1 6 alio S^2 : alo S^1AR : aluo ς aceruo *SR** : ceruo *AR** 7 quantumcumque ς : quantumque *SAR* 8 uidentur *Heinsius* : uidetur *SAR* requietae *Schneider* : sequietae *S* : esse quietae *AR* : semiuietae *Heinsius* recentes *Heinsius* : -tis *SAR* 9 modius *ego* : -ios *SAR* ac *Holford-Strevens* : at *SAR* 10 esset ς : esse *SAR* nihilominus ς : nihil minus *SAR* multitudine mali ς : multitudinem alii *SAR* 11 ne *ego* (nec *iam Pontedera*^{2}) : et *SAR* 12 quidquam *R* : quiquam *SA* 16 *rubr.* DE CIBARIO OLEO CONFICIENDO ubi uel *S* : ubi *AR*

ordinario aptari oleo, semperque, cum expressa sunt facta, statim feruentissima debent aqua bis aut ter elui, deinde, si sit profluens, inpositis lapidibus, ut pondere pressi detineantur, inmergi, uel, si nec flumen est, in lacu aut in piscina quam purissimae aquae macerari et postea uirgis uerberari, ut sordes faecesque decidant, et iterum elui siccarique.

Quamuis non erat huius temporis olei gleucini compositio, **53**
tamen huic parti uoluminis reseruata est, ne parum opportune
uini conditionibus interponeretur. Hac autem ratione confici
debet: uas oleare quam maximum et aut nouum aut certe bene
solidum praeparari oportet, deinde per uindemiam musti quam
optimi generis et quam recentissimi sextarios LX cum olei
pondo LXXX in id confundi, tum aromata non cribrata, sed ne
minute quidem contusa, uerum leuiter confracta in reticulum
iunceum aut linteum adici et ita in olei atque musti partes
demitti. Sint autem his portionibus pensata ea quae infra 2
subicimus: calami, schoeni, cardamomi, xylobalsami, corticis
de palma, faeni Graeci uetere uino macerati et postea siccati
atque etiam torrefacti, iunci radicis, tum etiam iridis Graecae
nec minus anesi Aegyptii; pari pondere, id est uniuscuiusque
libram et quadrantem, ut supra diximus, reticulo inclusa
demittito et metretam linito; post septimum diem aut nonum
apertae metretae, si quid faecis aut spurcitiae faucibus inhaere-
bit, manu eximito et detergeto, deinde oleum eliquato nouisque
uasis recondito. Mox reticulum eximito et aromata in pila quam 3
mundissima contundito tritaque in eandem metretam reponito

1 expressa sunt *ego* : expresserint *SAR* 7 *rubr.* OLEI GLEVCINI COMPOSITIO 9 uini *S* : uicini *AR* 10 oleare *S* : olea *AR* 13 confundi tum *SA* : -ditur *R* 15 atque *S* : aut quae *AR* partes *André* : pre *SAR* : praedictum modum *Hedberg* 16 sint *Iucundus* : sin *SAR* pensata ea quae *Hedberg* : pensatae atque *SAR* 17 cardamomi xylobalsami *Iucundus* : cardamo mixto balsami *SAR* 18 uino *Iucundus* : primo *SAR* 19 iunci *R* : iuncti *SA* 22 demittito ς : di- *SAR* 23 apertae *S* : per fe *AR** : per se *R** metretae *S* : -ta *AR* quid *R* : quis *SA* 24 detergeto *ed. pr.* : -gito *SAR* 26 mundissima *Richter* : -me *SAR*

et tantundem olei, quantum prius, infundito et opturato, in sole ponito, post septimum diem oleum depleto et, quod est relicum musti, picato cado recondito; nam id si non exacuerit, medicamentum dabitur potandum inbecillis bubus et cetero pecori. Oleum autem secundarium non insuauis odoris cotidianam unctionem praebere poterit dolore neruorum laborantibus.

54 Oleum ad unguenta sic facito. Antequam oliua nigrescat, cum primum decolorari coeperit nec tamen adhuc uaria fuerit, maxime Liciniam, si erit, si minus, Sergiam, si nec haec fuerit, tunc Culminiam bacam manu stringito et statim purgatam
2 prelo integram subicito et amurcam exprimito. Deinde suspensa mola oliuam frangito eamque uel in regulas uel in nouos fiscos adicito, subiectamque prelo sic premito, ne uasa intorqueas sed tantum ipsius preli pondere quantulumcumque exprimi patiaris. Deinde, cum sic fluxerit, protinus capulator amurca separet et diligenter seorsum in noua labra transferat atque eliquet. Relicum olei, quod postea fuerit expressum, poterit ad escam, uel cum alia nota mixtum uel per se, adprobari.

55 Hactenus de oleo dixisse abunde est. Nunc ad minora redeamus.

Omne pecus et praecipue suem pridie, quam occidatur, potione prohiberi oportet, quo sit caro siccior; nam si biberit, plus umoris salsura habebit. Ergo sitientem cum occideris, bene

2 oleum *S* : oleo *AR* depleto *Iucundus* : repleto *SAR* 3 relicum *S* : reliquum *AR* cado recondito *S* : candore condito *AR* exacuerit ς : exaucerit *AR* : -gerit *S* 4 potandum ς : -tum *SAR* cetero ς : ceterorum *SAR* 8 *rubr. (in contextum recepta)* OLEVM AD VNGVENTA SIC FACITO 9 coeperit ς : coepit *SAR* 10 sergiam *SA* : regiam *R* 11 manu *R* : manum *SA* 12 integram *R* : in integram *SA* 13 nouos fiscos *Abr. Gronouius ap. Schneiderum* : nouo fisco *SAR* 17 separet ς : separare *SAR* 18 atque *Hedberg* : eiusque *SAR* : quousque *Vrsinus* relicum S^1 : reliquum S^2AR 23 *ante* Omne *rubr.* DE SVCIDIA ET SALSVRA FACIENDIS, *fort. in contextum recipienda*

exossato; nam ea res minus †incynosam† et magis durabilem
salsuram facit. Deinde cum exossaueris, cocto sale nec nimium 2
minuto sed suspensa mola infracto diligenter sallito et maxime
in eas partes, quibus ossa relicta sunt, largum salem infarcito.
Conpositisque supra tabulatum tergoribus aut frustis uasta
pondera inponito, ut exsanietur; tertio die pondera remoueto
et manibus diligenter salsuram fricato, eamque cum uoles
reponere, minuto et trito sale aspergito atque ita reponito nec
desieris cotidie salsuram fricare, donec matura sit. Quod si 3
serenitas fuerit îs diebus quibus perfricatur caro, patieris eam
sale consparsam esse VIIII diebus; at si nubilum aut pluuiae,
XI uel duodecima die ad lacum salsuram deferri oportebit et
salem prius excuti, deinde aqua dulci diligenter elui, necubi
sal inhaereat, et paulum adsiccatam in carnario suspendi, quo
modicus fumus perueniat, qui, si quid umoris adhuc continetur, siccare eum possit. Haec salsura luna decrescente
maxime per brumam sed etiam mense Februario ante Idus
commode fiet.

Est et illa salsura quae etiam locis calidis omni tempore 4
anni potest usurpari. Cum ab aqua pridie sues prohibitae sunt,
postero die mactantur et uel aqua candente uel ex tenuibus
lignis flammula facta glabrata, nam utroque modo pili detrahuntur, caro in libraria frusta conciditur. Deinde in seria substernitur sal coctus et modice, ut supra diximus, infractus;
deinde offulae carnis spisse conponuntur et alternus sal ingeritur. Sed cum ad fauces seriae peruentum est, sale reliqua pars

1 incynosam] uitiosam *ed. 1494* : tineosam *Pontedera*[2] (*cf. Cat.* 162. 3) : cariosam *Hedberg* : *an* mucosam? 2 salsuram *R* : -rum *SA* 7 et *S* : et in *AR* 9 desieris *Hedberg* : desit eius *S* : desieius *A* : desieris eius *R* 10 îs *ego* : his *SAR* 11 sale *R* : salem *SA* at ς : aut *SAR* pluuiae *AR* : -uiam *S* 13 necubi *R* : ne ubi *SA* 14 paulum *S* : paululum *AR* adsiccatam *AR* :- ta *S* 16 haec *R* : hae *SA* salsura *S*^{2}*R* : -ram *S*^{1}*A* 19 *rubr.* ALITER 21 mactantur *SR** : maciantur *AR** uel[1] ς : uelut *SAR* 22 glabrata] glabrantur *Iucundus* 23 frusta *S* : frustra *AR* 24 coctus (*Schneider*) et *Hedberg* : coctum sed *SAR* infractus *S* : -tas *AR* 25 alternus *AR* : -nis *S*

repletur et inpositis ponderibus uas contegitur. Eaque caro semper, <dum> consumatur, tamquam salsamentum in muria sua permanet.

56 Rapa quam rotundissima sumito, eaque, si sunt lutosa, detergeto, et summam cutem nouacula decerpito; deinde, sicut consueuerunt salgamarii, decusatim ferramento lunato incidito, sed caueto, ne usque ad imum praecidas rapa. Tum salem inter incisuras raporum non nimium minutum adspergito et rapa in alueo aut seria conponito, et sale plusculo
2 inspersa triduo sinito, dum exsudent. Post tertium diem mediam fibram rapi gustato, si receperit salem; deinde, cum uidebitur satis recepisse, {et} exemptis omnibus singula suo sibi iure eluito; uel si non multum liquoris fuerit, muriam duram adicito et ita eluito et postea in quadratam cistam uimineam, quae non spisse, solide tamen et crassis uiminibus contexta sit, rapa conponito. Deinde sic aptatam tabulam superponito, ut usque ad fundum, si res exigat, intra cistam deprimi possit.
3 Cum eam tabulam sic aptaueris, grauia pondera superponito et sinito nocte tota et uno die siccari; tum in dolio picato fictili uel in uitreo conponito et sic infundito sinapi, ut rapa iure contegantur.

Napi quoque, sed integri, si minuti sunt, maiores autem insecti, eodem iure, quo rapa, condiri possunt; sed curandum est ut haec utraque, antequam caulem agant et cymam faciant, dum sunt tenera, conponantur.

1 uas ϛ : in uas *R* : uuas *A* : ouas *S* contegitur *Hedberg* : conteritur *SAR* : *alii alia* 2 <dum> consumatur *Schneider*^{c} : conseruatur <et> *Iucundus* 4 *rubr.* RAPORVM CONDITVRA rapa *S* : raporum *AR* 5 detergeto *AR** : -gito *SR** : nouacula *AR* : -lam *S* 7 praecidas ϛ : perpraecidas *SAR* 8 salem ϛ : sale *SAR* incisuras *AR* : ciscuras *S* 10 inspersa *S* : a(d)spersa *AR* 11 gustato ϛ : gusto S^2*AR* : custo S^1 12 et *del.* ϛ 13 non *ego* : neque non *SAR* : neque ϛ 15 contexta *R* : -testa *SA* 16 aptatam *AR* : apta *S* tabulam ϛ : -la *SAR* 17 cistam *AR* : -ta *S* 18 cum *SA* : eum *R* tabulam *Iucundus* : -latum *SAR* 20 sinapi ϛ : senapi *SAR* rapa *ego* : utra *SAR* : ut a ϛ 22 *ante* napi *rubr.* NAPORVM CONDITVRA integri si minuti ϛ : integrissimi nunti *SAR* 24 et *SA* : *om. R*

Napos minutos integros, aut rursus amplos in tres aut 4
quattuor partes diuisos, in uas coicito et aceto infundito. Salis
quoque cocti unum sextarium in congium aceti adicito; post
tricensimum diem uti poteris.

Semen sinapis diligenter purgato et cribrato; deinde aqua **57**
frigida eluito et, cum fuerit bene lotum, duabus horis in aqua
sinito; postea tollito, et manibus expressum in mortarium
nouum aut bene emundatum adicito et pistillis conterito. Cum
contritum fuerit, totam intritam ad medium mortarium con-
trahito et comprimito manu plana; deinde cum compresseris,
scarifato, et, inpositis paucis carbonibus uiuis, aquam nitratam
suffundito, ut omnem amaritudinem eius et pallorem exsaniet.
Deinde statim mortarium erigito, ut omnis umor eliquetur.
Post hoc album acre acetum adicito et pistillo permisceto
colatoque. Hoc ius ad rapa condienda optime facit. Ceterum, 2
si uelis ad usum conuiuiorum praeparare, cum exaniaueris
sinape, nucleos pineos quam recentissimos et amylum adicito
diligenterque conterito, infuso aceto. Cetera, ut supra dixi,
facito. Hoc sinapi ad embamma non solum idoneo sed
etiam specioso uteris; nam est candoris eximii, si sit curiose
factum.

Priusquam holus atrum coliculum agat, radicem eius eruito **58**
mense Ianuario uel etiam Februario, et diligenter defrictam, ne
quid terreni habeat, in aceto et sale conponito; deinde post
diem xxx eximito et corticem eius delibratum abicito; ceterum
medullam eius concisam in fideliam uitream uel nouam
fictilem coicito, et adicito ius, quod, sicut infra scriptum est,
fieri debebit: | sumito mentam et uuam passam et exiguam 2

1 *rubr.* ALITER rursus *R* : rusus *SA* 5 *rubr.* QVEMADMODVM SINAPEM FACIAS 19 sinapi ς : senapi *SAR* 22 *rubr.* HOLERIS ATRI RADICEM QVEMADMODVM CONPONAS IANVARIO VEL FEBRVARIO MENSE eruito *Schneider* : eruitam (-am *in ras.*) S^2 : serito *AR* 23 defrictam *Hedberg* : diffr- *S* : defricatam *AR* 27 sicut *SA* : sic *R*

caepam aridam, eaque cum torrido farre <et> exiguo melle subterito; quae cum fuerit bene trita, sapae uel defruti duas partes et aceti unam permisceto atque ita in eandem fideliam confundito, eamque operculo contectam pelliculato. Cum deinde uti uoles, cum suo iure concisas radiculas promito et oleum adicito.

3 Hoc ipso tempore siseris radicem poteris eadem ratione, qua supra, condire; sed cum exegerit usus, exime de fidelia et oxymeli cum exiguo oleo superfunde.

59 Quemadmodum moretum facias: Addito in mortarium satureiam mentam rutam coriandrum apium porrum sectiuum aut, si id non erit, uiridem caepam, folia lactucae, folia erucae, thymum uiride uel nepetam, tum etiam uiride puleium et caseum recentem et salsum. Ea omnia pariter conterito acetique piperati exiguum permisceto; hanc mixturam cum in catillo composueris, oleum superfundito.

2 Cum uiridia quae supra dicta sunt, contriueris, nuces iuglandes purgatas, quantum satis uidebitur, interito acetique piperati exiguum permisceto et oleum infundito.

Sesamum leuiter torrefactum cum îs uiridibus quae supra dicta sunt conterito; item aceti piperati exiguum permisceto, tum supra oleum superfundito.

3 Caseum Gallicum uel cuiuscumque notae uolueris minutatim concidito et conterito nucleosque pineos, si eorum copia fuerit, si minus, nuces auellanas torrefactas, adempta cute,

1 eaque *André* : eamque *SAR* <et> *ed. Iunt.* 4 pelliculato *Iucundus* : -clato S^1 : pellicato S^2AR 7 *rubr.* SISERIS RADICEM QVEMADMODVM COMPONAS (-NIS *S*) qua *AR* : uua *S* 8 exegerit ς : exegerat *S* : exigerit *AR* exime *ego* : -mes *SAR* 10 *rubr.* (*in contextum recepta*) QVEMADMODVM MORETVM FACIAS 12 id *S* : *om. AR* 14 recentem ς : recens *SAR* 15 hanc *AR* : ac *S* 17 *rubr.* ALITER 18 iuglandes ς : grandes *SAR* interito *S* : inserito *AR* 20 *ante* sesamum *rubr.* ALITER îs *ego* : his *SAR* 21 permisceto tum *Schneider* : -scetum *S* : -sceto cui *AR* 23 *rubr.* ALITER minutatim *AR* : minuta *S* 25 adempta *AR* : -tas *S*

uel amygdalas eaque <quae> supra condimenta pariter misceto acetique piperati exiguum adicito et permisceto compositumque oleo superfundito.

Si condimenta uiridia non erunt, puleium aridum uel thy- 4
mum uel origanum uel aridam satureiam cum caseo conterito acetumque piperatum et oleum adicito. Possunt tamen haec arida, si reliquorum non sit potestas, etiam singula caseo misceri.

Oxypori compositio: piperis albi, si sit, si minus, nigri unciae tres, apii seminis unciae duae, laseris radicis, quod silphion Graeci uocant, sescunciam, carei sextantem; haec contusa et cribrata melli permisceto et in olla noua seruato; deinde, cum exegerit usus, quantulumcumque ex eo uidebitur, aceto et garo diluito.

Ligustici unciam, passae uuae, detractis uinaceis, sextantem, 5
mentae aridae sextantem, piperis albi uel nigri quadrantem; haec, si maiorem inpensam uitabis, possunt melli admisceri et ita seruari. At si pretiosius oxyporum facere uoles, haec eadem cum superiore compositione miscebis et ita in usum repones; quod si etiam Syriacum lasar habueris, pro silphio melius adicies pondo semunciam.

Clausulam peracti operis mei, P. Siluine, non alienam puto <ut> indicem lecturis, si modo fuerint qui dignentur ista cognoscere, nihil dubitasse me paene infinita esse, quae potuerint huic inseri materiae, uerum ea quae maxime uidebantur necessaria memoriae tradenda censuisse. Nec tamen ca<pit

1 eaque quae *Hedberg* : (a)eque *SAR* 4 *rubr.* ALITER erunt *R* : erint *SA* 6 oleum *AR* : oleo *SA* 8 *ante* piperis *rubr.* (*in contextum recepta*) OXYPORI (-RII *A*) COMPOSITIO 9 laseris *AR* : laseridis *S* 10 sescunciam *Iucundus* : sexunc- *S* : sesunc- *AR* carei *SA* : casei *R* 12 exegerit *SR** : exig- *AR** 14 *rubr.* ALITER 15 mentae . . . sestantem (sex- *Schneider*) *S* : *om. AR* 17 oxyporum *S* : -rium *AR* 18 compositione *AR* : -nem *S* 19 syriacum *S* : cum *AR* 21 alienam *AR* : -num S^2 : -nom S^1 22 ut *add. Reeve* dignentur A^2S^2R : dicentur S^1 : dinentur A^1 25 capit (*Schneider*^{c}) hominis natura *Hedberg* : canis naturam *SAR* : c- natura ς

homi>nis natura cunctarum rerum prudentiam: nam etiam quicumque sunt habiti mortalium sapientissimi, multa scisse dicuntur, non omnia.

L. IVNI MODERATI COLVMELLE REI RVSTICAE LIBER XII (*sic!*) EXPLICIT FELICITER *S* : *sim.* (*sed* XIII) *R* : *om. A*

INCERTI AVCTORIS

<LIBER DE ARBORIBVS>

I De uitiario faciendo
II Qualia semina et quando legas
III Quemadmodum semina eligas
IIII De malleolis
V De uineis constituendis
VI De generibus uinearum et operis pastini uariis
VII Quemadmodum uites coli debeant
VIII De resecanda uetere uinea et propaganda
VIIII De propagatione
X De insitione; infructuosas uites fecundas facere
XI Vt uuae acinorum complura habeant; agigarta
XII Vineam quomodo putes
XIII De fossura
XIIII De pampinatione
XV Ne rubigo uineam uexet
XVI Ne formica uitem ascendat
XVII Ne uolucra uitem laedat
XVIII De arbustis
XVIIII De oliueto
XX De pomario constituendo

Inscriptionem de arboribus *dedit Iucundus* (*cf.* 5. 12. 5) INCIPIT LIBER TERTIVS FELICITER *SA*, *similiter R* 1 uitiario *R* : uitario *SA* 6 uariis *Lundström* : uariae *SA* : *om. R* 11 uuae *R* : uua *SA* <genera> complura *Lundström* : *an* c- <g->? agigarta *Lundström* : agygarita *S* : agigaryta *A* : *om. R* 17 uolucra *S* : uolucres *AR* laedat *Lundström* : -dant *SAR*

XXI De scrobibus faciendis quomodo semina legas
XXII Quando ficus serenda sit
XXIII De ceteris pomis
XXIIII De seminario faciendo
XXV De insitione oliuam fico inserere
XXVI De cytiso
XXVII De salice et genesta
XXVIII De harundine
XXVIIII De uiola
XXX De rosa

1 QVONIAM de cultu agrorum abunde primo uolumine praecepisse uidemur, non intempestiua erit arborum uirgultorumque cura, quae uel maxima pars habetur rei rusticae. Placet igitur sicuti Vergilio nobis quoque duo esse genera surculorum, quorum alterum sua sponte gignitur, alterum cura mortalium procedit; illud, quod non ope humana prouenit, materiae
2 magis aptum, hoc, cui labor adhibetur, idoneum fructibus. De hoc itaque praecipiendum est; atque id ipsum genus tripertito diuiditur, nam ex surculo uel arbor procedit, ut olea ficus pirus, uel frutex, ut uiolae rosae harundines, uel tertium quiddam, quod neque arborem neque fruticem proprie dixerimus, sicuti est uitis.

3 Arborum et fruticum docebimus cultum, si prius de uitibus praeceperimus.

DE VITIARIO FACIENDO

Qui uineam uel arbustum constituere uolet, seminaria prius facere debebit; sic enim sciet cuius generis uitem positurus sit,

11 *Cf. Col.* 3. 1. 1 14 Vergilio: *cf. Georg.* 2. 9–34 23 *Col.* 3. 4. 1–2

12 uidemur *AR* : -mus *S* 17 fructibus de *Lundström* : fructibunde *S* : fructibus unde *AR* 19 pirus *S* : *om. AR* 20 uiolae *S* : oliuae *AR* harundines *AR* : -nis *S* 25 *rubr.* I. (*mg. A*) DE VITARIO FACIENDO

nam quae pretio parata disponitur certam generositatis fidem non habet, quoniam dubium est an is qui uendidit legendis seminibus adhibuerit diligentiam; tum etiam quod ex longinquo petitur parum familiariter nostro solo prouenit, propter quod difficilius conualescit {alienum exterae regionis}.

Optimum est itaque eodem agro quo uitem dispositurus es, 4 uel certe uicino facere seminarium; ad quod multum refert loci natura, nam si colles uineis uel arbustis occupaturus es prouidendum est ut siccissimo loco fiat seminarium et iam quasi ab incunabulis uitis exiguo adsuescat umore; aliter cum transtuleris de umido in aridum locum, uiduata pristino alimento deficiet. At si campestres et uliginosos agros possidebis, 5 proderit quoque seminarium simili loco facere et uitem largo consuescere umore; nam quae ex sicco in aquosum agrum transfertur, utcumque putrescit.

Ipsum autem agrum quem seminario destinaueris planum et sucosum, sat erit bipalio uertere, quod uocant rustici sestertium. Ea repastinatio altitudinis habet plus sesquipedem, minus tamen quam duos pedes. Iugerum agri uertitur operis quinquaginta. Collem autem et cliuosum modum iugeri, sed ne 6 minus duobus pedibus alte, repastinaueris operis sexaginta; uel si eodem loco quo uineam ordinaturus es, facere uoles seminarium, tribus pedibus alte repastinabis iugerum operis octoginta, ita tamen si neque lapis neque tofus aut alia materia

1 generositatis *A*^{2}*R* : geros- *SA*^{1} 2 is qui *S* : is quem *AR* 4 prouenit *ego* : uenit *SAR* 5 alienum . . . regionis *seclusi* 7 ad quod *Vrsinus* : idque *SAR* 8 arbustis *R* : -tus *SA* es ς : est *SAR* 9 et iam] *an* ut iam? 10 aliter *S* : liter *AR* 11 uiduata *ed. pr.* : uideatur *S* : uideat a *AR* 13 proderit ς : prodiderit *SAR* 14 sicco *Lundström* : is quo *S* : his co *AR* 15 utcumque ς : utrimque *SA, ita uel* utrumque *R* 16 destinaueris *S* : desinaberis *A*^{1} : designaberis *A*^{2}*R* 17 bipalio ς : bipalo *S*^{2}*AR* : bipabulo *S*^{1} uertere ς : uerte *SAR* uocant *S* : uertunt *AR* 18 repastinatio ς : res pastinatio *SAR* plus sesquipedem *S* : plus esquipedem *A* : plures qui pedem *R* 20 cliuosum *S* : cliuos *AR* 21 repastinaueris ς : -beris *SAR* 24 octoginta *AR* : LXXX *S* tofus *scripsi* (*cf. infra* 3. 6) : tophus *S*^{2} : topus *S*^{1}*AR*

difficilior interuenit, quae res quot operas absumat parum certum est; nos autem de terreno loquimur.

2 QVALIA SEMINA ET QVANDO LEGAS

Peracta repastinatione mense Februario uel prima parte Martii semina legito. Sunt autem optima quae de uitibus notatis leguntur. Nam cui cordi est bona seminaria facere, circa uindemiam uites quae et magnum et incorruptum fructum ad maturitatem perduxerunt rubrica cum aceto, ne pluuiis abluatur, permixta denotat, nec hoc uno tantummodo anno facit, sed continuis tribus uel pluribus uindemiis easdem uites inspicit an perseuerent esse fecundae; tum enim manifestum est generositate uitium, non anni ubertate fructum prouenire.
2 Si conpluribus uindemiis eundem tenorem seruarint, ex eiusmodi uitibus lecta semina multum bonumque uinum praebebunt. Nam qualiscumque generis uuae, quae integrae et incorruptae ad maturitatem perueniunt, longe melioris saporis uinum faciunt quam quae praecipientur aestu aut alia de causa.

3 QVEMADMODVM SEMINA ELIGAS

Semina autem eligito grandi acino, tenui folliculo, paucis minutisque uinaceis, dulci sapore. Optima habentur a lumbis, secunda ab umeris, tertia a summo uertice uitis lecta, quae celerrime conprehendunt et sunt feraciora, sed aeque celeriter senescunt. Pampinaria sarmenta deponi non placet, quia sterilia sunt. Locis pinguibus et planis et umidis praecoques

1 quot ς : quod *SAR* 3 *rubr.* II. (*mg. A*) QVALIA (QVANDO A^1) SEMINA ET QVANDO LEGAS 4 repastinatione *R* : res pastinatione *SA* 6 cordi A^2R : -da SA^1 8 rubrica cum ς : rubricatum *SAR* 9 abluatur ς : abluit *SAR* 11 fecundae *S* : fecundaes *AR* enim *S* : in *AR* 12 generositate ς : -tatis *SAR* 15 integrae *S* : *om. AR* 18 *rubr.* III. (*mg. A*) QVEM AD MODVM SEMINA ELIGAS 21 a summo . . . uitis *Lundström* : a summe uite uita *S* : s- u- u- *AR* : summa uite ς, a s- uite *Schneider, fort. recte* lecta quae ς : lectae aque *SAR* 22 aeque *Lundström* : ea quam *S* : et quam *AR*

uites serito, raris acinis, breuibus nodis, inbecillas, nam tali
generi uitium eiusmodi ager aptus est, | locis aridis et macris et 2
cliuis uitem sero maturantem et ualidam crebrisque acinis.
Quod si pingui agro ualidas uites deposueris, pampinis magis
eluxuriabuntur et, qualemcumque fructum tulerint, ad maturi-
tatem non perducent; rursus inbecillae exili agro celeriter
deficient exiguumque fructum dabunt. Vnum quodque genus
uitium separatim serito; ita suo quodque tempore putabis et
uindemiaueris.

Semina cum nouello {uetere} sarmento deposita cito con- 3
prehendunt et ualenter crescunt, sed celeriter senescunt; at
quae uetere sarmento panguntur, tardius conualescunt, sed
tardius deficiunt. Semina quam recentissima terrae mandare
conuenit; si tamen mora interuenerit, quominus statim
serantur, quam diligentissime obrui tota oportet eo loco unde
neque pluuias neque uentos sentire possint. Plantaria facito ab
exoriente ad decimam lunam et a uicensima ad tricesimam.
Haec uel melior est uitibus satio. Sed cum seras, frigidos uentos 4
uitato.

DE MALLEOLIS

Malleolum sic deponito: uirgam malleolarem non amplius quam sex gemmarum esse conuenit, ita tamen sunt, si breuia internodia habent. Eius imam partem quam in terram demissurus es, acutissima falce iuxta nodum sic, ne gemmam laedas, rotunda plaga amputato et statim fimo bubulo linito;

1 raris *S* : paris *AR* tali generi *Iucundus* : talis generis *SAR* 3 cliuis *Vrsinus* (*cf. infra* 4. 3) : siccis *SAR* sero ς : sere *SAR* maturantem et ς : maturam met S^1, -ra met S^2 : matura uere met *AR* 4 agro S^2R : acro S^1A 10 uetere *secl. Lundström* : nouella cum uetere *Iucundus* 12 quae <e> *Richter* panguntur *S* : ping- *AR* 15 unde neque S^2 : undeque S^1AR 17 ad decimam lunam ς : a -ma -na *SAR* 20 *rubr.* IIII. (*mg. A*) DE MALLEOLIS (MALLEONIS A^1) 21 malleolarem S^2R : malleoleolarem S^1A 24 demissurus ς : di- *SAR* acutissima S^2R : -mam S^1A 25 laedas *S* : ridas *AR*

tum in terram bene pastinatam et stercoratam rectum sarmen-
tum defigito ita, ut ne minus quattuor gemmae abscondantur.
5 Pedale quoquouersus spatium sat erit inter semina relinqui;
cum conprehenderint, identidem pampinentur, ne plura sar-
menta quam debent nutriant; item quam saepissime fodiantur,
ferro ne tangantur. Vicensimo et quarto mense resecentur, post
tricesimum et sextum mensem transferantur.

DE VINEIS CONSTITVENDIS

In agro requieto uineam ponito; nam ubi uinea fuit, quod citius
decimo anno seueris, aegrius conprehendet nec umquam
6 roborabitur. Agrum antequam uineis obseras, explorato qualis
saporis sit; talem enim etiam gustum uini praebebit. Sapor
autem, sicuti primo docuimus uolumine, conprehendetur, si
terram aqua diluas et cum consederit, tum demum aquam
degustes. Aptissima uitibus terra est harenosa sub qua constitit
dulcis umor, probus consimilis ager cui subest tofus, aeque
utilis congesta et mota terra; sabulum quoque cui subest dulcis
argilla uitibus conuenit. Omnis autem qui per aestatem finditur
ager uitibus arboribusque inutilis; terra inferior alit uitem et
7 arborem, superior custodit. Saxa summa parte terrae uites et
arbores laedunt, ima parte refrigerant, et mediocri raritudine
optima est uitibus terra; sed ea quae transmittit imbres aut
rursus in summo diu retinet, uitanda est. Vtilissima autem
est superior modice rara, circa radices densa. Montibus
cliuisque difficulter uineae conualescunt, sed firmum

2 ut ne *S* : ne *AR* 5 nutriant *S* : *om. AR* 6 resecentur ς : -cantur *SAR* 8 *rubr.* IIII. (V. *mg. A*) DE VINEIS CONSTITVENDIS 9 ponito ς : posito *SAR* uinea A^2R : -am SA^1 quod *AR* : quo *S* 11 obseras *AR* : obsecras *S* 12 sit S^2R : si S^1A gustum] -tus ς 14 terram *SR* : -ra *A* consederit ς : conderit *SAR* 16 tofus SA^2R : ofus A^1 19 terra] *an* terra <enim> *Holford-Strevens?* 20 *ante* uites *ins.* frigerant et mediocri S^2AR, medio S^1 22 quae ς : quam *SAR* 23 *post* utilissima *repet.* uitanda est S^1AR

probumque saporem uini praebent; umidis et planis locis robustissimae, sed infirmi saporis uinum nec perenne faciunt.

Et quoniam de seminibus atque habitu soli praecepimus, nunc de genere uinearum disputabimus.

GENERA VINEARVM 4

Vites maxime gaudent arboribus, quae naturaliter in sublime procedunt; tunc et materias ampliores creant et fructum aequaliter percoquunt. Hoc genus uitium arbustiuum uocamus, de quo pluribus suo loco dicemus. Vinearum autem fere genera in usu tria sunt: iugata, humi proiecta et deinde tertia, {est} a Poenis usurpata, more arborum in se consistens. Id genus conparatum iugatae quadam parte deficitur, quadam superat. Iugata plus aeris recipit et altius fructum fert et aequalius con- 2
coquit, sed difficilior est eius cultus; at haec ita constituta est, ut etiam arari possit, eoque ubertatem maiorem consequitur, quod saepius et minore inpensa excolitur. At quae protinus in terram porrecta est, multum sed non bonae notae uinum facit.

Vinea optime repastinato agro ponitur, nonnumquam tamen uel melius quibusdam locis sulcis committitur, interdum etiam scrobibus deponitur. Sed, ut dixi, repastinatur iugerum in altitudinem pedum trium operis octoginta; | sulcum autem 3
terrenum altum duorum, longum septuaginta una opera effodit; scrobes ternarios, id est quoquouersus pedum trium, una opera facit XVIII; uel si cui cordi est laxius uites ponere, scrobes quaternarios, id est quoquouersus pedum quaternum, una opera duodecim facit, uel bipedaneos quoquouersus una

4 disputabimus S^2R : -uimus S^1A 5 *rubr.* V (VI *mg. A*) GENERA VINEARVM 6 quae *Holford-Strevens* : quia *SAR* 7 creant *S* : careant *AR* 10 est *secl. André ap. Goujard* : <quae> est *Lundström* 11 a Poenis usurpata *Lundström* : aponisurpata *SAR* consistens id genus *Iucundus* : consistent in genus *AR*, ingens *S* 12 iugatae *Iucundus* : -tum *SAR* 14 at *R* : ad *SA* 17 porrecta *S* : prorecta *A* : proiecta *R* 21 operis *S* : -ros *AR* 22 altum *S* : *om. AR* : pedum ς opera ς : opere *SAR* 24 si *secl. Richter, fort. recte*

opera uiginti effodit. Curandum autem est ut locis aridis et cliuosis altius uitis deponatur quam si umidis et planis. Item si scrobibus aut sulcis uineam posituri erimus, optimum erit ante annum scrobes uel sulcos facere.

4 Vinea quae angustissime conseritur, quoquouersus quinque pedum spatio interposito ponitur, inter septem uel octo pedes quae rarissime <uel>, ut etiam facile arari possit, inter denos pedes constituitur. Haec positio uinearum modum sine dubio agri maiorem occupat, sed ualentissima et fructuosissima est. Cum semina depones, imum scrobem uel sulcum bidentibus fodito mollemque reddito. Vitem, quam ponis, fac ut ad orientem spectet adminiculo religata. In imo scrobe lapides circa pondo quina ita ponito, ne uitem premant sed iuxta radices
5 sint. Praeterea post haec uinaceae heminam uuae albae in nigra, uuae nigrae in alba ponito, atque ita scrobem uel sulcum {cum} instercorata terra ad medium conpleto. Triennio deinde proximo paulatim scrobem uel sulcum usque in summum conpleto; sic uites consuescent radices deorsum agere. Spatium autem radicibus qua repant lapides praebent et hieme aquam repellunt, aestate umorem praebent; uinaceae uitis radices agere cogunt.

DE CVLTVRA VINEARVM

Quoniam praecepimus quemadmodum uites ponendae sint, nunc culturam earum docebimus.

5 Vineam nouellam omnis gemmas agere sinito. Simulatque pampinus instar quattuor digitorum erit, tum demum pampinato et duas materias relinquito, alteram quam uitis

3 scrobibus *A^2R* : robibus *SA^1*   7 <uel> *Lundström*   10 bidentibus *R* : ui- *SA*   13 quina ita *SA* : quin alta *R*   premant ς : -mat *SAR*   14 uinaceae ς : uineaceae *SAR*   16 cum *SAR*, *del.* ς   20 uinaceae *Iucundus*, uitis *Lundström* : uineaceis *SAR* : -cei ς   22 *rubr.* VII (*mg.*) DE CVLTVRA VINEARVM   25 omnis *SA* : -nes *R*   27 relinquito *S^2R^** : reliquito *S^1AR^**

constituendae causa submittas, alteram subsidio habeas, si forte illa ordinaria interierit; hanc rustici custodem uocant. Proximo deinde anno, cum putabis uitem, meliorem unam uirgam relinquito, alteras tollito; tertio anno uitem in quam formam uoles, dum tenera est, conponito.

Si iugatam eris facturus, unam materiam submittito ita, ut 2
duas gemmas quae sunt proximae a terra falce acuta radas, quominus possint germinare, et deinde tres sequentis relinquas, reliquam partem uirgae amputes. Sin autem uitem in se consistere uoles, sicut arbori bracchia submitti patieris et dabis operam ut in orbem quam rotundissime formetur; nam praeterquam quod speciem habet sic conposita, tum etiam minus laborat, cum undique uelut aequilibrio stabilita in se requiescit. Sat erit autem, cum primo bracchia submittuntur, singulas gemmas singulis sarmentis relinqui, ne protinus onere grauetur. Post hanc putationem lectis sarmentis bidentibus alte 3
aequaliter uineam fodito uel, si ita late disposita erit, arato.

Ab Idibus Octobribus oblaqueare incipito, ante brumam oblaqueatam habeto. Per brumam uitem ne colito, nisi si uoles eas radices quae in oblaqueatione apparebunt, persequi. Tum demum optime amputabis, sed ita ne codicem laedas, sed potius instar digiti unius a matre relinquas et ita radicem reseces; nam quae protinus abraditur, praeterquam quod uulnus uiti praebet eoque nocet, tum etiam de ipsa cicatrice plures radices prorepunt. Itaque optimum est exiguam partem 4

2 hanc rustici A^{2}R : acrusti SA^1 4 alteras tollito *S* : *om. AR* quam ς : qua *SAR* 6 iugatam ς : -ta *SAR* eris *SA* : erimus *R* facturus *Pontedera*^{2} : facturi S^{1}AR : -ris S^2 unam materiam ς : una (uma *A*) materia *SAR* 7 acuta ς : acute *SAR* radas] eradas *Richter* 8 quominus *Holford-Strevens* : quo *SAR* : ne *ed. pr.* sequentis *SA* : -tes *R* 11 orbem S^2 : horrem S^{1}A : horreum *R* rotundissime S^2 : rut- S^1 : rutissime A^1 : rectissime A^{2}R 12 conposita ς : -tam *SAR* 16 lectis ς : lecti *SAR* bidentibus S^2 : uid- S^{1}AR 17 aequaliter ς : qualiter *SAR* 18 octobribus *SA* : -bris *R* 21 codicem SA^1 : corticem A^{2}R 24 eoque ς : eo quod *SAR* 25 prorepunt S^{2}R : prorepetunt S^{1}A

relinqui atque ita summas partes, quas aestiuas rustici appellant, resecare; quae sic resectae inarescunt nec ultra uitibus obsunt. Possunt etiam suboles per brumam caedi, eo magis quod frigoribus extirpatae minus recreantur. Peracta oblaqueatione ante brumam tertio quoque anno macerati stercoris ne minus sextarios binos ad radices uitium posuisse conueniet, praeterquam columbinum; quod si quo amplius quam heminam posueris, uiti nocebit. Post brumam deinde

5 oblaqueationem circumfodito. Ante aequinoctium uernum, quod est VIII Kalendas Apriles, oblaqueationem adaequato; post Idus Apriles terram ad uitem aggerato; aestate deinde quam potes saepissime occato. Iugerum uineae quinque operis oblaqueatur, quinque foditur, tribus occatur; iugerum ualentis et iam constitutae uineae quattuor operis putatur, sex alligatur.

6 Arbusto nihil eiusmodi potest ante finiri, quia inaequalitas arborum non patitur operis iusta conprehendi. Quibusdam placet uitem proximo anno translatam non putare, sequenti deinde anno purgare et unam uirgam quam submittamus ad tertiam gemmam resecare, tertio deinde, si uitis recte conualuerit, una plus gemma submittere, quarto duas gemmas proximae putationi adicere atque ita quinto demum anno uitem iugare. Hunc eundem ordinem culturae nos quoque experti conprobauimus.

6 DE RESECANDA VETERE VINEA ET PROPAGANDA

Veterem uineam, si in summo radices habebit, resecare nolito; alioquin etiam nouellam uineam quae ex resectione enata

1 rustici *R* : rusti *S* : fusti *A* 2 inarescunt *Schneider*[c] : inalescunt *SAR* 5 ante *S* : *om. AR* 6 binos S^2R : uinos S^1A posuisse ς : -set *SAR* 10 VIII *S* : octaua *AR* 15 potest ante *Lundström* : potestate *SAR* : potest apte ς quia *Lundström* : qua *S* : quam *AR* 19 ad *S* : at A^1 : ac A^2R 21 adicere *S* : adiecere *AR* 24 *rubr.* VIII. (*mg. A*) DE RESECANDA VETERE VINEA ET PROPAGANDA 26 alioquin ς : aliqui *SAR*

fuerit inutilem habẹbis, prima parte terrae natantibus radici-
bus, neque fructum uberem percipies et nihilominus celeriter
consenescet. Eiusmodi itaque uinea, si non peraridos habet
truncos et flecti potest, factis sulcis optime sternitur atque ita
renouellatur. Sin autem usque eo exaruit, ut curuari non 2
possit, primo anno summatim ita, ne radices eruas aut laedas,
oblaqueato eam et stercus ad radices addito atque ita putato,
ut paucas et certas materias relinquas, et fodias diligenter et
saepius pampines, ne omnino superuacua sarmenta nutriat. Sic 3
exculta longas et firmas materias creabit, quas sequenti anno
scrobibus inter ordines factis propaginabis ac deinde triennio,
dum conualescant, saepius fodies matremque ipsam onerabis,
nihil in posterum prospiciens ei quam sublaturus es; post
tertium annum matrem radicitus tolles atque ita nouellam
uineam ordinabis.

Sin autem uetus uinea dumtaxat generis boni radices alte 4
positas habebit ita, ut oblaqueatae non conspiciantur, eam
uineam circa Kalendas Martias, antequam reseces, oblaqueato
et protinus, cum alte oblaqueaueris, sic resecato: quattuor
digitos ab radicibus trunci relinquito et si fieri poterit, iuxta
aliquem nodum serrula desecato et plagam acutissimo ferro
deleuato; deinde minutam terram mediocriter stercoratam ita
superponito, ut adobruto trunco ne minus tres digiti terrae
super plaga sint; | hoc idcirco, ne sole inarescat et ut melius 5
materias citet percepto umore quem terra praebet. At quae mali

1 fuerit S^2R : -rint S^1A inutilem *Lundström* : uinutilem *SA* : uim inutilem *R* habebis *Lundström* : -bit *SAR* 3 non peraridos *S* : noperari *AR* habet (*ut uidetur*) S^2 : habent S^1AR 4 truncos *S* : runcos *AR* 5 curuari ς : curari *SAR* 6 possit ς : possint *SAR* 7 eam *S* : *om. AR* 8 ut ς : aut *SAR* 10 creabit S^2 : -uit S^1AR 11 propaginabis *Pontedera*[2] : propaginibus *SAR* 12 dum *ed. pr.* : cum *SAR* conualescant (*sc. propaginum materiae*) *Schneider*[c] : -scat *SAR* 13 ei *S* : et *AR* es ς : est *SAR* post tertium *Richter* : posterum *SAR* : in *ante* posterum *add.* ς, *ante* annum *Lundström* 16 uinea dumtaxat ς : uineam taxat *SAR* alte positas *S* : altero sitas *AR*

generis et infructuosa uinea est summasque partes eiuncidas et exesas habet, si radices eius satis alte positae sunt, optime inseretur ita ut oblaqueata et nudata pars ima secundum terram sic amputetur, ne cum aggerata fuerit supra terram extet.

7 DE PROPAGATIONE

Propagationum genera tria sunt in usu maxime: unum, quo uirga edita a matre sulco committitur, alterum, quo ipsa mater prosternitur atque in pluris palos per suas uirgas diuiditur, tertium, quo uitis finditur in duas uel tres partes, si diuersis ordinibus diducenda est. Hoc genus tardissime conualescit, quia uitis diuisa medullam amittit.

Et quoniam genera proposuimus, unumquodque qualiter faciendum sit demonstrabimus.

2 Virgam cum a matre in terram deprimere uoles, scrobem quoquouersus quattuor pedum facito, ita <ut> propala non laedatur alterius radicibus; deinde quattuor gemmas quae in imum scrobem perueniunt, relinquito, ut ex his radices citentur; reliquam partem, quae continens matri est, adradito, ne
3 superuacua sarmenta procreet. Diuersae autem quae supra terram extare debent, ne passus fueris plus quam duas aut ut maxime tres gemmas habere; reliquas quae in terram absconduntur, exceptis quattuor imis fac adradas, ne in summo radices uitis citet. Hoc modo propagata celeriter conualescit et tertio
4 anno a matre separabitur. Sin autem ipsam uitem sternere uoles, iuxta radicem ita, ne ipsam laedas, curiose fodito et

1 eiuncidas *Lundström* : et iuncidas *SAR* 2 habet ς : habent *SAR* 6 *rubr.* VIIII. (*mg. A*) DE PROPAGATIONE 10 diuersis *A²R* : diueris *SA¹* 11 diducenda *Iucundus* : de- *SAR* 12 quia *SA* : qui *R* diuisa *S* : -sam *AR* 14 demonstrabimus ς : -uimus *SAR* 16 ut *hic add. Iucundus, ante* non ς propala] propago ς 21 debent ς : debet *SAR* 23 radices ς : radice *SAR* 24 uitis *AR* : uites *S* 26 radicem *S* : radice *AR*

uitem ita subplantato ne radicem abrumpas. Cum eam straueris
{quousque} et uideris quousque possit pertingere, sulcum
facies unum in quem uitem integram demittas; deinde ex eo
sulco quasi ramos fossarum facies per quos, ut quaeque uirga
postulauerit, propaletur, atque ita terra adoperies. Sin autem 5
uitis exiguam materiem habebit et in diuersos ordines
diducenda erit, neque aliter potuerit palos ad quos perducitur
pertingere quam ut diffluuietur, curabis ut quam acutissima
falce ab ea parte qua bifurca est findas eam et idem ferro acuto
plagam emendes, sicubi inaequaliter findi uidebitur; sic diducta
poterit in plures ordines diuidi.

Non inutilis est etiam illa propagatio quam nos repperimus: 6
si quando in ordinem uitis deest neque est tam procera uirga
quae, cum in imum scrobem demissa fuerit, retorqueri et
erigi supra terram possit, breuitatem ne reformidaueris, sed
qualemcumque uirgam cuius cacumen in imum scrobem
peruenit deprimito et obruito; deinde gemmas quae secun-
dum ipsam matrem sunt submittito, ut materias a superiore
parte citent. Tum demum post triennium a matre amputato et
ad suum palum eam partem quam a matre eius praecideris
reducito et caput uitis facito; propaginis scrobem minime
triennio paulatim conpleto, summas radices praecidito, crebre
fodito.

1 straueris ς : statueris *SAR* 2 quousque *del.* ς 3 demittas *Iucundus* : di- *SAR* 5 postulauerit *Holford-Strevens*: -uit *SAR* : -bit *Richter* propaletur] propagetur *Iucundus* 6 exiguam materiem *AR* : -gua -riae *S* 7 diducenda *Iucundus* : de- *SAR* 8 diffluuietur SA^2 : -fluietur A^1 : -fluetur *R* 9 qua bifurca *S* : quabitur furca *AR* 10 diducta S^2R : de- S^1A 13 in ordinem] in -ne *Richter* 14 demissa ς : di- *SAR* 15 supra *S* : sup(er)a *A* : super *R* reformidaueris *AR* : reformideris *S* 17 peruenit] *an* peruenerit (*Holford-Strevens*)? 20 eius *Richter* : ei *S* : et *AR*

8 DE INSITIONE

Cum uitem inserere uoles, optimi generis sarmenta fructuaria,
tum cum gemmas agere incipient, uento Austro a matre prae-
cidito; sarmentum quod inseris de summa uite sit, rotundum,
bonis crebrisque nodis. Tres deinde nodos integerrimos relin-
quito; infra tertiam gemmam ex utraque parte duorum digito-
rum spatium in modum cunei tenuissimo scalpello acuito ita,
2 ne medullam laedas. Vitem deinde quam insiturus es resecato
et plagam leuato atque ita findito, et paratos surculos in fis-
suram demittito eatenus qua adrasi sunt ita, ut cortex surculi
corticem uitis aequaliter contingat. Quicquid inserueris, uimine
ulmiue libro diligenter ligato, luto subacto paleato oblinito
plagam et adligato, ne aqua uentusue penetrare possit; deinde
supra lutum muscum inponito et ita deligato; ea res praebet
3 umorem nec inarescere sinit. Infra insitionem et adligaturam
falce acuta leuiter uitem uulnerato ex utraque parte, ut ex
his potius plagis umor defluat quam ex insitione ipsa abundet;
nocet enim nimius umor nec patitur surculos insertos
conprehendere.

Quibusdam antiquorum terebrari uitem placet atque ita
leuiter adrasos surculos demitti, sed nos meliore ratione hoc
idem fecimus; nam antiqua terebra scobem facit et propter hoc
urit eam partem quam perforat; praeusta autem pars raro
4 umquam conprehendit insertos surculos. Nos rursus terebram
quam Gallicanam dicimus huic insitioni aptauimus; ea excauat

1 *rubr.* X (*mg. A*) DE INSITIONE 4 summa uite *R* : -mam -tem *SA* 7 acuito ς : acuto *SAR* 8 es S^2R : est S^1, (?)*A* 10 demittito *Iucundus* : di- *SAR* 11 uimine ulmiue libro diligenter *Richter* : uimide uluidini legenter libro *SAR* : ulmi diligenter libro uel uimine *Lundström* 14 praebet] prohibet *Pontedera*[2] : *an* cohibet (*Holford-Strevens*)? 16 his *AR* : is *S* 17 humor *R* : (h)umore *SA* 21 demitti *S* : di- *AR* 22 scobem SA^1 : scrobem A^2R et *S* : *om. AR* 24 terebram ς : -ras *SAR* 25 gallicanam ς : gallinacam *SAR* excauat *Iucundus* : -bat SA^1 : exsiccabat A^2R

nec urit, quia non scobem sed ramenta facit. Itaque cauatum foramen cum purgauimus, undique adrasos surculos inserimus atque ita circumlinimus; talis insitio facillime conualescit. Igitur secundum aequinoctium perfectam uitium insitionem habeto; umida loca de uua alba, sicca de nigra inserito.

INFRVCTVOSAS VITES FECVNDAS FACERE

Vites quae exiguum dant fructum aceto acri cum cinere rigato ipsumque codicem eodem cinere linito. At si fructum quem 5
ostendunt ad maturitatem non perducunt, sed priusquam mitescant uuae inarescunt, hoc modo emendabuntur: cum instar ad erui amplitudinem acini habuerunt, radice tenus uitem praecidito, plagam acri aceto pariter ac lotio ueteri permixta terra linito eodemque radices rigato, saepe fodito; <ita> materias citabit eaeque fructum perferent.

VT VVAE ACINORVM GENERA CONPLVRA HABEANT 9

Est etiam genus insitionis quod uuas tales creat in quibus uarii generis ac saporis colorisque reperiuntur acini; hoc autem ratione tali efficitur: quattuor uel quinque, siue etiam plures uoles, uirgas diuersi generis sumito easque diligenter et aequaliter conpositas conligato, deinde in tubulum fictilem uel cornu arte inserito ita, ut aliquantum extent ab utraque parte, easque partes quae extabunt resoluito, in scrobem deinde ponito et terra stercorata obruito ac rigato, donec gemmas

1 quia *SA* : qui *R* scobem *SA*[1] : scrobem *A*[2]*R* 4 insitionem *S* : -ne *AR* 7 quae *S* : quam *AR* aceto acri *S* : acetum agri *AR* rigato *ego* (*cf. Plin. N.H.* 17. 261) : arigato *SAR* : arrigato *uel* ad- ς 8 at si *S*[2] : ad si *S*[1]: adsit *AR* quem ς : quae *SAR* 10 emendabuntur *S*[2] : emund- *S*[1]*AR* 11 instar ad erui *S* : insitione *AR* 14 ita *add. Richter*, sic *post* materias *Lundström* citabit eaeque *Lundström* : citauit eae que *S* : cita uite aeque *AR* perferent *Richter* : -runt *SAR* 15 *rubr.* XI. VT VVA ACINORVM GENERA CONPLVRA HABEANT 16 creat *S* : careat *AR* 17 ac saporis *S* : *om. AR* 23 ponito *SA*[2] : imponito *A*[1]*R*

2 agant. Cum inter se uirgae cohaeserint, post biennium aut triennium facta iam unitate dissolues tubulum, et circa medium fere crus, ubi maxime uidebuntur coisse, uitem serra praecidito et plagam leuạto, terramque minutam aggerato ita, ut tribus digitis alte plagam operiat. Ex eo codice, cum egerit coles, duos optimos submittito, reliquos deicito; sic uuae nascentur quales proposuimus.

3 AGIGARTA

Malleolum findito ita, ne gemmae laedantur, medullamque omnem eradito; tum demum in se conpositum conligato sic, ne gemmas alliges, atque ita terra stercorata deponito et rigato. Cum coles agere coeperit, saepe et alte refodito; adulta uitis tales uuas sine uinaceis creabit.

10 VINEAM QVOMODO PVTES

Vindemia facta statim putare incipito ferramentis quam optimis et acutissimis; ita plagae leues fient neque in uite aqua consistere poterit, quae simulatque inmorata est corrumpit uitem uermesque et alia creat animalia quae materiam exedunt. Plagas autem rotundas facito, nam celerius cicatricem ducunt.
2 Sarmenta lata, uetera, male nata, contorta, omnia haec praecidito; nouella et fructuaria et interdum subolem idoneam, si iam superficies parum ualebit, submittito bracchiaque conseruato. Quam celerrime poteris putationem perficito. Arida et uetera, falce quae amputari non possunt, acuta dolabra abradito. In agro macro et sicco uineam inbecillam ante brumam putato; quam partem non deputaueris, circa Kalendas

8 *rubr.* XII. (*mg. A*) AGIGARTA (-RATA *A*)   11 alliges] adlidas ς   12 alte refodito ς : altero fodito *SAR*   13 creabit *S* : -uit *AR*   14 *rubr.* XIII. (*mg. A*) VINEAM QVO MODO PVTES   16 acutissimis *S* : -mas *AR*   17 inmorata ς : inmortale *SAR*   19 rotundas *R* : -dos *SA*   26 putato *SA* : amputato *R*

Februarias repetito. Ab Idibus Decembribus ad Idus Ianuarias ferro tangi uitem et arborem non conuenit.

Cum uitem putabis, inter duas gemmas secato; nam si iuxta 3
ipsam gemmam secueris, laborabit nec materiem citabit. Cicatrix autem semper deorsum spectet; ita neque aqua neque sole laborabit umoremque recte capiet. In agro crasso ualidaque uinea plures gemmas et palmas relinquito, in exili pauciores. Sicubi in uite bracchium desiderabitur, falce acuta semel aut bis eo loco alte instar digiti mucrone ferito. Bracchium quamuis longum caue totum tollas, nisi si totum aruerit.

DE FOSSVRA 4

Vineam nouellam ante brumam oblaqueatam habeto, ut omnes imbres limumque concipiat. Vites arboresque, quo citius ablaqueaueris, erunt ualentiores. Sed quaecumque in cliuis erunt positae, ita ablaqueandae sunt, ut a superiore parte secundum codicem lacusculi fiant, ab inferiore autem puluilli altiores excitentur, quo plus aquae limique contineant. Vinea uetus 5
neque oblaqueanda est, ne radices quas in summo habet inarescant, neque aranda, ne radices abrumpantur. Bidentibus saepe et alte fodito aequaliter et stercore uel palea conspargito solum ante brumam uel, cum circum ipsam uitem summatim ablaqueaueris, stercorato.

DE PAMPINATIONE 11

Vineam quam putare tam bene pampinare utile est; nam et materiae quae fructum habent, melius conualescunt et putatio

4 laborabit ς : -uit *SAR* citabit ς : -uit *SAR* 5 deorsum ς : orsum *SAR* 6 laborabit *S*^{2} : -uit *S*^{1}*AR* 8 desiderabitur *Lundström* : -rabit *S*^{2} : -rauit *S*^{1}*AR* 9 loco *R* : lo *SA* 11 XIIII. (*mg. A*) DE FOSSVRA *rubr. pr. SAR** : *om. R** 16 puluilli altiores *Lundström* : pullia lidiores *SAR* : pulli ualidiores ς 19 bidentibus *S*^{2} : ui- *S*^{1}*AR* 23 *rubr.* XV. (*mg. A*) DE PAMPINATIONE (PAN- *S*) 24 uineam *R* : uinea *SA* bene *SA*^{2} : uenae *A*^{1} : uere *R*

sequentis anni expeditur; tum etiam uitis minus cicatricosa fit, quoniam quod uiride et tenerum decerpitur protinus
2 conualescit; | super haec quoque melius <uuae> maturescunt. Ante dies decem quam uinea florere incipit, pampinatam habeto. Quicquid superuacui enatum fuerit, tollito. Quod in cacumine aut in bracchiis natum erit, decerpito, dumtaxat quae uuam non habebunt. Cacumina uirgarum, ne luxurientur, demutilato. Vuas quae meridiem aut occidentem spectabunt, ne praeurantur, suo sibi pampino tegito.

12 Simulatque uua uariari coeperit, fodito tertiam fossuram et, cum iam maturescet, ante meridiem priusquam calere incipiet, cum desierit, post meridiem fodito pulueremque excitato; ea res et a sole et a nebula maxime uuam defendit. Lutulentam terram neque arare neque fodere oportet, quia ualde durescit et
2 finditur. Bidentibus terram uertere utilius est quam aratro. Bidens aequaliter totam terram uertit; aratrum, praeterquam quod scamna facit, tum etiam boues qui arant aliquantum uirgarum et interdum totas uites frangunt. Finis autem fodiendi uineam nullus est; nam quanto saepius foderis, tanto uberiorem fructum reperies.

13 NE RVBIGO VINEAM VEXET

Palearum aceruos inter ordines uerno tempore positos habeto in uinea. Cum frigus contra temporis consuetudinem intellexeris, omnis aceruos incendito; ita fumus nebulam et rubiginem remouebit.

1 expeditur *S* : -tus *AR* : -tior ς   3 quoque *ed. pr.* : quo *SAR*   uuae *add.* ς   maturescunt] -scant ς : -scat *Lundström*   8 demutilato *ed. pr.* : di- *SAR*   9 suo ς : sua *SAR*   sibi *AR* : siui *S*   15 bidentibus *et mox* bidens S^2R : ui- S^1A 17 scamna *S* : scana *AR*   21 *rubr.* XVI (*mg. A*) NE RVBIGO VINEAM VEXET   22 aceruos . . . 24 aceruos A^2R : -bos *utrubique* SA^1 23 uinea *ed. pr.* : -am *SAR*

NE FORMICA VITEM ASCENDAT 14

Lupinum terito et cum fracibus misceto eoque imam uineam circumlinito, uel bitumen cum oleo coquito, eo quoque imas uites tangito; formicae non excedent.

NE SORICES VVAS COMEDANT 15

Vites quae secundum aedificia sunt, a soricibus aut muribus infestantur. Id ne fiat, plenam lunam obseruabimus, cum erit in signo Leonis uel Scorpionis uel Sagittarii uel Tauri, et noctu ad lunam putabimus.

NE VOLVCRA VITEM LAEDAT

Genus est animalis, uolucra appellatur; id fere praerodit teneros adhuc pampinos et uuas. Quod ne fiat, falces quibus uineam putaueris, peracta putatione sanguine ursino linito; uel si pellem fibri habueris, in ipsa putatione, quotiens falcem acueris, ea pelle aciem detergeto atque ita putare incipito.

Quoniam de uineis abunde diximus, de arbustis praecipiamus.

DE ARBVSTIS 16

Vitem maxime populus alit, deinde ulmus, deinde fraxinus. Populus, quoniam frondem idoneam <non> habet, a plerisque inprobatur. Vlmus autem quam Atiniam uocant rustici generosissima est et laetissima multamque frondem habet, eaque maxime serenda est locis pinguibus uel etiam mediocribus; sed

1 *rubr.* XVII (*mg. A*) NE FORMICA VITEM ASCENDAT   2 fracibus *ed. pr.* : fragibus *SAR*   3 coquito *R* : cocito *SA*   eo quoque] eoque *Reeve, sed* uel *idem quod* et si uoles *uidetur ualere*   4 formicae ς : -cam *SAR*   5 *rubr.* XVIII. (*mg. A*) NE SORICES VVAS COMEDANT   9 putabimus *R* : -uimus *SA*   10 *rubr.* XVIIII. (*mg. A*) NE VOLVCRA (-CRAM *S*) VITEM LAEDAT   11 appellatur ς : -lantur *SAR*   teneros ς : -ras *SAR*   13 linito *SR* : lito *A*   18 *rubr.* XX. (*mg. A*) DE ARBVSTIS   19 fraxinus *R* : -neus *SA*   20 quoniam *SA* : cum *R* (*ut fere semper*) : quia non *Lundström*   non *hic addidi, ante* frondem *Iucundus*

si aspera et siticulosa loca arboribus obserenda erunt, neque populus neque ulmus tam idoneae sunt quam orni; hae autem siluestres fraxini sunt, paulo latioribus tamen foliis quam ceterae fraxini, nec deteriorem frondem quam ulmi praestant.
2 Caprae quidem et oues uel libentius etiam hanc frondem
adpetunt.

Igitur qui arbustum constituere uolet, ante annum quam deponantur arbores, scrobes faciat quattuor quoquo<uersus pedum. Postero> anno deinde circa Kalendas Martias in eandem scrobem ulmum et populum uel fraxinum deponat, ut si ulmus defecerit, populus uel fraxinus locum obtineant. Si autem utraque uixerint, altera eximatur et alio loco disponatur. Arbustum inter quadragenos pedes dispositum esse conuenit; sic enim et ipsae arbores et appositae uites melius conualescent fructumque meliorem dabunt; segetes etiam quae in eo erunt minus umbra laborabunt.

3 Arborem quam deposueris saepius circumfodito, quo celerius adolescat, et triennium ferro ne tetigeris. Conpletis sex et triginta mensibus ad recipiendam uitem formabis, superuacuos ramos amputabis, alterna bracchia in modum scalarum relinques alternisque annis putabis; sexto anno, si iam firma uidebitur, maritabis hoc modo: ab ipso arboris crure pedale spatium intermittito; dein sulcum in quattuor pedes longum, in tres altum, in dupondium semissem latum cum feceris, patiere
4 minime duobus mensibus eum tempestatibus uerberari. Tum
demum circa Kalendas Martias uitem de seminario ne minus decem pedum sternito et adminiculato arborique iungito; eam

1 obserenda ς : obseruanda *SAR* 2 hae *ego* : ae *SAR* : eae *Iucundus* autem *Lundström* : aut *AR* : *om. S* 4 fraxini *R* : fraxi *SA* 5 hanc *R* : hac *SA* 8 deponantur *Lundström* : deponant *SAR* quattuor] *an* quaternum (*Holford-Strevens*)? quoquouersus ς : quoquo *S* : quoque *AR* 9 <pedum (*ante* quoquouersus *iam Iucundus*) postero> anno *Lundström* : annum *SAR* : *del.* ς : <post> annum *Goujard* eandem *R* : eadem *SA* 12 eximatur ς : exima (-mia *R*) eximatur *SAR* 18 adolescat ς : -scant *SAR* 19 formabis ς : -ris *SAR* 21 putabis *S* : *om. AR* 23 in[1] *Iucundus* : inter *SAR* 26 ne ς : de *SAR*

proximo anno ne putaueris, tertio uere ad unam uirgam redigito paucasque gemmas relinquito, ne, antequam inualuerit, in altitudinem repat. Cum deinde amplum incrementum habuerit, per omnia arboris tabulata disponito materias, ita tamen ne uitem oneres, sed certa et robustissima flagella summittas. Arbustiuam uitem quam putare tam alligare diligenter oportet, nam in eo fructus maxime uis consistit, diutiusque perennat, quae firmis toris et idoneis locis religata est; itaque omnibus annis conuenit subsequi putationem ita, ut tori renouentur et uitis per idoneos ramos disponatur.

DE OLIVETO **17**

Olea maxime collibus siccis et argillosis gaudet, at umidis campis et pinguibus laetam frondem sine fructu adfert. Melius autem truncis quam plantis oliuetum constituitur. Magoni placet siccis locis oliuam autumno post aequinoctium seri ante brumam; nostrae aetatis agricolae fere uernum tempus circa Kalendas Maias seruant. Oportet autem scrobem oleae quo- 2
quouersus pedes quaternos facere, in imum scrobem lapidem glareamque abicere, deinde super terram quattuor digitorum inicere, tum arbusculam deponere ita rectam, ut quod scrobe extiterit in medio sit; arbusculam autem a tempestatibus tueri diligenter adminiculando et terram quae <in> scrobem

14 Magoni: *cf. fr.* 22 *Speranza*

2 gemmas ς : -masque *SAR* inualuerit *A*^{2}*R* : -ris *SA*^{1} 3 cum deinde *S* : deinde *AR* 4 habuerit *S*^{2} : haberet *S*^{1}*AR* materias *S* : materia si *AR* 6 arbustiuam *S* : -ua *AR* alligare ς : al(l)isgera *SAR* 7 uis *R* : ius *SA* 8 perennat *R* : perannat *S*^{2}*A*, -nis *S*^{1} toris *S*^{2} : storis *S*^{1}*AR* 9 *ante* subsequi *add.* adligationem *Goujard* 11 *rubr.* XXI (*mg. A*) DE OLIVETO (-VATO *A*) 13 frondem *SA* : -dere *R* 15 autumno *S* : autem non *AR* 16 fere *S* : ferre *AR* 17 maias] martias ς, *fort. recte* 18 facere *Richter* : patere *SAR* : *an* patentem facere? 19 abicere] *an* ad-? 20 inicere *R* : inigere *SA* 21 medio *S* : -dium *AR* arbusculam *AR* : -lum *S* 22 terram *S* : -ra *AR* : -rae *Richter* in *add.* ς

3 reponitur stercori inmiscere. Oleam decet inter sexagenos pedes disponi, ut spatium in latitudinem crescendi habeat; nam quae in proceritatem extenduntur euanidae fiunt parumque fructus ferunt.

Optima est oleo Liciniana, <posia escae>, posia secunda oleo, escae orchita; sunt et regiae et radii non sine specie <sed> neque oleo neque esui tam gratae quam quas supra diximus. Si oleam posueris eo loco unde quercus effossa est, emorietur, ideo quod quidam uermes, qui raucae dicuntur, in radice quercus nascuntur eique maxime semina oleae consumunt. Si in olea unus ramus aliquanto ceteris laetior est, nisi eum
4 recideris, arbor tota fiet retorrida. Omnes arbusculas, priusquam transferas, rubrica notare conuenit, ut cum serentur easdem caeli partes aspiciant quas etiam in seminario conspexerant; alioquin frigore uel calore laborabunt ab îs partibus quas contra consuetudinem sub alio aere positas habuerint.

18 DE POMARIO CONSTITVENDO

Priusquam pomarium constituas, quam magnum habere uoles circummunito macerie aut fossa ita, ut non solum pecori sed nec homini transitus sit nisi per ostium, dum adolescant semina; nam si saepius cacumina manu praefracta aut a pecore
2 praerosa fuerint, in perpetuum corrumpuntur. Generatim autem arbores disponere utile est, maxime ne inbecilla

18 *Col.* 5. 10. 1–2

1 stercori] -re *Lundström* : -ra *Richter* inmiscere] miscere *Lundström* 5 <posia escae> *Richter* posia *Lundström* : posita *SAR* 6 sed *add. Reeve* 7 esui tam *Schneider* : sui tam *S* : suui tam A^{1}: subitam $A^{2}R$ 8 emorietur *R* : emerietur *SA* 9 raucae dicuntur *Lundström* (*cf. Plin. H.N.* 17. 130) : runte ducuntur *SAR* 12 arbusculas *S* : -lus *AR* 13 transferas ς : -rat *SAR* 15 iis ς : his *SAR* 16 quas ς : quae *SAR* aere *Lundström* : ae *SAR* 17 *rubr.* XXII. (*mg. A*) DE POMARIO CONSTITVENDO 20 transitus *S* : -tu *AR* ostium ς : odium *SAR* 21 nam *S* : *om. AR* praefracta *R* : -facta *SA* aut a ς : ausa *SAR* 23 utile est ς : utilis $S^{2}AR$, -li S^{1}

a ualentiore prematur, quia nec uiribus nec magnitudine sunt pares neque pariter crescunt. Terra quae uitibus apta est eadem quoque utilis est arboribus.

DE SCROBIBVS FACIENDIS **19**

Ante annum quam poma disponere uoles, scrobes fodito; ita sole pluuiaque macerabuntur et quod posueris cito conprehendet. Sed si, quo anno scrobes feceris, etiam semina ponere uoles, minime ante duos menses fodito scrobes, postea stramentis eos inpleto et incendito. Quo latiores patentioresque scrobes feceris, hoc erunt laetiores uberioresque fructus.
Scrobis clibano similis esto, imus quam summus patentior, ut 2
laxius radices uagentur ac minus frigoris minusque aestate uaporis per angustum ostium intret, tum etiam cliuosis locis terra quae in eum congesta est pluuiis non abluatur. Arbores 3
raris interuallis serito, ut cum creuerint, spatium habeant quo ramos extendant; nam si spisse posueris, neque infra quid serere poteris nec {si} ipsae fructuosae erunt, nisi interuulseris. Itaque placet inter ordines quadragenos pedes minimumque tricenos relinqui {uolseris}.

QVOMODO SEMINA LEGAS **20**

Semina lege ne minus crassa quam manubrium est bidentis, recta leuia procera, sine ulceribus, integro libro; ea bene et

5 *Col.* 5. 10. 2–5   21 *Col.* 5. 10. 6–8

1 a *S* : *om. AR* quia ς : qua *SA* : quae *R* 4 *rubr.* XXIII. (*mg. A*) DE SCROBIBVS FACIENDIS 5 *supra* ante annum *habent* De scrobibus id est defossis *AR* : *om. S* 9 patentioresque ς : patien- *SAR* 10 uberioresque S^2 : super- S^1AR 11 esto *Lundström* : est *SAR* 13 ostium intret *Lundström* : ostentarit *SAR* : os penetret ς (*cf.* 5. 10. 4) 15 raris *Vrsinus* : pares *SAR* serito ς : sepito *SAR* 17 si *del.* ς interuulseris *S* : -uaseris *AR* 18 ordines ς : -nem *SAR* 19 uolseris *del.* S^2 ς 20 *rubr.* XXIIII. (*mg. A*) QVOMODO SEMINA LEGAS 21 bidentis S^2 : ui- S^1AR

celeriter conprehendunt. Semina si ex arboribus sumes, de îs potissimum sumito quae omnibus annis bonos et uberes ferunt fructus. Obseruabis autem ab umeris qui sunt contra solem orientem, ut eosdem decerpas. Set si cum radice plantam posueris, incrementum ei maius futurum quam ceteris senties.

2 Arbos insita fructuosior quam quae insita non est, id est quam quae ramis aut plantis ponitur. Priusquam arbusculas transferas, rubrica uel alia qualibet re signato, ut isdem uentis quibus ante steterint constituas eas, curamque adhibeto ut ab superiore et sicciore et exiliore in planiorem umidiorem pinguiorem agrum transferas. Semina trifurca maxime ponito; ea extent supra terram tribus pedibus. Si in eodem scrobe duas aut tres arbusculas ponere uoles, curato ne inter se contingant, nam ita uermibus interibunt.

3 Cum semina depones, dextra sinistraque usque in imum scrobem fasciculos sarmentorum bracchii humani crassitudine deponito ita, ut supra terram paululum extent, per quos aestate paruo labore aquam radicibus sumministres. Arbores aut semina <cum> radicibus autumno serito circa Idus Octobres; taleas et ramos uere antequam germinare arbores incipiunt deponito. Sed ne tinea molesta sit seminibus ficulneis, in imum scrobem taleam lentisci ita, ut cacumen eius deorsum spectet, obruito.

1 conprehendunt *SR* : -prend- *A*   is *S* : his *AR*   2 sumito S^2R : sumisuto S^1A 4 decerpas set S^2 : decertasset S^1AR plantam ς : -ta *SAR*   5 ei maius *Lundström* : eius *SAR*   futurum (*Iucundus*) quam *Lundström* : fruitque *SA* : fueritque *R*   6 arbos *S* : arbus *AR*   7 ramis ς : ramus *SAR*   plantis S^2 : planis S^1AR 8 alia *S* : ali *AR*   qualibet *R* : qualibent *SA*   9 quibus *S* : *om. AR*   steterint ς : sterunt *SA* : steterunt *R*   constituas *S* : -tues *AR*   12 si *S* : *om. AR*   14 ita ς : ut *SAR*   interibunt *Lundström* : interbunt *S* : interimunt *AR*   15 sinistraque usque ς : sinistrasinis quo *AR*, quae *S*   16 brachi *AR* : brachium *S*   19 cum *add.* ς   20 taleas ς : tala *SAR*   21 ne tinea A^2, -nia *S* : nec in ea *R* : *om.* A^1

QVANDO FICVS SERENDA SIT 21

Ficum frigoribus ne serito. Loca aprica calculosa glareosa, interdum et saxeta amat. Eiusmodi agro cito conualescit, si scrobes amplos et idoneos feceris. Ficorum genera etiam si sapore et habitu differunt, tamen uno modo, sed dispari loco pro differentia agri seruntur: locis frigidis et autumni temporibus aquosis praecoques serito, ut ante pluuiam fructum deligas; locis calidis hibernas serotinas serito. At si uoles ficum quamuis non natura seram facere, cum grossuli minuti erunt, fructum decutito; ita alterum edet fructum, in hiemem seram
differet maturitatem. Nonnumquam etiam, cum frondere 2
coeperint arbores, cacumina fici acutissimo ferramento summa amputare prodest; sic firmiores arbores et feraciores fiunt. Semper proderit, simulac folia agere coeperit ficus, rubricam amurga diluere et cum stercore humano ad radicem infundere; ea res efficit uberiorem fructum et fartum fici speciosius et plenius.

DE CETERIS POMIS 22

Nucem Graecam serito Arcturi signo uel circa Kalendas Februarias, quia prima gemmascit. Agrum calidum durum siccum desiderat, nam in locis diuersis eiusmodi natura si posueris nucem, protinus putrescet. Antequam nucem deponas, in aqua mulsa ne nimis dulci macerato; ita iucundioris saporis fructum, cum adoleuerit, praebebit et interim melius atque celerius
nascetur. Ternas nuces in trigonum statuito, parsque acutior 2

2 *Col.* 5. 10. 9–11 19 *Col.* 5. 10. 12–14

1 *rubr.* XXV. (*mg. A*) QVANDO FICVS SERENDA SIT 2 glareosa *S* : -sum *AR* 3 agro *S* : agra *AR* 5 dispari loco pro differentia agri *Lundström* : dis pro differentia agri pari loco *SAR* 8 at S^2R : ad S^1A 10 ita *S* : iterum *AR* fructum] sic ut *Richter* seram ς : serum *SAR* 11 differet ς : -rat *SAR* 14 rubricam S^1, (?)*A* : -ca S^2 : subricam *R* 18 *rubr.* XXVI. (*om. A*) DE CETERIS POMIS 20 quia *SA* : qui *R* gemmascit *S* : cemmascit *A*, *similiter R* 21 eiusmodi natura *fort. secludendum* (*cf.* 5. 10. 12)

inferior sit, quia inde radices mittit, nuxque a nuce minime palmo absit et anceps ad Fauonium spectet. Omnis nux unam radicem mittit et simplici stilo prorepit. Cum ad scrobis solum radix peruenit, duritia humi coercita recuruatur et extensa in modum ramorum alias radices emittit.

Nucem Graecam et auellanam Tarentinas hoc modo facere
3 poteris: | in quo scrobe destinaueris nuces serere, terram minutam in modum semipedis ponito ibique semen ferulae iacito; cum ferula fuerit enata, eam findito et in medullam eius sine putamine nucem Graecam uel auellanam abscondito et ita adobruito. Hoc ante Kalendas Martias facito, uel etiam inter Nonas et Idus Martias. Hoc eodem tempore iuglandem et pineam et castaneam serere oportet.

23 Malum Punicum uere usque in Kalendas Apriles recte seritur. Quod si acidum aut minus dulcem fructum feret, hoc modo emendabitur: stercore suillo et humano et lotio humano uetere radices rigato; ea res et fertilem arborem reddet et primitiuos annos fructum uinosum, post uero etiam dulcem et apyrenum facit. Nos exiguum admodum laser Cyrenaicum uino diluimus et ita cacumina arboris summa obleuimus; ea res emendauit
2 acorem malorum. Mala Punica ne rumpantur in arbore, remedio placuit lapides tres, si cum seres arborem ad radicem ipsam conlocaueris; at si iam arborem satam habueris, scillam secundum radicem arboris serito. Alio modo, cum iam matura mala fuerint, antequam rumpantur, peciolos quibus pendent, intorqueto; eo modo seruabuntur etiam anno toto.

14 *Col.* 5. 10. 15–16

1 nuxque *S* : nuncque *AR*   2 palmo *S* : palm(a)e *AR*   fauonium *AR* : fonium *S*   6 auellanam *R* : ab- *SA*   9 iacito *S* : facito *AR*   10 auellanam *R* : ab- *SA*   14 *ante c.* 23 De malo punico *ins. ed. pr.*   18 apyrenum] apirinum *SAR* (*cf. ad* 5. 10. 15)   19 laser cyrenaicum ς, *Iucundus* : la cyr- A^2R^*, cir- SA^1R^* : *an* laseris Cyrenaici (*cf.* 5. 10. 15)?   20 emendauit *S* : semendauit *AR*   23 at S^2R : ad S^1A 26 etiam *S* : et cum *AR*

Piros autumno ante brumam serito ita, ut minime dies quinque et uiginti ad brumam supersint. Quae ut sint feraces, cum iam adoleuerint, alte ablaqueato et iuxta ipsam radicem truncum findito; in fissuram cuneum pineum taedae adigito et ibi relinquito; deinde obruta oblaqueatione cinerem supra terram spargito. **24**

Mala aestiua, Cydonea, sorba, pruna post mediam hiemem usque in Idus Februarias serito. Morum ab Idibus Februariis usque in aequinoctium uernale recte seres. Siliquam Graecam, quam quidam ceratium uocant, item Persicum ante brumam per autumnum serito. Amygdala si parum feracia erunt, perforata arbore lapidem adigito; ita librum arboris inolescere sinito. **25**

DE SEMINARIO FACIVNDO 2

Omnium autem generum ramos circa Kalendas Martias in hortis, ubi et subacta et stercorata terra est, per puluinos arearum disponere conuenit; deinde cum tenuerint, danda est opera ut dum teneros ramulos habent, ueluti pampinentur et ad unum stilum primo anno semina redigantur; et cum autumnus incesserit, antequam frigus cacumina adurat, omnia folia decerpere expediet, et ita crassis harundinibus, quae ab una parte nodos integros habent, quasi pilleolos induere atque ita a frigore et gelicidiis teneras adhuc uirgas tueri. Post quartum et uicesimum deinde mensem, siue transferre et disponere in ordinem uoles seu inserere, satis tuto utrumque facies.

1 *Col.* 5. 10. 17 7 *Col.* 5. 10. 20–2

1 *ante c.* 24 De piro *ins. ed. pr.* piros *ed. pr.* : pirus *S* : prius *AR* 4 pineum] *an* -neae (*cf.* 5. 10. 17)? adigito *Schneider* : adicito *SAR* 5 oblaqueatione *S* : -nem *AR* 7 *ante c.* 25 De malis serendis *ins. ed. pr.* aestiua] *an* Cestina *ex* 5. 10. 19 *iam corrupto?* cydonea *ed. pr.* : cythonea *SAR* 8 morum *ed. pr.* : marum *S* : mabrum *AR* 10 item *S* : tem A^1 : dein A^2 : dein(de) *R* 14 *rubr.* XXVII. (*mg.* *A*) DE SEMINARIO FACIVNDO (-ENDO *A*) 15 ramos *S* : ramus *AR* 19 et] at *Richter* 21 expediet S^2R : exdiet S^1A 24 mensem *S* : messem *AR*

26 DE INSITIONE

Omnis surculus inseri potest, si non est ei arbori cui inseritur
dissimilis cortice; si uero fructum etiam eodem tempore
fert, sine ullo scrupulo optime inseritur. Tria autem genera
insitionum antiqui tradiderunt: unum, quo resecta et fissa
arbor recipit insertos surculos; alterum, quo resecta inter
librum et materiem admittit semina, quae utraque genera uerni
temporis sunt; tertium, cum ipsas gemmas cum exigua cortice
in partem sui delibratam recipit, quam uocant agricolae
2 emplastrationem; hoc genus aestatis est. Quarum insitionum
rationem cum tradiderimus, a nobis quoque repertam
docebimus.

Omnes arbores simulatque gemmas agere coeperint, luna
crescente inserito, oliuam autem circa aequinoctium uernum
usque in Idus Apriles. Ex qua arbore inserere uoles et surculos
ad insitionem sumpturus es, uideto ut sit tenera et ferax
nodisque crebris, et cum primum germina tumebunt, de ramu-
lis anniculis qui solis ortum spectabunt et integri erunt, eos
3 legito crassitudine minimi digiti; surculi sint bifurci. Arborem
quam inserere uoles serra diligenter exsecato ea parte quae
maxime nitida et sine cicatrice est, dabisque operam ne librum
laedas. Cum deinde truncam reddideris, acuto ferramento
plagam leuato; dein quasi cuneum ferreum uel osseum inter
corticem et materiem ne minus digitos tres, sed lente demittito,
ne laedas aut rumpas corticem.

4 Postea surculos quos inserere uoles, falce acuta ab una parte
eradito tam alte quam cuneum demisisti, sed ita ne medullam

2 *Col.* 5. 11. 1 10 *Col.* 5. 11. 2–4 11 a nobis ... 12 docebimus: *infra* 27. 2–4 26 *Col.* 5. 11. 4–6

---

1 *rubr.* XXVIII. (*mg. A*) DE INSITIONE 5 quo... 6 arbor *Vrsinus* : quod ... arbore *SAR* 6 quo *S* : quod *AR* 10 quarum ς : quorum *SAR* 14 crescente *AR* : -ti *S* 18 anniculis *S* : anni circulis *AR* integri *AR* : -grae *S* 19 bifurci *Vrsinus* : bisulci *SAR* 23 dein *S* : deinde *AR* 24 demittito *Iucundus* : di- *SAR* 27 demisisti *S* : di- *AR*

neue alterius partis corticem laedas; ubi surculos paratos
habueris, cuneum uellito statimque surculos demittito in ea
foramina quae cuneo adacto inter corticem et materiem facta
sunt; ea autem fine qua adraseris, surculos demittito ita, ut sex
digitis de arbore extent. In una autem arbore duos aut tres
ramulos figito, dum ne minus quaternum digitorum inter eos
sit spatium; pro arboris magnitudine et corticis bonitate haec
facito. Cum omnes surculos quos arbor patietur, demiseris, 5
libro ulmi uel uimine arborem adstringito; postea paleato luto
bene subacto oblinito totam plagam et spatium quod est inter
surculos usque eo, ut duobus digitis insita extent; supra lutum
muscum inponito et ita alligato, ne pluuia dilabatur.

Si pusillam arborem inserere uoles, iuxta terram abscidito ita, 6
ut sesquipedem a terra extet; cum deinde abscideris, plagam
diligenter leuato et medium truncum acuto scalpro modice
findito ita, ut fissura trium digitorum sit; in eam deinde
cuneum quo dispaletur, inserito et surculos ex utraque parte
adrasos demittito ita, ut librum seminis libro arboris aequalem
facias; cum surculos diligenter aptaueris, cuneum uellito <et>
arborem, ut supra dixi, alligato et oblinito. Dein terram circa
arborem aggerato usque ad ipsum insitum; ea res a uento et
calore maxime tuebitur.

Tertium genus insitionis cum sit subtilissimum, non omni 7
generi arborum idoneum est, et fere eae recipiunt talem
insitionem quae umidum sucosumque et ualidum librum
habent, sicuti ficus; nam et lactis plurimum remittit et corticem
robustam habet; optime itaque ea inseritur tali ratione. Ex qua 8

13 *Col.* 5. 11. 7–8 23 *Col.* 5. 11. 8–9 27 *Col.* 5. 11. 9–12

4 fine *S* : fines *AR* demittito *S* : di- *AR* 8 demiseris *S* : di- *AR* 17 quo dispaletur *Lundström* : quod is patetur (patietur *R*) *SAR* : quoad patietur *ed. pr.* 18 demittito *S* : di- *AR* 19 et *Lundström* : dein terra circa *A* : dein terram circa circa (*sic*) *S* 20 terram *R* : terra *SA* 24 arborum *S* : *om.* *AR* 26 habent *SA* : habet *R*

arbore inserere uoles, in ea quaerito nouellos et nitidos ramos; in his deinde obseruato gemmam quae bene apparebit certamque spem germinis habebit; eam duobus digitis quadratis circumsignato, ut gemma media sit, et ita acuto scalpello circumcisam diligenter, ne gemmam laedas, delibrato. Item quam arborem inserere uoles, in ea nitidissimum ramum eligito et eiusdem spatii corticem circumcidito et a materie delibrato. Deinde in eam partem quam nudaueris, gemmam quam ex altera arbore sumpseras, aptato ita, ut ante
9 enplastrum circumcisae parti conueniat. Vbi haec feceris, circa gemmam bene uincito ita, ne laedas; deinde conmissuras et uincula luto oblinito, spatio relicto qua gemma libere germinet. Materiem quam inseueris, si subolem uel supra ramum habebit, omnia praecidito, ne quid sit quo possit auocari aut cui magis quam insito seruiat; post unum et uicesimum diem soluito emplastrum. Hoc genere optime etiam olea inseritur.

Quartum illud genus insitionis iam docuimus, cum de uitibus disputauimus; itaque superuacuum est hoc loco repetere iam traditam rationem terebrationis.

27 Sed cum antiqui negauerint posse omne genus surculorum in omnem arborem inseri et illam quasi finitionem qua nos paulo ante usi sumus, ueluti quandam legem sanxerint, eos tantum surculos posse coalescere qui sint cortice ac libro et fructu consimiles îs arboribus quibus inserantur, existimauimus errorem huius opinionis discutiendum, tradendamque posteris rationem qua possit omne genus surculi omni generi arboris

20 *Col.* 5. 11. 12

1 quaerito *S* : quaesito *AR*   5 circumcisam *Lundström* : -sae *SAR*   7 a *S* : *om. AR*   10 enplastrum (em- *R*) *secl. Richter, fort. recte* : emplastrum ante *Goujard*   parti *AR* : parte *S*   15 uicesimum *ed. pr.* : xx *S* : xxti *A* : uiginti *R*   soluito *SA* : soluto *R*   17 de S^2R : die S^1A 18 loco S^2 : co S^1AR 21 quasi *S* : quas *AR*   finitionem *Iucundus* : infinitionem *SAR*   24 inserantur *Holford-Strevens* : inseruntur *SAR*

inseri. Quod ne longiori exordio legentes fatigemus, unum 2
quasi exemplum subiciemus qua similitudine quod quisque
genus uolet omni arbori poterit inserere.

OLIVAM FICO INSERERE

Scrobem quoquouersus pedum quattuor ab arbore oliuae tam
longe fodito, ut extremi rami oleae possint eam contingere; in
scrobem deinde fici arbusculam deponito diligentiamque
adhibeto, ut robusta et nitida fiat. Post triennium aut quin- 3
quennium, cum iam satis amplum incrementum ceperit,
ramum oliuae qui uidebitur nitidissimus deflecte et ad crus
arboris ficulneae religa, atque ita amputatis ceteris ramulis ea
tantum cacumina quae inserere uoles relinquito; tum arborem
fici detruncato plagamque leuato et mediam cuneo findito.
Cacumina deinde oliuae, sicuti matri inhaerent, utraque parte 4
adradito et ita fissurae fici aptato cuneumque eximito et dili-
genter conligato, ne qua ui reuellantur. Sic interposito triennio
coalescet ficus oliuae, et tum demum quarto anno, cum bene
coierit, uelut propagines {ramulos} oliuae ramos a matre
resecabis; hoc modo omne genus in omnem arborem inseritur.

DE CYTISO **28**

Cytisum, quod Graeci aut zeas aut carnicin aut trifarin uocant, quam plurimum habere expedit, quod gallinis apibus ouibus capris, bubus quoque et omni generi pecudum utilissimum est, quod ex eo cito pinguescit et lactis plurimum praebet ouibus;

21 *Col.* 5. 12. 1–5

---

4 *rubr.* XXVIIII (*om. A*) OLIVAM FICO INSERERE 13 mediam ς : medum *SAR* findito *S* : fundito *AR* 15 adradito $S^{2}R$: atradito $S^{1}A$ 16 reuellantur ς : -latur *SAR* 17 tum *SA* : cum *R* 18 coierit *Lundström* (-rint *iam* ς) : poterit *SAR* propagines *Schneider* : -nis *SAR* ramulos *secl. Schneider*^{c} 19 hoc S^{2} : hic $S^{1}AR$ 20 *rubr.* DE CYTISO (CIT- *A*) XXX (*om. A*) 21 quod . . . uocant *AR* : *om. S* : *secl. Pontedera*^{1} 23 capris bubus (bubus *in ras.*) *S* : capribus *A* : capris *R* generi *S* : -re *AR* 24 ouibus *AR* : ouis *S*

tum etiam octo mensibus uiridi eo pabulo uti et postea arido possis. Praeterea in quolibet agro quamuis macerrimo celeriter
2 conprehendit omnemque iniuriam sine noxa patitur. Mulieres quidem si lactis inopia premuntur, cytisum aridam in aqua macerari oportet; cum tota nocte permaduerit, postero die expressi suci ternas heminas permisceri modico uino atque ita potandum dari; sic et ipsae ualebunt et pueri abundantia lactis confirmabuntur.

Satio autem cytisi uel autumno circa Idus Octobres uel uere
3 fieri potest. Cum terram bene subegeris, in modum holerum areas facito ibique uelut ocimum semen cytisi autumno serito; plantas deinde uere disponito ita, ut inter se quoquouersus quattuor pedum spatio distent. Si semen non habueris, cacumina cytisorum uere disponito, stercoratam terram circa aggerato; si pluuia non incesserit, rigato quindecim proximis diebus; simulac nouam frondem agere coeperit, sarito; post triennium deinde caedito et pecori praebeto.

4 Equo abunde est uiridis pondo quindecim, boui pondo uiginti ceterisque pecudibus pro portione uirium. Potest autem etiam circa saepem <agri satis commode ramis cytisus seri, quoniam facile conprehendit et iniuriam sustinet>. Aridum si dabis, exiguius dato, quoniam maiores uires habet, priusque aqua macerato et exemptum paleis permisceto. Cytisum quod aridum facere uoles, circa mensem Septembrem, cum semen eius grandescere incipiet, caedito; paucis deinde horis, dum flaccescat, in sole habeto; deinde in umbra adsiccato et ita condito.

2 macerrimo ς : acerrimum *S* : agerrimum A^1 : agessimum (?) A^2 : agersimum *R* 4 aridam] -dum ς (*quod §4 utrubique praebent SAR*) aqua *S* : aquam *AR* 5 macerari *SR* : cerari *A* 6 expressi *R* : -sit *SA* 7 dari *Iucundus* : dare *SAR* ipsae *S* : ipsa *AR* 10 olerum *Lundström* : herum *SAR* 12 ita ut *Lundström* : (h)aut *SAR* 13 semen ς : stitien *SAR* 15 incesserit ς : inges- *SAR* 17 pecori *AR* : pecora *S* 20 agri ... 21 sustinet ς (*cf.* 5. 12. 4) 23 exemptum ς : exemplum *SAR* quod ς : que *SAR*

DE SALICE ET GENISTA 29

Salicem et genistam crescente luna uere circa Kalendas Martias serito. Salix umida loca desiderat, genista etiam sicca, utraque tamen circa uineam opportune seruntur, quoniam palmitibus idonea praebent uincula.

DE HARVNDINE

Harundo optime seritur <radicibus> quas alii bulbos, alii oculos uocant. Simulatque terram bipalio repastinaueris, radicem harundinis acuta falce praesectam inpendenti pluuia disponito. Sunt qui harundines integras sternant, quoniam ex omnibus 2
nodis strata harundines emittat; sed fere hoc genus euanidam exilemque et humilem harundinem adfert. Melior itaque satio est ea quam prius demonstrauimus. Placet autem omnibus annis, simul harundinem cecideris, locum alte et aequaliter confodere atque ita rigare.

DE VIOLA 30

Violam qui pacturus est, terram stercoratam et repastinatam ne minus alte pedem in puluinos redigat, atque ita plantas annotinas scrobiculis pedalibus factis ante Kalendas Martias dispositas habeat. Semen autem uiolae sicut holerum in areis duobus temporibus seritur, uere uel autumno. Colitur autem modo eo quo et cetera holera, ut runcetur, ut sariatur, ut interdum etiam rigetur.

1 *rubr.* XXXI. (*om. A*) DE SALICE ET GENISTA (GENESTA *A*)   2 genistam *SR* : -nes- *A*   6 *rubr.* XXXII. (*om. A*) DE HARVNDINE   7 radicibus quas *Gesner* : quos *SAR* : stirpibus quos *tempt. Richter*   alii^1 A^2R : ali SA^1 8 bipalio *R* : bipalo *SA*   radicem *S* : radicitem *AR*   10 integras S^2R : tegras S^1A 11 strata *S* : rata *A* : sata *R*   euanidam *ed. pr.* : -dum *SAR*   16 *rubr.* XXXIII. (*om. A*) DE VIOLA   17 pacturus *ego* : fact- *SAR* : saturus *Morgagnus*

2 DE ROSA

Rosam fructibus ac surculis disponi per sulculos pedales conuenit per idem tempus quo et uiola, sed omnibus annis fodiri ante Kalendas Martias et interputari oportet; hoc modo culta multis annis perennat.

1 *rubr.* XXXIIII (*om. A*) DE ROSA 2 sulculos *S* : surc- *AR* LIBER TERTIVS. EXPLICIT FELICITER L. (LIBER *A*) IVNI (IVLI *S*) MODERATI COLVMELLAE REI RVSTICAE LIBER TERTIVS PHYTEVTICVS SVRCVLIS EXP. (EXP. *om. A*) *SA et similiter R*

APPENDIX

ARGVMENTA SINGVLORVM LIBRORVM QVAE IN CODICIBVS PRAEBENTVR SINGVLIS LIBRIS PRAEFIXA

deest argumentum primo libro

LIBER SECVNDVS HAEC CONTINET

I Terram nec senescere nec fatigari, si stercores
II Quot sint genera terreni
III Quot deinde species generibus subiungantur
IIII Quod solum maxime probetur
V Quemadmodum siluestris locus excolatur et aruum fiat
VI Quemadmodum pinguis et frumentarius ager dinoscatur
VII Quemadmodum ad sementem frumenta sint eligenda
VIII Quemadmodum facta semente frumenta colenda sint
VIIII De sartione
X De runcatione
XI Quod solum cuique legumini conueniat
XII Quemadmodum et quot operis iugerum quodque frumentorum et leguminum colatur
XIII Pro modo cuiusque agri quot operae desiderentur

3 stercores *S*: stercoretur *A*² : stercora *A*¹ 9 *hic omittuntur* quae sequenda . . . salsa et, *quae* 11. *ind. ii* praebentur 10 *post* dinoscatur *add.* et uliginosa terra *SA* 15 sartione] satione *SA* 18 iugerum] unum *SA* 20 desiderentur *S ind. ii* : designentur *A*

XIIII Quae legumina agris prosint quaeque noceant
XV De generibus stercoris
XVI Quibus temporibus agri stercorandi sint
XVII Quemadmodum ex aruo prata fiant
XVIII Quemadmodum facta prata colantur
XVIIII Quemadmodum succisum faenum tractari et condi debeat
XX De area constituenda
XXI De messe facienda
XXII Quo modo area terrae fieri debeat
XXIII Quae per ferias liceat agricolis et quae non liceat facere

TERTIVS LIBER HAEC CONTINET

I Quod genus uitis conueniat cuique solo et statui caeli
II Quae uites suburbanis regionibus ad escam conserendae sint
III Quae uites diffusionis causa deponendae
IIII Nomina et qualitates minus aut magis generosarum uitium
V Disputationem, qua colligitur nihil rusticis magis expedire quam uineas colere
VI Quantum debeat agricola ex deposito malleolo redigere. Quantum in singula iugera uini facere
VII Quot iugera debeat unus uinitor colere
VIII Quali solo et quo modo uitiarium faciundum sit
VIIII Qualis et ex quibus partibus uitis malleolus legendus sit

3 sint S^2A : sunt S^1 8 = *rubr.* 2. 19. 1 10 area terrae *SA* : aratura(e) *R* (*lib.* 11: *SAR*) debeat ς : debent *SAR* 11 ferias A^2R : fereas SA^1 13 TERTIVS *Iucundus* (*qui librorum numeros deinceps correxit omnes*) : QVARTVS *SAR** : *om.* *R** CONTINET (-NENT *A*) *SAR* 16 sint ς : sunt *SAR* 20 rusticis ς (*lib.* 11: *SAR*) : -cos *SAR* 21 colere *SAR** : *om.* *R**

X Quo modo fecunditatem uitis explores

XI Quo modo Aminneas uineas feraces facias

XII Quae spectandae sint qualitates in eo solo quod uineis destinaueris

XIII Quo modo terra pastinetur

Xiiii Quot modis uitis ponatur aut in prouinciis aut in Italia

XV Meliorem esse positionem pastinato solo quam in nouali factis scrobibus aut sulcis

XVI Quae mensura pastinandi soli uineis abunde sit

XVII Quemadmodum et quibus temporibus conserenda sit uitis

XVIII Quae obseruare debeat qui uitem serit. Contra Iuli Attici positionem, qui contortum malleolum ponit

XVIIII Quam longus debeat esse malleolus

XX Quot genera uitium ponenda sint

XXI Vtrum distinctis uitium generibus horti conserendi sint an consemineae uineae faciendae

<LIBER QVARTVS HAEC CONTINET>

I Contra opinionem Attici et Celsi non esse satis altos scrobes bipedaneos uineaticis seminibus

II Non oportere unius uiuiradicis materiis duos palos uestire sed singula semina singulis adminiculis esse contribuenda

III Nouam consitionem uineae, nisi magna et adsidua cultura adiuuetur, celeriter interire

2 uineas *SA* : uites *R* (*lib.* 11: *SAR*) 3 = *rubr.* 3. 8. 1 8 positionem *R* : possess- *SA* 18 consemineae *S* : con (cum *R*) semine *AR* 19 Liber quintus [*sic*] haec continet *add.* ς 22 uiuiradicis *R* : uiraeradicis SA^{1} : uiridae radicis A^{2} 25 magna R^{*} : -nam SAR^{*}

IIII Prosterni uitem in scrobem et recuruatam usque ab imo solo rectam calamo applicari oportere

V A consitione omnibus mensibus diligenter fodiendum esse

VI Non esse committendum, ut in nouella uinea herbae nascantur

VII Ita pampinandas esse uiuiradices, ut ad unam materiam redigantur

VIII Eandem pampinationem malleolis adhibendam

VIIII Tempestiuam pampinationem esse, quae ita tenera est, ut digito palmites facile deiciantur

X Non oportere per aestatem falce pampinos abnodare

XI Per autumnum ablaqueandam esse utique primo quinquennio nouellam uineam et ante brumam coaequandam

XII Ablaqueata uinea quemadmodum aestiuae radiculae amputentur

XIII Quemadmodum nouella uinea putetur

XIIII Quod sit optimum tempus putandi

XV Quomodo malleolus resecandus sit

XVI Quemadmodum palanda sit uinea

XVII Quam alte canterius adleuandus sit

XVIII Quemadmodum uitis adliganda sit

XVIIII Quemadmodum malleolis iugum inponendum sit

XX Quemadmodum nouella uinea frequentanda et propagines faciendae sint

XXI Quo tempore et cuius aetatis uiuiradix transferenda sit

2 solo ς : sole *SAR* 9 adhibendam ς : -da S^{2} : adib- S^{1} : adiuuenda *A* : adiuuanda *R* 13 ablaqueandam *Iucundus* : -dum *SAR* utique *S* : uiti quae *AR* 16 ablaqueata uinea *Iucundus* : oblaqueatam -am *SAR* 18 *cf. rubr.* 4. 21. 1 Nouella uinea quomodo putanda sit 19 sit $A^{2}R$: si SA^{1}

XXII Quemadmodum ex harundinibus iugum faciendum sit
XXIII Quemadmodum in hortulos uineae diuidendae sint
XXIIII Quemadmodum ueteranae uineae restituantur
XXV Quemadmodum eaedem putentur
XXVI Quae bonus uinitor in constituta iam uinea uitare aut sequi debeat
XXVII Quemadmodum pampinari debeat, quot fossuris extolli
XXVIII De inserendis tuendisque insitis uineis
XXVIIII De salictis faciendis
XXX De genistis. De harundinetis
XXXI De castanietis

<LIBER QVINTVS HAEC CONTINET>

I Quemadmodum datas formas agrorum metiri debeas
II Quotena semina iugerum in ternos pedes ac deinde usque in denos disposita recipiat
III Culturas prouincialium uinearum
IIII De ulmariis faciendis
V De ordinando arbusto et quae sit eius cultura
VI De seminariis oliuarum faciendis
VII De cultu oliuetorum
VIII De arboribus pomiferis
VIIII De insitionibus arborum
X De cytiso

1 harundinibus *R* : (h)arundibus *SA* 4 *cf. rubr.* 4. 22. 1 Male formatas uineas restituere ueteranae ς : -nee S^2R : -nea *A* : uetera S^1 5 *cf. rubr.* 4. 23. 1 De putatione uineae 10 *cf. rubr.* 4. 29. 1 Quo tempore inserenda sit, 4. 29. 8 De inserenda uite 12 *cf. rubr.* 4. 31. 1 Genistae satio, 4. 32. 1 Harundinis satio 13 *cf. rubr.* 4. 33. 1 Castanieti satio 14 Liber sextus [*sic*] haec continet *add.* ς 17 usque in denos pedes *R* (pedes *del.* Richter) : nos *SA* 19 = *rubr.* 5. 6. 1 20 ordinando *R* : -da *SA* 21 *cf. rubr.* 5. 9. 1 De seminario oleae 22 *cf. rubr.* 5. 10. 1 De pomario 24 = *rubr.* 5. 11. 12 25 = *rubr.* 5. 12. 1

SEXTVS LIBER HAEC CONTINET

I De bubus probandis
II De bubus domandis
III De cura et cibariis eorum
IIII Vitia boum et medicinas
V De tauris
VI De uaccis
VII De castratione boum
VIII De equis
VIIII De medicinis equorum
X De mulis
XI Medicinas mularum

LIBER SEPTIMVS HAEC CONTINET

I De minore asello. De ouibus emendis tuendisque
II De arietibus eligendis
III De ouibus tectis
IIII Medicinas pecoris ouilli
V De officio pastorum
VI Medicinas earum

1 SEXTVS] SEPTIMVS *SAR* CONTINET *SR* : -NENT *A* 2 = *rubr. 6. 1. 1* 3 = rubr. 6. 2. 1 4 *in unum conscr. A, num. deinde* V, VI *e.q.s. usque ad* X Medicinas mularum *cf. rubr. 6. 3. 1* De curandis bubus III De cura et cibariis eorum *A* : III De curandis bubus. IIII De cibara boum *S* 5 = *rubr. 6. 6. 1* Vitia boum et medicinas *A* : V De uitia boum et medicinae. VI Ventris dolor. VII Ranae boum sic curantur. VIII De tussi. VIIII De subputatione. X De scabie *S* 6 = *rubr. 6. 20. 1* *num.* IIII, V *A* : XI, XII *S* 7 = *rubr. 6. 21. 1* 8 VI De castratione boum *A* : XIII ΚΡΑΜΑCΤΕΡΑC *S* 9 = *rubr. 6. 27. 1* VII De aequis *A*: XIIII De aequis. XV IΠOMANEC *S* 10 *cf. rubr. 6. 30. 1* De medicina VIII De medicinis equorum A^2 : Dedicinas eqorum A^1 : XVI De medicinae *S* 11 = *rubr. 6. 36. 1 (A)* *num.* VIIII *A*: XVII *S* 12 = *rubr. 6. 36. 1 (S), 6. 38. 1 (SA)* XI Medicinas mularum *A* : XVIII De medicina mularum *S* 13 SEPTIMVS] OCTAVVS (.VIII. *A*) *SAR* 14 = rubr. 7. 2. 1 (*S*) *num. om. A* 15 = *rubr. 7. 2. 6* *num.* I *A, deinde* II, III, *e.q.s. usque ad* XII Medicinas eorum 16 = *rubr. 7. 4. 1* 17 ouili *S* : ouillai *A* 18 officio *S* : -cina *A* 19 *cf. rubr. 7. 7. 1* De medicina caprarum

VII De caseo faciendo
VIII De subus
VIIII Medicinas earum
X De castratione
XI De canibus
XII Medicinas eorum

LIBER OCTAVVS HAEC CONTINET

I De cohortalibus gallinis nutriendis et gallinariis constituendis
II De seruandis ouis
III De gallinis farciendis
IIII De palumbis et columbis farciendis
V De columbariis constituendis
VI De turturibus
VII De turdis
VIII De pauonibus
VIIII De Numidicis et rusticis gallinis
X De anseribus
XI De anatibus
XII De piscinis faciendis et piscibus alendis

LIBER NONVS HAEC CONTINET

I De uiuariis faciundis et includendis pecudibus feris
II De apibus

1 = *rubr.* 7. 8. 1 2 = *rubr.* 7. 9. 1 3 *cf. rubr.* 7. 10. 1 De morbo suum 4 = *rubr.* 7. 11. 1 7 OCTAVVS] NONVS *SAR* 8 *cf rubr.* 8. 2. 2 De chortalibus gallinis, 8. 3. 1 De gallinariis cohortalibus $A^{2}R$: cortalibus SA^{1} gallinariis *SR* : -ris *A* 10 = *rubr.* 8. 6. 1 11 *cf. rubr.* 8. 7. 1 De farturis 12 = *rubr.* 8. 8. 1 14 = *rubr.* 8. 9. 1 15 = *rubr.* 8. 10. 1 16 = *rubr.* 8. 11. 1 pauonibus $A^{2}R$: pauonis SA^{1} 17 = *rubr.* 8. 12 18 = *rubr.* 8. 13. 1 19 = *rubr.* 8. 15. 1 anatibus $A^{2}R$: anetibus SA^{1} 20 *cf. rubr.* 8. 16. 1 De piscium cura, 8. 17. 1 De positione piscinae 21 NONVS] DECIMVS *SAR* 22 = *rubr.* 9. 1. 1 faciundis *SR** : faciendis *AR** 23 = *rubr.* 9. 2. 1

III Quot genera sint apium, et quod ex his optimum genus

IIII Quales pabulationes et qui situs pastionibus aptus esse debeat

V De sedibus apibus eligendis

VI De uasis aluorum probandis

VII Quemadmodum aluei collocandi sint

VIII De comparandis apibus

VIIII Quemadmodum siluestria examina capiantur

X Quemadmodum uernacula examina prodeuntia obseruentur et in aluos condantur

XI Quemadmodum frequentandi sint aluei qui exigua habent examina

XII Remedia morbo laborantium apium

XIII Quid quoque tempore faciant apes, et per anni tempora quid earum curator facere debeat

XIIII De melle conficiendo, et quemadmodum aut quando castrari debeant alui

XV De cera faciunda

desunt argumenta libris decimo et undecimo

LIBER DVODECIMVS HAEC CONTINET

I Curae domesticae et praecepta quae uilica exsequi debeat

1 = *rubr.* *9.* 3. 1 3 = *rubr.* 9. 4. 1 5 = *rubr.* 9. 5. 1 6 = *rubr.* 9. 6. 1 aluorum *SA* : alueorum *R* 7 = *rubr.* 9. 7. 1 8 *cf. rubr.* 9. 8. 1 De comparandis apibus quae emuntur 9 = *rubr.* 9. 8. 7 10 *cf. rubr.* 9. 9. 1 Quemadmodum uernacula noua examina obseruentur et in aluos condantur 11 aluos *A*²: albos *SA*¹ : alueos *R* 12 = *rubr.* 9. 11. 2 sint *AR* : sunt *S* 14 = *rubr.* 9. 13. 1 15 = *rubr.* 9. 14. 1 17 = *rubr.* 9. 15. 1 19 = *rubr.* 9. 16. 1 cera *AR* : cara *S* faciunda *SAR** : facienda *R** 21 DVODECIMVS] TERTIVS DECIMVS *SAR** *numeros omnes om. S, in A supplemento additi sunt eodem modo quo in arg. libb. priorum qui proximi leguntur* 11. 3. 65

II Quemadmodum tractare debeat penora cellarius
III Idem ipse quae et qualia uasa parare debeat penoribus et salgamis condiendis
IIII Quemadmodum ex uino uapido acetum fiat
V Quemadmodum muria dura fiat
VI Quae per quattuor tempora anni herbae et quemadmodum condiantur
VII Oxygala quemadmodum fiat
VIII Pirorum et malorum ceterorumque pomorum compositio
VIIII Aquae marinae et aquae dulcis cocturas
X Compositiones quibus uina condiantur
XI Curationem uini
XII De mella et aqua mulsa facienda
XIII De caseo in usus domesticos seruando
XIIII De malis et piris in sole siccandis
XV De ficis aridis
XVI De uuis passis faciendis
XVII De aceto ficulneo faciendo
XVIII Quae uindemiae praeparanda sint
XVIIII De compluribus generibus conditurarum quibus uinum confirmatur
XX De passo faciendo
XXI De sapa coquenda
XXII De defruto faciendo
XXIII Item de defruto coquendo, quod quidam Neapolitanum uocant

4 uino *SA*^{2}*R* : diuino *A*^{1} uapido *R*: uappido *S* : apido *A*^{1} : aui- *A*^{2} 5 muria *S*^{2}*R* : uria *S*^{1}*A* 11 aquae ... 12 condiantur (-untur *S*) *in unum conscr. SA* 14 mella *Hedberg* : mel *SAR* 15 caseo *AR* : -os *S* 18 faciendis *SA* : faciundis *R* 19 aceto *SR* : acetu *A* 22 uinum *AR* : uina *S* confirmatur *S*^{1}*AR* : -mantur *S*^{2} 25 defruto ... 26 defruto *SAR** : fruto *utrubique R** 27 neapolitanum *S*: -nam *AR*

XXIIII Quemadmodum mustum infirmi generis ad uetustatem possit perduci

XXV Remedium languentis uini

XXVI Si quod animal in mustum ceciderit et interierit, quemadmodum mustum remedietur

XXVII Vinum scilliten quemadmodum facias

XXVIII Acetum scilliten quemadmodum fiat

XXVIIII Vinum absinthiten quemadmodum facias

XXX Vinum abrotoniten et hysopiten ceterarumque notarum facere

XXXI Vinum ex myrtis quemadmodum fiat

XXXII Lora quemadmodum fiat

XXXIII Caseus quemadmodum ex musto seruetur

XXXIIII Vuae ollares quemadmodum conponantur

XXXV Mala granata quemadmodum seruentur

XXXVI Mala orbiculata, Cestiana, melimela ceteraque genera quemadmodum seruentur

XXXVII Inulae condituram

XXXVIII Oliuarum albarum et nigrarum condituras

XXXVIIII Sampsa quemadmodum fiat

XL Oleum quemadmodum fiat

XLI Gleucinum oleum quemadmodum conponatur

XLII Oleum ad unguenta quemadmodum facias

XLIII Rapa et napos quemadmodum condias

XLIIII Sinape quemadmodum facias

XLV Holeris atri et siseris radicem quemadmodum condias

XLVI Moretum quemadmodum facias

XLVII Oxyporum quemadmodum conponas

3 uini *R** : uinum *SAR** 4 *post* interierit *diuid. SAR* 7 fiat *R* : fiant *SA* 14 ollares *SR* : collares *A* 16 mala . . . 17 seruentur *SR* : *om. A* 18 condituram *SR* : -tarum *A* 20 sampsa *SR* : sanipsa *A* 28 moretum *SA* : murtetum *R*

INDEX NOMINVM*

Numeri uncinis inclusi ad *Paulys Real-Encyclopädie* spectant.

* Qui indicem uerborum omnium requirit, adeat opus perutile quod confecerunt G. G. Betts et W. D. Ashworth, *Index to the Uppsala Edition of Columella* (Vpsaliae, 1971).